USN 기술자격검정

USN-GL
기술자격검정

Ubiquitous Sensor Network

USN 기술자격검정
GL
Generalist Level

한국RFID/USN협회

영진미디어

발간사

USN은 인간과 사물, 사물과 사물 간의 네트워킹을 통해 무수히 많은 정보를 인식 · 저장 · 가공하여 언제 어디서나 편안하고 안전한 서비스를 제공해 주는 유비쿼터스 사회의 핵심 인프라입니다.

또한, 기존 산업과의 광범위한 융합이 가능하여 새로운 고부가 가치를 창조할 수 있게 될 것이며, 향후 RFID와 통합하여 미래 지능형 인프라로 발전할 것입니다.

USN에 대한 관심 또한 높아짐에 따라 동 분야의 전문 인력 양성 및 보급은 국가 경쟁력을 향상시킬 수 있는 핵심 사항이며, 개인과 기업에게도 많은 도움이 될 것입니다.

협회에서는 지난 2008년에 RFID 전문 인력 양성의 가이드라인이 될 수 있는 RFID 기술자격검정을 개발하여 시행 중에 있으며, RFID-GL(Generalist Level)과 RFID-SL(Specialist Level) 교재를 발간한 바 있습니다.

이번에 발간되는 USN-GL 교재에서는 USN 관련 분야에서 종사하고 있는 초급 인력과 동 분야로의 취업을 희망하는 대학생들이 반드시 알아 두어야 할 USN의 기본 개념과 유비쿼터스 인터페이스 네트워크 기술 및 정보 보호, USN 응용 서비스 기술 등에 관한 실무 기초 지식에 중점을 두고 내용을 구성하였습니다.

아무쪼록, 본 교재가 USN 분야에 관심이 있는 많은 분들에게 꼭 필요한 지침서가 됨은 물론, 본 교재를 통하여 USN 분야의 인력 양성·보급이 활성화 되고, 국내 USN 산업이 발전될 수 있는 밑거름이 되기를 기대합니다.

끝으로 본 교재가 출간되기까지 많은 도움을 주신 집필위원, 감수위원 여러분께 심심한 감사를 드립니다.

2009. 8
한국RFID/USN협회 회장 김신배

목차

PART2 | 중앙 집중형 네트워크 기술

058

PART3 유비쿼터스 인터페이스 네트워크 기술

160

PART5 | USN 응용 서비스 기술

308

Appendix | 응용 요구사항 프로파일

380

Ubiquitous Sensor Network

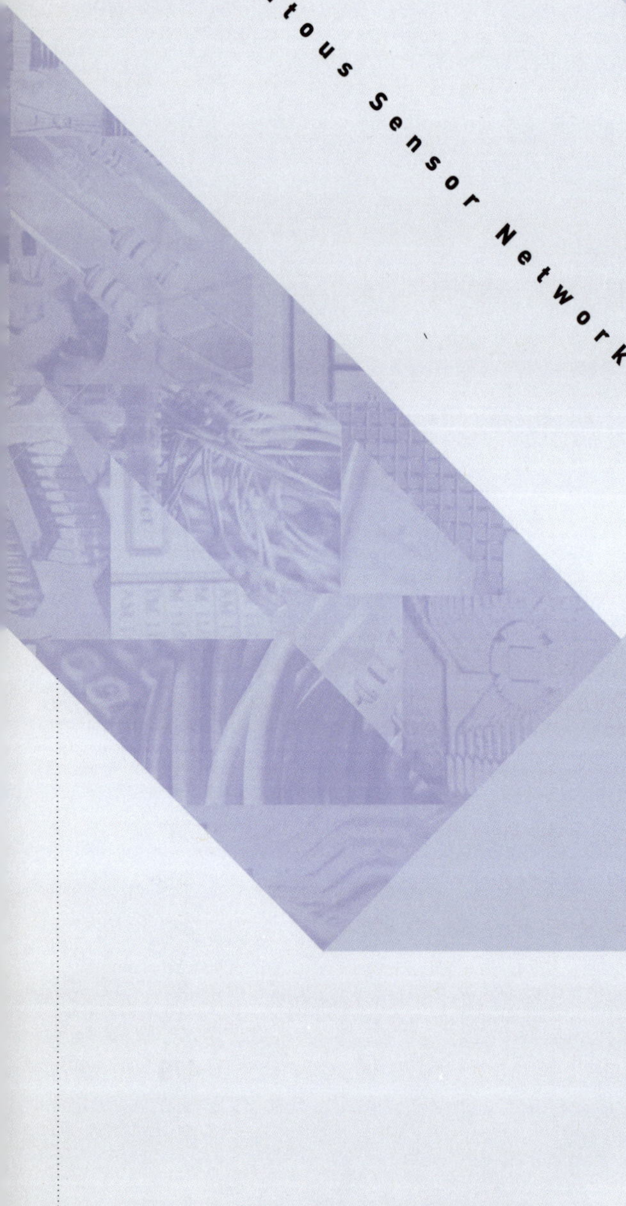

USN 개요

PART

1

1 개념

UBIQUITOUS SENSOR NETWORK

우리나라는 IT 산업 및 관련 융합 산업의 활성화와 국제 경쟁력 제고를 위해 2008년 신성장 동력을 발굴하고, 이와 함께 USN을 핵심 성장 동력 산업으로 선정하였다. 그리고 USN의 다양한 기술적 개념과 산업적 개념 정립을 위해 많은 노력을 기울여 왔다. 본 장에서는 USN의 개념과 구조 및 특징을 정리한다.

1 USN 개념

USN은 Ubiquitous Sensor Network의 약자로, 유비쿼터스 환경에서 발생하는 다양한 정보의 수집 및 제공을 통해 향상된 삶의 질 도모를 목적으로 한다. 즉 기존의 유무선 중앙 집중형 네트워크 인프라 기반에서 다양한 정보의 유비쿼터스 인터페이스 네트워크 인프라로 목적 지향적 소규모 플랫폼의 형태를 띠며, 국부적인 다형적 특성과 유연한 연동성의 특성이 있다. 또한 그림 1-1-1에서 보듯이 다양한 서비스의 자유로운 창출 및 파생을 목적으로 하는 지식 정보 사회의 인프라이다.

유비쿼터스 센서 네트워크는 통신 · 방송 · 인터넷 같은 통합 광대역 멀티미디어 서비스를 안전하게 제공하는 유무선 중앙 집중형 네트워크 인프라를 기반으로 한다. 즉 CCTV, 센서, 검지기 등 다양한 물리계의 데이터 및 정보 수집 장치와 연동된 RFID, 지그비(Zigbee), UWB(Ultra WideBand), 6LoWPAN(IPv6 over Low power WPAN), 무선 랜, 블루투스(Bluetooth), LR-WPAN 등의 다양한 무선 인터페이스 및 네트워크 기술과 유선 LAN, TCP-IP와 같은 유선 인터페이스나 네트워크 기술을 이용하여 유비쿼터스 인터페이스 인프라가 구성된다. 그러나 각각의 통신 규약과 표준으로 인프라 간의 융합이 어려우므로, 원활한 연동과 융합을 제공하기 위한 포괄적 개념 정립과 관련 규정 및 표준 제정이 요구된다.

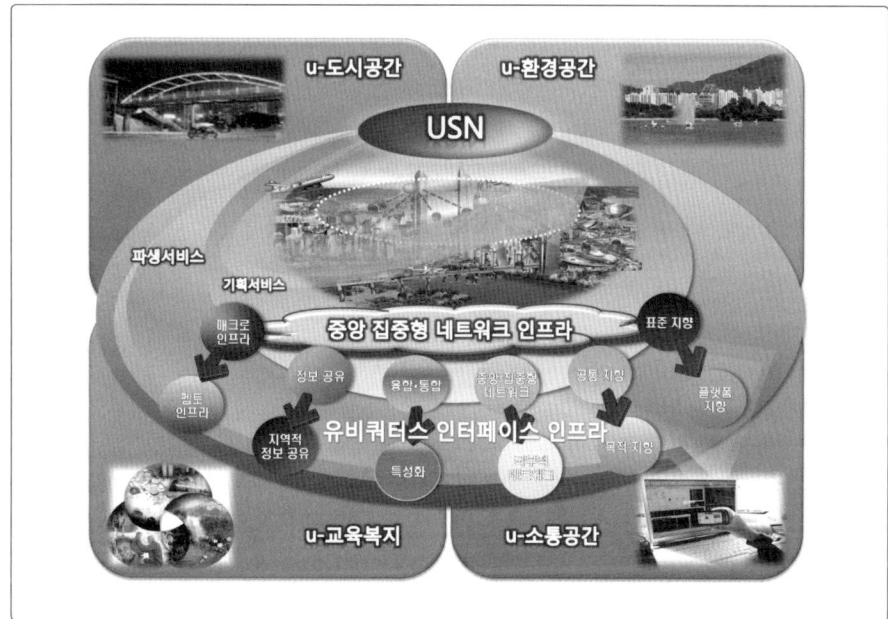

그림 1-1-1
유비쿼터스
센서 네트워크

    USN 구성 요소 중 유비쿼터스 인터페이스는 특정 목적에 부합하는 소규모 플랫폼 형태로 구성되며, 이는 자유로운 서비스의 파생 및 서비스 제공과 다양한 2차 서비스 공급자가 창출하는 지역적인 인프라를 목적으로 한다. 또한 관심 공간의 공통된 정보와 서비스를 공유하며, 정보 분류와 서비스 구분, 공간 등에 따른 플랫폼을 지향한다.

    목적 지향적인 소규모 플랫폼의 형태를 갖춤으로써 유비쿼터스 인터페이스는 개별 해당 공간 서비스에 특화되고, 유연한 연동성을 갖는 특징이 있다. 이러한 유비쿼터스 인터페이스 인프라의 국부적인 다형적 특성은 유비쿼터스 환경의 다양한 물리 공간, 정보 공간, 인간의 삶이 연계된 복합 공간으로써 다양한 정보 제공 및 서비스의 창출을 가능하게 한다. 각 복합 공간의 인프라 및 표준은 자유로운 서비스 창출 및 파생을 목적으로 한다. 이에 따라 각 복합 공간마다 정보와 유비쿼터스 인터페이스 네트워크, 기존의 인프라 등을 연동할 수 있는 표준이 요구되며, 데이터(Data), 정보(Information = Data + Context), 지식(knowledge = Information + Experience)의 분류 및 서비스 분류 등에 따른 USN의 아키텍처 및 복합 공간 개념이 필요하다. 이러한 기반 하에 USN의 중요한 인프라 공간이라는 통합관제센터는 물리 공간에서 수집된 정보를 이용하여 다양한 서비스를 창출, 제공할 수 있다(그림 1-1-2 참조).

    유비쿼터스 센서 네트워크의 서비스는 기존에 제공되던 서비스들과는 다른 특징을 갖는다. 즉 서비스를 위한 공간이 특정 지점을 중심으로 이루어지던 기존 서비스와 달리 공간 제약이 사라지며(u-Work, u-Learning 등), 공공기관에서 필요하던 절차들이 생략되거나 간략화되어 기존의 절차를 대체(u-Public, u-Government 등)하게 된다. 또한 이전에 존재하지 않던 다양한 서비스가 새롭게 생성된다(u-Transaction, u-Payment 등). 유비쿼터스 센서 네트워크를 통한 다양한 형태의 서비스는 지식 정보 사회의 매우 중요한 축으로 자리매김할 것이며, 새로운 시대를 여는 단초의 역할을 할 것으로 기대되고 있다.

2 USN 구조

USN의 구조는 그림 1-1-2와 같이 유비쿼터스 인터페이스 인프라 계층, 유무선 중앙 집중형 네트워크 인프라 계층, 통합관제센터를 포함하는 서비스 인프라 계층으로 구성된다. 유비쿼터스 인터페이스 인프라는 정보 수집 계층으로 다양한 정보를 획득하고 소규모 플랫폼 형태로 구성되는 국부적 특성이 있다. 또한 수집한 데이터가 통합플랫폼에서 정의된 표준하에 유무선 중앙 집중형 네트워크 인프라와 연동되어 서비스 및 통합관제센터로 연계된다. 유무선 중앙 집중형 네트워크 인프라는 통합플랫폼을 통해 통합관제센터로 정보(Information)를 전송하며, 통합관제센터에서는 정보를 목적에 맞게 분류, 저장하여 서비스 계층으로 지식(Knowledge)을 전달함으로써

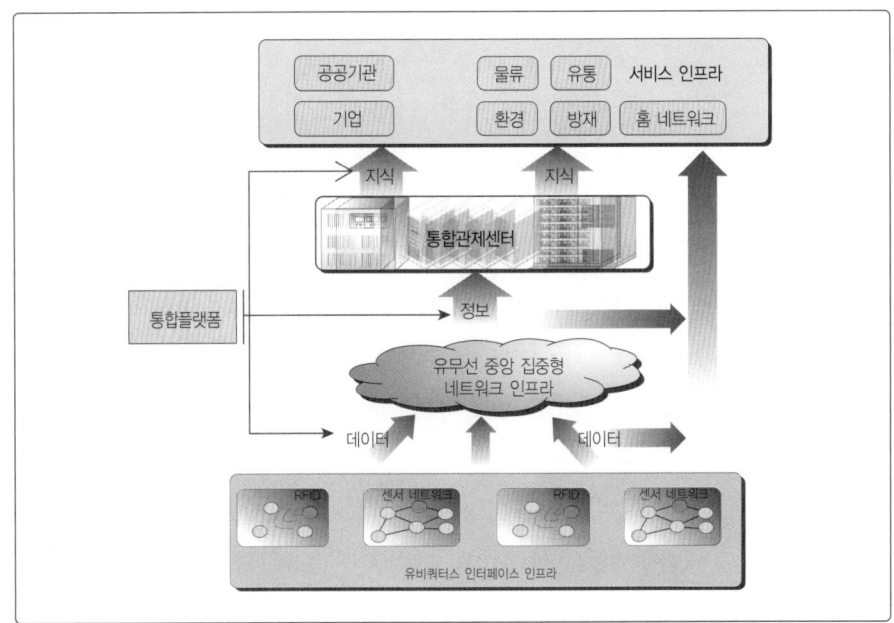

그림 1-1-2
USN 구조

다양한 서비스를 제공한다. 각 계층 간의 유연한 연동성을 위해서는 USN 구조를 구성하는 각 계층 구조 및 계층 간의 연동을 정의하고 구현하는 USN 통합플랫폼의 정의 및 관련 표준의 제정이 요구된다. 또한 통합관제센터에서 서비스 인프라 계층으로 지식을 전달할 때 보안 및 프라이버시 보호와 관련된 다양한 솔루션 마련에 대한 고려가 필요하다.

1 | 유무선 중앙 집중형 네트워크 인프라

유무선 중앙 집중형 네트워크 인프라는 상호 원활하고 끊김 없는 통신을 하기 위한 네트워크 관련 제반 기술과 인프라를 의미하며, 크게 유선 네트워크와 무선 네트워크로 구분한다. 유무선 중앙 집중형 네트워크 인프라는 기존의 네트워크 인프라를 사용하며 WAN, xDSL FTTH(Fiber To The Home: 댁내 광 가입자망), BcN(Broadband convergence Network: 광대역통합망), 와이브로(Wibro: 휴대 인터넷), HSDPA(High Speed Downlink Packet Access: 하향 고속화 패킷 접속 방식), W-LAN, CDMA 등 기존의 액세스 망 및 백본 망이 모두 포함된다. 유비쿼터스 인터페이스 인프라와의 연동, 상호 원활한 네트워킹, 서비스 인프라와의 연동 등을 위해서는 USN 구조 내에서 이러한 계층 간의 연동 및 이를 구현하기 위한 구조 정의 등을 포함하는 통합플랫폼의 정의와 표준화가 필수적으로 요구된다.

2 | 유비쿼터스 인터페이스 인프라

유비쿼터스 인터페이스 인프라 계층은 주변 환경에서 서비스, 관제 등의 특정 목적을 위한 정보를 획득하여 이를 유무선 중앙 집중형 네트워크 계층으로 전달하는 역할을 수행하며, RFID와 다양한 유무선 센서 네트워크가 대표적인 예이다.

유비쿼터스 인터페이스 인프라 계층 내의 하위 센서 네트워크는 USN 구성을 위한 기반 네트워크로, 초경량·저가격·저전력의 센서들로 구성된 무선 네트워크이다. 센서 네트워크는 기본적으로 센서노드(Sensor Node), 싱크노드(Sink Node), 게이트웨이(Gateway)로 구성된다. 각각의 센서노드에서 센싱된 데이터는 싱크노드가 수집하여 게이트웨이를 통해 중앙 집중형 네트워크 계층과 연동되어 통합관제센터로 수집된 데이터를 전송하고 사용자 및 관제센터의 요구에 따른 제어 명령을 수행한다. 일례로 유비쿼터스 인터페이스 인프라인 RFID의 경우 태그가 다양한 사물 및 데이터 또는 정보 취득 대상에 부착되어 사물의 이력 정보, 위치 정보 등과 관련된 정보를 RFID 리더를 통해 획득하고 다양한 서비스 및 사용자의 요구에 부응하는 획득된 사물의 데이터나 정보를 다양한 유무선 중앙 집중형 네트워크 인프라를 통해 사용자나 통합관제센터에 제공하는 역할을 수행한다.

이와 같이 다양한 유비쿼터스 인터페이스 인프라를 통해 수집된 데이터 및 정보를 다양하고 다형적인 서비스와 사용자의 요구에 연동시키기 위해 다양한 형태의 방법론이 존재한다. 또한 서비스의 특성 및 사용자의 요구를 만족시키기 위한 유비쿼터스 인터페이스 인프라 구축 시 중복 투자로 인한 경제적 타당성 부재, 유지·관리 상의 효율성 저하, 확장성 제한 등 다양한 문제가 발생할 수 있다. 유비쿼터스 인터페이스 인프라의 다형적 특성 때문에 유연한 인프라의 구축을 위해서는 물리계에서 수집 또는 취득하고자 하는 데이터와 정보의 유형 구분, 체계 정의를 통한 인터페이스 인프라와 상위 계층과의 인터페이스 표준 정의 등이 포함된 USN 통합플랫폼의 정의 및 표준 수립이 필수적으로 요구된다.

3 | 서비스 인프라

USN 서비스 인프라는 유비쿼터스 인터페이스 인프라와 유무선 중앙 집중형 네트워크 인프라 기반 위에 물리계의 다양한 데이터 및 정보 수집을 통해 사용자나 관리자에게 정보 및 지식 서비스를 제공하는 수단을 포함하는 물리 공간 및 정보 공간의 인프라를 의미한다. 물리 공간의 인프라로는 유비쿼터스 인터페이스 인프라와 유무선 중앙 집중형 네트워크 인프라를 통해 수집된 다양한 데이터 및 정보를 데이터 마이닝(Data mining) 작업을 거쳐 수집, 가공하여 새로운 정보를 창출하고 지식 생성을 총괄 관장하는 통합관제센터가 중요한 의미를 갖는다. 통합관제센터는 유비쿼터스 인터페이스 인프라와 유무선 중앙 집중형 네트워크 인프라로부터 수집된 데이터와 정보를 통해 문화예술, 허브 소통, 환경, 교육, 복지 등의 다양한 USN 서비스와 관련된 정보와 지식을 생성, 관리하는 중요한 기능을 수행한다. 또한 USN 서비스와 관련된 부가 정보 수집을 위해 외부 기관과의 연동 기능을 수행하는 매우 중요한 서비스 인프라이다.

서비스 인프라의 정보 공간 인프라는 물리 공간에서 생성된 서비스 콘텐츠, 즉 서비스 정보 및 지식을 사용자나 관리자에게 제공하기 위한 정보 체계 또는 관련 인프라로서 USN 서비스 물리 공간 인프라와 연계된 유비쿼터스 인터페이스 인프라와 유무선 중앙 집중형 네트워크 인프라를 포함한다. 즉 유비쿼터스 인터페이스 인프라와 유무선 중앙 집중형 네트워크 인프라를 통해 통합관제센터에 축적된 지식을 역시 유무선 중앙 집중형 네트워크 인프라 및 유비쿼터스 인터페이스 인프라와의 연동을 통해 기존의 다양한 정보 통신 서비스 및 비즈니스와 결합하여 다양한 형태로 사용자나 관리자에게 하향 제공할 수 있는 서비스 인프라를 말한다. 이러한 USN 서비스 인프라를 통해 USN 서비스는 전통적인 정보 통신 서비스의 범주를 넘어 필요한 행위까지도 사물이나 정보 통신 기기가 지능적으로 사용자의 요구사항을 수행하며, 사용자의 개인적인 욕구에 가장 근접한 최신 정보의 획득 및 능동적인 제공이 가능하게 하는 기능을 제공한다.

3 USN 특성

1 | USN의 특징

유비쿼터스 센서 네트워크는 대량화된 센서노드 개체수와 온라인 프로세싱에 의해 실시간 데이터 및 정보 처리가 가능하며, 사용자나 관리자의 국부적인 관심 영역에 공간적·시간적 제약 없이 다양한 데이터 및 정보에 쉽게 접근할 수 있는 특징을 갖는다. 주요 특징으로는 체계적인 정보 인프라를 기반으로 사용자의 목적에 따라 정보를 획득하거나 서비스를 받을 수 있는 목적 지향적 소규모 플랫폼 형태를 갖춤으로써 국부적·다형적 특징을 가지며, USN 통합플랫폼을 기반으로 유연한 연동성을 갖는다.

2 | USN 정보의 분류 및 지식 창출 세계

USN 환경에서 유비쿼터스 인터페이스 인프라와 유무선 중앙 집중형 네트워크 인프라를 통해 수집되는 데이터 및 정보는 현재 및 미래에 발생할 상황의 판단을 위한 고급 정보 및 지식을 생성하는 데 요구되는 물리계의 자료이다. USN 데이터는 유비쿼터스 인터페이스 인프라를 통해 센싱되는 물리계의 다양한 단순 자료로서 예를 들어 온도·습도 등과 같은 환경 데이터, 운동량·위치·동작 등과 같은 다양한 정보치를 의미한다. 이러한 USN 데이터는 몇 개의 관련 있는 데이터와의 상호 결합 및 상황과 연관되어 새로운 의미의 USN 정보를 생성한다. 일례로 단순한 온도 데이터는 습도 데이터와 연계되어 환경 정보를 생성할 수 있고, 운동량과 연계되어 정보 취득 대상의 바이오 상태 정보를 생성하여 같은 데이터지만 전혀 다른 정보의 생성에 활용할 수 있다. USN의 기능 중에서 현재 및 미래에 발생할 상황의 판단 근거를 제공하기 위한 USN 지식은 USN 정보와 과거의 경험치가 결합된 부가가치가 매우 높은 USN 정보 체계의 최상위 정보가 된다.

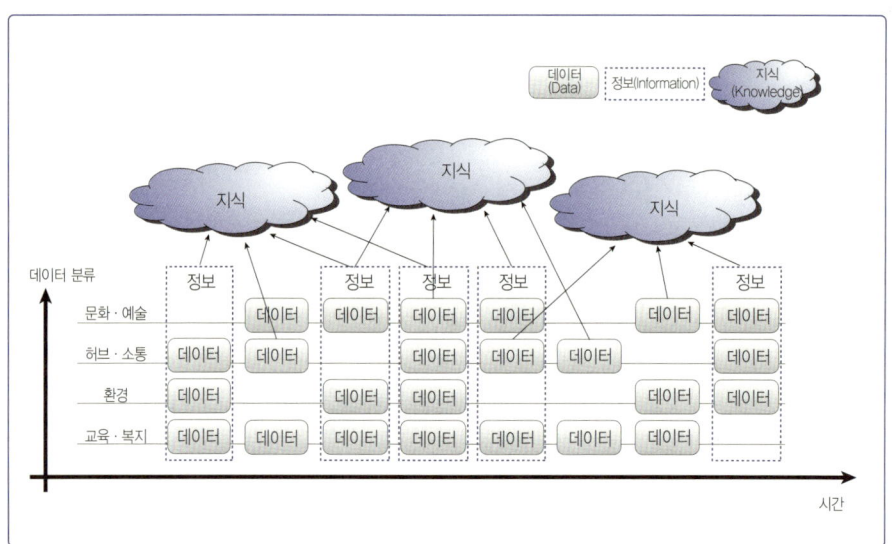

그림 1-1-3
정보의 분류 및
지식 창출 과정

그림 1-1-3은 USN 정보 체계의 개념도이다. 시간에 따라 센싱되는 USN 데이터와 상황이 결합하여 USN 정보를 구성한다. 또한 USN 정보에 USN 데이터 및 과거의 경험치(데이터, 정보, 지식)가 결합하여 USN 지식을 구성한다. 사용자는 상황에 요구되는 USN 데이터, USN 정보, USN 지식(USN DIK: Data-Information-Knowledge)을 현재 및 미래에 발생할 상황의 판단 근거로 활용하는 서비스를 제공 받을 수 있다.

3 | 유비쿼터스 인터페이스 인프라의 특성

USN은 유비쿼터스 환경에서 발생하는 사물의 인식, 환경 정보, 지식 정보 등 다양한 형태의 정보를 수집하고 사용자의 목적에 따라 정보를 제공할 수 있는 인프라이다. 자유로운 서비스의 창출과 파생은 다양한 서비스 공급자에 의해 재창출되어 유연한 국부적 인프라를 구성 및 구현하며, 지역이나 관심 공간의 공통된 정보와 서비스를 공유함으로써 정보 분류와 서비스 구분, 공간 등에 따른 공통된 통합플랫폼을 지향한다.

기존의 중앙 집중형 네트워크 인프라는 다수의 목적을 지향하고 표준 지향적인 특성인 데 비해 USN은 유비쿼터스 인터페이스 인프라를 통해 공간별 지역적·목적 지향적이며, 통합플랫폼 기반의 확장성·적용성을 지향함으로써 사용자가 원하는 정보나 서비스의 질적 수준을 높일 수 있다.

4 | USN의 공간 체계

유비쿼터스 환경은 다양한 물리 공간, 정보 공간 및 인간의 생활과 관련된 서비스가 연계된 복합 공간으로 구분할 수 있으며 각 공간에서는 다양한 형태의 정보와 서비스가 창출되고 생성된다. USN의 물리 공간은 데이터 및 정보가 수집되는 상향 공간과 통합관제센터 및 다양한 서비스 공급자로부터 생성된 정보와 지식이 서비스 형태로 다양한 사용자에게 제공되는 하향 공간으로 구분한다. 이러한 상하향의 물리 공간은 다양한 정보 통신 인프라 기반에서 데이터, 정보, 지식의 연계 체계를 제공하는 정보 공간을 매개로 지식과 공간이 복합된 서비스 창출, 정의 및 제공이 발생되는 복합 공간과의 연동이 구현된다. USN의 복합 공간은 사용자의 실제 생활을 영위하는 물리 공간과 물리 공간에서 발생하는 정보화된 이벤트를 지식과 서비스에 연계시키기 위하여 정보 공간이 복합 연계된 공간으로 정의된다.

각 복합 공간의 모든 인프라 및 표준은 자유로운 서비스 창출과 파생을 목적으로 한다. USN의 복합 공간은 인간의 삶이 영위되는 물리 공간에서 다양한 목적과 형태로서 제공되는 서비스 공간들을 구축하는 공간으로, 서비스의 목적이나 유형별로 USN 정보체계 내에서 서로 다른 의미를 갖거나 지향하는 목적이 다른 정보나 지식들이 존재한다. 이에 따라 각 서비스 복합 공간마다 데이터, 정보 및 지식의 구분이 필요하고, 유형별로 유비쿼터스 인터페이스 인프라와 중앙 집중형 인프라 등의 정보 공간과 연동할 수 있는 통합플랫폼의 표준이 요구된다. 이러한 USN의 통합플랫폼은 기존의 매크로 인프라 단위에서 중앙 집중적인 정보의 공유, 융합 · 통합화 및 공통 지향적인 특성뿐 아니라 국부적 인프라의 목적지향적 정보의 특성을 모두 만족해야 한다.

따라서 데이터, 정보, 지식은 기존의 정보통신기술(ICT: Information-Communication Technology) 관점에서 유사한 형태로 표현할 수 있지만, 자율적이고 능동적 대처가 요구되는 물리 공간과 정보 공간이 복합된 USN 환경에서는 기존의 ICT 관점에서의 정보에 목적과 공간이라는 상황 지향적 요소가 결부되어 관리, 적용, 생성 및 서비스와의 연계 등에 복잡성과 다양한 기술적 요구사항이 배가된다. 따라서 앞서 정의한 USN의 데이터-정보-지식(DIK) 체계를 서비스 공간과 연계한 목적 및 서비스 공간 지향적으로 구분하여 다루는 새로운 복합 체계가 요구된다.

2 구성 요소
UBIQUITOUS SENSOR NETWORK

1 u-서비스

USN 서비스 인프라는 다양한 매체의 정보, 보안, 방송, 인터넷 상거래를 융합하여 다층적 응용 서비스로 발전한다. USN은 유비쿼터스 인터페이스 인프라를 이용하여 정보 획득, 원격 관리, 보수, 모니터링 등과 같은 지능형 상호운용적 응용 서비스를 다양하게 창출할 수 있다. 이러한 u-서비스는 데이터-정보-지식의 USN 정보 체계 형태로 누적된 다양한 정보를 공통 플랫폼의 구축을 통하여 새롭게 가공하고, 공급할 수 있는 기반을 마련하여 수요자의 요구에 따라 자유롭게 창출되고 파생될 수 있는 지속가능한 서비스 제공 기술이 요구된다.

1 | u-Home

u-Home은 주택 내 공간과 디바이스의 제약 없이 보다 폭넓고 다양한 정보와 서비스를 집안과 집밖에서 자유롭게 이용함으로써 삶의 질을 한층 높여주는 USN 서비스 인프라의 대표적인 예이다.

u-Home은 방범·방재·환경·제어 등 모든 홈 응용 분야에서 장소와 시간에 관계없이 다양한 관련 정보를 수집하여 상황에 적합한 제어를 통해 쾌적한 환경을 제공하며, 편안하고 안전한 생활을 보장함과 동시에 각종 사고 발생 시 신속하게 대처하는 최적의 주거 환경을 목표로 한다.

그림 1-2-1은 u-Home 인프라의 구성도를 나타낸 것이다. u-Home 인프라에 필요한 기술은 이더넷을 비롯한 전화선, 전력선, 무선을 포함한 다양한 네트워크 인프라를 통해 구현되며, 네트워크화된 가정 내 디지털 정보 기기 간의 기능 공유, 데이터

공유, 원격 제어 등을 가능하게 한다. 또한 u-Home은 이질적이고 다양한 미들웨어 연동 기술, 홈 게이트웨이 운영 체제, 오픈 소스 기반의 GUI(Graphical User Interface), 초고속 통신망이 구축된 국내 주거 환경에 맞는 새로운 VoD(Video on Demand: 주문형 비디오), 인터넷 액세스와 오디오 · 비디오 스트림, 홈 컨트롤 애플리케이션 및 서비스를 비롯하여 기타 네트워크화 장비에 애플리케이션과 서비스 기능을 분배하는 기능을 수행한다.

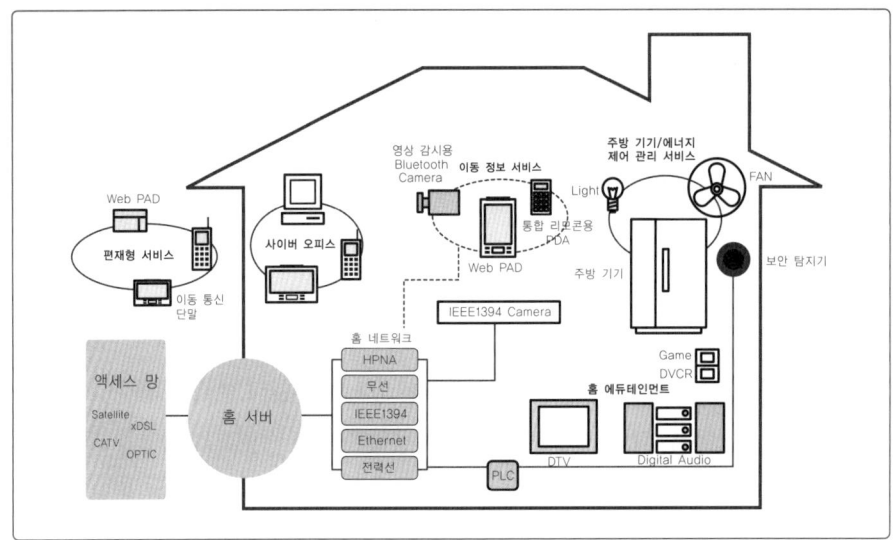

그림 1-2-1
u-Home 구성도

2 | u-City

u-City는 유비쿼터스 ICT 기술을 적용하여 인간이 생활하는 생활 공간 및 거주 공간을 편리하게 하는 진화된 미래 도시 인프라로서 모든 거주민이 언제 어디서나 필요한 정보 서비스를 쉽게 얻고 활용할 수 있으며 공공 서비스뿐 아니라 기업의 상용 서비스, 지역 서비스 등 첨단 도시 생활과 관련된 모든 서비스를 망라한다. 또한 도시 기능과 관리의 효율화를 위해 기존의 정보 인프라를 혁신하고 USN을 기간 시설에 접목시켜 도시 내에 발생하는 업무를 실시간으로 대처하고 정보 통신 서비스를 제공하여 주민에게 편리하고 안전하며 안락한 생활을 제공하는 신개념 도시이다.

u-City는 도시통합관제센터를 중심으로 도시민에게 각종 서비스를 제공한다. 즉 도로, 유틸리티, 지리 정보 시스템(GIS: Geographic Information System), 기반 플랫

폼 등 유비쿼터스 기반 시설과 다양하고 유익한 콘텐츠 및 효율적인 도시 관리 서비스를 제공하는 통합플랫폼 기반의 도시통합운영센터로 구성되고 물리적 생활이 영위되는 환경인 물리계층에 설치 운용되는 다양한 센서노드와 운영센터 및 사용자와의 연계 · 연동을 위한 액세스망 및 백본망의 정보 계층으로 구성된다.

u-City는 물리계층의 정보를 수집하기 위한 센서노드와 정보 및 서비스 제공을 위한 다양한 단말 기술 등과 관련된 물리 공간 기술과 액세스망 및 백본망 구축 등과 관련된 정보 공간 기술, 그리고 물리 공간 및 정보 공간에서 발생하거나 제공되는 서비스 기술과 관련된 복합 공간 기술로 구성 기술들의 영역을 구분할 수 있다. 이러한 u-City의 구성 기술에 대한 공간 기술적 영역 구분은 IP 기술의 복합 체계인 USN의 구성 요소와 대응된다. u-City의 물리 공간 기술은 USN의 다양한 센서 기술과 연동되는 유비쿼터스 인터페이스 네트워크와 관련된 기술에 대응된다.

정보 공간 기술은 u-City에서 원활하고 보장성이 제공되는 정보 연계 체계 구축과 관련된 USN 네트워크 관련 제반 기술인 유무선 중앙 집중형 네트워크 및 인프라 기술과 대응된다.

마지막으로 u-City의 복합 공간 기술은 확고한 정보 보호 및 보안 기술 기반 위의 물리 공간 및 정보 공간에서의 다양한 서비스 창출, 파생, 제공 등과 관련된 USN 서비스 기술에 대응된다.

3 | u-Government

u-Government는 정부의 대국민 서비스와 업무 처리가 언제 어디서나 개인화 · 지능화되어 기존의 정부 및 전자정부보다 한 단계 발전하고 서비스 편리성과 업무 효율성이 향상되는 체계로, 전자정부의 최종 목표점인 통합과 맞춤형 서비스를 지향하는 정부를 말한다. 즉 특정 인터넷 사이트에 접속해야만 정부 서비스를 제공받는 것이 아니라 일반 국민이 생활하는 일상생활 속에서 정부 서비스가 보이지 않게 스며든 환경인 통합적 유비쿼터스 서비스 인프라를 제공한다. 서비스 제공 측면에서 u-Government는 실시간, 지능적 업무 처리로 국민 개인의 특성과 수요에 따라 맞춤형 서비스를 제공하며, 적시적소에 다양한 채널을 통해 실시간 정보를 활용할 수 있게 됨으로써 행정 서비스 이용의 거래 비용이 대폭 절감되고 국민 생활 전반의 문제 해결 능력이 향상된다.

이러한 u-Government의 궁극적 목표는 고객 지향성, 지능성, 실시간성, 형평성 등으로 이전의 e-Government 목표인 고객 서비스, 신속성, 투명성 등에 비해 구체화 · 고도화되는 것이다. 즉 인간과 정보 기기의 접촉, 정부와 국민의 접촉이 최소화되고 수요자인 국민이 원하는 방식으로 원하는 서비스를 이용하여 인간 중심적 서비스가 구현되는 것이다.

4 | u-Work

u-Work는 USN을 이용하여 근로자가 시간과 장소의 제약에서 벗어나 정보 통신 기술을 활용하여 효율적으로 업무를 수행할 수 있는 새로운 근로 형태를 의미한다.

기존의 TeleWork, e-Work의 개념에서 출발하여 정보 통신 기술의 발전, 유무선 초고속 통신망의 보급 확대 및 유비쿼터스 기술의 급속한 발전이 이루어지는 우리나라에서 u-Work라는 용어가 출현하게 되었다. 외국에서는 여전히 텔레워크(TeleWork), e-Work란 용어를 쓰지만, 그 의미가 u-Work 개념까지 포함하는 형태로 확장되고 있으므로 개념적으로는 동일시해도 무방하다.

즉 그림 1-2-2와 같이 텔레워크, 재택근무, e-Work의 개념으로 존재하던 근무 형태가 정보 통신 환경의 변화, 근로자의 IT 활용 능력 향상 등 사회적 환경 변화, 근로에 대한 가치관 변화, 지역 간 분산 협업 환경, 기업 비즈니스의 국제 협력 강화 등으로 유비쿼터스 사회의 업무 방식에 맞는 새로운 근로 방식인 u-Work로 등장한 것이다.

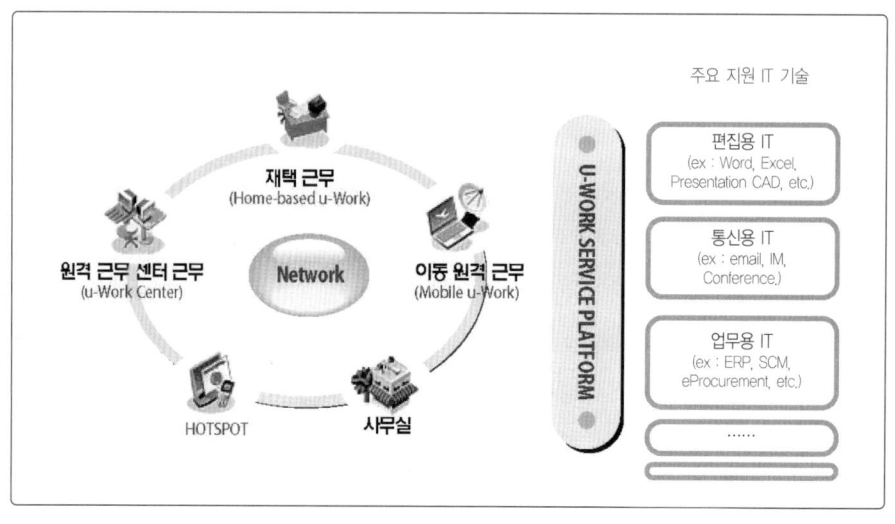

그림 1-2-2
u-Work 출현 배경

u-Work 시스템을 도입하려면 하드웨어, 네트워크 인프라, 보안 인프라, 소프트웨어가 필요하며 이것은 그림 1-2-3에 잘 나타나 있다. 하드웨어는 근로자가 업무를 수행하기 위한 단말을 의미하며, 재택근무 또는 u-Work 센터에서 많이 사용하는 데스크톱 PC를 포함하여 이동 원격 근무에서 사용하는 휴대전화, PDA 등이 있다. 인터넷을 비롯하여 사내 서버에 접속하려면 네트워크 인프라가 필요하며 와이브로, HSDPA 등 새로운 무선 네트워크 기술이 등장하고 있다.

특히 가정에서 일반적인 정보 습득 및 게임 등의 목적이 아닌 u-Work를 위한 네트워크 연결 시 보안은 중요한 요소이다. 또한 바이러스 차단 시스템, 방화벽 등을 구축하여 인증 받지 않은 사용자의 접근을 차단해야 하며, 바이러스 침입 등에도 대비해야 한다.

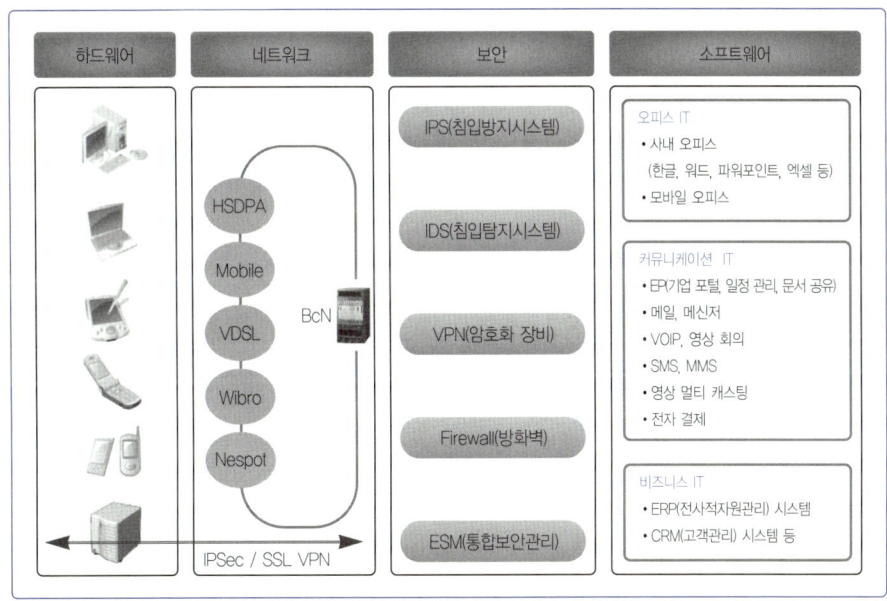

그림 1-2-3
u-Work 근무 형태

5 | u-Defense

u-Defense는 2006년 3월 정부에서 수립한 u-KOREA 기본 계획 중 5대 분야 선진화 전략의 하나인 안전하고 깨끗한 사회 실현을 위한 이행 과제의 하나로 구체화되어 수행 중이다. 국방 선진화 전략으로 USN 기반의 국방 통합 정보 체계를 토대로 한 전장 관리 정보 체계와 자원 관리 정보 체계의 상호 운용성을 보장하고 자본, 기

술, 정보 집약적 과학군 기틀을 마련함으로써 국방 개혁의 추진을 가속화하는 데 목적이 있다. 이러한 국방 분야의 선진화 전략의 세부 실천과제로 정부는 다음 4가지를 제시했다.

첫째, 센서 및 로봇 기반의 무인 정찰 체계의 구축을 위해 광섬유, 센서, CCTV 및 적외선 카메라 등으로 구성된 감시 정찰 복합 센서 네트워크를 구축하여 기지 방어 및 휴전선 경계 근무의 효율성·효과성 제고와 네트워크 기반의 견마형 무인 로봇 및 무인 정찰기를 운영함으로써 위험 지역 경계 근무를 대체한다.

둘째, RFID 기반의 군수 관리 정보 체계 마련으로 탄약 관리, 전투기 부품 관리 등 군수물품의 효율적 관리와 원활한 보급을 위해 RFID 기반의 자원 관리 정보 체계를 구축한다.

셋째, C4I 체계 상호 연동 및 고도화를 통한 전장 관리 정보 체계를 강화하기 위해 연합사 및 육해공군 C4I 체계간 상호 연동 추진 및 지휘 통신을 위한 통합 단말기 개발 보급으로 효율적이고 신속한 전장 관리 정보 체계를 구축한다.

넷째, u-Learning 기반의 실전적 교육 훈련 지원 체계의 운영으로 미래 전장 환경에 맞는 실전 경험을 축적하기 위한 과학화 훈련장 건설 및 확대 운영을 통한 실전적 작전 수행 능력을 배양한다. 이를 위해 국방부와 방송통신위원회가 최첨단 유비쿼터스 신기술을 군에 접목하여 u-Defense 계획을 확정하고 군의 1개 부대를 선정하여 2010년까지 u-Defense 체계를 갖춘 유비쿼터스 부대로 만들고 2020년까지 단계적으로 확대하기로 했다.

u-Defense 서비스 인프라를 구축하기 위해 와이브로 기술, RFID/USN 기술, 로봇 기술, 홈 네트워크 기술 등 최첨단 유비쿼터스 기술이 필요하며 인프라 구축 시 전장 상황을 실시간 모니터링하여 적의 침입을 조기에 인지함으로써 실시간 반격 체계를 구축할 수 있어 군 전투력을 획기적으로 향상하는 것이 가능하다. 또한 로봇 및 RFID/USN 기반의 전장 관리, 훈련, 경계 및 군수 자산의 실시간 관리 체계를 구축함으로써 전장, 훈련 및 경계 현황의 가시화와 군수 자산의 가시화를 구축하여 적시, 적기의 지휘 체계를 극대화할 수 있을 뿐 아니라 군수 자산의 효율적 활용이 가능하다.

6 | u-Health

u-Health란 의료 서비스 이용의 편리성과 효율성을 높이기 위해 유무선 네트워크 인프라를 의료 산업에 접목하여 언제 어디서나 예방, 진단, 치료, 사후관리가 가능한 서비스 인프라를 말한다. 식생활의 변화와 고령화로 암, 당뇨, 고혈압 등 만성질환과 노인성 질환이 늘어날 뿐 아니라 일반인의 건강관리에 대한 관심이 증대되어 u-Health 서비스 인프라 구축의 필요성이 증가하고 있다.

1 u-Health의 구성

u-Health는 개인의 생체 신호 및 건강 정보의 센싱, 모니터링, 분석, 피드백 단계로 구성된다. 센싱은 사람의 생체 신호를 측정하는 것이며, 모니터링은 측정된 생체 정보를 1차적으로 가공하고, 분석은 장기간에 걸쳐 측정된 데이터로부터 건강 상태 및 생활 패턴 등을 나타내는 새로운 건강지표를 발굴한다. 피드백은 건강 상태의 변화를 사용자에게 알려주는 단계이다.

그림 1-2-4에서 보듯이 u-Health 서비스를 제공하려면 생체 신호를 측정하기 위한 센서의 정확도 및 신뢰성이 무엇보다 중요하다. 또한 불편함 없이 생활 속에서 자연스럽게 측정할 수 있는 사용 방법(User Interface)도 매우 중요하다.

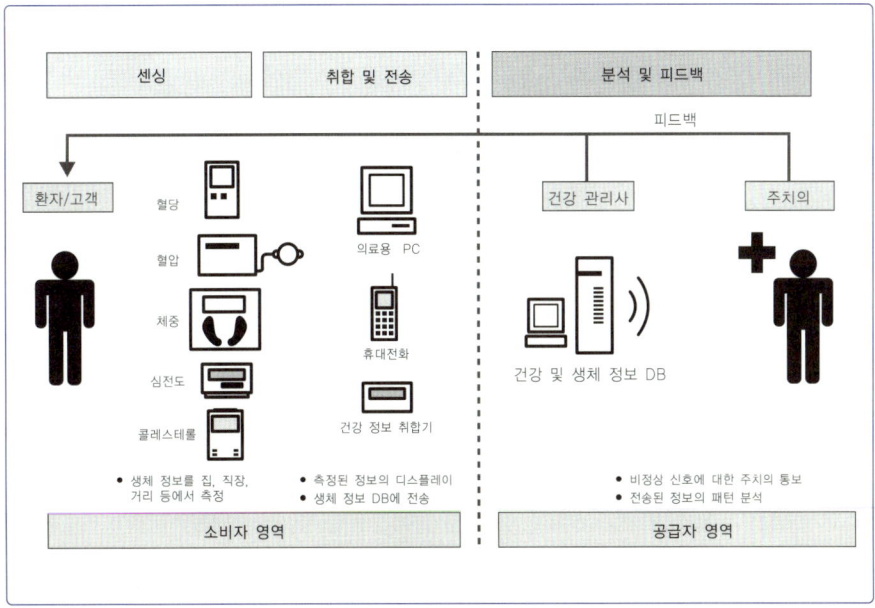

그림 1-2-4
u-Health 영역

2 홈&모바일 헬스케어 적용 형태

혈당, 혈압 등 개인의 생체 신호 및 건강 정보를 측정해 건강관리회사나 의료기관이 운영하는 건강 정보 시스템으로 전송한다. 건강 정보 시스템은 전송된 정보의 패턴을 분석해 당사자 또는 주치의에게 통보하며, 전문적인 의료 서비스가 필요 없는 경우에는 건강관리회사의 건강관리사가 개인에게 통보하고 이를 관리한다. 건강관리사나 주치의는 대상 고객에 대해 원격으로 건강관리 및 의료 서비스를 제공한다.

3 병원의 디지털화

병원 내 구축된 네트워크 인프라는 u-Health 도입의 기반을 제공한다. 과거 차트 및 필름에 기록했던 환자의 건강 정보를 전자의무기록(EMR)과 의료영상전송시스템(PACS) 등을 이용하여 디지털로 기록, 저장한다. 병원 내 정보화로 병원 간 또는 병원과 재택환자 간 건강 정보 송수신의 환경이 조성되고 있다. 가정이나 실버타운 등에서 요양을 하는 재택 환자의 건강 정보를 병원과 송수신하기 위해서는 병원 내 정보화가 필수적이다.

2 유무선 중앙 집중형 네트워크

유무선 중앙 집중형 네트워크는 상호 원활하고 끊김 없는 통신을 하기 위한 네트워크 관련 제반기술을 의미한다. USN에서 네트워크 인프라의 기본 역할은 각종 센서에서 수집한 정보를 상위 응용 프로그램에 전달하고, 서비스 실행을 위한 제어 정보를 센서노드의 액추에이터(Actuator)에 전달하는 것이다. 네트워크 인프라는 크게 무선 네트워크와 유선 네트워크로 구분한다.

유선 네트워크 인프라는 선을 통하여 정보를 송수신하는 것으로, 높은 데이터 전송 속도와 신뢰성, 상대적으로 높은 보안성 등의 장점을 지니고 있다. 전화선을 이용하는 모뎀(MODEM)에서 출발하여 이후 회사나 기관들은 토큰 링(Token Ring), 이더넷(Ethernet), FDDI(Fiber Distributed Digital Interface) 등의 기술을 이용한 LAN으로 발전하였으며 외부 인터넷과는 T1/E1 등의 전송 방법을 이용하는 방향으로 발전하여 외부 인터넷과 접속되는 것이 일반적이었다.

이더넷의 경우 최초에는 2.94Mbps의 전송 속도에서 시작하여 10Mbps급, 100Mbps급을 거쳐 1Gbps, 10Gbps 이더넷 등으로 지속적인 발전을 거듭하고 있다.

이후 40Gbps, 100Gbps 기반 이더넷 기술도 출현할 것이다. 그 외에도 상용 전력을 전송하는 전력선에 고주파를 결합하여 통신하는 방식의 PLC(Power Line Carrier), 미국의 애플 컴퓨터가 제창한 개인용 컴퓨터 및 디지털 오디오, 디지털 비디오용 시리얼 버스 인터페이스 표준 규격으로 파이어 와이어(FireWire)라고도 하는 IEEE1394, HID(Human Interface Device)로서의 특성과 주변 장치와의 용이한 연결과 충분한 IRQ(Interrupt ReQuest) 자원 및 플러그 앤 플레이(PnP: Plug and Play) 기능이 지원되는 USB(Universal Serial Bus) 등의 유선 네트워크가 있다.

한편 유비쿼터스 네트워크 환경은 인간을 중심으로 주변의 모든 기기가 하나의 네트워크로 연결되어 끊김 없이 정보를 주고받으며 통신을 가능하게 하는 전자 공간과 실제 공간의 융합이다. 결국 유비쿼터스 공간은 모든 종류의 단말을 사용하고 모든 종류의 물리적인 기기들을 통해 네트워크에 접근할 수 있는 확장성·개방성이 필요하며, 자유로운 이동성 제공이 필수적임을 알 수 있다. 이와 같이 모든 종류의 물리적인 기기들을 기존의 유선 네트워크 인프라를 이용하여 연결한다면(실제로는 불가능하지만), 망 구성이 매우 복잡해지고 설치 비용이 기하급수적으로 늘어날 뿐 아니라 자유로운 접속의 개념과도 상충되는 문제를 야기하게 된다. 그러므로 유비쿼터스 공간에서는 기간망을 구성하는 유선 네트워크 인프라뿐 아니라, 전파를 이용하며 이동성을 보장할 수 있는 무선 네트워크 인프라 환경 하에서 기기들의 네트워크 구성이 보다 중요한 의미를 지닌다. 무선망은 망의 크기에 따라 WLAN(Wireless Local Area Network), WMAN(Wireless Metropolitan Area Network), WWAN(Wireless Wide Area Network) 등으로 나뉜다. 그 외에도 케이블의 배선이 필요 없고 이동 시에도 기반 랜에 접속 가능한 통신 형태인 IEEE 802.11x, 무선 인터넷 접속 규격인 와이브로(Wibro) 등의 무선 네트워크가 있다.

3 유비쿼터스 인터페이스 네트워크

유비쿼터스 센서 네트워크에서 유비쿼터스 인터페이스 네트워크는 다양한 정보에 목적 지향적인 소규모 플랫폼 형태로 구축되고 사물의 식별 단계부터 이력 추적, 상태 정보의 모니터링, 실시간 감시 및 제어 자율형 서비스를 제공하여 USN을 구현하기 위한 기반 네트워크이다.

유비쿼터스 인터페이스 네트워크는 정보 수집 계층으로 USN을 구성하는 가장 기본적인 단위이며, RFID와 센서 네트워크가 대표적인 예이다. RFID 기술은 대량의, 낮은 가격의 태그를 이용하여 사물의 정보를 획득하는 역할을 하며 센서 네트워크는 센서로부터 주위 환경을 모니터링하여 사용자가 원하는 서비스를 제공한다. 그 외에도 유비쿼터스 인터페이스 네트워크로는 블루투스, 지그비, 6LoWPAN 등이 있다.

1 | RFID

RFID 기술은 간단한 형태의 정보 감지 수단으로 태그에 저장된 정보를 무선 주파수를 이용하여 리더가 비접촉식으로 읽어내는 기술로, 리더가 읽은 정보를 이용하여 비즈니스와 응용 서비스에 연계해 주는 미들웨어, ID 관리를 위한 서버 및 네트워크 연동 기술 등으로 구성된다. RFID 기술은 가장 단순한 기능인 사물의 식별뿐 아니라 상태 정보를 감지한다. 수동형·반능동형·능동형 RFID 기술로 구분되며, 응용 분야에 따른 전파 특성을 고려하여 135kHz 이하, 13.56MHz, 433MHz, 860~960MHz 및 2.45GHz 주파수 대역을 이용한다. 그림 1-2-5는 RFID 구성 요소를 나타낸 것이다.

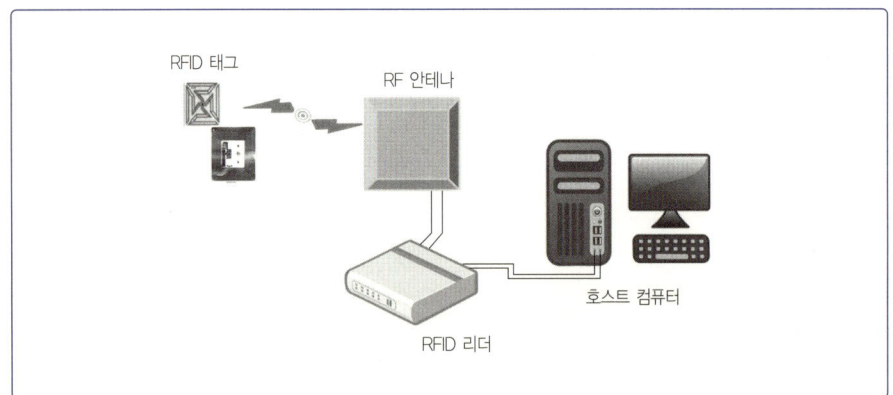

그림 1-2-5
RFID 구성

2 | 센서 네트워크

센서 네트워크 기술은 센서 등을 통해 얻은 사물·공간 정보 데이터를 다양한 통신 및 네트워킹 기술을 통해 상위 계층으로 전송한다. 센서 네트워크는 물리 공간의 상태인 빛, 소리, 온도, 움직임 같은 물리적 데이터를 센서노드에서 감지하고 측정하여 중앙의 싱크노드로 전달하는, 센서노드들로 구성되는 네트워크이다. 일반적으로 멀티홉(multi-hop) 무선 네트워크 형태이며 다수의 분산 센서노드들로 구성된다. 센서노드는 하나 이상의 센서(온도, 소리, 빛, 가속도, 자기장 등), 액추에이터 (actuator), 마이크로 컨트롤러, EEPROM, SRAM, 플래시 메모리, 근거리 무선 통신 모듈로 구성된다. 센서 네트워크 기술은 센서와 무선 네트워크 기능을 이용하여 물리 공간에서 측정한 아날로그 데이터를 디지털 신호로 변환하고, 인터넷 같은 전자 공간에 연결된 루트(root) 노드로 전달하는 입력 시스템의 역할을 한다. 물리적 세계와 사이버 세계를 연결할 수 있는 특징 때문에 센서 네트워크의 개념은 새롭게 대두되는 지능형 서비스의 지능형 환경 모니터링, 위치 인지 서비스, 지능형 의료 시스템, 지능형 로봇 시스템 등 다양한 분야에 적용된다.

센서 네트워크의 장점은 낮은 사양의 하드웨어를 이용하여 무선 애드 혹(ad-hoc) 네트워크를 구성한다는 점이다. 예를 들어 지금까지 개발된 블루투스, 무선 랜 등의 무선 네트워크 기술은 반드시 컴퓨터, PDA 같은 고급 컴퓨팅 장치를 필요로 하지만, 센서 네트워크 노드는 독자적으로 네트워크를 구성하며, 이와 같은 네트워크 구성의 용이성 때문에 유비쿼터스 컴퓨팅 환경의 기반 기술로 사용된다. 그림 1-2-6은 센서 네트워크의 구성 요소를 나타낸 것이다.

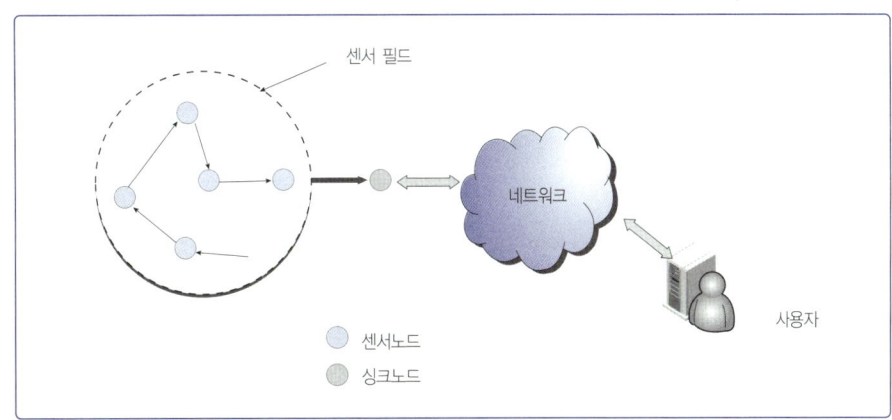

센서 필드

네트워크

사용자

센서노드
싱크노드

그림 1-2-6
센서 네트워크 구성

그림1-2-6에 나타낸 구성에서 센서필드 및 센서노드와 싱크노드 사이의 네트워킹 및 연동은 다양한 무선통신 기술을 이용하여 구성될 수 있으나 센서 네트워크의 특성, 즉 저전력, 일정 거리 이상의 전송범위와 구현의 용이성 등을 고려할 때 IEEE 802.15.4, ZigBee, UWB, Bluetooth 등과 같은 저속의 WPAN(Wireless Personal Area Network) 기술들이 주로 적용되고 있다. 현재까지는 여러 무선통신 기술 중 IEEE 802.15.4와 ZigBee 기술을 이용하여 센서 네트워크 응용 서비스를 제공하고 있는 것

이 대부분이지만 제공하고자 하는 요구되는 응용 서비스 및 목적에 따라 ZigBee 이외의 다양한 기술들을 활용하여 센서 네트워크를 구축 및 응용 서비스를 구현하고 있다.

1 지그비(Zigbee)

지그비는 가정, 사무실 등의 무선 네트워킹에서 10~20m 내외의 근거리 통신 시장과 유비쿼터스 컴퓨팅을 위한 기술이다. IEEE 802.11이나 다른 802.15 기술과는 달리 단순 기능이 요구되며 소형, 저전력, 저가격의 인터페이스 네트워크이다.

지그비는 충격 계수가 낮은 환경에서 높은 데이터 처리 효율을 제공한다. 따라서 지그비는 가정과 기업 그리고 제어 기기와 센서가 주로 사용되는 산업 자동화 등의 분야에 이상적이다. 이러한 주변 장치들은 낮은 전력에서도 동작하며, 이러한 특성은 통상 0.1% 이하로 매우 낮은 충격 계수와 더불어 배터리를 보다 오래 쓸 수 있게 해준다는 것을 의미한다. 지그비에 적합한 응용으로 HVAC, 조명 시스템, 침입 탐지, 화재 감지, 그리고 비정상 사태의 감지 및 통보 등의 분야가 있다. 지그비는 피어 투 피어(P2P: Peer to Peer), 선형, 망형 등 대부분의 네트워크 형상과 호환성이 있으며, 단일 무선 개인 영역 통신망에서 최대 255개의 주변장치를 다룰 수 있다.

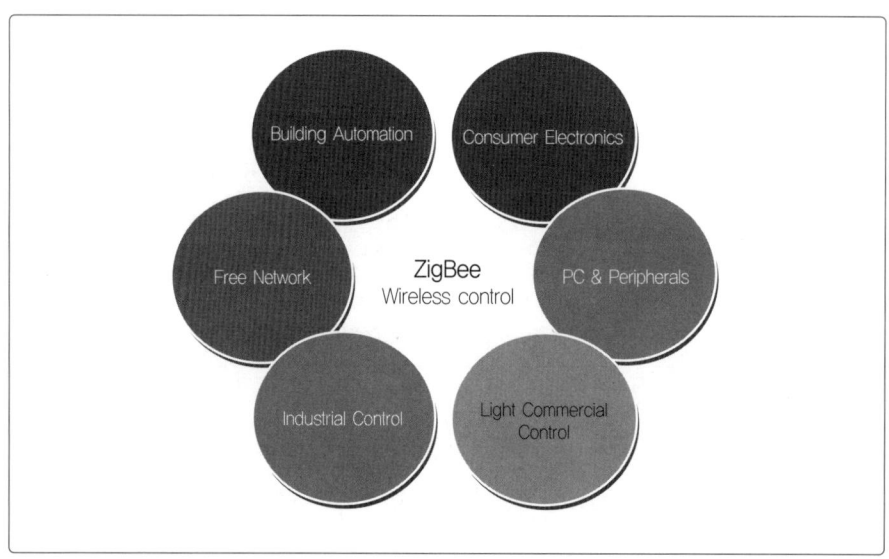

그림 1-2-7
지그비 응용 분야

2 UWB

UWB 기술은 무선 방송파를 사용하지 않고 기저대역에서 수 GHz 대의 매우 넓은 주파수를 사용하여 통신이나 레이더 등에 응용되고 있는 새로운 무선 기술이다. 수 나노 혹은 수 피코 초의 매우 좁은 펄스를 사용함으로써 기존의 무선 시스템의 잡음과 같은 매우 낮은 스펙트럼 전력으로, 기존의 통신 시스템과 상호 간섭 영향 없이 주파수를 공유하여 사용할 수 있으므로 주파수의 제약 없이 사용 가능한 무선통신 시스템 기술이다. 일반적으로 UWB는 3.1~10.6GHz 대역에서 100Mbps이상 속도로 기존의 스펙트럼에 비해 매우 넓은 대역에 걸쳐 낮은 전력의 초고속 통신을 제공하는 초광대역 저전력 무선통신 시스템 기술이다. 다른 통신 시스템에 간섭을 방지하기 위해 신호 에너지를 수 GHz 대역폭에 걸쳐 스펙트럼으로 분산, 송신함으로써 다른 협대역 신호에 간섭을 주지 않고 주파수에 크게 구애받지 않으며 통신을 할 수 있는 특징이 있다.

3 블루투스(Bluetooth)

블루투스는 약 10m 이내의 거리에서 다양한 기기 간에 통신을 가능하게 하는 저전력, 저가의 근거리 무선 통신 기술이다. 초기에는 적용 범위의 제약을 받았으나 최근에는 기능이 확대되어 휴대전화 단말기나 PDA 등 개인 통신 기기, 헤드셋, 키보드 스피커, 프린터와 같은 PC 주변 기기, 유선으로 PC에 접속된 기기 간의 개인용 네트워크(PAN: Personal Area Network) 구축 기술로 각광받고 있다.

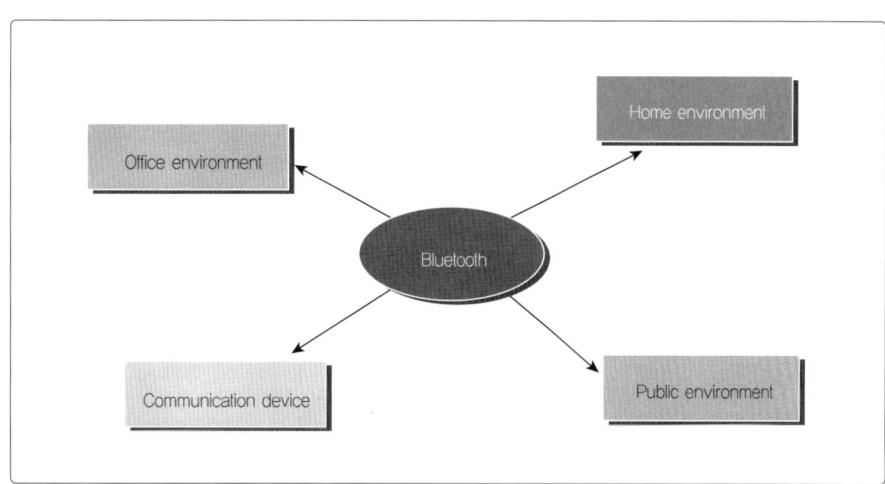

그림 1-2-8
블루투스 응용 분야

3 | 6LoWPAN

기존의 센서 네트워크는 Non-IP 기술을 활용하여 게이트웨이를 통해 IP 네트워크와 연동되는 형태로, 자체 프로토콜을 이용하는 센서노드는 대부분 인터넷과 직접 연동되지 않는 구조이다. 최근 IETF에서 표준화가 진행 중인 6LoWPAN(IPv6 over Low power WPAN)은 센서 네트워크와 IPv6 네트워크를 직접 연동하는 기술로, 개별 센서노드까지 IPv6를 보유하고 있다. 6LoWPAN이 사용하는 IEEE 802.15.4 기술은 이미 지그비에서 채택되어 사용 중인 기술로 지그비는 현재 자체적인 네트워크 계층을 통해 네트워킹 기능을 제공하며, 6LoWPAN 기술은 지그비의 네트워크 계층을 대체하고자 개발되고 있다. 따라서 향후 6LoWPAN 기술을 통해 USN 사용자는 공간 제약 없이 IPv6를 통한 통신이 가능하게 될 것이다.

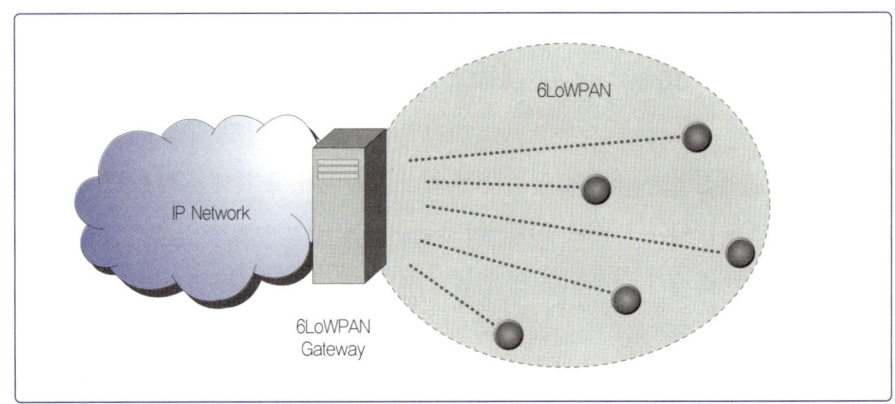

그림 1-2-9
6LoWPAN 구조

4 유비쿼터스 인터페이스 네트워크 정보 보호

1 | 개요

USN은 사용자가 인식하지 못하는 사이에 여러 개의 단말기를 통해 편리한 생활을 추구하기 위한 인프라이며, 기존의 무선 인터넷, 무선 랜, 블루투스, 홈 네트워크 등의 분야를 통합한 환경이다. 이와 같은 다수의 정보 및 데이터의 보안이 취약할 경우 기존 네트워크 환경보다 더 큰 문제가 발생할 수 있다. USN 환경에서 센서 네트워크 기술은 인터페이스 네트워크로서 가장 일반적으로 사용하는 기술이다. 센서 네트워크 기술은 상황 정보 인지 기능을 갖춘 센서노드들이 무선 통신 인프라를 구성하여 환경 정보 모니터링이나 산업체 기기 제어 및 모니터링, 홈 자동화, 보안 및 군사용, 자산 및 물류 응용 등 다양한 응용을 수행하는 기술로서 기존의 물리적 환경에 지능 및 네트워킹 기능을 제공하기 때문에 응용 분야가 넓고 향후 발전 전망이 좋다. 그러나 센서 네트워크의 센서노드는 무선으로 데이터를 주고받으며 각 단말기의 계산 능력과 전력 관리 등의 문제가 있으므로 인터넷 시대의 보안 문제보다 복잡하며 이들 구성 장비에 대한 공격이 쉽다.

이러한 공격에 방어를 수행하는 작업은 기존의 방법보다 더 어렵다. 또한 이러한 환경에서는 단말기들이 생활 곳곳에 널리 퍼져 있어 프라이버시, 시스템 혼란 방지, 확장성, 보안 등의 장기적인 문제점을 노출한다. 보안 문제는 유비쿼터스 시대에 성공의 중요한 열쇠이며, 인터넷 시대에서의 보안 역할보다 더 중요하다. 이 때문에 USN 산업 및 관련 시장을 육성하기 위해서는 USN 환경의 보안 취약성을 해결해야 한다. 예를 들어 USN 노드 간 통신 데이터의 기밀성, 센서노드 상호 간의 인증 기능, 센서노드와 게이트웨이 간의 인증 기능, 데이터의 무결성 보장, 키 분배 및 관리 기능 제공, 안전한 라우팅 기법이 제공되어야 한다.

1 USN 보안 환경의 취약성

USN은 센서노드가 외부 환경에 노출되어 있다는 점과 무선통신에 기반을 둔다는 점, 네트워크 구성이 비정형적이며 재구성이 가능하다는 점 때문에 외부로부터 보안 공격을 쉽게 받을 수 있다.

① 공격 유형

센서 네트워크의 물리적 손상이나 절취 등의 물리적 공격을 통해 센서 네트워크의 기능을 마비시키거나 센서노드 내부의 중요한 정보 또는 기능 등을 원하는 목적에 따라 변형할 수 있다.

② 변화되는 환경

현재 환경에 대한 공격이나 취약점, 대책 등을 연구하기보다는 발전의 추이를 지켜보면서 보호해야 할 범위를 분류하는 것이 중요하다. 특히 USN의 각종 기술 중에서 잠재적인 보안 문제가 무엇인지 예상하며 새로운 기술이 등장했을 때 보안 문제에 그 결과가 반영되도록 연구하는 것이 바람직하다.

③ 개방형 시스템

기존의 네트워크에 대비하여 USN의 경우 개방형 시스템의 특징이 있다. 따라서 USN은 개인 정보가 해킹에 노출될 위협이 더욱 크고 사물까지도 침해당할 우려가 높다. 또한 기존의 네트워크에서는 해커의 주 침입 대상이 개인의 컴퓨터에 저장된 데이터였지만 USN은 개인의 사적인 모든 공간이 침입 대상이다. USN 환경에서 사이버 테러는 말 그대로 물리 공간과 사물, 육체에 대한 테러를 포함하며 개인이나 기업, 국가의 광범위한 공간 보호가 요구된다.

④ 낮은 사양의 장치

기존 네트워크에 연결된 장치들은 대용량의 메모리와 높은 컴퓨팅 능력을 가진 장치들이 대부분이었다. USN에서는 사용자의 이동성과 각 가전제품에 포함될 것을 고려하여 낮은 컴퓨팅 능력과 작은 메모리 장치가 사용되고 있다. 이러한 장치에 기존에 사용하던 보안 메커니즘을 그대로 적용하기에는 성능의 문제가 있으므로 저성능 장치에 알맞은 보안 메커니즘을 고려해야 한다.

❷ USN 보안의 목적

일반적으로 정보 보호의 목적은 기밀성(secrecy), 무결성(integrity), 가용성(availability)을 확보하는 것이다. USN 환경에서는 정보 보호의 기본적인 목적과 함께 지켜야 할 두 가지 목적이 있다.

① 프라이버시 보호

USN은 사용자의 편의를 위해 사용자 정보를 장치로 입력받아 서비스를 제공한다. 사용자가 원하는 장치에 사용자 정보가 제공되는 것은 문제가 되지 않지만 사용자가 원하지 않는 장치에 사용자 정보가 계속 제공되면 그 범위가 사용자 생활 환경까지 포함되므로 사생활이 침해받을 가능성이 일반 네트워크에 비해 높다. 따라서 유비쿼터스 환경에서는 프라이버시(Privacy) 보호가 중요하며, 유비쿼터스 서비스가 확산되면서 프라이버시에 대한 관심이 국내의 법과 국외 소비자 단체, 법, 가이드라인에 영향을 주고 있다.

② 장치 및 시스템 보호

USN은 여러 장치가 유기적으로 연결되어 이루어진다. 특히 네트워크에 연결되어 각각의 기능을 수행하며 사용자나 다른 장치로 제어한다. 가전제품, PC, 센서 등 장치의 종류가 다양하기 때문에 관리가 어려워지고 보안상의 허점이 발생하며 고정된 장치 외에도 지속적인 위치 변동이 발생하는 장치가 있어 위험은 더욱 심해진다. 그 위험은 장치의 마비와 함께 인프라의 오동작, 사회 혼란으로 확장될 수 있으므로 장치와 시스템의 보호가 중요하다.

❸ USN의 보안 위협 요소

USN은 무선 인터넷, 무선 랜, 블루투스, 홈 네트워크 등의 분야를 통합하는 무선 통신이라 할 수 있다. 이러한 환경에서 발생할 수 있는 위협으로는 단말기의 분실 및 도난, IP 스푸핑, 서비스 거부 공격, 트로이 목마, 웜, 바이러스, 신호 방해 공격, 배터리 소진 공격 등이 있다.

① 단말기의 분실 및 도난

사용자의 단말기에 저장된 개인 정보는 평소에는 노출되지 않지만 사용자가 단말기를 분실하거나 도난당하면 공격자에게 노출될 위험이 있다. 즉 사용자 정보의 기밀성을 침해받을 수 있으며, 공격자는 이를 이용하여 사용자에게 금전적이거나 인적인 피해를 줄 수 있다.

② 비인증 액세스 포인트

무선 네트워크에서는 액세스 포인트가 사용자를 인증하지만 사용자는 액세스 포인트를 인증할 수 없다. 또한 비인증 액세스 포인트가 무선 네트워크 내에 위치하면 공격자는 액세스 포인트에 대한 인증 없이 네트워크 접근이 가능하다. 그러나 이것은 정당한 사용자의 주소를 도용하여 서비스 거부 공격의 거점이 될 수 있다는 취약점이 있다.

③ IP 스푸핑

IP 스푸핑(Spoofing)은 공격자가 정당한 사용자의 IP 주소를 도용하여 승인 받은 사용자처럼 가장하고 시스템에 접근하려는 행위로, 기밀성을 침해하는 위협이다. 무선 신호는 건물 벽을 통과하기 때문에 건물 외부로 전달될 수 있고, 무선 신호 범위 내에 존재하는 어느 누구나 무선 접속이 가능하므로 전송되는 정보가 암호화되지 않을 경우 공격자가 주요 정보를 도청할 위험이 항상 존재한다.

④ 서비스 거부 공격

서비스 거부 공격은 공격자가 공격 대상인 시스템에 대량의 서비스를 요구하여 과부하를 발생하고 정당한 사용자에게 서비스를 제공하지 못하도록 함으로써 가용성을 침해하는 위협이다. 유비쿼터스 네트워크 환경은 고정된 네트워크 구조가 없고 네트워크 구조가 수시로 변경되기 때문에 임시로 구성된 노드 간에 데이터 교환을 위해 네트워크 구성에서 각 노드 간에 많은 요청이 오가게 된다. 공격자가 이를 이용하여 서비스를 대량으로 요청할 경우 정당한 사용자들은 서비스를 이용하지 못하는 불편함을 겪게 된다.

⑤ 악성 프로그램

트로이 목마, 웜, 바이러스 등 악성 프로그램은 유비쿼터스 단말 장치의 시스템을 파괴하거나 작동을 방해하기도 하며 사용자의 정보를 유출시킬 수 있어 가용성 및 기밀성, 무결성 등 여러 측면을 침해하는 위협이 된다. USN은 센서 네트워크로 모든 기기가 연결되어 있어 악성 프로그램에 감염되면 그 피해가 커진다.

⑥ 신호 방해 공격

신호 방해 공격은 무선 시스템에 대한 고전적인 공격으로, 통신 채널을 혼선시켜 사용자의 통신을 방해하는 가용성에 대한 위협이다. USN은 통신을 기반으로 하는 서비스이므로 통신 채널에 혼선이 있으면 시스템 동작에 문제가 생기고 사용자가 정상적인 서비스를 제공받을 수 없다.

⑦ 배터리 소진 공격

배터리 소진 공격은 유비쿼터스 장치의 배터리를 짧은 시간 내에 방출시켜 장치를 더 이상 사용하지 못하게 가용성을 침해하는 위협이다. 공격자는 공격 대상인 장치에 데이터 전송을 요청하거나 네트워크 연결 생성을 계속적으로 요청한다. 이러한 공격이 네트워크 보안을 침해하지는 않지만 배터리가 소진되면 장치가 작동하지 않으므로 사용자가 서비스를 제공받지 못하거나 네트워크에 접속할 수 없다.

⑧ 신원 및 위치 노출

전송 정보에 대한 기밀성은 그 내용의 비밀 유지를 가능하게 하지만 전송을 위해 언제 누가 어디로 전달하는지 노출할 수 밖에 없다. 이러한 정보는 공격자가 관심을 갖는 정보이기도 하며 사용자의 프라이버시 문제이기도 하다. 또한 무선 환경에서 이동하는 사용자에게 서비스를 제공하기 위해 시스템은 사용자의 위치를 추적한다. 그러나 사용자의 위치 정보가 제3자에게 제공되지 않기를 원할 경우 이는 사용자의 프라이버시를 침해하는 것이다. 특히 USN 환경에서는 유비쿼터스 장치와 수시로 정보 교환이 이루어지기 때문에 사용자의 위치 정보 노출은 프라이버시에 대한 위협이다.

2 | USN 유무선 네트워크 보호 기술

정보 통신 인프라 보호 기술이란 유비쿼터스 환경을 지원하는 핵심 인프라인 BcN/IPv6, USN의 안전성과 신뢰성을 보장하는 기술이다. 안전한 네트워크 서비스를 보장하는 기술, IPv6 정보 보호 기술, 무선 유비쿼터스 서비스 보호 기술 등이 이에 속한다.

🚹 BcN/IPv6 보호

BcN 인프라 보호 기술은 고속 데이터 통신이나 TV, 전화 등을 제공하는 네트워크에서 위협을 능동적으로 탐지, 분석하여 차단하는 고속 침입 방지 기능을 수행한다. BcN 망은 공격을 통해 방송망, 통신망의 장애가 가능하므로 장애 시 이용자의 불편과 경제적 손실을 가져온다. 이 기술은 네트워크 트래픽이 폭주해도 서비스를 안정적으로 제공하는 트래픽 감지 및 차단 기술의 개발이 필요하며, 안전하고 신뢰성 있는 인터넷 서비스를 지원하기 위해 통합 위협 관리 기술의 개발도 필요하다. IPv6 인프라 보호 기술은 각 기기들이 사용하기 위해 넓어진 IP 주소 관리와 함께 각 기기의 P2P 통신으로 발생하는 새로운 보안 취약점에 대응하기 위해 대용량 스트림 서비스를 위한 IPv6 기반의 멀티캐스트 보안기술의 개발도 필요하다.

🚹 USN 보호

USN 환경에서는 유선과 마찬가지로 기밀성, 무결성, 가용성이 지켜져야 한다. 많은 장비가 상호 연결되거나 네트워크에 연결되어 보안 방식이나 정책들이 네트워크 구조만큼 복잡하다. 또한 액세스 포인트로의 접근이 용이하기 때문에 보안이 취약한 액세스 포인트를 거쳐 사용자의 정보를 손상하거나 노출할 수 있으므로 보안에 유의 해야 한다.

3 | 서비스 네트워크 보호 기술

■ 전자상거래 보호 기술

전자상거래란 컴퓨터 네트워크를 통해 이루어지는 상품 및 서비스의 판매, 광고 등을 포함한 모든 경제 활동을 말한다. 전자상거래를 위한 결제, 중개 등 다양한 서 비스가 등장하지만 대부분 기밀성, 구매자 및 판매자 인증 등 위협에 대한 대책 수립 이 완전하지 않다. 전자상거래에서 서비스를 안전하게 제공하기 위해 통신 상대의 확인, 통신 내용의 변조 확인, 통신 내용의 암호화 등이 연구되고 있다.

■ 네트워크 보호 기술

네트워크를 통해 전송되는 트래픽의 접근 제어와 해킹, 가상 사설망 등 통신과 관련된 보안 시스템을 말한다. 트래픽의 접근 제어는 침입 차단 시스템과 침입 탐지 시스템을 통해 이루어지며 해킹 기술을 통해 크래킹의 공격을 막는다. 그 외에도 백 신을 통해 바이러스의 유포를 감지, 차단, 삭제 등으로 막으며 IPSec 또는 SSL 등의 통신 보안 프로토콜로 사용자의 데이터를 안전하게 전송하도록 하고 있다. 가상 사 설망은 공용망을 사설망처럼 사용하기 위한 방식으로 암호화된 네트워크 연결을 통 해 통신한다. 사설망보다 더 많은 사용자가 서비스를 받을 수 있고 어디서든 접근할 수 있으므로 이에 대한 연구가 계속 진행 중이다.

■ 유해 정보 차단 기술

인터넷이 확산되면서 여러 계층의 사람들이 원하는 정보를 쉽게 얻을 수 있게 되 었다. 인터넷에는 유익한 정보뿐 아니라 음란, 폭력 등의 유해한 정보도 널리 유포되 어 청소년에게 쉽게 노출되는 상황이다. 이를 막기 위해 인터넷 사용 내역을 감시하 는 기술, 유해 사이트 여부의 판단 기술, 유해 사이트 차단 기술, 인터넷 사용 내역 기 록 기술의 연구가 이루어졌고 현재 많은 기업에서도 상용제품을 출시하고 있다.

4 콘텐츠 보호 기술

인터넷 확산과 함께 그림이나 음악, 프로그램 등의 디지털 콘텐츠가 불법 복제되거나 편집되면서 금전적인 피해와 저작권 문제가 발생하게 되었다. 이를 방지하기 위해 저작권 추적 기술, 저작권 관리 기술이 연구되었으며 대표적인 저작권 추적 기술에는 워터마킹, 대표적인 저작권 관리 기술에는 DRM(Digital Rights Management)이 있다. 워터마킹은 디지털 콘텐츠에 소유자의 정보 또는 표시를 넣어 저작권 분쟁이 발생했을 때 저작자를 추적하는 기술이다. DRM은 제공된 콘텐츠 파일의 사용자 인증에서 사용 권한, 과금 결제 서비스 및 사용 내역 관리 서비스를 제공하는 콘텐츠 관리 기술이다.

5 홈 네트워크 보안 기술

홈 네트워크는 집에서 가전 기기에 대한 제어, 관리, 연동을 통해 인터넷과 함께 생활의 편의를 제공하는 기술이다. 이를 위해 사용자의 개인 정보와 환경 정보, 인증 정보, 과금 정보 등의 유출을 주의해야 하며 각각 다른 기기에 대한 기술과 통신, 인증 등 여러 기술이 융합되고 여러 망과 연결되기 때문에 각 기술의 보안 취약성을 고려해야 한다. 또한 홈 네트워크를 구성하기 위해 다양한 형태의 서비스를 전송, 처리하는 광대역 통합 통신망이 지원되어야 하므로 BcN, IPv6, USN 등과의 연동이 매우 중요하다.

3 국내외 응용 및 기술개발 사례
UBIQUITOUS SENSOR NETWORK

USN의 국내외 응용 사례는 USN을 도시에 접목시킨 u-city, 기업과 관공서 등에서 업무 시스템에 접목시킨 u-work, 사람의 건강 관리에 접목시킨 u-health, 농업에 접목시킨 u-farm 등으로 국내와 국외에서 도입한 사례들이 있다. 또한 기반 기술은 USN을 환경에 접목시키기 위해 사용한 기술로 저전력 기술, 센서노드 칩 및 플랫폼 기술과 USN 전송 기술, OS 기술, 전원 기술, RFID/USN 서비스 플랫폼 기술 등으로 구분된다.

1 국내 응용 및 기술개발 사례

1 | 국내 응용 사례

1 u-City
국내에서는 신도시, 행정 중심 복합도시, 기업도시, 혁신도시 등 각 도시의 특성에 따라 차별화되고 기존의 지역정보화와 연계할 수 있는 지역 균형 발전 및 정보 격차 해소를 목표로 지방 자치 단체, 수도권뿐 아니라 전 국토를 대상으로 추진하고 있다.

① 화성 동탄
화성 동탄 신도시는 다양한 서비스 제공을 통한 수익 창출을 실현하고자 도시 전체에 광대역통합망(BcN: Broadband Convergence Network)을 구축하고 공공장소 및 건물 내에 무선 랜 액세스 포인트를 설치하여 이를 기반으로 생활 안전 서비스, 교통, 일기 등 공공 정보를 제공한다. 또한 CCTV 카메라와 전광판을 설치하여 효율적이고 체계적인 도시 운영을 하고 있다.

② 파주 운정

파주 운정 신도시는 IT와 친환경 생태가 어우러진 u-City를 목표로 한다. 주택공사가 건설하는 아파트를 대상으로 홈 네트워크를 실현하고, 특히 디지털 격차를 해소하기 위해 국민임대주택단지에 첨단 공동시설 등을 제공하는 데 주력한다. 첨단 IT 인프라 구축을 통해 어디서든 네트워크에 접속할 수 있고 교통사고 예방, 소외계층 생활 지원 등의 서비스에 쉽게 접근하는 도시 통합네트워크센터를 설치하였다.

③ 청계천

2007년에 실시한 u-City의 첫 시범사업인 'u-청계천 테스트베드' 사업에서는 유무선 통합망, 통합 운영 플랫폼, 3D 기반 지리 정보 시스템(GIS)의 3대 인프라 스트럭처를 구축하고 이를 기반으로 정보 부스, 쌍방향 미디어 보드, 프리 보드, GPS 역사 탐방, 첨단 가로등, 수중 생태 동영상 등 응용 서비스를 제공한다. u-청계천은 '유비쿼터스 서울'을 지향하는 서울시의 마스터플랜을 현실화한 최초의 사업으로 서울시 유비쿼터스 사업의 표준 모델 및 가이드라인을 제시하였다.

❷ u-Work

국내에서는 정부와 민간 부문에 u-Work 도입이 추진되었다. 표 1-3-1을 보면 정부 공공 분야의 경우 특히 u-Work를 광대역통합망의 핵심 응용 서비스의 하나로 인식하고, 2006년부터 u-Work 시범사업을 추진하고 있다.

표 1-3-1
u-Work 시범사업
(2006년)

컨소시엄	시범사업 내용
Octave 컨소시엄(주관사: KT)	고품질 영상 협업, 실시간 원격 협업, 모바일 오피스, u-Work 센터
UbiNet 컨소시엄(주관사: SK텔레콤)	원격 영상 협업 시스템 및 모바일 오피스 서비스

또한 중앙부처, 지방자치단체, 공사 등 공공 부문에서는 다양한 형태로 u-Work 도입을 추진하고 있다. 이러한 공공 부문의 도입 형태는 이동 및 원격 근무, 재택근무, 원격 센터(화상 및 원격 회의) 근무로 나뉜다.

대표적인 u-Work 근무를 시행하는 정부기관은 특허청(특허심사관 재택근무), 서울소방방재본부(구급차 원격 진료), 경기도 성남교육청(학교 혁신 활성화 화상 세미나 연수), 경남 양산시(이동 근무 시스템), 제주시(원격 근무 시스템), 울산광역시(IP 텔레포니, 영상 회의 시스템) 등이 있다.

민간기업에서 u-Work 도입은 영업직 근로자의 이동 및 원격 근무, 사무직 근로자의 재택 및 원격 근무, 본사와 지사, 해외 영업소와의 원격 영상 회의 같은 형태이다.

대표적인 u-Work 근무를 시행하는 민간 기업은 알리안츠생명(휴대전화 시스템), 서울오토갤러리(이동 근무), 삼성석유화학(원격 근무), 한국IBM(재택근무), 삼성SDS(재택근무), 대웅제약(재택근무), 현대모비스(화상 회의 시스템), SK㈜(화상 회의 시스템) 등이 있다.

❸ u-Health

정부를 중심으로 시범사업을 진행하며, 도서지역 주민을 위한 병원선 원격 진료, 119 응급체계에 IT를 적용한 원격 응급처치, 산업장 근로자 건강 관리, 독거노인 대상 원격 안전 관리 서비스 등이 있다. 정부는 이러한 시범사업을 통해 u-헬스 기술 및 비즈니스 가능성을 시험·검증하고, 서비스 활성화 기반을 조성, 신규 시장을 창출할 계획이다. 연세 세브란스 병원은 스마트 카드 기능을 탑재한 진료 카드를 이용하여 다양한 고객 지원 서비스를 제공하는 시스템을 도입했고, KT는 의사와 통화하며 건강 자문을 구하는 u-Health 건강 상담 서비스를 제공하고 있다.

❹ u-Farm

표 1-3-2에서 알 수 있듯이 바이오센서를 이용한 닭 생체 정보 모니터링 및 계사 관리 시스템 연구 사업, 온실 작물 병해충 예측 관리 시스템 사업, 첨단 온실의 원격 생육 환경 감시 시스템 개발 등 다양한 형태의 연구 활동 및 다양한 환경에 대한 적용·확산 사업이 추진되고 있다.

사업명	사업 내용
첨단 온실의 원격 생육 환경 감시 시스템 개발 사업	• 온실 환경 제어 상태 및 감시 시스템 개발 • 작물 생육 상태 모니터링 및 제어 전략 정보 제공 시스템 개발
녹차 재배 단지 서리 방지를 위한 유비쿼터스 예보 시스템 연구	• 재배 시설의 환경 감시 센서 모듈 개발 및 네트워크 구축 • 웹 기반 실시간 정보 전달 및 환경 상태 예측 시스템
온실 작물 병해충 예측 관리 시스템 연구	• 센서를 기반으로 온실 내 환경 및 토양 상태 측정 • 효과적인 온실 관리와 병해충 예측 및 정보 조회
바이오센서를 이용한 닭 생체 정보 모니터링 및 계사 관리 시스템 연구	• 닭 내부 온도 계측 시설 및 원격 모니터링 시스템 구축 • 온도 변화를 계산, 계사 관리의 효율성 증대

표 1-3-2
USN 기술을 적용한
농업 분야

2 | 국내 기술개발 사례

정부는 2003년부터 RFID/USN 수요 창출을 위해 시범사업과 본 사업 등을 추진해 왔다. 그러나 태그 가격이 고가인 데다가 민간 인식 저조, 보안성 문제 등으로 확산이 미흡하다고 판단하여 2008년 7월에 2017년 RFID/USN 산업 세계 3강 실현을 비전으로 하는 'RFID/USN 산업 발전 전략'을 발표하였다.

■1 센서노드 칩 및 플랫폼 기술

저전력 기술을 위한 RF, Modem, MAC, MCU 소자 개발 및 관련 소자를 하나의 칩으로 구성하는 단일 칩 솔루션 개발을 중심으로 ETRI, KAIST, 삼성전자, 레이디오펄스사 등 연구기관 및 업체 등에서 지그비(IEEE802.15.4 포함) 기반의 통신 소자를 개발하고 있다.

:: ETRI: IEEE802.15.4(2003, 2006) 기반 RF, Modem, MAC 통신 소자 및 USN용 32-bit MCU 개발을 통한 One-Chip Solution 개발, 저전력 wake-up 기술을 포함한 900MHz/2.45GHz의 다중대역 센서노드 SoC 칩 개발 중

:: KAIST: 미세 정보 시스템(MICROS) 프로젝트에서 한화 5백 원 크기의 칩 개발

:: 삼성종합기술원: IEEE802.15.4 표준에 준하는 통신 모듈 MICROS 개발, 이를 이용한 USN 구축 중

:: KETI: 무선 센서 네트워크를 위한 무선 통신 칩셋 설계와 상용 부품을 사용한 플랫폼 시제품인 Tiny Interface for Physical World(TIP) 개발

:: 한백전자: ZigbeX Mote는 ATmega128 CPU를 사용하고 RF는 CC2420을 사용하며, 기본으로 온도 · 조도 · 습도 · 센서 · RTC를 모드에 장착함

:: 휴인스: UStar-2400은 CC2420을 사용하여 TinyOS와 TinyDB를 지원하고 UStar-Dev라는 에뮬레이터를 포함한 개발 환경과 센서 네트워크 응용 프로그램 등을 지원하여 지그비 통신을 가능하게 함

■2 USN 전송 기술

2006년부터 본격적으로 착수한 저전력 센서노드, 멀티홉 라우팅 기술 등 USN 요소 기술을 개발하여 서비스 발굴을 추진하고 있다.

:: ETRI: IEEE 802.15.4-2006 기반 다중 플랫폼 센서노드용 MAC 개발(2007년)

:: 경원대: u-City 서비스 구현을 위한 핵심 USN 기술인 WiBEEM 기술을 2007년 1월 표준화

❸ 전원 기술

국내 주요 전지 기술은 이동 통신 및 노트북, PDA 등의 새로운 휴대 통신 단말기의 수요 증가에 따라 2차 전지, 대형 리튬 이온 전지와 향상된 에너지 밀도, 초박형 경량의 리튬폴리머 전지 개발에 주력하고 있다.

:: ETRI를 중심으로 RFID/USN용 초소형 전지, 초소형 태양전지, 초소형 전원 모듈 충전 관련 회로 기판, 소형 전원 모듈 패키징 및 연결 단자에 연구 및 시제품 제작 중

:: 국내에서 리튬 이온 전지, 리튬폴리머 전지 사업 참여를 공식 선언한 기업은 삼성전관, LG화학, SKC, (주)새한, 한일베일런스 등 5개 회사이며, 여기에 자동차용 연료 전지 사업 추진을 모색 중인 현대자동차, 성우에너지, 한국타이어를 합치면 10여 개 국내 기업이 2차 전지 사업에 참여함

❹ RFID/USN 서비스 플랫폼 기술

RFID/USN 미들웨어는 대학 및 연구소를 중심으로 RFID 네트워크, 센서노드 및 센서 네트워크 수준의 미들웨어 기술 개발 추진에 관심이 집중되고 있으며, u-City 사업 추진과 더불어 유비쿼터스 통합관제센터 구축을 위한 핵심 기술로 관심이 증대되고 있다.

:: RFID/USN 미들웨어 플랫폼 기술: ETRI를 중심으로 이기종 다수의 USN 및 RFID 기반의 미들웨어 플랫폼 기술을 개발 중이며, 이씨오, 한국HP 등에서는 해운물류 및 수화물 관리 같은 RFID 활용 기술 개발

:: 센서 정보 통합 관리 기술: ETRI에서 센서 데이터 스트림을 처리하는 기술을 개발하고, 서울대, 충북대, KAIST 등에서 센서 네트워크 응용을 위한 스트림 데이터 관리 기술 및 센서 데이터 마이닝 기초 기술 개발

:: RFID/USN 서비스 간 상호 연동 기술: 한국인터넷진흥원에서는 다양한 RFID 서비스 간 상호 연동 기술 및 USN 네임 서비스, 정보 서비스 제공하여 기술 개발

2　국외 응용 및 기술개발 사례

1 | 국외 응용 사례

1 u-City

두바이의 Internet City, 싱가포르의 One North, 홍콩의 사이버포트(Cyberport), 말레이시아의 MSC, 핀란드의 Virtual Village, 덴마크의 Crossroads, 독일의 Media Park 등 해외에서는 신도시를 추진하는 많은 국가가 국가와 기업 간의 파트너십 구축을 통해 도시별 특화된 상징적인 서비스로 u-City를 발전시켜 왔다. 유럽 지역은 공공 부문, 직장, 환경을 중심으로 추진되며, 아시아 지역은 국가 시설을 근간으로 지역 경제의 활성화를 목표로 한다. 또한 북미 지역에서는 전 산업 분야의 시너지 효과를 극대화할 수 있는 차세대 사업 모델로 간주하여 추진 중이다.

① 두바이의 인터넷 시티

두바이는 세계 최초로 'Technology And Media Free Zone'을 조성하여 정보 산업의 세계적인 허브를 지향하고 있다. Technology And Media Free Zone은 CNN, MBC 등 세계적인 미디어 기업들을 유치한 인터넷 시티(Internet City), 미디어 시티, Knowledge Village(지식 마을)를 세우고 7개의 해외 우수 대학을 유치했다. 인터넷 시티는 중동 최고의 IT 인프라를 구축하여 기업 간의 네트워크와 기초 지식 및 정보 공유 시스템을 운영하고 있다.

② 덴마크 코펜하겐의 크로스 로드

2002년부터 문화, 미디어, 커뮤니케이션 기술 개발을 통해 네트워크 사회를 선도하기 위하여 개발을 시작한 크로스 로드(Cross Road)에는 4개 대학, 5개 민간기업, 13개 공공기관이 입주해 있다. 또한 대학, 민간기업, 공공기관이 컨소시엄 형태로 연구하는 Living Lab이 구성, 설립되었다.

크로스로드는 R&D 환경을 구축하고 사용자 중심의 기술 및 서비스 개발을 위한 테스트베드 역할을 수행하고 있다. 즉 모바일 중심의 위치 기반 서비스와 상황 인지 서비스, 버추얼 교육 등을 12,000명의 학생들이 시범적으로 사용한다. 또한 유선망을 기본으로 대학과 공공시설 내에서는 무선 랜이 구축되어 있으며, IT 키오스크를 설치하여 건물 내 어디서나 자유로운 네트워크 환경이 제공된다.

❷ u-Work

우리나라의 경우 고도의 IT 인프라를 갖추고 있어 u-Work를 도입하기 위한 여건이 좋은 편이다. 반면에 외국의 경우 국토가 넓어 u-Work 기반 조성에 천문학적인 금액이 투자되어야 하며, 기반을 조성한다 하더라도 투자 금액에 비해 그 효과가 미비하게 나타나거나 투자할 여건이 안 되는 국가가 대부분이다. 따라서 몇몇 국가를 제외하고는 이동(원격 근무) 또는 원격근무센터를 이용한 u-Work보다 재택근무를 선호하며, 대부분의 기업이나 국가에서 재택근무를 우선적으로 도입하고 있다.

❸ u-Health

인텔, 제너럴일렉트릭(GE), 지멘스, 필립스 등의 global 기업은 헬스 케어 제품의 개발이 한창이다. 인텔은 필립스와 함께 MCA(Mobile Clinical Assistant: 모바일 의료 지원 장비)라는 RFID 인식기가 내장된 병원용 모바일 기기를 개발했다. 필립스는 인터넷 사용에 익숙하지 않은 노인 환자를 위해 TV를 이용한 맞춤형 건강 관리 서비스인 Motiva 출시했고, 심부전증 환자 관리를 위한 원격 모니터링 시스템을 개발했다. MS 및 구글도 온라인을 통한 헬스 케어 서비스 제공 시스템을 구축하였다.

❹ u-Farm

USN 기술을 활용한 농업 부문의 해외 사례는 크게 유통 또는 물류 관리 시스템 부문, 재배 환경 모니터링 부문, 생산 관리 모니터링 시스템 부문으로 분류할 수 있다. 표 1-3-3은 농업 분야에서 USN 기술의 활용 예이다.

구분	사업명	사업 내용	관련 국가
재배 환경 모니터링 시스템 부문	파이토크사 무선식물 모니터링 시스템	• 작물과 경작 환경을 모니터 • 일하는 센서와 소프트웨어를 개발하여 오렌지 농장에 적용	이스라엘
	King Family Farms 대기 온도 모니터링 시스템	• 모트 센서 활용 • 무선 센서 네트워크를 이용하여 포도 농장의 대기 온도 측정 시스템 구현	캐나다
	포도원 재배 환경 모니터링 시스템	• 포도 농장에 센서를 부착하여 여러 환경 요소 감시 • 시간대별 최고 최저 온도 측정, 토양과 물 공급	미국

⊙ 계속

구분	사업명	사업 내용	관련 국가
재배 환경 모니터링 시스템 부문	위성 활용 포도 수확 최적화 프로젝트	위성으로 수집한 디지털 데이터를 유럽 포도 농가 컴퓨터에서 활용 가능한 시스템으로 구현	유럽
	농산물 생산 환경 정보 모니터링 시스템	• 감자 전분 함유량 광 센서로 순간 측정 • 근적외선 파장 투과량을 활용한 전분 함유량 측정	일본
	캘리포니아 주 식물원 실내외 환경 관리 시스템	센서를 통해 기온, 토양, 수분, 습도, 산소량 측정	미국
	온실 재배 시 에너지를 효율적으로 이용하는 기술	태양열 이용 온실의 지붕과 열 조절 시스템 및 습도 조절 시스템을 개선, 최적의 조절 시스템 개발	네덜란드
생산 관리 모니터링 시스템 부문	IT 기술을 활용한 소 분만 감시 시스템	• 센서가 온도와 빛을 감시하여 휴대전화로 발신 • 위 속에 온도 센서를 장착, 위 내의 체온을 측정하여 분만 시기 판정	일본
	청과류의 유통 환경 센싱	딸기와 아오모리사과 등 유통 과정상 신선도 유지를 위해 온도 센서 부착, 실시간 측정	일본

표 1-3-3
RFID/USN 기술
활용의 해외 사례

그 밖에 일본 총무성에서는 USN 기술이 사회의 안전·안심, 생활에서의 쾌적성 및 여유의 향상, 생산·업무의 효율화 등에 이바지하는 것으로 보고 안전·안심, 쾌적·여유·오락, 최적·효율의 3가지 축을 중심으로 응용 서비스 분야를 13개로 분류하고 이와 관련한 기술 과제를 진행 중에 있다. 그림 1-3-1은 일본의 USN 응용 서비스 분야를 나타낸 것이다.

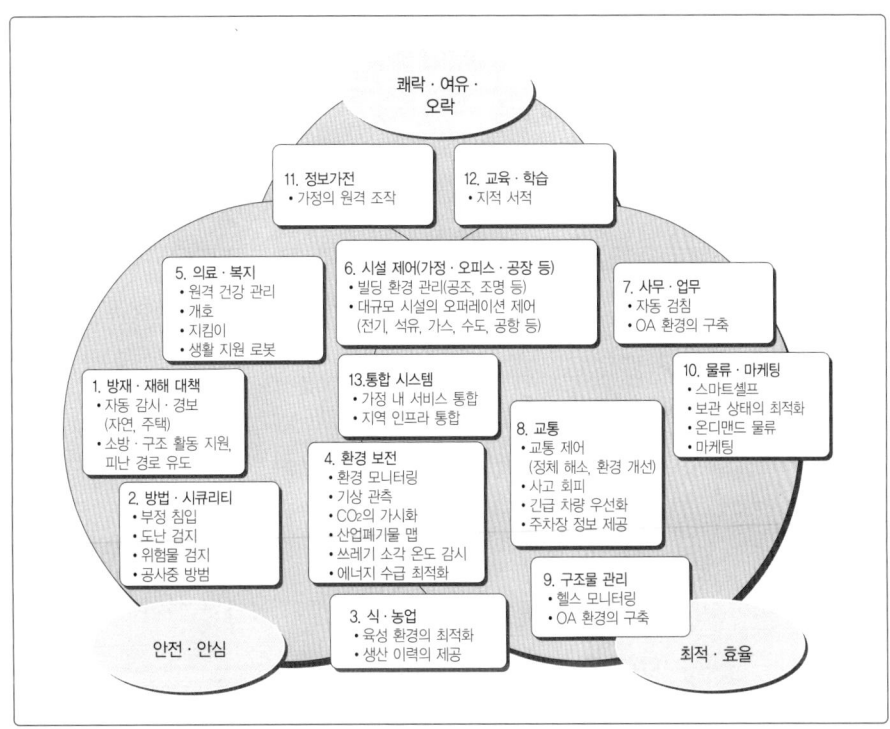

그림 1-3-1
일본의 USN 응용
서비스 분야

2 | 국외 기술개발 사례

USN 기술은 미국이 세계 최고 수준이며, 센서 네트워크 기술이나 USN 미들웨어 및 서비스 플랫폼 기술은 일본이 유럽을 능가하는 기술 보유국으로 조사되었다. 표 1-3-4는 USN의 국외 기술 동향을 기술·산업·서비스 분야로 구분하여 나타낸 것이다.

국가	분야	활용 기술
미국	기술	Smart Dust(국방성), 오염 물질 전파 모니터링(CENS) 등 국방·과학·환경 분야의 실시간 센싱이 필요한 영역에서 USN을 적용하기 위한 다양한 연구가 진행 중
	산업	• Archrock은 TinyOS 기반 센서노드 상용 제품 출시 • Chipcon, Crossbow 등에서 지그비 기반 센서노드 및 센서 네트워킹 솔루션 상용화
	서비스	유통 및 물류, 도로 교통, 공정 관리, 산업 건설, 국방/환경 등의 분야에서 USN 적용 추진 예) 인텔: 반도체 장비 상태 감시에 USN 적용(Vibration Monitoring)
유럽	기술	인간 중심의 ambient Intelligent 비전 수립, 무선 센서 네트워크 관련 애드혹 네트워킹 및 저전력 기술 등에 주목 및 집중 개발 추진
	산업	• USN을 적용한 지구 관측(GMES) 사업을 추진하여 산업 활성화 진행 • 센서 재료의 상용화 및 원격 탐지나 환자 모니터링 장치, 유아의 야간 질식사 방지 센싱 시스템 등의 상용화가 이루어짐
	서비스	유통 및 물류, 도로 교통, 공정 관리, 산업 건설, 국방/환경 등의 분야에서 USN 적용 추진 예) 환경 센서를 이용한 식물원 환경 관리
일본	기술	• u-Japan 정책 기반 하에 2010년까지 세계 최첨단 u-Network 구축 목표 • 초소형 네트워크 프로젝트, 무엇이든 단말 프로젝트, 어디서든 네트워크 프로젝트 등 3가지 중점 프로젝트 추진
	산업	NTT, KDDI 등 통신 사업자, 샤프, 소니, 도시바, 히타치 등 제조업체를 중심으로 USN 관련 애플리케이션 및 단말 상용화를 추진 중이나 가시적인 상용화 성과는 미진함
	서비스	유통 및 물류, 도로 교통, 공정 관리, 산업 건설, 국방, 환경 등의 분야에서 USN 적용 추진 예) 청과 및 어패류 유통 관리를 위해 온도 센서를 이용한 USN 적용

표 1-3-4
국외 기술 동향

1 미국

NCO/NITRD(National Coordination Office for Networking and Information Technology Research and Development)를 통해 ICT 프로젝트를 추진하고 있다.

MIT와 UCC, P&G 등 현재 75개 협력사가 공동으로 참여하는 Auto-ID 프로젝트를 통해 Smart Tag를 각종 상품에 부착하여 사물을 지능화하고 사물 간 또는 기업 및 소비자와의 커뮤니케이션을 통해 자동화된 공급망 관리 시스템(SCM: Supply Chain Management) 개발에 주력하고 있다.

MIT MediaLab은 '생각하는 사물' 프로젝트의 범위를 확장하여 '인간의 중요한 가치 향상을 위해 컴퓨터 능력을 활용하는 것' 으로 비전을 변경하고 29개 세부 프로젝트 과제를 진행하며, RFID는 각 프로젝트별로 주요 인식 수단 또는 센서 역할을 담당하고 있다.

국립과학재단(NSF)은 새로운 센서의 콘셉트 및 디자인 개발과 센서 네트워크 환경에 초점을 맞추어 연구 개발을 추진 중이며, UCLA CENS(Center for Embedded Networked Sensing)의 임베디드형 센서넷의 기술 개발과 응용 분야 연구에 자금을 지원하고 있다. 표 1-3-5는 NSF의 센서 네트워크 관련 프로젝트 현황이다.

:: 혁신적인 아키텍처, 알고리즘, 프로토콜, 센서 네트워크 프로그래밍, 하드웨어/소프트웨어, 프라이버시/보안, 무선 네트워크 프로그램, 네트워크 관리, 인프라 스트럭처 연구, 미들웨어 개발과 보급에 주력하고 이와 더불어 편재형 컴퓨팅과 네트워킹 관련 연구의 대학에 자금 지원

프로젝트 명	내용
Integrated Smart-Sensor Networking Aqueous Environment	수중에서 동작하는 네트워크에 접속하는 센서의 설계와 개발, 환경 모니터링, 산업의 프로세스 제어, 보안 등에 응용
Architectures and Design Methodologies for Secure Low-Power Embedded Systems	센서 네트워크에서의 보안 확보에 필요한 저전력/안전한 삽입형 기기 연구(암호 알고리즘 포함)
Toward a Petabyte Storage Infrastructure	센서로 수집한 방대한 정보를 보존하기 위한 기억 장치 개발
Ad Hoc Wireless Networks Utilizing Multi-Rate and Power-Save Capabilities	애드 혹 네트워크 실현에 필요한 멀티레이트, 성(省)전력의 MAC 프로토콜, 각 레이어 간 상호작용과 효율의 관계성 연구
MAC Protocols Specific for Sensor Networks	센서 네트워크의 MAC 계층 프로토콜 연구 및 새로운 애플리케이션 개발
Technologies for Sensor-based Wireless of Toys for Smart Developmental Problem-solving Environment	동적 무선 네트워크의 형성, 오브젝트의 자동 인식과 추적, 리얼타임 센서 데이터 해석, 음성 자동 인식 등의 연구 개발
Collaborative Information Processing of Distributed Sensor Networks for Manu-facturing Quality Improvement	분산형 센서 네트워크에 의한 제조업 품질 관리 실현, 센서의 협조동작에 의한 실패 분석, 자가 진단, 최적 배치 등의 연구
Intelligent Sensor Motes for Vertical Seismic Arrays	3차원 가속도 센서, 자이로스코프, 자력 센서, 기압 센서를 갖춘 MOTE 연계를 통한 지진파 관측시스템 개발
A Simulation-based Test Bed for Networked Sensors in Surface Transportation Systems	ITS 분야에 이용하는 센서 네트워크를 신속하게 평가하는 테스트 베드 및 그것을 이용한 데이터 처리 아키텍처의 연구 개발

● 계속

프로젝트 명	내용
A Real-Time National GPS Network for Atmospheric Research	GPS를 이용하여 실시간으로 대기 관측을 하기 위해 센서 네트워크와 리얼타임 데이터 송수신 구조 활용
Ocean Observing System Infrastructure	해양 관측 시스템에서 센서 네트워크의 정보를 효율적으로 처리하기 위한 분산 오브젝트 기술, XML 기술, API 개발
Secure Data Distribution and Access in Large Sensor Networks	센서 네트워크에 필요한 시큐리티 확보, 노드 간 데이터 접속 시의 성(省)전력화를 게임 이론을 활용하여 분석, 프레임워크 개발
Network Support for Distributed Sensing Applications	애플리케이션 관점에서 센서 네트워크로부터 얻은 정보 평가 및 네트워크 특성, 센서의 처리 능력 등 연구
Distributed Learning in Sensor Networks	센서 네트워크의 무선 통신과 수집한 정보 활용 방법, 정보 처리를 어느 레벨에서 수행할 것인가 등의 과제 해결 및 적응 방책 연구
Water security Network: Sensors and Control	수질 오염을 막기 위한 시스템으로서의 리스크 평가, 최적 센서 배치, 수중 네트워크의 품질 관리 등 연구

표 1-3-5
NSF의 센서
네트워크 관련
프로젝트 현황

국방부고등연구계획국(DARPA)은 NIST와 함께 대학 연구소와 민간기업의 유비쿼터스 컴퓨팅 프로젝트에 연구 자금을 지원하며, 확장기능정보기반(SII: Scalable Information Infrastructure) 프로젝트를 추진하고 있다.

:: 2007년에는 Connectionless 센서 네트워크의 에너지 소비 최소화, 엣지 네트워크(Edge Network)의 상황-인지 프로토콜 기술, 100Tbps 대역폭 이상의 자동 데이터 라우터의 연구 개발에 주력

NIST는 상호운영과 통합을 위한 센서 인터페이싱과 네트워킹, 사이버 안보, Ad-hoc 무선 센서 네트워크 보안의 연구 개발을 추진 중에 있다. 미국 연방 정부는 Green IT 활용을 통해 2007년부터 2012년까지 5년 동안 약 13억 달러의 에너지 비용을 절감할 것으로 전망했다.

:: 에너지 효율적인 데이터 센터를 구축할 경우 9억 5,990만 달러의 에너지 비용 절감을, 환경보호국(EPA: Environmental Protection Agency)의 에너지 스타(Energy Star) 사양을 충족하는 친환경 PC를 사용할 경우 3억 3,000만 달러의 에너지 비용을 절감할 것으로 전망

❷ 유럽

USN 관련 사업으로 IST(Information Society Technologies)에서는 Pervasive, Trusted, Cognitive, Environmental Sustainable WSN 관련 FP7 ICT 프로젝트를 추진하고 있다. 표 1-3-6은 IST의 센서 네트워크 관련 프로젝트 현황이다.

:: 2007~2013년 2,021백만 유로를 'The network of the future', 'Cognitive systems, interaction, robotics', 'Networked embedded and control systems', 'ICT for cooperative systems', 'Accessible and inclusive ICT' 등 31개 연구 분야에 투입할 예정임

:: 로봇, 인공지능 시스템과 센서 네트워크 연동, 객체 간 자발적 협동을 위한 WSN, 대규모 분산 복잡계 제어를 위한 WSN, 무사고(zero-accident) 지능형 자동차를 위한 WSN, 환경 관리 및 에너지 관리를 위한 WSN 연구 과제 수행 중

:: 유비쿼터스 통신(Ubiquitous Communication), 유비쿼터스 컴퓨팅(Ubiquitous Computing), 지능형 인터페이스(Intelligent Interface) 기술이 통합된 AMI(Ambient Intelligence) 기술 연구는 FP6(Framework Programme 6)에서 Networked Home Environment를 위한 Amigo 프로젝트를 수행했고, FP7에서 보다 실제적인 Ambient Assisted Living 프로젝트를 수행하고 있음

프로젝트 명	내용
Extrovert Gadgets(E-GADGETS)	일상 환경의 물건을 자율적으로 동작 가능한 가공품(e-Gadgets)으로 만들어 현실 세계와 소프트웨어 구조와의 융합
Network Interconnected Photoacoustic Gas Sensing Microsystems(NETGAS)	초고감도 및 높은 안정성을 가진 적외선 검지기를 비롯해 광음향 가스 센서를 삽입한 CO/CO_2를 검지하는 소형 시스템 개발
Cricket Inspired perception and Autonomous Decision Automata(CICADA)	MEMS와 바이오 일렉트로닉 기술을 이용하여 지각 액션 기구를 가진 인공 생명체와 비슷한 소형, 고도의 시스템 개발
Secure Authentication by a Biometric Rationale and Integration into Network Applications(SABRINA)	초음파 센서에 의한 고도의 생체 인증을 수행하기 위한 플랫폼과 센서 유닛 개발
Energy Efficient Sensor Network(EYES)	re-configurable 소형 센서노드를 가진 자율협조형 센서 네트워크 구축에 필요한 아키텍처 및 기술 개발
Self Organised Societies of connectionist Intelligent Agents capable of Learning (SOCIAL)	유체(流體) 중에서 초소형 지적 에이전트가 집단으로 미션을 수행하는 하드웨어 및 소프트웨어 개발

❍ 계속

프로젝트 명	내용
Mobile Health Care(MOBIHEALTH)	2.5G 또는 3G의 휴대전화 기술을 이용한 건강 원격 감시 시스템. 긴급 시에는 생체 정보를 음성과 영상으로 제공
Video Sensor Object Request Broker open Architecture for distributed Service (VISOR BASE)	행동 탐지, 통행 카운터, 얼굴 인식 등 인공 관찰 기능을 가진 비디오 감시 시스템에 요구되는 COBRA를 적응하는 구조 개발
Advance Distributed Architecture for telemonitoring services(ADA)	분산형 센서 네트워크를 통해 환경 모니터링 등의 데이터 수집에 드는 비용을 극히 줄이는 아키텍처 개발
Network of Excellence in AI Planning (PLANET)	인공지능 계획 분야로, 연구 개발 및 기술 이전용 통합 프레임워크의 유지를 목적으로 한 네트워크 구축
Parcelcall – An Open Architecture for Intelligent Tracing Solutions in Transport and Logistics(PARCELCALL)	센서 네트워크를 이용한 고도의 추적 시스템을 통해 로지스틱스로 인터모털 전송의 seamless 통합화
Health Early Alarm Recognition And Telemonitoring System(HEARTS)	건강 원격 감시와 이상의 조기 검지 시스템 개발, 탈착 가능한 센서로 사람의 동작이나 환경, 행동 이력을 감시 및 분석
Universal Remote Signal Acquisition For Health(U-R-SAFE)	개인용 헬스 케어 시스템. 회복기나 초로의 환자에게 병원 같은 감시체제 제공. UWB나 위성을 포함한 통신 기술, 자동 음성 인식 등
Cognitive Vision Systems(COGVISIS)	시각 검지 시스템의 분산 기술을 개발하여 인공지능 분야와 협력, 교통 감시나 행동 양식 해석 등
Context Aware Vision Using Image-Based Active Recognition(CAVIAR)	상황에 따라 시각 인식을 하므로 실제 시각적인 인식이 어느 정도 이루어졌는지 해석

표 1-3-6
IST의 센서 네트워크
관련 프로젝트 현황

출처:『Go Green Power Play』, 2008. 1. 22

IST에서는 ETPs(European Technology Platform)를 구축하여 유럽 각국의 전문 기관, 연구소, 기업들이 참여하여 연구 투자 확대와 기술 선도를 목적으로 ARTEmIS (Advanced Research and Technology for Embedded Intelligence and Systems), eMobility, ENIAC(European Nanoelectronics Initiative Advisory Council), EUROP, ISI, NESSI, NEM(Networked and Electronic Media), Photoncs21 등을 형성한다. 표 1-3-7 은 ETPs 구축 현황을 나타낸 것이다.

연구 주체	연구 분야
Artemis	임베디드 컴퓨팅 기술 분야
eMobility	무선 커뮤니케이션 플랫폼 분야
ENIAC	나노 전자 기술 분야
EUROP	미래 출현 기술 분야
ISI	커뮤니케이션 기술 분야
NESSI	소프트웨어 기술 분야
NEM	네트워크 및 오디오 시스템 분야
Photoncs21	나노 전자 기술 분야

표 1-3-7
ETPs(European
Technology Platform)
구축 현황

출처: IST, CORDIS(http://cordis.europa.eu/ist/about/techn-platform.htm)

❸ 일본

 e-Japan II 전략을 통한 유비쿼터스 환경 실현을 목표로 하여 차세대 IT 기반 네트워크 기반 확보의 일환으로 센서와 소자 기술을 활용한 유비쿼터스 컴퓨팅 기술 개발 전략을 추진하며, 범아시아권의 IPv6 등 유비쿼터스 네트워크 환경 구축을 추진하고 있다. 경제산업성의 저가형 IC 태그 개발 프로젝트인 히비키 프로젝트가 2006년 여름에 성공적으로 종료됨에 따라 저가의 5엔(50원) 태그가 개발되었다.

  :: 정부와 100여 개 기업이 공동 참여해 저가 안테나 제조와 태그 표면 장착 기술, 국제 표준 UHF 대역 IC 칩 개발을 주요 기술 개발 분야로 추진하는 프로젝트

  :: 2006년 주파수 대역에 상관없이 RFID 태그를 인식하는 멀티프로토콜 리더 개발, 2009년 태그 안테나 프린팅 기술, 2010년 태그 집적 칩 기술을 개발한다는 청사진을 마련하여 추진 중

 경제 산업성 주도로 IC 태그 벤더 및 반도체 메이커 등 기술 개발 업체 이외에 의류·도서·물류 등의 잠재 사용자 기업 등 100여 개 기업이 참가한 컨소시엄이 구성되어 관련 기술 개발에 주력하고 있다. 총무성을 중심으로 센서 네트워크 관련 기술 개발 및 비즈니스 모델을 개발 중이며, USN의 요소 기술을 센서노드, 네트워크, 상위 애플리케이션으로 크게 분류하고 이와 관련한 기술 개발 정의 로드맵을 마련하여 추진하고 있다.

Ubiquitous Sensor Network

중앙 집중형
네트워크 기술

P A R T

2

1 개요

UBIQUITOUS SENSOR NETWORK

본 장에서는 USN의 구성 요소 중 하나이며 WSN(Wireless Sensor Network)에서 수집한 정보(데이터) 또는 가공한 정보, 각종 서비스 등을 송수신하는 데 사용하는 중앙 집중형 네트워크 기술을 살펴보겠다. 중앙 집중형 네트워크란 교환기, 라우터, AP(Access Point) 등의 장비를 기반으로 스타 형상의 토폴로지를 갖는 네트워크를 가리킨다. 이에 반하는 것으로 P2P(Point-to-Point) 형상의 네트워크나 에드 혹(Ad-Hoc) 네트워크 등을 예로 들 수 있다.

특히 본 장에서는 중앙 집중형 네트워크 기술 중 공중 전화 교환망(PSTN: Public Switched Telephone Network)이나 사설 전화 교환망 등 아날로그 음성 신호 전송을 목적으로 하는 네트워크를 제외하고, 디지털 데이터(디지털 음성 신호 포함) 송수신용 중앙 집중형 네트워크 기술을 알아본다. 중앙 집중형 네트워크를 소유자에 따라 분류하면 통신 사업자가 운영하는 공중 데이터 망(PSDN: Public Switched Data Network)과 회사 또는 개인이 망의 일부를 소유하고 이들을 연결하여 망의 형태를 갖추면서 발전해 온 인터넷 망으로 나뉜다. 인터넷 망은 다시 그 크기(서비스 영역)에 따라 LAN(Local Area Network), MAN(Metropolitan Area Network), WAN(Wide Area Network)으로 분류한다. 또 다른 분류로는 통신할 때 선의 사용 유무에 따라 유선망과 무선망으로 구별하며, 사용하는 기술별로 나뉠 수도 있다.

1절에서 주로 소개할 기술은 센서 망(게이트웨이, 싱크노드 등)이 직접 접속하는 유무선 가입자망이나 LAN 기술이며, 특별히 필요한 경우를 제외하고는 기간망, 백본 망(Backbone Network)에 관련된 기술은 따로 언급하지 않겠다. 2절에서는 유선 네트워크 관련 기술을, 3절에서는 무선 네트워크 관련 기술을 각각 소개하고 마지막으로 4절에서는 광대역통합망(BcN)의 개념과 발전 등을 살펴보기로 한다.

네트워크 인프라(Network Infrastructure)의 사전적 의미는 유무선 통신에 관련된 기간 시설이다. USN에서 네트워크 인프라의 기본 역할은 각종 센서에서 수집한 정보를 상위 응용 프로그램에 전달하고, 프로그램 명령을 센서노드의 액추에이터 (Actuator)에 전달하는 것이다. 또한 네트워크 기술은 USN의 주요 목표 중에서 유비 쿼터스 컴퓨팅(Ubiquitous Computing)을 달성하기 위한 기반 기술의 하나이고, USN 관점에서 볼 때 유비쿼터스 컴퓨팅 객체들이 상호 원활하고 끊김 없는 통신 (Seamless Communication)을 하기 위해 필요한 네트워크 관련 제반 기술을 가리킨 다. 즉 네트워크 기술은 다양한 서비스를 제공하기 위해 유비쿼터스 공간을 구성하는 주요 요소 중 하나이다. 유비쿼터스 컴퓨팅은 편재형 컴퓨팅(Pervasive Computing), Everyware 등으로도 불리며, 궁극적으로 시간 · 공간 · 환경 등을 뛰어넘는 인간 중 심의 서비스 모델을 지향하는 기술이다. 이를 위해서는 특히 통신을 위한 네트워크 인프라 구축이 필수이다. 네트워크는 크게 무선 네트워크와 유선 네트워크로 구분할 수 있다.

통신 기기 간에 탑재된 프로토콜과 서비스는 다양한 형태의 서비스 망으로 나타 나 소위 이동 통신망, 인터넷 망, 방송망 등으로 나뉘어 각각 발전을 거듭하고 있다. 이들 망은 다시 기기의 통합, 서비스의 통합, 네트워크의 통합 등으로 진화하여 하나 의 기기로 다양한 서비스를 받을 수 있게 되었다. 케이블 망을 통한 인터넷 서비스 제공, 인터넷 망을 이용한 VoIP(Voice over Internet Protocol), IPTV 등이 그 예라 하 겠다.

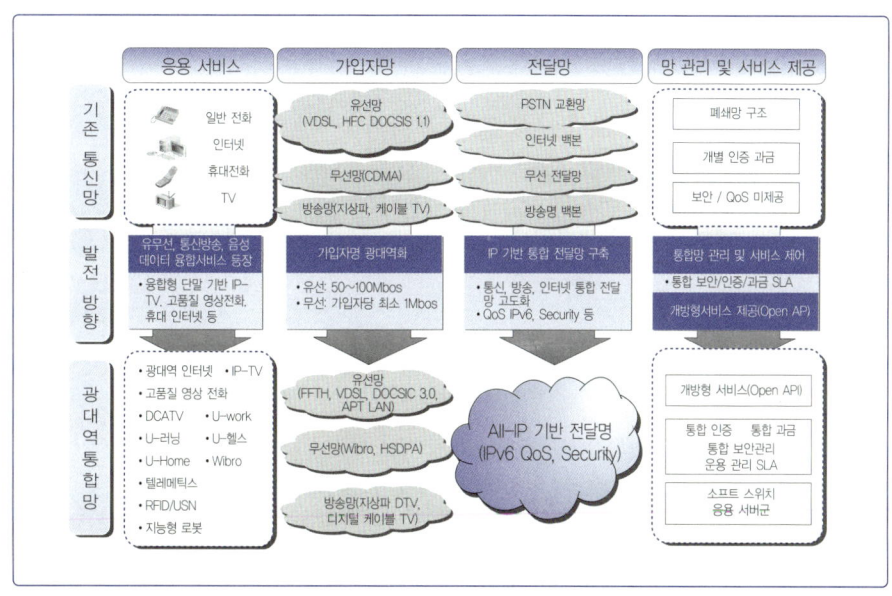

그림 2-1-1
기존 통신망과
광대역통합망의
계층 구조

그림 2-1-1은 기존 통신망과 광대역통합망의 계층 구조를 보여준다. 기존 통신망의 상위 계층은 망 관리와 서비스를 제공하는 계층이며, 실제 네트워크라기보다 네트워크에 연결된 각종 서버와 프로토콜의 구성이라 할 수 있다. 그다음 계층은 전달망 계층이며, 일반적으로 백본 망(Backbone Network) 또는 코어 망(Core Network)으로도 불린다. 이를 서비스 관점에서 살펴보면 일반 음성 전화망을 지칭하는 PSTN 교환망, 인터넷 백본, 무선 전달망, 방송망 등으로 구별할 수 있다. 가입자망(Access Network)은 유선망, 무선망, 방송망 등으로 나뉜다.

한편 광대역통합망의 경우 망 관리 및 서비스 제공 계층은 개방형으로 변화하며 보안, 과금 등의 서비스가 망의 기본 서비스로 제공된다. 이때 전달망은 ALL-IP 기반의 전달망으로 통합되고 있다. 가입자망의 경우 기존 망들이 속도 등의 면에서 개선되어 더욱 다양한 응용 서비스가 가능함을 알 수 있다. 본 장에서는 가입자망을 다루며, 그 중에서 방송망을 제외한 나머지 가입자망을 위주로 설명하겠다.

그림 2-1-2는 국내에서 추진 중인 광대역통합망과 유사한 개념으로, 외국에서 추진하는 NGN(Next Generation Network: 차세대 통신망)에 제안된 여러 구조 가운데 네트워크에서 가장 지원하기 어려운 목표 중 하나인 단말의 이동성을 지원하기 위한 MPLS(MultiProtocol Label Switching) 기반의 구조 예이다.

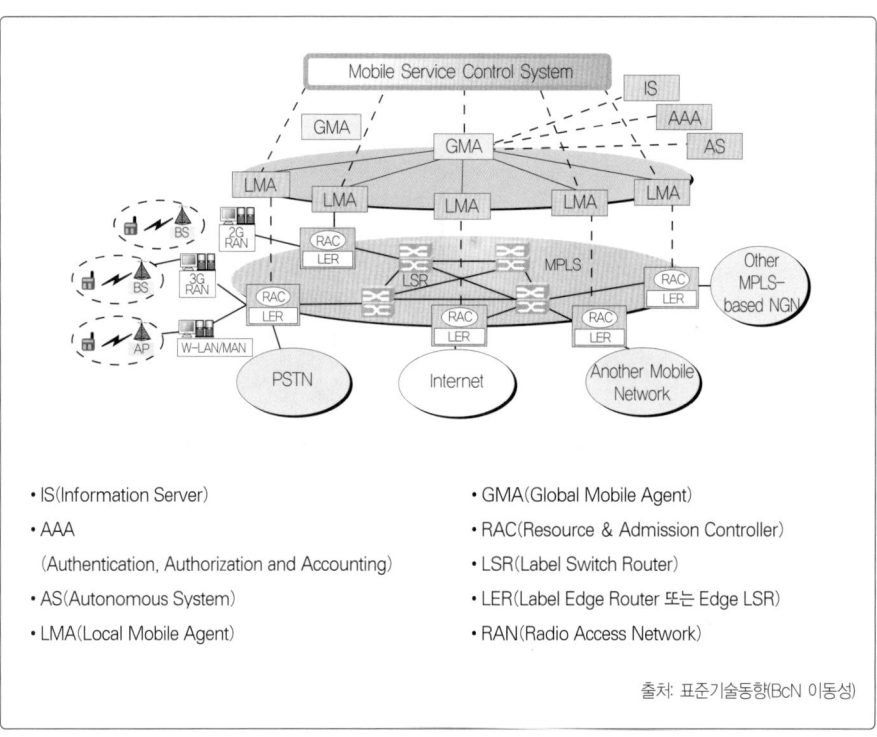

• IS(Information Server)
• AAA (Authentication, Authorization and Accounting)
• AS(Autonomous System)
• LMA(Local Mobile Agent)
• GMA(Global Mobile Agent)
• RAC(Resource & Admission Controller)
• LSR(Label Switch Router)
• LER(Label Edge Router 또는 Edge LSR)
• RAN(Radio Access Network)

그림 2-1-2
MPLS 기반 NGN
네트워크 구조 예

출처: 표준기술동향(BcN 이동성)

1 유선 중앙 집중형 네트워크

유선 네트워크는 선을 통해 정보를 송수신하는 네트워크를 가리키며 빠른 데이터 전송 속도와 신뢰성, 상대적으로 높은 보안성 등의 장점이 있다. 초기에는 전신, 전화에서 시작하여 이후 컴퓨터 등의 기기 간 통신에 전화선을 이용하는 모뎀(MODEM) 통신으로 발전했다. 이후 회사나 기관들은 토큰 링(Token Ring), 이더넷(Ethernet), FDDI(Fiber Distributed Digital Interface) 등의 기술을 이용하여 LAN을 구축했으며, 외부 인터넷과 통신할 경우 T1/E1 등의 전송 방법을 사용했다. 이 같은 초기 기술에서 속도 한계를 극복하고자 노력한 결과 이더넷의 경우 최초에는 2.94Mbps의 전송 속도를 보였으나 이후 초기 10Mbps급, 100Mbps급의 Fast 이더넷을 거쳐 1Gbps 속도의 기가비트 이더넷, 10기가비트 이더넷 등으로 지속적인 발전을 거듭하고 있다. 또한 앞으로 고속 LAN 기술이 더욱 필요해짐에 따라 40Gbps, 100Gbps 기반 이더넷 기술의 표준화도 준비 중이다.

한편 일반 가정이나 소규모 사무실에 데이터 송수신 서비스를 제공하려면 가입자망 기술이 필요하다. 인터넷 초기에는 모뎀을 이용하여 전화선에 접속하는 방법을 통해 서버 또는 네트워크에 접속했는데, 당시 모뎀은 300bps에서 시작하여 56Kbps까지 발전했다(데이터 압축 기술을 적용하여 체감 속도를 높이는 기술이 차용되기도 함). 한편 공공 통신 사업자에 의한 ISDN(Integrated Services Digital Network)은 기존 전화 접속 모뎀 속도보다 높은 64Kbps의 속도를 보여주었으며, 2개의 회선을 이용하여 128K의 속도까지 낼 수 있다는 것이 장점이었다. 그러나 ISDN은 기존의 전화 접속에 비해 사용 요금은 높은 반면 요금 대비 속도는 낮아서 널리 이용되지 않았다.

이후 xDSL(x Digital Subscriber Loop) 기술이 ISDN을 대체하게 되었다. xDSL은 이미 설치된 전화선을 사용하여 전화의 음성 대역이 아닌 다른 대역을 이용해 데이터를 주고받는 기술이다. 음성 대역을 사용하지 않기 때문에 데이터 통신과 음성 통신을 동시에 이용할 수 있다. xDSL 기술 중 우리나라에서 가장 먼저 서비스된 ADSL(Asymmetric DSL: 비대칭 디지털 가입자 회선)은 업로드 속도보다 다운로드 속도에 비중을 둔 기술이다. ADSL 서비스는 전화 접속보다 빠른 다운로드 속도와 비싸지 않은 가격으로 가입자가 급격히 증가했으며, 이후 ADSL보다 4~7배 높은 전송 속도를 제공하는 VDSL(Very high-data rate DSL: 초고속 디지털 가입자 회선)까지 서비스되고 있다.

한편 전화선을 이용한 접속 방식과 함께 우리나라에서 가장 많이 사용하는 접속 방식은 케이블 망을 이용하는 것이다. 케이블 망을 이용한 접속 방식은 케이블 TV를 위해 설치된 기존의 케이블 망을 이용하며, 케이블 TV가 사용하는 대역(비디오밴드)이 아닌 다른 대역폭을 이용하여 서비스를 제공한다. 현재 케이블 선을 이용한 접속 방식은 HFC(Hybrid Fiber-Coaxial) 네트워크에서 ETTH(Ethernet To The Home) 방식으로 진화하고 있다.

전화선을 이용한 접속 방식과 케이블을 이용한 접속 방식의 가장 큰 매력은 기존에 매설된 인프라를 사용함으로써 망을 구축하는 데 비교적 적은 비용이 든다는 점이다. 반면에 이들의 가장 큰 문제는 속도와 전송 거리에 한계가 있다는 점이다. 이를 극복하기 위한 방법으로 FTTx(Fiber To The x)와 같이 광케이블(Optical Cable)을 이용하는 방법이 모색되었다. FTTx는 광 통신 기술의 하나로, 전화선(또는 동선)과 광케이블의 결합 방식으로 제안되었다. FTTx는 광케이블을 어느 지점까지 사용했느냐에 따라 설치 비용과 품질이 결정되며 FTTN(Fiber To The Node), FTTC(Fiber To The Curb), FTTB(Fiber To The Building), FTTH(Fiber To The Home) 등으로 나뉜다. 광케이블은 초기 설치 비용이 많이 들지만 고속 전송이 가능하며, 일단 설치하면 선의 교체 없이 지속적인 성능 개선이 가능하다는 점이 매우 매력적이다.

한편 광케이블의 설치 가격이 높아 시설 구축이 어려운 지역에서 전화선이나 케이블 망을 이용하는 방식의 대안으로 기존 전력선을 이용한 전력선 통신(PLC: Power Line Communication) 방식도 모색되고 있다. 전력선 통신은 기존 전력선을 이용하여 데이터 망에 접속하는 방식으로, 전력선만 있으면 추가 통신선 없이 데이터 망에 접속할 수 있고 가정의 여러 곳에 설치된 콘센트와 연결할 수 있어 상대적으로 위치 선정에 자유롭다는 장점이 있다.

2 무선 중앙 집중형 네트워크

유비쿼터스 네트워크 환경은 인간을 중심으로 주변의 모든 기기가 하나의 네트워크로 연결되어 끊임없이 정보를 주고받으며 통신을 가능하게 해주는 전자 공간과 실제 공간의 융합이다. 결국 유비쿼터스 공간은 모든 종류의 단말을 사용하고 모든 종류의 물리적 기기를 통해 네트워크에 접근할 수 있는 확장성·개방성이 필요하며,

자유로운 이동성 제공이 필수임을 알 수 있다.

이와 같이 모든 종류의 물리적 기기를 기존의 유선 네트워크 인프라를 이용하여 연결할 경우(실제로는 불가능하지만) 망 구성이 매우 복잡해지고 설치 비용이 기하급수적으로 늘어날 뿐 아니라 자유로운 접속의 개념과도 상충되는 문제를 야기하게 된다. 그러므로 유비쿼터스 공간에서는 기간망을 구성하는 유선 네트워크 인프라뿐 아니라 전파를 이용하고 이동성을 보장할 수 있는 무선 네트워크 인프라 환경하에서 기기들의 네트워크 구성이 보다 중요한 의미를 지닌다. 그림 2-1-3에서 보듯이 무선 망은 망의 크기에 따라 WLAN(Wireless Local Area Network), WMAN(Wireless Metropolitan Area Network), WWAN(Wireless Wide Area Network)으로 나뉜다. WPAN(Wireless Personal Area Network)은 중앙 집중형 네트워크 인프라가 아니므로 여기서는 다루지 않기로 한다.

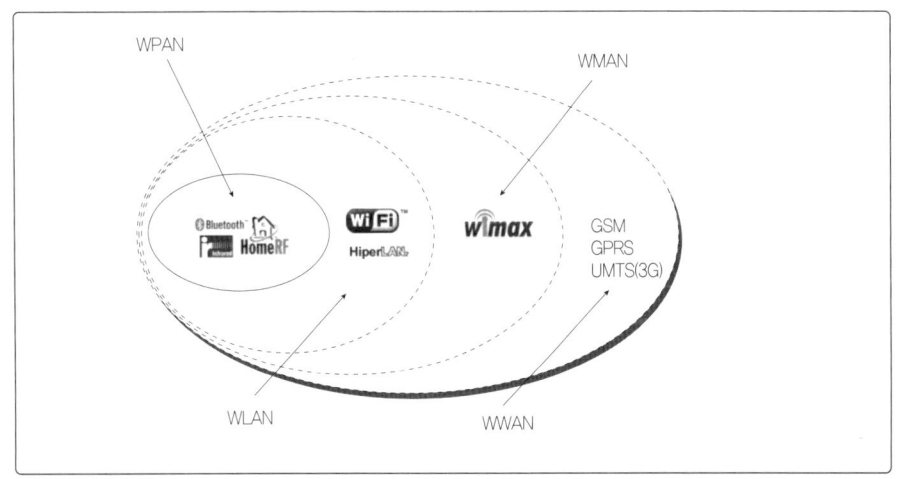

그림 2-1-3
서비스 영역에 따른
무선망의 분류

WLAN의 1세대 무선 데이터 모뎀은 1980년대 초에 아마추어 무선 기사가 개발했다. 9,600bps 이하의 데이터 전송 속도를 내는 음성 대역의 데이터 통신 모뎀을 기존의 근거리 라디오 시스템에 추가한 것이다. 2세대 무선 모뎀은 FCC가 스프레드 분광 기술을 비군사적으로 사용하기 위해 실험적 밴드를 발표한 직후 개발함으로써 수백 kbps급의 데이터 속도를 제공했다. 한편 3세대 무선 모뎀은 Mbps급의 데이터 전송 속도를 가진 기존의 랜과 호환성을 유지하는 데 힘썼으며, 1991년 WLAN IEEE 워크 숍이 개최되었다. 이 시기에 초기 WLAN 제품이 시장에 등장했고, IEEE 802.11 위원 회가 WLAN의 표준을 개발하는 활동을 시작했다. 첫 워크숍의 주 목적은 '새로운 대체 기술의 평가' 였다. WLAN은 애드 혹 네트워킹, 인터넷, P2P(Peer-to-Peer) 랜 브리지 등을 기반으로 병원이나 회사, 대학교에서 주로 사용했다.

1999년 7월 21일 뉴욕 맥월드 엑스포에서 스티브 잡스가 아이북을 소개하면서 에어포트가 처음 등장했다. 이를 계기로 소비자가 WLAN을 가정에서 쉽게 사용하며 받아들일 만한 가격으로 이용할 수 있게 되었다. 에어포트가 출시되기 전까지 무선랜은 소비자가 사용하기에 너무 비싼 탓에 대형 환경에서만 사용했다. 초기 WLAN의 전파 도달 거리는 10m에 불과했으나 2000년대에 들어와서는 50~200m로 대폭 늘어났다.

무선 LAN은 두 대 이상의 단말이 무선으로 연결되는 로컬 영역의 네트워크 인프라를 가리킨다. 즉 영역 내에서의 이동성(지역적으로 제한된 이동성)을 지원하면서 네트워크에 접속할 수 있다. 또한 무선 주파수를 이용하므로 전화선·전용선 등이 필요 없으며 설치가 간단하고 설치비가 매우 낮다는 장점이 있다. 현재 WLAN의 주요 기술 표준 사용 모델은 초기 1/2Mbps급의 IEEE 802.11에서 시작되어 11Mbps급의 802.11b, 54Mbps급의 802.11a와 802.11g 등을 거쳐 802.11n까지 나왔으며, 802.11n의 최대 전송 속도는 600Mbps(국내 기술 기준상 최대 전송 속도는 약 300Mbps)이다. 또한 사용 목적, 사양에 따라 다양한 규격이 제정되어 있다.

WLAN은 배선이 어렵고 복잡하거나 지속적으로 구조 변경이 필요한 백화점, 병원, 박물관, 전시회, 세미나, 건설 현장 같은 곳이나 사용자의 이동성이 필요한 곳에 유용하게 사용된다. 사용자 관점에서 볼 때 WLAN의 장점으로는 네트워크 접속을 지원하는 (제한된) 이동성 보장에 따른 편의성 증대와 기기의 휴대성 향상 그리고 이에 따른 생산성 증대 등을 들 수 있다. 또한 설치자 입장에서는 배치가 자유롭고 설치 비용이 낮으며 확장성이 뛰어나다는 점이 매력적이다. 반면에 WLAN의 단점으로는 보안 문제와 상대적으로 낮은 전송 속도, 여러 사용자가 대역폭을 나누어 사용해야 한다는 점, 지원 범위가 한정된다는 점, 신뢰성에 문제가 있다는 점 등이 있다.

WMAN은 WLAN보다 크지만 WWAN보다는 작은 무선망으로, 대도시 정도의 커버리지를 갖는 무선 데이터 망이다. WMAN의 대표적 기술로는 WiMAX(Worldwide interoperability for Microwave Access)와 Wibro(Wireless broadband Internet)가 있다. WiMAX는 커버리지가 10km까지 확대 가능하며 전송 속도도 최대 40Mbps까지 가능하다. 802.16 2004 버전을 기준으로 보면 노매딕(Nomadic) 브로드밴드로서 기지국 커버리지 내에서는 이동성을 지원하지만 움직이는 이동체 및 기지국 간 핸드오버는 지원하지 않는다. WiMAX 기술은 802.16에서 비롯하여 점차 이동성이 강화된 802.16e 기술로 진화 중이며, 전송 속도가 다소 떨어지고 양질의 주파수를 활용한다

하더라도 이동성 개선 및 안정적인 커버리지 확보에 주안점을 두는 방향으로 진행되고 있다.

Wibro는 국내에서 상용 서비스를 목표로 개발하였으며, 2.3GHz의 무선 단말기(노트북, PDA 등)를 이용하여 이동하면서도 초고속 인터넷을 사용할 수 있는 무선 휴대 인터넷 서비스를 의미한다. Wibro는 무선 광대역 인터넷, 무선 초고속 인터넷, 휴대 인터넷 등으로도 불린다. 특히 휴대전화처럼 이동하면서 초고속 인터넷을 이용할 수 있는 서비스로, 휴대전화와 WLAN의 중간 영역에 있다. 한국정보통신기술협회를 중심으로 2003년 6월부터 표준화를 추진하는 한편, 미국전기전자기술자협회(IEEE: Institute of Electrical and Electronics Engineers)에도 반영하는 등 한국이 국제 표준화를 주도하는 3.5세대 이동 통신 서비스이자 국책 사업이다. 현재 국내에서는 수도권 및 일부 도시에서 상용 서비스 중이며, 주파수 대역은 2.3GHz, 인터넷 속도(서비스 대역폭)는 1Mbps 정도이다. 그림 2-1-4는 Wibro 서비스의 추진 방향을 나타낸 것이다.

이동 통신 기술은 세대 구분을 통해 기술의 진보를 살펴볼 수 있다. 이동 통신의 발전 단계는 일반적으로 1세대, 2세대, 3세대, 4세대(또는 3.5세대)로 구분할 수 있다. 1세대 이동 통신은 음성 통화만 가능한 아날로그 통신 시대를 말한다. 아날로그 이동 통신 시스템은 음성 전송에 아날로그 주파수 변조(FM: Frequency Modulation) 방식을, 신호 전송에 주파수 편이 변조(FSK: Frequency Shift Keying) 방식을 사용한

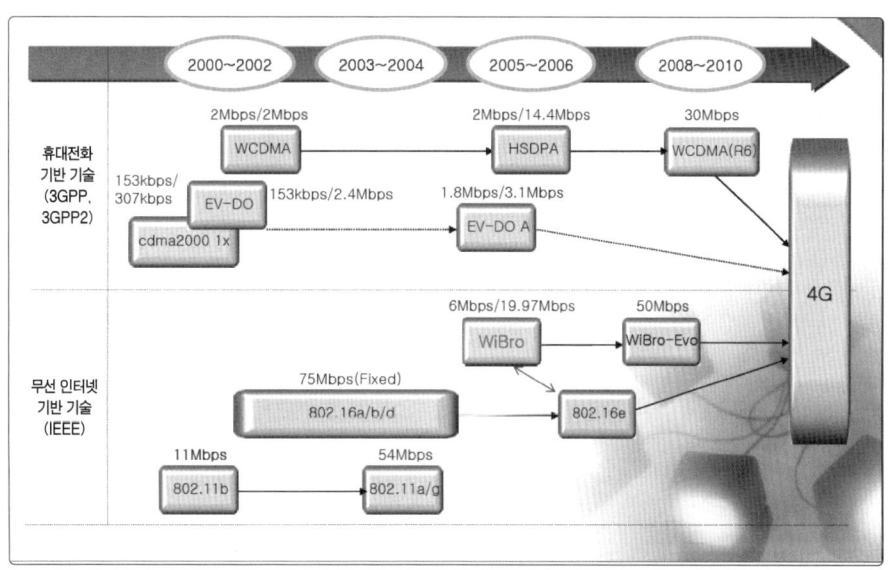

그림 2-1-4
KT Wibro 서비스
추진 방향

출처: KT 휴대인터넷사업본부(2006년 2월)

다. 상용화된 기술 표준으로는 Ericsson이 개발한 북유럽 표준 NMT(Nordic Mobile Telephone) 방식, 영국 표준 TACS(Total Access Communication System) 방식, 프랑스 표준 RC 2000(RadioCom 2000) 방식, 미국에서 시작되어 우리나라에서도 상용 서비스된 AMPS(Advanced Mobile Phone System) 방식, 독일 표준 C-450 방식 등이 주로 채택되었다.

2세대 이동 통신(2G)은 음성과 저속 데이터 전송이 가능한 디지털 이동 전화 시대로, 크게 유럽식 GSM(Global System for Mobile Communication)과 미국식 CDMA(Code Division Multiple Access: 코드 분할 다중 접속) 규격으로 나뉜다. 유럽에서는 TDMA(Time Division Multiple Access: 시분할 무선 접속), 미국에서는 CDMA와 TDMA 혼합, 한국에서는 CDMA 방식을 이용한다. 디지털 방식, 음성 부호화기 사용 등으로 용량이 증대되어 고밀집 지역에서 경제적으로 서비스가 가능하다. 또한 디지털화된 유선망(ISDN: Integrated Services Digital Network)과 접속이 용이하며 음성/데이터 혼합 통신이 가능하다. CDMA 규격은 IS-95A와 IS-95B(64kbps 전송 속도) 방식이 있고, GSM 방식은 GPRS(General Packet Radio Service), EDGE(Enhanced Data rates for the GSM Evolution) 등이 서비스된다.

3세대 이동 통신(3G, IMT-2000) 서비스는 세계적으로 동일한 주파수를 사용한다. 특히 국제간 로밍(Roaming) 서비스를 제공하거나 고품질 멀티미디어 서비스를 제공하는 등의 목표를 위해 개발되었다. IMT-2000에서 2000이라는 숫자는 2,000KHz대의 주파수를 사용한다는 의미가 있고 2000년에 서비스를 시작하며 2,000Kbps의 통신 속도를 낼 수 있음을 상징적으로 드러내기도 한다. 고속 이동 시 또는 셀 경계 지역에서도 144kbps 이상의 전송 속도를 낼 수 있는 CDMA-2000 1x 등 새로운 서비스 기능을 추가하면서 발전해 왔다. 이후 최대 2.4Mbps의 속도로 데이터만 전송하는 CDMA-2000 1X EVDO(Evolution Data Only), 음성과 데이터 서비스를 동시에 제공하며 최대 3.2Mbps(평균 1.8Mbps)의 전송 속도를 얻을 수 있는 CDMA-2000 1X EVDV(Evolution Data and Voice) 방식 등은 대표적인 동기식 3세대 이동 통신 규격이다.

한편 GSM에서 발전한 비동기식 방식은 데이터 전송 속도를 보강하는 HSCSD(High-Speed Circuit Switched Data: 전송 속도 57.6kbps), 최대 116kbps의 전송 속도를 가진 GPRS, EDGE 등을 거쳐 2Mbps급의 WCDMA(Wideband Code Division Multiple Access), 14.4Mbps급의 HSDPA(High Speed Downlink Packet Access) 등으로 발전했다. 중국은 독자적으로 TD-SCDMA(Time Division-Synchronous Code

Division Multiple Access) 방식으로 서비스하고 있다.

ITU에서는 차세대 이동 통신(IMT-ADVANCED, 4G)에 대해 정지 시에는 1Gbps의 전송 속도, 60Km/h로 이동 시에는 100Mbps의 전송 속도를 보장하는 통신 서비스로 정의했다. 또한 기존 인터넷과 연결할 수 있도록 네트워크 전체가 IP 기반(All IP Network)이어야 한다는 전제 조건을 발표했다. ITU는 향후 4G 이동 통신을 위한 유력한 기술 표준으로 3G LTE(Long Term Evolution), Mobile WIMAX 진화형, MBWA(Mobile Broadband Wireless Access: IEEE802.20)의 세 가지 유형을 검토 중이다.

3 IPv4와 IPv6

오늘날 국제 통신망으로 불리는 인터넷은 인터넷 프로토콜 스위트(Internet Protocol Suite)를 이용하여 정보를 주고받는 통신망이다. 인터넷은 1969년 미국 국방부 고등계획국(DARPA)이 핵전쟁에 대처하기 위해 산하 연구기관의 컴퓨터를 서로 연결하여 알파넷(ARPANET)이라는 통신망을 구축하면서 시작되었으며, TCP/IP (Transmission Control Protocol/Internet Protocol) 네트워크라고도 한다. 초기에 알파넷은 NCP(Network Control Program)라는 전송 통신 규약을 사용했으나 1983년 TCP/IP가 이를 대체했다. 1990년대 기업들이 상업적인 목적으로 이용하면서 인터넷은 상업적으로 발전하며, 일반인에게 급속히 보급되는 계기가 되었다.

IPv4에서 IP 주소 고갈과 네트워크 프래그멘테이션(Network Fragmentation) 문제를 해결하는 한편 확장성, 데이터 보안, 이동성 등을 강화하기 위해 IPv6가 제안되었다. IPv6의 주요 특징으로는 IP 주소의 확장(32비트→128비트), 호스트 주소 자동 설정, 패킷 크기 확장(64KB 제한을 없앰), 효율적인 라우팅, 플로 레이블링(Flow Labeling), 인증 및 보안 기능 제공, 이동성 보장 등이 있다.

1 | IPv4

인터넷 프로토콜 스위트는 1970년대 초반 미국 DARPA(Defense Advanced Research Projects Agency: 국방고등연구계획국)가 수행하는 연구에서 비롯되었다. DARPA는 하드웨어가 서로 다른 플랫폼 위에서 작동하는 프로토콜을 개발하기 위해

BBN 테크놀로지와 스탠퍼드 대학, 유니버시티 칼리지 런던(UCL)이 계약을 맺었다. 그 결과 TCP v1, TCP v2, 1978년 봄의 TCP/IP v3 그리고 오늘날까지 인터넷에서 표준 프로토콜로 사용되는 TCP/IP v4로 정착되었다. 1975년 스탠퍼드와 UCL 사이에 두 네트워크의 TCP/IP 통신 시험이 이루어졌으며, 1977년 11월에는 미국·영국·노르웨이 사이에 세 네트워크의 TCP/IP 통신 시험이 이루어졌다. 또한 1978년부터 1983년까지 여러 연구소에서 시제품이 개발되었으며, 1982년 3월 미국 국방성은 군용 컴퓨터 네트워크에 사용할 TCP/IP 표준을 마련했다. 1983년 1월 1일 ARPANET(Advanced Research Projects Agency NETwork)은 TCP/IP로 완전히 교체되었다.

IPv4(Internet Protocol version 4)는 인터넷 프로토콜의 4번째 판이면서 전 세계적으로 사용한 첫 번째 인터넷 프로토콜이며 IETF(Internet Engineering Task Force: 국제인터넷표준화기구) RFC(Request For Comments) 791(1981년 9월)에 기술되어 있다. IPv4는 패킷 교환망에서 데이터를 교환하기 위한 프로토콜이다. 따라서 데이터가 정확하게 전달될 것을 보장하지 않고 중복된 패킷을 전달하거나 패킷 순서를 잘못 전달할 가능성도 있다. 데이터의 정확하고 순차적인 전달은 그보다 상위 프로토콜인 TCP에서 보장한다(UDP에서는 일부만 보장).

IPv4의 주소 체계는 총 12자리이며 네 부분으로 나뉜다. 각 부분은 0~255의 세 자릿수로 표현된다. IPv4 주소는 32비트로 구성되며, 현재 인터넷 사용자의 증가로 주소 공간의 고갈에 대한 우려가 높아지고 있다. 이에 대한 대안으로 128-비트 주소 체계를 가진 IPv6가 등장했다. 중국의 경우 주소 공간 고갈을 우려하여 일부에서 독자적으로 IPv9(십진 인터넷 주소 체계)과 DDNS(Digital Domain Name System: 숫자 도메인)가 결합한 개념인 IP 주소와 도메인 이름이 동일한 네트워크 체제인 ADDA(All Digital Domain Address)를 사용하기도 한다.

IPv4 주소는 네트워크 주소 필드와 호스트 주소로 나뉜다. 또한 주소의 범위에 따라 표 2-1-1과 같이 Class A에서 Class E까지 나눌 수 있다.

Class	주소 범위	주소 형태	네트워크 크기	비고
A	1.0.0.1~126.255.255.254	0x	$2^{24}-2$	
B	127.1.0.1~191.255.255.254	10x	$2^{16}-2$	
C	192.0.1.1~223.255.254.254	110x	$2^{8}-2$	
D	224.0.0.0~239.255.255.255			멀티캐스트
E	240.0.0.0~254.255.255.254			예비

표 2-1-1
IP 네트워크 클래스

2 | IPv6

IPv6(Internet Protocol version 6)는 인터넷 프로토콜 스택 중 네트워크 계층의 프로토콜로, 차세대 인터넷 프로토콜을 가리킨다. 인터넷은 IPv4 프로토콜로 구축되어 왔으나 IPv4 프로토콜의 한계점이 드러남에 따라 지속적인 인터넷 발전에 문제가 예상되어 그 대안으로 IPv6 프로토콜을 제정했다. 그림 2-1-5는 IPv6의 도입 배경과 도입 효과를 나타낸 것이다.

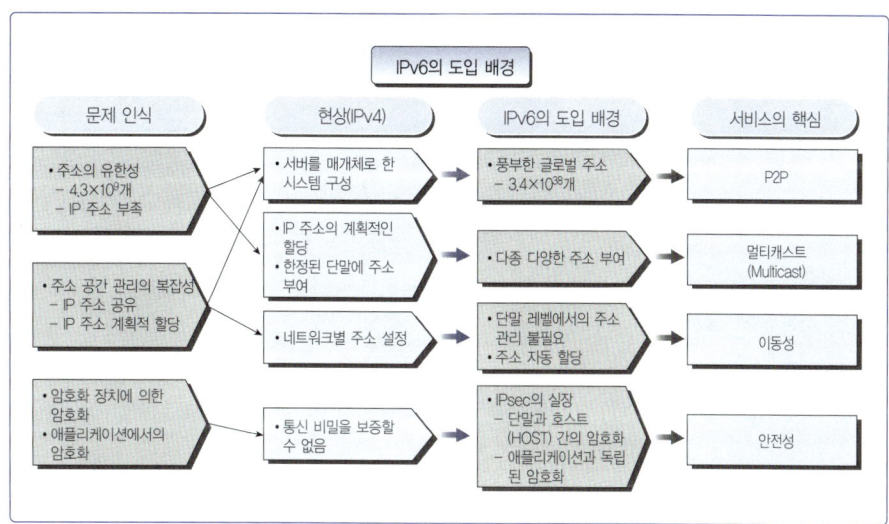

그림 2-1-5
IPv6의 도입 배경

IPv4 주소가 빠른 속도로 고갈되는 반면에 컴퓨터를 포함한 인터넷에 접속된 단말의 수는 기하급수적인 속도로 증가하고 있다. 또한 모자라는 주소를 더 많은 단말에 할당하기 위해 네트워크 프래그멘테이션(Network Fragmentation)이 지속적으로 증가하여 라우터에 많은 부담을 주고 있다. 이와 같은 IP 주소 고갈과 네트워크 프래그멘테이션 문제를 해결하는 한편 확장성, 데이터 보안, 이동성 등을 강화하기 위해 IPv6가 제안되었다.

IPv6는 Xerox 팔로알토 연구소에서 개발한 것을 1994년 IETF가 채택했으며, 처음에는 IPng(IP next generation: 차세대 IP)로 불리기도 했다. 여기서는 IPv6의 특징 등을 IPv4와 비교하여 설명하기로 한다.

1 특성

기존의 IPv4와 비교하여 가장 눈에 띄는 차이점은 IP 주소의 길이가 128비트로 늘어났다는 점이다. 이는 인터넷 주소의 고갈에 대비하기 위한 것이며, 컴퓨터 이외의 여러 단말(예를 들어 전화기, 각종 가전제품, 센서노드 등)이 IP 망에 연결될 수 있는 가능성을 열어주었다. IPv6는 여러 가지 새로운 기능을 제공하면서도 기존 IPv4와의 호환성을 고려했기 때문에 FTP(File Transfer Protocol), NTPv3(Network Time Protocol version 3) 등 몇몇 예외를 제외하고 대부분의 네트워크 수준 상위 프로토콜은 큰 수정 없이 IPv6상에서 동작할 수 있다. IPv6 프로토콜의 주요 특성은 다음과 같다.

:: IP 주소 확장: IPv6에서 IP 주소를 확장했다.

:: 호스트 주소 자동 설정: IPv6 호스트는 IPv6 네트워크에 접속하는 순간, 자동으로 네트워크 주소를 부여받는다.

:: 패킷 크기 확장: IPv4에서는 패킷 크기가 64KB로 제한되어 있지만 IPv6의 경우 점보그램 옵션을 사용하면 특정 호스트 사이에는 임의 크기의 패킷을 주고받을 수 있다. 즉 대역폭이 넓은 네트워크를 좀 더 효율적으로 사용한다.

:: 효율적인 라우팅: IP 패킷 처리를 신속하게 할 수 있도록 고정 크기의 단순한 헤더를 사용하는 동시에 확장 헤더를 통해 네트워크 기능 및 옵션 기능의 확장이 용이한 구조로 정의했다.

:: 플로 레이블링(Flow Labeling): 특정 트래픽은 별도의 특별한 처리를 통해 높은 품질의 서비스(QoS)를 제공하도록 한다.

:: 인증 및 보안 기능: IPv6 확장 헤더를 통해 적용할 경우 패킷 출처 인증과 데이터 무결성 및 비밀 보장 기능을 제공받을 수 있다.

:: 이동성: IPv6 호스트는 네트워크의 물리적 위치에 제한받지 않고 같은 주소를 유지하면서도 자유롭게 이동할 수 있다.

구분	IPv4	IPv6
주소 길이	32비트	128비트
표시 방법	8비트씩 4부분으로 10진수로 표시	16비트씩 8부분으로 16진수로 표시
주소 개수	2^{32}개	2^{128}개
주소 할당 방식	A, B, C 등의 클래스 단위 비순차적 할당	네트워크 규모, 단말기 수에 따른 순차적 할당
브로드캐스트 주소	있음	없음(로컬 범위 내에서 모든 노드의 멀티캐스트 주소 사용)
보안	IPSec 프로토콜 별도 설치	IPSec 자체 지원
서비스 품질	제한적 품질 보장 (Type of Service의 서비스 품질 일부 지원)	확장된 품질 보장 (트래픽 클래스, 플로 레이블의 서비스 품질 지원)
Plug&Play	불가	가능

표 2-1-2
IPv4와 IPv6의 비교

2 주소 체계

IPv6의 주소 체계는 128비트의 주소 공간을 제공한다. 즉 이론적으로 128bit로 표현할 수 있는 2^{128}개의 컴퓨터 또는 단말이 유일 주소를 가지고 망에 접속할 수 있음을 의미한다. 이는 향후 인터넷에 등장할 대량의 유비쿼터스 통신 장치가 상호 통신하는 주소 공간을 사용할 수 있다는 것을 의미한다. 즉 이동 단말, 가전제품뿐 아니라 각종 센서노드까지 인터넷 망에 접속할 수 있는 환경이 제공된다. 그림 2-1-6은 IP 주소 체계를 나타낸 것이다.

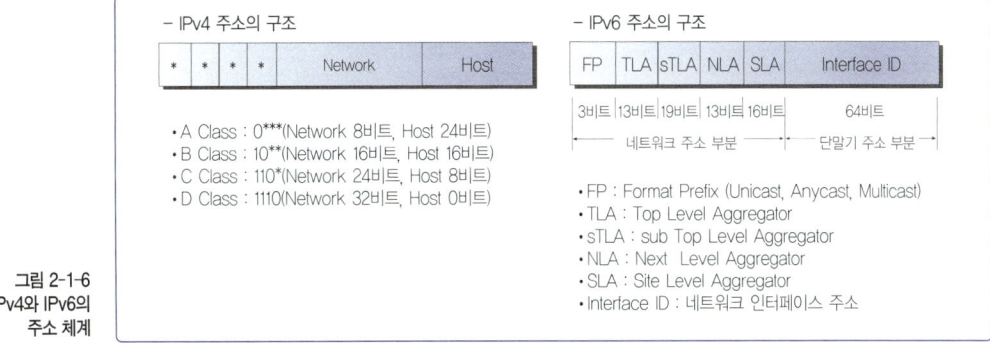

그림 2-1-6
IPv4와 IPv6의
주소 체계

3 이동성 지원

IPv4가 처음 나타날 당시에는 이동성을 고려하지 않았으며, 차후에 모바일 IPv4가 나오게 되었다. 모바일 IPv4는 라우팅 경로상에 있는 모든 에이전트(Agent)에 새로운 위치 정보를 알려주어야 하므로 추가 인프라가 필요하다. 그러나 IPv6는 확장 헤더인 라우팅 헤더와 바인딩 업데이트 기능을 이용하고, 라우팅 최적화를 통해 IPv4의 삼각 라우팅 문제를 없앨 뿐 아니라 주소 자동 설정에 따라 임시 주소를 쉽게 구현한다. 그림 2-1-7과 표 2-1-3은 IPv4와 IPv6의 이동성 지원 방식을 보여준다.

항목	모바일 IPv4	모바일 IPv6
경로 재설정	확장 옵션	기본 지원
인그레스 필터링	역터널링을 통해 문제 해결	CoA(Care of Address) 사용
포린 에이전트	이동성 지원을 위해 필수	필요 없음/CoA 주소 자동 생성
보안	확장 옵션	기본 지원

표 2-1-3
IPv4 및 IPv6의
이동성 지원

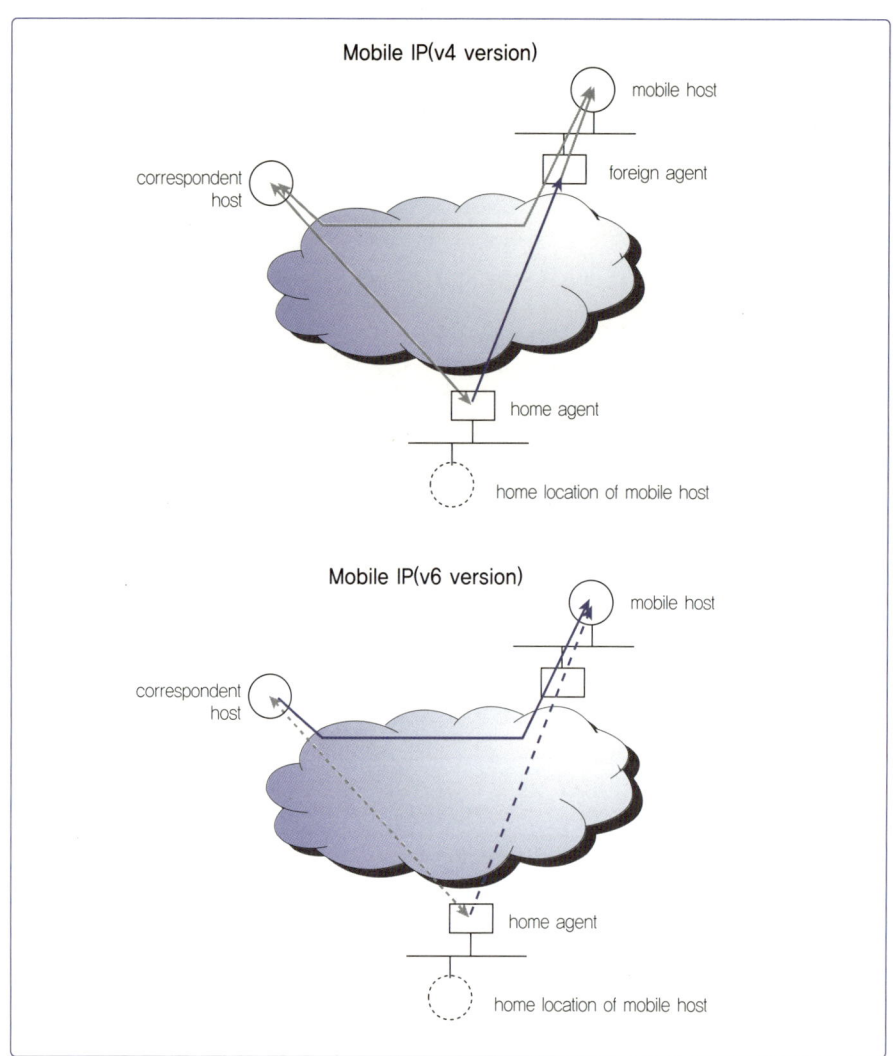

그림 2-1-7
IPv4 및 IPv6의
이동성 지원

4 광대역 컨버전스 네트워크

통신 기술, 단말 기술, 정보 기술, 서비스 기술 등이 지속적으로 발전함에 따라 일반 데이터를 포함하여 음성, 영상 등을 통합 처리하고 서비스가 융합되는 디지털 컨버전스(digital convergence)가 가속화되고 있다. 이에 발맞추어 단일망에서 시간과 장소의 제약 없이 모든 서비스를 끊임없이 제공할 수 있는 차세대의 품질보장형 통합 네트워크를 지향하는 것이 광대역통합망(BcN)이다.

BcN은 해외의 NGN(Next Generation Network: 차세대망)과 개념적으로 유사하며, 다음과 같은 방향으로 구축이 추진되고 있다.

첫째, FTTH(Fiber To The Home)를 궁극적인 목표로하여 가입자망을 고도화, 광대역화한다.

둘째, 통신·방송·인터넷 망을 IPv6 기반의 All IP 망으로 통합하고 고품질 서비스를 보장하기 위한 Qos(Quality of Service)를 보장하며, 전달망을 수~수십 Tbps급으로 고도화하는 것을 목표로 한다.

셋째, 통합 인증·과금·보안 관리·운영 관리를 제공하는 개방형 서비스를 제공할 수 있는 망 관리 및 서비스를 제공한다.

넷째, BcN의 응용 서비스는 유무선, 통신·방송, 음성·데이터 융합형의 QPS(Quadruple Play Service: 4중 결합 서비스) 형태로 진화하는 것을 목표로 한다.

2

유선 중앙 집중형 네트워크

UBIQUITOUS SENSOR NETWORK

본 장에서는 중앙 집중형 네트워크 기술 중 유선 네트워크에 관한 내용을 소개한다. 특히 기간망의 기술과 구조보다는 유비쿼터스 인터페이스 네트워크 인프라를 직접 접속할 수 있는 LAN(Local Area Network: 근거리 통신망)과 일반 가정 또는 회사의 가입자망을 중심으로 설명하기로 한다.

유선 네트워크는 기술의 발달에 따라 진화를 거듭하고 있다. LAN의 경우 현재 가장 널리 사용되는 이더넷을 중점적으로 설명할 예정이다. 가입자망은 xDSL, 케이블 네트워크, 광통신을 이용한 FTTx 망, T/E급 회선, 전력선을 이용한 망 등을 살펴본다.

1 유선 자가망

1 | 이더넷

오늘날의 이더넷(Ethernet)은 베이스밴드(Baseband) 방식을 사용하는 대표적 LAN 기술로, 전 세계에 가장 많이 보급된 근거리 패킷 교환 네트워크 기술이다. 이더넷은 원래 미국의 프린터, 복사기, 팩시밀리 회사로 잘 알려진 제록스사의 PARC(Palo Alto Research Center)에서 다양한 선구적 프로젝트 중의 한 가지로 개발한 것이다. 1972년 연구 당시 이더넷의 속도는 2.94Mbps 정도로 지금과는 비교할 수 없겠지만 그 당시로는 엄청난 속도를 자랑했다. 이후 1980년 제록스를 포함한 DEC, 인텔사가 공동 개발했고 결국 IEEE에서 802.3 표준으로 인정되어 오늘날의 이더넷에 이르게 되었다. 현재의 이더넷은 네트워크에 연결된 각 기기의 네트워크 인터페이스(NIC: Network Interface Card)가 48비트 길이의 고유(unique) MAC 주소(Media

Access Control Address)를 이용하여 데이터를 주고받을 수 있도록 만들어졌다. 전송 매체로는 BNC(Bayonet Neil-Concelman connector) 케이블 또는 UTP(Unshielded Twisted Pair), STP(Shielded Twisted Pair) 케이블을 사용하며, 각 기기를 상호 연결하기 위해 허브(Hub), 스위치, 리피터(Repeater) 등의 장치를 이용한다.

1 토폴로지

초창기 이더넷은 물리적으로 버스 토폴로지(Bus Topology)였으나 몇몇 배선과 토폴로지 표준들이 추가되었다. 논리적 버스 구조에서 모든 스테이션 또는 단말들은 네트워크 케이블을 공유하고 모든 트래픽을 감시한다. 각각의 스테이션의 NIC는 유일한 주소를 가지며 LAN상에서 전송되는 모든 메시지를 읽는다. 스테이션은 자신 또는 자신이 속한 그룹에 해당하는 주소를 가진 메시지에 대해서만 반응하도록 설정되는 것이 일반적이다.

2 통신 방법

이더넷은 CSMA/CD(Carrier Sense Multiple Access with Collision Detection: 신호 감지 다중 접속 및 충돌 감지) 기술을 사용하여 통신한다. 이 기술은 이더넷에 연결된 여러 컴퓨터가 하나의 전송 매체를 공유할 수 있도록 한다. 이를 간략하게 설명하면 데이터를 보내기 전에 네트워크가 사용 중인지 알아내고(Carrier Sense), 네트워크가 비어 있으면 누구든 사용 가능하며(Multiple Access), 메시지를 전송하면서 충돌 여부를 살펴본다(Collision Detect)는 의미이다. 어떤 컴퓨터가 이더넷 네트워크를 사용하는 경우 다음의 과정을 거쳐야 한다.

① 네트워크를 사용하려는 컴퓨터는 네트워크 위에 전송 중인 데이터 프레임이 있는지 감지한다.

② 지금 다른 데이터가 전송 중이면 사용할 수 있을 때까지 기다리고 아니면 전송을 시작한다.

③ 데이터를 전송하면서 네트워크상의 데이터를 수신하고 이들을 비교한다. 이들이 서로 다르면 충돌이 발생한 것으로 간주한다.

④ 여러 군데에서 동시에 전송을 시작하여 충돌이 발생하면 최소한 패킷 시간 동안이라도 전송을 계속하여 다른 모든 컴퓨터가 충돌을 감지할 수 있도록 한다.

⑤ 충돌이 발생하면 전송을 중단하고 임의 시간(Random Time Delay) 동안 기다린 후 다시 신호를 감지하여 네트워크 사용자가 없으면 전송을 재시작한다.

⑥ 전송을 마치면 상위 계층에 전송이 끝났음을 알리고 끝마친다.

⑦ 여러 번 다시 시도해도 전송에 실패하면 이를 상위 계층에 알리고 종료한다.

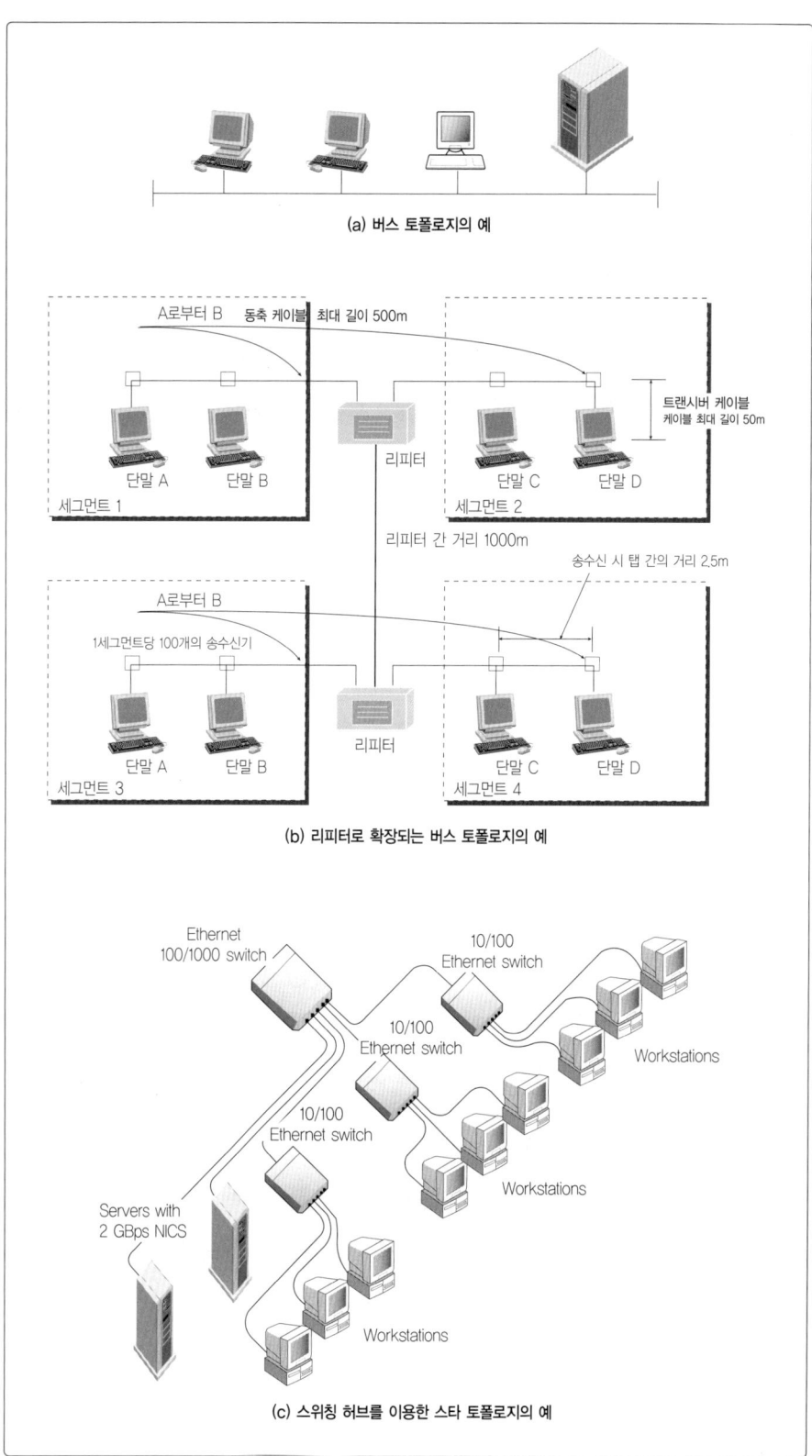

(a) 버스 토폴로지의 예

A로부터 B 동축 케이블 최대 길이 500m

트랜시버 케이블
케이블 최대 길이 50m

단말 A   단말 B   리피터   단말 C   단말 D

세그먼트 1   세그먼트 2

리피터 간 거리 1000m

송수신 시 탭 간의 거리 2.5m

A로부터 B

1세그먼트당 100개의 송수신기

단말 A   단말 B   리피터   단말 C   단말 D

세그먼트 3   세그먼트 4

(b) 리피터로 확장되는 버스 토폴로지의 예

Ethernet
100/1000 switch

10/100
Ethernet switch

10/100
Ethernet switch

Workstations

10/100
Ethernet switch

Workstations

Servers with
2 GBps NICS

Workstations

(c) 스위칭 허브를 이용한 스타 토폴로지의 예

그림 2-2-1
이더넷의 **구성 예**

최근에는 대부분 이더넷 스위치(Switching HUB)를 사용하여 스위치 방식의 네트워크(switched network)를 구성하는데, 이 경우에는 물리적 충돌이 일어나지 않는다.

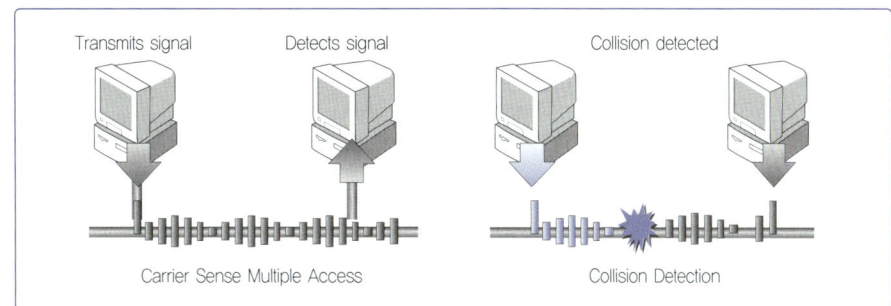

그림 2-2-2
CSMA/CD 방식

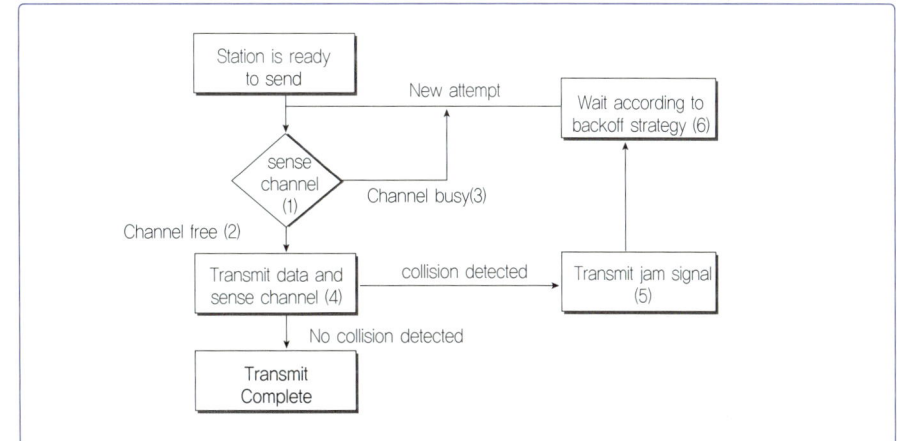

그림 2-2-3
CSMA/CD
플로 차트

❸ 이더넷 프레임 구조

프레임(Frame)이란 패킷을 한 스테이션에서 다른 스테이션으로 안전하고 효과적으로 전송하는 컨테이너이다. 이더넷 프레임은 프리앰블(Preamble), 시작 프레임 지시기(SOF: Start of Frame), 목적지 주소, 발신지 주소, 프로토콜 데이터 유닛(PDU: Protocol Data Unit)의 길이 및 종류, 상위 계층의 데이터와 프레임 에러 검출(FCS: Frame Check Sum) 등의 필드로 구성된다. 이더넷은 수신한 프레임을 직접 확인하고 응답하는 메커니즘을 제공하지 않으므로 확인 및 응답은 반드시 상위 계층에서 구현되어야 한다. 그림 2-2-4는 MAC 프레임의 형식을 나타낸 것이다. 이더넷과 IEEE 802.3 프레임 포맷은 조금 다르다. 그림 2-2-4와 표 2-2-1은 각각 이더넷의 프레임 구조와 각 필드의 설명을 보여준다.

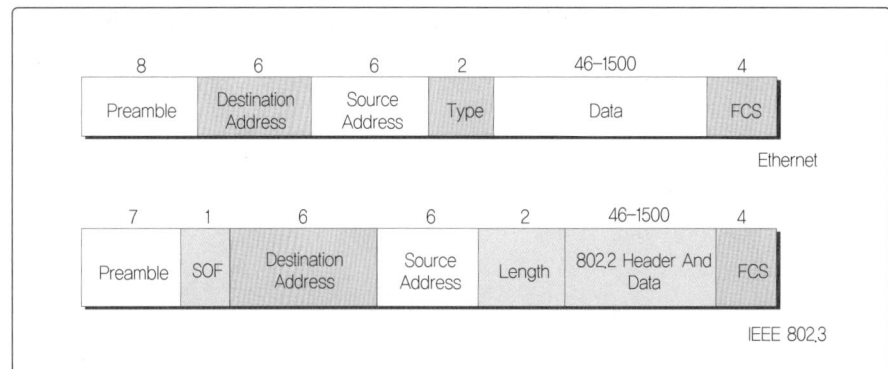

그림 2-2-4
이더넷과 802.3
프레임 구조

필드	설명
프리앰블(Preamble)	프레임을 보내기 전에 일정 비트 패턴을 가진 비트 스트림(Bit Stream)을 전송하여 네트워크 세그먼트상의 모든 스테이션에 데이터의 전송 소식을 알린다.
SOF(Start Of Frame)	1바이트의 비트 패턴으로, LAN상에 있는 모든 스테이션의 수신용 클록을 동기화하는 데 사용한다. 1바이트의 마지막 2개 비트를 '1'로 정한 바이트 형식을 사용한다(IEEE 802.3만 사용).
송수신 주소 (Destination/ Source Address)	LAN상의 모든 스테이션은 유일한 MAC 주소를 가지며, 목적(수신) 스테이션의 MAC 주소와 송신 스테이션의 MAC 주소가 표시된다. 송신 주소는 항상 한 스테이션의 주소인 반면, 수신 주소는 단일 주소(Unicast) 형식으로 하나의 스테이션을 나타내거나 브로드캐스트(Broadcast) 형식으로 LAN 세그먼트상의 모든 스테이션을 지정할 수도 있다.
길이(Length)	이 필드는 데이터 부분과 FCS를 합친 전체 프레임의 바이트 수를 나타낸다(IEEE 802.3만 사용).
종류(Type)	상위 계층의 프로토콜을 지정하는 필드이다(이더넷만 사용).
데이터(Data)	IEEE 802.3은 LLC(Logical Link Control) 헤더(Header)와 상위 계층의 데이터를 포함하며, 이더넷에서는 LLC 부분 없이 상위 계층의 데이터를 포함한다. IEEE 802.3은 LLC 부분에 상위 계층의 프로토콜에 대한 지정 필드가 포함되어 있다. 데이터 부분과 헤더 부분을 합쳐 프레임은 반드시 64바이트를 넘어야 하므로 프레임의 크기가 64바이트보다 작은 경우 패딩 바이트(Padding Byte)를 추가하여 64바이트가 넘도록 조정한다.
FCS(Frame Check Sequence)	송신 스테이션은 CRC(Cyclic Redundancy Check) 값을 계산하여 만들고, 수신 스테이션은 CRC를 재계산하여 프레임 전송 중에 오류가 발생했는지 검사한다.

표 2-2-1
이더넷 프레임 필드

4 이더넷의 종류

이더넷에는 데이터 전송 속도, 사용 매체 등에 따라 많은 종류가 있으며 이를 10Base-5, 10Base-T 등과 같이 간단한 형식의 약어로 표현한다. 맨 앞에 표기된 숫자 (10/100/1000)는 전송 데이터 속도를 의미하고 단위는 Mbps이다. 중간의 영문자는 변조 방식을 의미하고 각각 베이스밴드(Baseband)와 브로드밴드(Broadband)를 의미한다. 마지막의 숫자나 영문자는 그 의미가 다양하다. 초기에는 숫자로 표현했으며 단일 세그먼트의 최대 길이(단위는 100m)를, 그 후에는 T(UTP 케이블), F(Fiber: 광)와 같이 매체 종류를 나타낸다. 그림 2-2-5는 IEEE 802.3의 약어의 의미를 설명한 것이다.

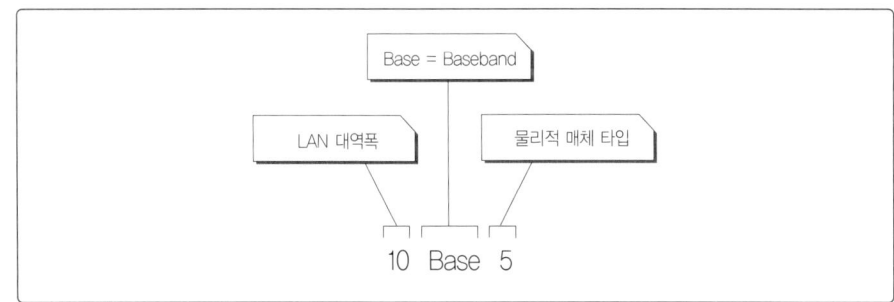

그림 2-2-5
IEEE 802.3의
약어 의미

① 10Mbps급 이더넷

10Mbps급 이더넷(그냥 이더넷이라고 부르는 경우 10Mbps급을 가리킴)은 10Base-X로도 불리며, 10Mbps의 전송 속도를 지원하는 근거리 통신망의 표준(IEEE 802.3)이다. 표 2-2-2는 사용 매체에 따른 이더넷의 유형을 정리한 것이다.

종류	설명
10Base-5 10Base-2	이더넷의 가장 초기에 구현된 네트워크로, 동축 케이블 매체의 버스형 네트워크에 여러 컴퓨터가 T자 커넥터나 트랜시버를 통해 연결되어 있으며 10Mbps의 속도에 각각 500m(10Base-5)와 200m(10Base-2) 길이의 세그먼트를 구성할 수 있다.
10Base-T	현재 가장 많이 사용하는 형태로 UTP 케이블을 사용하며, 더미 허브 또는 스위칭 허브를 통해 연결되는 스타형 네트워크 구조이다. UTP 케이블을 사용하며, 세그먼트 길이는 100m로 짧은 편이다.
10Base-F	기존 10Base-5, 10Base-2, 10Base-T의 전송 거리 한계성을 극복하기 위해 광케이블을 사용한 네트워크이다. 멀티 모드(Multi-mode Fiber)의 전송 거리는 최대 2Km이며, 싱글 모드(Single-mode Fiber)의 최대 전송 거리는 약 70Km이다.

표 2-2-2
10Mbps급
이더넷의 종류

② 고속 이더넷

고속 이더넷(Fast Ethernet: 100Mbps급 이더넷을 지칭함)은 100Base-X로도 불리는 이더넷의 고속 버전으로 100Mbps의 전송 속도를 지원하는 근거리 통신망의 표준(IEEE 802.3u)이다. 기존 이더넷에서 MAC 계층의 데이터 전송 속도를 10배 높이고, 충돌 영역을 1/10로 줄였다. 이더넷과 마찬가지로 고속 이더넷 역시 매체 접근 방식은 CSMA/CD에 기반을 두며, 802.3 프레임을 사용하므로 기존의 10Base-T와 호환이 용이하다. 그림 2-2-6과 표 2-2-3은 고속 이더넷의 종류를 설명한 것이다.

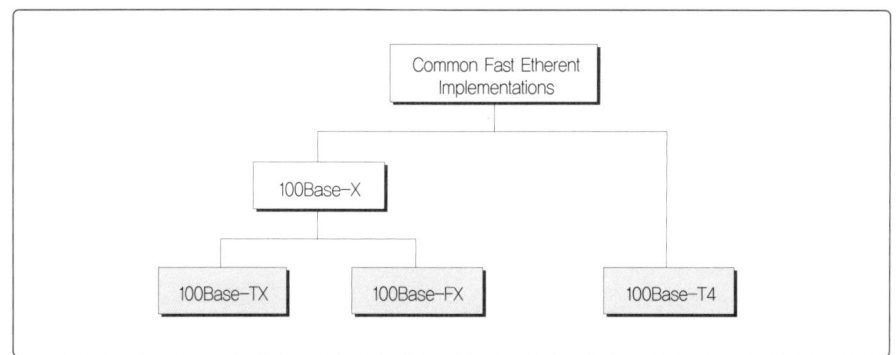

그림 2-2-6
고속 이더넷의 종류

종류	설명
100Base-TX 100Base-T4	100Mbps의 전송 속도를 지원하는 고속 이더넷을 가리킨다. 카테고리-5(Category-5)의 TP(Twisted Pair) 케이블을 사용하며, 연결 거리 확장 시 리피터 대신 허브와 스위치(스위칭 허브)를 이용한다. 100Base-TX와 100Base-T4는 각각 2쌍, 4쌍의 TP를 이용한다.
100Base-FX	100Mbps의 전송 속도로, 광케이블을 매체로 하여 기존 100Base-TX의 최대 전송 거리를 증대했다.

표 2-2-3
고속 이더넷의 종류

③ 기가비트 이더넷

기가비트 이더넷(Gigabit Ethernet)은 1,000Mbps(1Gbps)의 대역폭을 제공하는 한편, 이더넷과 동일한 CSMA/CD 프로토콜, 프레임 크기를 채택하고 있다. 이와 같은 환경에서 기가비트 이더넷은 기존의 프레임 기반 네트워크를 확장해 주며, 시장에 출시 후 다수의 ATM(Asynchronous Transfer Mode) 백본과 WAN 애플리케이션을 보완, 대체했다.

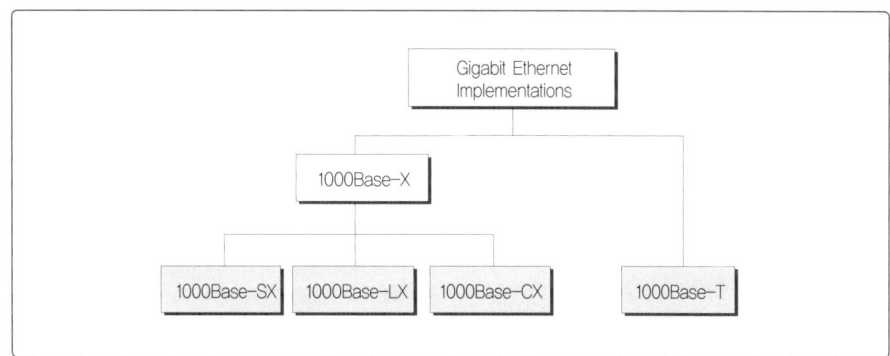

그림 2-2-7
기가비트 이더넷
종류

종류	설명
1000Base-T	기가비트 네트워크 구축의 표준으로, 광케이블이 아닌 카테고리-5e라는 케이블을 사용한다. 최대 전송 거리는 기존의 UTP 케이블과 동일하게 100m이지만 전송 속도는 기가비트 네트워크와 동일하다.
1000Base-X	기가비트 네트워크 구성의 보편적인 방법으로 광케이블을 이용한다. 최대 전송 거리는 수백 m에서 수십 km까지이며 대용량의 데이터를 전송할 수 있다. 이러한 네트워크는 멀티 모드, 싱글 모드, 거리에 따라 1000Base-SX, 1000Base-LX, 1000Base-LH, 1000Base-ZX 등으로 세분화된다.

표 2-2-4
기가비트 이더넷
종류

④ 10기가비트 이더넷

IEEE 802.3a 표준에 정의된 10기가비트 이더넷(10Gigabit Ethernet)은 기간망 간의 데이터 전송과 LAN에 연결된 단말에 일관된 인터페이스를 제공하는 매우 유용하고 저렴한 기술이다. 이는 광섬유를 사용하는 비동기 전송 방식(ATM)과 동기식 광통신망(SONET) 다중화기를 사용하는 기존의 네트워크를 대신할 수 있다. 또한 LAN, WAN, MAN 등을 상호 접속하는 데 사용할 뿐 아니라 IEEE 802 이더넷 MAC 프로토콜의 프레임 형식과 크기가 동일하며, 상당한 거리까지 양방향 송신이 가능하다. 다중 모드 광섬유의 경우 300m까지, 단일 모드 광섬유의 경우 40km까지 송신이 가능하다. 표 2-2-5는 10기가비트 이더넷의 종류와 전송 거리를 요약한 것이다.

종류	주 사용 네트워크	광 종류	전송 거리
10GBase-SR	LAN	멀티 모드	25/65/300m
10GBase-SW	WAN		
10GBase-LR	LAN	싱글 모드	10Km
10GBase-LW	WAN		
10GBase-ER	LAN	싱글 모드	40Km
10GBase-EW	WAN		
10GBase-LX4	LAN	멀티 모드	300m
		싱글 모드	10Km

표 2-2-5
10기가비트
이더넷 종류

2 | 이더넷 외의 LAN

이더넷 외의 LAN 중에서 대표적인 것들을 간략히 소개한다.

1 토큰 링

토큰 링(Token Ring) 네트워크는 1966년 Newball Ring이라는 이름으로 제안되었으며, IEEE 802.5 규격으로 제정된 근거리 통신망의 한 형태이고 16Mbps의 전송 속도를 갖는다. 토큰링 네트워크에서 모든 단말은 하나의 링 형상으로 연결되고, 메시지를 동시에 보내고자 하는 두 워크스테이션 간의 충돌을 방지하기 위해 토큰을 돌린다. 이때 Free 토큰을 보유한 단말만이 전송할 권한을 획득한다.

이를 좀 더 구체적으로 살펴보면 다음과 같다.

우선, 비어 있는 정보 프레임(Free Token)들이 끊임없이 링을 따라 돌며, 정보를 보내고자 하는 단말이 빈 정보 프레임을 수신하면 토큰을 삽입하고(Busy Token) 프레임 내에 보낼 메시지와 수신자 주소를 채워 다음 단말에 송신한다. 변경된 프레임은 모든 단말에 도착할 때마다 주소가 비교되고, 일치하는 단말은 메시지를 복사하고 토큰을 재설정하여 전송한다. 토큰이 재설정된 프레임이 전송 단말에 도착하면 메시지가 잘 전달된 것으로 판단하고 프레임을 제거한다. 토큰을 전달하는 방식은 링형 또는 버스형(Token Bus) 랜에 적용할 수 있다. 하나의 세그먼트 또는 스테이션에 고장이 발생해도 전체 네트워크 통신이 두절되므로 고장난 스테이션을 바이패스하는 기법, 이중 링 등의 방법이 제안되었다.

2 FDDI

FDDI(Fiber Distributed Data Interface)는 광케이블을 매체로 사용하며, 장애 발생 시에 대비하여 이중 링(Dual Ring) 구조를 채택한다. 1980년대 초반에 발표하여 ANSI(American National Standard Institute) 표준으로 채택된 LAN 기술로, 최대 200km까지의 거리와 100Mbps의 속도를 지원한다. 고속 이더넷이나 ATM 등의 기술이 등장하기 전에 LAN의 백본(Backbone)으로 사용했으며, 프레임 최대 크기는 4,500Byte이고 전송 매체에 접근하는 방식은 토큰 링과 유사하다. FDDI는 상대적으로 고비용, 설치의 어려움, 표준화 지연 등으로 널리 확산되지는 않았다

3 ATM

ATM(Asynchronous Transfer Mode: 비동기 전송 방식)은 가상 채널(Virtual Channel) 또는 가상 패킷(Virtual Packet) 기반의 연결 지향 서비스로, 셀이라 부르는 고정 길이(53바이트) 패킷을 사용하며 통계적 다중화 방식을 이용한다. CAC (Connection Admission Control)에 기반하여 양 끝단(end-to-end) 간의 오류와 흐름을 제어하므로 어떤 종류의 서비스라도 제공할 수 있고 망의 고속화가 가능하며, 망의 오버헤드를 줄인다는 특징이 있다.

ATM은 고정 길이 패킷을 이용하므로 처리가 단순하고 고속망에 적합하며 QoS(Quality of Service)가 보장되는 실시간 멀티미디어 통신에 적합하다. 또한 실시간 서비스와 비실시간 서비스를 제공하며, 음성 같은 고정 비트 레이트(CBR: Constant Bit Rate) 처리와 압축 비디오 신호 같은 가변 비트 레이트(VBR: Variable Bit Rate) 처리가 모두 가능하다. 광케이블을 사용할 경우 전송 거리가 길고 고속 (155Mbps, 622Mbps, 2.54Gbps, 10Gbps 등)이면서 다양한 속도를 지원하는 등의 장점이 있다. 셀 중계 프로토콜로 B-ISDN과 결합하여 전 세계 네트워크의 고속 연결을 가능하게 해줄 것으로 기대되었지만 망 구성을 위해서는 반드시 교환기(ATM 스위치)가 필요하고 설치 비용이 비교적 높다. 또한 TCP/IP를 지원하지만 상대적으로 오버헤드가 크다는 점 때문에 단말 간의 통신보다 기간망, LAN의 백본망 등으로 사용하다가 기가비트 이더넷이 발표되면서 LAN에서의 사용이 줄어들었다. 표 2-2-6은 기가비트 이더넷과 ATM을 비교한 내용이다.

구분	기가비트 이더넷	ATM
전송 속도	1Gbps	155Mbps/622Mbps/2.5Gbps 등
가격	저가	고가
(고속) 이더넷과 호환	용이	보완 필요
실시간 멀티미디어 처리(QoS 보장)	보완 필요	적합
최대 전송 거리	3km	30km

표 2-2-6
기가비트 이더넷과
ATM 비교

2 　유선 가입자망

1 | xDSL

멀티미디어 파일(음원 파일, 동영상 파일 등)의 공유와 내려받기 등이 일반화됨
에 따라 사용자의 데이터 전송 속도에 대한 요구는 지속적으로 증대하는 반면, 모뎀
을 이용한 전화선 통신은 데이터 전송 속도에 제한이 있다. 이에 따라 전화 회사들은
기존의 전화선을 이용하면서 고속 디지털 통신을 지원하는 DSL(Digital Subscriber
Loop: 디지털 가입자 회선) 기술을 개발하게 되었다. DSL 기술은 가정에까지 구축된
전화선을 이용한다는 점에서 적은 비용으로 설치 가능하고, 고속 데이터 전송을 사
용할 수 있다는 장점이 있는 반면, 전화선에서 감쇠가 발생하고 이로 인한 거리에 제
약이 있으며 누화(cross-talk) 등의 문제가 많다. DSL 기술이 발전함에 따라 여러 기술
이 개발되었고 각각의 전송 속도, 전송 거리 등의 기준으로 여러 종류의 xDSL이 있
다. 국내에서는 1998년 ADSL(Asymmetric DSL: 비대칭 DSL) 시범 서비스를 시작했
고, 2002년부터 VDSL(Very high speed DSL: 고속 DSL)로 대체되었다. 표 2-2-7은 DSL
의 기술별 특징을 정리한 것이다.

약자	이름	전송 속도(최대치)	최대 전송 거리	필요 Line 수	변조 방식
DSL	Digital Subscriber Loop	• 하향: 160Kbps • 상향: 160Kbps	5.4km	1	2B1Q
HDSL	High-data-rate DSL	• 하향: 2Mbps • 상향: 2Mbps	4.0km	2	2B1Q
SDSL	Symmetric DSL	• 하향: 2Mbps • 상향: 2Mbps	4.0km	1	2B1Q
ADSL	Asymmetric DSL	• 하향: 8Mbps • 상향: 1Mbps	4.0km	1	DMT
VDSL	Very high data rate DSL	(300m 이내일 때) • 비대칭: 하향 52Mbps, 상향 6.4Mbps • 대칭: 상하향 32Mbps	2.0km	1	DMT

표 2-2-7
DSL의 기술별 특징

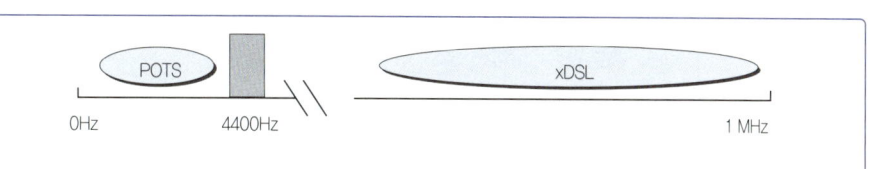

그림 2-2-8
xDSL의 사용 대역

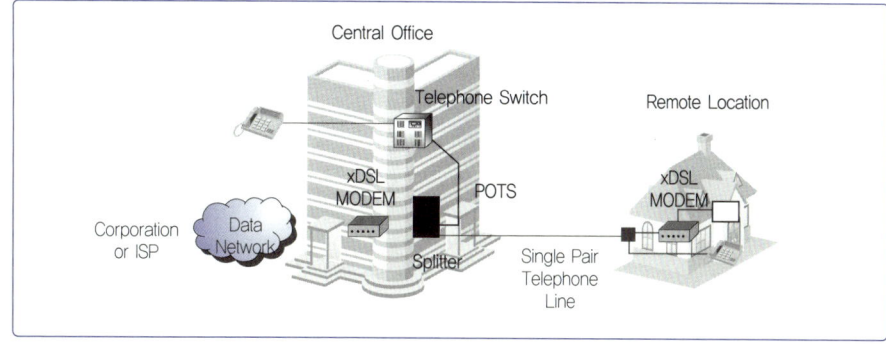

그림 2-2-9
DSL 연결

1 ADSL

DSL 기술 중에서 가장 광범위하게 보급된 ADSL은 과거 56K 모뎀과 마찬가지로 하향 속도가 상향 속도보다 높다. 이는 서버의 접속이나 파일의 내려받기 등이 일반적인 사용자에게는 문제없지만, 파일 올리기가 많거나 P2P 서비스와 같이 양방향으로 높은 대역폭이 필요한 사용자에게는 효용성이 떨어진다.

기존의 모뎀을 이용한 전화선 데이터 통신의 전송 속도에 제한이 있는 것은 모뎀

기술의 한계 때문이 아니다. 전화 회사에서 음성 신호 전송에 충분한 4KHz의 대역폭으로 제한하는 필터를 달아 많은 수의 음성 채널을 다중화해서 사용해 왔기 때문이다. 실제로 전화선에 사용하는 TP 선의 경우 이론적으로는 1.1MHz의 대역폭까지 사용할 수 있다. 따라서 xDSL은 제한 필터를 제거하고 높은 대역폭을 활용하여 고속 데이터를 전송하게 되었다. 그러나 ADSL이 실제로 사용하는 대역폭은 가정과 교환국 사이의 거리, 케이블의 종류, 신호 방식 등과 같은 여러 요인의 영향을 받아 결국 데이터 전송 속도가 일정하지 않으며, 전화 회선의 조건과 종류에 따라 바뀐다. 즉 거리가 멀어지면 대역폭과 전송 속도는 줄어든다.

ADSL의 표준이 된 변조 기술은 QAM(Quadrature Amplitude Modulation)과 FDM(Frequency Division Multiplexing)을 조합한 DMT(Discrete Multitone Technique: 이산 다중 음조 기술)를 사용한다. 각 시스템은 1,104MHz의 가용 대역폭을 4,312KHz의 대역폭을 가진 256개의 채널로 나누고 표 2-2-8과 같이 사용한다.

채널 번호	사용 용도	최대 전송률
0	음성 통신	
1~5	음성과 데이터 통신 사이의 공간	
6~30	상향 데이터 전송(24개)과 제어(1)	24×4,000×15 = 1.44Mbps
31~255	하향 데이터 전송(224개)과 제어(1)	224×4,000×15 = 13.4Mbps

표 2-2-8
ADSL의 채널 구성

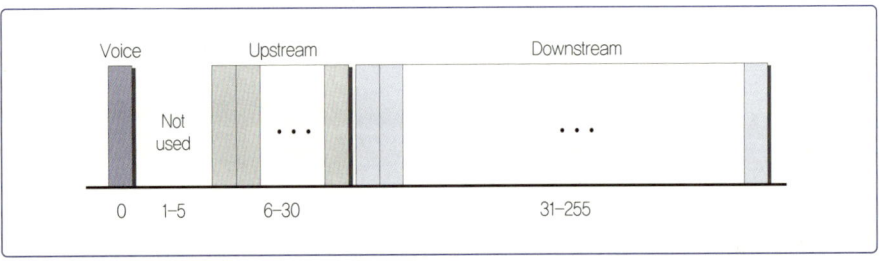

그림 2-2-10
ADSL의 용도별
채널 구성도

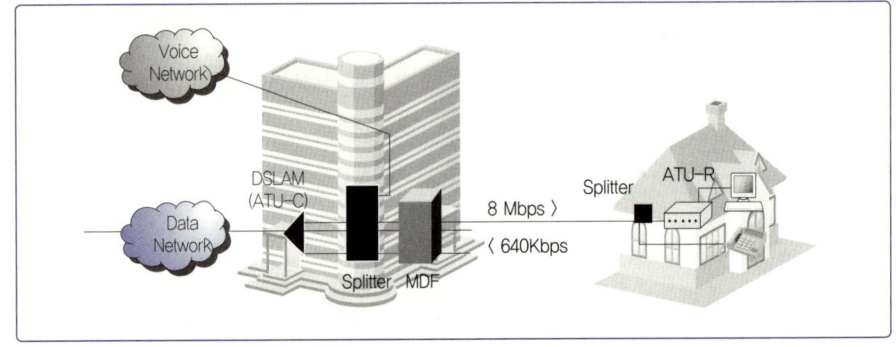

그림 2-2-11
ADSL의 망 구성

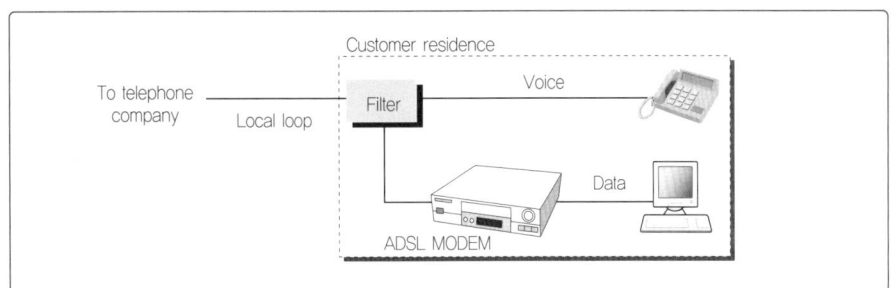

그림 2-2-12
ADSL 모뎀

표 2-2-8에서 보듯이 이론적인 최대 전송 속도는 상향이 1.44Mbps이고, 하향이 13.4Mbps이지만 실제로는 낮은 신호 대 잡음 비(SNR: Signal to Noise Ratio) 등의 영향에 따라 64Kbps~1Mbps의 상향 전송 속도와 500Kbps~8Mbps의 하향 속도를 얻게 된다.

2 SDSL

비대칭 통신인 ADSL은 양 방향으로 높은 대역폭이 필요한 사용 환경에 적합하지 않으므로 상하향의 대역폭을 고르게 분배하는 SDSL(Symmetric Digital Subscriber Loop: 대칭 디지털 가입자 회선)이 개발되었다. SDSL은 384Kbps, 768Kbps, 1.5Mbps(T1), 2Mbps(E1)까지 지원 가능하며 POTS(Plain Old Telephone Service)와 T1/E1을 동시에 지원할 수 있다. 하나의 TP를 사용하므로 가정용으로 사용 가능하며 FR(Frame Relay), 전용선, 비디오 컨퍼런스 등 다양한 서비스에 활용할 수 있다. SDSL의 단점은 거리가 약 3km로 제한된다는 점이다.

3 HDSL

T-1 회선의 대안으로 고안된 HDSL(High bit rate Digital Subscriber Loop)은 2B1Q(Two Binary One Quarternery) 부호화 방식을 사용한다. T-1 회선은 고주파 감쇠에 민감한 AMI(Alternate Mark Inversion) 방식을 사용하므로 전송 거리가 1km로 제한되지만, HDSL은 3.6km까지 전송 거리를 늘리면서 1.544Mbps의 대역폭을 2Mbps로 증가할 수 있다. HDSL은 2개의 TP를 사용하며 일반적으로 PBX(Private Branch Exchange) 트렁킹(Trunking)이나 PoP(Point of Presence)의 교환 장비, 사설 망 등에서 사용된다. HDSL 표준인 2B1Q 부호화 방식은 그림 2-2-13과 같이 입력 데이터 2비트를 한 쌍으로 4개의 신호 레벨을 표현하는 방법이다. 따라서 동일한 보 레이트(Baud Rate)에서 2배의 전송 속도를 얻게 된다.

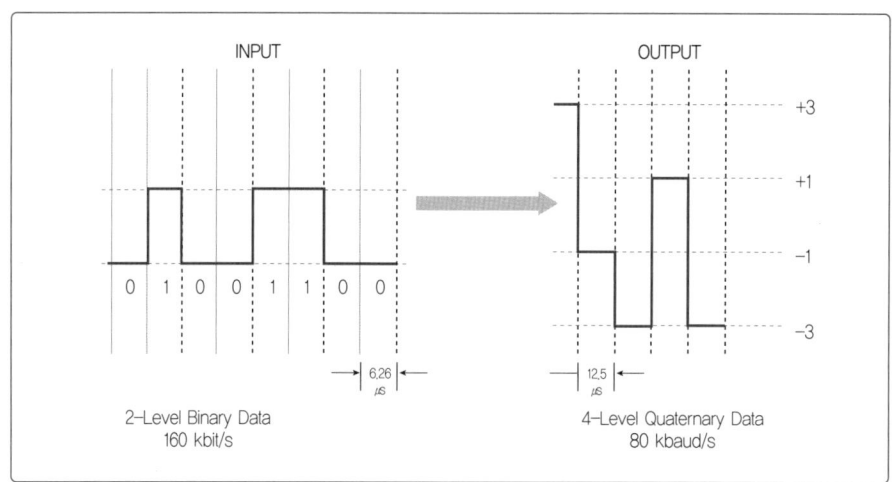

그림 2-2-13
2B1Q 부호화 방식

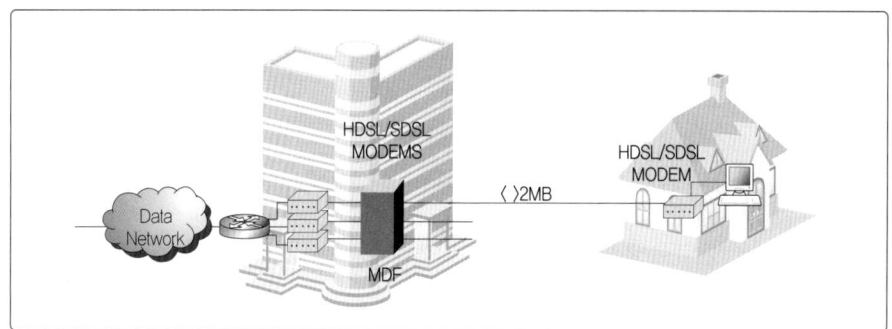

그림 2-2-14
HSDL/SDSL
망 구성

❹ VDSL

VDSL은 ADSL과 유사한 기술이다. 최대 전송 거리가 비교적 짧고(300~1,800m) 동축 케이블, 광섬유 케이블, TP 케이블 등을 사용하며 DMT 변조 방식을 사용하여 50~55Mbps 하향, 1.5~2.5Mbps 상향의 데이터 전송 속도를 갖는다. 서비스 가능 거리가 매우 짧으므로 기지국 근처 또는 사용자 근처에 광케이블이 매설된 인구 밀접 지역에 주로 구현되는 FTTC(Fiber To The Curb)와 함께 사용하는 것이 일반적이다.

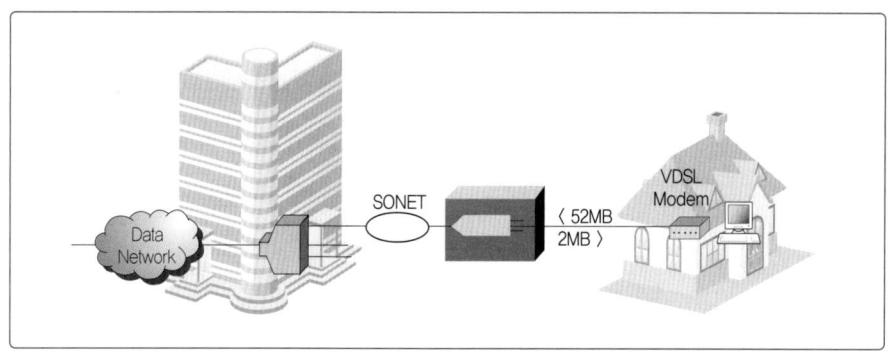

그림 2-2-15
VDSL 망 구성

2 │ 케이블 망을 이용한 접속

■ 초기의 케이블 TV 네트워크

케이블 TV는 1940년대에 시작되었다. 빌딩의 옥상에 공청 안테나를 설치한 후 TV 방송국에서 신호를 받아 동축 케이블로 전송하는 CATV(Community Antenna TV)가 맨 처음 등장했으며, 이것이 케이블 TV의 효시라 할 수 있다. 그림 2-2-16은 케이블 TV 네트워크의 개략도를 보여주고 있다.

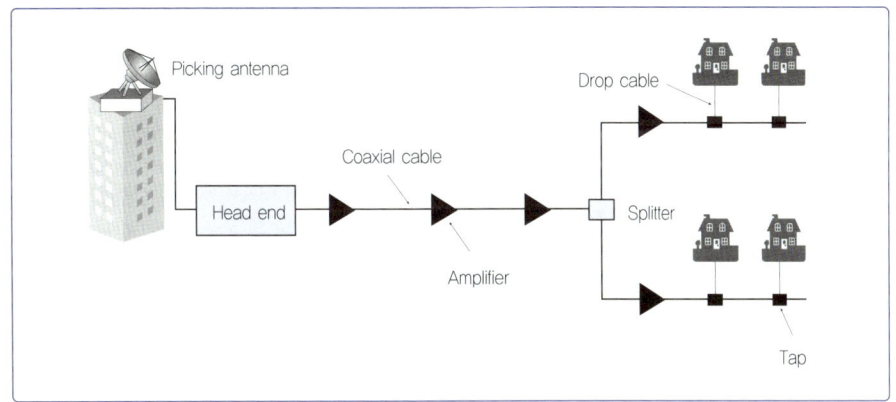

그림 2-2-16
초기 케이블 TV
네트워크

동작을 살펴보면 헤드 앤드(Head end)라 불리는 케이블 TV 사무실에서 영상 신호를 받아 동축 케이블을 통해 가입자에게 전송한다. 신호는 거리에 따라 감쇠되므로 증폭기가 필요하며, 분배기에서 케이블이 분배되고 탭(Tap)과 드롭 케이블(Drop Cable)을 통해 가정에 연결된다. 동축 케이블에서 신호의 감쇠가 발생하고 다수의 증폭기를 거치므로 초기 케이블 TV 네트워크에서는 단방향 통신만이 가능하였다.

■ HFC 네트워크

HFC(Hybrid Fiber-Coaxial) 네트워크는 광케이블과 동축 케이블을 동시에 사용한다. 헤드 앤드에서 광섬유 노드까지의 전송 매체는 광섬유이고, 광섬유 노드에서 가정까지는 동축 케이블을 사용한다. 그림 2-2-17은 HFC 네트워크의 개략도를 보여주고 있다.

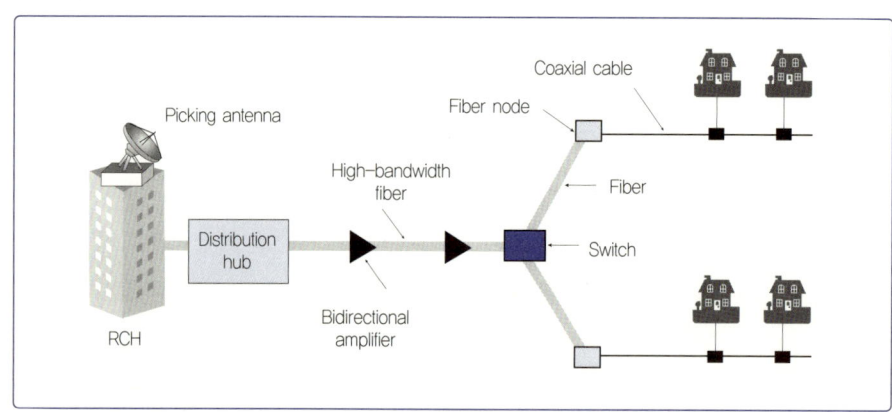

그림 2-2-17
HFC 네트워크 구성

RCH(Regional Cable Head: 지역 케이블 꼭지)는 40만 가입자까지 지원할 수 있다. RCH는 배전 허브(Distribution Hub)에 연결되고, 각각의 허브는 4만 가입자까지 연결 가능하다. 배전 허브는 변조와 신호 분배를 한다. 분배된 신호는 광섬유 노드까지 광케이블로 전달되고, 광섬유 노드는 동축 케이블로 신호를 분배한다. 각각의 동축 케이블은 1천 가입자까지 연결할 수 있으며, 광케이블을 사용하면서 증폭기 수를 8개 이하로 줄일 수 있다. 또한 초기 방식에서 HFC 방식으로 바뀌면서 양방향 통신이 가능하게 되었다.

① 데이터 전송 방법

케이블 TV 네트워크는 동축 케이블을 사용하므로 상대적으로 신호 품질과 대역폭의 면에서 장점이 있지만 가입자들이 케이블을 공유하므로 동시 사용자가 많아지면 대역폭을 나누어 쓰는 것이 단점이라고 할 수 있다.

HFC 방식에서도 여전히 동축 케이블이 사용된다. 동축 케이블은 약 5~750MHz 범위의 대역폭을 갖는다. 그림 2-2-18은 인터넷 접속을 제공하기 위해 대역을 3개로 나누어 사용한 것이다.

그림 2-2-18
HFC 방식에서의
대역 구분

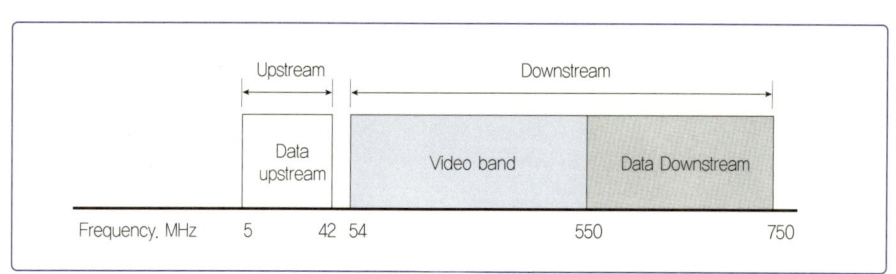

비디오 대역(54~550MHz)은 아날로그(케이블 TV) 방송 대역이다. 각 채널당 대역폭이 6MHz이므로 80채널 이상의 제공이 가능하다. 하향 데이터 대역(550~750MHz)은 가입자에게 데이터를 전송하는 대역이며, 각 채널마다 6MHz의 대역폭을 갖는다. 또한 64-QAM(Quadrature Amplitude Modulation) 변조 기술을 사용하므로 이론적으로 채널당 30Mbps의 데이터 전송이 가능하다(64-QAM은 6bit/baud이고 한 비트는 전방 오류 정정을 위해 사용됨. 1보당 5비트의 데이터가 전송되므로 5bit/Hz×6MHz=30Mbps). 그러나 일반적으로 케이블 모뎀이 컴퓨터와 10Base-T 케이블을 통해 연결되는 경우 데이터 전송 속도는 10Mbps로 제한된다.

한편 상향 데이터 대역(5~52MHz)은 가입자가 데이터를 전송하는 대역이며, 각 채널마다 6MHz의 대역폭을 갖는다. 상향 데이터 대역은 하향 데이터 대역보다 낮은 주파수를 사용하므로 잡음과 방해 전파에 취약하다. 따라서 QAM 변조 방식 대신 QPSK(Quadrature Phase Shift Keying) 변조 방식을 사용한다. QPSK는 2-bit/baud이므로 이론적인 채널당 최대 전송 속도는 12Mbps이다(2bit/Hz×6MHz). 그러나 실제 전송 속도는 일반적으로 12Mbps보다 낮다.

② 채널 공유

상향/하향 데이터 대역은 가입자들이 공동으로 사용한다. 상향 데이터 대역폭은 37MHz이므로 6개의 6MHz 대역 채널 가능하다. 가입자가 상향으로 데이터를 전송하려면 채널 하나를 사용해야 하는데, 많은 수의 가입자가 있는 지역에서 6개의 채널을 공유하는 것이 문제가 된다. 이에 대한 해결책 중 하나는 시공유(Time-sharing)이다. 또한 대역은 FDM(Frequency Division Multiplexing)을 사용하며, 여러 채널로 나뉜다. 케이블 사업자는 정적 또는 동적으로 한 개의 채널을 가입자 그룹에 할당한다. 즉 한 가입자가 데이터를 전송하려면 전송을 원하는 다른 가입자와 공유해야 한다는 것을 의미하며, 가입자는 채널을 쓸 수 있을 때까지 기다려야 한다.

한편 하향 데이터 대역폭은 200MHz이며, 33개의 6MHz 채널을 사용할 수 있다. 상향 공유와 마찬가지로 33명 이상의 가입자가 있다면 각 채널은 가입자 그룹이 공유해야 한다. 그러나 하향의 경우에는 다중방송(Multicasting) 상황이 되므로 채널을 할당할 필요가 없어진다. 즉 그룹에 속하는 어떤 가입자에게 가는 데이터가 있다면 데이터는 그 채널로 전송되며, 모든 가입자에게 데이터가 수신된다. 반면에 케이블 모뎀은 사용자에게 할당된 주소와 데이터의 주소가 일치하면 데이터를 수신하고 아니면 무시한다.

③ HFC용 장비

케이블 네트워크를 통해 데이터를 전송할 때 필요한 두 가지의 주요 장치는 CM(Cable Modem)과 CMTS(Cable Modem Transmission system)이다. CM은 가입자 건물 내에 설치하며 ADSL 모뎀과 유사한 기능을 한다.

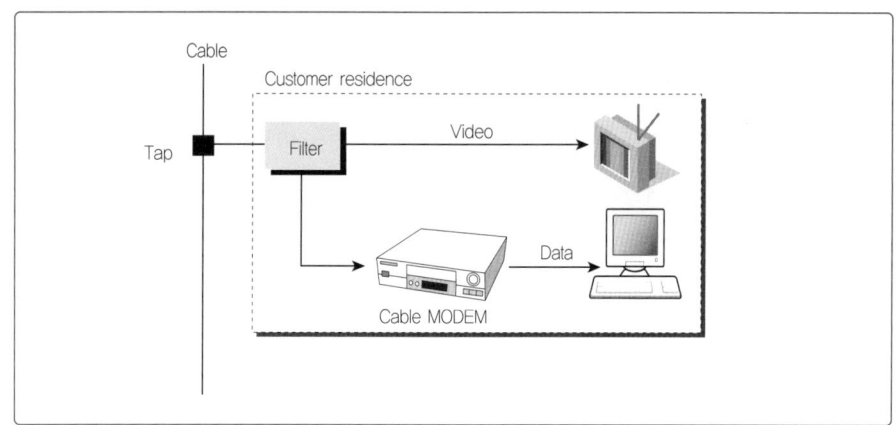

그림 2-2-19
케이블 모뎀

한편 CMTS는 케이블 회사의 분배 허브 내에 설치하며, 데이터를 받아 혼합기에 보내고 혼합기는 다시 가입자에게 데이터를 보낸다. CMTS는 가입자에게서 데이터를 받아 전송하는 역할도 수행한다.

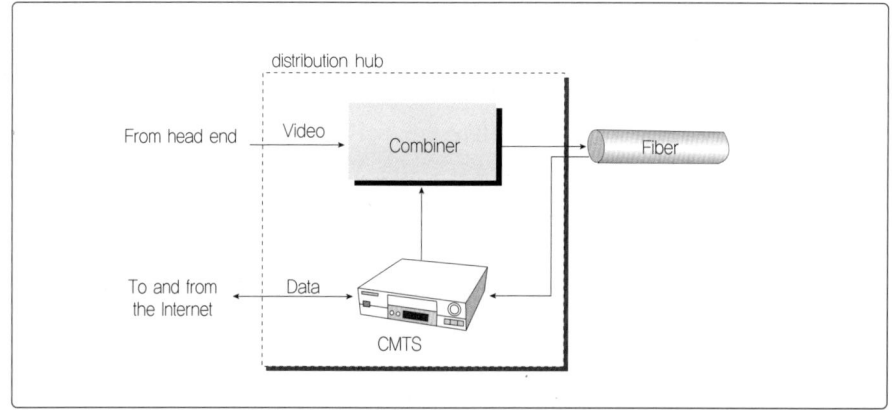

그림 2-2-20
CMTS

④ 특징

하향 신호의 전송 속도는 10~30Mbps, 상향 신호의 전송 속도는 500Kbps~ 10Mbps이며 동화상 멀티미디어는 물론 DTV(Digital TeleVision)나 HDTV(High Definition TeleVision)의 전송도 가능하다. 데이터 전용선 서비스의 경우와 마찬가지로 접속을 위한 다이얼 업이 필요 없고, 서비스 요금도 비교적 저렴한 편이다. 또한 단말 장치의 설치가 간단할 뿐 아니라 통신 사업자가 구비해야 할 센터 장비의 볼륨이 작아 설치에 대한 부담이 거의 없다.

케이블 모뎀의 경우 LAN 카드나 USB 포트를 통해 PC와 접속하고, 다른 한쪽은 기존에 설치된 케이블 TV 망에 연결하므로 비교적 설치가 간단하다. 또한 가입자망의 토폴로지가 트리(Tree) 구조로써 종래의 1 : 1 통신 회선과 같이 센터 장비를 가입자별로 설치하지 않고도 통신망 구성이 가능하므로 서비스 사업자가 구비해야 할 CMTS의 설치 공간이나 비용 부담이 상대적으로 적다는 장점이 있다. 케이블 모뎀은 가입자 액세스 망으로 기존의 아날로그 케이블 TV 전송망을 업그레이드할 수 있어 비교적 저렴한 비용으로 고속 부가 통신 서비스를 위한 광대역 가입자망을 구축하며, 설치 비용도 광케이블에 비해 훨씬 저렴하다.

⑤ 표준 인터페이스

DOCSIS(Data-Over-Cable Service Interface Specifications)는 케이블 모뎀(케이블 TV 운영업체와 사용자의 컴퓨터, TV 사이의 데이터 입출력을 처리하는 장치)의 표준 인터페이스를 규정하며, 이를 준수하는 모뎀을 일반적으로 'CableLabs 인증 케이블 모뎀'이라 한다. DOCSIS 1.0은 1998년 3월 ITU-TS(International Telecommunication Union-Telecommunication Standardization Sector)에 의해 비준되었다. DOCSIS에 부합하는 케이블 모뎀이 현재 시장에 출시되었으며, 비표준 케이블 모뎀은 후위 호환성이 있는 DOCSIS 카드를 추가함으로써 DOCSIS 표준을 지원할 수 있다. DOCSIS가 계속 진화하므로 기존 모뎀 사용자는 케이블 모뎀 내 EEPROM(Electrically Erasable Programmable Read Only Memory)에 저장된 프로그램을 바꿈으로써 새로운 버전으로 업그레이드할 수 있다. DOCSIS를 지원하는 케이블 모뎀이 TV용 셋톱박스(SetTopBox) 내에 통합되는 추세이며, 셋톱박스는 OpenCable로 불리는 표준을 따른다.

DOCSIS는 케이블상에서 양방향 신호 교환을 위한 변조 방식과 프로토콜을 지정하며, 하향 속도 27Mbps를 지원한다. 그러나 이를 다수의 사용자가 공유해야 하므로 사용자가 체감하는 속도는 이보다 낮은 것이 일반적이다. 특히 DOCSIS 3.0으로 발전되면서 상·하향 채널을 결합하는 기술이 채용되었다. 상·하향 채널 결합 기술을 사용하면 4개 이상의 하향 채널 수신 장치와 4개 이상의 상향 채널 송신 장치를 케이블 모뎀에 집적하여 케이블 모뎀을 통해 사용자에게 제공하는 데이터 송수신(상하향) 속도를 최대 4배까지 높일 수 있다.

케이블 망에서 사용하는 동축 케이블은 5~785MHz 대역의 주파수 신호를 전송할 수 있으며, 일반적으로 5~45MHz 주파수 대역은 상향 신호에, 54~785MHz 주파수 대역은 하향 신호에 할당된다. 상향 대역은 다시 1.6MHz, 3.2MHz 또는 6.4MHz 단위의 주파수 분할을 통해 상향 채널에 분배된다. 한편 하향 대역은 6MHz 단위의 주파수 분할을 통해 하향 채널을 생성한다. 이론적으로 6.4MHz 채널 폭에 64-QAM 변조 방식을 사용하는 상향 채널은 32Mbps의 데이터 전송 속도를 제공하며, 6MHz 채널 폭에 256-QAM 변조 방식을 사용하는 하향 채널은 42Mbps 속도를 제공한다. 결과적으로 각각 4개의 상 · 하향 채널 송수신 장치를 갖는 케이블 모뎀의 이론적인 최대 데이터 전송 속도는 상향 128Mbps, 하향 168Mbps를 지원할 수 있다.

이외에도 DOCSIS 3.0은 SSM(Source Specific Multicast), 멀티캐스트 QoS/PHS (Payload Header Suppression) 등과 같이 향상된 IP 멀티캐스트 지원 기술, 강화된 보안 기술 등을 제공한다. 표 2-2-9는 DOCSIS의 버전별 특징과 속도 등을 정리한 것이다.

구분	특징	최대 전송 속도
DOCSIS 1.0	• 케이블 모뎀의 최초 표준 • 케이블 TV 망을 이용한 데이터 전송 • 비대칭형 서비스 제공 • SNMP(Simple Network Management Protocol) 및 원격 소프트웨어 다운로드 지원	• 상향: 10Mbps • 하향: 40Mbps
DOCSIS 1.1	• DOCSIS 1.0 호환 • VoIP 등 부가 서비스 제공을 위한 QoS 보장 • 보안 기능 강화, CM 인증 기능, SNMP v3 지원	• 상향: 10Mbps • 하향: 40Mbps
DOCSIS 2.0	• DOCSIS 1.0/DOCSIS 1.0 호환 • 상향 대역 확장에 따른 대칭형 서비스 제공 • 새로운 변조 방식 지원	• 상향: 30Mbps • 하향: 40Mbps
DOCSIS 3.0	• 채널 본딩을 통한 넓은 대역폭 제공 • IPv6(DHCPv6: Dynamic Host Configuration Protocol version 6) 지원 • 멀티캐스팅 기능(IGMPv3: Internet Group Management Protocol version 3) 지원	• 상향: 120Mbps 6MHz×4 채널 • 하향: 160Mbps 6MHz×4 채널

표 2-2-9
DOCSIS의
버전별 특징

❸ ETTH

ETTH(Ethernet To The Home) 기술은 핀란드 텔레스트사가 개발한 기술로, HFC 망의 CMTS를 이더넷 노드 모뎀(ENM: Ethernet Node Modem) 장비로 대체하여 HFC 망에서도 광 랜 서비스와 같이 100Mbps급 초고속 인터넷 서비스를 지원할 수 있다.

이 기술은 먼저 구축된 HFC 망의 구조를 그대로 사용하므로 FTTH에 비해 투자를 상당히 줄일 수 있다는 점이 큰 매력이며, 서비스를 제공하는 사업자 입장에서는 가입자단에 케이블 모뎀이 필요 없으므로 유지 보수 비용과 장애 발생 요인을 크게 줄일 수 있다는 장점이 있다.

3 | FTTx

FTTx(Fiber To The x)는 광통신 기술의 하나로, 전화선(동선)과 광케이블의 결합 방식으로 제안된 기술이다. 즉 광케이블을 최종 연결 지점(가정, 사무실, 아파트 단지 등) 도중의 특정 구역까지 연결하여 전송 속도를 높이는 것을 목적으로 한다. FTTx는 광케이블을 어느 지점까지 사용했느냐에 따라 FTTN(Fiber To The Node), FTTC(Fiber To The Curb), FTTB(Fiber To The Building), FTTH(Fiber To The Home) 등으로 나뉜다.

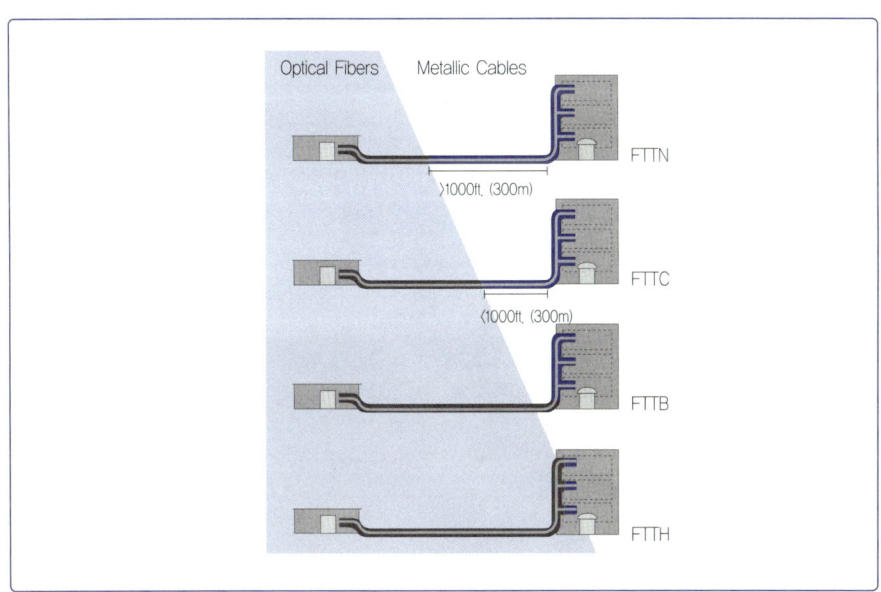

그림 2-2-21
FTTx 기술의 종류

또한 FTTx는 PTP(Point to Point: 점 대 점), AON(Active Optical Network: 능동형 광가입자망), PON(Passive Optical Network: 수동형 광가입자망) 등의 시스템을 사용한다. 이들 기술의 핵심은 광케이블이 최종 사용자와의 연결 지점 중 어느 위치에서 종말 처리되느냐, 어떤 프로토콜을 사용하는가, 어떤 대역 공유 방법을 사용하는가 등의 기준에 따라 나뉜다. PON은 하나의 단독형 시스템에서 하향으로 622Mbps, 상향으로 155Mbps의 대역폭을 사용자에게 제공하며, 이 대역폭은 다수의 PON 사용자에게 할당될 수 있다. 표 2-2-10은 FTTx 주요 기술의 제원을 나타낸 것이다.

항목	PTP	BPON	EPON	GPON	WPON
전송 속도	100Mbps 1Gbps	하: 622Mbps 상: 155Mbps	1Gbps	1.25Gbps	100Mbps
공유	스위치에 의한 집선	TDMA	TDMA	TDMA	WDM
가입자망 범위	10km 이상	32분기 20km	16분기 20km	32분기 20km	32분기 20km
데이터 접속	이더넷	ATM 셀	이더넷	ATM 셀, 패킷	–
망 구성	고가격	CATV	CATV	CATV	어려움
QoS	802.1p	ATM 트래픽 제어	802.1p	802.1p	프로토콜에 의존
보안	–	필요	필요	필요	–

표 2-2-10
FTTx 주요 기술
제원

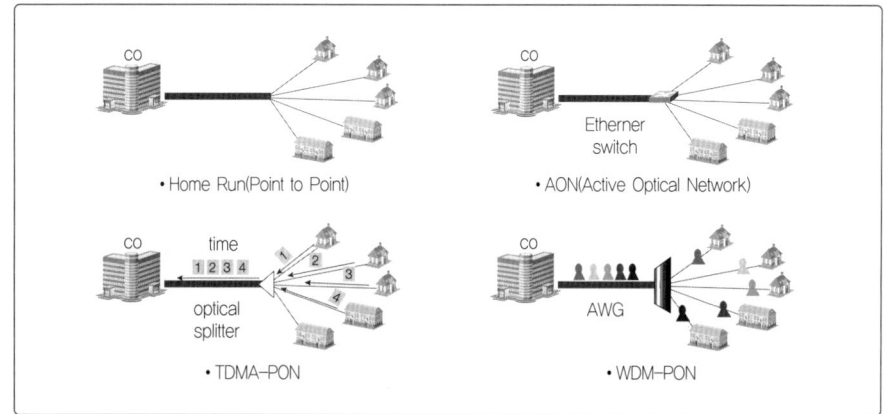

그림 2-2-22
FTTx 시스템

1 FTTH

2000년 초 미국의 지방 자치 단체에서 소규모로 사용해 온 FTTH(Fiber To The Home) 기술이 기존의 망을 빠르게 대체하고 있다. FTTH는 광섬유를 이용한 통신 연결 방식으로, 물리적으로 각 가정까지 광케이블을 연결한다. 즉 광케이블 한 가닥으로 TV 방송, 초고속 인터넷, 인터넷 전화 등의 서비스를 모두 제공하는 것을 목표로 한다. 또한 BcN의 융합 서비스가 다양화, 고도화되면서 증가하는 개인별 사용 대역폭을 쉽게 수용하는 방안으로 기대를 모으고 있다. 현재 가입자당 50~100Mbps를 제공하는 FTTH 가입자망 기술이 상용화되었고, 향후 100Mbps 이상의 서비스도 광섬유를 통해 가입자에게 쉽게 제공한다는 장점이 있다. 최고 전송 속도뿐 아니라 QoS를 보장하기 위한 최소 대역 보장도 다른 가입자망 기술에 비해 효과적으로 제공함으로써 BcN에서 유선 가입자망의 궁극적 목표라 할 수 있다.

FTTH는 이용자가 대용량 데이터(영상, 음성, 파일 공유 등)를 실시간 전송하고, 통신과 방송의 융합 서비스 및 다양한 신규 서비스를 제공받을 수 있는 환경을 제공한다. FTTH가 FTTx와 다른 점은 FTTx가 도착지 외부의 특정 지점까지만 광케이블로 연결하고 나머지는 동축 케이블이나 LAN 선 등을 사용했다면 FTTH는 최종 지점까지 광케이블을 사용하므로 속도 및 대역폭에서 이점이 있다. 또한 최종 사용자가 하나의 회선으로 융합된 서비스를 제공받을 수 있다는 것도 장점이다.

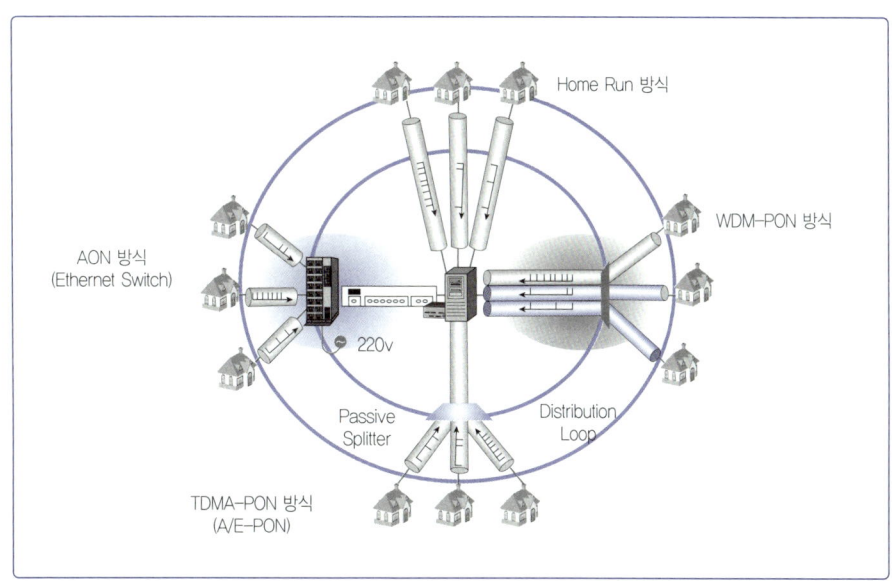

그림 2-2-23
FTTx 주요
기술 제원

① PTP

PTP는 'Home Run'으로도 불리는데, 전화국에서 집까지 1 : 1로 광케이블을 연결하는 방식이다. 광케이블을 독점 사용하므로 높은 통신 속도를 보장하지만 구축 비용이 매우 높다는 단점이 있다.

② AON

AON은 스위치 기술을 바탕으로 하는 방식으로, 공동 통신실(MDF: Main Distribution

Frame)까지는 광케이블로 연결하고 내부 통신망은 L3(Layer-3) 광 모듈 스위치를 사용하여 각각의 집에 광케이블로 연결하는 방식이다.

③ PON

PON은 AON과 같이 스위치 기술을 바탕으로 한다. 다만, 능동형 소자 L3 광 모듈 스위치 대신 수동형 소자 스플리터(Spliter)를 이용하여 각각의 집까지 광케이블을 연결하는 방식이다. PON 방식은 크게 TDMA-PON(Time Division Multiple Access PON) 방식과 WDM-PON(Wavelength Division Multiplexed PON) 방식으로 나뉜다.

TDMA-PON 방식은 하향으로 모든 데이터를 브로드캐스팅(Broadcasting)하고, 상향으로는 각 가입자의 데이터를 TDMA 방식으로 충돌 없이 고속의 서비스를 제공한다. TDMA-PON 방식은 데이터 전송 기술에 따라 ATM-PON, EPON(Ethernet PON), GPON(Gigabit PON) 등으로 나뉜다. ATM-PON은 1990년대 중반에 개발되었으며, PON에 ATM 기술을 사용하여 음성과 데이터를 전송한다. ATM 프로토콜에 따라 패킷이 전송되며, EPON은 PON에 이더넷 기술을 사용하여 데이터를 전송한다. 또한 이더넷 프로토콜에 따라 가변 길이의 패킷을 전송한다. LAN 장비 업체가 주도하는 IEEE 802에서 표준 규격으로 제정되었으며, 가격 경쟁력이 높다는 장점이 있다. 마지막으로 GPON은 통신 사업자의 주도로 ITU-T에서 표준화가 진행되었고, 이더넷뿐 아니라 ATM과 TDM 서비스도 수용 가능하도록 설계되었다

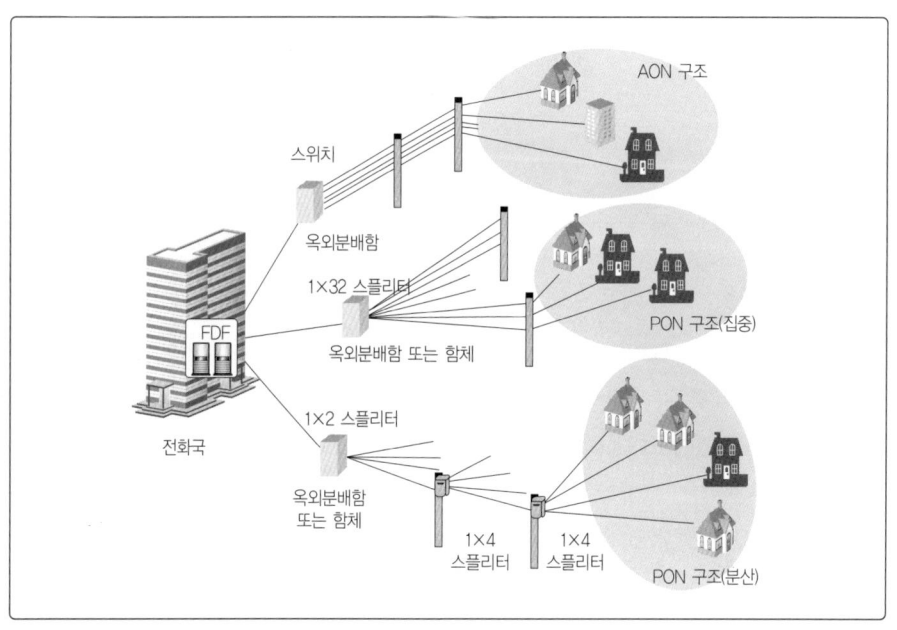

그림 2-2-24
일반 주택의 FTTH
구축 예

WDM-PON 방식은 각각의 가입자가 별도의 주파수를 할당받아 전화국과 가입자 단말에 1 : 1의 논리적 링크를 구성하여 양방향 통신 구조를 갖는다. WDM-PON에서는 가입자별로 고정된 전송 대역을 할당하여 서비스를 제공하므로(대역을 공유하지 않으므로) 가입자 수에 따라 전송 속도가 변하지 않는다는 장점이 있다. 따라서 다른 가입자망 기술에 비해 가입자당 100Mbps 이상의 전송 속도를 항상 제공하여 가입자가 요구하는 대역폭을 보장할 수 있다는 장점이 있다.

❷ 광랜

광랜은 FTTH 기술 중 AON 방식과 유사하다. 공동 통신실까지는 광케이블로 연결하고 내부 통신망은 L3 광 모듈 스위치와 L2(Layer-2) 스위치를 사용하여 각 가정에 UTP 케이블로 연결하는 방식이다.

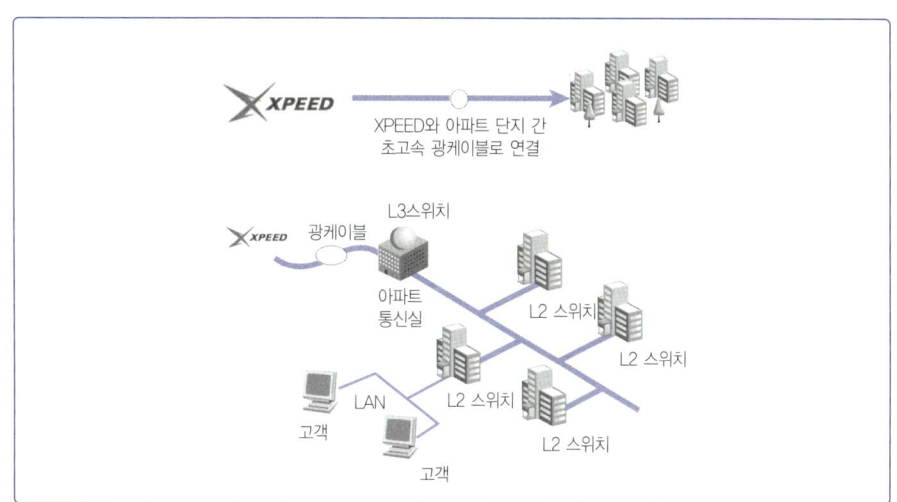

그림 2-2-25
광랜 서비스 예

4 | 전력선을 이용한 접속

전력선 통신(PLC: Power Line Communication)은 건물에 배선된 전력선을 통해 통신하는 기술이다. 전력선에 흐르는 50~60Hz의 저주파 전력에 수백 KHz의 고주파 신호를 실어 데이터를 전송하는 통신 기술이며 고속/저속, 고압/저압 등으로 구분한다. 고속은 10Mbps 이상, 저속은 20kbps 이하이며 고압은 10kV 이상, 저압은 110/220V 등으로 분류한다.

전력선 통신은 기존에 구축된 전력선을 이용하므로 구축 비용이 저렴하고 확장이 용이하며, 홈 네트워크에 널리 적용된다. 원래 저속 통신을 기반으로 한 가전제품 제어용으로 개발되었으나, 최근에는 200Mbps급의 속도를 내는 고속 기술도 개발된 상태이므로 기존 통신망을 사용하지 않고도 고속 인터넷 서비스를 받을 수 있다. 또한 전력, 유량, 가스 등의 자동 검침 등도 중요한 응용 중 하나로 기대된다. 그러나 전용 통신 선로에 비해 신호 잡음이 많아 고속 통신으로 구현하기 어렵고, 표준화가 이루어지지 않아 호환성이 없다는 단점도 있다. 또한 하나의 변압기에 연결된 가입자 수가 많을 경우 서로 영향을 받는다는 단점도 있다.

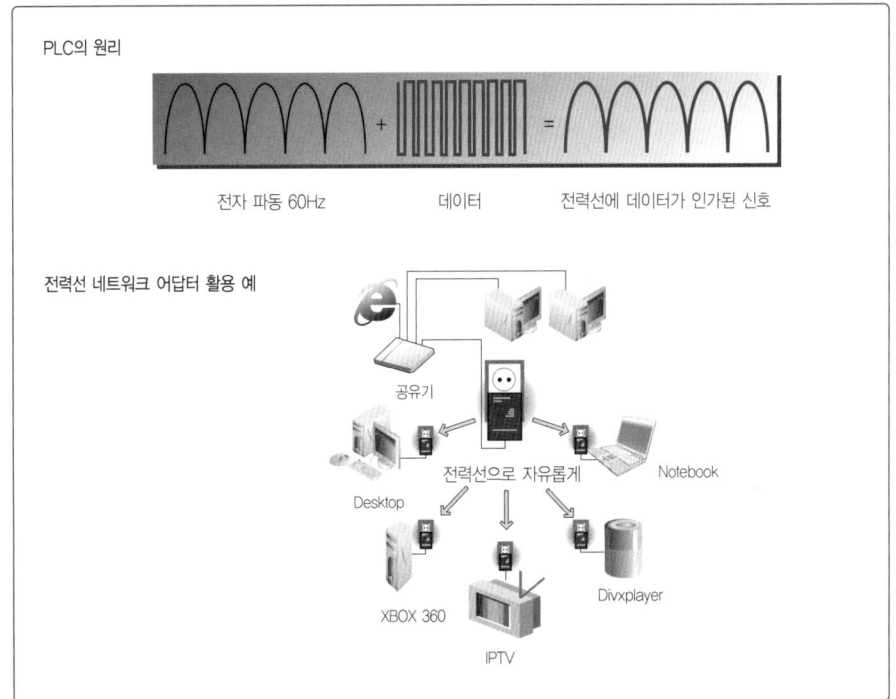

그림 2-2-26
전력선 통신의
원리와 활용 예

5 | T-급 회선과 E-급 회선

■1 T-급 회선

T-급 회선 시스템은 1960년대 미국의 벨 시스템이 소개했으며, 디지털 음성 전송을 지원하는 최초의 성공적인 시스템이었다. 주로 북미 지역에서 사용했으며, 전송속도가 각각 1.544Mbps와 44.736Mbps인 T-1 회선과 T-3 회선은 인터넷 서비스 공급

자에 의해 인터넷 접속에 보편적으로 사용된다. 또한 T-1 회선의 24채널 중 일부만을 사용하는 단편 T-1 회선도 많이 쓰인다.

T-급 회선 시스템은 디지털 부호 코드 변조 및 시분할 다중화(TDM: Time Division Multiplexing)를 사용하는 완전한 디지털 회선이다. 이 시스템은 송수신에 각각 두 가 닥씩 할당하여 전이중(Full Duplex) 통신 능력을 제공한다. T-1 디지털 스트림은 음 성 전화 대역폭을 감안하여 24개의 64Kbps(음성 신호는 초당 8천 번 샘플링되며, 각 샘플은 8비트로 디지털화됨) 채널들이 다중화된다. 네 가닥의 전선은 원래 TP(Twisted Pair)를 사용했지만 동축 케이블, 광케이블, 디지털 마이크로웨이브 등 다른 매체를 이용할 수도 있다. 또한 채널의 숫자나 사용에 따라 여러 가지 변형이 가능하다.

T-급 회선은 DS(Digital Signal) 서비스를 전화 회사들이 실제 적용하여 사용한 이 름이다. DS 서비스는 앞서 설명한 T-급 회선의 개념적 시스템이며, TDM을 이용하여 각 사용자에게 채널 슬롯(Slot)을 할당하여 다수의 사용자를 지원할 수 있다. 그림 2-2-27은 DS의 계층을 보여주는데, DS-1~DS-4 서비스는 각각 T-1~T-4 회선에 그대로 적용된다.

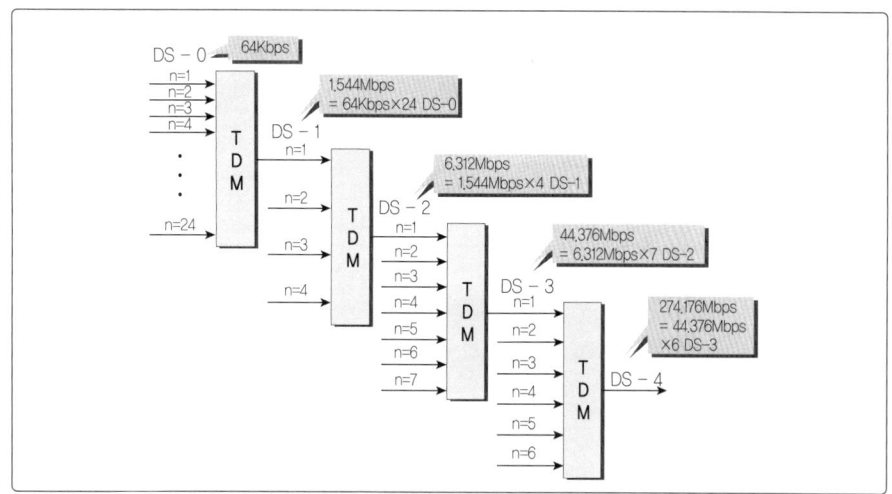

그림 2-2-27
DS 계층

표 2-2-11
DS 서비스와
T-급 회선의
전송 속도

서비스	회선	전송 속도(Mbps)	음성 채널 수
DS-1	T-1	1.544	24
DS-2	T-2	6.312	96
DS-3	T-3	44.736	672
DS-4	T-4	274.176	4032

❷ E-급 회선

E-1은 ITU-T에서 고안되고 ECPT(European Conference of Postal and Telecommunications Administrations: 유럽 우편 및 통신운영회의)에서 명명한 유럽 디지털 전송 규격이며, 북미의 T-1 형식에 대응된다. E-2부터 E-5까지는 E-1 형식의 4 배수로 증가하는 전송 매체이다. E-1 신호 형식은 64Kbps 속도의 채널 32개를 수용한다(2.048Mbps).

회선	전송 속도(Mbps)	음성 채널 수	회선	전송 속도(Mbps)	음성 채널 수
E-1	2.048	30	T-1	1.544	24
E-2	8.448	120	T-2	6.312	96
E-3	34.368	480	T-3	44.736	672
E-4	139.264	1920	T-4	274.176	4032

표 2-2-12
E-회선과 T-회선의
전송 속도 비교

제원	E-1	T-1
타임 슬롯의 개수	32	24
음성 채널의 개수	30	24
사용 지역	유럽, 아시아	미국, 캐나다
발신음 신호	R2/MF, DTMF(Dual Tone Multiple Frequency)	DTMF, MF
숫자 다이얼링	R2, 펄스, DTMF	DTMF, MF
음성 부호화 방식	8Ksps 8비트 PCM	
PCM 스케일	A-law	μ-law

표 2-2-13
E-1과 T-1과의
기술 및 제원 비교

3 무선 중앙 집중형 네트워크
UBIQUITOUS SENSOR NETWORK

1 무선 LAN

무선 LAN은 Wireless LAN, Wi-Fi, WLAN 등으로도 불리며 두 대 이상의 컴퓨터 단말 장치가 무선으로 연결되는 로컬 영역의 네트워크를 가리킨다. WLAN은 스프레드 분광이나 전자기파 기반의 OFDM(Orthogonal Frequency Division Multiplexing) 등의 변조 기술을 사용하며 제한된 지역 안에 있는 컴퓨터 등의 기기 간 통신 수단을 제공한다. 결과적으로 영역 내에서 이동성(지역적으로 제한된 이동성)을 지원하면서 네트워크에 접속할 수 있다. 또한 무선 주파수를 이용하므로 전화선·전용선 등이 필요 없으며, 설치가 간단하고 설치비가 매우 낮다는 장점이 있다. 반면에 PDA나 노트북 컴퓨터에 무선 LAN 카드를 장착해야 하므로 가격 상승의 요인이 될 수 있다.

현재 WLAN의 주요 기술 표준 중에서 전송 속도가 가장 높은 것은 IEEE 802.11n이며, 최대 전송 속도는 600Mbps(국내 기술 기준상 최대 전송 속도는 300Mbps)이다. 초기 WLAN의 전파 도달 거리는 10m에 불과했으나 2000년에 들어와서는 환경에 따라 50~200m까지 대폭 늘어났다. 유선 연결이 어렵고 복잡하거나 지속적으로 구조 변경이 필요한 백화점, 병원, 박물관, 전시회, 세미나, 건설 현장 등과 같은 장소 또는 사용자의 이동성이 요구되는 경우 매우 유용하게 사용된다.

1 | 개요

WLAN 사용의 편의성 등이 부각됨에 따라 오늘날 대부분의 휴대형 컴퓨터는 WLAN 카드가 기본적으로 장착되어 출시되고 있다. 장단점을 살펴보면 일반 무선 통신의 장단점과 매우 유사하다. 이를 구체적으로 살펴보면, WLAN의 장점으로는 먼저 사용자 관점에서 볼 때 네트워크 접속을 지원하는 이동성 보장에 따른 편의성 증대와 기기의 휴대성 향상, 생산성 증대를 들 수 있다. 또한 설치자 입장에서는 배치가 자유롭고 설치 비용이 낮으며 확장성이 뛰어나다는 점이 매력적이다. 유선 네트워크의 경우 접속 가능 지점마다 케이블 선을 매설해야 하므로 설치 비용이 매우 높고 설치 장소가 제한되며, 확장 시 배선을 추가해야 한다는 점을 고려하면 WLAN이 상대적으로 매우 유리하다는 것을 알 수 있다.

반면에 WLAN이 해결해야 하는 몇 가지 단점도 있다. 첫째, 보안 문제가 제기될 수 있다. 기술이 발전함에 따라 여러 해결책이 제시되고 있으나 무선 통신의 특성상 주위의 모든 장비에서 신호를 수신할 수 있다는 점을 고려하면 유선망에 비해 더 높은 수준의 보안이 요구된다는 점을 쉽게 알 수 있다. 둘째, 제공 가능한 통신 속도가 유선에 비해 낮으며 또한 여러 사용자가 대역폭을 나누어 사용해야 한다는 점도 단점으로 들 수 있다. 셋째, 지원 범위가 한정된다는 점이다. 네트워크 지원 범위를 넓히려면 리피터(Repeater)나 AP(Access Point)를 설치할 수 있으나, 음영 지역이 존재할 수 있고 이 역시 무제한 확장에는 어려움이 있다. 넷째, 무선 네트워크 신호가 다양한 간섭에 노출되므로 전파 환경에 따라 전송 속도가 영향을 받으며, 상위 프로토콜에서 해결할 수 있지만 신뢰성의 문제가 발생할 수도 있다.

2 | 토폴로지

토폴로지는 망 구성 형태를 말한다. 802.11 표준의 WLAN 토폴로지는 BSS(Basic Service Set: 기본 서비스 세트)와 ESS(Extended Service Set: 확장 서비스 세트)로 구분할 수 있다. BSS는 AP를 사용하지 않는 독립 BSS(Independent BSS)와 AP 기반의 인

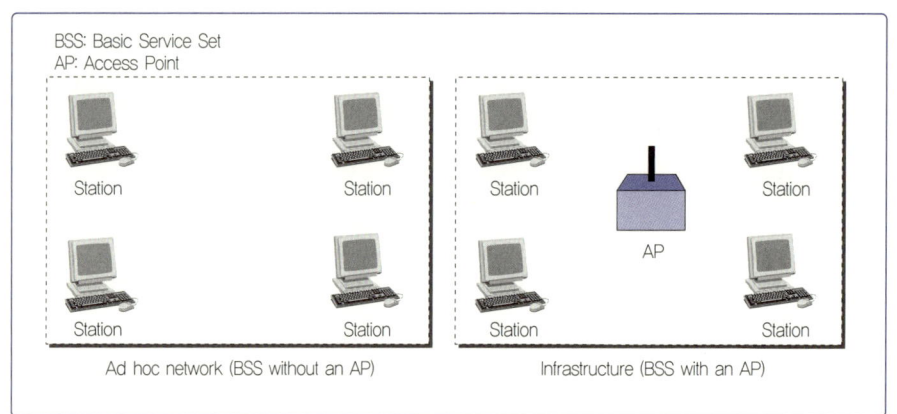

그림 2-3-1
BSS 구조 예

프라-기반 BSS(Infrastructure BSS)로 구분하며, 독립 BSS는 무선 애드혹 망(Wireless Ad-hoc Network)이라고도 한다. ESS는 각각 AP를 가진 2개 이상의 BSS가 유선 LAN 을 통해 서로 연결 가능한 구조이다.

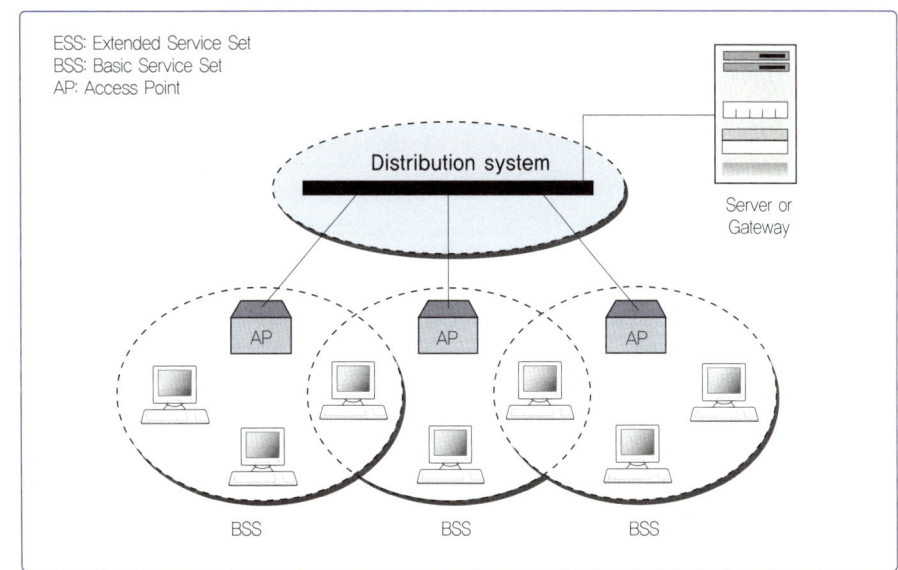

그림 2-3-2
ESS 구조 예

3 | 802.11 계층 구조

802.11 표준은 WLAN에 대하여 MAC 계층(Media Access Control Layer)과 PHY 계층(Physical Layer)에 관해 규정하고 있다. 상위 인터페이스인 LLC 계층(Logical Link Control Layer) 표준은 802.2에 규정되어 있으며 이더넷, 토큰링, WLAN, FDDI 등과 동일하게 사용한다.

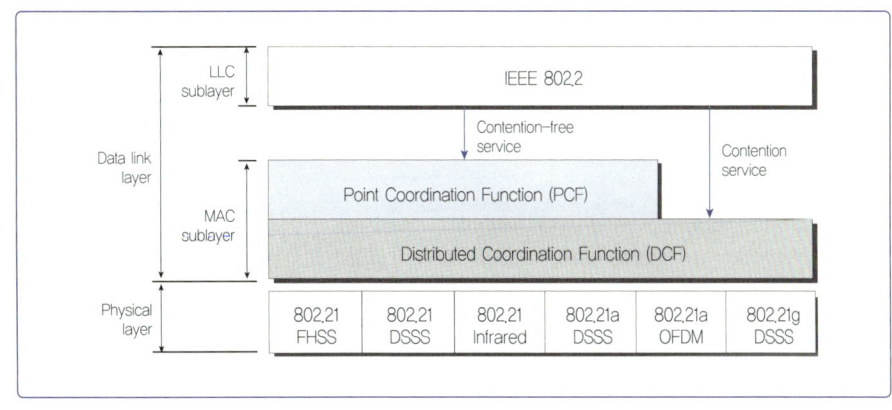

그림 2-3-3
802.11의 계층 구조

1 802.11 PHY 계층

그림 2-3-4에서 보듯이 802.11의 PHY 계층은 PLCP(Physical Layer Convergence Protocol)와 PMD(Physical Medium Dependent)의 2개 서브 레이어(sub-layer)로 구분한다. PLCP는 MAC 계층과 PMD를 연결하는 역할을 하며 자신만의 헤더를 덧붙인다. 이때 추가되는 헤더는 PMD의 종류에 따라 바뀌며, 여기서 PMD는 PLCP에서 넘겨받은 정보를 안테나를 통해 전송하는 부분이다.

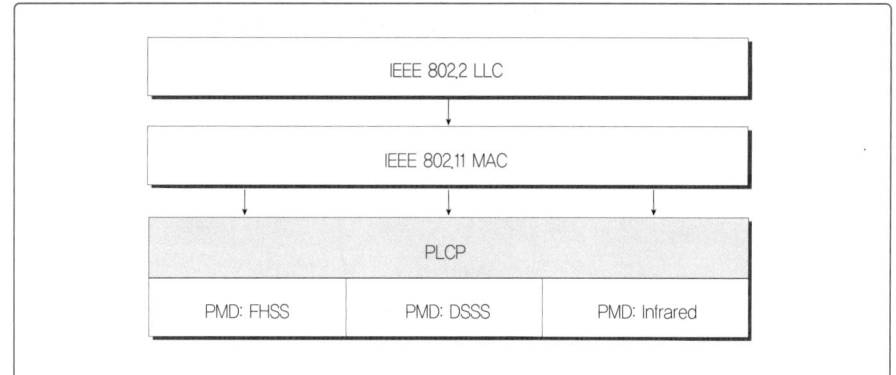

그림 2-3-4
802.11의
PHY 계층 구조

규격	전송 방식	사용 대역	변조 방법	최대 전송 속도
802.11	FHSS	2.4GHz ISM	2-level GFSK	1Mbps
			4-level GFSK	2Mbps
	DSSS	2.4GHz ISM	DBPSK	1Mbps
			DQPSK	2Mbps
	IR		PPM	
802.11a	OFDM	5GHz ISM	PSK	18Mbps
			QAM	54Mbps
802.11b	HR/DSSS	2.4GHz ISM	BSS	1/2Mbps
			CCK	5.5/11Mbps
802.11g	ERP	2.4GHz ISM		54Mbps
802.11n	OFDM	2.4/5GHz ISM		600Mbps

표 2-3-1
PMD의 종류

- FHSS(Frequency Hopping Spread Spectrum)
- DSSS(Direct Sequence Spread Spectrum)
- IR(InfraRed)
- HR/DSSS(High-Rate/Direct Sequence Spread Spectrum)
- ERP(Extended Rate PHY)
- BSS(Barker Spreading Sequence)
- CCK(Complementary Code Keying)
- MIMO(Multiple-In Multiple-Out)
- ISM(Industrial Scientific Medical)
- GFSK(Gaussian Frequency Shift Keying)
- DBPSK(Differential Binary Phase Shift Keying)
- DQPSK(Differential Quadrature Phase Shift Keying)
- PPM(Pulse Position Modulation)

❷ 802.11 MAC 계층

802.11의 MAC 계층은 DCF(Distributed Coordination Function)와 PCF(Point Coordination Function)로 구성된다. DCF는 CSMA/CA(Carrier Sense Multiple Access/Collision Avoidance)를 기반으로 하며, 반송파 감지 기술은 물리적 반송파 감지 기술과 가상 반송파 감지 기술이 있다. 물리적 반송파 감지 기술은 하드웨어적으로 RF 채널을 확인, 반송파를 감지하는 방법으로 반송파가 감지되면 네트워크가 사용 중임을 확인하며, 반송파가 감지되지 않으면 네트워크가 통신 가능함을 확인하여 데이터 충돌을 방지하는 방법이다. 이 방법은 감지에 필요한 장치 때문에 하드웨어의 가격이 높아질 수 있다는 단점이 있다. 그에 비해 값싼 가상 반송파 감지는 네트워크 할당 벡터(NAV: Network Allocation Vector)를 사용하는 방법이다. NAV는 시간 정보를 의미하는 타이머인데, 스테이션이 데이터를 주고받는 데 예상되는 시간을 NAV에 설정하여 전송하면 NAV 값을 받은 다른 스테이션들은 이 NAV 값을 이용하여 현재 네트워크가 사용 중인지 아닌지를 확인한다. NAV가 0이 아니면 네트워크가 사용 중인 것으로 가정하고, 0이 되면 통신이 가능함을 확인하여 데이터 충돌을 방지한다.

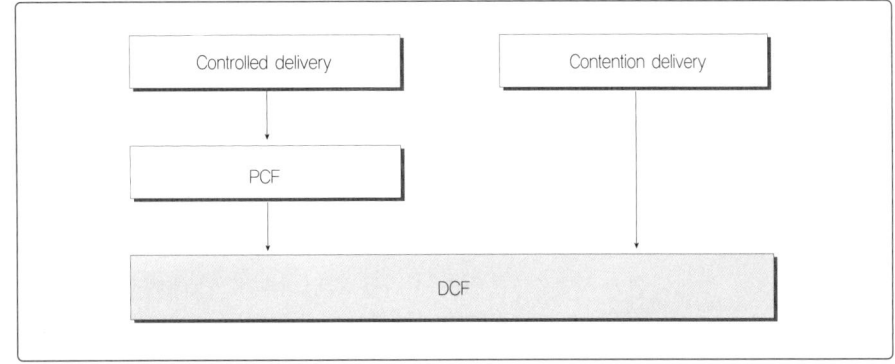

그림 2-3-5
802.11 MAC
계층 구조

DCF는 반송파 감지를 이용해 동작하기 때문에 숨겨진 스테이션(Hidden Terminal)이 존재하는 경우에는 전송 시 충돌을 유발해 전체 네트워크의 성능을 상당히 떨어뜨린다. 숨겨진 스테이션 문제를 해결하기 위해 802.11에서는 RTS/CTS 메커니즘을 정의하였다. RTS(Request To Send)는 송신자가 수신자에게 예약하는 신호이며, CTS(Clear To Send)는 수신자가 송신자에게 전송을 허락하는 신호이다.

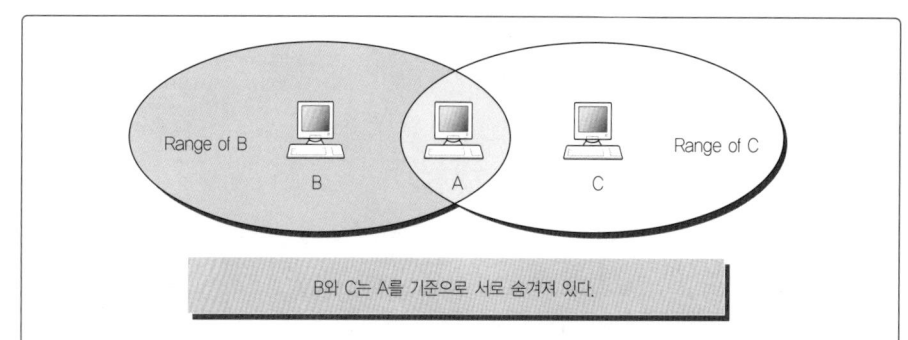

그림 2-3-6
숨겨진 스테이션의
문제

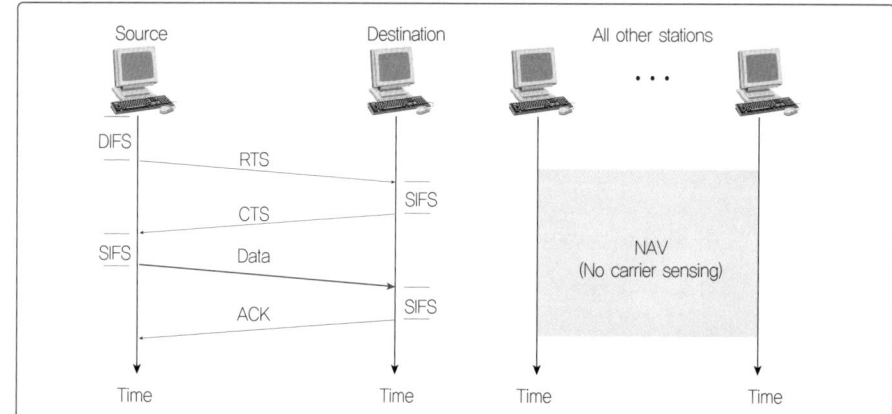

그림 2-3-7
RTS/CTS

802.11 MAC에서는 실시간성이 요구되는 응용 서비스를 지원하기 위해 무선 매체에 접근하는 방법으로 PCF를 제공한다. 우선순위를 기반으로 하는 PCF는 시간 제한적이고, 비경쟁 프레임 전달을 위하여 MAC 계층에서 선택적으로 사용할 수 있는 모드이다. PCF는 중앙 집중적이고 충돌 없는 폴링(Polling) 접근 방법으로 AP에서 각 스테이션에 사용할 수 있는 시간을 할당하여 각 스테이션에 전송 기회를 주려는 방법이다. PCF 방식에서는 시간축으로 슈퍼 프레임(Super Frame) 단위로 분할되고, 각 슈퍼 프레임은 CFP(Contention Free Period: 비경쟁 주기)와 연속되는 CP(Contention Period: 경쟁 주기)로 반복 구성된다.

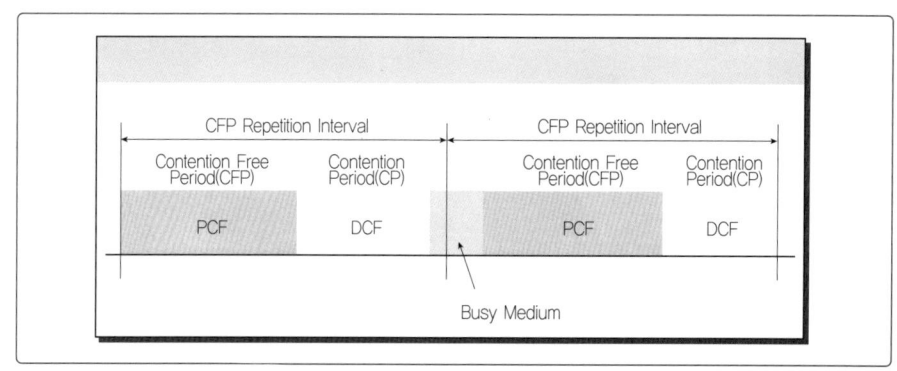

그림 2-3-8
PCF의 슈퍼
프레임 구조

4 | 802.11의 보안

WLAN 보안은 네트워크 인증과 데이터 암호화라는 두 가지 측면을 함께 고려해야 한다. 네트워크 인증과 관련해서는 EAP(Extensible Authentication Protocol)라는 접근 제어 표준이 있다. 이 EAP 기술은 MD5(Message-Digest algorithm 5), LEAP(Lightweight Extensible Authentication Protocol), PEAP(Protected Extensible Authentication Protocol), TLS(Transport Layer Security), TTLS(Tunneled Transport Layer Security)와 같은 세부 기술을 가지고 있다. 데이터 암호화의 기술들은 WEP(Wired Equivalent Privacy), WPA(Wi-fi Protected Access), TKIP(Temporal Key Integrity Protocol), WPA2(Wi-fi Protected Access 2)의 세부 기술을 가지고 있다. 표 2-3-2는 보안 프로토콜을 정리한 것이다.

데이터 보안 기술	설명
WEP	WLAN의 원조 보안 표준 프로토콜이다. 암호화 패턴과 트래픽을 캡처한 다음 특정 소프트웨어로 암호화를 쉽게 깰 수 있다는 단점이 있다.
802.1X(EAP)	IEEE의 유무선 접근 제어 표준이다. 이것은 LAN에 인증과 승인 수단을 제공한다. 802.1X는 EAP로 정의되며, EAP는 각각의 네트워크 사용자 승인을 위해 중앙 인증 서버를 사용한다. EAP 또한 약간의 취약한 약점이 있다.
LEAP	802.1X 승인 구조로 시스코에 의해 개발되었다. 이는 주소가 동적(dynamic) WEP을 사용한다는 등의 몇 가지 약점이 있다. LEAP는 MAC 주소 승인 기능이 있다.
PEAP	승인된 데이터를 암호화된 키와 패스워드와 함께 전송한다. PEAP에서 무선 클라이언트는 보안 WLAN 구조 하에서 인증 없이 승인을 받을 수 있다.
WPA	802.11i 보안 표준 중 하나의 부분이고 WEP로 대체되는 것이 일반적이다. WPA는 TKIP과 유동 키 값 암호화 및 상호 인증을 위한 802.1X를 잘 결합하는 구조이다.
TKIP	IEEE 802.11i의 암호화 표준의 일부분이다. TKIP 패킷당 키를 혼합하거나 메시지 간격 체크, 암호와 키의 재생 구조를 가지고 있다.
WPA2	WPA2는 WPA의 다음 세대 암호화 방식, 무선 네트워크에 접속할 수 있는 사용자만 승인하는 높은 인증 레벨을 제공한다. WPA2는 802.11 표준의 수정 프로토콜인 IEEE 802.11i를 기반으로 한다.

표 2-3-2
802.11을 위한 보안
프로토콜 종류

5 | 전송 방식 표준

비교적 널리 사용되는 802.11 전송 방식 표준들을 간단히 소개한다.

1 802.11(초기 버전)

초기의 802.11 규격은 2Mbps의 최고 속도를 지원하는 무선 네트워크 기술로, 적외선 신호나 ISM 대역인 2.4GHz 대역 전파를 사용해 데이터를 송수신한다. 또한 여러 기기가 동시에 네트워크에 접속하기 위하여 CSMA/CA 기술을 사용한다. 그러나 규격이 엄격하게 정해지지 않아 서로 다른 회사에서 만들어진 802.11 제품 사이에 호환성이 부족하고 속도가 느려 널리 사용되지 않았다.

2 802.11b

802.11b 규격은 802.11 규격을 기반으로 더욱 발전한 기술로, 최고 전송 속도는 11Mbps이나 실제로는 CSMA/CA 기술의 구현 과정에서 6~7Mbps의 실제 전송 속도를 나타내는 것으로 알려져 있다. 표준이 확정되자마자 시장에 다양한 관련 제품이 등장했고, 이전 규격에 비해 높은 속도를 지원했다. 따라서 기업이나 가정 등에 유선 네트워크를 대체하기 위한 목적으로 폭넓게 보급되었으며, 공공장소 등에서 유무상 서비스를 제공하는 업체도 생겨났다.

3 802.11a

802.11a 규격은 5GHz 대역 전파를 사용하며, OFDM 기술을 사용해 최고 54Mbps까지의 전송 속도를 지원한다. 5GHz 대역은 2.4GHz 대역에 비해 다른 통신 기기(무선 전화기, 블루투스 기기 등)와의 간섭이 적고 더 넓은 전파 대역을 사용할 수 있다는 장점이 있지만, 신호의 특성상 장애물이나 도심 건물 등 주변 환경의 영향을 쉽게 받는다. 2.4GHz 대역에서 54Mbps 속도를 지원하는 802.11g 규격이 등장하면서 현재는 널리 쓰이지 않는다.

4 802.11g

802.11g 규격은 802.11a 규격과 전송 속도가 같지만 2.4GHz 대역 전파를 사용한다는 점이 다르다. 802.11b 규격과 쉽게 호환되어 현재 널리 쓰이고 있다.

5 802.11n

802.11n 규격은 2.4GHz 대역과 5GHz 대역을 사용하며, 여러 개의 안테나를 사용하는 MIMO(Multiple Input Multiple Output) 기술을 사용한다. MAC, PHY 계층을 개선하여 최대 속도를 600Mbps까지 높였으며, 기존 WLAN 규격에 비하여 간섭에 강

하다. 우리나라의 경우 기술 규격 내 주파수 점유 대역폭의 문제(2개의 채널 점유)로 135~144Mbps로 속도가 제한되었으나 2007년 10월 17일 전파연구소의 기술 기준 고시로 300Mbps까지 사용할 수 있게 되었다.

⑥ 802.11p

5GHz의 주파수 대역을 사용하여 10ms의 상당히 짧은 지연(latency)으로 최소 200km/h의 속도에서도 반경 1km에서 통신이 가능하다. 큰 빌딩 사이의 멀티패스 환경에서 운송 수단과 길거리의 장치 또는 운송 수단 간에 텔레매틱스 서비스를 위한 무선 인프라를 실현하는 것을 목적으로 한다. 2004년 설립한 TGp(Task Group 'p')에서 WAVE(Wireless Access in Vehicular Environments) 관련 표준화 작업을 진행하고 있다. WAVE라 불리는 무선 통신 시스템의 표준 사양은 IEEE 802.11p와 IEEE 1609로 규정된다. IEEE 802.11p는 WAVE 시스템의 물리층과 MAC 층을 규정한다. 상위 계층에 해당하는 IEEE 1609는 MAC 층의 일부와 네트워크층 이상을 규정한다. 표 2-3-3은 802.11 전송 방식 및 부가 기능 표준을 요약하여 보여준다.

규격	표준화 시기	특징
802.11	1997	• 최초의 무선 LAN 표준 • 1~2Mbps급 속도 • MAC 계층과 PHY 계층의 기술
802.11a	1999	• 5GHz 대역에서 최대 54Mbps의 속도를 지원하는 확장 표준 • OFDM 기술 사용
802.11b	1999	• 2.4GHz 대역에서 최대 5.5/11Mbps의 속도를 지원하는 확장 표준 • HR-DSSS 기술 사용
802.11c	1998	• 802.1d에서 802.11 프레임 지원 • 브리지 기능을 강화하기 위하여 MAC 기능 수정 • 2001년 802.11d에 포함
802.11d	2001	• 국가 간 로밍을 지원하는 규격
802.11e	2005	• 패킷 버스팅 등 QoS 보장 및 향상을 위한 일련의 MAC 기능 향상
802.11f	2003	• AP 상호 간에 로밍 지원, 2006년 철회됨
802.11g	2003	• 802.11b와 호환(Backward Compatible)됨 • 최대 22/54Mbps 등 고속의 동작을 위한 확장 표준
802.11h	2004	• 유럽용 전송 방식 • 동적 채널 선택(DFS: Dynamic Frequency Selection) • 송신 전력 제어(TPC: Transmit Power Control)
802.11i	2004	• 802.11 MAC의 보안 및 인증 메커니즘 확장 • AP 간에 핸드오프 환경 하에서도 견고한 실시간 보안 제공 등

🔾 계속

규격	표준화 시기	특징
802.11j	2004	일본용 전송 방식
802.11k	2008	• 핸드오프 시점을 알려주는 무선 자원 관리 • 다양한 물리 계층이 갖는 전파 자원의 측정 기능 향상 등
802.11n	2009	차세대 무선 LAN(최대 전송 속도는 600Mbps)
802.11p		고속 이동 차량 통신 지원(텔레매틱스 응용 등)
802.11r	2008	빠르고 안전한 로밍(Seamless Roaming)
802.11s		무선 LAN 기반의 메시 네트워크(Wireless Mesh Network)
802.11t		무선 성능 예측(WPP) 취소됨
802.11u		외부의 다른 유형 네트워크와의 연동
802.11v		무선 네트워크 관리
802.11w		보호된 관리 프레임
802.11y	2008	미국 내에서 3650~3700MHz 대역
802.11z		DLS(Direct Link Setup) 확장
802.11aa		안정적인 음성, 영상 스트림 전송
802.11ac		6GHz 이하 대역에서 초고속 전송
802.11ad		60GHz 대역에서 극초고속 전송

표 2-3-3
802.11 전송 방식
및 부가 기능 표준

2 이동 통신 기반 네트워크

1 | 2G 이동 통신

우리나라는 1996년 1월 1일 세계 최초로 CDMA 다중 접속 기술을 사용하는 이동 통신 시스템을 상용화했다. 최초의 CDMA 방식의 디지털 이동 통신 시스템은 IS-95(Interim Standard 95) 방식으로 아날로그 셀룰러 휴대전화 서비스를 제공하던 800MHz 주파수 대역에 적용하여 서비스에 성공했다. 이후 CDMA 이동 통신 시스템의 규격은 IS-95A, IS-95B, CDMA-2000 1x 등으로 새로운 서비스 기능을 추가하면서 꾸준히 발전해 왔다.

1997년 10월에는 1.7GHz 주파수 대역에서 PCS(Personal Communication Services)라는 이름으로 CDMA 이동 통신 서비스를 시작하게 되었는데, 초기에 적용한 규격이 J-STD-008이라는 규격으로 주파수 대역만 다르고 다른 기술은 IS-95A와 동일하다. 이후 무선 데이터의 속도가 증가하면서 64kbps 수준의 무선 데이터 속도를 지원하는 IS-95B 규격이 나왔지만 부가 코드 채널(한 사람이 여러 채널을 할당받아 사용) 방식에 의해 비용이 높고 시설 운용이 비효율적이어서 활성화되지는 못했다. 이외에 IS-95보다 전력 제어 및 핸드오프 측면이 개선되었는데 소프트 핸드오프(Soft Hand-off) 방식에서 고정치가 아닌 동적 임계치 방식으로 전환했고, 하드 소프트 핸드오프처럼 핸드오프에서도 단말기가 지원하는 기능을 구현하여 핸드오프의 성능을 개선했다.

CDMA 이동 통신 시스템은 2000년에 이전과는 전혀 다른, 즉 음성과 고속 데이터의 전송이 가능한 새로운 규격으로 발전했다. 이는 고속 이동 시나 셀 경계 지역에서도 144kbps 이상의 전송 속도를 낼 수 있었다. 이와 같은 새로운 시스템의 규격이 CDMA-2000 1x이다. 이는 기존의 IS-95B와 달리 고속 데이터를 전송하기 위해 부가 코드 채널을 이용하지 않고 부가 채널의 전송 능력을 높이는 방식을 사용했다. 이후 CDMA-2000 1x Rel. A, CDMA-2000 1x EV-DO(Evolution Data Only), CDMA-2000 Rel. C(CDMA-2000 1x EV-DV(Evolution Data and Voice) 등으로 진화했다. 이후 IS-95A, IS-95B, CDMA-2000, EV-DO, WCDMA(Wideband Code Division Multiple Access) 등 동일한 시스템 규격으로 서비스를 제공하며, 시스템의 서비스 능력은 일부 부가 서비스를 제외하고는 동일하다. 다만 셀룰러와 PCS는 사용하는 주파수 대역이 달라 서비스 커버리지가 다르고, 시스템 성능에 영향을 미친다. 결론적으로 셀룰러와 PCS는 시스템의 차이는 없으나 이용하는 주파수의 전파 특성에 따라 서비스 커버리지 및 시스템 성능이 다소 달라진다.

2 | 3G 이동 통신

1 개요

ITU는 2000GHz 대역에서 2000년에 서비스를 시작한다는 목표를 가지고 1985년부터 IMT-2000(International Mobile Telecommunication-2000) 서비스 개발에 착수했다. 이에 따라 1992년 WARC-92(World Administrative Radio Conference-92)에서 2GHz대 총 230MHz(1885-2025MHz, 2100-2200MHz)를 IMT-2000 대역으로 지정하게 되었다. 그리고 마침내 2000년 10월 한국에서 세계 최초로 CDMA-2000 방식으로 IMT-2000 서비스를 시작했다.

　　IMT-2000 기술은 기존의 휴대전화 등에 비해 데이터 전송 속도가 고속화되고 세계 표준에 맞추어 전 세계 어디서나 동일한 단말기로 통화가 가능한 통신 서비스를 말한다. ITU의 규격에 따르면 IMT-2000은 휴대전화 사용자가 정지하거나 걷는 정도의 속도로 움직일 때는 최고 384Kbps, 고속 이동체 안에서는 128Kbps, 고정 또는 장착된 기기에서는 2Mbps까지 전송 속도를 낼 수 있어야 한다. ITU는 이러한 요구사항을 만족하는 5개 기술을 표준으로 승인했지만 실제적으로 WCDMA와 CDMA-2000이 전 세계 대부분의 시장을 점유하고 있다. 그림 2-3-9는 IMT-2000 기술의 발전 및 표준화 과정을 보여준 것이다.

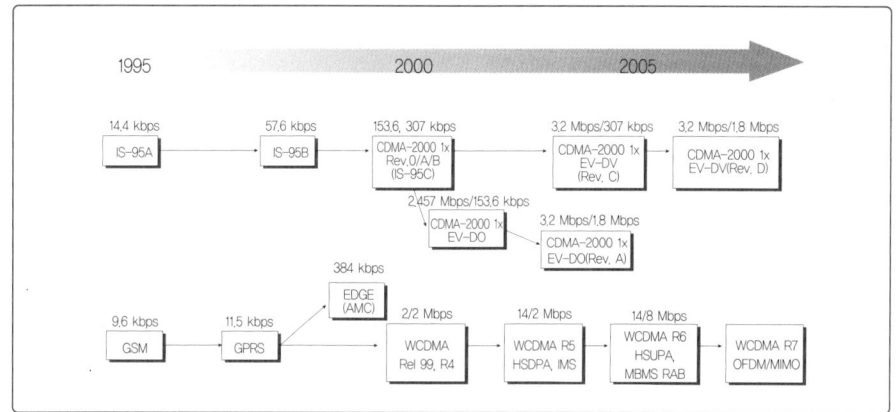

그림 2-3-9
IMT-2000
기술의 발전

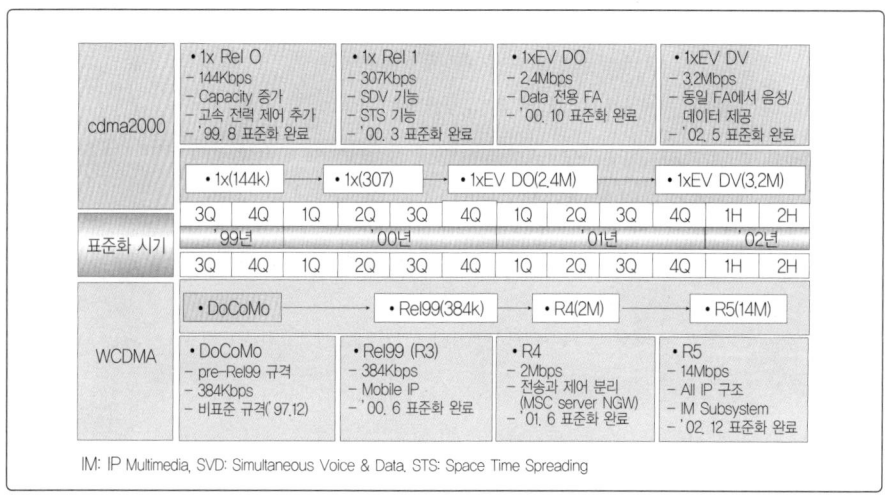

그림 2-3-10
IMT-2000의
기술 표준화

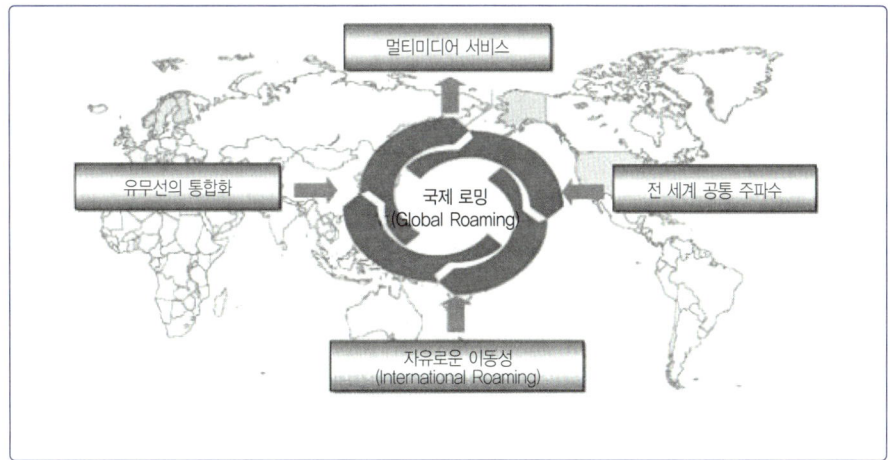

그림 2-3-11
IMT-2000 서비스의
구현 목표

　　서비스 관점에서 IMT-2000은 무선 전송 매체를 사용하여 멀티미디어 서비스를 하기 위한 많은 제약을 극복하고자 등장했다. IMT-2000 도입에 따른 서비스 구현 목표는 그림 2-3-11과 같이 유무선 통합화와 세계 공통의 주파수 사용을 통하여 자유로운 이동성을 보장하기 위한 국제 로밍 제공을 추진하며, 최종적으로 멀티미디어 서비스가 가능한 진정한 네트워크의 구현을 목표로 한다. 핵심망은 ANSI-41(American National Standards Institute-41)의 북미식과 GSM-MAP(Global System for Mobile communications-Mobile Application Part)의 유럽식으로 2개의 기술 표준을 사용하고 향후 IP-기반 네트워크로 통합할 것을 권고했다. ITU가 정의한 IMT-2000 기술 표준은 ITU-R M.1457 권고안에서 기본 규격을 정의하며, 상세한 규격은 규격을 제안한 표준화 기관을 참조한다.

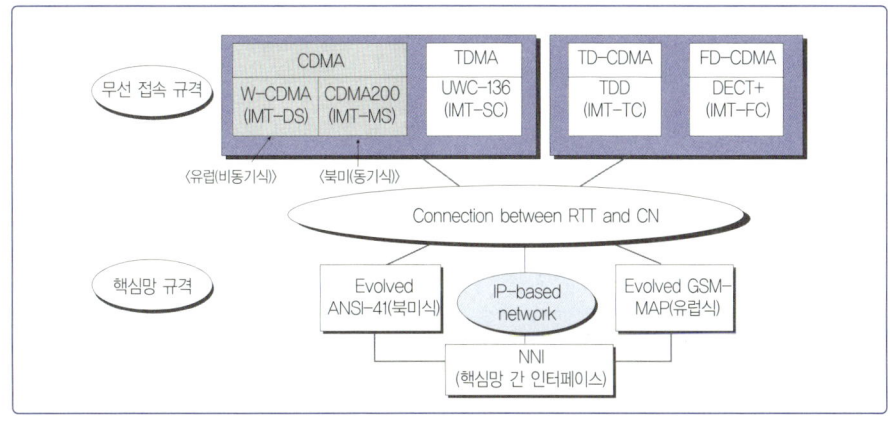

그림 2-3-12
IMT-2000 시스템의
표준

2000년 승인된 IMT-2000 기술 표준인 ITU M.1457은 기술 발전에 따라 1년 단위로 수정되며, 2005년에 CDMA-2000 1x EV-DO, CDMA-2000 1x EV-DO Rev.A, CDMA-2000 1x EV-DV, CDMA-2000 1x EV-DV Rev. D, WCDMA HSDPA(High Speed Downlink Packet Access) 등이 반영된 ITU-R M.1457-5를 승인했다. 또한 향후 ITU-R M.1457의 개정을 위한 로드맵을 작성했는데 IMT-DS(IMT-2000 CDMA Direct Spread), IMT-TC(IMT-2000 CDMA TDD), IMT-MC(IMT-2000 CDMA Multi-Carrier)의 주요 내용은 다음과 같다.

① IMT-DS 및 IMT-TC

:: UMTS(Universal Mobile Telecommunications System) 2.6 GHz(FDD), UMTS 2.6 GHz(TDD), UMTS 900 MHz

:: MIMO(Multiple Input Multiple Output) 안테나

:: RAB(Radio Access Bearer) 지원 성능 개선

:: 7.68Mcps TDD 옵션

:: UTRA(UMTS Terrestrial Radio Access) TDD를 위한 업링크 성능 개선

:: UTRA와 UTRAN(UMTS Terrestrial Radio Access Network) 진화 등

② IMT-MC

:: 3G MEID(Mobile Equipment IDentifiers)

:: 추가 밴드 클래스

:: 종단 간(End-to-End) QoS

:: HRPD(High Rate Packet Data) 추가 패킷 데이터 서비스

:: 이동 수신 다이버시티(Mobile Receive Diversity)

:: MMS(Multimedia Messaging Services)

:: MSS(Multimedia Streaming Service)

:: 패킷 교환 원격 영상 회의

:: 이동국(Mobile Station, MS)에 R-UIM(Removable User Identity Module) 지원

:: 광대역 리코더 등

② IMT-2000 시스템의 구성

IMT-2000 시스템이 가장 크게 개선된 점은 데이터 서비스의 보편화이다. 이는 음

성 위주로 서비스할 수 있도록 제공하던 이동 통신 시스템 구조에 근본적인 변화를 가져왔다. 또한 그림 2-3-13과 같이 데이터를 음성과 분리하여 서비스를 제공하는 새로운 시스템이 추가되기 시작했다. 이것은 2000년 이후부터 급격히 증가하는 인터넷의 사용을 무선 분야까지 확대하는 결과를 낳았다. 즉 기지국으로 들어오는 음성 및 패킷 데이터는 기지국 제어기에서 분리되어 음성은 과거의 교환기로, 데이터는 패킷 교환기로 전송하는 등 별도의 경로로 서비스가 이루어지면서 인터넷 망에 적합한 빠른 무선 접속 기술을 요구하게 되었다. 이러한 요구가 IMT-2000 시스템 개발에 더욱 박차를 가하게 되었다.

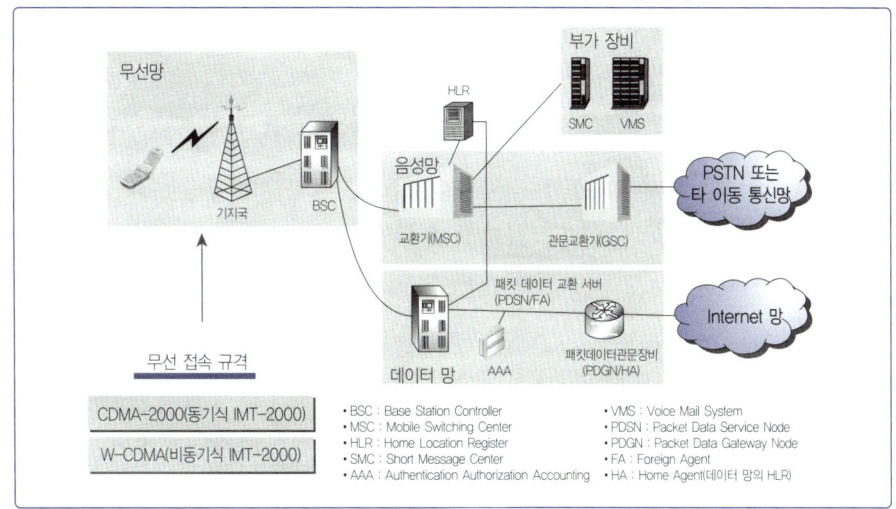

그림 2-3-13
IMT-2000 시스템의
일반적인 구성도

3 IMT-2000 서비스에서 동기와 비동기의 의미

정보를 받는 사람은 정보를 보낸 사람이 언제 보냈는지 알아야 정확한 정보를 알수 있다. 이와 같이 정보를 보내는 사람의 송신 시각을 정확히 맞추는 기능을 동기(Synchronization)라 한다. 이러한 동작은 비트 단위로 데이터를 보내는 디지털 통신에서 필수적인데, 통신망에서 데이터 송수신 시각을 일치시켜 오류가 없는 정보를 송수신하는 일은 매우 중요하다. IMT-2000 시스템의 동기/비동기의 구분은 동기화여부가 아니라 동기를 위해 GPS(Global Positioning System) 신호를 사용하는지 여부에 따르는 것이다.

동기식이든 비동기식이든 CDMA 방식이므로 기지국과 이동국이 통신하려면 기지국의 고유한 코드가 있어야 한다. 기지국과 기지국이 서로를 구별하는 방법으로는 동일한 코드를 가지고 시작점을 달리하는 방식과 완전히 다른 코드를 사용하는 방식이 있다. CDMA-2000의 경우 동일한 코드를 사용하면서 시작점을 달리하는 방법을 이용했다. 이것은 모든 기지국이 동일한 코드를 발생하는 회로를 가지면서 출력되는 코드의 시작점만 다르게 하여 사용한다는 것을 의미한다. 이때 기지국 간의 코드가 구분되기 위해서는 시간 지연에 의해 동일한 코드가 중복되지 않도록 코드 값이 차이가 나야 하는데, CDMA-2000의 경우 64-칩만큼 차이가 나며 1-칩의 지연은 약 244ms이므로 15.6 km 떨어진 점의 기지국이 동일한 코드를 가지게 됨을 의미한다.

한편 동일한 코드를 이용하므로 항상 모든 기지국이 동일한 시간을 기준점으로 가져야 하는데, 이를 위해 GPS 위성을 사용하므로 이것을 동기식이라고 한다. 반면에 WCDMA는 기지국을 구별하기 위해 GPS 신호를 사용하지 않으며 동일한 코드를 이용하지도 않는다. 각 기지국은 단말기의 데이터 수신 시간을 알려주기 위해 모든 기지국이 사용하는 특수 코드(무변조 신호)를 전송한다. 단말기는 시간을 맞춘 후 해당 기지국 그룹의 식별 코드를 통해 8개의 기지국이 속한 그룹을 확인한다. 그리고 8개 기지국 가운데 자신이 접속할 기지국을 최종 확인한다. 이 경우 동기식과 같이 동일한 기준 시간을 확인할 필요가 없다. 또한 GPS를 이용하지 않으므로 WCDMA는 기지국을 구별하기 위해 별도의 기지국 식별 코드를 이용해야 한다. 단말기가 자신이 접속하는 기지국을 찾기 위해 여러 기지국 코드를 비교하는데, 기지국 코드의 생성 회로가 기지국마다 다르므로 동기 방식과 비교할 때 작업이 복잡하다. 동기식 IMT-2000과 비동기식 IMT-2000을 비교하면 표 2-3-4와 같다.

구분	동기(CDMA-2000)	비동기(WCDMA)	비고
다원 접속 방식	CDMA	CDMA	FDMA, TDMA에 비해 성능이 우수한 CDMA 방식 채택
기지국 간 동기	GPS 사용	교환기 동기 신호 사용	기지국 간 동기 방식으로 동기 방식이 다소 빠르나 시스템은 다소 복잡함
무선 접속 규격	DS(Direct Sequence)	DS(Direct Sequence) MC(Multi Carrier)	동기식의 MC(3X) 방식은 사실상 개발 중지
신호 방식	ANSI-41	GSM-MAP	북미, 유럽간 표준화에 따라 다를 뿐 기능에서는 별 차이 없음
Duplex 방식	FDD	FDD/TDD	비동기방식의 경우 밀집 지역 데이터 솔루션으로 TDD가 정의되어 있으나 동기 방식은 없음
세계 시장 (글로벌 로밍)	약 20%(북미, 호주, 한국, 일본 등)	약 80% (GSM 사용 국가 대부분)	글로벌 로밍의 경우 비동기 방식이 유리하나, 국제 로밍은 UIM 카드 등을 사용할 것으로 판단됨

표 2-3-4 IMT-2000의 동기와 비동기 시스템 비교

❹ 동기식 IMT-2000(CDMA-2000 1x)

우리나라에서는 IS-95B에서 진보된 방식을 한때 IS-95C로 불렀으나, 북미 지역에서는 IS-95B에서 IS-2000이라는 규격으로 업그레이드했으며, ITU가 IMT-2000 규격 논의를 구체화할 때 CDMA-2000 1x란 이름으로 공식 결정되었다. CDMA-2000 1x는 기존 IS-95A의 무선 접속 규격을 상당 부분 변경하여 데이터 서비스를 위한 용량 문제 등을 근본적으로 해결함으로써 고속 데이터 통신을 하는 방식이다. 또한 데이터 전송 속도가 144kbps까지 지원되므로 보통 IMT-2000 하면 흔히 사람들이 떠올리는 동영상 서비스까지 비교적 자연스럽게 구현할 수 있으며, 속도 면에서 IMT-2000과 관련하여 ITU가 권고하는 사항을 만족함으로써 명실상부한 IMT-2000 규격으로의 자리를 차지하게 되었다.

CDMA-2000 1x는 2G 대비 가입자 용량이 2배로 확대되었고 데이터 서비스의 경우 2G 대비 약 10배로 효율이 증가되었으며, 패킷 과금 방식을 적용하게 되었다. 이것은 이동성 및 콘텐츠 품질과 더불어 무선 데이터 통신의 수요를 불러일으키는 결정적인 요소가 되었고, 단말기 대기 시간도 기존 제품에 비해 최대 4배까지 향상되었다. 기존 IS-95A에서는 음성만 핸드오프가 되었는데 CDMA-2000 1x에서는 데이터 서비스도 음성 통화의 교환기 핸드오프와 유사한 핸드오프(PDSN: Packet Data Serving Node가 변경되어 IP가 변경되어도 통화가 지속되는 모바일 IP) 기능이 추가됨으로써 데이터 서비스 시 단말의 이동성 제공이 가능하게 되었다. 또한 단말기는 사업자 간 로밍과 효과적이고 안정된 인터넷 뱅킹을 위하여 무선 신호의 전송과 응용을 담당하는 이동 장비와 사용자 인증을 위해 탈착 가능한 R-UIM(Re-Usable Identification Module) 카드를 삽입하여 타인의 단말기를 이용하거나 타 사업자망을 이용하여 서비스할 수 있다. 또한 GSM 망에서도 선택적으로 서비스가 가능하도록 R-UIM 카드와 USIM(UMTS Subscriber Identity Module) 카드를 함께 구현하여 사업자 간에 로밍 계약에 의한 서비스를 구현할 수 있게 되었다. CDMA-2000 1x가 IS-95와 비교하여 향상된 점을 요약하면 다음과 같다.

:: 데이터 서비스 속도 및 시스템 용량 향상

:: 패킷 데이터 서비스 처리를 위한 별도의 데이터 코어 네트워크(Data Core Network) 추가

:: 모바일 IP 지원

:: R-UIM 카드를 이용한 로밍 서비스 가능(중국)

:: 기지국 백본 망을 ATM으로 구축

:: 순방향 다이버시티 제공으로 통화 품질 향상

구분	95 A/B	CDMA2000 1x	CDMA-2000 1x Release A	1x EV-DO	1x EV-DV
최대 데이터 전송 용량	110.4Kbps	153.6Kbps	307.2Kbps	2.4Mbps	3.2Mbps
평균 데이터 전송 용량	57.6Kbps	144Kbps	150Kbps	약 600Kbps	약 600Kbps
전송 트래픽	음성, 데이터	음성, 데이터	음성+데이터	데이터 Only	음성, 데이터
Backward Compatibility	-	지원	지원	RF만 호환	지원
시스템 구성	-	New	Upgrade	New	Upgrade
상용화 일정	1996	2000. 3	2002. 1/4분기	2002. 1/4분기	2004년 말
단말기 칩	MSM-3000	MSM-5000	MSM-6100	MSM-5500	-

표 2-3-5
동기 방식의
기술적 특성 비교

CDMA-2000 1x 망의 구성으로 볼 때 가입자 정보가 있는 HLR(Home Location Register)과 음성을 저장하는 VMS(Voice Mail System), 팩스 메일을 저장하는 FMS(Fax Mail System) 등은 2G 망과 같이 사용할 수 있다. 즉 IS-95A/B 시스템과 비교하면 기지국에서 고속 및 저속 데이터를 전용으로 처리하기 위하여 BSC(Base Station Controller)에서 교환기를 통하지 않고 PDSN을 거쳐 데이터를 처리한다. 이때 최대 데이터 전송 속도는 144kbps이며, BSC에서 데이터 서비스를 구분하여 PDSN으로 라우팅하는 등 기존의 MSC(Mobile Switching Center)에 종속적이던 구조를 배제함으로써 중/고속 데이터 서비스를 위해 시스템이 진화했음을 알 수 있다.

PS 코어 네트워크의 내부에는 인터넷 연결을 위한 PDGN(Packet Data Gateway

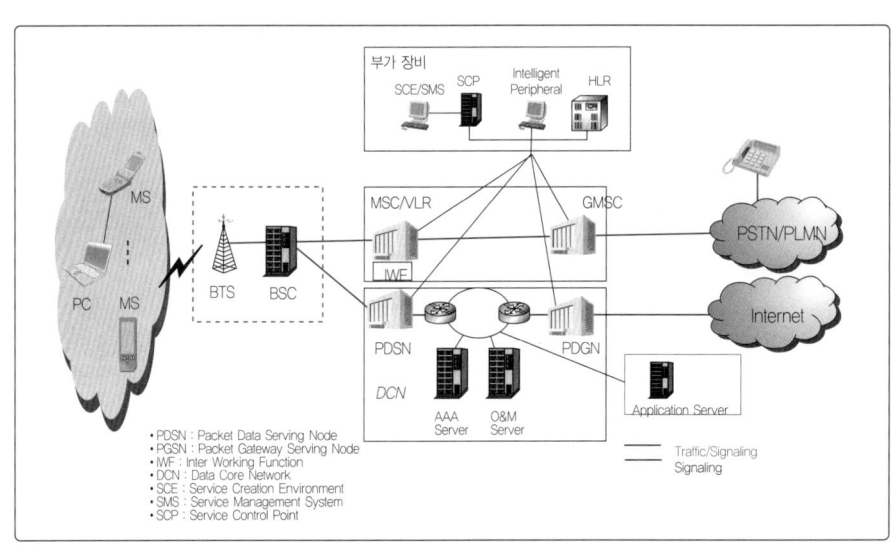

그림 2-3-14
CDMA-2000 1x
망 구성도

Node)과 PDSN이 신설되어 IP 네트워크를 통한 인터페이스 기능을 수행한다. 또한 PDSN을 통한 모바일 패킷 데이터 서비스 처리를 위해 별도의 IP 망이 추가되었다. 무선 지능망은 IS-95A에서 사용되는 기존 망을 이용하여 각종 정보 제공과 부가정보 서비스를 처리한다.

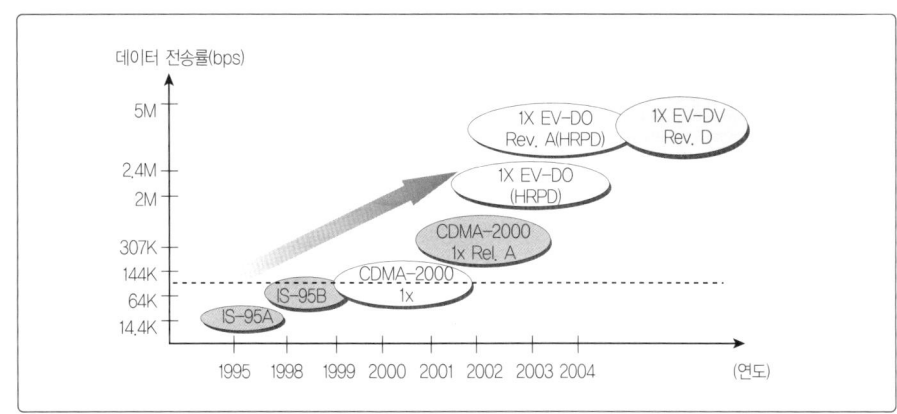

그림 2-3-15
CDMA-2000의
망 진화

CDMA-2000은 그림 2-3-15와 같이 북미 규격인 IS-95 기반 CDMA 방식에서 진화했으며, 3GPP2의 CDMA-2000 1x는 점차적으로 진화하여 CDMA-2000 1x EV-DO, CDMA-2000 1x EV-DV 등으로 거듭 발전하고 있다.

① CDMA-2000 1x Release A

CDMA-2000 1x에서 S/W를 개선하고 일부 H/W를 보완하여 최대 307kbps까지의 데이터 전송이 가능하며, 규격은 2000년 2월에 완료되었다.

② CDMA-2000 1x EV-DO

퀄컴에서 제안한 방식이며 데이터만 2.4Mbps의 속도로 제공되는 것으로, 기존의 (IS-95A, B) 장비와 RF 부분이 호환성을 가지고 있다. 규격은 2000년 10월에 완료되었으며 국내 사업자에 의해 2002년 초 세계 최초로 상용화에 성공했다. 이후 2004년 3월에 CDMA-2000 lx EV-DO의 성능을 개선한 CDMA-2000 1x EV-DO Revision A 표준을 완성했다. CDMA-2000 lx EV-DO는 3.2Mbps 역방향 1.8Mbps의 성능 향상, 방송 서비스, 타 무선 접속 기술과의 호환성, QoS별 다중 서비스 제어 등의 기능이 보강되었다.

③ CDMA-2000 1x EV-DV

음성과 데이터를 동시에 제공하며 최대 3.2Mbps(평균 1.8Mbps)의 전송 속도로서 CDMA-2000 1x 장비의 업그레이드를 통해 구현할 수 있다. 또한 비동기(WCDMA) 방식의 성능보다 데이터 전송 속도 측면에서 훨씬 뛰어나다.

⑤ 비동기식 IMT-2000(WCDMA)

WCDMA 표준을 담당하는 3GPP의 조직은 여러 TSG(Technical Specification Group)로 구성되며, TSG RAN의 워크 그룹에서 RAN 관련 표준을 진행한다. WCDMA의 최대 장점은 지구촌 어디서나 동일한 단말기로 통화할 수 있는 글로벌 로밍(Global Roaming)이다. WCDMA의 최대 전송 속도는 2Mbps로 EV-DO와 동일하지만 데이터를 다운로드할 때와 업로드할 때의 속도가 동일하므로 상대방과 실시간으로 음성과 화상을 주고받을 수 있는 동화상 통화를 구현하는 데 유리하다. 따라서 동화상 통화는 WCDMA 방식이 내세울 수 있는 가장 차별화된 서비스이다.

WCDMA의 발전 과정을 볼 때 WCDMA Release 5의 가장 큰 특징은 Release 99와 Release 4에서 최대 데이터 전송 속도가 2Mbps인 반면, 최대 14.4Mbps 데이터 전송 속도가 가능하도록 HSDPA를 표준화한 것이다.

동기 방식에서 기지국 확인과 기지국 간 핸드오프를 위한 시간 동기는 위성(GPS) 신호를 이용한 동기 방식을 사용한다. 반면 비동기 방식에서는 기지국 고유의 스크램블 코드를 이용하여 각 기지국을 확인하고 핸드오프함으로써 각 기지국이 시간적으로 동기를 맞추지 않아도 된다. 따라서 동기 방식은 하나의 PN(Pseudorandom

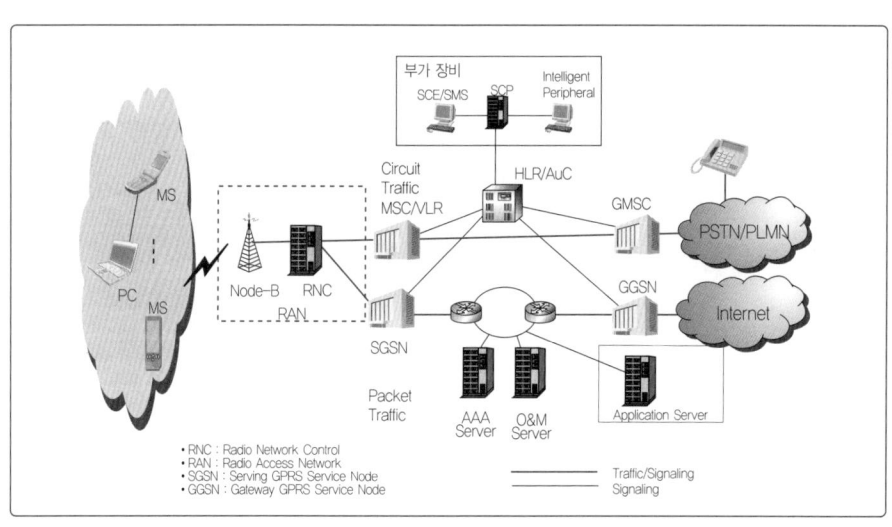

그림 2-3-16
비동기 방식의
망구성도

Noise) 코드에 시간차를 두어 사용하므로 매우 긴 PN 코드라도 빠른 시간 내에 동기를 할 수 있어 동기와 다중화에 효율적이다.

IMT-2000 서비스에서 필수로 제공해야 할 국제 로밍에서 GSM을 기반으로 한 WCDMA가 유리하다. 뿐만 아니라 서비스 사업자들은 다양한 지능망 서비스와 부가 서비스의 개발 및 보급에서도 동기 방식과 비교하여 더 좋다. 또한 동기 방식에서 FA(Frequency Allocation)당 주파수 대역폭이 1.25MHz인 데 비하여 비동기식은 5MHz이기 때문에 데이터의 고속 전송에 적합하다.

유럽 및 일본에서 서비스하는 WCDMA의 망 구조는 그림 2-3-16과 같다. 따라서 동기 방식의 BSC 기능을 하는 RNC(Radio Network Controller: 기지국 제어기)를 중심으로 회선 트래픽은 교환기(MSC)를 경유하여 처리되고, 데이터 트래픽은 패킷 단위로 SGSN(Serving GPRS Support Node)을 통하여 처리된다. 음성 회선 통화 방식은 IS-95와 같은 방법으로 수행되며, RAN(Radio Access Network)은 기지국(Node-B)과 RNC로 구성되어 있다.

2000년 초기 IMT-2000 기술의 요구사항을 만족한 3GPP(3rd Generation Partnership Project)의 비동기 방식은 GSM을 기반으로 그림 2-3-17과 같이 발전되어 왔다. GSM의 무선 구간 전송 기술은 TDMA(Time Division Multiple Access) 방식으로, 회선 음성 서비스에서 데이터 전송 속도를 보강하는 HSCSD(High Speed Circuit Switched Data: 전송 속도 57.6kbps)로 발전했다. 또한 HSCSD에서 116kbps까지 전송이 가능한 GPRS(General Packet Radio Service)로 발전했으며, 이후 WCDMA, HSDPA, HSUPA(High Speed Uplink Packet Access) 등으로 발전을 거듭했다. GSM 방식은 IMT-2000 서비스가 도입되더라도 상당 기간 병행하여 서비스가 지속될 것이

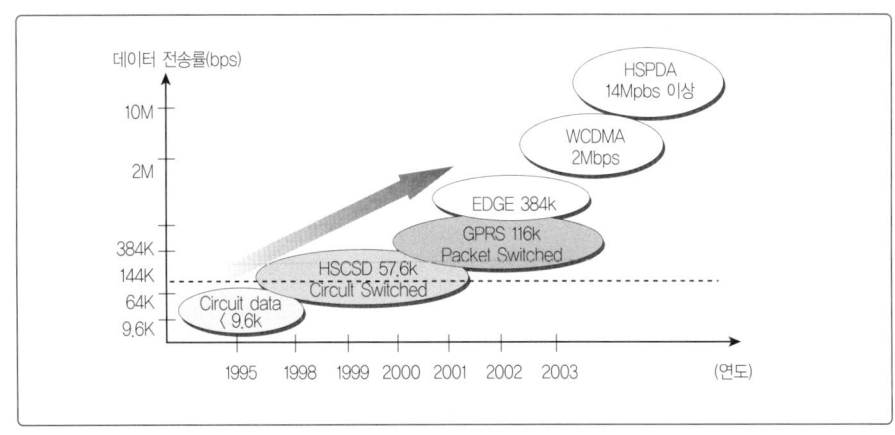

그림 2-3-17
WCDMA의 망 진화

며, IMT-2000에 도입되는 모든 시스템의 기본 구성 방식은 GSM을 기반으로 하는 하드웨어와 소프트웨어를 적용하려고 노력할 것이다.

기존 GSM 망의 진화에 따른 단계별 시스템 적용 방법을 살펴보면 다음과 같다.

① HSCSD
:: 데이터 전송 속도는 57.6kbps이며 화상 회의에 적합하도록 설계
:: 회선 전송의 데이터 서비스이므로 비교적 안정된 품질 확보

② GPRS
:: 최대 데이터 전송 속도는 115kbps
:: 유선 인터넷 접속 응용, 멀티미디어 메일 제공
:: 패킷 단위 전송으로 회선 효율의 극대화

③ EDGE(Enhanced Data rates for the GSM Evolution)
:: 적용 주파수 대역의 확장: 800MHz, 900MHz, 1800MHz, 1900MHz
:: 200MHz의 TDMA 방식을 통한 고속 데이터 전송

④ WCDMA
:: 적용 주파수 대역: 2GHz대
:: 채널당 대역폭 개선: 5MHz/채널
:: 완전히 새로운 기술 도입 및 고품질 음성, 데이터, 영상 서비스 구현

⑤ HSDPA(WCDMA Release 5)
이동 통신 가입자의 서비스 수요가 음성에서 멀티미디어 서비스로 변하면서 IP 중심의 패킷 기반 서비스로 옮겨가고 있다. 이와 같은 가입자의 서비스 요구 변화로 이동 통신 시스템도 멀티미디어 패킷 서비스 중심의 무선 인터넷 수요를 충족할 수 있는 새로운 기술로 발전하고 있다. 비동기식 IMT-2000 시스템의 표준 제정을 담당하는 국제표준화기구 3GPP는 WCDMA의 발전된 형태로 무선이동 환경에서 패킷 전송 속도를 획기적으로 향상시키는 HSDPA 기술을 표준화했다. 특히 순방향 패킷의 데이터 속도를 증가하고, 전체 시스템 처리량을 증가하기 위한 목적으로 표준화가 이루어졌다.

HSDPA는 비동기 IMT-2000 시스템 진화 단계에서 R5(Release 5)에 포함된 기술이다. 기존의 WCDMA (R99/R4) 시스템에서도 패킷 방식의 데이터 전송 방식을 지원했으나, 기존의 회선 교환 방식을 위해 설계된 무선 접속 방식 기반에서 고속의 멀티미디어 패킷 서비스를 제공하는 데는 한계가 있어 도입한 무선 접속 기술이다. 목표 서비스는 양방향 스트리밍 서비스(Streaming interactive service) 또는 백그라운드 서비스 등이며, 관련 응용으로는 인터넷 브라우징, 이메일, 멀티미디어 서비스 등을 열거할 수 있다.

HSDPA는 인터넷 서비스 트래픽 특성을 고려하여 상향 링크보다는 하향 링크의 전송률 개선에 초점을 두어 설계되었으며, 공용 채널 개념의 HS-DSCH(High-Speed Downlink Shared CHannel)를 통해 사용자가 자원을 공유했다. 특히 HSDPA는 WCDMA가 전용 채널을 이용하여 최대 2Mbps까지 제공하던 서비스를 공유 채널을 이용해 최대 14.4Mbps까지 전송 속도를 높였다. 이는 기존의 프레임을 10ms에서 2ms까지 낮추어 고속의 데이터 스케줄링이 가능하게 했다. 또한 WCDMA에서는 RNC에서 수행하던 채널 할당을 기지국(Node-B)에서 수행하고, 단말기와 RNC에서 수행하던 재전송 기법을 단말기와 기지국 사이에서 수행하여 더욱 속도를 높였으며, WCDMA에서 QPSK 변조만 사용하던 것을 변조율을 높이기 위해 16-QAM을 함께 사용할 수 있도록 했다.

HSDPA는 현재 상용 서비스 중인 1x EV-DO와 비교하여 주파수 활용도를 높일 수 있다. 1x EV-DO가 음성 서비스 위주의 CDMA-2000 1x와 다른 FA를 사용함으로써 CDMA-2000 1x의 주파수가 여유 있어도 EV-DO의 데이터용으로 사용할 수 없다. 반면 HSDPA는 동일 FA에서 음성, 데이터, 영상 서비스를 함께 처리할 수 있어 주파수 활용도 측면에서 유리하다. HSDPA는 다음과 같은 기술들을 채용했다.

:: 고속 데이터 수용을 위한 시스템 및 채널 구조

WCDMA의 채널 구조는 사용자 각각에게 전용 채널을 별도로 할당했으나 HSDPA는 모든 사용자가 동시에 공용으로 사용할 수 있는 대형 공유 파이프(Big shared pipe)의 채널 개념을 도입했다. 이는 기존 채널 구조에서 사용자가 서비스를 잠시 중단했을 때 해당 자원을 다른 사용자가 사용할 수 없었던 채널 구조를 크게 개선한 것이다.

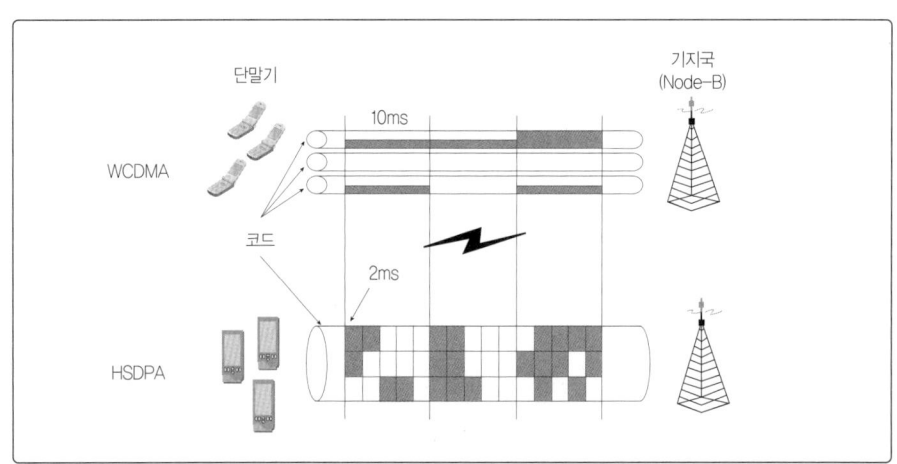

단말기

기지국
(Node-B)

WCDMA

10ms

코드

2ms

HSDPA

그림 2-3-18
새로운 데이터 전송
채널 개념

HSDPA를 지원하기 위한 대표적인 기술로 HARQ(Hybird Automatic Repeat Request), AMC(Adaptive Modulation and Coding), 짧은 TTI(Transmission Time Interval) 등을 들 수 있다.

HSDPA의 핵심 기술인 AMC와 HARQ 등을 효율적으로 운용하려면 이를 관리하고 제어하는 부문이 무선 인터페이스에 가까이 위치해야 한다. R99나 R4 시스템에서는 ARQ나 데이터의 스케줄링을 담당하는 부분이 RNC에 위치하기 때문에 지연 시간으로 인해 채널 환경의 변화에 적절히 대응, 효율성을 높이는 HSDPA 관련 기술의 장점을 살릴 수 없다. 이와 같은 이유로 스케줄링을 비롯한 대부분의 무선 자원 제어 기능이 RNC에서 Node B로 이동하게 되었으며 MAC 계층의 일부 기능도 이전되었다. 이 프로토콜 계층을 MAC-hs(Media Access Control-high speed) 부계층이라고 하며, MAC 계층의 가장 하부에 위치한다. MAC-hs 부계층은 HSDPA를 추가하면서 발생할 프로토콜상의 변화를 최소화했으며, 채널 환경에 맞는 적절한 변조 및 코딩률을 선택하거나 패킷의 스케줄링 기능을 담당하기 위해 R5 시스템에서 새로 도입한 계층이다.

:: 패킷 스케줄링

이동 통신 시장에서도 점차 무선 인터넷 서비스뿐 아니라 VoIP, 비디오 스트리밍 등과 같이 품질 보장(QoS)이 필요한 패킷 서비스의 요구가 커지고 있다. 패킷 데이터를 다루는 시스템에서는 서비스 특성에 따라 안정적인 성능으로 패킷을 처리하고, 무선 채널 상태에 따라 패킷 데이터 채널의 이용률을 최대화하여 패킷 전송을 가능하게 하는 패킷 스케줄러의 개발이 중요하다. 패킷 스케줄러는 물리 계층과 직접적으로 연결되어 패킷 제어에 소요되는 지연을 최소화하고 HARQ, AMC 등과 밀접한 관계를 가지고 패킷 데이터 채널을 제어하여 패킷 전송의 효율성을 높이는 일을 담당한다.

HSDPA는 데이터 프레임 길이를 2ms로 단축하여 고속의 패킷 스케줄링이 가능하도록 했다. 여러 명의 사용자가 존재하는 경우 매 순간마다 채널 환경이 좋은 사용자에게 무선 자원을 우선적으로 할당할 경우 시스템 전체의 용량이 증가하며, 이를 다사용자 다이버시티(Multi-user Diversity) 이득이라 한다. 이 같은 이득을 얻기 위해서 각 사용자의 상태에 따른 스케줄링이 요구되며, 대표적인 스케줄링 방식에는 최대 CINR(Carrier to Interference plus Noise Ratio) 방식, 라운드 로빈(RR) 방식, PF(Proportional Fair) 방식 등이 있다. 이 밖에 개선된 알고리즘이 계속 연구되고 있다.

라운드 로빈 방식은 전송할 대상이 되는 단말에게 돌아가며 한 번씩 전송하는 방식으로, 최대 CINR 방식은 데이터의 전송 시점에 가장 좋은 무선 채널 상태의 단말을 선택하여 데이터 블록을 전송하는 방식이다. 최대 CINR 방식은 다사용자 다이버시티 이득을 극대화할 수 있지만, 오랜 시간 열악한 채널 상태에 있는 단말은 수신 기회가 불균등해질 가능성이 발생한다. 이 같은 문제를 해결하기 위해 PF 방식은 최대 CINR 방식과 같이 무선 채널 상태를 고려하는 동시에 효율이 낮은 단말에 가중치를 두어 시스템의 용량과 개별 단말의 공평성을 동시에 고려한다. 일반적으로 스케줄링 알고리즘은 규격에서 정의되지 않으므로 망 운영자가 필요에 따라 적절히 선택하여 구현해야 한다.

:: AMC

AMC 방법은 채널 상황에 따라 변조 방법과 채널 코딩 레이트를 바꾸어 주는 방법이다. 패킷의 부호화 단위인 TTI를 짧게 만들어 준 것도 채널 상황을 좀 더 정확히 맞추기 위한 방법이다. 이와 동시에 HSDPA를 위하여 MAC과 같이 기존 RNC가 가졌던 기능이 Node B로 옮겨옴에 따라 물리 계층에서의 기능이 좀 더 복잡해 졌다.

무선 채널의 상태는 단말의 위치, 신호의 경로 손실과 페이딩 특성 때문에 시간에 따라 계속 변한다. 그러므로 무선 링크를 통한 효율적인 데이터 전송을 위해서는 링크 적응(Link Adaptation) 기법이 요구되며, 대표적으로 전력 제어(Power Control) 기법과 전송률 제어(Rate Control) 기법이 있다. 송신단에서 전력이나 전송률을 적응적으로 가변하기 위해서는 채널 상태를 알 수 있는 정보가 필요하며, 이 정보를 근거로 송신 전력 또는 전송률을 결정한다. 전력 제어 기법은 고정된 품질과 전송률을 보장하기 위해 페이딩 채널 환경에 맞도록 송신 전력을 제어하는 방식으로, 음성 기반 서비스처럼 고정된 전송률 상황에서 링크의 품질을 보장하기 위한 시스템에 효율적인 방식이다.

전송률 제어 기법은 다양한 전송률, 다양한 전송 품질 등이 요구되는 패킷 데이터 서비스에 적합한 방식으로, 채널 환경에 맞도록 데이터 전송률과 부호율을 적응시키는 방법이다. HSDPA는 이 기법으로 셀 전체의 처리량을 증가하는 AMC 기술을 적용했는데, 단말이 측정한 무선 환경을 바탕으로 좋은 환경의 단말기에는 많은 양의 데이터를 할당하고 무선 환경이 나쁜 단말기에는 QoS를 보장하지 않는다.

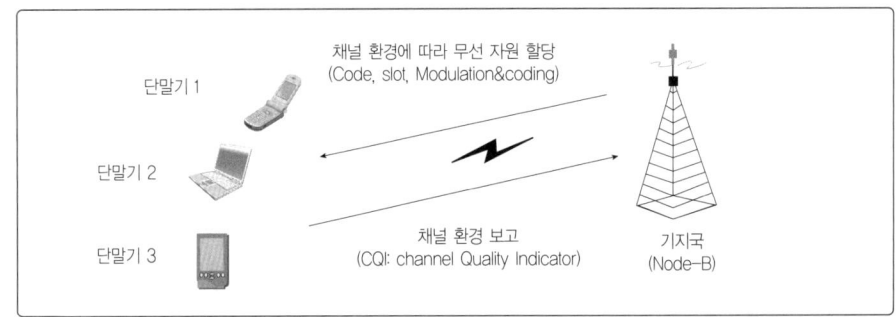

그림 2-3-19
HSDPA의
AMC 기술

한정된 주파수 대역을 이용하여 고속의 정보를 전송하려면 주파수 대역 사용의 효율성을 높이는 것이 무엇보다 필요하다. 이를 위해 무선 시스템에서도 주파수 사용 효율이 높은 QAM(Quadrature Amplitude Modulation) 방식이 도입되었다. HSDPA를 위해 3GPP에서 결정된 변조 기법은 QPSK와 16-QAM이며, 채널 상태가 상대적으로 양호한 경우 16-QAM을 적응적으로 선택하여 전송한다.

HSDPA에서는 동일한 원리로 변조 기법뿐 아니라 부호율(code rate)도 가변할 수 있다. 채널 환경이 좋은 경우는 높은 부호율과 16-QAM 변조를 이용하여 주파수 이용 효율을 높이며, 페이딩이나 간섭 상태에 따라 채널 환경이 나쁜 경우는 낮은 부호율과 QPSK를 선택하여 SNR(Signal to Noise Ratio)이 낮은 범위에서도 전송 성공률을 높일 수 있도록 한다. 데이터 전송 시 사용할 최적의 MCS(Modulation and Coding Scheme) 선택은 단말 또는 UTRAN에서 수행될 수 있지만, 단말이 선택하는 경우 망에서 트래픽 관리나 실시간 서비스 지원이 어려우므로 UTRAN에서 제어하는 것이 바람직하다.

UTRAN에서 MCS를 결정하려면 단말의 수신 품질 정보를 알아야 하며, 단말은 수신 품질을 송신 측에 전달하기 위해 CQI(Channel Quality Indicator)라는 인덱스를 사용한다. AMC에 의한 링크 적응 기법은 기존의 1-슬롯 지연을 갖는 전력 제어보다 지연이 크다. 그러므로 단말의 CQI 측정 지연 및 정확도가 전체 성능에 영향을 미칠 수 있다.

:: HARQ

HARQ란 물리 계층에서 지원되는 ARQ 방법으로, 하나의 패킷 전송에서 보다 적은 에너지로 여러 번에 나누어 전송하는 방법이다. 한 번에 큰 에너지로 전송하는 기존의 방법에 비해 HARQ를 사용하면 같은 QoS를 만족시키면서 조기 종료 이득(Early termination gain)을 얻을 수 있으며, 이로 인해 전체 시스템 성능이 크게 향상된다. HARQ를 위하여 'N channel Stop & Wait' 방법과 'IR(Incremental Redundancy)' 방법이 함께 채택되었으며, 추가 정보로 역방향의 ACK/NACK와 순방향으로 TFRI(Transport Format and Resource Indicator) 정보가 필요하게 되었다.

오류 제어 알고리즘은 재전송에 해당하는 ARQ와 채널 부호화에 해당하는 오류 정정(FEC: Forward Error Correction) 기법의 두 방식으로 크게 분류된다. 일반적으로 ARQ는 데이터 링크 계층(Data Link Layer)에서, FEC는 물리 계층(Physical Layer)에서 구현된다. 그러나 최근에는 무선 인터넷 패킷처럼 버스트하게 발생하는 특성을 지닌 패킷 데이터를 처리할 때 전송 효율을 향상하기 위해 FEC와 ARQ를 접목시킨 HARQ 기법을 사용한다. WCDMA에서는 RNC에서 재전송했으나 HSDPA는 기지국(Node-B)에서 재전송하여 고속 데이터 처리가 가능하다.

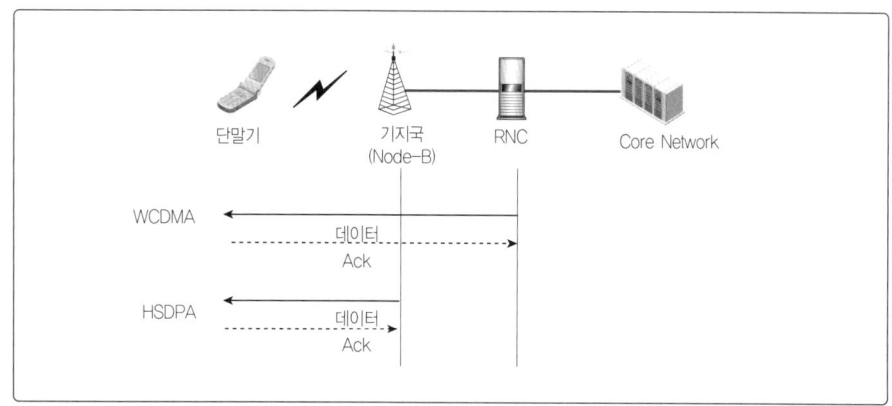

그림 2-3-20
HSDPA의
HARQ 위치

HARQ는 기존의 ARQ와 같이 재전송만을 적용하는 것이 아니라 수신측에서 복호 오류가 발생했을 때 송신측으로 재전송을 요구하는 동시에 FEC 이전의 데이터를 버리지 않고 저장한다. 이후 재전송된 데이터를 수신하면 이전에 저장해 둔 데이터 와 합쳐 성능 이득을 높인다. 결국 HARQ 기법을 적용하면 동일 FER(Frame Error Rate)에서도 전송 전력을 크게 줄일 수 있으며, 이 같은 전력 마진에 의해 16-QAM과 같은 변조 기법 사용이 용이해진다.

⑥ WCDMA Release 6

2003년에 완성된 HSDPA 표준화 이후 제정된 Release 6은 MBMS(Multimedia Broadcast Multicast Service), 업링크 E-DCH(Enhanced Dedicated CHannel: 역방향 성능 향상), IMS(IP Multimedia Subsystem) 성능 향상 등을 통해 멀티미디어 서비스 를 효율적으로 지원하기 위한 기술을 포함한다.

:: E-DCH

이 기술은 UMTS 시스템의 업링크에서 패킷 데이터의 전송 성능을 향상시킬 수 있도록 시스템의 성능과 커버리지를 증대하기 위하여 제안된 기술이다. 전송 효율을 높이기 위해서 기존의 HARQ와 Node-B 기반 스케쥴링, 짧은 TTI 기술 등이 제안되 고 있다. 기존 시스템의 성능 향상을 가져올 수 있음을 기술 분석과 검증을 통해서 확인하고 2004년 3월부터 'FDD Enhanced Uplink' 가 제안되어 2004년 12월에 표준 화 작업을 마쳤다. HSDPA에 같이 사용하면 비디오-클립, 멀티미디어, 이메일, 텔리 메틱스, 게임, 비디오 스트리밍과 같은 패킷 중심의 멀티 미디어 서비스를 보다 효율 적으로 지원할 수 있다.

:: MBMS

MBMS는 이동 통신 시스템에서 하나의 데이터 소스로부터 대용량의 멀티미디어 콘텐츠를 다수의 사용자에게 전송할 때 UMTS 핵심망과 무선 접속망에서 point-to-multipoint 전송을 가능하게 하여 효율적으로 UMTS 네트워크 자원을 이용할 수 있도 록 하는 서비스이다. RNC는 MBMS 세션 시작 시 셀별로 동일한 MBMS 서비스를 수 신하고자 하는 UE(User Equipment)들을 동시에 페이징할 수 있도록 MBMS용 그룹 페이징을 지원한다. 일반적으로 MBMS 서비스는 공용 채널을 이용해 전송되지만 셀 에 MBMS를 수신하고자 하는 UE가 있는 경우 전용 채널을 이용하는 것이 무선 자원 이용 측면에서 효율적일 수 있다. 이를 위해 RNC는 셀별로 UE 수를 헤아리고 충분한 수의 UE가 없는 경우 대기 상태에 있는 UE들에게 RRC(Radio Resource Control) 연결 설정을 명령할 수 있다.

MBMS는 기존 이동 통신의 패킷 서비스 인프라를 활용하여 방송 서비스를 제공할 수 있으므로 커버리지가 넓으며, 제공 가능한 서비스의 수에도 제한이 없다. 또한 동일한 MBMS 서비스에 가입한 사용자가 위치한 지역에 따라 지역화된 다른 정보를 수신할 수 있다. MBMS 서비스는 위성 DMB의 방송 서비스에 비해 유연한 서비스를 제공하고 별도 칩을 내장하지 않으므로 가격 경쟁력이 뛰어나다. 뛰어난 기술력에 비해 상대적으로 킬러 애플리케이션이 없다고 평가받는 3G 이동 통신 시스템에서 MBMS는 사용자들에게 어필할 수 있는 좋은 서비스이다. MBMS가 상용화되면 위성 DMB, 미디어플로(MediaFLO), DVB-H(Digital Video Broadcasting - Handheld) 등과 경쟁을 벌이게 될 것으로 예상된다.

:: IMS를 위한 RAB 지원

IMS를 위한 RAB 지원 기술은 IMS의 주요 응용이 될 VoIP에 대한 UTRAN에서의 효율적인 지원을 목적으로 2003년 11월에 시작되었다. 관련된 규격으로는 TR 25.862 'RAB support for IMS'가 있으며 RTP(Real-time Transport Protocol)와 RTCP(RTP Control Protocol)의 효율적인 지원에 초점이 맞춰져 있다. VoIP에서 음성 데이터는 RTP 패킷의 크기가 가변적이라는 점과 RTCP 트래픽의 요구 대역폭이 일정하지 않다는 문제점이 있다.

⑦ WCDMA Release 7

Release 7의 대표적인 기술은 OFDM 기술과 MIMO 기술이다.

:: OFDM

OFDM 방식은 여러 개의 방송파를 사용하는 다중 반송파 전송의 일종으로, 최근 유무선 통신에서 고속 데이터 전송에 적합한 방식으로 각광받고 있다. OFDM 방식은 상호 직교한 다중 반송파를 사용하므로 주파수 이용 효율이 높아지고 단일 탭의 간단한 등화기로 다중 경로에 의한 주파수의 선택적 페이딩 채널을 잘 대처할 수 있는 장점이 있다. 또한 송수신단에서 복수의 반송파를 변복조하기 위하여 IDFT/DFT(Inverse Discrete Fourier Transform/Discrete Fourier Transform)와 동일한 기능을 하는 IFFT/FFT(Inverse Fast Fourier Transform/Fast Fourier Transform)를 사용할 수 있으므로 간단한 구조로 고속 구현이 가능하다.

이러한 OFDM 방식은 이미 무선 LAN(IEEE 802.11a, HIPERLAN/2) 및 디지털 오디오 방송(DAB)과 디지털 지상 텔레비전 방송(DVB-T)의 표준 방식으로 채택되어 있다. 비동기 방식의 무선 전송 기술 표준인 3GPP에서도 하향 링크 고속 데이터 전송 서비스인 HSDPA에서 OFDM 방식을 사용한다. 대표적 방식으로 OFDM-FDMA(OFDMA), OFDM-TDMA, OFDM-CDMA 등이 있다. OFDM-FDMA는 동일 시간에 여러 사람이 전체 부반송파를 나누어 사용하는 방법이고 OFDM-TDMA는 여러 사람이 자신에게 할당된 시간에 전체 부반송파를 사용하는 방법이며, OFDM-CDMA는 여러 사람이 동일 시간에 전체 부반송파를 변경하여 사용하는 방법이다. OFDM-FDMA와 OFDM-TDMA는 셀 내 간섭이 없지만 OFDM-CDMA는 약간의 간섭이 발생할 수 있다. 또한 세 방식 모두 셀 간 간섭이 존재한다.

OFDM-FDMA가 주파수 할당 측면에서 효율성이 뛰어난 반면 OFDM-CDMA는 주파수 다이버시티에서 이득을 얻을 수 있다. 또한 OFDM-FDMA 및 OFDM-CDMA 모두 간섭을 평균화하여 간섭을 억제하는데 OFDM-TDMA는 주파수 재사용률을 변경하여 간섭을 억제한다. 또한 여러 부반송파로 옮겨가면서 데이터를 전송함으로써 주파수 다이버시티를 얻는 주파수 도약 기술(FH: Frequency Hopping)과 각 사용자의 채널 상황을 기반으로 부반송파를 할당하는 DCA(Dynamic Channel Allocation) 및 AMC 기술, 다중 안테나를 사용한 MIMO-OFDM 기술 등이 있다.

:: MIMO(Multiple-Input Multiple-Output)

MIMO 기술은 송신기와 수신기에서 다중의 안테나를 이용하여 데이터를 전송하는 방식이다. 각 송신 안테나에서 서로 다른 데이터를 동시에 전송함으로써 시스템의 대역폭을 증가시키지 않고 보다 고속의 데이터를 전송할 수 있는 spatial multiplexing 기술과 다중의 송신 안테나에서 같은 데이터를 전송하여 송신 다이버시티를 얻고자 하는 spatial diversity 기술로, BLAST 기술은 송신기에서 각 전송 안테나를 통해 서로 다른 데이터를 전송하고 수신기에서 적절한 간섭 제거 및 신호 처리를 통해 송신 데이터를 구분하는 것을 특징으로 한다.

BLAST 방식은 많은 데이터를 전송한다는 점에서는 이득이 있지만, 무선 채널 간에 상관도(Correlation)가 큰 경우 안테나 간 데이터의 상관도가 커지게 되어 데이터를 분리하는 데 문제가 제기될 수 있다. Spatial diversity 기술로는 송신 다이버시티를 통해 수신 신호 대 잡음 비를 높이고자 하는 STC(Space-Time Code)가 있다. 최근에는 열악한 이동 통신 환경에서 데이터 전송 속도를 향상시키지 못하나 다이버시티 이득을 동시에 얻거나 채널의 변화에 링크 적응하기 위해 spatial multiplexing과 spatial diversity 기술을 결합한 방법의 연구가 진행 중이다. 또한 OFDM 기술과 접목되어 AMC 환경에서 발생하는 간섭을 제거하기 위한 기술들과의 결합도 연구가 진행되고 있다.

3 | 4G 이동 통신

차세대 이동 통신(IMT-ADVANCED, 4G)을 위한 각국과 기업들 간의 경쟁은 매우 치열하다. 세계 IT 산업을 주도하는 나라와 몇몇 기업은 이미 4G를 위한 기술 개발에 투자하여 괄목할 만한 성과를 올렸으며, 표준화 활동에도 적극적으로 참여하고 있다.

2007년 2월 스페인 바르셀로나에서 열린 2007 3GSM World Congress에서 4G를 준비하는 세계 IT 기업들의 기술 시연이 있었다. 삼성은 하향 40Mbps, 상향 12Mbps 전송이 가능한 Mobile WIMAX WAVE2를 시연했으며, LG는 상하향 20Mbps 전송이 가능한 3G LTE(Long Term Evolution) 기술을 시연했다. 또한 유럽 3GPP를 주도하는 ERICSON은 하향으로 최고 144Mbps 전송이 가능한 3G LTE를 시연했다.

1 개요

WIMAX(Worldwide Interoperability for Microwave Access)는 기존의 무선 인터넷 통신 범위와 속도를 개선하기 위해 INTEL에서 고안한 기술이다. 처음에는 Fixed(고정형) WIMAX(802.16D)로 시작되다가 차츰 이동성을 갖춘 Mobile WIMAX(802.16E)로 발전했다. Mobile WIMAX는 다시 WAVE1과 WAVE2로 나뉘며, 우리가 흔히 WIBRO라고 부르는 휴대 인터넷은 Mobile WIMAX WAVE1과 개념적으로 같은 기술이다.

WAVE2는 WAVE1보다 전송 속도, 주파수 효율 등을 개선한 것으로 기술적으로 MIMO(Multi-Input Multi-Output) 기법이 추가되었다. MIMO는 송신단과 수신단에 여러 개의 안테나를 설치하여 전송 속도를 높이거나 전송 오류를 줄이는 방법이다. 또한 다중 접속 방식으로 OFDMA를 사용하여 주파수 영역뿐 아니라 시간 영역에서도 분할하여 전송함으로써 주파수 효율을 더욱 높였다.

3G LTE는 WCDMA에서 IP 네트워크로 진화된 형태의 이동 통신 기술이며, 기존

의 WCDMA에 비해 데이터 전송 속도가 향상되어 고속 멀티미디어 서비스가 가능한 것이 특징이다. 3G LTE는 유럽 WCDMA 계열의 표준화 기관인 3GPP에서 주관하여 RELEASE 6 이후에 탄생했으며 2007년 9월에 표준화가 완료될 예정이다. 3GPP는 3G LTE의 기준으로 최대 하향 전송 속도가 100Mbps, 최대 상향 전송 속도가 50Mbps 이상 되어야 한다. 또한 1.25~20MHz의 다양한 대역폭에서의 동작을 지원해야 하고, 고속 이동 시(350Km/h)에도 전송이 가능해야 한다. 3G LTE도 Mobile WIMAX와 같이 MIMO, OFDMA 방식을 사용하여 전송 속도와 주파수 효율을 향상시켰다.

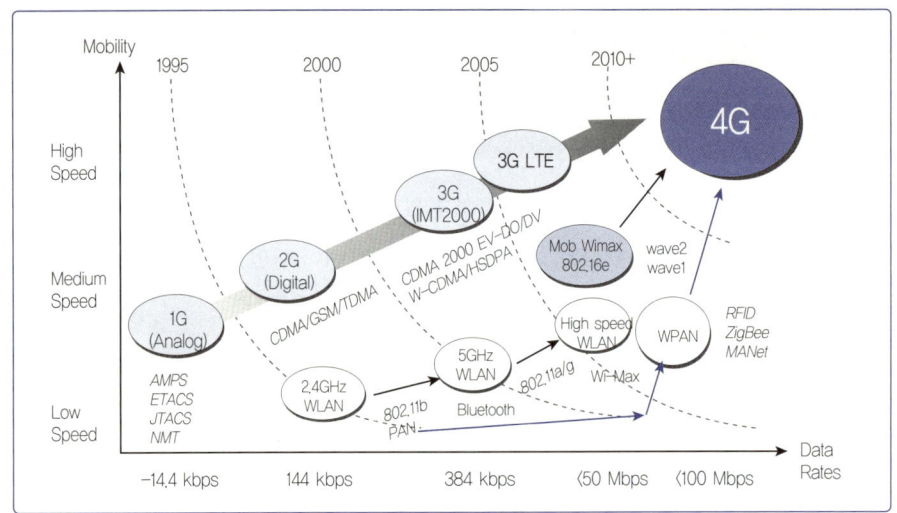

그림 2-3-21
무선 네트워크
데이터 전송 기술의
발전 추세

앞서 살펴보았듯이 Mobile WIMAX와 3G LTE는 시작점이 다르지만 4G 이동 통신을 달성하기 위한 기술로 서로 경쟁하고 있다. 기존의 고속 무선 인터넷 기술에 이동성을 향상시키는 것이 Mobile WIMAX라면 이동성이 확보된 기존의 이동 통신 기술에 데이터 전송 능력을 향상시킨 것이 3G LTE이다.

② Mobile WIMAX WAVE2 동향

미국의 Sprint-Nextel은 Mobile WIMAX를 도입했으며 이를 통해 미국 내에서 1억 명을 수용할 수 있는 Mobile WIMAX 네트워크를 구성할 예정이다. 특히 Sprint-Nextel은 현재 세계적으로 Mobile WIMAX용으로 사용하는 2.5GHz 주파수 대역의 대부분을 미국 내에서 확보하고 있어 Mobile WIMAX 도입을 통한 4G 시장의 선점 및 경쟁력 확보를 꾀하고 있다.

Intel은 2006년 7월 Mobile WIMAX용 SOC 칩인 로즈데일 2를 최초로 개발했고

Motorola, Clearwire와 함께 포틀랜드 시에 Mobile WIMAX 망을 구축하는 사업을 진행하고 있다. 시스템 사업자인 Motorola와 Nokia는 현재 WIMAX용 기지국을 설치 운영하며 Mobile WIMAX 기반의 휴대전화를 출시할 예정이다.

삼성은 WIBRO 및 Mobile WIMAX에서의 기술 선점을 위해 오래 전부터 노력해 왔다. 최근에는 WIBRO 서비스 지역 및 장비 공급선 확대를 위해 일본 KDDI, 영국 BT, 미국 SPRINT-NEXTEL, 브라질 TVA, 이탈리아 TI, 베네수엘라 Omnivision 등과 서비스 계약을 추진하고 있다.

❸ 3G LTE

3G LTE는 아직 표준안이 확정되지 않은 기술로 업체마다 다양한 형태의 시스템을 개발하고 있으며, 유럽의 Ericsson뿐 아니라 Lucent Bell Lab, Nortel, Motorola 등에서 중점적인 연구를 수행 중이다. 미국의 Qualcomm을 위시한 CDMA 진영에서도 EV-DO REV.A를 기반으로 한 이동 통신 기술 개발을 올해부터 본격화할 예정이다.

국내 3G 고속 무선 데이터 서비스는 SKT의 T 로그인과 KTF의 아이플러그가 있다. T 로그인은 2006년 9월에 출시되었으며 HSDPA, EV-DO 네트워크를 모두 지원하고 최대 속도는 1.8Mbps이다. 아이플러그는 2007년 1월 출시되었으며, HSDPA만을 지원하고 최대 3.6Mbps의 속도로 데이터를 전송할 수 있다.

❹ 주파수 동향

WIMAX 포럼에서 추진 및 검토 중인 WIMAX용 주파수 대역은 2.3~2.4GHz, 2.469~2.690GHz, 3.3~3.8GHz, 5.8GHz이다. 2.3~2.4GHz 대역은 아시아와 북미 일부 국가에서 사용하며, 세계적으로는 2.469~2.690GHz, 3.3~3.8GHz, 5.8GHz 대역을 주로 분배하고 있다. WIMAX 포럼은 2007년 1월 규제 WG(Regulatory WG)에서 세계 스펙트럼 정책 WG(Worldwide Spectrum Policy WG)로 변경하여 세계적으로 사용할 Mobile WIMAX 주파수 대역의 결정을 위해 노력하고 있다. 이는 세계적으로 동일한 글로벌 대역을 사용함으로써 그만큼 Mobile WIMAX 시장의 규모를 확대하기 위한 것이다.

3G LTE는 기존의 3G에서 사용하는 806~960MHz, 1.71~2.03GHz, 2.11~2.20GHz, 2.50~2.69GHz 대역을 사용할 것이 유력하며, 현재 IMT-Advanced(4G)를 위한 대역으로 논의되는 주파수 대역도 향후 사용할 것으로 전망된다.

4G를 향한 각 나라와 업체의 경쟁은 치열하다. 4G 이동 통신 산업이 향후 막대한

부가가치를 창출할 산업이긴 하지만, 현재 뚜렷한 윤곽이 잡혀 있지 않다는 것도 기회로 작용하기 때문이다. 특히 3GPP, 3GPP2, IEEE 등 각 표준화 단체는 아직 각각의 표준을 내세우고 있어 통합된 표준안을 도출하는 데 시간이 걸릴 것으로 보인다.

한편 ITU에서는 4G 이동 통신의 정지 시 1Gbps의 전송 속도를 60Km/h의 속도로 이동 시 100Mbps의 전송 속도를 보장하는 통신 서비스로 정의했으며, 기존 인터넷과 연결될 수 있도록 네트워크 전체가 IP 기반(ALL IP Network)이어야 한다는 전제 조건을 발표했다. 또한 ITU는 향후 4G 이동 통신을 위한 유력한 기술 표준으로 3G LTE, Mobile WIMAX 진화형, MBWA(Mobile Broadband Wireless Access: IEEE802.20) 등 세 가지를 들었다.

5 4G 기술 및 서비스

4G의 최소 기술적 요구사항은 국제표준기구인 ITU-R에서 2007년 5월 WP8F 회의를 거쳐 2008년 1월과 6월에 스위스 제네바와 UAE 두바이에서 각각 열린 WP5D 1차 회의와 2차 회의에서 합의되었다. 2008년 6월에 개최된 WP5D 제2차 회의에서 도

항목		요구사항 수치			
환경		실내	마이크로 셀	매크로 셀	고속 환경
전송 효율(bps/Hz/Cell)	다운링크(4×2MIMO)	3	2.6	2.2	1.1
업링크(2×4MIMO)		2.25	1.8	1.4	0.7
최대 전송 속도(bps/Hz)	다운링크(4×2MIMO)	1.5			
	업링크(2×4MIMO)	6.75			
채널 대역폭(MHZ)		상향 40MHz 최대 대역폭(Multi-carrier 허용)			
셀 경계 사용자 전송 효율 (bps/Hz)	다운링크(4×2MIMO)	0.1	0.06	0.07	0.03
	업링크(2×4MIMO)	0.075	0.04	0.05	0.015
전송 지연(ms)	제어 영역	100			
	데이터 영역	10			
핸드오프 지연(ms)	동일 주파수	27.5			
	다른 주파수 / 동일 주파수 밴드	40			
	다른 주파수 / 다른 주파수 밴드	60			
이동 시 링크 기준 주파수 효율(bps/Hz)		1.0 (3Km/h)	0.75 (30Km/h)	0.55 (120Km/h)	0.25 (350Km/h)
VoIP 사용자(명/MHz/Cell)		50	40	40	30

표 2-3-6
4G 최소 기술
요구사항

출된 IMT-Advanced의 최소 기술 요구사항은 전송 효율, 최대 전송 속도, 채널 대역폭, 셀 경계 사용자 전송 효율, 전송 지연, 핸드오프 지연, 이동 시 링크 기준 주파수 효율, VoIP 사용자 등이 있으며 이는 실내, 마이크로 셀, 고속 환경 등으로 각각 정의되었다. 4G 최소 기술 요구사항은 표 2-3-6과 같다.

서비스 권고안은 2007년 5월 일본 교토에서 개최된 WP5D 회의 전신인 ITU-R WP8F에서 완성되었다. 총 6장으로 구성되어 있으며 핵심 부분인 서비스 요구사항은 끊어짐 없는 연결, 보안, 우선순위 부여, 위치 기반(Location), 방송 및 멀티캐스트, 존재(Presence), 이용 편의성(Usability), 다양한 범위의 서비스 지원에 대해 3G 대비 상대적으로 매우 높은 수준을 요구하고 있다. 4G의 핵심 기술은 OFDMA, MIMO, SDR(Software Defined Radio), 펨토셀(Femto Cell), VHO(Vertical Handoff), 무선 메시(Wireless Mesh)로 구성되며 상술하면 표 2-3-7과 같다.

범주	기술 내용
OFDMA	주파수 대역을 수백 배로 쪼개어 주파수 간 간섭을 최소화해 대용량 데이터를 동시에 고속으로 보내는 기술
MIMO	이동 통신 환경에서 다수의 안테나를 상용, 데이터를 송수신하는 다중 안테나 기술로 IMT-Advanced의 요구사항인 최대 전송 속도 향상에 핵심이 되는 기술
SDR	서로 다른 기기를 상용해야 했던 다양한 방식의 무선 통신 서비스를 H/W가 아닌 S/W 변경만으로 통합 수용할 수 있는 기술
Femto Cell	이동 통신 기지국(AP)을 댁내 사용 가능한 수준으로 소형화하고 가격을 무선 LAN AP 수준으로 낮춘 시스템
VHO	WLAN 시스템에서 셀룰러 시스템으로의 채널 전환같이 특성이 다른 네트워크 시스템 간의 채널 전환을 가능하게 하는 기술
무선 메시지	네트워크상의 모든 기기와 액세스 포인트(AP)를 무선으로 연결하도록 한 구조로 4G, 무선랜, 기존 이동 통신, WiBro 등 이종망 간 효율적인 통합 네트워크 구성 가능

표 2-3-7
4G 핵심 요소 기술

4G의 핵심 서비스는 모바일 VoIP, 초고속 무선 인터넷, 모바일 비디오, 모바일 CCTV, 모바일 방송, 위치 검색 시스템, 모바일 건강 서비스, 모바일 재난관리, 모바일 금융 등으로 예상된다.

표준화 추진 일정은 2008년 10월 서울에서 개최된 WP5D 3차 회의에서 4G 기술 제안 서식 및 평가 방법, IMT-2000 표준 업데이트, 이동 통신 용도로 지정된 주파수 대역의 채널 배치에 대한 논의가 진행되었다. 이때 2010년 말까지 표준화를 완료하는 것으로 잠정 합의한 상태이며, 2012년부터 상용화할 예정이다.

3 와이브로

와이브로(Wibro: Wireless Broadband Internet)는 무선 광대역 인터넷, 무선 초고속 인터넷, 휴대 인터넷 등으로도 불린다. 정보통신부, 한국정보통신기술협회(TTA)와 이동 통신 업체들이 상용 서비스를 목표로 개발했으며, 2.3GHz의 무선 단말기(노트북, 넷북, PDA, MID 등)를 이용하여 이동하면서 초고속 인터넷을 사용할 수 있는 무선 휴대 인터넷 서비스를 의미한다. 휴대전화처럼 언제 어디서나 이동하면서 초고속 인터넷을 이용할 수 있는 서비스로, 휴대전화와 WLAN의 중간 영역에 있다. 한국정보통신기술협회를 중심으로 IEEE에 반영하는 등 한국이 국제 표준화를 주도하는 3.5세대 이동 통신 서비스이자 국책 사업이다. 현재 국내에서는 수도권 및 일부 도시에서 상용 서비스 중이다. 주파수 대역은 2.3GHz, 인터넷 속도(서비스 대역폭)는 1Mbps 정도이고, 서비스 이용료는 제공 업체마다 다르지만 정액제 형태로 제공되고 있다. 퍼스널 컴퓨터, 노트북 컴퓨터, PDA, 차량용 수신기 등에 WLAN과 같은 Wibro 단말기를 설치하면 이동하는 자동차 안이나 지하철에서도 휴대전화처럼 자유롭게 인터넷을 이용할 수 있는 서비스이다.

Wibro와 모바일 Wimax(mobile Wimax)는 엄밀하게 말하자면 규격상 차이가 있다. 우선, Wimax(Worldwide Interoperability for Microwave Access, IEEE 802.16) 기술은 인텔에서 주도적으로 개발했으며 처음에는 고정 Wimax(Fixed Wimax)로 시작되었다. 고정 Wimax는 기존의 Wi-Fi를 개선하며 서비스 범위(Coverage)와 속도를 향상시킨 기술이다. 이 기술을 개발하면서 이동성을 지원할 수 있는 이동 Wimax도 개발하게 되었고, 모바일 Wimax는 다시 WAVE1(Wireless Access in Vehicular Environments 1)과 WAVE2가 있으며, 와이브로는 이동 Wimax WAVE1과 개념적으로 유사한 기술이다. 모바일 Wimax와 WiBro는 초창기에 개별적으로 개발이 진행되어 오다가 2005년 6월 KT와 인텔이 MOU 제휴를 하면서 서로 협력하기에 이르렀다. 현재 모바일 Wimax 표준에 WiBro의 기술이 모바일 Wimax의 기본 프로파일(Profile)로 많이 채택되어 있다. (http://itthinknet.org/kn/145)

구분	1단계 표준안	2단계 표준안
주파수 대역	2.3GHz	2.3GHz
채널 대역폭	10MHz	10MHz
전송 속도	30Mbps(기지국 기준)	50Mbps(기지국 기준)
이동 속도	60Km/h	120Km/h
기지국 반경	1Km	1Km

표 2-3-8
Wbiro 표준의 특징

구분	WLAN(Wi-Fi)	WiMAX	모바일 WiMAX	WiBro
주파수 대역	2.4GHz/5.0GHz	2~11GHz	2.5GHz/3.5GHz	5.8GHz/2.3GHz
서비스	고정 무선 랜	고정 인터넷	휴대 인터넷	휴대 인터넷
단말기 이동성	고정	고정	이동성	휴대전화/노트북형
접속 방식	DSSS/OFDM	OFDMA	OFDMA	OFDMA
대역폭		1.25~28MHz	20MHz	9MHz
최대 전송 속도	11/24/54Mbps	36Mbps	70Mbps	30Mbps
커버리지	100M	2.3~7Km	50Km	1~1.5Km
사업자	기업	Intel	Intel	KT/SKT

표 2-3-9
무선 서비스 표준
비교

Wibro 망은 단말기(PSS), 기지국(RAS), 제어국(ACR)으로 이루어진다. 또한 사업
자별로 휴대 인터넷 사용자의 인증을 위한 AAA(Authentication, Authorization,
Accounting) 서버, IP 이동성 제어를 위한 Home Agent 등이 구축된다.

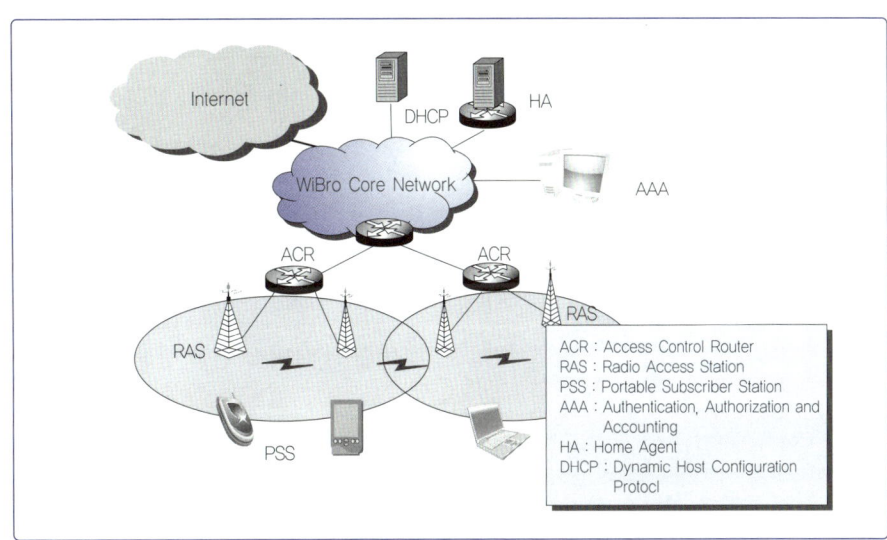

그림 2-3-22
WiBro 서비스 망
구성도

4 광대역 컨버전스 네트워크

UBIQUITOUS SENSOR NETWORK

1 개요

미래는 디지털 정보 기술의 급속한 발전으로 음성 및 영상, 데이터 등 모든 형태의 정보가 다양한 통합 단말과 서비스를 통해 융합되는 디지털 컨버전스 현상이 보편화될 것이다. 또한 일상용품에 유비쿼터스 컴퓨팅 기능이 내재되어 누구든 언제 어디서나 원하는 개인 맞춤형 서비스를 편리하게 이용하는 지능 기반의 유비쿼터스 사회로 발전될 전망이다.

방송통신위원회는 이러한 변화에 적극 대응하여 2004년부터 통신 및 방송, 음성 또는 데이터, 유무선이 융합된 품질보장형 QPS(Quadruple Play Service: 4중 결합 서비스)를 언제 어디서나 끊김 없이 안전하게 이용하는 차세대 통합 네트워크인 BcN 구축 정책을 추진 중이다.

산업적 측면에서 BcN은 정보 통신 서비스 시장 성장률의 정체와 사업자 간 경쟁 심화, 미래의 컨버전스 현상의 대비를 위한 돌파구가 될 것이다. 특히 통신 및 방송사는 BcN 구축 및 운영으로 망 구축비와 운영비를 획기적으로 절감할 수 있고, BcN을 기반으로 미래의 다양한 통합 및 융합형 신규 수익 모델의 발굴이 가능하다. 나아가 BcN은 국가 정보화의 성공적인 추진을 위한 핵심 인프라로서 u-헬스 케어, u-러닝, u-워크 등 신규 서비스의 활성화 기반을 제공하는 핵심 역할을 수행할 것으로 기대된다.

방송통신위원회는 BcN 구축 사업을 통해 2010년까지 유선 1,200만 가입 가구 및 무선 2,300만 가입자에게 광대역 멀티미디어 서비스를 제공하는 세계 최고 수준의 BcN 가입자망을 구축하고, BcN 관련 통신 및 방송 장비 생산 76조 원, 취업 유발 38만 명을 달성한다는 목표를 설정했다. 이를 위해 1단계(2004~2005: 기반 조성 단계), 2단계(2006~2007: 본격 구축 단계), 3단계(2008~2010: 완성 단계)로 나누어 신규 서비스 모델의 발굴과 상용화 촉진, 핵심 기술 개발 및 보급, 연구 개발망 구축 및 운영, 국내외 표준화 추진, 법제도 정비 등의 지원 사업을 추진 중이다. 현재 3단계 1차년도 사업이 완료된 2008년 12월 기준으로 총 2,636만 가입자(유선 962만 가구, 무선 1,674만 가입자)를 대상으로 고품질·광대역·융합 서비스를 제공하고 있다.

그림 2-4-1에서 볼 때 BcN 구축 방향은 크게 가입자망의 광대역화와 통신 및 방송, 인터넷이 통합된 전달망의 고도화, 통합망 관리 및 서비스 제어망의 구축, BcN을 기반으로 다양한 융합 서비스의 발굴 및 제공으로 구분된다. 우선 BcN 전달망 분야는 광대역, 품질보장형, 통합 및 융합형 BcN 전달망 구축을 목표로 기존 수십 Gbps급 전송망을 수~수십 Tbps급으로 고도화하며, 고품질 서비스를 전송하기 위한 QoS 제공 기능 도입, 기존의 음성망 및 방송망, 인터넷 망 등 개별 서비스별 교환망을 IP 기반의 단일 통합망으로 교체할 계획이다.

BcN 가입자망 분야는 다양한 통합 및 융합형 광대역 멀티미디어 서비스를 수용하는 유무선 BcN 가입자망 고도화를 목표로 유선 가입자망은 50~100Mbps급 대역폭 제공이 가능한 FTTH, LAN, VDSL, HFC DOCSIS 3.0(케이블) 방식 등을 적용하여 고도화하고, 무선 가입자망은 평균 1Mbps급 대역폭 제공이 가능한 HSDPA, 와이브로(WiBro) 등으로 구축한다. 또한 향후 고품질화, 대용량화되는 정보의 효율적 수용을 위해 기가급 인터넷 서비스를 도입할 예정이다. BcN 서비스 제어망 분야는 미래의

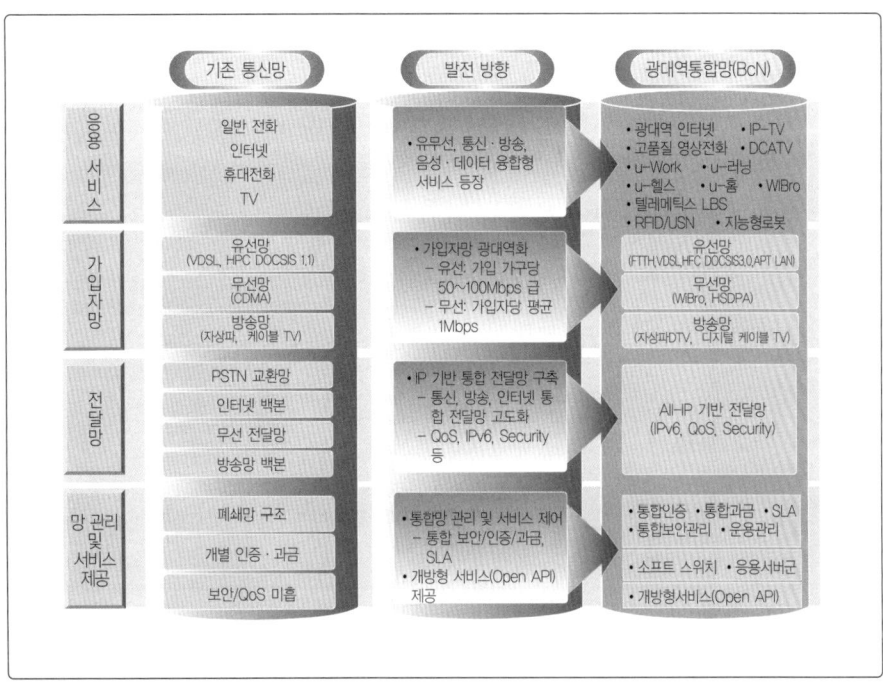

그림 2-4-1
광대역통합망
구축 방향

다양한 통합 및 융합 서비스를 경제적, 효율적으로 제공하기 위한 통합된 서비스 제
어망 구축을 목표로 BcN에 수용된 다양한 서비스 망의 가입자와 자원 등을 통합 제
어, 관리하는 기능 및 이종망 간 서비스의 연속성, 이동성 기술, 특정 망에 구애되지

구분	서비스 개발			서비스 상용화 실적
	1단계('04.10~'05년)	2단계(2006년)	2단계(2007년)	
음성 · 데이터 통합	• 음성 전화 • 영상 전화 • 개방형 서비스 전화		음성 전화 (케이블 전화)	• KT/'06.6월, 시외 (제주 등 13개), • KT/'07.1월 시내 (신태인 등) • 큐릭스/'07.9월 • KT/'04.12월, SKB/'06.8월 • 개방형 서비스 전화 -네이버폰(데이콤/ '06.1월) -비즈폰(KT/'06.6월) -U2폰(KT/'06.9월)
유선 무선 통합	유무선 연동 영상 전화 (WCDMA)	• 유무선 연동 영상 전화(WiBro) • 유무선 연동 영상 전화(CDMA)	이기종 무선망 연동전 화(WLAN(WiFi)- CDMA)	• SKT/SK텔링크 ('07.7월) • SKT/SK텔링크 ('07.7월)
통신 · 방송 융합	• TV 포털 • 양방향 DCA TV(SD급)	• 양방향 DCA TV(HD급) • 모바일 TV(HSDPA) • UCC	웹 TV(PC 기반 TV)	• SKB/'06.7월, KT/ '07.7월 • 케이블/'05.2월 • 케이블/'06.9월 • 데이콤/'06.9월(포 털/DCA TV와 연 계·방송)
u-응용		• u-Learning • u-Zone(유치원) • u-농업(계사 관리 등) • u-Work • ED(Everywhere Display)	• u-Zone(환경 감시) • u-Zone(오염 정보 측정) • 홈시 큐리티	• 하나포스 수학 교실 (SKB/'07.10월) • '07년 u-농어촌 시 범사업 시작 • '08년 u-Work 도입/ 확산사업 시작(예정)
기업 서비스	• WPBX • IP-PBX • IP-Centrex			• 데이콤/'05.7월 • KT/'07.4월 • KT/'07.4월
계	9종	10종	6종	14종

표 2-4-1
BcN 서비스 모델
발굴 및 상용화 현황

않고 다양한 서비스를 개발, 제공하는 개방형 서비스 기술 등을 도입할 계획이다.

방송통신위원회는 BcN 구축 촉진 및 BcN 기반의 서비스 활성화를 위해 신규 BcN 서비스 모델 발굴, 기술 시험, 시범 서비스 제공을 2004년부터 진행하고 있다. 방송 및 통신사, 제조업체, 연구소 등으로 구성된 대규모 BcN 시범사업 컨소시엄은 BcN 구축의 파급 효과를 극대화하는 통합 및 융합 서비스를 중점 발굴, 검증하고 국내외 표준화 및 사업자 간 상호 연동과 상호 호환성 확보 등을 추진 중이다.

BcN 시범사업을 통해 방송 및 통신사, 제조업체, 연구소 등이 포함된 옥타브 (KT), 유비넷(SKT), 광개토(LG데이콤), 케이블BcN(CJ케이블넷)의 대규모 컨소시엄 참여를 유도하여 IPTV, 영상 전화, 양방향 DCATV 등 25종의 서비스 모델을 발굴해 시범 서비스를 제공했다. 그 결과 발굴된 서비스 중 그림 2-4-2에서 보듯이 TV 포털 (브로드앤TV 등), u-러닝, BcN 영상 전화 등 14개 서비스가 상용화되는 성과를 거두었다.

그림 2-4-2
BcN 상용 서비스
사례

또한 BcN 시범사업을 통해 서비스 구현 기술, 장비·솔루션의 시험 및 검증을 위한 4개의 테스트베드를 컨소시엄별로 구축, 운영했다. 이때 검증된 내용으로 BcN 시범 서비스 망을 구축해 전국 10개 지역의 2,700개 시범 가구를 대상으로 시범 서비스를 제공하고, 이용 행태 조사 분석을 수행하여 수요자 중심의 BcN 서비스 상용화 전략을 마련했다. 뿐만 아니라 BcN 시범사업에 참여하는 사업자를 대상으로 BcN 유선 음성 및 영상 전화 기본 서비스의 상호 호환성 확보를 위한 기술 기준(안) 등을 마련함으로써 본격적인 서비스 상용화에 대비한 사업자 간 상호 연동의 기반을 마련했다.

2008년부터 시작된 BcN 3단계 사업에서 서비스 모델 발굴은 민간에서 자율적으로 추진하게 하고, 정부는 이용자 입장에서 사업자와 이기종망 간에도 상관없이 서비스를 이용하는 기반 조성에 주력한다. 또한 유무선 망의 이동성 확보를 통해 통신 및 방송, 인터넷 결합형 서비스에 이동성이 추가된 QPS 활성화에 중점을 두고 추진 중이다.

한편 방송통신위원회는 BcN 기반의 서비스 이용 활성화 환경을 마련하기 위해 BcN 품질 관리 기반 및 개방형 서비스 개발 시험 환경을 구축, 운영한다. 이를 통해 BcN 품질 보장형 서비스의 품질 기준 마련과 인증, 평가 체계 정립 등을 수행하고 서비스 품질보장제도(SLA: Service Level Agreement)의 단계적 도입을 추진함으로써 이용자 권익 보호와 이용 활성화를 지원한다.

BcN 품질 관리와 관련하여 2008년까지 BcN 음성 및 영상 전화의 품질 기준을 마련했고, BcN 시범사업과 연계하여 사업자 간 서비스 상호 호환성을 확보하는 성과를 거두었다. 또한 사업자 간 상호연동 트래픽을 긴급 119/전화, IPTV/VoD, 프리미엄 데이터, Best-Effort 등 트래픽의 중요도로 품질 등급을 나누어 관리하는 방안도 마련했다. 그리고 시범망을 대상으로 BcN 품질 관리 시스템을 시험 구축했으며, 단말기(VoIP용 전용 단말 또는 장비) 탑재용 S/W(Agent) 및 통신망 내 설치용 S/W(Probe) 등 BcN 품질 측정용 S/W를 개발하여 총 12개 업체(통신 사업자, 장비 및 단말 제조사)에 기술 이전을 실시했다.

뿐만 아니라 사업자 BcN망 간 QoS 상호접속 및 연동 기술 기준 수립을 위하여 사업자 BcN망 간 서비스 제어(호처리 등) 관련 연동 기준 마련과 소프트스위치(SSW) 간 연동, 인증, 과금, 코덱 등 관련 규격 정의, 사업자 BcN망 간 품질 관련 문제 구간 파악을 위한 품질 측정 방안을 수립하고 있다. 또한 사업 결과로 도출된 품질의 측정, 지표, 기능, 절차 등은 국내외 표준화를 추진 중에 있다. 2009년부터는 현재 상용화된 IPTV 및 무선 서비스 중심으로 품질 기준 및 측정 시스템 구축을 진행할 계획이다.

또한 BcN 기반의 다양한 응용 서비스의 개발과 이용을 촉진하기 위하여 통신망의 종류와 사업자에 관계없이 서비스를 개발, 제공하는 개방형 서비스 활성화 여건을 조성하고 있다. 개방형 서비스 개발 및 시험 환경 구축을 통해 개방형 서비스 개발 및 시험을 위한 환경을 제공하고, 아이디어 공모전과 개발 전문가 육성 및 사업화, 기업 양성 등 개방형 서비스 활성화 지원 사업을 수행하고 있다.

2008년까지 기존에 구축된 휴대 인터넷(WiBro)과 유무선 통합형 및 개방형 서비스 개발 환경을 확대, 구축하여 시범 서비스 개발을 지원했으며, 통신·방송 융합형 및 개방형 서비스 개발을 위하여 IP 스트림형, 센서 연계형 기반의 통신·방송 융합형 기본 환경을 구축하고, IT 응용 개발자 및 제3사업자(third party)를 위한 개방형 서비스 개발, 검증 환경을 구축했다. 아울러 개방형 서비스 기반의 다양한 아이디어 발굴을 위하여 개방형 서비스 경진대회를 개최했으며, 사업화에 필요한 기술적·제도적 지원 등을 수행했고, 국내외 한국형 BcN/개방형 서비스 자원 활용 홍보를 위하여 제2회 국제 IEEE-BcN 워크숍을 개최한 바 있다. 또한 개방형 서비스 모델의 발굴 및 육성 지원을 위하여 온라인(지방 육성)/오프라인 교육 프로그램을 개발했으며, 온라인 가상 실습 및 체험 환경도 구축, 운영하고 있다.

한편 민간 부문의 BcN 구축을 확대하기 위해 방송통신위원회는 초고속건물인증제도를 지속적으로 운영하고 있다. 본 인증제도를 통해 통신사, 건설사 등 민간의 자율적인 BcN 유선 가입자망/구내망 투자를 촉진하고 있다.

이미 1단계 BcN 구축 기간 중 공동 주택 및 업무 시설의 특등급제도를 신설하여 광가입자망이 본격적으로 확대될 수 있는 단초를 마련했으며, 2007년 1월부터 기존의 초고속 건물에만 국한하여 운영하던 인증제도를 개정하여 홈 네트워크 건물 분야를 포함하도록 확대 시행하고 있다.

BcN 국제 표준화와 관련하여 ITU-T 등 국제표준화기구에서 국내 기술이 표준화될 수 있도록 전략적으로 지원하고 있다. 현재 NGN 분야의 QoS, 모빌리티, 트래픽 측정과 IPTV 분야에서 서비스 및 네트워크 아키텍처, 광대역 환경에 적합한 음성 멀티코덱 등이 활발히 논의 중이다. 또한 2008년에는 '광대역통합망(BcN) 구축 기본 계획 III'를 확정했다. '광대역통합망(BcN) 구축 기본 계획 III'는 1, 2단계 BcN 구축 사업의 추진 성과와 개선점을 도출하고, 국내외 시장과 기술 변화 등을 반영함으로써 3단계 BcN 구축 사업의 추진 전략과 과제 내용을 재설정한 것이다.

2 BcN 서비스 및 구조

BcN은 가입자에게 QoS가 보장되며 음성 및 데이터, 유무선, 통신 및 방송의 어떤 조합이라도 가능한 서비스를 제공할 수 있는 네트워크이다. BcN의 정의는 대역폭과 품질보장(QoS)의 제공 수준 및 서비스 조합에 따라 단계별로 구분될 수 있다.

:: 통합/융합화: 음성·데이터, 유무선, 통신 및 방송 융합형 멀티미디어 서비스를 언제 어디서나 편리하게 이용 가능함

:: 고품질화: 고음질, 고화질의 멀티미디어 서비스를 단 대 단(End-to-end) 간에 품질을 보장하

여 전달함

:: 광대역화: 유선 가입자당 50~100Mbps, 각 무선 기술에 따라 평균 1Mbps를 제공하며 기
지국당 50Mbps 이상을 보장함

:: 다기능화: 보안, 개방형 API(Open API)를 기반으로 RFID/USN, 홈 네트워크, URC
(Ubiquitous Robotic Companion) 등 다양한 응용 서비스와 융합

1 | BcN 서비스

BcN 서비스는 기본 서비스와 응용 서비스의 2종류로 구분이 가능하다. 기본 서
비스는 '전기통신사업법'의 역무 전기통신사업법 시행규칙 제3조의 역무는 전화 역
무, 전기통신회선설비 임대 역무, 주파수를 할당받아 제공하는 역무, 인터넷 접속 역
무, 인터넷 전화 역무에 분류된 서비스가 모두 포함된 서비스를 의미하며, 응용 서비
스는 기본 서비스에서 제공되는 부가 서비스라고 할 수 있다.

기본 서비스는 유선 서비스, 무선 서비스, 방송 및 통신 융합 서비스의 3종류로
구분할 수 있다.

:: 유선 서비스: BcN 전화 서비스, BcN 전용회선 서비스, 인터넷 접속 서비스, 인터넷 전화
(VoIP) 서비스

:: 무선 서비스: WiBro 서비스, 3세대 이동 통신 서비스, 무선 랜 서비스

:: 방송 및 통신 융합 서비스: IPTV(QoS 기반), 디지털 케이블 방송, 위성 DMB, 지상파 DMB,
디지털 지상파, 디지털 위성 방송

응용 서비스는 유선 응용 서비스, 무선 응용 서비스, 통신 및 방송 융합 응용 서비
스, 복합 응용 서비스, 기타 응용 서비스의 5종류로 구분한다.

유선, 무선, 통신 및 방송 융합 응용 서비스는 기본 서비스를 기반으로 제공하는
콘텐츠로 교육, 업무, 금융 등의 여러 분야에 적용되어 다양한 서비스가 세분화될 수
있다. 복합 응용 서비스는 기본 서비스와 응용 서비스가 복합하여 제공되는 서비스
이고, 기타 응용 서비스는 분류 관점에 따라 다양하게 구성될 수 있는 서비스이다.

:: 유선 응용 서비스: BcN 전화 응용 서비스, 인터넷 전화 응용 서비스, 인터넷 정보(멀티미디어)
응용 서비스, 유무선 연동 응용 서비스

:: 무선 응용 서비스: WiBro 응용 서비스, 3세대 이동 통신 응용 서비스, 무선 랜 응용 서비스,

유무선 연동 응용 서비스

:: 통신 및 방송 융합 응용 서비스: IPTV 응용 서비스, 디지털 케이블 방송 응용 서비스, 위성 DMB 응용 서비스, 지상파 DMB 응용 서비스, 디지털 위성 방송 응용 서비스

:: 복합 응용 서비스: 홈 네트워크 응용 서비스, 통신 로봇 응용 서비스

:: 기타 응용 서비스: u-City 응용 서비스, u-Health 응용 서비스, u-Work 응용 서비스 등의 유비쿼터스 응용 서비스

2 | BcN 구조

BcN의 목표는 다양한 가입자망에 접속한 이용자별, 서비스별 요구에 따라 단 대 단의 서비스 품질을 차별화하여 보장하는 망을 제공하는 것이다. 전달망 계층은 주요 도시를 연결하는 코어 망 및 도시 내부 또는 중소 도시 간을 연결하기 위한 메트로 망으로 구현되고, 가입자망 계층은 유선망, 무선망, 케이블 망과 이들 간의 전달망 접속을 위한 통합 액세스 노드로 구성된 가입자망 형태로 구분될 것이다. 망 자원의 효율적인 제어, 호 처리 및 보안을 위한 망 자원 제어, 유무선 통합 IMS 및 통합 보안 플랫폼, IP 단말의 이동성 지원, 다양한 가입자망 접속 및 서비스의 연속성을 제공하기 위한 통합 인증이 필요하다.

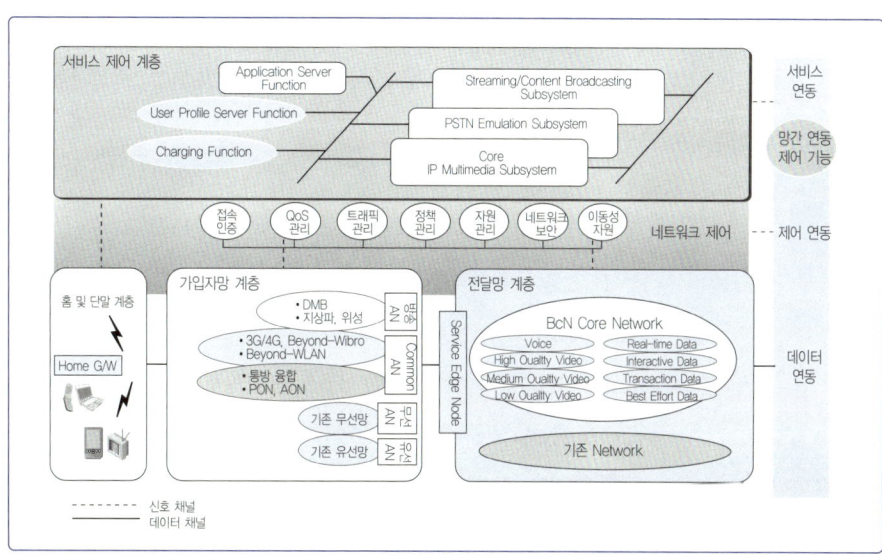

그림 2-4-3
BcN 개념도

각 계층별 특징은 다음과 같다.

:: 서비스 제어 계층: 신규 서비스 도입에 용이한 개방형 서비스와 차별화된 서비스를 위한 품질
  제어 및 서비스 사용 인증 기능 제공

:: 네트워크 제어: 요청된 서비스에 따른 가입자 및 전달망 자원의 제어와 가입자 접속 인증 및 가
  입자 이동성 관리 기능 제공

:: 전달망 계층: 다양한 가입자망 접속의 통합과 품질보장형 서비스 에지 노드 및 레이블 스위치
  중심의 BcN 코어 망으로 차별화된 품질 및 신뢰성 제공과 세분화된 보안성 제공

:: 가입자망 계층: 통신 및 방송 융합, 단 대 단 품질 보장을 위한 FTTH, HFC 고도화와 통합
  Access Node를 통한 가입자망 통합

:: 홈 및 단말 계층: 지능형 홈 서버와 유비쿼터스 단일망의 홈 네트워크 단말

:: 연동은 크게 전달망 연동, 망 제어 연동, 서비스 연동으로 나뉨

  - 전달망 연동은 물리적인 측면에서 네트워크 기술 간의 연동

  - 망 제어 연동은 네트워크 자원의 제어와 트래픽의 인증, 보안, 사용자 정책 등 관리

  - 서비스 연동은 서비스 제공 서버들을 활용하여 사용자에게 끊임없는 서비스 제공 보장

BcN 목표망은 전송 계층에서는 다양한 서비스를 하나의 통합된 망에서 안전하
고 신뢰성 있게 제공하며, 서비스 제어 계층에서는 BcN 전달망에 적용되는 다양한
서비스를 활성화하고 서비스별로 차별화된 품질을 보장하는 망으로, 다음 세부 기능
을 제공한다.

:: 통신, 방송, 멀티미디어 콘텐츠, 가상회선 등의 종합 통신 서비스 제공 가능한 광대역 인프라
  역할을 수행

  - 유무선 액세스 네트워크 통합

  - 홈 네트워크 및 RFID/USN의 융합

:: 유무선, 방송 등의 다양한 가입자망 기술을 통합하여 안전하고 신뢰성 있는 통합 인증 및 과금
  기능을 제공

  - 다양한 가입자망의 접속 인증 및 서비스 인증

  - 인증 및 과금을 위한 가입자/단말에 대한 식별체계 통합 및 연동

:: 트래픽의 고속 처리와 플로 기반 IP QoS 보장을 통한 차별화된 품질의 맞춤형 멀티미디어 서
  비스 제공

  - 서비스별로 차별화된 품질이 보장되는 개인화 서비스

:: WiBro 등의 유무선 통합 서비스, MMoIP 등의 음성 · 데이터 통합 서비스, IP-TV 등의 방송

통신 융합 서비스를 위한 기술 지원과 신뢰성 및 안정성 제공

- 다양한 통신 · 방송 융합 서비스를 위한 서비스 제어 지원

- 개방형 API 기반의 개방형 서비스 제공

- 융합 서비스를 위한 주소체계 제공

:: 이동성 지원으로 언제 어디서나 광대역 이동 서비스 제공

- 가입자, 단말, 네트워크에 대한 이동성 지원

3 | 계층별 기술 및 구조

1 서비스 제어 계층

BcN 구축을 위한 서비스 제어 계층은 음성 · 데이터 통합 서비스와 유무선 연동 및 통합 서비스를 제공하는 초기 망 구성부터 방송 통신 융합 서비스를 제공하는 목표 망 구성에 이르기까지 BcN의 다양한 유무선 접속망 및 단말을 대상으로 통합 서비스를 제공하고 호 및 세션을 제어하는 기능을 수행한다.

서비스 제어 계층은 다양한 형태의 서비스를 효율적으로 통합 제공하고 서비스 타입의 추가 시 망 구성이 용이한 서브 시스템 기반 구조로 되어 있다. 또한 서비스 타입에 무관하게 공통으로 사용되는 각종 프로파일 데이터베이스 시스템과 인증 시스템 및 과금 시스템이 존재하고, 다양한 부가 및 응용 서비스 제공을 위해 내부와 외부 응용 서버들이 존재하며, 타 망 접속 시 관련 기능을 수행하는 연동 시스템으로 구성된다.

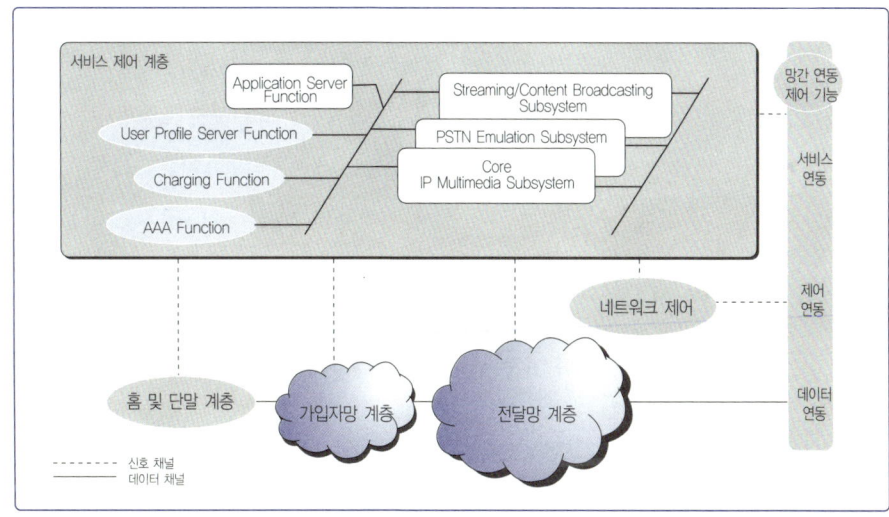

그림 2-4-4
서비스 제어 계층
구조도

BcN 전체 망 내에서 서비스 제어 계층의 위치 및 구조는 다음과 같다.

① IP 멀티미디어 서브 시스템(IMS)

SIP 기반의 멀티미디어 서비스를 제공하는 서브 시스템이며, 3GPP 표준화 기구에서 규정하는 IMS 중에 다음의 세션 제어 기능으로 구성된다.

  :: 세션 제어 기능의 기술 요구사항 및 관련 인터페이스 규격은 3GPP, 3GPP2, ITU, TISPAN, ATIS 등의 여러 표준화 기구에서 정의하는 NGN의 IMS 간 조화 및 상호 운용성을 지원할 수 있어야 함

② PSTN 에뮬레이션 서브 시스템

BcN 망에 접속한 기존의 PSTN 단말로, PSTN 에뮬레이션 서비스를 제공하는 서브 시스템이다. IP 멀티미디어 서브 시스템에 다음 기능 요소가 추가되어 역할을 수행한다.

  :: AGCF(Access Gateway Control Function): AGCF는 기존 PSTN 단말이 AMGF(Access Media Gateway Function)를 통해 BcN IP 멀티미디어 서브 시스템 망에 접속하여 서비스를 받기 위한 등록, 인증, 보안 기능을 수행하고 시그널링 변환(ISUP〈=〉SIP)과 AMGF를 제어하는 MGC(Media Gateway Control) 기능을 제공

③ 스트리밍/콘텐츠 방송 서브 시스템

스트리밍 서브 시스템은 RTSP 기반의 스트리밍 서비스를 제공하는 서브 시스템이며, 콘텐츠 방송 서브 시스템은 방송·영화 등의 멀티미디어 콘텐츠를 다수의 단말을 대상으로 제공하는 서브 시스템이다.

  :: 스트리밍 서브 시스템의 일례로 IP-TV 서비스 플랫폼이 있음
  :: IP-TV 서비스를 위하여 영상 신호의 H.264 압축 및 IP 패킷화 기능
  :: 실시간 채널의 암호화 및 VoD 콘텐츠의 사전 암호화 기능
  :: 각 시스템과의 유기적 결합을 통해 정보 흐름을 통합 관리하는 코디네이터 기능 및 부가 서비스 제공 기능이 구현되어야 함

④ 응용 서버 기능(Application Server Function)

BcN 사업자 내부·외부 망에 존재하여 Value-added 서비스를 제공하는 애플리케이션 서버 기능 요소이다.

:: 단독으로 존재하는 응용 서비스이거나 기본 호와 결합한 부가 서비스 등 여러 가지 형태가 가능

:: 응용 서버는 일반적으로 사업자망 내부에 존재하는 응용 서버들과 개방형 서비스 구조를 채택한 사업자의 외부에 존재하는 응용 서버들로 구분됨

:: 내부 응용 서버 기능: 다양한 종류의 서비스를 제공하는 SIP 응용 서버가 일반적이며, 기존의 지능망(IN) 서버들도 포함

:: 개방형 서비스 플랫폼 기능: 사업자망의 통신 자원을 외부로 공개하여 인터넷 등과의 결합형 서비스를 제공하는 개방형 서비스 플랫폼은 통신 사업자 내부에 존재하는 서비스 게이트웨이와 외부의 서비스 사업자가 보유하는 응용 서버로 구성

⑤ 가입자 정보 서버 기능(UPSF)

가입자 정보 서버 기능은 다음과 같은 가입자 관련 정보를 관리하는 기능 요소이며, 하나 이상의 서비스 제어 계층 서브 시스템 및 애플리케이션과 연계되어 있다.

:: 서비스 레벨의 사용자 식별자, 번호 및 주소 정보

:: 서비스 레벨의 사용자 인증 및 권한 정보

:: 서비스 레벨의 사용자 위치 정보(서비스 레벨 등록 및 시스템 단위의 위치 정보)

:: 서비스 레벨의 사용자 프로파일 정보

⑥ 과금 기능

서비스 제어 계층의 여러 기능 요소에서 생성되는 다양한 과금 관련 정보를 수집하고, 이를 과금 시스템으로 보내기 위한 처리 기능을 수행하는 기능 요소이다.

⑦ 망간 연동 제어 기능(IBCF: Interconnection Border Control Function)

BcN 사업자망간 존재하여 서비스 제어 계층 연동과 관련된 각종 제어 기능을 수행한다.

:: 전달망 계층에 존재하는 망 간 연동 게이트웨이(IBG: Interconnection Border Gateway)의 자원 관리, 각종 제어 메시지의 보안(Screening, FW), 망내 토폴로지 숨김, 프로토콜 정합 등의 기능이 있음

2 전달망 계층

전달망은 전화망, 인터넷 망, 이동 통신망, 전용 회선망 등의 백본 네트워크를 통합하여 다양한 가입자망 접속의 통합과 품질 보장형 서비스 에지 노드 및 MPLS 스위

치 중심의 핵심망으로 보안성, 이동성, QoS를 보장하는 All-IP 기반의 매니지드(Managed) IP 망을 목표로 한다.

정보 전달을 통해 서비스를 제공하는 전달망은 크게 백본 네트워크와 메트로 네트워크로 나누어진다. 또한 수많은 특성을 가진 서비스의 요구사항을 만족시키기 위해 네트워크 제어 및 관리 기능을 수행하는 네트워크 제어 플랫폼이 존재한다. 네트워크 제어 플랫폼은 메트로 네트워크를 제어하기 위한 메트로 네트워크 제어 플랫폼과 백본 네트워크를 제어하는 백본 네트워크 제어 플랫폼으로 나뉜다. 백본 네트워크는 백본 네트워크를 통과하는 데이터 전송을 보장하며, 백본 네트워크 제어 기능과의 상호작용을 통해 전송 품질을 차별화할 수 있다. 메트로 네트워크는 이를 통과하는 데이터 전송을 보장하며, 메트로 네트워크 제어 기능과의 상호작용을 통해 전송 품질을 차별화한다. 네트워크 제어 플랫폼에서는 이 두 전달 네트워크를 연결하기 위한 연결 제어 기능을 비롯하여 트래픽과 자원의 관리 기능을 수행한다.

① 전달망 계층

전달망 계층은 다양한 가입자 기술을 수용하며 SEN(Metro edge node, Backbone edge node)과 네트워크 제어 플랫폼(Metro control platform, Backbone control platform) 등으로 구성되며 기존의 'Best Effort' 트래픽 수용이 가능하다.

:: 메트로 에지 노드(Metro edge node): 다양한 가입자망과 전달망을 연결하는 역할을 담당하는 노드로, 모든 가입자망과 연결이 가능하도록 구성

:: 백본 에지 노드: 메트로 네트워크와 BcN 백본 네트워크 및 기존 백본 네트워크를 연결하는 역할을 담당하는 노드로, 품질 보장을 요구하는 트래픽 경우 BcN 전달망으로 연결하고 나머지 트래픽은 기존 인터넷 백본으로 연결

:: 메트로 제어 플랫폼(Metro control platform): 메트로 네트워크 내에 존재하는 서비스 노드들과 백본 네트워크의 서비스 에지 노드를 위한 트래픽과 자원 제어 및 관리 역할 수행

:: 백본 제어 플랫폼: 메트로 제어 플랫폼과 백본 네트워크 내 서비스 노드를 위한 트래픽과 자원 제어 및 관리 역할 수행

:: 기존 망: 'Best effort' IP 망으로 품질 보장이 되지 않는 기존의 인터넷 백본 의미

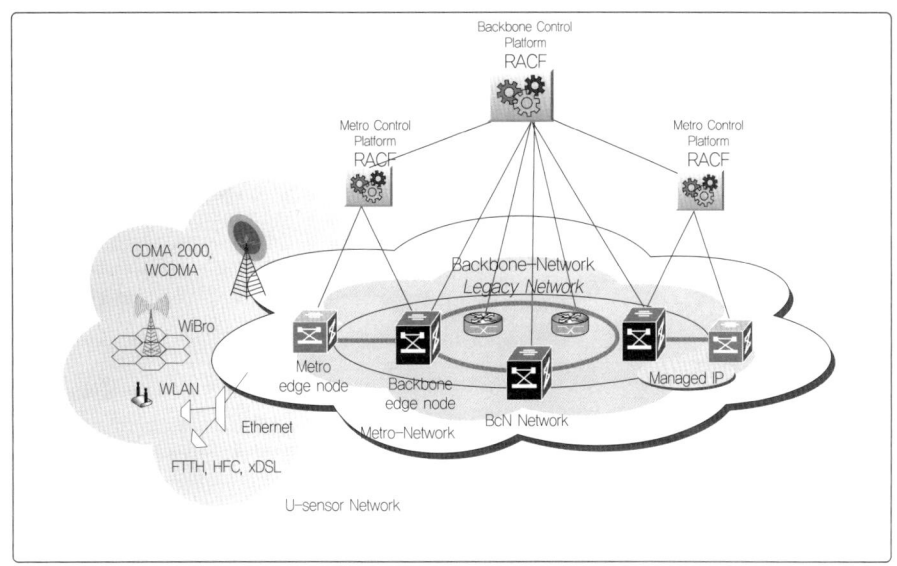

그림 2-4-5
전달망 계층 구조도

❸ 가입자망 계층

가입자망은 홈·단말에서 전송된 트래픽을 전달망으로 전달하는 역할을 하며, 유선 가입자망, 무선 가입자망, 방송 가입자망으로 구분된다. BcN에서는 다양한 가입자망의 형태가 존재하므로 끊김 없는 서비스를 제공하기 위해 가입자망 간의 융합, 즉 이기종망 간의 연동이 가능해야 한다. 또한 서비스 품질 제어/서비스 사용 인증 기능 등을 제공하는 서비스 제어 계층 및 전달망의 자원 제어 기능과 가입자 접속 제어 기능 등을 수행하는 네트워크 제어 계층과 연동되어 이러한 기능들을 지원할 수 있어야 한다. 네트워크 제어 계층과 가입자망 구간과는 품질, 이동성, 보안 등을 위하여 연동할 수 있는 기능이 필요하며 이를 위한 인터페이스가 정의되어야 한다.

가입자망은 이기종 통신망 간의 핸드오프를 통한 결합 서비스를 제공하며, 이종 무선 통합 액세스, 유무선 통합 액세스 망 구축을 목표로 한다. 또한 광대역 서비스에 대응하기 위해 가입자망의 광역화, 대용량화 및 10G TDMA/WDM/Hybrid-PON과 4G의 무선 접속 기술이 발전하여 All-IP 기반으로 유무선 서비스 통합이 활성화될 전망이다. 이를 위한 가입자망의 주요 핵심 기술은 품질 보장, 광대역화, IPv6 및 끊김 없는 서비스 제공 등 BcN 핵심 기능 구현을 위한 QoS 제공, 통합 제어(NCP), 광가입자망 분야이다. 유선 가입자망에는 다양한 전송 매체와 기술들이 사용되며 이에 따라 종류도 매우 다양하다.

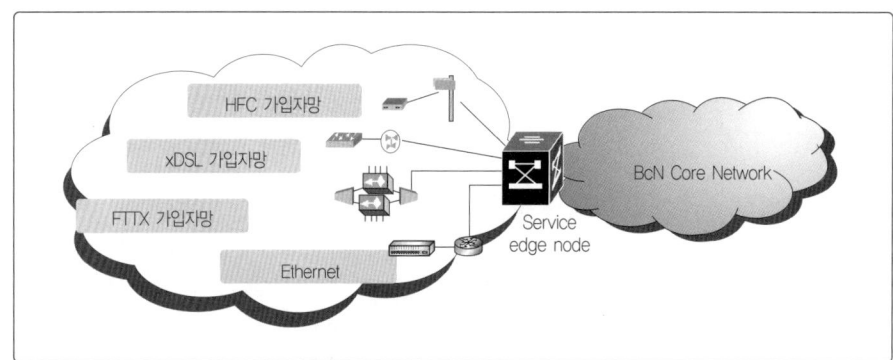

그림 2-4-6
BcN 유선
가입자망의 종류

① xDSL 가입자망

:: ADSL(ATM 기반 xDSL): ATM 방식의 xDSL 가입자망은 주로 ADSL에서 쓰이는 방식으로 DSLAM, BRAS, ATM 네트워크(ATM 스위치)로 구성

:: VDSL(IP 기반 xDSL): IP 방식의 xDSL 가입자망은 주로 VDSL에 사용되는 방식으로, DSLAM과 L2/L3 스위치 장비로 구성

② FTTx 가입자망

:: PON: PON은 광 분배 네트워크 중간에 수동형 장비(Splitter, AWG)에 의해 가입자에게 광 신호가 분기되어 제공하는 방식으로, TDM 방식의 PON과 WDM 방식의 PON으로 구분

:: AON: 광 분배 네트워크 중간에 능동형 장비가 설치되며, 그 장비로부터 각 가입자(또는 노드)까지 스타 형태로 구성

③ HFC 가입자망

:: HFC: HFC 데이터 구성 요소는 CMTS(Cable Modem Termination System)와 CM(Cable Modem)으로 구분되며, CMTS는 집선 기능의 역할을 하고 CM은 단말 역할을 수행함

④ 3G 가입자망

동기망에서 패킷 데이터 서비스를 지원하는 CDMA 2000 1x EV/DO에서의 액세스 망 구성 요소는 BTS, BSC, AGW(PDSN)로 구성되고, WCDMA에서 패킷 데이터 서비스를 제공하는 망 구성 요소는 Node-B, RNC, SGSN, GGSN으로 구성된다.

⑤ WiBro 망

WiBro 망은 무선 액세스 시스템(RAS)을 통해 셀룰러 구조로 반경 수백m~수km
의 서비스 영역을 제공하고, 접속 제어 라우터(ACR)를 통해 RAS 간의 핸드오프와 자
원 제어를 수행한다.

⑥ 무선 랜

무선 랜은 2.4GHz 대역을 이용하여 최대 54Mbps의 서비스가 가능하며, 보행 속
도 정도의 이동성을 제공한다.

방송 가입자망은 기존의 단방향 형태의 서비스에서 BcN, FTTH, HFC와 같이 고
속의 양방향 데이터 전송을 지원하는 형태로 변화하고 있다. 기존의 유선망뿐 아니
라 무선망(이동 통신망 포함)을 이용하여 사용자가 원하는 시점에 유용한 정보를 활
용, 부가 서비스를 제공할 수 있다. 개인 방송과 같은 일 대 일 방송, IP 기반의 다양
한 멀티미디어 양방향 TV 서비스, 100Mbps 이상의 통신이 가능한 초고속 인터넷 또
는 개인 무선 통신 등과 연결을 통한 홈 네트워크 서비스 등을 지원하기 위한 망의
확장 및 재구성이 필요하다. 이 경우 집안에 설치된 디지털 TV 셋톱박스는 방송 서
비스뿐 아니라 통신 및 홈 네트워크 서비스를 제공하는 집안의 모든 시스템의 게이
트웨이 역할을 할 수 있어야 한다.

디지털 케이블 방송망은 방송·통신 융합 서비스 활성화를 위해 상향 85MHz, 하
향 1.5GHz로 대역폭을 확대하고 디지털 지상파 방송망은 HD급 영상과 CD급 멀티
채널, 다양한 멀티미디어 부가 서비스를 양방향으로 제공하는 지능형 방송 서비스
망 구축을 추진한다. 디지털 위성 방송망은 위성/IP Hybrid 형태의 본격적인 광대역
양방향 방송·통신 융합 서비스를 제공하며, 위성 DMB, 지상파 DMB는 음영 지역
해소 및 이동 통신망과의 연동을 통해 전국적인 방송·통신 융합 서비스 고도화를
목표로 한다.

HDTV, 홈 네트워크, IP 음성 화상 전화와 다자간 네트워크 게임 등의 IP 멀티미
디어 서비스를 제공하기 위하여 방송 가입자망에는 다양한 전송 매체와 기술들이 사
용되며 이에 따라 종류도 매우 다양하다.

① 디지털 케이블 방송(DCATV)

:: DMC에서 제공받은 디지털 신호를 재전송하는 SO의 디지털 방송 플랫폼(H/E)과 HFC 망,

리턴 채널을 위한 CMTS 등으로 구성

:: 멀티미디어 양방향 서비스를 지원하기 위한 광대역의 반송 경로를 고려하여 DOCSIS를 활용

:: 'MPEG2 over QAM'에 의한 연상 전송뿐 아니라 'MPEG2 multiplexed with DOCSIS', 'Video over IP/DOCSIS' 등으로 확장

:: 또한 MPEG2 비디오 코덱뿐 아니라 H.264(MPEG4 Part10) 또는 VC-9(SMPTE) 등의 지원도 고려

:: HFC 망의 관점에서 셀당 가입자가 250명 미만에서 100명까지 수용하는 피코 셀 개념으로 셀 분할을 진행

② IP 방송

IP-TV 서비스 제공을 위해 필요한 기술로는 PIM, IGMP 등을 이용하는 멀티캐스트 기능, 채널 인증 기능, 방송 채널별 품질을 보장할 수 있는 QoS 기능, 채널 보호를 위한 보호/복구 기능, IP 할당 및 인증 기능, 가입자 멀티캐스트 통계 수집 기능 제공

③ DMB 방송

DMB 비디오 송출 시 네트워크에서는 자원을 효율적으로 사용하기 위해 MPEG4 기반의 송출 서버와 정확한 절체, 스트리밍 기능 제공

④ 위성 DTV

기존 PSTN 망 대신 xDSL 및 이더넷 등 초고속 인터넷 망을 활용한 양방향 방송 리턴 채널의 구현과 HD급 방송 서비스를 제공

◢ 홈 및 단말 계층

홈 및 단말 계층은 크게 홈 네트워크와 BcN 단말로 구성되어 있다.

:: 홈 네트워크: 가정 내의 모든 정보 단말, 가전 기기 등을 유무선 네트워크로 연결하여 누구나 기기 · 시간 · 장소에 구애받지 않고 다양한 홈 네트워크 서비스를 제공받는 통신망

:: BcN 단말: 음성 · 데이터 통합, 유무선 통합, 통신 · 방송 통합으로 등장한 All-IP 기반의 다양한 통합 서비스를 제공하기 위한 단말

홈 네트워크 서비스의 종류 및 통합 · 융합 정도에 따라 망 종단 장치(NT), 무선 액세스 장치, 홈 게이트웨이, 통합 셋톱박스 등의 가입자용 망 장치로 구성된다.

BcN 단말은 제공 서비스에 따라 데이터 서비스 단말과 멀티미디어 서비스 단말로 분류하며, 이동성에 따라 고정 단말과 이동 단말로 분류할 수 있다. 또한 사용 목적에 따라 정보 가전과 연동되는 홈 네트워크 단말, 차량과 관련된 텔레매틱스 단말로 구분할 수 있다.

3 BcN 표준 및 관련 기술

BcN은 서비스 및 제어 계층, 전달망 계층, 가입자망 계층으로 구성되고 각 계층별 기술과 이들을 종합, 지원하는 네트워크 플랫폼 및 공통 요소 기술로 분류된다. BcN 기술 개발 전략은 그동안 선진국의 기술을 따라가던 상황에서 원천 기술을 적극적으로 개발하고, 국제 표준화를 주도하여 유비쿼터스 네트워킹 및 모바일 멀티미디어 시장을 선점하고자 한다.

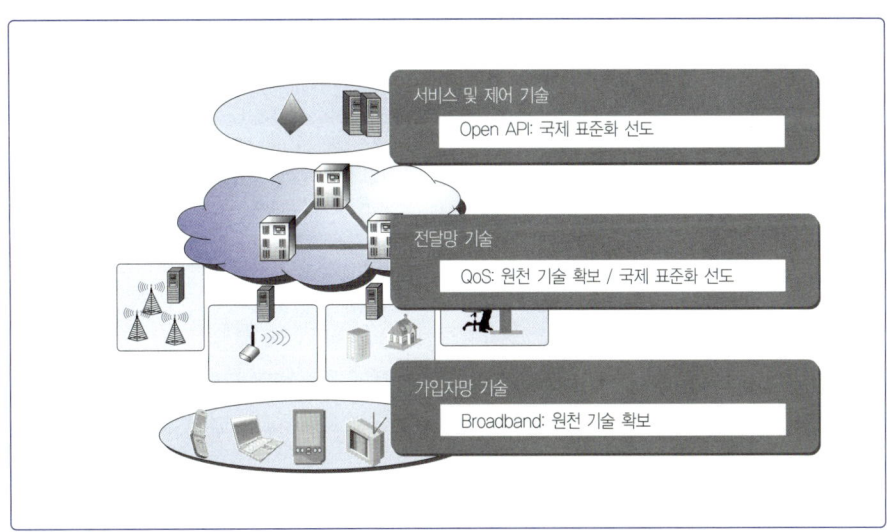

그림 2-4-7
BcN 핵심 요구 기능

BcN 기술 개발은 ETRI를 중심으로 세계 BcN 시장 선점을 위해 QoS 라우터, 유무선 통합 기술, 통합 인증 및 유해 트래픽 감시를 포함한 망 관리 및 제어 기술, 품질 측정 기술 등을 개발해 왔다. 이렇게 개발된 장비들이 차이나텔레콤 등 해외 기간 통신 사업자에게 수출되기 시작하면서 국내 개발 솔루션 업체의 해외 BcN 시장 진출이 가속화되고 있다.

Ubiquitous Sensor Network

유비쿼터스 인터페이스 네트워크 기술

P A R T

3

1 센서 네트워크 표준

UBIQUITOUS SENSOR NETWORK

USN이라는 키워드를 바탕으로 센서 네트워크 표준과 관련하여 국내에서는 TTA 와 USN 포럼, IP-USN 포럼 및 u-City 포럼 등에서 표준화 작업이 이루어지고 있으며, 국제적으로는 ITU-T 및 ISO/IEC JTC1 등이 USN 및 센서 네트워크 표준화 작업을 수행한다. 또한 USN의 센서 네트워크를 위한 요소 기술로 센서의 네트워킹에 대한 IEEE 1451, 개인 영역 무선 통신에 관한 IEEE 802.15, 가정이나 빌딩, 공장 자동화를 목표로 빠른 응용을 위한 산업체 결속인 ZigBee Alliance 등이 활발하게 활동하고 있다. 본 장에서는 센서 네트워크 국내 표준화 동향과 ITU-T 및 ISO/IEC JTC1을 중심으로 진행되는 국제 표준화 동향을 기술하도록 한다.

1 개요

현재 센서 네트워크와 관련하여 국내 및 국제 표준화 기구에서 완료되거나 진행 중인 표준화 기술 분야로는 센서 네트워크 응용, 센서 네트워크 미들웨어, 센서 네트워킹, 센서노드 등이 있다. 표 3-1-1은 이를 정리한 것이다.

구분	정의	표준화 대상 기술	표준화 내용
센서 네트워크 응용	USN 구현을 위한 기본 서비스 모델과 그에 따른 요구사항 및 서비스 구현을 위한 USN 데이터베이스 구조 정의	응용 기술	USN 소프트웨어의 SDP 수용 표준화
			u-City 서비스 인프라 관리 시스템 기술 표준화
			유비쿼터스 컴퓨팅 환경에서 서비스 검색을 위한 명세 및 방법 표준화
			USN 서비스 표현 언어 표준화
			USN 서비스 구조/참조 모델 표준화
			USN 응용 서비스 및 기능 요구사항 표준화

◑ 계속

구분	정의	표준화 대상 기술	표준화 내용
센서 네트워크 미들웨어	센서 네트워크와 USN 응용을 유연하게 연결하기 위해 이기종 센서 네트워크의 통합 관리, 센싱 데이터 관리 및 질의 처리, 기존 시스템과의 연동, 상황 정보 관리 등을 제공하는 기술	USN 미들웨어 인터페이스 기술	USN 미들웨어 참조 모델
			센서 네트워크 공통 인터페이스 규격
			USN 미들웨어 개방형 응용 인터페이스
			Context Broker(상황 인식 및 고수준의 상황 정보 추론 기능을 제공하는 객체) API
		USN 메타 데이터 관리 기술	USN 메타데이터 모델
			USN 메타데이터 디렉터리 서비스
			u-City 서비스 관리용 메타데이터 표준
센서 네트워킹	센서노드 간 에너지 효율 통신을 위한 프로토콜 및 기존의 망과 연동을 위한 기술	센서 네트워크 관리 및 식별 기술	센서 네트워크 관리 프로토콜 표준
			센서 네트워크 관리 정보 체계 표준
			USN 식별 코드 체계 표준
			USN 식별 등록 및 관리 체계 표준
			u-센서노드의 위치 표현을 위한 위치 정보 코드
		센서 네트워크 라우팅/이동성 기술	센서 네트워크 라우팅 요구사항 및 프로토콜 표준
			센서 네트워크 이동성 요구사항 및 프로토콜 표준
		센서 네트워킹 기술	IP 기반 센서 네트워크 게이트웨이 탐색 표준
			센서 네트워크 IP 액세스 망 연동 표준
			저전력 IPv4 구현 가이드라인 표준
			저전력 IPv6 구현 가이드라인 표준
			저전력 TCP/UDP 구현 가이드라인 표준
			저전력 ARP 구현 가이드라인 표준
			센서 네트워크 단축 주소 할당 표준
			센서 네트워크 부트스트래핑(센서노드가 네트워크를 구성하기 위해 자동 주소 생성 및 네트워크 구성 관련 정보 등을 교환하는 과정) 표준
			센서 네트워크 IPv4 주소 할당 표준
센서노드	센서노드 구현을 위한 기술	900MHz 및 2.4GHz 대역 센서 네트워크 PHY/MAC 표준	900MHz/2.4GHz 대역 PHY 표준
			900MHz/2.4GHz 대역 MAC 표준
		센서노드 플랫폼 및 HAL 기술 표준	센서노드 하드웨어 구조
			센서노드용 표준 HAL
			센서노드 플랫폼 표준

표 3-1-1
USN 표준화 대상
기술 분야

1 | 센서 네트워크 응용

센서 네트워크 응용은 센서 네트워크를 통해 제공하는 서비스 모델을 구축하고 이에 필요한 응용 및 서비스 요구사항의 프로파일을 정의하며, USN 서비스 등록 및 검색 기능을 제공하기 위한 응용 기술이다. 세부적으로는 다음과 같이 구성된다.

1 응용 기술

① USN 소프트웨어의 SDP(Service Delivery Platform) 수용 표준

센서 데이터를 수집 및 가공하여 USN 서비스 형태로 가입자에게 제공하기 위한 서비스 플랫폼 기술 분야이다.

② u-City 서비스 인프라 관리 시스템 표준

센서 네트워크에 기반한 u-City 서비스의 기반 시설 관리 시스템을 위한 표준 규격을 정의한다.

③ 유비쿼터스 컴퓨팅 환경에서 서비스 검색을 위한 명세 및 방법 표준

사용자가 원하는 서비스를 편리하게 검색하는 기술인 USN 응용 디렉터리 서비스의 규격을 정의한다.

④ USN 서비스 표현 언어 표준

센서 네트워크를 기반으로 작성한 USN 서비스의 표준화 방법을 이용하여 서비스를 표현한 기법으로, 디렉터리 서비스 등에서 서비스 질의 시 서비스의 설명 등에 대한 표준화 표현 기법을 정의한다.

⑤ USN 서비스 구조/참조 모델 표준

센서 네트워크, 전달망, 서비스 네트워크 등으로 구성되는 USN 환경에서 구성 요소간의 관계 및 특징, 적용 가능한 프로토콜 등을 명시하는 서비스 구조/참조 모델의 표준 규격을 정의한다.

⑥ USN 응용 서비스 및 기능 요구사항 표준

USN 응용 서비스의 요구사항 등을 프로파일링하여 해당 USN 응용을 개발할 때

참조하는 표준 규격을 정의한다.

2 | 센서 네트워크 미들웨어

센서 네트워크 미들웨어는 센서 네트워크와 USN 응용 서비스의 중간에 위치하여 둘 사이를 유연하게 연결하며, 응용 개발에 필요한 공통 기능을 제공하는 기술이다. 센서 네트워크 미들웨어는 이기종 센서 네트워크의 통합 관리, 센싱 데이터 관리 및 질의 처리, 기존 정보 시스템과의 연동, 상황 정보 관리 기능 등을 제공한다.

■1 USN 미들웨어 인터페이스 표준

USN 미들웨어 인터페이스 표준은 응용 개발에 필요한 공통 기능을 컴포넌트화하고 이를 이용하는 인터페이스 및 API를 제공하여 개발 기간을 단축하고 응용 간의 연동을 용이하게 지원하기 위한 표준 규격으로, 다음과 같은 내용으로 구성된다.

① USN 미들웨어 참조 모델 표준

USN 응용 서비스가 센서 네트워크에 대한 의존성을 줄이고 표준 응용 인터페이스를 이용하기 위한 기술적 요구사항을 명시한다. 또한 이를 만족하는 USN 미들웨어 플랫폼 아키텍처를 정의하고 아키텍처를 구성하는 세부 계층(레이어)과 규격을 정의한다.

② 센서 네트워크 공통 인터페이스 표준

호스트와 센서 네트워크 간에 교환할 공통 메시지를 표준화된 규격으로 정의하여 이기종 센서 네트워크의 추상화 기능을 제공한다. 호스트는 USN 응용 서비스 또는 USN 미들웨어가 될 수 있다.

③ USN 미들웨어 개방형 응용 인터페이스 표준

USN 미들웨어의 기능을 사용하여 USN 응용 서비스를 개발하도록 Open API를 정의하는 표준으로, Open API는 특정 기능을 가진 서비스 플랫폼이 자신들의 서비스에 접근할 수 있도록 외부에 접근 방법을 공개한 API를 의미한다.

④ Context Broker API 표준

고수준의 상황 정보 추론 기능을 제공하는 Context Broker 서버에 접근하기 위한 API를 정의한 표준이다. Context Broker는 USN 미들웨어를 구성하는 서브 시스템으로, 상황 인식 기능을 제공한다.

❷ USN 메타데이터 관리 기술 표준

USN 메타데이터는 USN을 구성하는 자원(센서, 센서노드, 센서 네트워크) 자체에 관한 데이터로, 메타데이터를 표준화 형식을 이용하여 표현 및 저장하고 접근하기 위한 표준 규격이다. 메타데이터의 예로는 센서 네트워크 이름, 센싱되는 데이터 종류, 센서 및 액추에이터(actuator) 종류, 노드 위치, 센서노드의 잔여 전력량, 네트워크 통신 상태 등이 있으며, 세부 기술 분야는 다음과 같다.

① USN 메타데이터 모델 표준

USN 자원의 데이터를 분석하고 공통 메타데이터를 분류하여 USN 자원 정보를 표준화 형태로 교환하고 식별하기 위한 규격이다. 주요 내용은 USN 자원의 메타데이터 분류, 표현한 데이터 모델의 정의 및 메타데이터 식별을 위한 식별 체계 요구사항 등이 포함된다.

② USN 메타데이터 디렉터리 서비스 표준

메타데이터 사용자와 메타데이터 관리자 간의 상호 연동성을 보장하고 데이터 호환성 유지를 위해 메타 데이터 접근을 가능하게 하는 기능 규격이다. 주요 내용은 메타데이터의 저장, 갱신, 조회를 지원하는 API에 대한 규격 등이 있다.

③ u-City 서비스 관리용 메타데이터 표준

다양한 u-City 응용 서비스 간의 상호 연동성을 보장하기 위해 USN 메타데이터 표준을 포함한 서비스 관리를 위한 메타데이터 표준 규격이다.

3 | 센서 네트워킹

센서노드들이 제한된 에너지를 가지고 효율적으로 통신하도록 하는 프로토콜 기술과 기존 네트워크와 연동하기 위한 기술 표준을 정의한다. 센서 네트워크의 특성 상 배터리로 동작하기 때문에 USN 네트워크 기술은 배터리 소모를 최소화하면서 통신할 수 있는 프로토콜을 지원해야 한다.

◼1 센서 네트워크 관리 및 식별 기술 표준

센서노드, 센서 네트워크 및 USN 시스템의 모니터링, 기능 설정, 통계 같은 기능을 수행하는 관리 기술을 정의한다. 또한 USN 자원의 식별 및 센싱 정보 공유, 검색 및 활용을 위한 식별 기술을 정의하며 세부 기술 분야는 다음과 같다.

① 센서 네트워크 관리 프로토콜 표준

센서노드, 센서 네트워크, USN 시스템 등의 관리를 위한 메시지 송수신 및 처리를 위한 구문과 구성 요소를 정의한다.

② 센서 네트워크 관리 정보 체계 표준

센서 네트워크 관리 대상인 관리 객체를 기술한 MIB(Management Information Base)를 정의한다.

③ USN 식별 코드 체계 표준

사물, 센서노드, 센서 네트워크, 애플리케이션, USN 자원 정보 및 센싱 정보 등을 중복되지 않게 구별하도록 부여된 유일성을 갖는 코드 또는 ID(Identification) 체계를 정의한다.

④ USN 식별 등록 및 관리 체계 표준

USN 식별 코드 체계의 등록 및 관리 체계, 센서 네트워크 식별 체계의 관리 주체 별 역할을 정의한다.

⑤ 센서노드의 위치 표현을 위한 위치 정보 코드 표준

USN을 구성하는 센서노드의 위치 정보를 표현하는 코드 체계를 정의한다.

◼2 센서 네트워크 라우팅/이동성 기술 표준

센서 네트워크 라우팅/이동성 기술은 센서 네트워크에 멀티홉을 지원하고 센서

노드 및 센서 네트워크가 이동하는 응용 모델의 지원을 위해 필요한 기술이다. 기존의 라우팅 프로토콜이나 이동성 지원 프로토콜은 저전력 센서노드를 고려하지 않은 기술이므로 저전력 센서노드와 네트워크에 적합한 기술 요구사항을 정의하며, 이에 기반한 프로토콜을 설계한다.

① 센서 네트워크 라우팅 요구사항 및 프로토콜 표준

대부분의 센서 네트워크 응용은 멀티홉 지원이 되지만 현재 센서노드에 가장 많이 사용하는 IEEE 802.15.4는 멀티홉 지원이 되지 않는다. 그러므로 PHY/MAC 상위에서 멀티홉 라우팅을 지원하는 기술 표준 및 저전력 라우팅을 위한 요구사항을 정의하고 관련 프로토콜을 정의한다.

② 센서 네트워크 이동성 요구사항 및 프로토콜

헬스 케어, 차량 통신 등 센서노드 및 센서 네트워크 자체가 이동하는 모델을 위한 이동성 지원 기술이 필요하며, 저전력 초소형 센서노드에 맞는 이동성 지원 요구사항 및 프로토콜 기술을 정의한다.

❸ 센서 네트워킹 기술 표준

센서노드들이 적은 에너지를 가지고 효율적으로 통신하는 프로토콜 기술과 기존의 네트워크 망과 연동하기 위한 기술을 정의한다. 센서 네트워크의 특성상 대부분 소형 배터리로 동작하기 때문에 에너지 소모를 최소화하면서 통신할 수 있는 프로토콜 설계 기술이 필요하다.

① IP 기반 센서 네트워크 게이트웨이 탐색 표준

센서 네트워크는 애드 혹(Ad hoc) 네트워크로 구성되는 경우가 많으며, 이러한 센서 네트워크 내의 센서노드가 외부와 통신하려면 싱크노드 또는 게이트웨이 노드를 찾아야 한다. IP 기반 센서 네트워크 게이트웨이 탐색 표준은 IP 기술 기반 하에 싱크노드 또는 게이트웨이 탐색을 위한 프로토콜을 정의한다.

② 센서 네트워크 IP 액세스 망 연동 표준

센서 네트워크는 xDSL, WiBro, CDMA, HSDPA, PLC 등 다양한 액세스 네트워크를 통해 네트워크 인프라에 연동해야 한다. Zigbee와 같은 Non-IP 기반 센서 네트워크가 IP 기반의 외부 네트워크와 연동되는 기술뿐 아니라 IP 기반 센서 네트워크 또한 다양한 IP 액세스 네트워크와 연동하도록 지원하고, 전국에 산재한 센서 네트워크를 개념적 측면에서 단일 센서 네트워크로 구성하기 위한 네트워크 연동 표준 기술을 개발한다.

③ 저전력 IPv4 구현 가이드라인 표준

센서 네트워크는 다양한 형태로 구성되어 기존의 네트워크에 연동될 수 있으며, IPv4 기반으로 센서 네트워크를 구성할 때 센서노드에 맞게 IPv4가 초소형화되어 구현될 필요가 있으므로 이에 대한 가이드라인이 필요하다. 저전력 IPv4 구현 가이드라인 표준은 이러한 가이드라인을 정의한다.

④ 저전력 IPv6 구현 가이드라인 표준

센서 네트워크는 그 노드 수가 방대하여 IP 기반의 네트워크를 구성할 때 IPv6는 매우 유용한 기술이 될 수 있다. 이때 IPsec, IP multicast와 같은 IPv6에서 지원하는 대부분의 기능이 저전력 초소형 센서노드에 구현될 경우 에너지 소비 문제가 발생하므로 이에 대한 구현 가이드라인이 필요하다. 저전력 IPv6 구현 가이드라인 표준은 이러한 가이드라인을 제시한다.

⑤ 저전력 TCP/UDP 구현 가이드라인 표준

IP 기반의 센서 네트워크를 구성할 때 전송 계층의 TCP/UDP가 에너지 소모를 최소화하도록 프로파일되어야 하며, 저전력 TCP/UDP 구현 가이드라인 표준은 이에 대한 가이드라인을 제시한다.

⑥ 저전력 ARP 구현 가이드라인 표준

IPv4 기반에서 잦은 브로드캐스팅으로 인한 ARP는 에너지 소모를 가져오므로 이를 방지하는 저전력 구현 가이드라인을 제시한다.

⑦ 센서 네트워크 단축 주소 할당 표준

센서 네트워크는 애드 혹(Ad-hoc) 네트워크로 구성되어 하나의 센서 네트워크 안에서 글로벌한 주소가 아닌 단축 주소가 사용되는 경우가 많다. 센서 네트워크 단축 주소 할당 표준은 효과적인 방법으로 단축 주소를 할당하는 기술을 정의한다.

⑧ 센서 네트워크 부트스트래핑(Bootstrapping) 표준

센서 네트워크 내의 센서노드는 센서 네트워크 내부 및 외부와 통신하기 위해 네트워크를 형성하고 자동 주소 생성 및 네트워크 구성 관련 정보를 교환하는 과정이 필요하다. 이러한 과정을 부트스트래핑이라 하고, 센서 네트워크 부트스트래핑 표준은 부트스트래핑 프로토콜을 정의한다.

⑨ 센서 네트워크 IPv4 주소 할당 표준

현재 센서 네트워크에서 IPv6 주소 자동 할당 방법의 표준은 IETF 6LoWPAN 워킹 그룹에서 개발했으나 IPv4 기반의 네트워크 환경에 맞는 IPv4 주소 할당 표준은 부재한 상태이다. 센서 네트워크 IPv4 주소 할당 표준은 IPv4 망에 연동되는 IPv4 주소 할당 표준을 정의한다.

4 | 센서노드

센서 네트워크를 구성하는 데 필요한 센서노드를 만드는 기술 표준이다. 센서노드의 구조를 정의하고 센서와 센서노드 OS에 대한 인터페이스 및 API를 정의하여 기본 서비스를 제공하도록 기술을 정의한다.

■ 900MHz 및 2.4Ghz 대역 센서 네트워크 PHY/MAC 표준

센서 네트워크 PHY/MAC 계층은 센서 네트워크 통신의 여러 계층 중에서 최하위에 위치하는 두 계층으로, 물리적 매체를 이용하여 통신이 일어나는 PHY 계층과 동일한 물리적 매체를 이용하여 통신하고자 하는 여러 센서노드를 제어하여 원활하게 통신할 수 있도록 하는 MAC(Media Access Control) 계층의 기술 표준을 정의한다.

① 900MHz 및 2.4GHz 대역 PHY 표준

USN 기술의 900MHz 및 2.4GHz 대역 주파수 사용을 위한 기술 기준을 정의한다.

② 900MHz 및 2.4GHz 대역 MAC 표준

900MHz 및 2.4GHz 대역에서 센서노드에 적합한 에너지 효율적인 통신을 위한 MAC 기술을 정의한다.

❷ 센서노드 플랫폼 및 HAL(Hardware Abstraction Layer) 기술 표준

센서 네트워크를 구성하는 데 필요한 하드웨어로, 구현되는 센서노드의 기술 기준 및 센서노드의 하드웨어와 상위 소프트웨어 간의 인터페이스에 대한 기술 표준을 개발한다.

① 센서노드 하드웨어 구조 표준

센서노드를 구현하기 위한 최소한의 하드웨어적인 기술 기준을 정의한다.

② 센서노드용 HAL 표준

센서노드의 하드웨어와 상위 소프트웨어 계층 연동을 위한 표준 API 인터페이스를 개발한다.

③ 센서노드 플랫폼 표준

센서노드의 하드웨어 구조 및 HAL, 상위 응용 프로그램까지의 구조를 포함하는 총괄적인 기술 기준을 정의한다.

2 센서 네트워크 표준 기술 관계도

앞서 살펴보았듯이 센서 네트워크 기술은 물리 계층에서 RFID 및 Ad-hoc 네트워킹이 가능한 센서노드의 다양한 센싱 정보를 수집한 후 유무선 기반의 인프라 네트워크와 연동하여 u-Life 구현을 위한 다양한 서비스를 제공하는 것이다. 그림 3-1-1은 상호 연관관계에 있는 센서 네트워크 표준 기술을 나타낸 것이다.

표 3-1-2는 USN 연관 기술에 따른 자료로, 관련 기술의 국내/국제 표준화 기구 및 단체와 표준화 수준, 기술 개발 수준을 정리한 것이다.

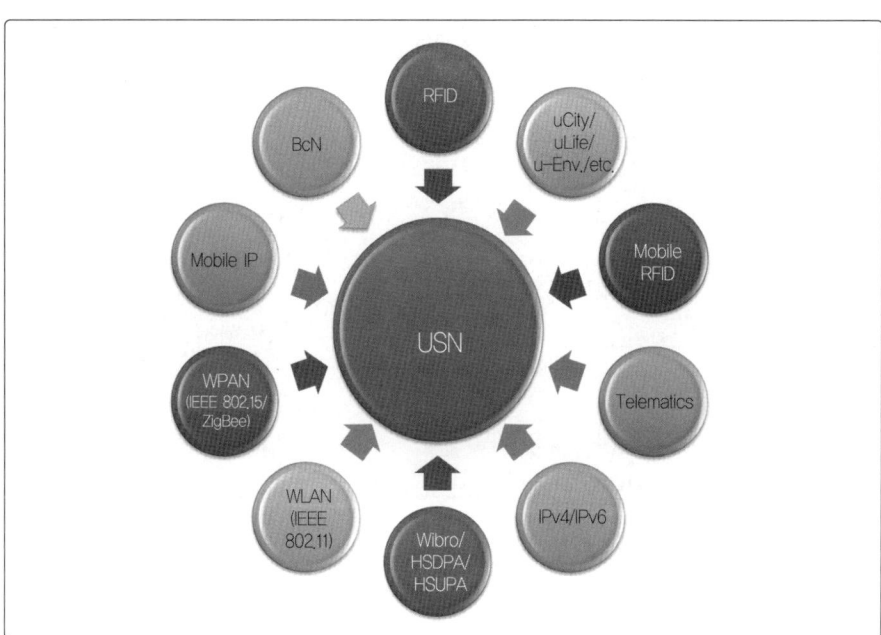

그림 3-1-1
센서 네트워크 연관
기술 관계도

연관 기술	내용	표준화 기구 및 단체		표준화 수준		기술 개발 수준	
		국내	국외	국내	국외	국내	국외
WPAN (IEEE 802.15/ ZigBee)	Bluetooth 기반의 WPAN 및 IEEE 802.15.4 PHY/MAC상에 Non-IP 방식의 센서 네트워크를 구성하는 네트워크 계층 및 응용 계층 기술	TTA	IEEE	국제 표준 도입	제정 및 개정	상용화	상용화
WLAN (IEEE 802.11)	현재 사용 중인 무선 인터넷 기술로, AP에 무선 접속하여 인터넷을 사용하게 하는 기술	TTA	IEEE	표준 제정 및 개정	표준 제정 및 개정	상용화	상용화
IPv4/IPv6	IPv6란 현재 사용 중인 IPv4의 32비트 주소 체계를 확장하여 민간 국제 표준화 기구인 IETF가 1996년 표준화한 128비트 차세대 인터넷 주소 체계	TTA	IETF	국제 표준 도입	제정 및 개정	상용화	상용화
Wibro/ HSDPA/ HSUPA	무선 인터넷 서비스로, 사용자가 어느 곳에서나 인터넷에 접속하여 사용하게 하는 기술	TTA	IEEE	표준 기획	표준 개발/ 검토	시제품	설계
Telematics	위치 정보와 무선 통신망을 이용하여 자동차 탑승자에게 경로 안내 및 교통 정보 제공, 긴급 구난 정보 같은 안전 편의 서비스와 인터넷, 영화, 게임 등 인포테인먼트 서비스를 제공하는 기술	텔레매틱스 표준화 포럼, TTA	JCP, OSGi	표준 기획	표준 기획	구현	구현

◐ 계속

연관 기술	내용	표준화 기구 및 단체		표준화 수준		기술 개발 수준	
		국내	국외	국내	국외	국내	국외
Mobile RFID	휴대전화에 RFID 리더를 장착하여 각종 사물에 부착된 RFID 태그를 읽고 대상 사물에 관련된 정보 서비스를 휴대전화로 이용하는 기술	모바일 RFID 포럼, TTA	ITU-T, ISO/IEC JTC1 SC31, EPCglo-bal, NFC Forum, OMA	표준 제정 및 개정	표준 개발/ 검토	프로토 타입	설계
u-City/ u-Life/ u-Env/etc.	USN 기술을 응용하여 사용자에게 다양한 서비스를 제공하는 기술	TTA	ITU-T	표준 개발/ 검토	표준 개발/ 검토	시제품	시제품
RFID	RFID 태그 주파수 표준	TTA	ISO	표준 개정	표준 제정	상용화	상용화
Mobile IP	패킷 통신망이나 인터넷 망에서 음성, 비디오, 그래픽, 데이터 등 다양한 형태의 멀티미디어 정보를 IP 패킷 형식으로 통합 전송하는 기술을 의미하며, IP 기반의 유무선 및 방송 서비스의 융합을 위한 핵심 표준 기술	TTA, VoIP 포럼, BcN 포럼	IETF, ITU-T	국제 표준 도입	표준 개발/ 검토	기술 기획	기술 기획, 설계, 시제품
BcN	기존 네트워크 망과의 연동을 위한 기술			표준 기획	표준 개발/ 검토	설계	설계

표 3-1-2
USN 연관 기술
분석표

3 　국제 표준화

　그림 3-1-2는 센서 네트워크 관련 국제 표준화 단체 현황을 나타낸 것이다. 여기서 살펴본 표준화 단체 이외에 OGC(Open Geospatial Consortium)와 같은 단체도 센서 네트워크 관련 표준화 작업을 수행한다. 그러나 ITU-T와 ISO/IEC JTC 1을 제외한 나머지 표준화 기구는 초소형/저전력형 노드의 통신을 위한 PHY/MAC 기술(IEEE 802.15)이며, IEEE 802.15.4 기반의 네트워크 프로토콜을 정의한 기술(ZigBee) 또는 IEEE 802.15.4 기반의 IPv6를 탑재하기 위한 기술(IETF) 등에 관련된 표준화가 진행

중이다. USN 또는 센서 네트워크 주제의 기술 표준화는 ITU-T와 ISO/IEC JTC1에서 진행 중이다.

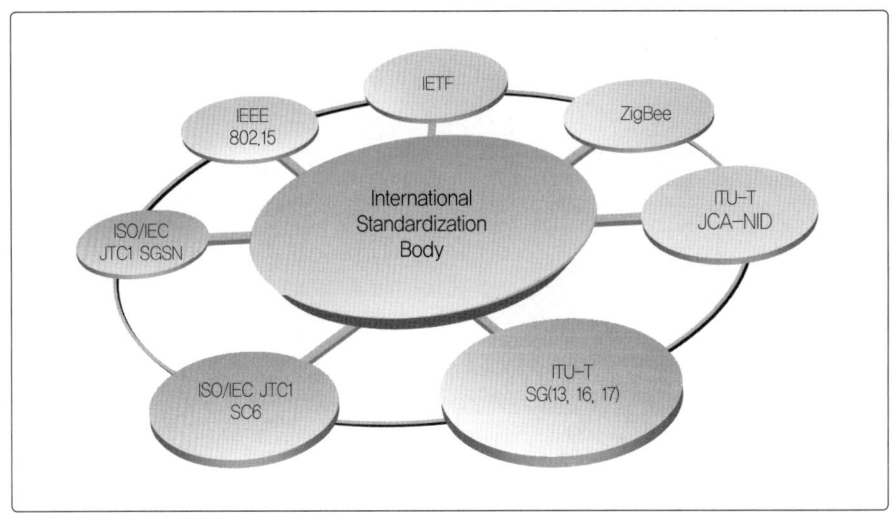

그림 3-1-2
센서 네트워크 국제
표준화 단체 현황

1 | ITU-T

ITU-T에서는 2007년부터 우리나라 주도로 USN 관련 국제 표준화가 진행되어 왔으며, 현재 SG13, SG16, SG17 등 관련 SG에서 국제 권고안을 개발한다.

■1 ITU-T SG13

ITU-T SG13은 이동 및 NGN(Next Generation Network)을 포함한 차세대 통신망 표준화 그룹으로, NGN 환경에서 USN 서비스를 지원하기 위해 NGN이 지원하는 서비스 요구사항을 정의하는 표준이 우리나라 주도로 개발되고 있다. 여기서 개발한 표준을 바탕으로 USN 서비스를 지원하기 위한 NGN의 구조 및 기능 요구사항을 정의하는 권고 표준안 개발이 필요하다.

① Y.USN-reqts(Requirement for support Ubiquitous Sensor Network(USN) applications and services in NGN environment)

USN이 NGN 및 통신망 서비스와 연계된 응용 모델을 실현하기 위한 NGN의 서비스 및 기능 요구사항을 정의한다.

❷ ITU-T SG16

ITU-T SG16은 멀티미디어 코딩이나 시스템 및 응용 표준화 그룹으로, 다양한 USN 서비스에서 요구하는 공통 기능을 지원하기 위한 USN 미들웨어의 기능 및 참조 구조를 정의하는 권고안이 2009년 완료되었다. 특히 SG16에서는 우리나라의 제안으로 2009년 USN 표준화를 전담하는 Q(Question: ITU-T의 SG 내에서 관련 표준화 작업을 진행하는 소그룹)가 신설되어 USN 관련 표준화가 더욱 활성화될 것이다.

① F.USN-mw(Service description and requirements for USN middleware)

USN 서비스를 지원하기 위해 센서 네트워크에서의 데이터 처리 및 네트워크 관리 기능 등의 공통 기능을 지원하는 USN 미들웨어의 서비스에 대한 명세 및 요구사항을 정의한다.

❸ ITU-T SG17

ITU-T SG17은 정보 보호 표준화 그룹으로, USN의 정보 보호 프레임워크를 정의하는 권고안이 개발되고 있다.

① X.usnsec-1(Security framework for Ubiquitous Sensor Network)

USN 서비스를 위한 정보 보호 요구사항 및 프레임워크를 정의하고 있다.

❹ ITU-T JCA-NID

ITU-T JCA-NID는 태그 기반 응용 서비스(모바일 RFID 서비스) 표준화 및 USN 관련 국제 표준화 기구의 표준화 현황을 파악하고, 표준화 현안 사항의 검토 및 조정 역할을 수행한다. JCA-NID는 권고안 작업은 하지 않지만 각 SG에서 표준화 작업에 필요한 공통의 문서를 만드는 역할을 수행하고 있다. 현재 JCA-NID에서 개발 중인 USN 관련 공통 문서는 다음과 같다.

① Terms and definition on USN

ITU-T 내의 각 SG에서 진행 중인 권고안에 적용되는 USN 관련 용어 및 정의에 관련된 항목을 정의하는 문서로, 본 문서 작업은 ITU-T 내의 SG뿐 아니라 ISO/IEC JTC 1 SC6 및 ISO/IEC JTC 1 SGSN(Study Group on Sensor Network)과의 협력을 통해 작업을 진행한다.

2 | ISO/IEC

ISO(International Organization for Standardization)는 국제표준화기구이고 IEC(International Electrotechnical Commission)는 국제전기기술위원회이다. 두 기구의 공동기술위원회가 JTC 1(Joint Technical Committee 1)인데, 원래는 여러 개의 JTC를 구성할 것을 염두에 두고 '1'이라는 숫자를 부여했으나 현재는 JTC 1이 유일하며 추가로 구성하지 않았다. SC(Sub-Committee)는 JTC 1의 전문위원회를 의미한다. ISO와 ISO/IEC에서 진행하는 USN 관련 표준화 활동은 ISO/IEC JTC 1 SC6과 ISO/IEC JTC 1 SGSN에서 이루어지고 있다.

■ ISO/IEC JTC 1 SC6

SC6은 개방형 시스템 접속을 위한 정보 통신 분야의 기술 표준을 개발하는 곳으로, 현재 네 개의 워킹 그룹이 있다.

:: WG 1: L1, L2 관련 표준 개발

:: WG 7: L3, L4 관련 표준 개발

:: WG 8: 디렉터리 기술 표준 개발

:: WG 9: ASN.1 언어 기술 표준 개발

USN과 관련해서 현재 WG7만 관련 표준화가 진행 중이다. 2007년부터 SC6 차원에서 ITU-T SG13, SG16, SG17과 USN 관련 표준화에 대한 협조 문서를 지속적으로 교환해 왔으나, 본격적인 표준 개발 작업은 2008년 10월 WG7에서 센서 네트워크 참조 모델 표준화 작업이 승인됨에 따라 착수하게 되었다.

① ISO/IEC 29182(Reference architecture for sensor network applications and services)

센서 네트워크 참조 모델 표준은 다양한 센서 네트워크 응용의 정의 및 분류와 이를 지원하기 위한 센서 네트워크의 기능 요구사항을 정의하는데, 여기서는 센서 네트워크 기능 간의 관계 등을 정의한다. ISO/IEC JTC1 SC6/WG7에서의 센서 네트워크 참조 모델 표준화 작업은 국내 TTA에서 진행 중인 USN 참조 모델을 기반으로 하며, 현재 중국 및 영국, 독일을 비롯한 다수의 국가에서 해당 표준화 작업에 깊은 관심을 보이고 있다.

❷ ISO/IEC JTC1 SGSN

ISO/IEC JTC1 SGSN(Study Group on Sensor Network)은 2007년 ISO/IEC JTC1 전체 회의에서 구성하기로 결정한 후 2008년 6월과 9월에 각각 회의를 개최했으며, 다음의 역할을 수행한다.

:: 다양한 분야에서 사용하는 센서 네트워크 응용의 정의 및 요구사항 파악

:: 센서 네트워크 고유의 특성과 다른 네트워크와의 공통 특성 파악

:: 기능 관점에서 센서 네트워크 구조의 정의 및 엔터티 정의

:: 센서 네트워크에 적용되는 프로토콜 분석 및 센서 네트워크의 특징적인 프로토콜 요소 파악

:: 다른 표준화 기구의 센서 네트워크 표준화 동향 파악

:: JTC 1에서 다루어야 할 센서 네트워크의 표준화 분야 정의

SGSN은 2차 회의 결과로 현재 센서 네트워크 기술 문서를 발간한 상태이며, 이 기술 문서는 추후에도 계속 개정될 예정이다. SGSN의 기술 문서는 센서 네트워크의 정의 및 다양한 응용 등을 포함하며, 센서 네트워크의 특성 및 요구사항도 명시된다. 또한 센서 네트워크의 구조에 대한 내용도 담겨 있고, ISO/IEC JTC 1 SC6/WG7에서의 센서 네트워크 참조 모델 표준화 작업과도 긴밀한 관계가 있다.

3 | IETF

저전력 무선 네트워크 기술을 개발하는 기업을 중심으로 널리 활용되어 익숙해진 IP 프로토콜을 이용하여 IEEE 802.15.4 기반의 ZigBee 대응 기술을 개발하려는 움직임에 따라 IETF는 2005년 3월 62차 회의에서 6LoWPAN WG(IPv6 over Low power WPAN Working Group)를 창설했다. 또한 센서 네트워크를 활용한 응용 범위가 넓어짐에 따라 멀티홉 라우팅의 필요가 꾸준히 제기되자, IETF는 2007년 7월 ROLL(Routing for Low power and Lossy network) BoF를 창설하고 2007년 11월 WG를 발족했다.

❶ 6LoWPAN WG

6LoWPAN WG는 L2 Layer에 IEEE 802.15.4를 기반으로 하는 센서 네트워크에 IPv6를 지원하기 위한 이슈를 다루는 그룹으로 저전력, 20~250kbit/s의 데이터 전송

률, 900~2400MHz의 주파수 대역에서 초소형 메모리와 초소형 프로세서만을 장착한 센서 응용을 대상으로 한다.

우리나라에서 6LoWPAN 기술은 USN(Ubiquitous Sensor Network) 기술에 IP를 도입한 IP-USN 개념으로 소개되어 연구, 개발 중이다. 6LoWPAN WG는 2005년 신설된 이래 지금까지 공식적으로 2개의 표준(RFC)을 발간했으며, 예전에 작업했던 패킷 포맷의 향상 작업, 6LoWPAN 센서 네트워크 기반의 부트스트래핑(bootstrapping), 라우팅 요구사항, 응용 설계 지침의 4개 표준 초안을 개발했다.

① RFC4919 (IPv6 over Low-power Wireless Personal Area Networks
  (6LoWPANs): Overview, Assumptions, Problem Statement and Goals)

6LoWPAN의 네트워크 환경, 네트워크 환경에서 발생하는 문제점이나 이들을 해결하기 위한 기술적 목표를 제공한다.

② RFC4944 (Transmission of IPv6 Packets over IEEE 802.15.4 Networks)

데이터 전송 속도가 느린 IEEE 802.15.4(250Kbps/2.4GHz, 40Kbps/915MHz, 20Kbps/868MHz) 기술을 통해 헤더 사이즈가 큰 IPv6 패킷을 효율적이고 안전하게 전달하고, 전달하고자 하는 장치의 검색 방법 및 IEEE 802.15.4 기술이 사용하는 MAC 주소(16비트 또는 64비트 확장형 주소)를 이용하여 IPv6 자동 주소 설정 기능의 수행 방법을 정의한다.

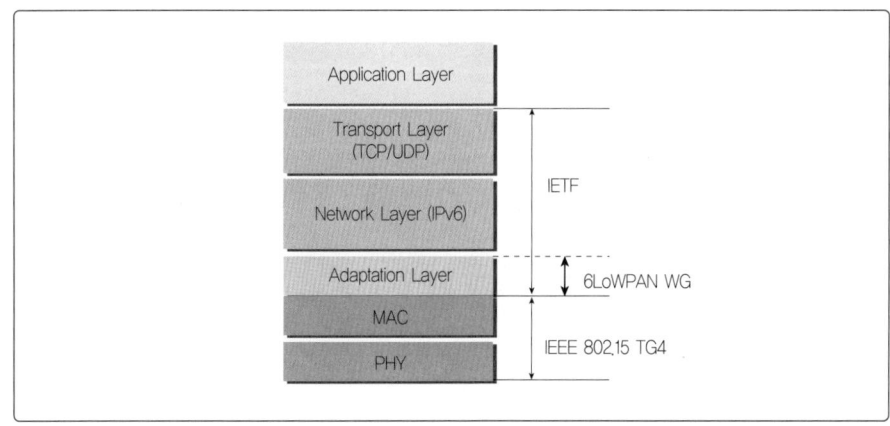

그림 3-1-3
6LoWPAN WG의
표준화 범위

③ draft-ietf-6lowpan-hc (Compression Format for IPv6 Datagrams in 6LoWPAN Networks)

글로벌 주소 지원 등 RFC4944에서 제공하지 못하는 패킷 포맷의 향상 방안을 지원한다.

④ draft-ietf-6lowpan-usecase (Design and Application Spaces for 6LoWPANs)

6LoWPAN을 통한 응용 구축에 필요한 기술 요구사항 및 활용 지침을 제공한다.

⑤ draft-ietf-6lowpan-nd (Neighbor Discovery for 6LoWPAN)

저전력을 요구하는 6LoWPAN 환경에서 멀티캐스트 패킷 없이 IPv6 ND를 지원하는 방법을 제공한다.

⑥ draft-ietf-6lowpan-routing-requirements (Problem Statement and Requirements for 6LoWPAN Routing)

초소형 메모리와 낮은 대역폭, 저전력 특성의 6LoWPAN 환경에서 라우팅을 제공하기 위한 기술적 요구사항을 정의한다.

❷ ROLL WG6

6LoWPAN WG에서 멀티홉 라우팅(multi-hop routing)이 큰 이슈가 되면서 6LoWPAN의 Adaptation Layer상에서 mesh-under 라우팅(2.5계층 라우팅)을 할 때 잠정적인 동의하에 관련 라우팅 솔루션 및 요구사항 문서들이 논의되었다. 그러나 6LoWPAN뿐 아니라 다양한 PHY/MAC에도 적용 가능한 라우팅 솔루션을 개발해야 한다는 주장이 제기되면서 2007년 12월 ROLL(Routing Over Low power Lossy network)이 발족되어 응용에 대한 라우팅 요구사항과 기존에 IETF에서 개발한 라우팅 표준들의 ROLL 적용 관련 표준을 논의한다.

① draft-ietf-roll-building-routing-reqts (Building Automation Routing Requirements in Low Power and Lossy Networks)

빌딩 자동화 및 모니터링을 위한 센서 네트워크에서의 라우팅 요구사항이 정의되어 있다.

② draft-ietf-roll-indus-routing-reqs (Industrial Routing Requirements in Low Power and Lossy Networks)

공장 등 산업 시설에 설치하는 센서 네트워크에서의 라우팅 요구사항이 정의되어 있다.

③ draft-ietf-roll-home-routing-reqs (Home Automation Routing Requirements in Low Power and Lossy Networks)

가정에서 활용하는 센서 네트워크 응용에서의 라우팅 요구사항 정의를 포함한다.

④ draft-ietf-roll-urban-routing-reqs (Urban WSNs Routing Requirements in Low Power and Lossy Networks)

도시 환경에서 대규모 센서 네트워크 구축이 필요한 응용에서의 라우팅 요구사항 정의를 포함한다.

⑤ draft-ietf-roll-protocols-survay (Overview of Existing Routing Protocols for Low Power and Lossy Networks)

IETF에서 그동안 개발한 라우팅 프로토콜의 오버헤드 등을 분석하여 ROLL에 적용 가능성을 제시한다.

4 | IEEE 802.15

WPAN(Wireless Personal Area Network)을 구축하기 위해 결성된 IEEE 802.15 WG는 저가이며, 저전력 장치 간에 WPAN을 구성하게 하는 IEEE 802.15.4의 표준화를 수행한다. 현재 멀티홉 지원 표준을 다루는 IEEE 802.15.5의 표준이 완성 단계에 있다. IEEE 802.15.4의 신뢰성 확장을 위한 IEEE 802.15.4e는 USN의 PHY/MAC 계층에 적용할 수 있다.

5 | ZigBee Alliance

ZigBee는 저가, 저전력 및 신뢰성 있는 근거리 무선 센서 네트워크를 위한 상위

계층(네트워크 계층 포함) 통신 프로토콜을 표준화하며, MAC과 PHY 계층은 Low
Rate WPAN을 위한 IEEE 802.15.4 표준을 기반으로 한다. ZigBee에서는 ZigBee 기술
사양과 관련하여 2004년 12월 ZigBee 2004(ZigBee version 1.0) 표준을 발표한 후 문
제점을 꾸준히 보완하고 새로운 기술 요구를 수용하여 2006년 12월 ZigBee 2006 표
준을 발표했다.

ZigBee의 최근 스택 표준은 2007년 10월에 발표한 ZigBee 2007이다. 단순히
ZigBee로도 불리는 ZigBee 2007은 홈이나 상업 용도에 사용하는 스택 프로파일 1과
ZigBee PRO로 불리는 스택 프로파일 2의 2개 스택 프로파일을 포함한다. ZigBee
PRO는 Multicast, Many-to-one routing, 강화된 보안 기능 등을 포함하며, Full mesh
networking과 ZigBee의 모든 응용 프로파일을 지원한다. 또한 ZigBee Alliance에는
칩이나 모듈, 스택 소프트웨어 및 프로파일 인증을 위한 스펙을 표준화하고 인증을
수행하는 인증 프로세스가 존재하며, ZigBee 제품 간의 호환성 테스트를 수행하기
위한 ZigFest Interoperability 행사를 주관하고 있다.

ZigBee 인증 프로세스에는 모듈 또는 하드웨어(스택 소프트웨어 포함) 인증을 위
한 ZCP(ZigBee Compliant Platform), ZCP 기반 표준 프로파일 적용 제품을 인증하는
ZigBee Certified Product가 있으며, 인증된 제품에는 ZigBee 로고를 사용할 수 있다.

4 국내 표준화

센서 네트워크 국내 표준화는 그림 3-1-4에서 보듯이 한국정보통신기술협회
(TTA)의 PG210, PG311, IP-USN 포럼, USN 포럼, u-City 포럼 등이 역할을 분담하여
표준화를 추진하고 있다.

1 | TTA

IP-USN 포럼, USN 포럼, u-City 포럼의 포럼 표준은 TTA에 제안하여 TTA 단체 표
준으로 제정하는 절차를 거치거나 TTA로 직접 제안한 후 해당 프로젝트 그룹에서
표준 개발을 진행한다. USN 관련 주요 표준은 다음과 같다.

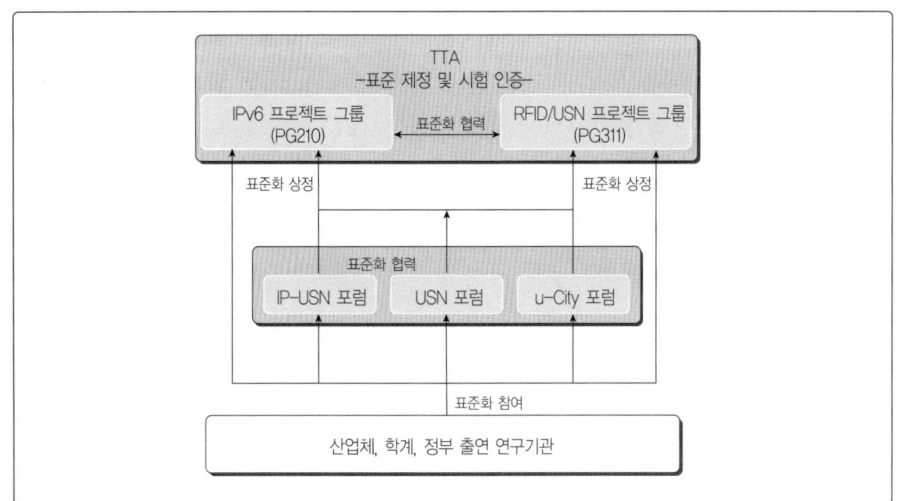

그림 3-1-4
국내 센서 네트워크
표준화 체계

① TTAS.KO-06.0165 (USN 검색 서비스(USN-ODS) 구조)

USN 식별 코드에 대응하는 USN 정보 서비스 시스템 및 USN 메타데이터 디렉터리 서비스의 주소(URI)를 검색하는 USN 검색 서비스(USN ODS) 구조, USN 정보 서비스 시스템 주소(URI) 획득 방법 및 USN 메타데이터 디렉터리 서비스와 연동 방법에 관한 사항을 규정한다.

② TTAS.KO-06.0167 (USN Metadata 디렉터리 서비스)

USN 자원의 메타데이터를 관리 및 조회하는 디렉터리 서비스 규격으로, USN 환경에 존재하는 다양한 계층의 USN 자원에 대한 메타데이터 관리 기능을 제공하는 디렉터리 서비스 요구사항 및 기능 인터페이스를 정의한다.

③ TTAS.KO-06.0168 (USN Metadata)

USN 자원의 메타데이터를 분류하여 데이터 모델을 정의하고, USN 메타데이터 식별을 위한 식별 체계 요구사항을 규정한다.

④ TTAS.KO-06.0169 (센서 네트워크 공통 인터페이스)

이기종 센서 네트워크와 이를 이용하는 호스트 간의 통신 프로토콜을 정의하며, 통신 프로토콜에 이용되는 메시지를 정의한다. 또한 센서 데이터의 유형별 표준 타입을 정의함으로써 서로 다른 측정 방법으로 제공하는 동일한 센싱 유형의 표준 단위 및 데이터 타입을 정의한다.

⑤ TTAS.KO-06.0170 (USN 미들웨어 플랫폼 표준 참조 모델)

USN 응용 서비스 모델을 기반으로 미들웨어 플랫폼의 요구사항을 정의하고, 이를 기반으로 USN 미들웨어 플랫폼 아키텍처를 정의한다. 또한 USN 미들웨어 아키텍처를 구성하는 센서 네트워크 추상화 계층, USN 서비스 지능화 계층, USN 서비스 통합 계층의 기능 규격을 정의한다.

⑥ TTAK.KO-06.0199 (USN 서비스 표현 언어)

USN 서비스에서 사용하는 다양한 센서 데이터의 정보를 분석하고, 이러한 센서 데이터를 표준화된 형태로 표현하기 위해 XML 기반의 XML 스키마를 정의한다.

⑦ TTAK.KO-06.0200 (USN 응용 서비스를 위한 디렉터리 서비스 참조 모델)

사용자가 USN의 다양한 센서를 탐지한 데이터나 이와 연관된 서비스를 이용하려면 센서의 데이터 및 센싱된 정보에 디렉터리 서비스를 적용해야 한다. 이러한 디렉터리 서비스를 이용하여 데이터나 서비스의 등록 및 조회 과정이 이루어지는데, 본 표준은 USN 서비스에 적용 가능한 디렉터리 서비스 참조 모델을 정의한다.

⑧ TTAK.KO-12.0092 (USN에서 센서노드 간 인증 및 키 분배 프로토콜)

USN 시스템에 사용하는 센서노드 간 상호 인증 및 키 분배를 통해 보안 세션을 수립하는 프로토콜을 정의한다.

⑨ TTAK.KO-06.0198 (u-센서노드의 위치 표현을 위한 위치 정보 코드(GGC))

지리적 코드의 개념과 구조, 각 필드별 상세 내용을 정의한다.

⑩ TTAK.KO-06.0202 (u-센서노드의 위치 정보 교환을 위한 XML 스키마)

GGC 코드를 기반으로 센서노드의 위치 정보를 표준화된 형태의 XML 데이터로 교환하기 위한 XML 스키마를 정의한다.

⑪ TTAK.KO-06.0197 (센서노드 식별 코드 체계 및 데이터 구조)

유무선 센서노드를 이용한 시스템 구축, 서비스 제공, 시스템 이용 및 관리에 필요한 센서노드 식별 코드(S-Code)의 개념을 정의하고 S-Code의 의미와 구조, 생성 절차 및 방법을 정의한다.

2 | USN 포럼

2004년에 USN 분야 표준 개발을 위한 USN 표준화 포럼이 설립되었고, 2006년에는 USN 산업계 활성화 및 표준화 협력을 위한 USN 발전협의회가 구성되었다. 그 후 USN 표준화 포럼과 USN 발전협의회의 통합이 논의되다가 2007년 말 USN 포럼으로 출범하면서 한국RFID/USN협회가 포럼 사무국을 맡아 현재까지 운영 중이다. 세부적으로는 기술분과, 응용분과, 기반기획분과, 정보보호분과, 시험/인증분과의 5개 분과로 나뉘어 각 분야별로 관련 표준화 활동을 하고 있다.

3 | IP-USN 포럼

IP-USN 포럼에서는 주로 IP 기반의 센서 네트워크 기술을 위한 기술 표준 작업을 한다.

2 센서 네트워크 기술

UBIQUITOUS SENSOR NETWORK

1 개요

센서 네트워크는 다양한 무선 통신 기술을 이용하여 구성할 수 있으나 센서 네트워크의 특성, 즉 저전력이나 일정 거리 이상의 전송 범위와 구현의 용이성 등을 고려할 때 IEEE 802.15.4, ZigBee, UWB, Bluetooth 등과 같은 저속의 WPAN(Wireless Personal Area Network) 기술을 활용하여 구축할 수 있다. 이외에도 공장 자동화, 산업 설비 제어 등을 위한 센서 네트워크에는 Z-Wave, INSTEON, Wavenis, Wireless HART 등의 기술을 사용하지만 이들이 추구하는 응용에 따라 기술적 특성에 많은 차이가 있다. 현재 센서 네트워크에서 사용하는 WPAN의 대부분은 수십 kbps에서 수백 kbps의 통신 속도, 수 미터에서 수백 미터의 통신 거리, 저전력형으로 구성된다. 이들의 경우 대기 모드가 있어 소비 전력을 최소화하여 사용할 수 있다.

지금까지는 여러 무선 통신 기술 중 IEEE 802.15.4와 ZigBee 기술을 이용하여 센서 네트워크 응용 서비스를 제공하는 것이 대부분이었지만, 제공하고자 요구되는 응

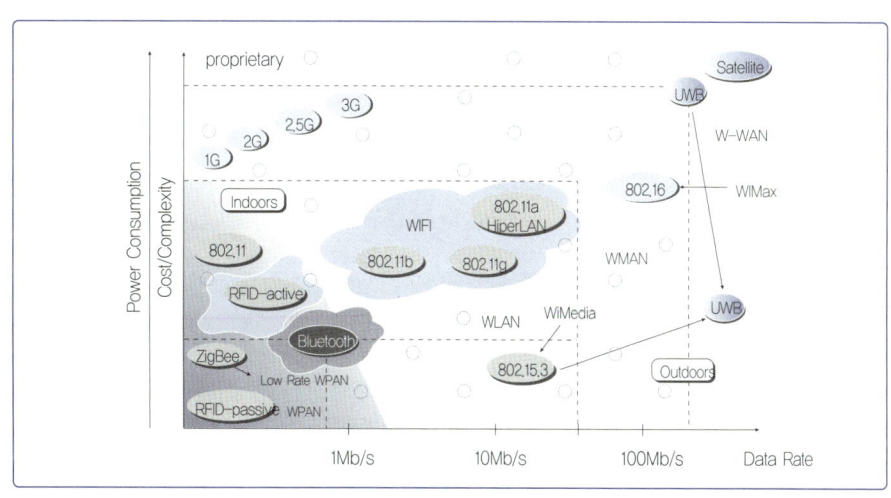

그림 3-2-1
무선 통신 기술별
상관관계

용 서비스 및 목적에 따라 ZigBee 이외의 다양한 기술을 활용하여 센서 네트워크의 구축 및 응용 서비스를 제공해야 한다. 아울러 다양한 환경에서 다양한 환경 정보를 획득, 전달하기 위해 기존의 문제점을 보완, 개선하거나 새로운 무선 센서 네트워크 기술들을 개발 중이다. 그림 3-2-1은 다양한 무선 통신별 전송 속도 대비 비용/복잡도와 전력 소비와의 상관관계를 나타낸 것이다.

여기서는 센서 네트워크에서 이용하는 다양한 무선 통신 기술, 특히 IEEE 802.15.4 기반의 ZigBee와 UWB, Bluetooth 기술을 중심으로 살펴보기로 한다.

2 ZigBee

1 | 개요

ZigBee는 저전력, 저가격, 사용의 용이성을 가진 무선 센서 네트워크의 대표적 기술 중 하나로, 2003년 IEEE 802.15.4 작업분과위원회에서 표준화되고 2006년에 개정된 PHY/MAC 계층을 기반으로 ZigBee Alliance에서 상위 Protocol 및 Application을 규격화한 기술이다. ZigBee는 Zig+Bee의 합성어로, 어원은 꿀벌의 의사소통 수단인 춤에서 인용한 것이다. 즉 꿀벌은 항상 Zig-Zag 패턴으로 춤추면서 꽃의 위치 및 거리 또는 방향을 알려주는데, 이는 상당히 경제적인 통신 수단으로 알려져 있다. 따라서 무선 센서 네트워크 기술 부문에도 꿀벌의 춤과 같은 경제적이고 혁신적인 기술을 도입하자는 의미이다.

ZigBee 기술은 저전력 ZigBee 송수신기를 센서(동작 · 빛 · 압력 · 기온 · 습도)와 결합하여 대규모 센서 네트워크를 구성하게 해주는 기술이다. 예를 들어 빌딩 관리인은 빌딩 내 조명/화재 감지/냉난방 시스템 등에 ZigBee를 도입함으로써 관리실이 아닌 휴대용 장치로도 원격으로 빌딩 시스템 관리 및 제어 작업을 수행할 수 있다. 병원에 입원한 환자는 자신의 신체에 ZigBee 장치를 장착함으로써 센서가 신체 상태 및 건강도를 주기적으로 측정하여 무선으로 진단 정보를 서버에 전달할 수 있다.

그림 3-2-2는 ZigBee의 계층 구조를 나타낸 것으로, IEEE 802.15.4 표준에서는 물리 계층(PHY Layer)과 링크 계층(MAC Sub-layer)의 두 개 계층을 정의하며, ZigBee Alliance에서는 네트워크 계층(Network Layer)과 Application Support Sub-layer,

ZDO(ZigBee Device Object), Application Object를 포함하는 응용 계층(Application Layer)의 프레임워크를 정의한다.

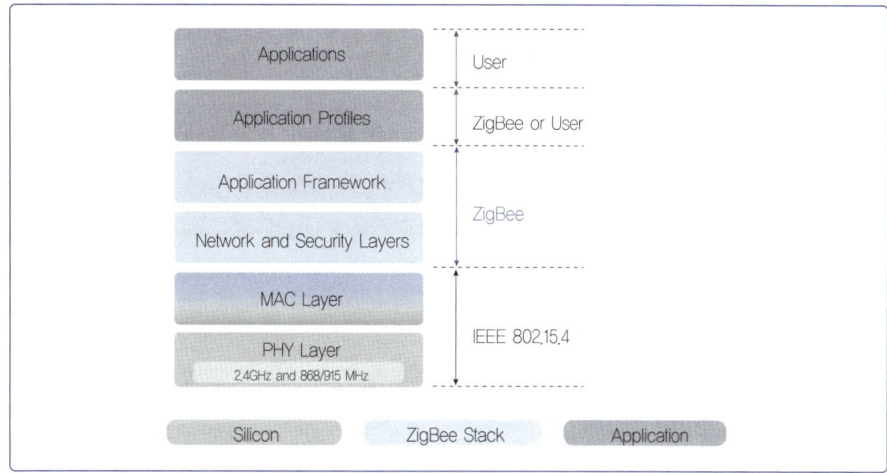

그림 3-2-2
ZigBee의 계층 구조

2 | IEEE 802.15.4 PHY/MAC

1 IEEE 802.15.4 소개

ZigBee의 PHY/MAC 계층은 IEEE 802.15.4를 기반으로 한다. IEEE 802.15.4는 저속의 통신 대역과 저전력을 목표로 하는 프로토콜이며, 현재 센서 네트워크에서 가장 많이 사용하는 기술이다. IEEE 802.15.4는 저전력, 저비용으로 전송률이 낮고 전송 거리가 비교적 짧은 무선 개인 영역 네트워크 기기에 적합하도록 설계되었다. 따라서 국제적 제약이 없는 주파수 대역, 즉 ISM 밴드로 통신한다. IEEE 802.15.4 PHY/MAC의 주요 특징을 요약하면 다음과 같다.

:: 250kb/s, 100kb/s, 40kb/s, 20kb/s의 전송 속도 지원

:: Star 또는 peer-to-peer 동작

:: 16-bit short 또는 64-bit extended addresses 가짐

:: 부가적으로 Guaranteed Time Slots(GTSs) 할당

:: 매체 접근 방법은 CSMA-CA(Carrier Sense Multiple Access with Collision Avoidance)를 기반으로 함

:: 전송 신뢰성을 위해 Fully acknowledged protocol 사용

:: 저전력 소모

:: Energy Detection(ED)

:: Link Quality Indication(LQI)

:: 2.45GHz 대역에서 16채널, 915MHz 대역에서 30채널, 868MHz 대역에서 3채널 지원

2 Network topology

그림 3-2-3에서 보듯이 ZigBee에서는 스타 토폴로지와 Peer-to-Peer 토폴로지를 지원한다. 스타 토폴로지는 네트워크 내의 PAN 코디네이터, 즉 하나의 중앙 제어기 노드를 중간에 두어 노드 간의 연결이 이루어진다. Peer-to-Peer 토폴로지는 비록 PAN 코디네이터를 가지고 있지만, 모든 노드가 통신 영역 내에 있을 경우 다른 노드와 연결이 가능하다.

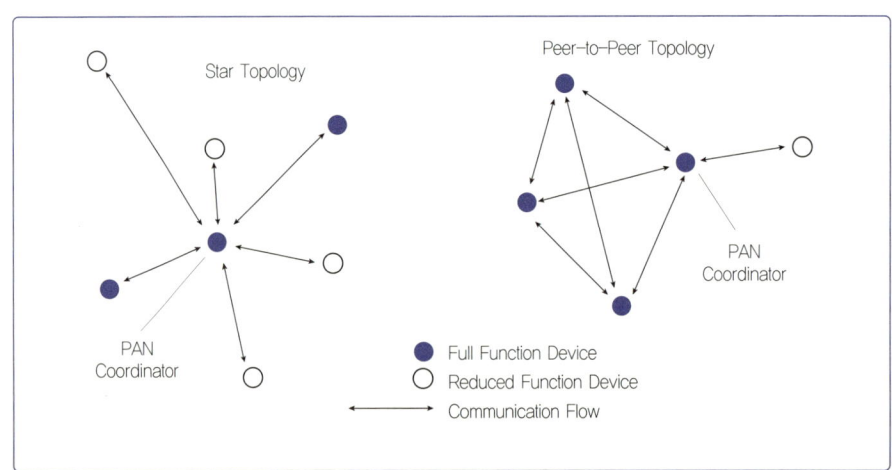

그림 3-2-3
Star 및
Peer-to-Peer
topology

그림 3-2-4는 Peer-to-Peer 토폴로지의 예인 Cluster Tree 구조를 나타낸 것이며, Cluster Tree 구조를 통해 보다 광범위한 네트워크를 구성할 수 있다. 이는 멀티홉 라우팅을 수행하여 넓은 범위의 센싱이 가능하며, 단일 노드 간의 통신 거리를 넓히지 않아도 된다. 따라서 저전력이 가능하여 네트워크 노드 가격을 낮출 수 있다. Multi-hop 라우팅의 정의는 Zigbee Alliance에서 담당한다.

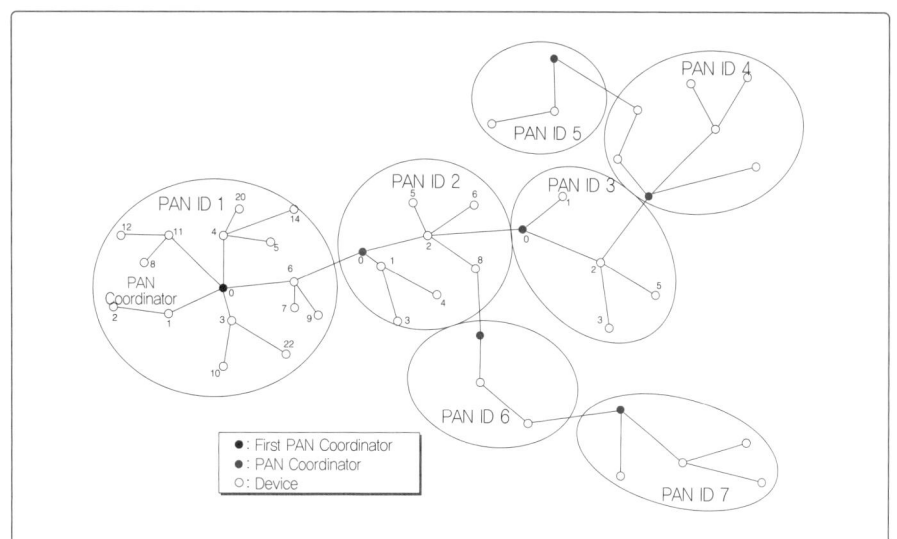

그림 3-2-4
Cluster Tree
network

ZigBee에서는 디바이스 클래스를 두 가지 범주, 즉 Full Function Device(FFD)와 Reduced Function Device(RFD)로 분류한다. FFD는 어떤 토폴로지의 구성도 가능하며, 네트워크 코디네이터(Coordinator) 역할을 수행할 수 있고 영역 내의 어떤 노드와도 통신이 가능하다. RFD는 스타 토폴로지로 제한되며, 네트워크 코디네이터가 될 수 없지만 네트워크 코디네이터와 통신할 수는 있다.

① FFD(Full Function Device)

FFD는 IEEE 802.15.4의 일반적 노드이다. 네트워크 토폴로지에 대해서는 star 토폴로지, 메시 네트워크, Peer-to-Peer를 지원하면서 각 노드의 라우팅 기능과 PAN 코디네이터로서 하나의 네트워크를 관리하는 기능까지 있다. 따라서 FFD 또는 RFD와 어떤 토폴로지를 형성하더라도 FFD는 다른 노드와 통신이 가능하다. 또한 FFD는 디바이스 간의 데이터를 주고받으며, 디바이스 간의 라우팅 기능을 수행하거나 코디네이터 역할을 수행하도록 IEEE 802.15.4에서 지원하는 대부분의 기능을 지니고 있다.

② RFD(Reduced Function Device)

RFD는 FFD의 기능 중 상당 부분을 제한하여 가격과 기능을 간소화한 디바이스이다. RFD의 가장 큰 특징은 Peer-to-Peer 기능이 상실되어 있으며, 다른 디바이스를 위해 데이터의 전달이 불가능하여 코디네이터 역할을 수행하지 못한다는 점이다. RFD는 star 토폴로지의 말단에 놓여 있으며, RFD와 데이터 교환을 수행할 수 없다.

다시 말해 RFD는 FFD를 통해서만 데이터를 교환할 수 있다. 또한 RFD는 작고 가벼우며 메모리를 적게 차지하는 단순한 데이터를 FFD에 전달한다. 예를 들어 형광등의 ON/OFF 또는 현재 형광등의 상태 정보를 FFD를 통해 전달하는 등 단순 제어 기능을 수행한다.

③ PAN Coordinator

PAN 코디네이터는 FFD 중 PAN의 관리를 수행하는 디바이스이다. PAN 코디네이터는 슈퍼 프레임 구조를 결정할 수 있는 기능이 있으며, PAN의 상태를 파악하여 관리한다. 또한 PAN 코디네이터는 PAN의 QoS(Quality of Services)를 보장하고 PAN 전체의 에너지를 고려하며, 새로 가입하는 디바이스 인증 역할을 한다.

❸ 물리 계층(PHY) 기술

기존의 무선 랜과 비교하여 WPAN이 갖는 가장 큰 특징은 배치된 후에 노드의 수명이 수개월에서 길게는 수년 동안 지속되어야 하므로 배터리 관리 기술이 극도로 효율적이어야 한다는 점이다. 일반적으로 송신 전력은 자유 공간에서 거리의 제곱에 비례하여 손실되므로 통신 거리의 증가에 따른 소요 전송 에너지가 지수적으로 증가한다. 이는 노드에서 사용하는 에너지 중 통신에서 소비되는 것이 지배적임을 의미한다.

전송 에너지의 효율적인 사용을 위하여 센서 네트워크에서는 긴 거리의 통신을 지양하고 짧은 통신 거리로 여러 번에 걸쳐 목적지에 정보를 전달하는 Multi-Hop 형태의 릴레이 네트워크를 구성하는 것이 바람직하다. 또한 전송/수신을 하지 않는 동안 트랜시버를 비활성화하여 전력을 아끼고, 활성화 시간 대비 비활성화 시간을 늘려 배터리로 제한된 노드 수명을 최대한 연장하도록 한다. 이처럼 Duty-Cycle을 통한 전송 에너지 효율 향상은 IEEE 802.15.4-2006과 여러 가지 MAC에서 연구해 왔다.

무선 환경에서의 통신은 주파수 간섭에 따라 성능이 크게 좌우된다. 동일 네트워크에서 가용 주파수 대역을 다수의 사용자가 공유하여 사용함으로써 초래되는 사용자 간 간섭 신호뿐 아니라 동일 주파수 대역에서 다른 애플리케이션(또는 규격) 사용자와의 공존으로 인한 간섭 신호는 수신 신호의 감도 저하를 초래한다. 이러한 라디오 전파(Propagation) 환경에 따른 수신 신호의 품질 저하는 PHY와 MAC에서 풀어야 할 과제 중 하나이다. IEEE 802.15.4 물리 계층(PHY)은 다음과 같은 기능을 수행한다.

:: Active/Inactive할 때 무선 전송으로 인한 에너지 손실을 최소화하기 위한 트랜시버의 Activation/Inactivation

:: 현재 사용하는 채널의 에너지 검출

:: 수신 패킷의 LQI(Link Quality Indication)

:: CSMA-CA를 위한 CCA(Clear Channel Assessment)

:: 채널 주파수 선정

:: 데이터 전송 및 수신

그림 3-2-5에서 보듯이 IEEE 802.15.4 물리 계층에서 사용하는 무선 주파수의 범위는 비인가 ISM(Industrial Scientific Medical) 주파수 대역인 868/915MHz 대역과 2.45GHz 대역, 즉 두 가지의 전송 대역을 사용하도록 정의한다. 이때 868/915MHz 대역은 BPSK 변조 또는 O-QPSK 변조 후 DSSS 방식으로 확산하는 방식과 BPSK 또는 ASK 변조를 사용하는 PSSS 확산 방식을 사용한다. 반면에 2.45GHz는 O-QPSK 변조 후 DSSS 확산 방식을 사용한다.

868/915MHz 대역은 각각 유럽 및 북미에서 주로 사용하는 주파수 대역으로, 2.45GHz 대역보다 상대적으로 간섭 신호 특성이 좋다고 할 수 있다. 반면에 2.45GHz 대역은 일부 국가를 제외하고는 세계적으로 사용이 허가된 주파수 대역이다. 따라서 앞서 언급한 바와 같이 다양한 애플리케이션이 밀집되어 있다는 단점이 있으나 국가별, 지역별 주파수의 사용 제한이 상대적으로 적다는 장점도 있다. 이들 각각은 20Kbps, 40Kbps, 250Kbps까지의 데이터 전송이 가능하다. 또한 채널 수는 868MHz에서 1개, 915MHz에서 10개, 2.4GHz에서 16개를 지원한다.

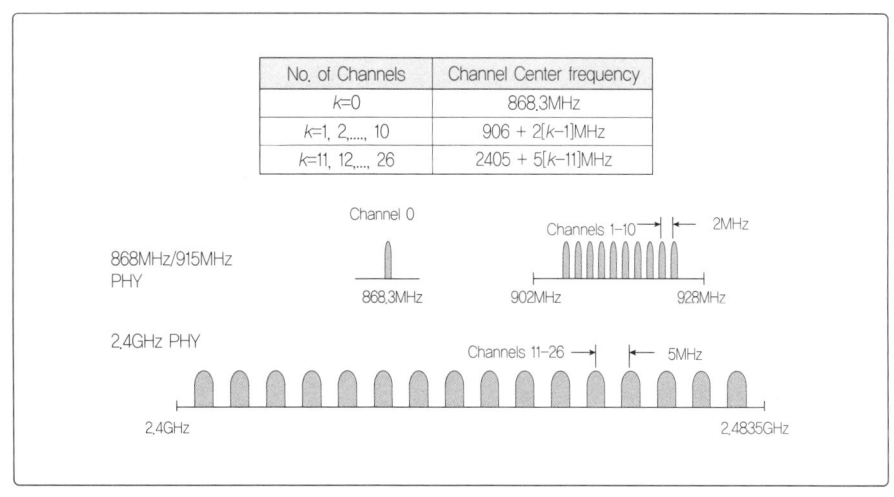

No. of Channels	Channel Center frequency
k=0	868.3MHz
k=1, 2,...., 10	$906 + 2[k-1]$MHz
k=11, 12,...., 26	$2405 + 5[k-11]$MHz

그림 3-2-5
IEEE 802.15.4
PHY의 주파수 대역

IEEE 802.15.4의 물리 계층은 송신 신호의 전력 소모를 줄이기 위해 기본적으로 스프레드 스펙트럼을 사용한다. 반면에 2.45GHz 대역에서는 송신 신호 주파수 대역의 급격한 위상 변화를 줄임으로써 저전력 성능을 향상하기 위해 O-QPSK를 사용한다. 표 3-2-1은 이들 주파수 대역별 변조 방식, 전송률 등을 정리한 것이다.

표 3-2-1
IEEE 802.15.4-
2006의 물리 계층
변조 방식

PHY [MHz]	Frequency band [MHz]	Spreading parameters		Data parameters		
		Chip rate [kchip/S]	Modulation	Bit rate [kb/s]	Symbol rate [ksymbol/s]	Symbol
868/915	868-868.6	300	BPSK	20	20	Binary
	902-928	600	BPSK	40	40	Binary
868/915 (Optional)	868-868.6	400	ASK	250	125	20-bit PSSS
	902-928	1600	ASK	250	50	5-bit PSSS
868/915 (Optional)	868-868.6	400	O-QPSK	100	25	16-ary Orthogonal
	902-928	1000	O-QPSK	250	62.5	16-ary Orthogonal
2450	2400-2483.5	2000	O-QPSK	250	62.5	16-ary Orthogonal

IEEE 802.15.4 표준에서 송신 전력은 -3dBm으로, 일반적인 전송 범위는 약 10~75m로 예상한다. 수신 감도는 2.4GHz PHY에서 -85dBm, 868/915MHz PHY에서 -92dBm으로 명시되어 있다.

물리 계층(PHY)에서는 MAC 계층과의 인터페이스를 단순하게 하기 위해 단일 패킷 구조를 사용한다. 그림 3-2 6은 물리 계층의 패킷 구조를 나타낸 것이다.

그림 3-2-6
물리 계층의
패킷 구조

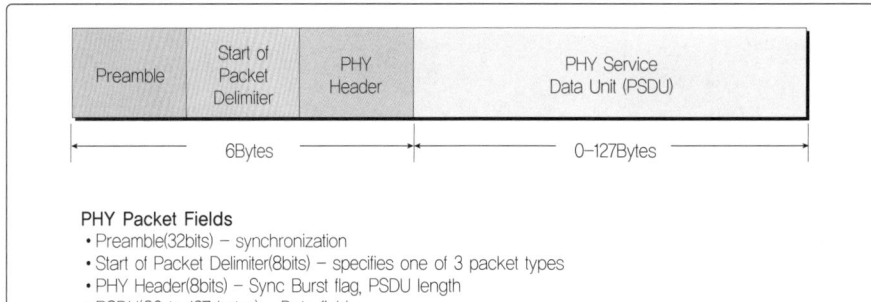

PHY Packet Fields
• Preamble(32bits) – synchronization
• Start of Packet Delimiter(8bits) – specifies one of 3 packet types
• PHY Header(8bits) – Sync Burst flag, PSDU length
• PSDU(C0 to 127 bytes) – Data field

４ MAC 계층 기술

IEEE 802.15.4에서는 채널 접근 기법으로 슬롯(slotted) CSMA-CA(Carrier Sense Multiple Access with Collision Avoidance)를 사용하거나 일반적인 CSMA-CA를 사용한다. 슬롯 CSMA-CA에서는 비컨이 설정된 네트워크에서 송신을 원하는 노드가 있을 경우 다음 슬롯의 시작까지 기다린 후 그 슬롯에 다른 디바이스가 전송 중인지 확인해야 한다. 그러나 ACK 프레임은 CSMA 기법을 사용하지 않고 즉시 전송한다.

무선 시스템에서는 수신도 송신처럼 에너지를 소모한다. 이러한 전력 소모는 배터리를 전원으로 장시간 동작해야 하는 센서 네트워크에서는 치명적이다. 무선 시스템 입장에서 에너지 소모를 야기하는 요소를 살펴보면 다음과 같다.

:: 충돌(Collision): 2개 이상의 패킷이 한 채널에 동시에 전송됨으로써 전송 패킷에 오류가 발생하여 재전송해야 하므로 쓸데없는 에너지 낭비 초래

:: Overhearing: 다른 노드로 가는 패킷을 쓸데없이 수신하여 에너지 낭비 초래

:: Idle Listening: 송신 중이 아닌데도 쓸데없이 수신 대기하면서 에너지 낭비 초래

:: Protocol overhead: RTS/CTS/SYNC 등의 제어 메시지 송수신에 의한 에너지 낭비 초래

이러한 에너지 소모 요소를 고려하여 IEEE 802.15.4-2006 MAC은 직접 송신하거나 수신할 때만 깨어나고, 나머지 시간에는 sleep하여 전원을 절약하는 기능을 기본으로 지원한다. 그림 3-2-7에서 보듯이 비컨 메시지를 통해 Active/InActive 구간의 길이와 CAP(Contention Access Period), CFP(Contention Free Period) 등을 설정할 경우 InActive 기간이 길고 Beacon Interval이 길수록 노드가 sleep하는 시간이 길어지므로 노드의 수명은 늘어난다. 그러나 패킷 전달에 필요한 시간이 늘어나기 때문에 실시간으로 급히 전송해야 하는 데이터의 경우 불리할 수 있다.

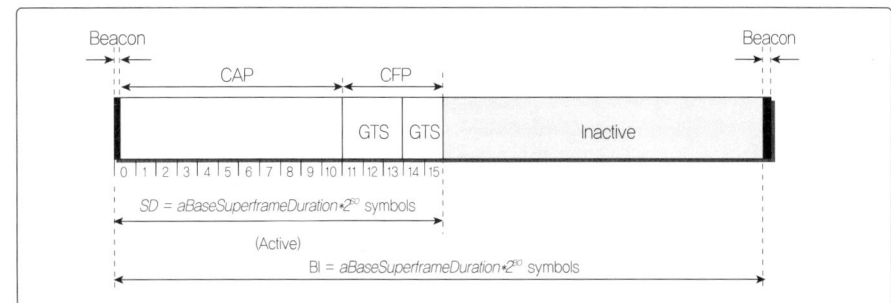

그림 3-2-7
IEEE 802.15.4의
동작 Cycle

MAC 계층에서 사용하는 프레임으로 일반 프레임과 슈퍼 프레임이 있다. 일반 프레임에는 비컨, 데이터, ACK, MAC 명령 프레임 타입이 있으며, 슈퍼 프레임은 지연 시간을 적게 하기 위해 전용 대역이 필요할 때 선택적으로 사용할 수 있다. 그림3-2-8은 일반 프레임 형식을 나타낸 것이다.

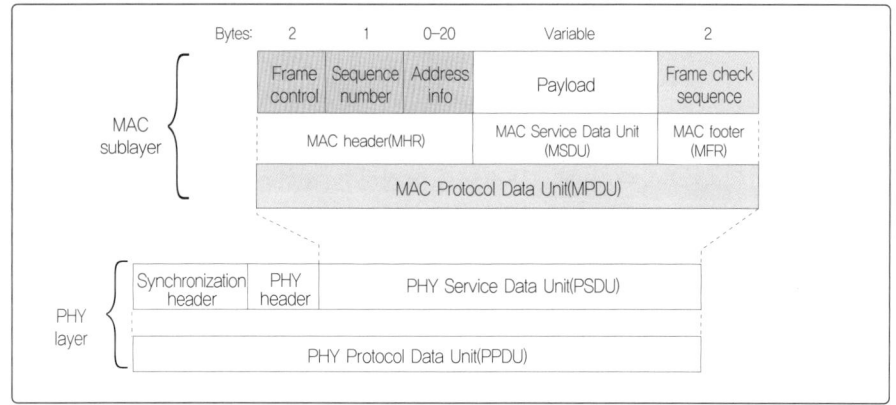

**그림 3-2-8
MAC의
일반 프레임 구조**

Frame control 필드는 MAC 프레임 타입과 주소 필드 형식을 나타내고 ACK를 제어한다. 주소 정보 필드는 프레임 종류에 따라 0~20바이트를 사용할 수 있고, 주소 역시 16-bit 또는 64-bit 디바이스 주소를 사용할 수 있다. Sequence number 필드는 수신된 프레임과 같은 번호를 사용하여 ACK 프레임을 송신한다. FCS(Frame Check Sequence)는 CRC-16을 사용하여 프레임 무결성을 검증한다. 반면에 슈퍼 프레임을 사용할 때는 PAN 코디네이터가 슈퍼 프레임 비컨을 송신한다. 비컨 사이의 간격은 15~245ms이고 비컨 사이의 시간은 16개의 시간 슬롯으로 나누어지며, PAN 코디네이터는 전용 대역을 요청하는 디바이스에 GTS(Guaranteed Time Slots)를 할당할 수 있다. 그림 3-2-9는 슈퍼 프레임 구조를 나타낸 것이다.

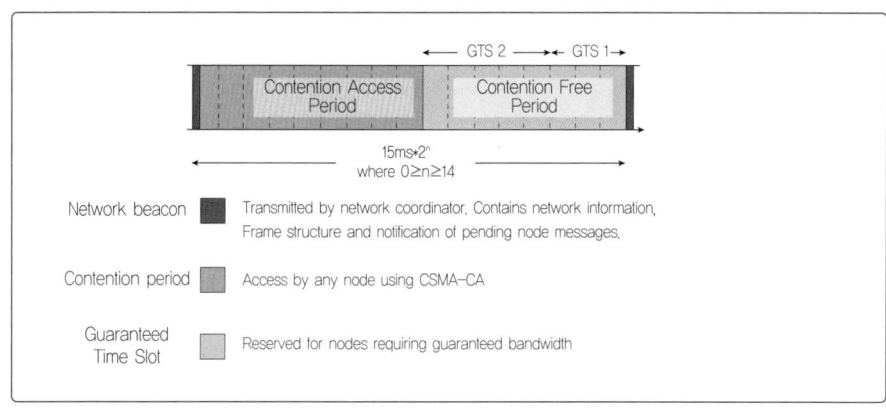

**그림 3-2-9
슈퍼 프레임 구조**

그림 3-2-10에서 보듯이 상위 계층에서 MAC 계층으로 연결하는 방법은 IEEE 802.2 타입 Ⅰ LLC가 SSCS(Service-Specific Convergence Sublayer)를 거치거나 다른 LLC 계층을 통해 직접 접근하는 것이다. SSCS는 MAC 계층에 접근하는 단일점을 제공하여 다른 LLC 계층 간의 호환성을 이루게 한다. MAC 계층에서는 연결 및 해제(association, disassociation), ACK 프레임 전송, 보장된(guaranteed) 시간 슬롯 관리, 채널 접근 기법, 프레임 검증, 비컨(beacon) 관리 등을 수행한다. 관리를 위한 기본 명령은 모두 26개이다.

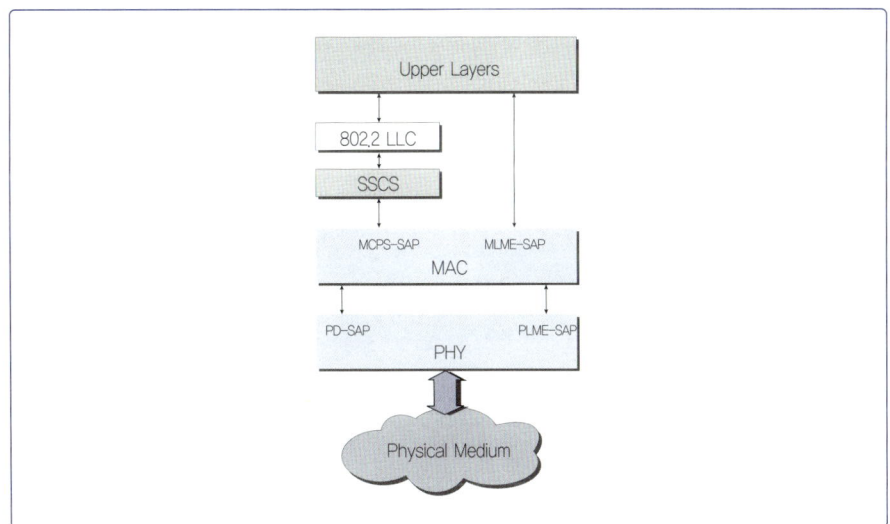

그림 3-2-10
IEEE 802.15.4
Device architecture

3 │ 네트워크 계층

ZigBee 네트워크 계층은 데이터 프레임을 전송 또는 수신하고 네트워크 헤더를 조작하는 NLDE(Network Layer Data Entity)와 관리를 목적으로 하는 NLME(Network Layer Management Entity)로 구분할 수 있다. 또한 계층 간의 상호통신을 위해 인터페이스를 정의한다. 각 계층은 데이터 프레임과 관련된 데이터 인터페이스, 관리를 위한 관리 인터페이스를 소유한다. 또한 네트워크 계층에서도 NLDE-SAP(Service Access Point)라고 명명한 데이터 인터페이스를 통해 응용 지원(Application Support) 부분 계층의 데이터 관리부와 통신하며, IEEE 802.15.4 표준의 MCPS-SAP 데이터 인터페이스를 통해 MAC 계층의 데이터 관리부와 통신한다. 한편 애플리케이션은 APS 부분 계층이 아닌 ZDO(ZigBee Device Object)를 통해 네트워크 계층을 관리할 수 있다. 이때 ZDO와 네트워크 계층은 NLME-SAP 관리 인터페이스를 사용하여 통신하며, MAC 계층 관리를 위해서는 MLME-SAP 관리 인터페이스를 통해 MAC 계층과 직접 통신한다.

■ ZigBee 네트워크 계층의 장치 분류

IEEE 802.15.4 표준의 장치 분류가 FFD와 RFD의 2개인 데 비해 ZigBee 네트워크 계층에서는 이를 세분화하여 총 3개의 장치로 구분한다. 다음은 ZigBee 네트워크 계층의 각 장치별 분류와 그 특징에 대한 설명이다.

① ZigBee 코디네이터(Coordinator)

:: 각각의 ZigBee 네트워크 내에서 하나의 ZigBee 코디네이터가 필요

:: 네트워크 정보의 초기화

:: IEEE 802.15.4 표준의 PAN 코디네이터와 같은 역할 수행

:: FFD(Full Function Device)만이 될 수 있음

② ZigBee 라우터(Router)

:: 선택사항인 네트워크 컴포넌트로, 멀티홉 라우팅을 위해 필요

:: 하나의 네트워크 내에는 여러 개의 ZigBee 라우터가 존재

:: ZigBee 코디네이터 또는 이미 네트워크에 접속 중인 ZigBee 라우터를 통해 네트워크에 참여

:: IEEE 802.15.4 표준의 코디네이터와 같은 역할 수행

:: FFD만이 될 수 있음

③ ZigBee 단말 장치(End Device)

:: 선택사항인 네트워크 컴포넌트이며, 라우팅에는 참여하지 않음

:: 하나의 네트워크 내에는 여러 개의 ZigBee 단말 장치가 존재

:: ZigBee 코디네이터 또는 이미 네트워크에 접속 중인 ZigBee 라우터를 통해 네트워크에 참여

:: ZED는 가장 하위 장치로, 네트워크 참여를 허락하지 않음

앞서 살펴보았듯이 ZigBee 네트워크는 3개의 장치, 즉 ZigBee 코디네이터, ZigBee 라우터, ZigBee 단말 장치로 구성된다. 그림 3-2-11은 이와 같은 3개의 장치로 구성된 ZigBee 네트워크를 나타낸 것이다.

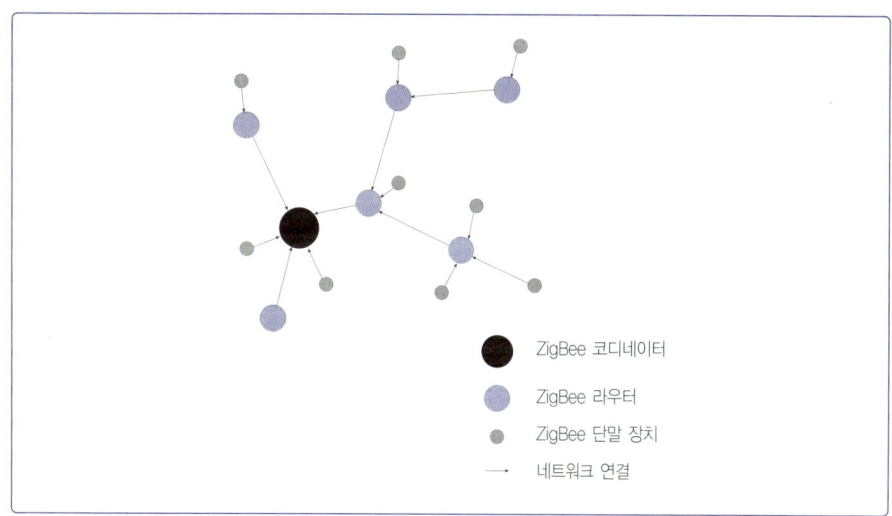

그림 3-2-11
ZigBee 네트워크
토폴로지

2 ZigBee 네트워크 계층의 기본 프레임

ZigBee 네트워크 계층의 프레임은 기본적으로 네트워크 헤더(header)와 네트워크 페이로드(payload)로 구성된다. 네트워크 헤더는 고정된 8바이트 크기이며, Frame Control 필드, 주소 필드, 브로드캐스트와 관련된 필드로 구성되어 있다. 네트워크 페이로드는 상위 계층에서 받거나 상위 계층으로 보내야 하는 데이터가 들어가는 곳이며, 최대 89바이트까지 가능하다. 그림 3-2-12는 ZigBee 네트워크의 기본 프레임 형식을 나타낸 것이다.

Octets: 2	2	2	1	1	Variable
Frame Control	Destination Address	Source Address	Radius	Sequence Number	Frame Payload
	Routing Fields				
NWK Header					NWK Payload

그림 3-2-12
ZigBee 네트워크
기본 프레임 구조

ZigBee 네트워크 계층에서는 두 가지 프레임을 사용한다. 하나는 네트워크 데이터 프레임으로, 상위 계층의 데이터를 전송할 때 사용하는 프레임인데 기본적인 네트워크 프레임 형식과 동일하다. 다른 하나는 네트워크 명령 프레임으로, 네트워크 헤더 부분은 기본 프레임 형식을 따른다. 그러나 네트워크 페이로드의 첫 번째 바이트는 어떤 명령 프레임인지 구분하는 네트워크 command identifier 필드로 지정되어 있다. 명령 프레임은 경로 요청(Route request) 명령, 경로 응답(Route reply) 명령, 경로 에러(Route error) 명령, Leave 명령으로 구분할 수 있다.

❸ 네트워크 관리 및 주소 할당

① 네트워크 관리

모든 ZigBee 장치는 네트워크 계층을 통해 다음 기능을 제공한다.

:: 네트워크 참여

:: 네트워크 이탈

ZigBee 코디네이터와 라우터는 다음 기능을 추가로 제공한다.

:: 네트워크에 참여하고자 하는 노드에게 허락

:: 네트워크에서 이탈하고자 하는 노드에게 허락

:: 16비트 네트워크 주소 할당

:: 이웃 노드의 정보 관리

이와 같은 기능을 제공하기 위해 ZigBee 네트워크에서는 각각의 노드가 네트워크를 관리하고 유지하려는 목적의 정보를 테이블로 갖고 있다. 이 테이블에 저장된 정보를 NWK IB(Information Base)라고 하며, 그 내용은 다음과 같다.

:: 최대 자식의 개수

:: 네트워크 트리의 최대 깊이

:: 자식으로 가질 수 있는 최대 ZigBee 라우터 개수

:: 브로드캐스트 전송과 관련된 정보

:: 이웃 노드의 정보를 갖고 있는 테이블(Neighbor Table)

:: 경로 테이블(Route Table)

:: 보안 관련 정보

네트워크 계층에서는 이러한 정보와 NWK 상수(constants)라는 고정된 값을 이용하여 네트워크를 관리하고 유지한다. 상위 계층에서 네트워크를 관리할 경우 NLME-SAP 관리 인터페이스를 이용한다. 애플리케이션은 인터페이스를 통해 이러한 정보를 얻거나 고쳐 쓸 수 있고, 네트워크 계층을 조정할 수도 있다. 또한 각각의 ZigBee 장치는 이웃 노드의 모든 정보를 테이블에 저장한다. 경로 테이블은 데이터를 멀티홉 네트워크에서 목적지까지 전송하기 위해 경로를 탐색할 때 사용하는 정보를 담고 있다. 다음은 ZigBee 장치가 반드시 가져야 할 이웃 노드의 정보이다.

:: PAN 식별자

:: 부모 또는 자식의 64비트 주소

:: 16비트 네트워크 주소

:: 장치의 형식(ZC, ZR, ZED)

:: 자신과 이웃 노드의 관계(부모, 자식, 이웃)

② 주소 할당

ZigBee는 IEEE 802.15.4 표준 MAC 계층에서 사용하는 16비트 주소를 네트워크 계층에서 할당한다. ZigBee 장치를 가진 노드가 ZigBee 네트워크에 새롭게 참여할 때 이 노드의 부모 노드는 정해진 식에 따라 16비트 주소를 부여한다. ZigBee에서는 이를 분산 주소 할당 메커니즘(Distributed Address Assignment Mechanism)이라고 한다. ZigBee 코디네이터와 같이 하나의 노드가 모든 정보를 가지고 주소를 부여하는 것이 아닌, ZigBee 코디네이터 또는 ZigBee 라우터라면 자식이 될 노드에게 주소를 부여할 수 있으므로 네트워크상의 트래픽이 줄어든다. 이때 부여되는 주소는 하나의 ZigBee 네트워크 내에서 유일한 값이다.

4 경로 탐색 및 유지 보수

멀티홉 네트워크의 네트워크 계층에서 가장 중요한 역할은 데이터 프레임을 목적지까지 보낼 때 적합한 경로를 찾는 일이다. ZigBee에서는 계층적 라우팅(Hierarchical Routing)과 경로 탐색(Route Discovery)의 두 가지 알고리즘을 제공한다. 각각의 알고리즘에는 장단점이 있으므로 ZigBee는 두 가지 알고리즘을 상황에 따라 선택하여 사용하도록 한다.

① 계층적 라우팅

계층적 라우팅은 ZigBee의 주소 할당이 계층적으로 이루어지기 때문에 가능하다. 논리적인 수식으로 부여된 16비트 주소들 덕분에 노드는 데이터 프레임의 목적지, 즉 16비트 주소를 확인한 후 주어진 식을 통해 목적지가 자신의 주소 부분 블록 내에 존재하는지 알 수 있다. 계층적 라우팅은 경로 테이블과 같은 추가 자원을 소비하지 않으며, 간단한 알고리즘으로 구성되어 있다. 그러나 계층적 라우팅 알고리즘에 따르면 1홉 내에 있는 노드라 해도 비효율적으로 여러 노드를 거쳐 가는 최단 경로 문제가 발생한다.

② 경로 탐색

계층적 라우팅에서의 최단 경로 문제를 해결하기 위해 ZigBee는 경로 탐색이라는 라우팅 알고리즘을 제공한다. 경로 탐색이란 데이터를 목적지까지 전송하기 위해 경로를 요구하는 시점에서 경로를 찾는 On-demand 라우팅 프로토콜이며, 각 노드는 목적지를 위한 다음 경로를 가진 Distance vector 라우팅 성격이 있다. 라우터 능력을 지닌 ZigBee 코디네이터와 라우터는 목적지와 주위 노드의 관계를 저장하는 경로 테이블(Route Table)을 가지고 있다. 네트워크 계층에서는 데이터 전송 시 이 테이블을 기반으로 목적지까지의 경로를 구할 수 있다.

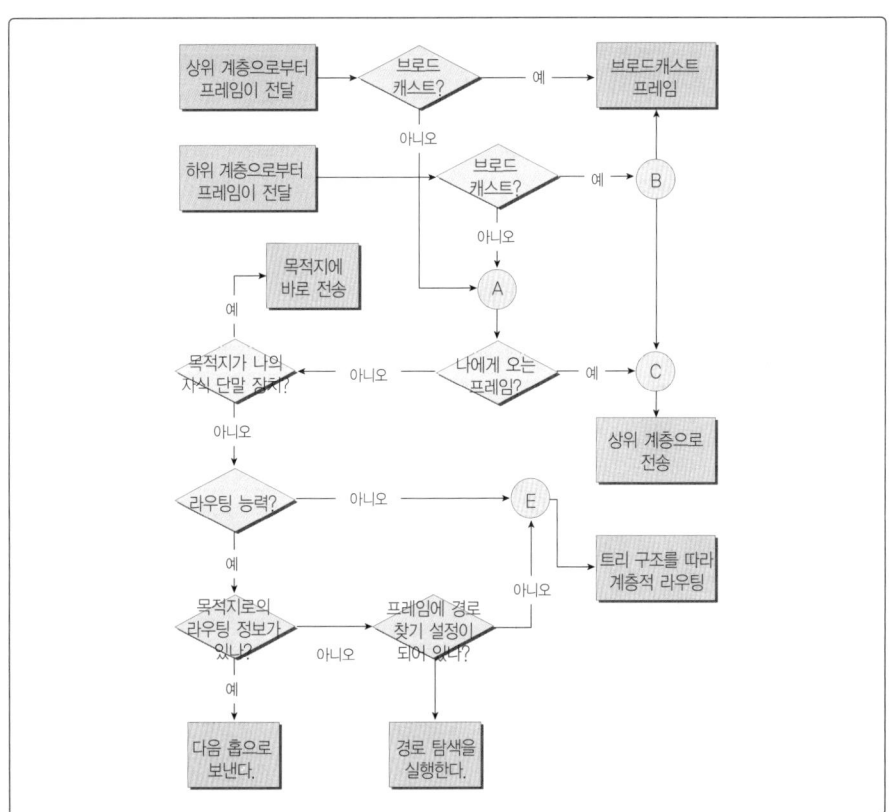

그림 3-2-13
ZigBee의 기본
라우팅 알고리즘

③ ZigBee의 기본 라우팅 알고리즘

그림 3-2-13은 데이터 프레임이 네트워크 계층에 도착할 경우 프레임을 어떻게 처리하는가에 대한 알고리즘을 보여주는 순서도이다. 이 순서도에서 알 수 있듯이 ZigBee에서는 계층적 라우팅과 경로 탐색 알고리즘을 모두 사용한다. 기본적으로 라우팅 능력을 가진 ZigBee 라우터 또는 코디네이터는 경로 탐색 알고리즘을 사용하

지만 라우팅 능력이 없는 ZigBee 단말 장치는 계층적 라우팅을 사용한다. ZigBee 라우터나 코디네이터라 할지라도 어떤 이유로 경로 테이블 또는 경로 탐색 테이블을 만들지 못하거나 라우팅 능력이 없을 경우 계층적 라우팅을 이용한다.

4 | 응용 계층

ZigBee 스택 구조는 여러 개의 계층으로 구성되는데, 각 계층은 상위 계층에 특정 서비스를 제공한다. 각각의 계층은 데이터 전송 서비스를 제공하는 Data Entity와 그 밖의 모든 서비스를 제공하는 Management Entity로 구성된다. 또한 각 서비스 Entity는 SAP(Service Access Point)를 통해 상위 계층에 인터페이스를 제공한다. ZigBee 스택은 OSI(Open Systems Interconnection) 7계층 모델을 기반으로 한 계층 구조를 갖는다. 그림 3-2-14는 ZigBee 스택의 계층 구조를 나타낸 것이다.

ZigBee Application Layer는 디바이스가 제공하는 서비스 및 요구에 기초하여 디바이스 간의 바인딩을 관리하고 바인딩 테이블을 유지하며, 이를 기초로 바인딩된 디바이스 간의 메시지 포워딩을 담당한다. ZDO는 네트워크 안에서 디바이스의 역할을 정의하고 네트워크와 디바이스 사이에서 바인딩 요구 처리, 디바이스 간의 보

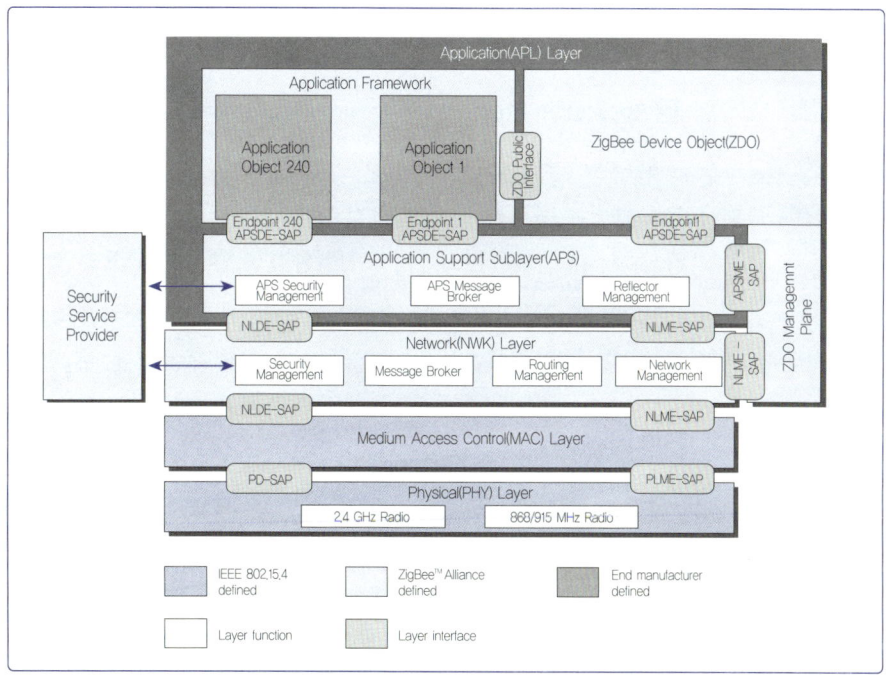

그림 3-2-14
ZigBee 스택 구조

안 관계를 설정하는 기능을 담당한다. 또한 ZDO는 해당 네트워크에서 디바이스를 탐색하고 그들이 제공하는 응용 서비스를 결정하는 기능이 있다.

■ Application Support Sub-layer

Application Support Sub-layer(APS)는 ZigBee Device Object뿐 아니라 제조사의 Application Object에서 이용하는 일반적인 서비스를 가지며, 이를 통해 Network Layer(LWK)와 Application Layer(APL) 사이의 인터페이스를 제공한다. 이와 같은 서비스는 Data Entity(DE)와 Management Entity(ME)에서 제공한다.

① APS Data Entity(APSDE)

APSDE-SAP(APSDE Service Access Point)를 통과하는 entity로, 동일한 네트워크에 위치하는 둘 또는 그 이상의 디바이스 사이에서 Application PDU의 수송을 위한 데이터 전송 서비스를 제공한다.

② APS Management Entity(APSME)

APSME-SAP(APSME Service Access Point)를 통과하는 entity로, 발견(discovery) 서비스와 디바이스 바인딩 및 APS Information Base(AIB)로 불리는 관리 객체의 데이터베이스를 유지하는 서비스를 제공한다.

■ Application Framework

ZigBee에서의 응용 프레임이란 응용 객체가 ZigBee 디바이스에서 호스트로 구동하는 환경을 의미한다. 즉 응용 프레임워크 내에서 응용 객체가 APSDE-SAP로 정의된 Endpoint 인터페이스에서 데이터를 받으면 응용 객체의 제어와 관리는 ZigBee 디바이스 객체(ZDO)인 Public Interface를 통해 수행된다. 이때 응용 프레임워크 인터페이스는 APSDE-SAP를 통해 APS와 인터페이스로 연결된다. Application Framework의 핵심 내용은 Application에서 사용하는 주소 체계의 내용과 애플리케이션 간의 통신 원리를 기술한 것이다. Application에서 사용하는 주소 체계는 Node Address, Endpoint Address, Interface Address로 단계별로 이루어진다.

① Node Address

각각의 ZigBee Radio에 부여하는 주소로, ZigBee 네트워크에서 유일한 주소이다.

② Endpoint Address

ZigBee 노드는 Node Address로 구분이 가능하지만 각각의 노드에 여러 개의 서 브 유닛이 존재할 경우 이를 구분하기 힘들다. 이러한 문제점을 해결하기 위해 ZigBee는 IEEE 802.15.4 표준 위에서 사용될 때 하위 어드레싱의 다른 레벨을 제공한 다. 즉 하나의 ZigBee 노드는 240개의 Endpoint 값을 가지며, Endpoint0은 디바이스 관리와 노드 내에서 디스크립터의 주소를 위해 예약되고 Endpoint255는 전체 서브 유닛의 브로드캐스팅을 위해 사용된다. 나머지 Endpoint1-240은 ZigBee 노드가 가 진 각각의 서브 유닛을 구분하기 위한 주소로 사용할 수 있다.

③ Interface Address

인터페이스 주소는 프로파일에 따라 서로 다른 서비스 집합을 제공할 수 있다. 이 러한 서비스 제공의 창구가 되는 것이 바로 인터페이스 주소이다. 앞서 설명한 주소 체계를 통해 주소를 부여 받으면 응용 간의 통신에서는 프로파일과 클러스터를 이용 한다. 프로파일은 메시지 포맷, 사용할 수 있는 응용이 명령을 보내거나 데이터를 요 구하고 공동 이용이 가능한 분할된 응용을 생성하는 것을 명령하거나 요구하는 처리 등의 메시지에 대한 협약이다. 예를 들어 한 노드의 온도 조절기는 다른 노드의 난방 기와 통신할 수 있으며, 동시에 난방 응용 프로파일을 협조적으로 형성한다. 또한 클 러스터는 데이터가 기기로 수신 및 송신되는 것과 관련된 Cluster ID에 의해 식별된 다. Cluster ID는 고유의 프로파일 내에서 유일하다. 바인딩 결정은 Cluster ID와 출력 Cluster ID가 동일한 프로파일 내에 있다고 가정할 때 둘을 매치하여 얻는다. 또한 바 인딩 테이블은 소스와 목적하는 기기의 주소 값에 따른 8비트 식별자를 갖는다.

3 ZDO(ZigBee Device Objects)

ZigBee 디바이스 객체(ZDO)는 ZigBee 스택 구조에서와 같이 APS 위에 존재하는 응용 솔루션이다. ZDO는 응용 객체의 디바이스 제어와 네트워크 기능의 이용을 위 한 응용 프레임워크 계층에서 응용 객체의 공용 인터페이스(Public Interface)를 제공 한다. ZDO는 데이터와 APSME-SAP 컨트롤 메시지를 위해 ZigBee 프로토콜 스택의 하위 부분과 APSDE-SAP의 Endpoint0을 통해 인터페이스를 연결한다. 공용 인터페 이스 함수는 ZigBee 프로토콜 스택의 응용 프레임워크 계층 내에서 기기 발견 (Device Discovery), Binding, Security 함수에 대한 관리를 제공한다. ZDO가 수행하 는 기능은 다음과 같다.

① 기기와 서비스 발견(Device and Service Discovery)

기기 발견은 ZigBee Coordinator 또는 ZigBee Router의 주소를 이용하여 수행되며, 기기 발견을 요청받은 해당 주소의 ZigBee Coordinator 또는 ZigBee Router는 Association된 모든 기기의 네트워크 주소를 되돌려 준다. 이러한 기기 발견에는 Unicast 방식과 Broadcast 방식이 존재한다. 서비스 발견에는 인터페이스 기반 방식과 Profile ID 및 Cluster를 이용한 서비스 Match 기반 방식, 노드의 타입 기반 방식, 기타 유저에 따라 정해지는 방식 등이 있다.

② 보안 관리(Security Management)

보안 관리는 보완을 계속 유지할 것인지, 해제할 것인지를 결정하는 작업이다. 보안을 유지할 경우 키 설정, 키 전송 기능, 설정된 링크 키를 이용하여 원격의 디바이스를 인증하는 등의 작업을 한다.

③ 망 관리(Network Management)

망 관리는 프로그램된 응용이나 기기 설치 시의 설정에 따라 ZigBee 코디네이터, ZigBee 라우터, ZigBee 종단 기기 중 논리적 기기 형태를 결정하는 것이다. 기기 타입이 ZigBee 라우터, ZigBee 종단 기기일 경우 주변에 존재하는 PAN에 가입할 수 있는 기능을 제공하고, 기기 타입이 ZigBee 코디네이터나 ZigBee 라우터일 경우 새로운 PAN을 생성할 수 있는 기능을 제공하며 이를 위하여 사용되지 않는 무선 채널의 선택 기능 등을 제공한다.

④ 바인딩 관리(Binding Management)

바인딩 관리는 바인딩 테이블을 위한 리소스의 사이즈 설정 기능, 바인딩 테이블에서 엔트리 첨부나 삭제를 요청하는 기능, Bind/Unbind 명령 기능을 제공한다. 또한 버튼을 이용하거나 다른 수동적인 방법으로 ZigBee Coordinator에 바인딩하는 것을 지원한다.

⑤ 노드 관리(Node Management)

노드 관리는 주변의 네트워크를 찾는 기능, 라우팅 테이블을 정정하는 원격 관리 기능, 바인딩 테이블을 정정하는 원격 관리 기능, 디바이스가 네트워크를 떠나거나 다른 디바이스가 네트워크를 떠나는 데 따른 관리 기능 등을 제공한다.

3 UWB

1 | 개요

UWB 기술은 무선 방송파를 사용하지 않고 기저 대역에서 수 GHz대의 넓은 주파수를 사용하여 통신이나 레이더 등에 응용하는 새로운 무선 기술이다. 특히 이 기술은 수 nano 또는 수 ps(picosecond)의 좁은 펄스를 사용함으로써 무선 시스템의 잡음처럼 낮은 스펙트럼 전력으로 기존의 통신 시스템과 주파수를 공유해 상호 간섭이나 영향 없이 사용할 수 있는 시스템으로 새롭게 대두되고 있다.

특히 1970년대 초반의 고해상 레이더부터 탐지가 어렵고 간섭이 적은 특수 목적의 통신 시스템에 이르기까지 많은 분야에 임펄스 기술이 적용되었다. 미국의 경우 1995년 이전에는 UWB 관련 연구를 보안으로 분류했으나 그 뒤 UWB 기술의 많은 부분이 군사 보안에서 해제됨에 따라 여러 업체에서 상업화를 위한 개발에 박차를 가하고 있다. 2002년 2월에는 FCC가 UWB 시스템을 3.1GHz 이상의 주파수 대역에서 제한된 용도로 사용하도록 허가했으며, IEEE 산하 802.15.3a에서는 WPAN(Wireless Personal Area Network) 응용에 물리층 고속화로 UWB의 표준을 제정했다.

FCC에서는 'UWB란 중심 주파수의 20% 이상 점유 대역폭을 갖거나 500MHz 이상 점유 대역폭을 차지하는 무선 전송 기술'로 정의한 바 있으며, 이에 따르면 대역폭만 500MHz 이상 확보한 기존의 캐리어 변조 기술도 UWB 기술로 구분할 수 있다. 일반적으로 3.1~10.6GHz 대역에서 100Mbps 이상의 속도로, 기존 스펙트럼에 비해 매우 넓은 대역에 걸쳐 낮은 전력으로 초고속 통신을 실현하는 근거리 무선 통신 기술이다.

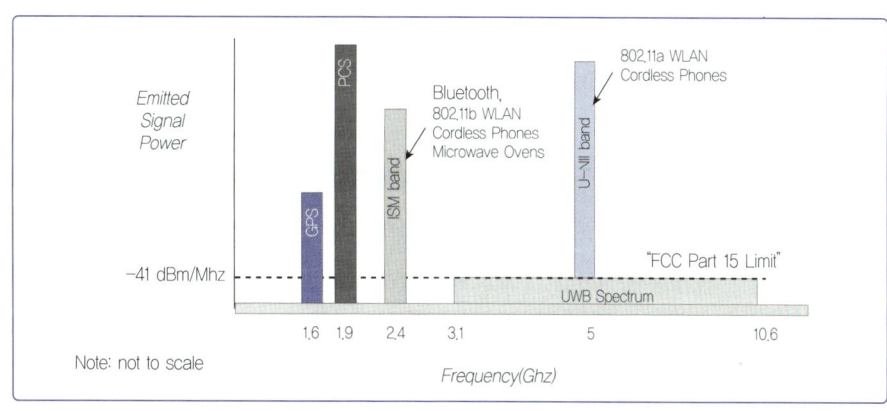

그림 3-2-15
UWB의 정의

UWB의 가장 큰 특징은 초광대역을 활용하는 동시에 출력이 상대적으로 낮다는 점이다. 그림 3-2-15에서 보듯이 여타 시스템과 비교할 때 UWB 시스템의 경우 기존 협대역 시스템이나 광대역 CDMA 시스템에 비해 넓은 주파수 대역에 걸쳐 상대적으로 낮은 스펙트럼 전력 밀도를 바탕으로 구성됨을 알 수 있다. 특히 다른 통신 시스템의 간섭을 방지하기 위해 신호 에너지를 수 GHz 대역폭에 걸쳐 스펙트럼으로 분산, 송신함으로써 다른 협대역 신호에 간섭을 주지 않고 주파수에 크게 구애받지 않으며 통신할 수 있도록 한다. 이러한 속성은 주파수를 공유하여 사용하는 동시에 매우 적은 전력만을 필요로 한다는 점에서 장점이다.

한편 UWB의 표준화 논의는 초기에 2GHz대 및 5GHz대와 나란히 형성되었다. 그 당시 UWB는 성능, 소비전력, 비용 등에서 뛰어난 평가를 얻었지만 UWB를 사용해도 좋다는 법 규제가 없었기 때문에 결국 5GHz와 2GHz 중에서 2GHz가 물리 계층으로 선정되고 UWB는 철회되었다. 그 후 FCC에서 논의가 시작되어 2002년 1월부터 표준화 작업이 진행되었다.

WPAN과 관련된 표준은 IEEE 802.15에서 추진 중이다. 그중 UWB 기술을 사용하는 표준은 고속 WPAN Alternate PHY에 대한 표준 IEEE 802.15.3a와 저속 WPAN Alternate PHY에 대한 표준 IEEE 802.15.4a이다. 그러나 고속 UWB에 대한 표준은 지난 2006년 1월 회의에서 MB-OFDM 진영과 DS-CDMA 진영 간의 의견차를 좁히지 못해 결국 국제 표준화를 포기하고 각각 상용화를 시도하기로 했다. 따라서 UWB와 관련된 국제 표준은 IEEE 802.15.4a가 최초라고 할 수 있다. IEEE 802.15.4a는 저소비전력으로 통신과 거리 측정을 동시에 할 수 있는 PHY 제정을 목표로 한다. 2005년 3월 여러 기관에서 제안서를 모집한 후 통합 작업을 진행하여 일원화된 제안을 투표한 결과, 100% 찬성으로 표준 골자(baseline)가 결정되었다. 특히 표준 baseline에는 UWB 방식과 CSS 방식이 모두 포함되었다. 본 절에서는 IEEE 802.15.4a를 중심으로 기술한다.

2 | PHY/MAC

IEEE 802.15.4a에서는 FCC에서 통신용으로 허가한 3.1~10.6GHz 주파수 대역 및 1GHz 아래 주파수 대역을 그림 3-2-16과 같이 sub-GHz band, low-band, high-band의 3개 대역으로 나누었으며, 모두 16개의 채널을 할당했다. 그리고 채널 0번, 3번, 9

번을 각 대역의 mandatory 채널로 정하고 반드시 하나를 구현하도록 했다. 그림 3-2-16과 같이 채널을 운용했을 경우 여러 가지 장점이 있는데, 그중 하나는 향후 간섭 문제를 피할 필요가 생겼을 때 유연하게 대응할 수 있다는 점이다.

특정 일부 대역의 경우 어느 나라에서는 문제 없이 UWB를 사용하지만 어느 나라에서는 다른 통신과의 간섭이 심각한 상황일 수 있다. 이러한 경우 간섭을 피하기 위해 어느 지역에서는 특정 대역을 사용하지 않도록 할 필요가 있다. 이때 그 대역을 포함한 대역을 사용하지 않음으로써 이 문제에 대응할 수 있다. 또한 그림 3-2-16에서 볼 때 채널 4번, 7번, 11번, 15번을 제외하고 mandatory 채널을 포함한 나머지 채널의 주파수 대역폭이 같으므로 기본이 되는 무선 기술은 수정하지 않아도 된다. 즉 기존 주파수 대역과 같은 기술을 적용할 수 있다.

우리나라에서는 3.1~4.8GHz 및 7.2~10.2GHz의 주파수 대역을 UWB용으로 사용하도록 허가했다. 특히 3.1~4.8GHz 대역에서는 간섭 회피 기술(DAA)을 적용해야 하지만, 4.2~4.8GHz 대역에서 DAA 적용은 2010년 6월까지 유예하기로 했다. 따라서 IEEE 802.15.4a 표준에 부합하는 위치 인식 WPAN 시스템 개발 시 주파수 대역 현황을 잘 살펴야 할 것이다.

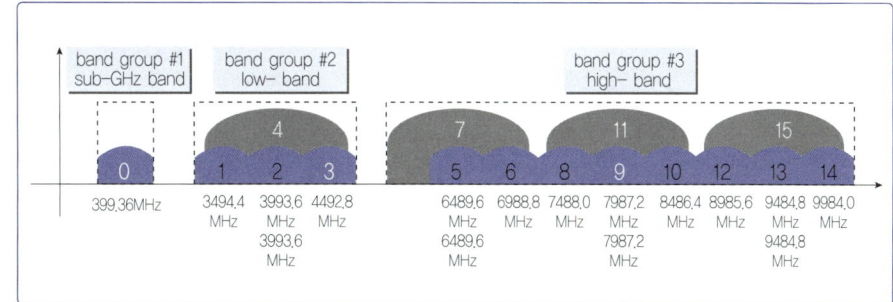

그림 3-2-16
IEEE 802.15.4a
주파수 운용 상황

UWB PHY는 임펄스(impulse) 방식에 기반을 두며, 각각의 주파수 대역에서 고유의 획득 코드를 이용하여 2개의 PAN을 구성할 수 있다. 또한 앞에서도 언급했듯이 0, 3, 9번의 주파수 대역 중 한 개의 대역에서 2개의 PAN을 반드시 구현하도록 되어 있으며, 칩 레이트(chip rate)는 앞의 세 가지 mandatory 주파수 대역에서 모두 499.2MHz로 동일하다. UWB PHY를 위한 변조 방식은 동기 수신과 비동기 수신 둘 다 지원하기 위해 BPM과 BPSK의 결합 형태를 취하며, 각 심벌은 여러 개의 UWB 펄스를 모아 놓은 burst로 구성된다. 여기서 burst 길이를 조절함으로써 다양한 데이터 서비스를 제공할 수 있다.

UWB 프레임 형태는 그림 3-2-17과 같이 SHR 프리앰블, PHY 헤더, 페이로드로 구성된다. SHR 프리앰블은 신호 획득, 동기, 채널 추정, ranging을 위한 leading edge detection 등의 수신단 알고리즘을 수행하기 위한 것이고, PHY 헤더에는 프리앰블 모드, 데이터 전송률, 페이로드 길이 정보 등이 포함되어 있다. 이때 페이로드는 전송해야 할 MAC 데이터이다.

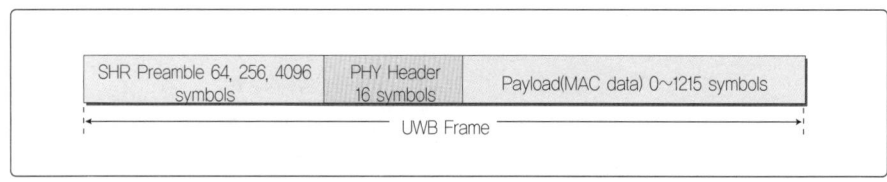

그림 3-2-17
UWB 프레임 구조

IEEE 802.15.4a MAC은 기본적으로 IEEE 802.15.4 MAC을 따른다. 또한 IEEE 802.15.4 MAC의 특징인 슈퍼 프레임 구조를 이용함으로써 저전력 기능을 수행하도록 한다. 그리고 채널 접근을 위하여 기본적으로 CSMA-CA 방식을 사용하며, UWB PHY에만 적용할 수 있도록 ALOHA 방식을 활용하여 데이터 전송률과 적용 거리의 유동성이 증가했다.

IEEE 802.15.4a MAC의 특징은 ranging과 관련하여 UWB PHY 방식에 의해 서비스 접근점(SAP)인 MLME-DPS와 MLME-DITHER를 추가한 것이다. MLME-DPS는 UWB PHY에서 ranging 시에 정상 모드와 다른 프리앰블을 사용함으로써 Spoof Attack을 방지하는 DPS 설정에 관한 프리미티브(primitive)이다. 그리고 MLMEDITHER는 UWB PHY에서 TWR ranging 시 다른 디바이스가 ranging에 관여하지 못하도록 ACK 메시지 응답 시간에 Dither Time을 주기 위한 프리미티브이다.

3 | Ranging 기술

IEEE 802.15.4a에서는 수십 cm급의 위치 인식 정밀도를 요구하고 있다. 이를 위한 위치 측정 방법으로 두 개의 노드 사이에 전파 전달 시간을 측정하여 위치를 구하는 TOA(Time Of Arrival)가 있다. 이외에도 AOA(Angle Of Arrival), TDOA(Time Difference Of Arrival) 등이 있으나, 여기서는 TOA를 기반으로 한 ranging만 간략히 설명하기로 한다.

기본적으로 Ranging을 위해 동기가 맞지 않는 두 디바이스 사이에 메시지를 주고받는 TWR(Two Way Ranging) 기법을 사용할 수 있다.

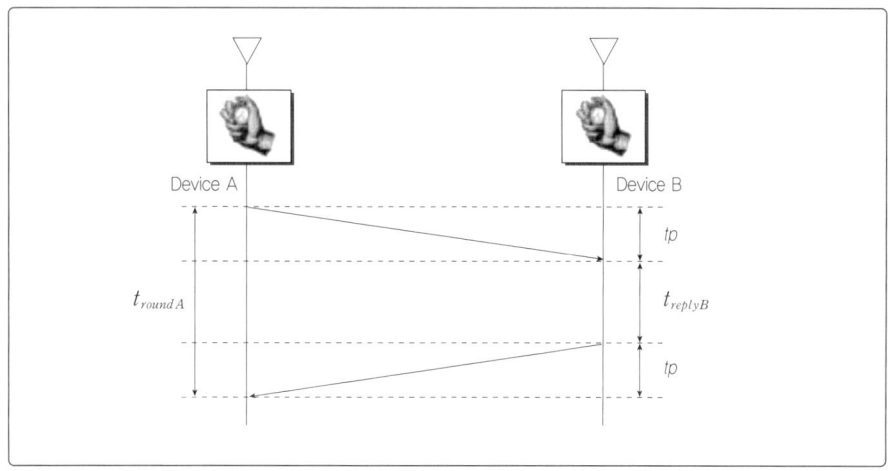

그림 3-2-18
TWR Ranging

우선 그림 3-2-18과 같이 디바이스 A에서 ranging 메시지를 보낼 때 자신의 카운터를 동작시킨다. 디바이스 B는 디바이스 A로부터 해당 ranging 메시지를 받으면 카운터를 동작시키고 수신 처리 시간 t_{replyB} 후에 디바이스 A로 ACK 메시지를 보낸다. 디바이스 A는 디바이스 B에서 메시지를 받는 순간 카운터를 중단하고, 그림 3-2-18에서 보듯이 RTT t_{roundA} 값을 얻어낸다. t_{roundB} 값은 메시지에 실어 보내는 등의 방법을 통해 디바이스 A에서 알 수 있으므로 TOA에 해당하는 tp는 다음 식으로 계산할 수 있다.

$$t_p = \frac{t_{roundA} - t_{replyB}}{2}$$

물론 앞의 TWR을 기반으로 tp를 추정할 때 신호의 leading edge detection 문제, 카운터의 정밀도 문제, crystal offset, 송수신기 내부 지연 문제 등으로 오차가 많이 발생할 수 있다. 이를 고려하여 정밀한 ranging을 할 수 있는 알고리즘이 도출되어야 한다.

4 Bluetooth

1 | 개요

블루투스(Bluetooth) 기술의 개념이 처음 탄생한 것은 1998년이지만, 첫 상용 제품은 2000년에 이르러서야 출시되었다. 그 후 8년이라는 짧은 시간 동안 약 15억 개가 넘는 블루투스 제품이 출하되었으며, 출범 당시 불과 몇 개에 불과했던 블루투스 SIG(Special Interest Group) 회원사는 약 10,000개의 업체에 이르게 되었다. 대량 출하, 국경 없는 시장의 형성, 저가격의 솔루션 개발을 위해 만들어진 블루투스는 무선 통신 기기 간에 근거리(short range)에서 저전력으로 무선 통신을 하는 표준으로 이동 컴퓨터(mobile computer), 휴대전화, 헤드셋, PDA, PC, 프린터 등 기기 간의 정보 전송을 목적으로 한다. 이러한 블루투스는 다음과 같은 특징을 갖고 있다.

:: 저가격화(5달러 이하)

:: 저소비 전력화(100mW)

:: 소형 경량화(성냥갑 정도)

:: 좁은 구역(10~100m) 내의 무선 연결 지원

2007년 v2.1+EDR(Enhanced Data Rate) 표준이 발표된 이후 블루투스는 초저전력 무선 통신 기술 및 고속 데이터 전송을 위한 기술을 적용함으로써 WPAN(Wireless Personal Area Network) 영역에서 더욱 주목받는 기술이 되었다.

그림 3-2-19
Bluetooth Umbrella

블루투스 SIG는 1999년 규격 버전 1.0B를 시작으로 지금까지 표준 규격을 지속적으로 발전시켜 블루투스 무선 기술이 보다 향상되었으며, 사용자가 블루투스 기기를 더욱 쉽게 연결할 수 있도록 2007년 7월 버전 2.1+EDR(Enhanced Data Rate)을 발표했다. 블루투스 SIG의 향상된 규격의 특징은 다음과 같다.

:: Secure Simple Pairing(SSP)

:: QoS: Non-Automatically-Flushable Packet Boundary Flag(PBF)/Erroneous Date Reporting(ED)

:: Sniff SubRating(SSR)

:: Encryption Pause/Resume(EPR)

:: Extended Inquiry Response(EIR)

:: Link Supervision TimeOut(LSTO)

그 밖에도 전력 소모량이 최대 5배까지 감소하여 마우스나 키보드 등의 응용에 더욱 적합하게 되었고, 보안 기능도 한층 강화되었다.

2 | 계층 구조 및 주요 특징

블루투스 계층은 그림 3-2-20에서 보듯이 물리층을 규정하는 RF, 호핑 패턴 등을 규정하는 베이스밴드, 패킷의 구성 등을 규정하는 링크 매니저, L2CAP와 그 위의 host system 간의 인터페이스를 규정하는 HID와 RFCOMM 부분으로 나뉜다. 여기서는 베이스밴드의 상위에서 프레임을 구성하거나 오류 제어, 인증(Authentication), 암

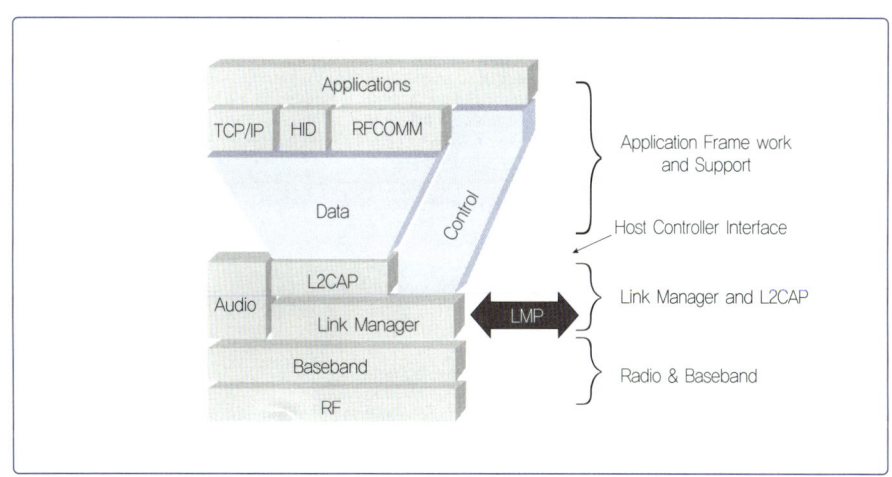

그림 3-2-20
Bluetooth 계층
구조도

호화(Encryption) 등을 정의한다. 그리고 음성 CODEC은 64kbps의 CSVD 및 logPCM 을 채용한다. 또한 TCP/IP의 프로토콜 스택 등은 L2CAP의 상위에 위치하며, 호스트와의 인터페이스로는 USB, EIA-232가 탑재되어 있다.

블루투스 규격은 크게 2개로 분류한다. 즉 물리적 부분과 그에 필요한 Firmware를 기술한 Core 사양 및 상호 기기 간의 호환성을 위해 마련한 Profile로 나뉜다. 블루투스의 주요 사양은 다음과 같다.

:: 2.4GHz 대역의 ISM(Industrial Scientific Medical) 대역(2.402~2.480GHz)

:: 1Mbps의 전송 속도(실제 723kbps)

:: 간섭 방지를 위한 주파수 호핑 방식(79/23hop, 1600hop/sec)

:: 저소비 전력(대기 상태 0.3mA, 송수신 시 최대 30mA)

:: 전송 거리 10m 및 Option으로 100m까지 가능

:: Class 1, 2, 3의 송신 파워(각 100mW, 2.5mW, 1mW)

:: 변조 방식: GFSK(Guassian Frequency Shift Keying)

:: 3채널의 Voice 지원(A-Law, u-Law PCM, CVSD)

:: Point to Point, Point to Multi 방식의 연결 가능

Profile은 블루투스를 최상위 Application에서 어떻게 사용할지 정의한 규격이다. 현재 10종류가 있으며, 점차 확대될 것이다. 대표적인 Profile로는 헤드셋을 들 수 있다. 헤드셋은 휴대전화나 PC 등을 이용하여 음성 통화를 할 수 있는 마이크가 내장된 헤드폰이라 생각하면 된다. 블루투스 마크가 부착된 헤드셋을 구입할 경우 전 세계 어디서나 호환이 가능하다.

part 1	Generic Access Profile
part 2	Service Discovery Profile Application Profile
part 3	Cordless Telephony Profile
part 4	Intercom Profile
part 5	Serial Port Profile
part 6	Headset Profile
part 7	Dial-up Networking Profile
part 8	Fax Profile
part 9	Lan Access Profile
part 10	Generic Object Exchange Profile

표 3-2-2
Bluetooth Profiles

3 | PHY/MAC

표 3-2-3을 보면 블루투스의 주파수 대역은 ISM(Industrial Scientific Medical) 대역 (2400~2483.5MHz) 전역을 이용하는 것으로 알려져 있으나 각 나라마다 차이가 있다. 예를 들어 미국과 유럽의 대부분 나라에서는 83.5MHz의 주파수 밴드를 사용하며, 79개 채널에 각각 1MHz의 스페이스를 두지만 일본, 스페인, 프랑스는 이보다 적은 23개 채널에 각각 1MHz의 스페이스를 두고 있다. 지금까지 일본은 블루투스에 23MHz의 주파수 대역을 할당했으나 1999년 10월 일본의 MPT는 미국과 같이 2400~2483.5MHz로 주파수 대역을 확장해 나가기로 발표했다.

나라	주파수 범위	무선 채널	
미국 및 유럽	2400 ~ 2483.5MHz	f=2402 + k MHz	k =0,···,78
일본	2471 ~ 2497MHz	f=2473 + k MHz	k =0,···,22
스페인	2445 ~ 2475MHz	f=2449 + k MHz	k =0,···,22
프랑스	2471 ~ 2497MHz	f=2454 + k MHz	k =0,···,22

표 3-2-3
Bluetooth의 각국
주파수 대역

변조 방식에는 BT=0.5인 GFSK(Gaussian FSK)가 적용된다. 정보 변조 속도는 약 1Mbps(심벌)이고, 변조 지수는 0.28~0.35이다. 그림 3-2-21에서 보듯이 스펙트럼 확산에 초당 1,600회 속도의 주파수 호핑(hopping) 방식을 채택함으로써 정보 변조 신호(1MHz)를 79채널(1MHz/채널)로 호핑하여 79MHz 대역으로 확산 변조한다.

블루투스 버전 1.0B가 규정될 당시에는 일본 등과 같이 ISM 대역에서 79MHz 폭을 이용할 수 없는 국가도 있었다. 이에 따라 규격에는 23MHz 폭의 모드가 준비되어 있으며, 79/23MHz 폭의 각 모드에는 채널 간 간섭을 예방한다는 의미에서 각각 5종

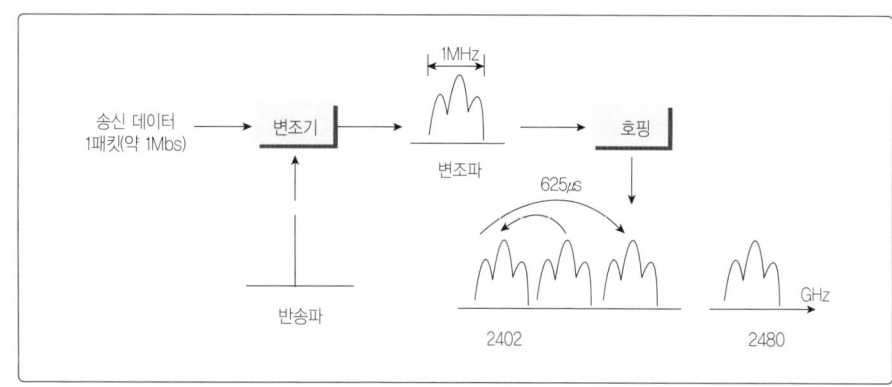

그림 3-2-21
블루투스의
주파수 호핑

류의 호핑 시퀀스가 준비되어 있다. 79MHz 폭 모드에는 79채널 모두를 호핑하는 유형 1종류, 32채널만을 호핑하는 유형 4종류를 적용하며, 23MHz 폭 모드에는 23채널 모두를 호핑하는 유형 1종류, 16채널만을 호핑하는 유형 4종류를 적용할 수 있다. 블루투스에서는 1패킷/호핑으로 스펙트럼 확산하기 때문에 기본적으로 1타임 슬롯은 1,600분의 1초($625\mu s$)가 된다.

표 3-2-4에서 보듯이 송신 전력에는 3종류의 클래스가 설정되어 있는데, 클래스 1이 100mW, 클래스 2가 2.5mW, 클래스 3이 1mW이다. 특히 클래스 3에는 모든 블루투스 기기가 갖추어져 있지 않으면 안 된다. 클래스 1과 2는 옵션으로 전파법의 규정이 엄격한 국가에서는 적용할 수 없다. 더욱이 클래스 1과 2는 전력 제어도 옵션으로 설정할 수 있는데, 클래스 1은 1~100mW, 클래스 2는 0.25~2.5mW의 범위에서 가변한다. 이 경우 전력 스텝 폭은 8~2dB로 가변해야 한다. 수신 감도는 70dBm 전력으로 수신한 경우 에러율이 10^3 이상이어서는 안 된다.

표 3-2-4
Bluetooth Power
Class

파워 Class	최대 파워	최소 파워	Power Control
1	100mW(20dBm)	1mW(0dBm)	0dB 이상일 경우 필요
2	2.5mW(4dBm)	0.25mW(-6dBm)	선택
3	1mW(0dBm)	없음	선택

채널은 79 또는 23개의 RF 채널을 통해 호핑하는 의사 랜덤(pseudo-random) 호핑 시퀀스로 표현된다. 호핑 시퀀스는 피코넷마다 고유하며, 마스터의 블루투스 기기 어드레스로 결정된다. 채널은 타임 슬롯으로 나뉘는데, 각 슬롯의 길이는 $625\mu s$이다. 또한 각 타임 슬롯은 피코넷 마스터의 클록에 따라 번호가 부여된다. 타임 슬롯 내에서 마스터와 슬레이브는 패킷을 송신할 수 있다. 이때 마스터와 슬레이브는 시간에 따라 교대로 송수신을 반복하는데, 교대 송신에 TDD(Time Division Duplex) 방식을 채택한다. 데이터 전송 및 수신에서 마스터는 항상 짝수 슬롯을 사용하고, 슬레이브는 항상 홀수 슬롯을 사용한다.

접속 방식은 동기 접속(SCO: Synchronous Connection Oriented)과 비동기 접속(ACL: Asynchronous Connectionless)으로 분류할 수 있다. 이때 동기/비동기란 송수신 간의 주파수 호핑 동기와 동기검파(복조)의 동기 유무를 말하는 것이 아니라 송수신(TDD 접속) 간의 패킷 동기 유무를 의미한다. 블루투스의 통신 용량은 약 1Mbps(실질적으로는 800kbps 정도)이지만 동기 접속에서 상하 균등하게 패킷을 할당할 경우 432.6kbps(양방향)의 접속이 가능하다. 반면에 비동기 접속에서 예를 들어 5 대 1 슬롯에 할당할 경우 721kbps 대 57.6kbps(비대칭)의 무선 접속이 가능하다.

동기 접속은 음성이나 동화상 전송과 같이 실시간성이 높은(time lag가 없는) 정보 전송에 사용하고, 비동기 접속은 WWW 데이터 열람(또는 다운로드) 등과 같이 한쪽의 통신 용량(비대칭성)이 높은 접속에 적용한다. 블루투스에서는 동기 접속에 4종류, 비동기 접속에 7종류의 패킷 유형이 규격화되어 있다.

에러 정정 부호(FEC)는 부호화율 3분의 1에서는 동일한 정보를 3회 반복하는 단순 반복 코드가 적용되고, 부호화율 3분의 2에서는(15, 10) 쇼트 하밍(Shortened Hamming) 부호가 적용된다. 또한 패킷 통신에 많이 사용하는 ARQ(Automatic Repeat Request: 에러 정정) 방식을 채택한다.

각 슬롯마다 마스터 장치와 슬레이브 장치 사이에 하나의 패킷이 교환된다. 패킷은 액세스 코드(access code), 헤더(header), 페이로드(payload)의 순서로 일정한 형태를 가지며, 각 패킷은 72비트의 액세스 코드로 시작된다. 이것은 마스터 장치의 주소에서 발생하여 채널에 대해 유일하다. 그림 3-2-22는 블루투스의 Packet 구성을 나타낸 것으로, ACCESS CODE와 HEADER는 고정 길이지만 PAYLOAD는 Packet 종류에 따라 달라진다.

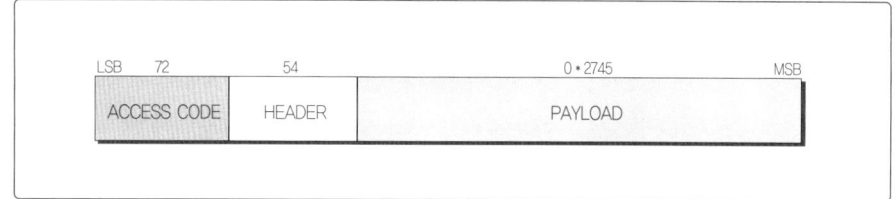

그림 3-2-22
Bluetooth 패킷 구조
(단위: bit)

액세스 코드 부분은 주로 동기의 확립, 오프셋 보정, 피코넷의 지정에 사용하며 프리앰블 4비트, 동기 워드 64비트, 트레일러 4비트 등 모두 72비트로 구성된다. 특히 액세스 코드 부분은 용도에 따라 다음의 3종류가 규격화되어 있다.

:: CAC(Channel Access Code)

:: DAC(Device Access Code)

:: IAC(Inquiry Access Code)

4 | 네트워크 구성

블루투스 시스템은 점 대 점(point-to-point) 또는 점 대 다점(point-to-multipoint)의 연결을 지원한다. 1개의 마스터 유니트(Master unit)와 최대 7개의 슬레이브 유니트(Slave unit)로 구성된 피코넷(Piconet)은 ad-hoc 형태로 연결된다. 즉 피코넷은 정보를 교환하기 위해 같은 채널을 공유하는 장치들의 집합으로, 블루투스의 최소 단위 네트워크로 1대의 마스터(master) 주위 약 10m 이내의 거리에 최대 7대까지의 슬레이브(slave)를 접속할 수 있다. 이때 채널상의 트래픽을 제어하기 위해 통신에 참여하는 장치 중의 하나가 피코넷의 마스터가 되고, 나머지 다른 장치들은 슬레이브가 된다. 어떤 장치도 마스터가 될 수 있지만, 피코넷을 설정한 장치가 이 역할을 맡는 것으로 간주하고 슬레이브 장치가 마스터 역할을 넘겨받기를 원하면 역할을 교환할 수 있다. 이와 같이 자동으로 장치 간의 마스터 슬레이브 역할 교환을 설정하는 것을 ad hoc 연결이라 한다.

모든 장치는 자신만의 free running 클록을 갖는데, 피코넷에 있는 모든 장치는 호핑 채널을 따르기 위해 마스터 장치의 주소와 클록을 사용한다. 일단 연결이 설정되면 슬레이브 클록과 마스터 클록의 동기를 맞추기 위해 클록 옵셋이 더해진다. 이때 자신의 클록을 조정하지 않고 연결할 동안에는 옵셋만이 유효하다.

마스터 장치는 채널상에서의 모든 트래픽을 제어하며, 슬롯을 보유하여 SCO 링크에 대한 용량을 할당한다. 반면에 ACL 링크에서는 폴링 방식을 사용한다. 먼저 master-to-slave 슬롯에서 MAC 주소에 의해 지정되었을 때만 슬레이브가 slave-to-master 슬롯에 전송할 수 있다. Master-to-slave 패킷은 슬레이브를 선택한다. 즉 하나의 슬레이브로 보낸 트래픽 패킷은 자동으로 슬레이브를 선택한다. 슬레이브로 보낼 정보가 없을 경우 마스터는 슬레이브를 선택하기 위한 패킷을 사용할 수 있으며, 이때 패킷은 액세스 코드와 헤더만으로 구성된다. 이러한 중앙 폴링 방식은 슬레이브 전송 간의 충돌을 없앨 수 있다.

스캐터넷(Scatter net)이란 앞서 살펴본 피코넷을 연결하여 구성하는 네트워크로, 약 100m의 범위 내에서 구현한다. 이론적으로는 피코넷을 100개 이상 접속한 스캐터넷을 구축할 수 있다. 여기서 슬레이브는 반드시 1대 이상의 마스터(피코넷)에 속하며, 기본적으로 모든 슬레이브는 마스터가 보유하는 기능을 갖게 된다.

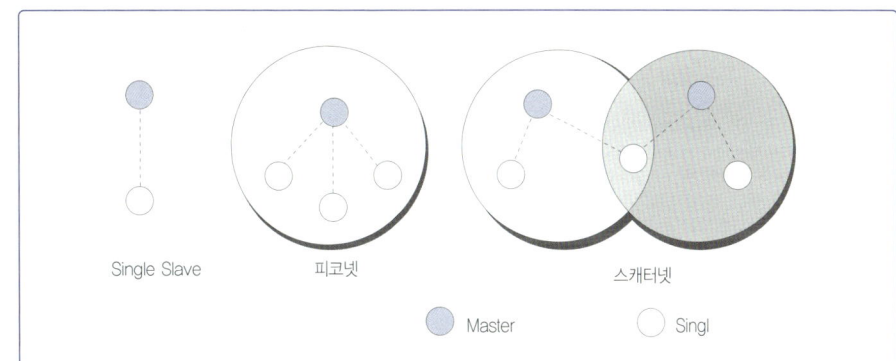

그림 3-2-23
블루투스의
연결 형태

Single Slave   피코넷   스캐터넷

Master   Singl

5 | 확장 기술

1 초저전력 블루투스 기술

2007년 6월 블루투스 SIG는 2001년부터 Nokia의 주도로 개발해온 초저전력 근거리 무선 통신 기술인 Wibree를 블루투스의 저전력 확장 규격인 ULP(Ultra Low Power) 블루투스 규격으로 채택했다. ULP 블루투스는 더 작은 배터리, 기기의 소형화, 무게의 경량화, 비용의 절감, 새로운 응용 분야 개척의 가능성으로 무선 통신 분야에서 큰 시장을 갖게 될 것이다. 또한 ULP 블루투스는 Dual mode와 Single mode 형태로 Chip 또는 Module이 제공되리라 예상된다. 특히 Dual mode 제품은 Stand-alone ULP 블루투스와의 접속이 가능하며, 기존 블루투스와의 호환성도 유지할 수 있다.

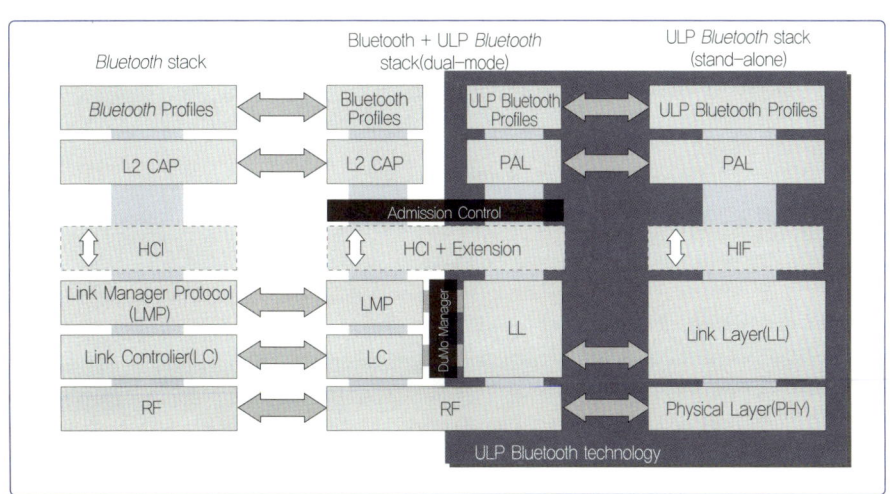

그림 3-2-24
ULP 블루투스
Architecture

ULP 블루투스 용용은 기존 블루투스에 비해 전력 소모가 10분의 1에 불과하고 소형화할 수 있어 스포츠 및 헬스 케어 센서, 시계, PC 및 주변 기기, Entertainment, 각종 액세서리 등과 같은 코인 셀 배터리 기반의 소형 디바이스에서 사용될 것이다. 현재 나와 있는 ULP 블루투스 프로파일로는 HID(Human Interface Devices), Sensor, Medical Devices, RD(Remote Display) 등이 있다.

② 고속 데이터 전송 블루투스 기술

블루투스 SIG는 기존의 무선 기술을 통합하여 전 세계 소비자를 위한 또 하나의 무선 옵션으로 탄생할 예정이다. 블루투스 SIG는 WiMedia Alliance와 협력하여 고속 데이터를 위한 블루투스 전송 기술로 UWB(Ultra WideBand)를 도입할 예정이며, IEEE 802.11 진영과도 협력하여 또 다른 고속 데이터 전송 기술을 준비 중이다.

최근 들어 블루투스 SIG는 앞서 설명한 두 가지 기술 중 우선 802.11의 기술을 고속 데이터 전송의 블루투스 기술로 채택하고 향후 UWB 기술이 상용화되면 추가 적용할 예정이라고 발표했다. 이는 블루투스 프로토콜, 프로파일, 보안 및 기타 아키텍처 요소를 사용하는 기존 블루투스 기기 간의 연결성을 취하면서 필요할 경우 기존 802.11이나 UWB 기술을 활용하여 대용량의 데이터를 빠르게 전송하도록 만드는 것이다. 빠른 속도의 전송이 필요 없을 경우 기존의 블루투스 모드로 전환하여 전력 관리와 성능을 최적화할 수 있다.

현재 고속 데이터 전송을 위한 802.11 PAL(Protocol Adaptation Layer) 표준은 draft D07r08 버전까지 완성되었고, UWB PAL은 draft D05r12 버전까지 발표된 상황이다. 2008년 말 또는 2009년 초에는 802.11 기술을 적용한 새로운 고속 데이터 전송이 가능한 블루투스 제품이 출시될 예정이다.

5 센서 네트워크 기술 비교

표 3-2-5는 ZigBee와 UWB, Bluetooth, WLAN의 특징을 비교한 것이다. 블루투스나 WiFi 대신 ZigBee 기술을 무선 센서 네트워크에 주로 사용하는 이유는 기존 WPAN(블루투스, IrDA 등) 기술이 고가이며, 전력 소모 등으로 시장 활성화가 부진한 상황에서 ZigBee는 단순한 기능의 저기능성 센서 네트워크가 가능하기 때문이다. ZigBee의 가장 큰 특징은 평균 전력 소모가 약 50mW인 저전력이라는 점이다.

이는 UWB가 200mW, 무선 LAN이 1W 정도인 점을 감안하면 전력 소모가 매우 낮은 편이다. 따라서 배터리를 장착하면 최대 2~3년은 사용할 수 있다는 ZigBee 슬레이브 장치의 장점을 활용할 경우 데이터 송수신 빈도가 낮은 가정의 냉난방/환기 시스템, 가스/화재 탐지기 등의 응용에 큰 역할을 할 것이다.

UWB는 특히 기존의 WLAN이나 블루투스 등에 비해 높은 전송 속도와 낮은 전력 소모 측면에서 월등히 앞서므로 고성능 휴대용 기기 간의 접속 기술 방식으로 각광받을 것이다. 게다가 낮은 전력 소모는 휴대용 기기의 배터리 문제를 해소하는 데 적지 않은 도움이 될 것으로 보인다. 특히 수백 Mbps에 이르는 높은 전송 속도는 고화질 영상 데이터를 포함하여 현존하는 대부분의 데이터를 송수신하기에 전혀 지장이 없어 가장 큰 장점으로 부각될 수 있다. 다만, 낮은 출력은 좁은 커버리지로 이어지므로 공중망을 통한 서비스 솔루션이 개발되기에는 부적절한 것으로 분석된다.

블루투스는 초저전력(ULP) 블루투스라는 새로운 응용 분야를 개척했다. 또한 고속의 데이터 전송이 가능하도록 2008년 하반기에는 UWB 기술 또는 IEEE 802.11 기술을 선택하여 블루투스 규격에 반영함으로써 향후 블루투스는 기존에 존재하는 무선 기술을 접목하여 WPAN 분야에서 중요한 역할을 할 것이다. 지금 블루투스는 휴대전화를 중심으로 확대되지만 고수익 주변 기기라는 새로운 시장을 열고 있다. 블루투스 탑재 재킷, 블루투스 헤드셋이 내장된 오토바이 헬멧 및 선글라스, 소니 플레이스데이션3 및 닌텐도 Wii를 위한 게임 컨트롤러 등이 그 예로 앞으로는 홈 엔터테인먼트와 의료 및 운동 디바이스 분야에서도 많은 활용이 기대된다.

항목	WPAN			WPAN/WLAN
	ZigBee(802.15.4)	Bluetooth(802.15.1)	UWB(802.15.3a)	Wi-Fi(802.11b)
주파수 대역	868/915MHz 2.4GHz	2.4~2.480GHz	3.1~10.6GHz	2.4GHz, 5GHz
전송 속도	~250k	~1M	~500M	~11M
통신 거리	~75m	~100m	10m	100m
N/W상 기기 수	255(최대 65만)대	8대	-	256대
배터리 수명	2~3년	4~8시간	-	1~3시간
복잡도/비용	단순/저비용	복잡/고비용	단순/-	복잡/고비용
칩셋 가격	$1.5	$5	-	-
N/W 구성	P2P, Star, mesh	P2P, Star	P2P, Mesh	P2P, Star
응용 분야	단순 원격 제어, 센서 분야(250k 이하)	기기 간 데이터 통신 분야(1M 내외)	기기 간 고화질(HD) 스트리밍(100M↑)	대용량 데이터 통신 분야(인터넷 등)

표 3-2-5
센서 네트워크에서
주요 무선 통신
기술의 비교

Wi-Fi는 무선 랜의 표준으로, 노트북이 무선 네트워크에 접속된 경우처럼 거의 연속하여 통신할 수 있다. 이 표준의 장점은 대량의 데이터를 한 지점에서 여러 지점으로 보낼 수 있다는 것이고, 전송과 대기에 상당히 많은 양의 전류가 소모된다는 단점도 있다.

그림 3-2-25는 ZigBee/802.15.4와 블루투스, Wi-Fi/802.11, UWB를 통신 반경 측면에서 비교한 것이며, 이를 통해 각각의 주요 응용 분야를 알 수 있다.

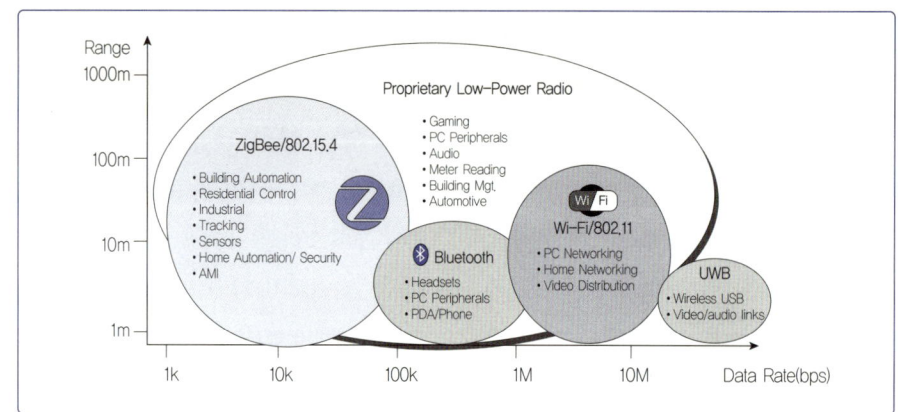

그림 3-2-25
무선 통신 기술별
통신 반경 비교

6 그 밖의 센서 네트워크 기술

센서 네트워크에서 일반적으로 사용하는 ZigBee, UWB, 블루투스 외에 공장자동화 및 제어를 포함한 다양한 응용 분야에 적용하는 센서 네트워크 기술을 간략히 살펴보기로 한다.

1 | Z-Wave

Z-Wave는 덴마크 회사인 Zensys와 Z-Wave Alliance에서 개발한 저대역폭 half duplex 프로토콜로, 홈 오토메이션처럼 하나 또는 그 이상의 노드와 제어 유닛 사이에서 신뢰성 있는 통신을 제공하기 위해 설계되었다. 프로토콜은 4개의 계층, 즉 MAC 계층/전달 계층/라우팅 계층/응용 계층으로 구성된다. Z-Wave Alliance는 Z-Wave 표준에 기반한 무선 홈 컨트롤 제품을 구축하는 데 동의하는 160개 이상의 제

조사로 이루어진 컨소시엄으로, 주요 회원사로는 Danfoss, Intel, Intermatic, Leviton, Monster Cable, Universal Electronics, Wayne-Dalton, Zensys 등이 있다.

Z-Wave의 주파수 대역은 900MHz ISM Band를 사용한다. 즉 미국은 908.42MHz, 유럽은 868.42MHz, 홍콩은 919.82MHz, 오스트레일리아 및 뉴질랜드는 921.42MHz 를 사용한다. 전송 속도는 9,600bit/s 또는 40Kbit/s이며, GFSK 변조 방식을 사용한다. 또한 전송 거리는 옥외에서 최대 약 100피트(약 30미터)이며, 네트워크는 최대 232개 의 유닛까지 구성할 수 있다.

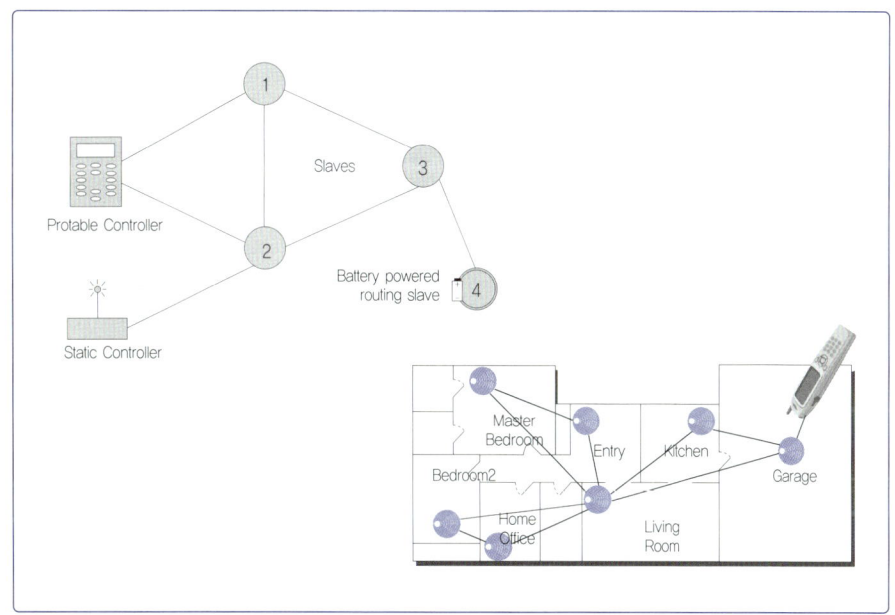

그림 3-2-26
Controller와 slave로
구성된 Z-Wave
네트워크

Z-Wave는 지능형 매시 네트워크 토폴로지를 사용할 뿐 마스터 노드를 갖지는 않 는다. 그러나 노드 A와 노드 C가 서로 통신할 수 없는 거리에 있다 해도 세 번째 노드 인 B를 통해 노드 A에서 노드 C로 메시지를 전송할 수 있다. 만약 노드 B를 사용할 수 없을 경우 메시지를 전송한 노드 A는 노드 C에 도달하기 위한 다른 라우팅 경로 를 찾는다. 따라서 Z-Wave 네트워크는 단일 유닛의 전송 거리보다 훨씬 먼 전송 거 리를 가질 수 있다.

Z-Wave는 홈 오토메이션과 같이 장치를 제어하기 위해 폭넓게 사용하는 RF 기술 이다. 특히 저전력, 양방향 RF, 매시 네트워킹 기술과 배터리 대 배터리 지원은 센서 와 장치를 제어하는 데 매우 적합하다. 또한 Z-Wave는 주요 경쟁 기술인 ZigBee와 달리 서로 다른 벤더의 제품과 애플리케이션 레벨에서 상호 운용하며 한층 더 저렴

하다. 이와 같은 Z-Wave의 장점 때문에 현재 시장에는 소비자가 직접 구입하여 사용
할 수 있는 서로 다른 벤더의 제품이 100개 이상 출시되어 있다.

2 | 무선 HART

Emerson, ABB, E+H, Siemens, Honeywell 등을 주축으로 한 HART 협회는 2007
년 9월 공정 계측 및 제어를 위한 무선 통신 표준을 발표했으며, 이는 IEEE 802.15.4
가 다루는 PHY 계층보다 상부의 통신 계층을 대상으로 한다. 주요 특징으로는 물리
계층은 IEEE 802.15.4-2006을 사용하며, 주파수 대역은 2.4GHz 대역을 이용한다. 전송
거리는 line-of-sight 환경에서 최대 200m이며, Full wireless mesh 네트워크를 지원한다.

무선 HART는 Dust Network사가 개발한 TDMA 방식의 TSMP(the Time
Synchronized Mesh Protocol)를 사용하며, 저전력 환경에 최적화되어 있다. 또한 모
든 노드를 대기 상태로 만들 수 있으며 모든 노드가 라우터가 될 수 있다. 그러나 대
기 및 활성 기능의 critical 타임 동기화 때문에 망 동기화를 위한 게이트웨이가 필요
하다. 무선 HART는 packet-by-packet 기반의 채널 호핑을 가진 IEEE 802.15.4 DSSS
방식을 사용하며, 보안에는 암호화와 인증 기술이 사용된다.

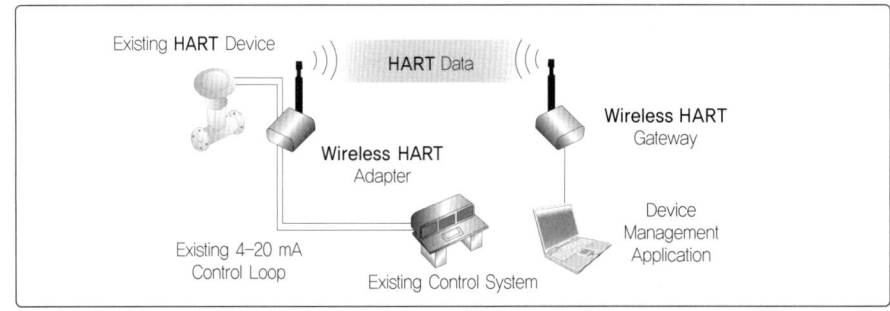

그림 3-2-27
HART 6: Existing
Wireless HART

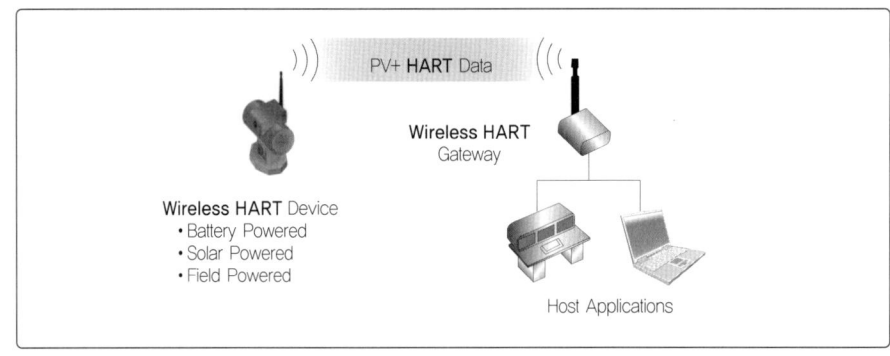

그림 3-2-28
HART 7: New
Wireless HART

무선 HART의 모든 노드는 전력 소비율이 매우 낮은 라우터로 동작하며, 대부분의 시간을 listen하는 데 할애한다. 전송은 오직 할당된 타임 슬롯(time slot) 안에서만 발생하므로 재전송의 빈도가 자연스럽게 줄어들며, 모든 메시지의 인식이 가능한 가운데 통신 환경은 매우 안정적으로 유지된다. 네트워크 규모는 1천 개 노드까지 확장이 가능하며, 주파수 호핑을 통해 간섭의 빈도를 줄일 수 있다. 또한 암호화와 적정 인증 기술로 이중 보안 체제를 제공한다.

반면에 무선 HART는 타임 슬롯을 이용하므로 latency가 길고 비결정적이며, 모든 노드가 경로를 형성하고 타임 슬롯의 교섭을 완료하기까지 많은 시간이 걸린다. 또한 타임 슬롯 때문에 통신은 철저히 슬롯화되며 가용 IEEE 802.15.4 대역폭을 분리하여 사용하는데, 이는 곧 bursty 트래픽의 처리 속도가 최소화된다는 의미이다. 망이 제 기능을 유지하려면 게이트웨이(코디네이터)가 요구되므로 연장된 시간 동안 게이트웨이를 사용하지 못할 경우 SPOF(Single Point Of Failure)가 발생하며, 또 다른 솔루션과 비교할 때 비용이 많이 든다.

3 | 6LoWPAN

6LoWPAN은 IPv6 over Low-power Wireless Personal Area Network의 약자로, 2005년 3월부터 연구되어 왔으며 LoWPAN상에서 IPv6 패킷 전송 방안을 정의하는 것을 목표로 한다. 즉 어떻게 하면 데이터 전송 속도가 느린 IEEE 802.15.4 기술을 통해 헤더 사이즈가 큰 IPv6 패킷을 효율적이고 안전하게 전달할 것이며, 전달하고자 하는 장치를 어떻게 검색할 것인지에 대한 내용을 연구하는 것이다. 6LoWPAN은 IEEE 802.15.4의 PHY/MAC 기반에서 운용되도록 설계되었으며, 지금까지의 작업 내용은 IETF RFC 4919와 4944에 나타나 있다.

기존의 센서 네트워크는 Non-IP 기술을 활용하고 게이트웨이를 통해 IP 네트워크와 연동되는 형태로, 자체 프로토콜을 이용하는 센서노드는 대부분 인터넷과 직접 연동되지 않는 구조이다. 그러나 IETF에서 표준화가 진행 중인 6LoWPAN은 센서 네트워크와 IPv6 네트워크를 직접 연동하는 기술로, 개별 센서노드까지 IPv6 스택을 보유하는 형태이다. 즉 기존의 TCP/IP 인터넷 프로토콜의 기능을 고스란히 이용할 수 있다. 6LoWPAN은 IPv6 패킷 전달을 위해 IEEE 802.15.4 MAC 계층과 IPv6 계층 사이에 Adaptation Layer를 두어 다음의 기능을 수행한다.

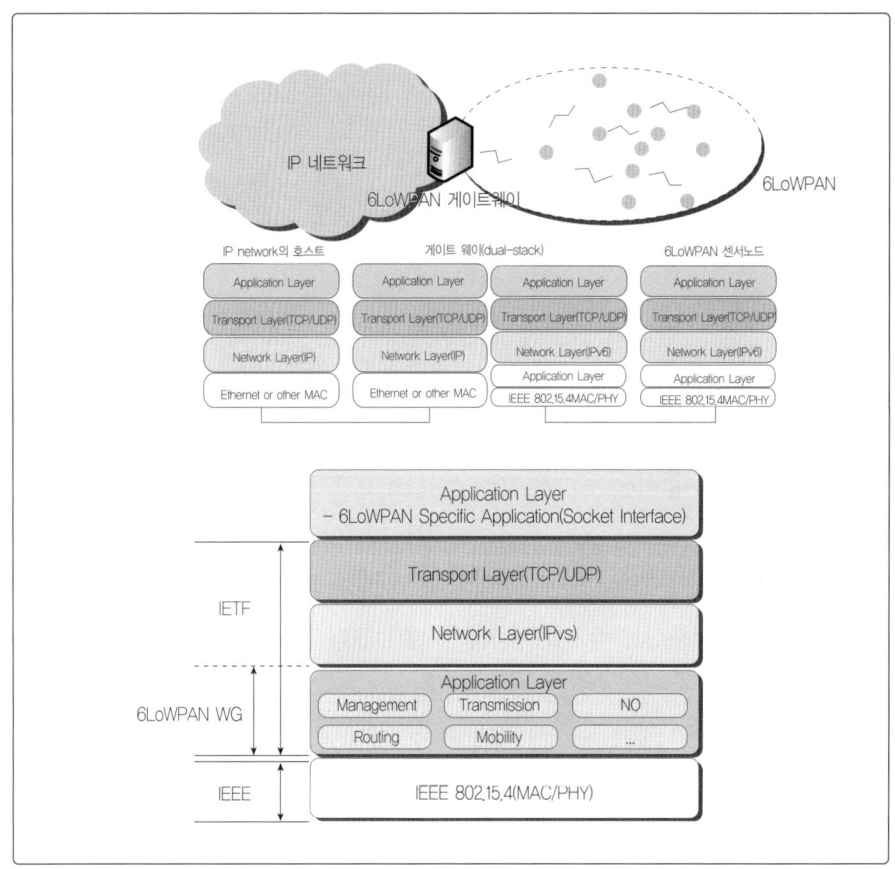

그림 3-2-29
6LoWPAN
프로토콜 스택 구조

:: IPv6 Header Compression

:: UDP/TCP/ICMPv6 Header Compression

:: Adaptation Layer를 통한 Mesh Routing

:: IEEE 802.15.4의 16비트, 64비트 주소를 이용한 IPv6 주소 자동 생성 방법

6LoWPAN은 아직까지 초기 단계에 있으며, 향후 본격적인 규격 작성 단계에서 변경될 가능성이 높다. 이처럼 IETF 내에서 IPv6를 기반으로 한 6LoWPAN 기술에 관심이 증가하는 이유는 센서가 적용되는 범위와 네트워크 규모가 광범위하여 IPv6를 적용하기에 적합한 기술이기 때문이다. 현재 IEEE 802.15.4 기반의 센서노드에 IP/TCP/UDP 헤더를 패킷 단편화 없이 삽입하는 패킷 단축 기술을 표준으로 발표했으며, ND와 라우팅, 보안과 같은 관련 문제의 표준이 진행될 예정이다.

소프트웨어 플랫폼
UBIQUITOUS SENSOR NETWORK

무선 센서 네트워크, 즉 센서 네트워크란 사물이나 환경 감시를 목적으로 간단한 계산 기능과 무선 통신 기능을 갖춘 센서노드를 원하는 지역에 다량, 고밀도로 배치하여 구성한 네트워크이다. 기본적으로 센서 네트워크를 구성하는 센서노드는 주변 사물 및 환경에서 데이터를 수집하기 위한 센서, 응용으로부터의 요구사항을 해석하고 데이터를 처리하기 위한 마이크로컨트롤러(MCU), 정보 전달을 위한 무선 송수신부로 구성된다. 최근 반도체 및 무선 통신 기술의 눈부신 발전으로 다양한 기능을 갖추면서도 전력 소모가 낮고 저렴한 초소형의 센서노드가 개발되어 센서 네트워크의 활용이 증가하고 있다.

USN 환경에서는 이처럼 독립적으로 구축, 운영되는 센서 네트워크가 광대역통합망(BcN)에 연결되어 사용된다. USN 환경의 하드웨어 기기는 센시 네트워크 위의 센서노드, 센서 네트워크와 광대역통합망을 연결하는 USN 게이트웨이, 광대역통합망에 연결된 다양한 서버 컴퓨터와 클라이언트로 구성된다. 이들 하드웨어에는 각기 고유한 기능을 갖는 다양한 소프트웨어가 탑재되어 구동된다. 현재 센서 네트워크에 대한 기술 표준화 노력이 매우 활발하게 이루어지지만, USN 소프트웨어 아키텍처(Architecture)는 아직 체계적으로 정립되지 않은 상태이다. 그러나 다양한 응용 분야에서 네트워크의 구축과 해당 애플리케이션의 개발이 진행되고 있어 향후 2~3년 내에 USN 소프트웨어 아키텍처가 정립될 것으로 전망된다.

여기서는 센서노드에 탑재되는 소프트웨어인 센서 소프트웨어 플랫폼의 개념, 구성 요소, 기술을 다루기로 한다. 첫째, 센서 소프트웨어 플랫폼 기술을 보다 효과적으로 이해하기 위해서는 앞에서 다룬 USN 개념뿐 아니라 USN 소프트웨어 계층 구조의 이해가 필요하므로 이를 간략하게 소개한다. 둘째, 센서 소프트웨어 플랫폼의 구성 요소인 센서 운영 체제와 센서 미들웨어의 기술 현황, 국내외 개발 사례, 향후 기술 개발 전망을 상세하게 설명한다. 셋째, 센서노드상에서 구현되는 애플리케이션의 유형 및 데이터 모델을 설명한다. 마지막으로 센서노드 애플리케이션 개발자를 위한 개발 도구의 유형과 기술 현황을 간략하게 소개한다.

1 센서 네트워크 소프트웨어 아키텍처

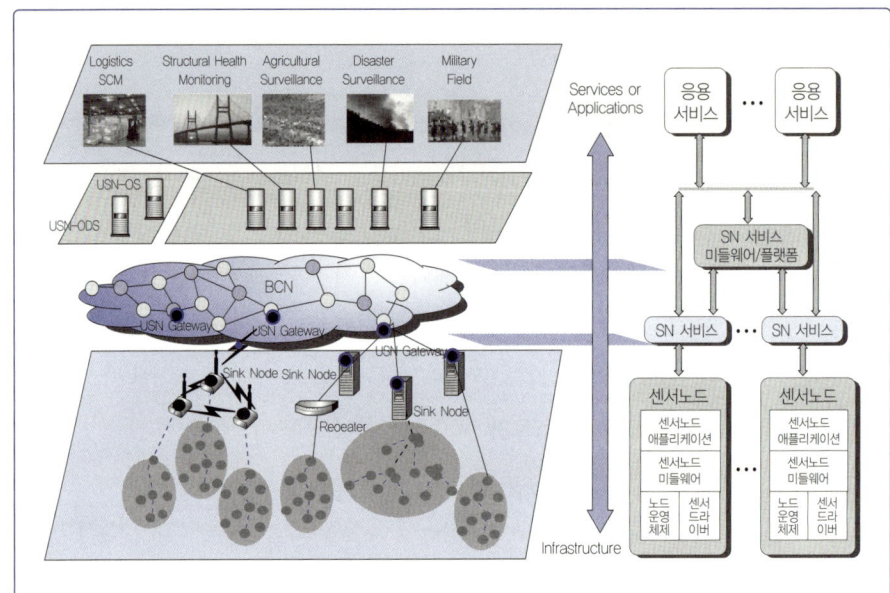

그림 3-3-1
센서 네트워크
소프트웨어 아키텍처
개념도

그림 3-3-1에서 보듯이 USN 소프트웨어 아키텍처는 소프트웨어의 역할과 위치에 따라 크게 3개의 계층, 즉 센서노드 소프트웨어 계층, 센서 네트워크 서비스(이하 'SN 서비스'로 호칭) 계층, USN 응용 서비스 계층으로 구분할 수 있다. USN 소프트웨어 아키텍처의 각 계층을 구성하는 요소는 물리적으로 상호 독립적인 것이 아닌, 논리적 차원의 구분으로 이해하는 것이 바람직하다. 즉 각 계층에 속한 구성 요소는 실제 구현에 있어 응용 요구 및 시스템 요구 정의에 따라 통합 또는 세분화가 가능하다. 여기서는 각 계층별로 그 개념을 중심으로 간략하게 설명하기로 한다.

첫째, 최하위 센서노드 소프트웨어 계층에는 센서노드상의 센서와 액추에이터의 구동과 관련한 센서 드라이버, 센서노드 하드웨어상에서 응용 프로그램의 구현을 위해 메모리 및 태스크 관리 등 기본적인 시스템 서비스를 제공하는 센서노드 운영 체제, 위치 인식 및 시간 동기화, 센서 데이터 가공 등과 같이 애플리케이션이 공통으로 활용하는 기능을 제공하는 센서노드 미들웨어, 마지막으로 센서노드 애플리케이선이 존재한다. 센서노드 운영 체제와 미들웨어를 합하여 '센서 소프트웨어 플랫폼' 이라고 한다.

둘째, USN 응용 서비스 계층은 세부적으로 센서 네트워크와 연동하여 데이터 수집, 제어 및 관리를 위한 인터페이스를 제공하는 SN-서비스와 센서 데이터 및 웹 서비스 등 USN 응용 서비스가 공통으로 활용하는 기능을 제공하는 USN 미들웨어 및 USN 서비스 플랫폼으로 구성된다.

셋째, 최상위 계층인 USN 응용 서비스 계층은 센서 네트워크에서 제공하는 서비스를 기반으로 구현되는 각종 애플리케이션(이하 'USN 응용 서비스'로 호칭)으로 구성된다. USN 응용 서비스는 센서 네트워크로부터 각종 환경 정보를 취득, 분석하여 해당 지역의 환경적 특성을 파악하고 필요한 감시 및 제어를 하기 위한 목적으로 구축된다. 이러한 USN 응용 서비스는 유비쿼터스 환경의 다양한 응용 영역에서 요구하는 서비스로서 감시형 · 제어형 · 자율형 등으로 구분할 수 있다. USN 응용 서비스의 구현에는 하나 이상의 센서 네트워크가 이용될 수 있으며, 그 센서 네트워크들은 서로 다른 지역에 위치할 수 있다.

다음은 최상위 응용 서비스 계층을 제외한 센서노드 소프트웨어 계층과 USN 서비스 계층에서 소프트웨어의 구성 요소 및 역할을 간략하게 소개하기로 한다.

1 | 센서노드 소프트웨어 구성 요소

지금까지 센서노드 또는 싱크노드에 탑재되는 센서 소프트웨어 플랫폼은 자원 관리와 응용 프로그램 수행 등을 위한 제반 시스템 레벨의 서비스를 제공하는 센서 운영 체제와 시간 동기화 및 위치 인식, 센서 데이터 가공 등의 공통 서비스를 제공하는 센서 미들웨어로 구성된다는 점을 알아보았다. 센서 운영 체제와 미들웨어가 필요한 이유는 다음과 같다.

■ 센서 운영 체제

센서 네트워크는 많은 수의 센서노드로 구성되며, 각 센서노드는 일종의 임베디드 시스템으로, 네트워크 측면에서 보면 통신 노드로서의 역할을 갖는다. 센서 네트워크의 고유한 특성 때문에 각 센서노드는 일반 임베디드 운영 체제와 구별되는 센서노드 운영 체제가 필요하다.

2 센서 미들웨어

무선 센서 네트워크는 환경 감시, 생태 조사, 교통 정보, 농업 생산, 건축물 관리, 생산물 유통 등 응용 분야가 매우 다양하다. 다양한 센서 애플리케이션이 센서노드의 자원을 보다 효율적으로 활용하기 위해서는 개발자에게 복잡한 하드웨어 또는 운영 체제의 구성을 감추고, 이들을 효과적으로 운용할 수 있는 센서노드 미들웨어 (middleware)가 필요하다.

이와 같이 센서 운영 체제와 미들웨어는 애플리케이션이 아닌 센서노드상에서 구동하는 시스템 소프트웨어로서 태스크 스케줄링, 네트워킹 및 센싱과 액추에이터 구동, 시간 동기화, 전력 관리 등과 같이 효율적인 하드웨어 구동과 노드 애플리케이션의 안정적 실행을 위한 시스템 레벨의 기능으로 구성된다.

센서 네트워크는 기존의 무선 네트워크에 비해 많은 제약 사항이 있다. 대표적 제약사항으로는 CPU 성능, 메모리, 무선 통신 대역 등과 같은 제한된 자원, 통신 장애, 센서노드의 이질성, 네트워크의 확장성, 무인 운용 등이 있다. 센서 운영 체제와 미들웨어는 이러한 제약사항을 효과적으로 극복하여 시스템 자원의 효율성을 극대화할 수 있어야 하며, 애플리케이션 개발자에게 편리한 프로그래밍 환경을 제공해야 한다.

2 | 센서 네트워크 서비스 구성 요소

1 SN 서비스 소개

USN 소프트웨어 아키텍처의 중간 계층에 속한 SN 서비스는 같은 계층에 속한 USN 미들웨어, USN 서비스 플랫폼 또는 상위 계층의 USN 응용 서비스에 센서 네트워크와의 연동을 위한 인터페이스 기능을 제공한다. 표 3-3-1에서 보듯이 SN 서비스는 각 센서 네트워크의 고유 기능에 맞추어 상위 계층에 공통 인터페이스를 제공해야 하므로 센서 네트워크별로 구현된다. 앞서 살펴본 바와 같이 SN 서비스는 데이터 서비스, 제어 서비스, 관리 서비스로 구성된다.

항목	설명
정의	• 단위 센서 네트워크와의 인터페이스 기능을 제공하는 서비스 - 각 SN 서비스는 해당 센서 네트워크에서 제공하는 서비스 - 하나의 센서 네트워크는 하나의 SN 서비스로 추상화
서비스 종류	• 센서 네트워크의 데이터 서비스 - 실시간 데이터 서비스, 리포지터리 데이터 서비스 • 센서 네트워크 액추에이터 등의 제어 서비스 • 센서 네트워크 환경 설정/관리 서비스
위치	• 센서 네트워크 외부에 하나 이상의 서버 - 일반적으로 외부에서 센서 네트워크에 연동 - 센서 데이터베이스를 다른 서버에 저장하여 연동 가능 • 센서 네트워크 게이트웨이 - 센서 네트워크 내의 애플리케이션에 대한 서비스 게이트웨이 기능만 가질 수도 있음

표 3-3-1
SN 서비스
기능 및 위치

① 데이터 서비스

센서 네트워크의 기본 기능인 환경 정보 수집과 관련하여 USN 응용 서비스가 필요한 센서 데이터를 센서 네트워크에 연동하여 얻을 수 있도록 한다. 데이터 서비스는 센서 네트워크에서 수집하는 정보 시점에 따라 센서 네트워크가 곧바로 데이터를 수집하도록 제공하는 실시간 데이터 서비스와 일정 기간 수집된 센서 데이터의 요청에 해당 데이터를 제공하는 리포지터리 데이터 서비스로 구분한다.

② 제어 서비스

센서 네트워크에 장착된 액추에이터(Actuator)를 구동시켜 환경을 제어하기 위한 서비스이다. 기존의 센서 네트워크는 환경 정보를 수집하는 기능에 초점을 두었으나 앞으로는 센서노드에 액추에이터를 탑재하여 환경 정보를 변화하는 기능을 갖도록 발전할 것이다. 따라서 수집된 환경 정보를 가공, 분석하여 해당 상황을 도출한 후 필요한 조치는 곧바로 센서 네트워크를 통해 취하게 된다. 제어 서비스는 USN 서비스 플랫폼 또는 상위 USN 응용 서비스가 센서 네트워크와 연동하여 이러한 환경 제어를 수행하도록 제반 연동 기능을 제공한다.

③ 관리 서비스

센서 네트워크의 하드웨어 및 소프트웨어 환경 설정에 필요한 관리 기능을 제공하기 위한 서비스로, 응용 서비스는 센서 네트워크를 활용하여 지정된 데이터 또는 제어 서비스를 받고자 할 때 이에 필요한 센서 네트워크의 환경 설정을 위하여 해당 관리 서비스를 사용한다. 관리 서비스 기능은 아직 체계적으로 정립되지 않았지만 기본적으로 센서 네트워크의 소프트웨어 및 하드웨어, 네트워크 구성 정보, 센서 데이터의 인터페이스 정보, 센서 데이터 정보 등과 같이 센서 네트워크 활용에 필요한 시스템 구성 정보를 제공하는 서비스가 필수적으로 포함되어야 한다. 또한 해당 센서 네트워크의 소프트웨어 및 하드웨어, 네트워크 구성 변경을 요구할 때 필요한 변경이 가능하도록 하는 것도 관리 서비스의 구성 요소이다.

지금까지 SN 서비스 기능의 개괄적 이해를 위해 SN 서비스의 기능과 주요 세부 구성 요소인 데이터 서비스, 제어 서비스, 관리 서비스를 살펴보았다. SN 서비스는 USN 플랫폼과 다양한 USN 응용 서비스에 공통 인터페이스를 제공해야 하므로 표준화가 필요한 분야이며, 현재 국내외에서 이를 위한 노력이 진행 중이다.

❷ USN 미들웨어 및 서비스 플랫폼

USN 응용 서비스의 활성화를 위해서는 센서노드에서 입력하는 대용량 센서 데이터를 저장, 분류, 분석하여 의미 있는 정보로 가공, 제공해야 한다. USN 미들웨어 및 서비스 플랫폼은 다양한 센서 데이터를 가공하여 의미 있는 상황 정보를 생성함으로써 효과적인 애플리케이션으로 활용할 수 있도록 제반 서비스를 제공하는 소프트웨어이다. 이에 대한 기술은 5장의 'USN 응용 및 서비스 기술'에서 자세히 다루므로 여기서는 주요 기술 구성만을 간략히 소개하기로 한다.

① 센서 데이터 관리 기술

USN 미들웨어 및 서비스 플랫폼의 세부 기술로, 데이터 처리 측면에서 볼 때 싱크노드에서 대용량의 실시간 데이터를 수집, 가공하여 DB에 저장하고 질의 처리 및 데이터 분석 서비스를 제공한다.

② 자율형 기술

USN 환경의 자율형 서비스를 가능하게 하는 기술로, 상황 인식 기술과 멀티 에이전트 기술, 자율 컴퓨팅 엔진 기술로 구성된다. 상황 인식 기술은 센서 데이터를 통해 상황 정보를 실시간 생성하는 기술이다. 에이전트 기술은 상황을 지능적으로 판단하여 자율적 의사 결정을 수행하는 기술이다. 자율 컴퓨팅 엔진 기술은 다중 에이전트 기반의 자율적 데이터 처리 기능을 제공함으로써 플랫폼 자체의 가용성 및 신뢰성을 제고하는 기술이다.

③ USN 응용 서비스 연동 기술

데이터 리포지터리 또는 상황 정보를 USN 응용 서비스가 효율적으로 활용하도록 하는 기술로, 유비쿼터스 웹 서비스, USN 콘텐츠 관리 및 처리, USN 서비스 프로파일 기술 등으로 구성된다. 유비쿼터스 웹 서비스 기술은 USN 환경에서 다양한 단말기와 시스템, 네트워크에 구애받지 않고 원하는 서비스를 표준화된 방식으로 제공하는 기술이다. USN 콘텐츠 관리 및 처리 기술은 USN 환경에서 생성, 유통되는 다양한 콘텐츠를 이질적 클라이언트에게 알맞도록 제공하는 기술이다. USN 서비스 프로파일 기술은 USN 환경을 서비스별, 그룹별, 네트워크 연결 상태별, 컴퓨팅 리소스별 등으로 기술하며 특정 API 및 서비스 구성을 위한 기술이다.

2 센서노드 운영 체제

현재 다양한 센서 운영 체제가 대학 또는 연구소에서 개발되고 있다. 실용적인 측면에서 볼 때 안정성, 신뢰성을 갖춘 적정한 개발 도구를 제공하는 센서 운영 체제는 극히 소수이므로 오직 극소수의 센서 운영 체제만이 실제 센서 네트워크 구축에 사용되는 실정이다.

여기서는 센서 운영 체제가 기존의 임베디드 운영 체제와 기술적으로 다른 점을 살펴보고 성능 요구사항을 상세히 설명한다. 또한 성능 요구사항에 부합하는 센서 운영 체제의 설계 모델을 살펴본 후 이러한 모델의 장단점을 이해하기 위해 기존 센서 운영 체제의 대표적 설계 방식인 이벤트 모델과 스레드 모델로 분류하여 구조 및 특징을 설명하기로 한다.

1 | 정의, 모델 및 관련 기술사항

센서 운영 체제는 센서노드 자체가 임베디드 시스템이므로 임베디드 운영 체제로 분류할 수 있다. 그러나 무선 센서 네트워크가 기존의 유선 또는 무선 네트워크와 구별되는 특징 때문에 기존 임베디드 운영 체제인 Tron, VxWorks, VRTX 등의 상용화 제품을 센서노드에 포팅하여 사용하는 것은 적합하지 않다. 센서 운영 체제의 특징을 살펴보기 위하여 센서 운영 체제의 요구 환경이 센서 네트워크의 센서 운영 체제 설계에 영향을 미치는 특징을 간략하게 소개한다. 이를 바탕으로 기존 센서 운영 체제 설계에 활용되는 모델의 분류를 간략하게 설명하기로 한다.

■1 센서 운영 체제의 요구 환경
① 자원 제약성

센서노드는 다른 노드와 비교할 때 자원이 매우 빈약하며, 이러한 자원은 크게 에너지와 컴퓨팅 자원으로 분류할 수 있다. 먼저 에너지를 살펴보면 센서 네트워크는 일반적으로 상시 전원이 없고 관리자의 손길이 미치지 않는 환경에 설치되는 경우가 많으므로 저용량의 배터리를 전원으로 많이 사용한다. 배터리의 전원이 고갈되면 센서노드의 구동이 끝나므로 에너지의 소모를 최소화할 수 있는 기법이 모든 소프트웨어의 구성 요소에 적용되어야 한다. 한편 컴퓨팅 자원은 센서노드의 처리 용량(Processing capacity), 메모리 용량, 네트워크 용량으로 구성되며 현재 사용하는 마이크로컨트롤러는 8-bit MCU이므로 처리 용량이 매우 작다. 또한 프로그램 메모리는 약 64~128KByte, 데이터 메모리는 약 4~10KByte로 매우 작아 센서 운영 체제는 설계 면에서 코드 크기와 데이터 메모리 사용량(Footprint)이 매우 제한을 받는다. 또한 256Kbps 정도의 작은 네트워크 용량과 작은 송신 전력은 운영 체제의 네트워크 스택 구현과 통신 신뢰성에 제약사항으로 작용할 수 있다.

② 열악한 구동 환경

지진, 화산, 전투 지역 및 화생방 오염 지역 등 환경 감시와 센서 네트워크가 설치되는 지역은 일반적으로 관리자가 수작업으로 직접 센서노드를 관리하기 어렵다. 이처럼 관리자의 관리 영역이 미치지 않는 곳에서는 에너지의 효율적인 원격 관리가 매우 중요한 이슈로 제기되며, 노드 또한 물리적 손상, 악의적 파괴 등에 무방비 상태로 놓인다. 나아가 센서노드는 습도, 온도 등의 환경 요소와 이동 금속 장애물 출현 등으로 통신 상태의 불안정이 초래될 수 있는 환경적 요인을 지니게 된다.

③ 센서노드의 이질성

센서노드는 기존의 어떤 컴퓨팅 노드보다 매우 큰 이질성(Heterogeneity)을 지닐 수 있다. 센서노드의 이질성은 물리적 이질성과 논리적 이질성을 둘 다 갖는다. 물리적 이질성이란 센서노드의 하드웨어 구성이 특정 표준 설계를 기준으로 하지 않으며, MCU 및 탑재 대상 센서의 다양성 등으로 하드웨어의 이질성과 동종의 센서노드라 할지라도 탑재되는 소프트웨어의 플랫폼과 애플리케이션의 구성이 다를 수 있는 소프트웨어 이질성을 뜻한다. 한편 동일 센서노드상에서도 멀티모들(Multimodal) 센싱과 에너지 수준에 따른 논리적 이질성이 존재한다. 이러한 광범위하고 큰 이질성에 효과적으로 대응하려면 센서 운영 체제를 견고하고 유연하게 설계하며, 나아가 구성 설정의 자동화 기법 등이 필수로 적용되어야 한다.

④ 애플리케이션 지향 네트워크

센서 네트워크는 기본적으로 특정 응용을 위해 설계, 구축, 운영된다. 이때의 응용 범위는 매우 방대하며, 이에 따른 센서 소프트웨어 플랫폼의 요구는 큰 폭의 다양성을 지닐 수밖에 없다. 한편 센서노드의 구동은 환경 요소의 센싱과 상호 전달로 발생하는 외부 이벤트에 신속하게 반응하는 형태를 지닌다. 나아가 대규모 센서 네트워크 활용의 증가와 고도화가 진행되면서 센서노드상에 여러 애플리케이션이 동시에 구동하며, 로컬 네트워크 관리 에이전트와 같은 미들웨어 계층의 프로세스가 함께 동작하는 멀티프로그래밍(Multiprogramming) 환경 등의 요구가 증가하고 있다.

2 센서 운영 체제의 설계 모델

앞서 설명한 기존의 네트워크와 구별되는 센서 네트워크의 특징은 다음과 같이 요약할 수 있다. 센서 네트워크 환경은 네 가지 측면에서 기존의 무선 네트워크 환경과 상이한 특성을 갖는다. 첫째, 센서 네트워크를 구성하는 노드는 낮은 프로세싱 능력, 작은 프로그램 및 데이터 메모리 사이즈, 작은 배터리 용량 등과 같이 자원이 매우 제한되어 있다. 둘째, 센서 네트워크는 열악한 곳에 위치할 수 있어 안정성이 매우 낮다. 셋째, 이기종의 센서노드로 무선 네트워크가 구성될 수 있으며, 동일한 센서노드라 할지라도 상이한 역할을 담당한다. 넷째, 센서노드는 비주기적으로 발생하는 센서 데이터를 처리하고 이를 무선 네트워크를 통해 전송하며 다양한 애플리케이션 요구사항이 발생할 수 있다.

이러한 특징 때문에 센서노드에 탑재되는 센서 운영 체제는 다음과 같은 성능 요구사항을 갖는다. 센서 운영 체제는 이러한 요구를 필수적으로 만족시켜야 할 것이다.

① 응용 프로그래밍의 용이성

센서 네트워크의 응용 분야는 기존의 사무실, 공장, 자연 환경의 감시 및 제어 분야에서 u-시티, u-농촌, u-헬스 케어, u-국방 분야로 확대되고 있다. 센서노드에 탑재되는 센서 운영 체제는 응용 분야의 특성에 따라 상이한 소프트웨어 및 하드웨어의 요구사항을 갖는다. 이로 인해 센서노드의 임베디드 소프트웨어 개발 시 요구되는 비용·시간·안정성 등이 큰 이슈가 되고 있다. 센서노드 OS는 센서노드 하드웨어를 관리하는 기능을 수행한다. 센서노드상에는 센싱, 데이터 처리, 통신 등과 같은 많은 수의 작은 프로세스가 존재할 가능성이 높아 프로세스 관리가 중요한 이슈이다.

② 높은 가용성

현재 센서 네트워크 환경을 고려한 다양한 센서 운영 체제가 소개되고 있다. 이러한 센서 운영 체제는 다양한 플랫폼 지원, 효율적인 자원 관리, 쉬운 응용 프로그램 환경 등을 제공한다. 그러나 이들 센서 운영 체제는 센서노드 응용 모델의 요구사항 및 하드웨어 사양이 변경될 경우 OS 레벨에서 소스 코드의 수정이 요구되며, 소프트웨어 모듈의 재사용성과 이식성이 저하되는 문제점이 있다.

③ 동적 재구성의 편의성

센서 네트워크는 불안정한 환경으로 원격 유지 보수가 요구되며, 노드 애플리케이션의 유지 보수, 논리적 이질성에 대응하는 동작 모드 변경 등의 재구성 요구가 빈번하게 발생할 수 있다.

④ 에너지 및 컴퓨팅 자원의 효율성

저전력, 처리 용량, 메모리 크기 등에서 시스템의 한계를 지니므로 저전력 배터리와 같은 자원 관리가 필수적이다. 또한 향상된 무선 네트워크 관리 기능을 갖추어야 하고, OS 자체의 크기도 작아야 하므로 필수 기능만을 수행하도록 설계되어야 한다. 즉 센서노드는 메모리, 전력, 컴퓨팅 능력이 제한적이기 때문에 센서노드에 탑재되는 센서 운영 체제는 작은 코드 사이즈, 효율적인 자원 관리, 재구성 능력 등을 고려하여 설계해야 한다.

각 성능의 요구사항을 만족시키는 접근 방법은 매우 다양할 수 있다. 즉 높은 프로그램 작성 환경 제공, 효율적인 자원 관리 기법, 경량의 코드 이미지, 멀티프로그래밍 지원 및 태스크의 병행 처리, 운영 체제의 재구성 기능, 모듈 기반의 리프로그래밍, 효율적인 전력 관리, 위치 인식, 원격 소프트웨어 업데이트, 효율적·동적 메모리, 경량의 보안 서비스 등 다양한 기법을 조합하여 그 구현에 활용할 수 있다.

이러한 접근 방법의 다양성 때문에 기존의 센서 운영 체제 또한 그 설계에 다양한 기술을 접목시키고 있다. 앞의 요구사항을 만족시킬 수 있는 센서 운영 체제의 설계를 고려하는 주요 설계 공간(Design space)은 크게 수행 제어 모델, 태스크 스케줄링 모델, 소프트웨어 아키텍처 모델, 프로그래밍 모델로 구성되며 이는 센서 운영 체제의 성능을 결정하는 핵심 요소라 할 수 있다.

각 모델의 센서 운영 체제 설계 시 적용하는 방식을 살펴보면, 수행 제어 방식으로 이벤트 모델과 스레드 모델이 있다. 태스크 스케줄링 방식에는 비선점형 스케줄링과 선점형 스케줄링 모델이 고려될 수 있다. 센서 운영 체제의 소프트웨어 구조는 세부적으로 구조화 측면과 계층적 설계 측면으로 구분된다. 이는 구조화 측면에서 단일(Monolithic) 구조와 모듈(Modular) 구조로 구분할 수 있고, 계층화 설계 측면에서 추상화를 위한 수직적 구조(vertical Layering)와 기능 구분을 위한 수평적 구조(horizontal layering)로 구분할 수 있다. 마지막으로 프로그래밍 방식으로는 유한 상태 머신(FSM: Finite State Machine) 기반 모델, 컴포넌트 기반, 가상 머신 기반 모델, 전통적인 API 기반 모델 등을 고려할 수 있다. 이러한 모델 중에서 센서 운영 체제의 성능에 가장 영향을 미치는 수행 제어 모델과 소프트웨어 구조를 간략하게 설명하면 다음과 같다.

① 수행 제어

수행 제어 유형은 프로그램의 구조와 수행 방식에 따라 이벤트 모델과 스레드 모델로 구분된다. 초기 센서 운영 체제는 이벤트 모델을 기반으로 설계되었으며, 그 후 기존 컴퓨터의 수행 제어 방식으로 사용되는 스레드 모델을 기반으로 많은 센서 운영 체제가 설계되고 있다. 이 수행 제어 모델은 프로그래밍의 용이성, 에너지 및 자원의 효율성에 큰 영향을 준다.

② 소프트웨어 구조

소프트웨어는 단선적(Monolithic) 구조와 모듈화(Modular) 구조로 구분할 수 있다. 소프트웨어 구조 모델은 운영 체제의 동적 재구성 능력, 에너지 효율적인 리프로그래밍(Reprogramming), 응용 프로그램 운영 체제의 독립적 개발 및 탑재, 컴퓨팅 모델의 확장 등에 영향을 미친다.

2 | 주요 센서 운영 체제

지금까지 센서 운영 체제의 설계 공간을 간략하게 알아보았다. 오늘날 국내외 대학 및 연구소에서 이러한 설계 공간의 설계 모델을 채택한 센서 운영 체제가 많이 발표되고 있다. 표 3-3-2는 센서 운영 체제 중에서 순수 연구 개발용이 아닌, 실용화된 대표적 센서 운영 체제를 이벤트 기반 모델과 스레드 기반 모델로 구분하여 각 운영 체제를 컴퓨팅 방식, 태스크 스케줄링 방식, 소프트웨어 아키텍처 유형으로 분류, 비교한 것이다.

표 3-3-2
센서 운영 체제의
설계 모델 비교

	Event model			Thread Model		
	TinyOS (Berkeley)	SOS (UCLA)	Contiki (SICS)	MANTIS (Colorado Univ)	Nano-RK (Carnegie Mellon)	NanoQplus (ETRI)
컴퓨팅	Event-driven	Event-driven	Event-driven	Multi-threading	Multi-tasking	Multi-threading
태스크 스케줄링	Non-Preemptive	Non-Preemptive	Non-Preemptive	Time-sliced Preemptive	Time-sliced Preemptive	Time-sliced Preemptive
아키텍처	Monolithic	Modular	Modular	Monolithic	Monolithic	Monolithic

태스크 스케줄링에서 비선점형(Non-preemptive)과 선점형(Preemptive)으로 구별되어 다중 태스크의 구현에서 스레드 기반 모델이 좀 더 유연하다는 점이다. 또한 아키텍처 모델은 상대적으로 이벤트 모델이 모듈화 구현에 용이하다는 점을 알 수 있다. 앞서 소개한 국내외의 센서 운영 체제는 크게 이벤트 기반 모델과 스레드 기반 모델로 구분하여 센서 운영 체제와 네트워크 스택, 가상 머신, 개발 도구를 함께 발표했지만 여기서는 운영 체제 측면을 중심으로 특징을 간략하게 설명하기로 한다.

1 이벤트 기반 센서 운영 체제

이벤트 기반 모델은 센서 네트워크 연구 초기에 주로 채택되어 센서 운영 체제 설계에 활용되었다. 초기 센서노드의 MCU 자원은 최근에 사용하는 MCU와 비교할 때 상대적으로 매우 작았다. 즉 TinyOS를 개발한 초기(2000년)에 사용한 센서노드의 MCU는 ATMEL 90LS8535 모델로서 4MHz 클록, 8KB 프로그램 메모리, 512Byte의 데이터 메모리를 지녔다. 이와 같이 매우 작은 자원 하에서의 센서 운영 체제 설계 모델은 이벤트 기반 모델이 최고의 선택사항이 될 수밖에 없었다.

이벤트 기반 모델에서 이벤트(Event)는 비동기적 센서 트리거(Trigger), 통신 패킷 도착 등으로 발생하는 외부 인터럽트 등을 나타낸다. 프로그램은 일종의 서비스 루틴으로 볼 수 있는 독립적 이벤트 핸들러(Event Handler)의 집합으로 구성된다. 일반적으로 이러한 서비스 루틴은 일종의 컴포넌트이며, 그 명칭도 컴포넌트, 모듈, 메시지 핸들러 등 센서 운영 체제마다 달리 불린다. 프로그램의 구조는 해당 프로그램을 구성하는 컴포넌트를 직접 연결(Wiring)하는 방식이며, 독립적으로 존재하지만 식별자를 사용하여 간접적(Indirect) 연결 구조를 갖는다. 즉 TinyOS의 경우 운영 체제와 응용 소프트웨어의 구별 없이 전체적으로 직접 연결된 컴포넌트 조합으로 표현되며, 그림 3-3-2에서 그 예를 볼 수 있다. 여기서 사각형은 컴포넌트이며, 화살표는 컴포넌트 간의 직접 연결 상태를 나타낸다.

프로그램 수행 과정을 살펴보면 신규 이벤트가 발생할 경우 이벤트 큐(Event queue)에 입력되며, 스케줄러는 선입선출(FIFO) 등의 지정된 스케줄링(Scheduling) 정책에 따라 이벤트 큐에서 이벤트를 한 개 꺼내 해당 이벤트 핸들러를 수행한 후 끝나면 이 과정을 반복하는 방식으로 수행된다. 일반적으로 초기 이벤트 모델은 메모리에 컨텍스트를 한 개만 유지하여 메모리 사용량을 절감하고자 이벤트 핸들러의 수행 도중 다른 이벤트 핸들러의 수행을 위해 교체(Preemption)하지 않고 종료 시까지 수행하는 방식(Run-to-completion)을 사용했다. 이러한 초기 기본 이벤트 모델에 이벤트 수행 시 새로운 소프트웨어적 이벤트가 발생하거나 긴 수행 시간을 갖는 핸들러가 다른 이벤트의 수행을 지연시켜 내부에 버퍼 오버플로를 초래하는 경우(Bounded buffer problem) 등을 방지하기 위해 스케줄링 구조 변경 같은 개선이 지속적으로 이루어지고 있다.

이 같은 이벤트 기반의 센서 운영 체제는 커널의 코드 크기와 메모리 사용량이 매우 작은 초경량 운영 체제를 구현할 수 있는 장점이 있다. 반면에 프로그램 수행 방식이 기존에 사용하는 C-프로그램 수행처럼 친숙한 방식이 아니고 상태 머신(Finite state machine) 같은 형태로 매우 어렵다는 단점도 있다. 이를 해결하기 위해 새로운 가상 머신을 도입하거나 새로운 언어를 사용하는데, TinyOS의 Mate 가상 머신, NesC 언어가 그 대표적 사례이다. 대표적인 이벤트 기반 센서 운영 체제의 특징을 간략하게 소개하기로 한다.

① TinyOS

최초의 센서 운영 체제이자 널리 사용하는 센서 운영 체제로, 미국 버클리 대학에서 개발되었다. TinyOS는 컴포넌트 기반의 프로그램 구조를 가지며, 제한된 메모리 공간의 효율적 이용 및 에너지 효율적인 자원 관리 등의 특징을 갖는다. TinyOS의 프로그램 구조 및 동작, 특징 등은 앞에서 설명한 내용을 참조한다.

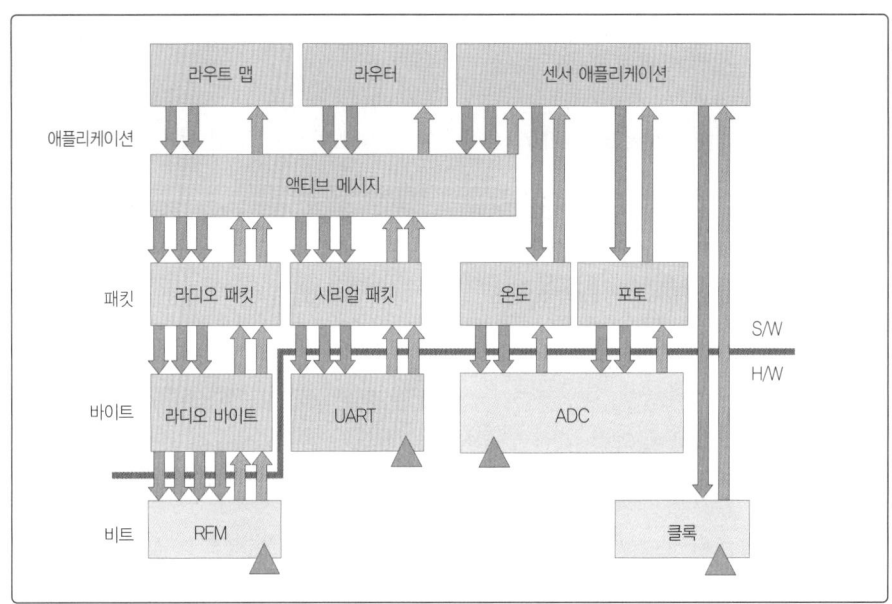

그림 3-3-2
TinyOS 기반
프로그램의 구조 예

② Contiki

스웨덴 컴퓨터 공학 연구소에서 개발한 센서 운영 체제로, SOS와 마찬가지로 기본적 이벤트 모델에 다양한 개선 기능을 추가했다. Contiki는 코드 블록(Code block)을 기반으로 하는 프로그램 구조를 제공한다. 각 응용 소프트웨어 또는 서비스는 한 개의 코드 블록으로 구성되며, 그 안에는 하위 디바이스 레벨의 서비스 핸들러(Poll handler)와 여러 개의 이벤트 핸들러가 있다. 이벤트는 비동기적 이벤트와 코드 블록 간 호출에 해당하는 동기적 이벤트로 구성된다. 한편 이벤트 스케줄링에서 우선순위를 지원하지 않으나 이벤트 도착 시 신속한 처리를 위하여 하위의 폴링 플래그(Polling flag)와 상위의 이벤트 큐 기반의 2단계 스케줄링 계층 구조를 지니고 있다. 또한 포토 스레드(Photo thread)라는 극히 제한적인 멀티스레딩 기능을 라이브러리 형태로 제공한다.

③ SOS

미국 UCLA에서 개발한 센서 운영 체제로 TinyOS 이후 개발되어 기본적 이벤트 모델의 스케줄링 단점을 보완하기 위해 우선순위(Priority) 기반의 다중 큐(Multi-level queue)를 채택한다. SOS는 이벤트 대신 메시지 개념을 사용하며, 메시지 서비스 루틴의 집합인 모듈 기반의 소프트웨어 구조를 사용하여 에너지 절감에 효과적인 모듈 단위의 동적 프로그램 갱신(Reprogramming)을 지원한다.

SOS의 모듈은 컴파일러에서 지원하는 위치-독립(Position-independence) 코드 생성을 전제로 하므로 AVR MCU의 경우 4KBytes로 크기가 제한되어 프로그램 작성에 제한을 받고, MSP430 MCU의 경우 이를 지원하지 않아 SOS 운영 체제 자체를 구동할 수 없다는 단점이 있다.

② 스레드 기반 센서 운영 체제

스레드 모델은 이벤트 모델보다 프로그램의 용이성과 스케줄링의 유연성이 우수하며, 복잡한 센서 응용 소프트웨어를 구현한다는 장점이 있다. 이러한 장점에도 불구하고 초기 MCU의 자원 제약으로 스레드 모델은 이벤트 모델보다 상대적으로 늦게 센서 운영 체제 설계에 적용되었다. 그러나 8-Bit MCU의 자원 크기가 8MHz의 클록, 64~128KB의 프로그램 메모리, 4~12KB의 데이터 메모리 등으로 초기 8-Bit MCU보다 비교적 커지면서 이 모델의 적용이 검토되기 시작했다.

가장 먼저 멀티스레드 모델을 적용한 콜로라도 대학의 Mantis 센서 운영 체제는 4KB의 데이터 메모리와 128KB의 프로그램 메모리를 갖는 8-Bit Atmega 128L MCU를 탑재한 센서노드상에서 기본 12개의 스레드를 무리 없이 지원했다. 또한 스레드 교체 시 발생하는 오버헤드(Context switching overhead)는 약 120개의 기계 명령어(Machine instruction) 수행에 해당하고, 그 시간은 약 $60\mu sec$로 기본 스레드 수행 주기(Time quantum) 10msec의 1% 이하에 불과하여 그리 큰 오버헤드가 발생하지 않는다는 점을 검증했다. 이후 카네기 멜론 대학에서 8개의 태스크를 지원하는 Nano-RK 센서 운영 체제의 수행 시간을 약 $45\mu sec$로 발표하여 보다 작은 값을 발견했다.

이후 국내외에서 스레드 모델 기반의 센서 운영 체제가 많이 개발되었으며, 이 모델들은 전통적인 멀티스레딩(Multi-threading)의 동적 스레드 생성에서 벗어나 여러 개의 정적 태스크를 적재하여 지원하는 멀티태스킹(Multi-tasking)으로 발전하고 있다. 또한 기존에 독립적인 여러 개의 프로그램을 수행하며, 그 프로그램 하위에서 동적 스레드 생성을 동시에 지원하는 완전한 멀티프로그래밍(Multi-programming)의 지원 등으로 점차 확대, 발전하고 있다. 특히 커널 재구성 기술을 효과적으로 적용하여 자원의 크기에 따라 초경량부터 상대적으로 큰 크기의 커널까지 크기를 조정하게 되었다. 이에 따라 스레드 모델 기반이 기존의 친숙하고 전통적인 프로그래밍의 실행 환경을 제공한다는 장점과 대규모 응용 소프트웨어 구현의 용이성 제공, 기존에 작성한 응용 소프트웨어를 최대한 활용할 수 있다는 장점 때문에 스레드 모델의 채택이 지속적으로 확대되리라 전망된다. 다음은 스레드 기반 센서 운영 체제의 특징을 간략하게 요약한 것이다.

① Mantis

미국 콜로라도 대학에서 개발한 센서 운영 체제로, 앞서 언급한 바와 같이 최초의 스레드 모델 기반의 센서 운영 체제이다. Mantis 센서 운영 체제의 개발 동기는 스레드 모델이 8-Bit MCU 기반의 센서노드에서도 경량화 구현이 가능하고 여러 개의 스레드 지원도 큰 오버헤드 없이 가능하다는 점을 입증하는 데 있었으므로 센서 네트워크 영역에 적합한 새로운 이론적 기법보다 일반적인 멀티스레딩 컴퓨팅의 원리 구현에 초점을 두고 있다. 따라서 스케줄링의 경우 5개로 구성된 우선순위(Priority)를 기반으로 태스크 교체를 주기적으로 할 수 있는 시분할-선점형(Time-sliced preemptive) 스케줄링 방식을 채택하며, 수행 시간이 긴 응용 소프트웨어를 수행시키면서도 외부 인터럽트 등이 태스크의 수행을 지연시키지 않고 적절하게 서비스를 제공할 수 있다는 점에 대한 성능 분석 결과를 다양하게 제시한다.

② NanoRK

카네기 멜론 대학에서 개발한 센서 운영 체제 NanoRK는 센싱 주기와 서비스 시간이 서로 다른 여러 개의 센서를 다루는 태스크(Multi-modal sensing task)의 경우 수작업으로 코딩하여 제어하는 것이 매우 어려우며, 실제로 가능하지 않은 경우도 있다는 것을 발견했다. NanoRK는 이러한 관찰에 의거하여 고정적 우선순위(Fixed priority)를 갖는 주기적 태스크(Periodic task)를 채택한 경성 실시간(Hard realtime) 운영 체제이다. NanoRK는 효율적 자원 활용을 위해 CPU와 네트워크 전송량(Bandwidth)을 사전 예약하여 사용하는 자원 관리 기법을 도입했다. 특히 TDMA(Time Division Multiple Access) 기반의 네트워크 스케줄링 기법을 실제로 적용하여 다양한 실험 결과를 제공하고 있다.

③ NanoQplus

그림 3-3-3에서 보듯이 NanoQplus는 한국전자통신연구원에서 국내 최초로 개발한 스레드 모델의 센서 운영 체제이다. 이론적으로는 콜로라도 대학의 Mantis와 같이 기본적인 멀티스레드 원리에 초점을 두며, 센서 운영 체제의 체계적 구조 설계, 높은 확장성 등의 장점이 있다. 또한 센서 운영 체제를 중심으로 네트워크 스택 및 제반 개발 도구 등 센서노드 소프트웨어 전반에 걸쳐 체계적인 소프트웨어 플랫폼을 구성, 제공한다는 것도 큰 장점이다. 즉 nHAL(nano Hardware Abstract Layer) 계층 구조를 두어 상위 기능 모듈이 하드웨어 컴포넌트 제어를 용이하게 하는 계층적 소프트웨어 구조를 지녔으며, MSP430, Atmega128 외에도 ARM7, 8051 extended, Star 12 등 다양한 MCU를 지원한다. 또한 커널 코드의 크기를 조절하는 커널 재설정 기능을 제공하고 POSIX 기반의 표준 API 중에서 멀티스레드 관련 서브셋을 지원하며 NanoEsto라는 개발 환경을 구축함으로써 응용 소프트웨어의 개발이 매우 편리하다는 장점을 제공한다.

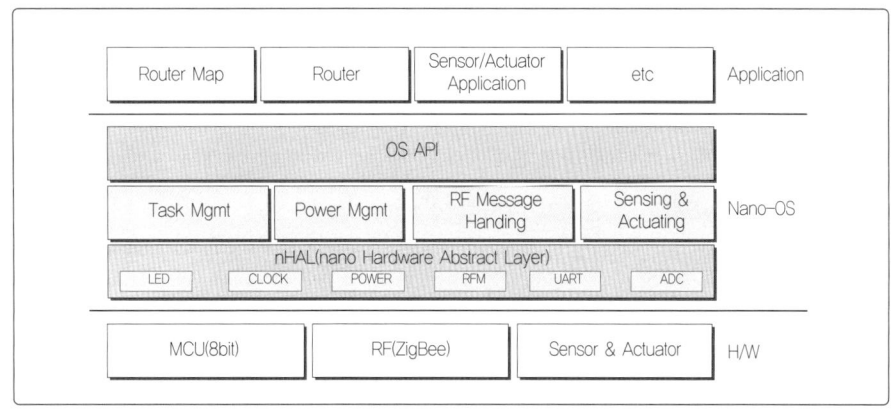

그림 3-3-3
NanoQplus 구조

센서노드에 탑재되는 센서 운영 체제는 센싱 데이터의 획득·처리·전송 등을 지원하는 핵심 요소 기술이다. 기존의 센서 운영 체제는 센서노드가 매우 제한적인 하드웨어 자원을 가지므로 이러한 자원의 효율적 사용에 초점을 두어 개발해 왔다. 센서 운영 체제는 응용 분야의 특성에 따라 상이한 소프트웨어 및 하드웨어적 요구 사항을 가지므로 응용 분야에 적합한 센서 운영 체제를 개발하려면 많은 시간과 비용이 필요하다. 이러한 문제점을 개선하려면 센서 운영 체제가 고도의 재구성 능력과 소프트웨어 모듈의 재사용 능력을 갖추어야 한다.

향후 센서 운영 체제는 프로세싱과 메모리 자원이 제한적인 환경에서 수행되는 초소형을 요구하면서도 대규모 센서 네트워크를 구성하기 위한 적응형 자원 관리, 자율 컴퓨팅 지원 등의 고성능화로 진화할 것으로 예상된다. 따라서 센서노드의 특성에 적합한 다양한 OS 기술이 필요하다. 특히 센서노드를 위한 OS는 크기가 작아야 하며, 자원을 효율적으로 관리할 수 있어야 한다. 또한 저전력 소모, 안정적 운영, 네트워크 접속 기능, 협업 기반 분산 처리, 미들웨어와 애플리케이션 개발자 및 이용자를 위한 편리한 인터페이스 등이 제공되어야 한다.

3 | 센서노드 미들웨어

1 | 정의

미들웨어는 운영 체제와 응용 프로그램 사이에 위치하여 응용 프로그램이 공통으로 활용하는 서비스를 제공하는 소프트웨어 계층을 의미한다. 그러나 센서 네트워크상의 소프트웨어 구조는 성능 확보를 위해 응용 프로그램이 디바이스를 직접 액세스할 필요가 있어 디바이스 드라이버와 커널 등의 구분이 모호하므로 센서 운영 체제를 레이어 구조(Layered architecture) 하에 설계하는 것이 어렵다. 또한 센서 네트워크 운영 체제의 기능이 아직 명확하게 정의되지 않아 네트워크 스택, 시간 동기화 등 미들웨어에 해당할 수 있는 서비스나 기능을 대부분 운영 체제 안에 편입시켜 구현하고 있다. 이에 따라 센서 네트워크에서 미들웨어의 기술을 정확하게 정의하는 일은 용이하지 않다. 그러나 센서 네트워크의 운영 체제, 네트워크 스택 등 시스템 레벨 소프트웨어에 속하지 않으며, 이들 소프트웨어에 공통으로 필요한 서비스로서 향후 그 서비스가 시스템 또는 응용 소프트웨어와 구별되는 독립적 소프트웨어로 구현될 수 있는 기반 서비스/기술 영역을 미들웨어의 기술로 간주하는 것이 보다 현실적인 대안이라 할 수 있다. 다만, 센서 네트워크를 위한 미들웨어(이하 '센서 미들웨어'로 호칭)는 센서 운영 체제와 마찬가지로 가용 에너지와 CPU, 메모리 등의 제약을 고려해 이들 자원의 사용을 최소화하는 초경량화가 가능해야 한다는 기본 전제를 바탕으로 한다. 즉 센서노드에 탑재하기에 큰 자원이 요청되는 기술은 센서 미들웨어로 정의할 수 없다.

이런 관점에서 센서노드에 탑재될 수 있는 시간 동기화, 위치 인식, 센서 데이터 처리 기술이 주요 센서 미들웨어 기술에 속하며, 여기서는 이러한 기술들을 간략히 소개하기로 한다.

2 | 주요 기술

1 시간 동기화 기술

　노드와 노드 간의 상호 협력이 필요하고 협력 동작이 상호 지정된 시간에 일어나야 하는 경우 서로 글로벌 시간을 유지해야 이러한 협력과 정보의 사용이 가능하다. 예를 들어 제한된 에너지를 효율적으로 활용하려면 노드 스스로 동작을 주기적으로 일정 시간 중단할 필요가 있는데, 노드 간 데이터 송수신을 위해서는 이러한 주기마다 노드 간 동기화가 이루어져야 한다. 앞서 설명한 통신 횟수를 감소하는 기법으로 다수의 자식 센서노드에서 전송하는 동종 데이터를 처리하는 그룹화(Aggregation) 역시 상호 정확한 시간에 데이터를 전송해야만 효과적이다.

　노드 내의 정보나 이벤트를 타 노드나 싱크에 전달하고, 그 정보의 정보 또는 이벤트의 발생 시간이 응용에 필요한 경우에도 시간 정보가 필수적으로 요구된다. 예를 들어 센서노드가 감지한 데이터를 전달할 때 노드는 정확한 시간 정보를 데이터에 포함해서 전달해야만 이 정보를 필요로 하는 노드 또는 싱크가 유용하게 이용될 수 있다. 시간 정보는 여러 노드로부터 동일한 이벤트의 중복 검사, 이벤트의 발생 순서 구분, 이동체의 이동 속도 계산 등에 사용된다.

　이와 같이 많은 센서 네트워크의 응용 분야에서 노드 간에 글로벌 시간 정보 (Global Time Information)를 유지하는 것이 필수적으로 요구되며, 이를 실현하는 기술을 시간 동기화(Time Synchronization)라고 한다. 센서노드는 MCU 내의 타이머를 기반으로 한 로컬 시간을 지니고 있으며, 주어진 기본 시간(Base Time)을 서로 맞춰 놓으면 로컬 시간을 활용하여 글로벌 시간을 산정할 수 있다. 그러나 단순히 초기 기본 시간을 맞춰 놓았다 해도 센서노드상에서 정확한 글로벌 시간을 유지하는 것은 다음과 같은 이유로 매우 어렵다. 먼저, 센서노드의 전원 및 자원이 제한되어 있어 클록이 안정적이지 못하므로 시간이 지나면 노드 간에 글로벌 시간 격차가 증가한다는 점이다. 또한 이종의 노드일 경우 또는 신규 노드의 진입으로 타이머 유형이 다르거나 설정값이 올바르지 못할 때도 시간 격차가 발생할 수 있다. 이러한 시간 격차를 줄여 보다 정확하게 유지하려면 메시지를 주기적으로 전달하여 동기화해야 한다. 센서 네트워크의 규모가 커지면서 멀티홉 메시지 기반의 동기화가 요구되며, 이를 위한 통신량 증가와 메시지 지연 시간 등의 발생으로 문제점이 제기되고 있다.

이러한 문제점을 해결하기 위해 다양한 동기화 프로토콜이 제안되었다. Receiver-to-receiver 프로토콜로서 정확도는 높지 않지만 비교적 경량 구현이 가능한 RBS (Reference Broadcast Synchronization), pairwise sender-to-receiver 프로토콜로서 높은 정확도는 유지하지만 오버헤드가 큰 TPSN(Timing-sync Protocol for Sensor Networks), 타임스탬프(time-stamp)를 메시지에 부착하여 보정하는 방식을 사용하는 MNTP(Manifold Node Time synchronization Protocol) 등이 대표적인 시간 동기화 기법이다. 최근 들어 기존 동기 기법의 신뢰성, 정확성, 보안에 따른 취약성을 분석하고 개선하는 방안이 제시되는 등 안전하고 견고한 프로토콜의 연구는 계속되고 있다.

❷ 위치 인식 기술

센서 네트워크에서 노드의 위치 정보는 센서 네트워크의 유용성을 보다 높일 수 있는 중요한 정보이다. 예를 들어 환경 감지 및 타깃 추적을 위한 경우 센서노드의 위치 정보가 없다면 센서 네트워크의 적용은 그리 유익하지 않을 것이다. 시스템 소프트웨어 차원에서도 라우팅 및 안정된 토폴로지 관리 알고리즘은 대부분 노드의 위치 정보를 사용한다.

위치 인식 기법으로는 입력으로 측정 거리를 사용하는 측정 거리 기반의 기법이 주로 사용된다. 이 기법은 노드와 노드 사이의 센서 및 RF 신호로 실제 거리를 측정하고 이를 이용하여 위치를 예측하는 방식이다. 측정 거리 이외에도 상대적 거리 차이나 노드의 움직임, 앵커 노드의 수, 네트워크의 분포 특성, RF RSSI, Acoustic ToA, UWB와 같은 측정 방식의 특성 등 다양한 정보를 이용하여 위치를 예측하는 기법이 개발되고 있다.

일반적으로 위치 인식은 크게 3단계로 구성된다. 첫째, 거리 측정 등의 물리적 데이터를 수집하여 최단거리 알고리즘의 수행을 통해 물리적 데이터의 가공 처리를 수행하는 데이터 수집 단계이다. 둘째, 이렇게 수집한 데이터를 기반으로 원시(Primitive) 위치 정보를 산출하는 단계이다. 셋째, 정제화(refinement)를 통해 위치를 보정하는 단계이다. 대부분의 위치 인식 기법에서 입력 데이터는 거리 정보, 노드 연결성(connectivity), 클러스터 정보 등으로 구성되며 초기 위치를 계산하는 단계와 정제화 단계에는 MDS(Estimation, Multidimensional Scaling), SDP(Semi-Definite Programming), MLE(Maximum Likelihood Estimator) 등 다양한 알고리즘을 적용한다. 이러한 방법들은 해당 센서 네트워크의 환경, 즉 통신 비용, 전력 소모량, 컴퓨팅 요구량 등 다양한 성능 결정 요소를 고려해야 한다.

이와 같은 위치 인식 기법의 구현은 중앙 집중형과 분산 방식으로 나뉜다. 중앙 집중형 위치 인식 방식은 노드로부터 측정 거리 등의 정보를 싱크노드 또는 서버에 취합하여 이곳에서 위치를 산출하는 방식이다. 이 방식은 많은 통신량이 발생한다는 단점이 있는 반면, 용량이 큰 싱크노드 및 서버에서 복잡한 연산을 수행하도록 함으로써 보다 정확한 위치 정보를 산출할 수 있다는 장점이 있다. 분산 위치 인식 기법은 주위 노드와의 통신을 이용하여 노드 각자가 위치 인식을 수행하는 방식으로, 큰 통신량의 발생 없이 신속한 위치 인식이 가능하지만 노드의 자원 제약으로 복잡한 연산이 어렵다는 단점이 있다. 이러한 문제를 해결하기 위하여 TI사의 CC2431 경우 RF RSSI 기반의 거리 측정과 위치 계산 관련 기능이 하드웨어에 탑재되어 있다.

3 센서 데이터 처리

USN은 다양한 물리, 화학 센서를 이용하여 구조물 모니터링, 유해 가스 등 환경 모니터링, 지진 등의 자연재해 모니터링, 군사용 침입 탐지, 정밀 농업, 지능형 교통 시스템 등 다양한 응용 분야에 적용할 수 있다. 다양한 응용 분야의 적용을 위하여 센서 네트워킹 기술 개발뿐 아니라 에너지와 자원이 한정된 센서 네트워크의 특성에 적합한 데이터 처리 기술 개발이 필수라 할 수 있다. 특히 센서노드에 온도·습도와 같은 단위 데이터를 감지하는 센서뿐 아니라 영상 및 복합 데이터를 발생하는 초소형 카메라 또는 레이더 센서 등이 탑재됨에 따라 데이터 전송에 필요한 통신 요구량이 급격하게 증가하고 있다. 물론 데이터를 다루는 소프트웨어의 응용 로직이 센서노드 자체에서 처리되는, 즉 로컬 처리(Local processing)로 구성된다면 이러한 문제가 발생하지 않지만 센서 네트워크의 응용에서는 주로 모니터링 추적 및 협업 기능이 대부분의 응용 로직을 구성하므로 현실적으로 통신량을 감소시키는 기술이 요구된다. 즉 통신 요구량을 줄이기 위한 데이터 처리 기술이 미들웨어 서비스로 반드시 구현되어야만 해당 응용이 가능하다.

이와 같은 데이터 처리를 위한 접근 방식은 통신 횟수를 감소하는 기법, 전체 통신량을 감소하는 기법, 복잡한 계산을 수반하는 로컬 데이터 처리의 효율적인 알고리즘 등으로 구분할 수 있다. 첫째, 통신 횟수를 감소하는 기법으로는 다수의 자식 센서노드에서 전송하는 동종 데이터를 처리하는 그룹화(Aggregation)를 들 수 있다. 둘째, 전체 통신량을 감소하는 기법으로는 에너지 효율적인 무선 전송을 위한 데이터 압축 기술을 포함한다. 셋째, 복잡한 계산을 수반하는 로컬 데이터 처리의 효율적인 알고리즘으로는 멀티 센서에서 관심 이벤트/상황 추출을 위한 데이터 융합(data fusion) 기술을 포함한다. 이러한 알고리즘은 이미 기존의 컴퓨터를 통해 많은 연구 개발이 이루어진 분야이지만, 이들을 센서 네트워크에 접목하는 것은 센서 네트워크의 특성, 즉 네트워크 크기와 토폴로지의 동적 변화, 에너지 및 자원 제약 등을 충분히 고려해야 하므로 매우 복잡하고 어려운 작업이다. 그러나 이와 같은 필수 기술의 발전이야말로 센서 네트워크의 응용 분야를 확장하는 지름길이라 하겠다.

4 센서노드 애플리케이션 개발 및 관리 도구

1 | 센서 애플리케이션

센서 네트워크의 응용 서비스는 데이터 수집형(Data Gathering)과 협업형(Collaboration)으로 크게 구분할 수 있다.

데이터 수집형 응용은 노드 간의 상호 협력이 아닌, 단순히 자신에 속한 데이터를 멀티홉을 통해 싱크노드에 전달하는 동작으로 구성된다. 대부분의 모니터링 응용이 여기에 속한다. 예를 들어 주기적 감시(periodic measurements)를 위하여 센서노드는 센싱한 값을 주기적으로 싱크에 통보하는 형태로 동작하며, 싱크 통보는 감지된 이벤트에 의해 유발되고 통보 주기는 응용 분야에 따라 다르게 지정할 수 있다. 또한 일반 센싱 데이터가 아닌 이벤트 인지(event detection)를 위하여 센서노드의 특정 이벤트 발생을 감지한 후 보고하는 형태의 응용도 데이터 수집형에 속한다.

협업형 응용은 노드 상호 간에 주어진 공통 목표를 위해 협력하는 동작을 포함한 응용에 속한다. 즉 센서노드가 다른 노드와 협력하여 이동 타깃을 추적하거나 감시하는 경우가 이러한 유형에 속한다. 협업형 응용의 경우 특정 영역에 속한 노드 간에는 서로 협력해야 하므로 단순 센싱과 포워딩이 아닌, 복잡한 분산 응용 로직으로 구현된다. 이를 위해 노드를 주변 또는 논리적으로 그루핑하여 해당 그룹별 상호 협력을 용이하게 하는 프로그래밍 환경의 연구도 매우 활발하게 진행 중이다. 여기서는 센서노드 응용의 기본 개념인 데이터 센싱 모델과 저장 모델을 간략하게 소개하기로 한다.

🔳 센서 네트워크의 데이터 센싱 모델

앞에서 대부분의 센서 네트워크 애플리케이션은 주변 환경의 모니터링을 목적으로 활용된다는 점을 살펴보았다. 센서 네트워크는 모니터링 대상에 따라, 즉 응용 범주에 따라 주변 환경을 감지하여 애플리케이션에 알려주는 유형에 차이가 있다.

주기적으로 센서가 가동되어 환경 정보를 측정하고 측정 데이터를 보고하는 경우가 있다. 그러나 측정 데이터가 특정 조건에 만족할 경우, 즉 특정 상황이 발생한 경우에만 알려주는 경우와 수행 명령을 받은 경우에만 센서를 가동하여 측정을 실시하는 경우 등으로 나뉜다. 따라서 측정 방식과 측정 데이터 전송 방식은 다음과 같이 구분할 수 있다.

① 주기적 측정과 측정 데이터 전송

노드들이 센서와 송신부의 스위치를 주기적으로 켜서 환경을 감시하고, 응용의 관심에 속하는 데이터를 전송한다. 주기적 간격으로 네트워크의 상태를 파악할 수 있도록 하므로 주기적인 데이터 감시를 요하는 응용에 적합하다. 이러한 영역에 속하는 센서 네트워크를 사전적 네트워크(proactive network)로 분류할 수 있다.

② 주기적 측정과 이벤트 데이터 전송

노드들이 연속적으로 환경을 감지하여 감지된 속성 값의 갑작스런 변화에 즉시 반응한다. 이는 침입 탐지나 폭발 탐지와 시간 임계적인 응용에 적합하다. 이러한 영역의 센서 네트워크를 반응적 네트워크(reactive network)로 분류할 수 있다.

③ 요구에 따른 측정과 측정 데이터 또는 이벤트 전송

사전적 네트워크(proactive network)는 노드들이 센서와 송신부의 스위치를 주기적으로 켜서 환경을 감시하고, 응용의 관심(interest)에 속하는 데이터를 전송한다. 즉 주기적 간격으로 네트워크 상태를 파악할 수 있도록 하므로 주기적인 데이터 감시를 요하는 응용에 적합하다.

🔳 센서 네트워크의 데이터 저장 모델

센서 네트워크의 데이터는 센서노드가 감지한 데이터(Observation, 이하 '측정 데이터'로 호칭)와 이를 가공한 이벤트로 구분할 수 있다.

① 측정 데이터는 온도와 습도 같은 센서에서 직접 감지한 데이터로, 물리적 환경 또는 상태를 나타내는 정량적인 값으로 표현된다. 이는 각 측정 데이터가 주어진 시점에 특정 위치에 매핑되는 단편적인 정보이다.

② 이벤트는 하나 또는 그 이상의 노드에서 측정 데이터를 가공하여 도출한 물리적 객체 또는 논리적 개념을 나타낸다. 이벤트는 그 성격에 따라 주어진 영역이나 시간대에 측정 데이터를 활용하므로 논리적으로 측정 데이터보다 상위의 데이터라 할 수 있다.

측정 데이터와 이벤트를 사례로 들어 설명하면 다음과 같다. 산불을 감시하기 위한 센서 네트워크를 고려해 보자. 각 센서노드가 매초마다 주변의 온도와 습도를 측정하도록 설정되어 있다고 가정하면 1분에 60개씩의 온도 값과 습도 값을 산출한다. 산불 감시를 위한 애플리케이션에서는 이러한 측정 데이터를 입력으로 사용하기보다는 산불이 날 가능성이 높은 위치가 더욱 요긴한 정보라 할 수 있다. 따라서 센서 네트워크의 예를 들면 습도가 10% 미만이고 온도가 섭씨 50도 이상으로 변경된 지역의 정보를 제공받을 경우 산불 발생 경보가 발생할 수 있다. 여기서 습도가 10% 미만이고 온도가 섭씨 50도 이상으로 변경된 지역의 정보를 '산불 가능 이벤트'라고 한다.

일반적으로 센서 네트워크의 설계에서는 각 센서노드가 각 측정 데이터를 베이스스테이션에 전송하는 것을 지양한다. 그 첫 번째 이유는 센서노드에서 주어진 시간에 방대한 양의 측정 데이터가 산출되기 때문이다. 방대한 양의 데이터를 전송할 경우 센서노드의 에너지가 빨리 고갈될 위험이 있다. 두 번째 이유는 사용자 또는 애플리케이션에는 측정 데이터 레벨의 원시 데이터가 필요하지 않은 경우가 많다는 점이다. 대부분의 애플리케이션은 측정 데이터를 가공하여 얻은 이벤트를 입력으로 사용한다.

이벤트에서 한 가지 추가할 점은 계층 구조를 가질 수 있다는 점이다. 앞에서 이벤트는 일련의 측정 데이터를 가공하여 생성할 수 있음을 살펴보았다. 이와 별도로 이벤트는 다른 이벤트를 가공하거나 조합하여 생성할 수도 있다. 예를 들어 온도가 섭씨 50도 이상 되는 이벤트와 습도가 10% 이하로 낮아지는 이벤트를 조합하여 '산불 가능 이벤트'를 생성할 수도 있다.

2 | 센서 네트워크의 이벤트 저장 위치 모델

일반적으로 하나의 센서 네트워크는 주위 환경의 이벤트를 감지하는 기능을 담당하는 다수의 센서노드와 외부로 이벤트를 전송하는 한 개 이상의 싱크노드로 구성된다. 그러므로 센서 네트워크가 가동되는 과정에서 생성되는 이벤트의 저장과 관련하여 많은 이슈가 발생한다. 그중 중요한 이슈는 센서 네트워크에서 이벤트를 저장하는 위치이다. 물론 저장 위치뿐 아니라 얼마 동안 저장할 것인가 하는 문제도 고려해야 할 점이다.

이벤트 저장은 저장 위치 측면에서 볼 때 센서노드 자체에 저장하는 방식과 센서 네트워크 외부에 저장하는 방식이 있다. 센서노드 자체에 저장하는 방식으로는 각 센서노드가 감지한 이벤트를 모두 저장하는 방식과 이벤트를 유형별로 구분한 후 노드를 지정하여 저장하는 방식이 있다. 주어진 센서 네트워크에서 적합한 이벤트 저장 위치 방식을 선정하기 위해서는 먼저 센서 네트워크 내의 센서노드별 통신 용량, 보유 전력, 데이터 처리 용량, 메모리와 저장 장치의 용량 등을 고려해야 한다.

① 외부 저장 방식(ES: External Storage)

센서 이벤트를 저장하는 가장 단순한 방법으로, 각 센서노드가 이벤트를 센싱할 경우 그 내용이나 유형에 상관없이 무조건 외부의 저장소로 전달하여 그곳에 저장하는 기법이다. 이 방식에서 센서 네트워크 애플리케이션이 센싱 이벤트를 획득하는 일은 매우 간단하다. 즉 애플리케이션이 베이스스테이션에 직접 쿼리를 보내 해당 이벤트를 얻을 수 있다. 이 방법은 노드 저장과 쿼리 처리를 베이스스테이션에서 중앙집중식으로 수행하므로 앞에서 지적한 대로 이벤트 저장이나 관리 측면에서 비교적 단순하다는 장점이 있다. 그러나 각 지역 노드가 모든 이벤트를 외부에 전달해야 하므로 통신에 소요되는 에너지가 매우 증가하는 단점이 있다.

② 로컬 저장 방식(LS: Local Storage)

각 센서노드가 그 내용이나 유형에 상관없이 센싱 이벤트를 무조건 자기 노드의 저장 장치에 저장하는 기법이다. 이 방식에서 애플리케이션은 각 노드에 대하여 이벤트를 직접 요청해야 한다. 이를 위해서는 전체 노드에 이벤트 요청을 위한 메시지를 전달해야 하며, 각 노드는 해당 데이터를 전송해야 한다. 물론 노드 측면에서는 이벤트 발생 시에 곧바로 전송할 필요가 없고, 지정된 이벤트 요청 시에만 전송하기 때문에 외부 저장 방식과 비교할 때 송신 횟수와 전송량은 작아진다.

③ 데이터 유형별 내부 저장 방식(DCS: Data Centric Storage)

이벤트 유형별로 노드를 지정하여 그곳에 저장하는 기법이다. 센서노드가 이벤트를 센싱하면 그 유형에 따라 해당 센서노드에 전송하게 된다. 애플리케이션은 필요한 이벤트의 해당 센서노드에 질의하여 이벤트를 얻는다. 따라서 애플리케이션 측면에서는 이벤트 요청을 위한 통신이 매우 간단해진다. 이 방법은 외부 저장 방식과 로컬 저장 방식의 장점을 살릴 수 있다는 특징이 있지만, 이벤트 저장 노드의 선정 및 장애 대책 같은 새로운 이슈들이 발생한다.

5 센서 네트워크 개발 및 관리 도구

센서 애플리케이션은 센서노드에서 구동하는 프로그램으로, 일종의 임베디드 소프트웨어로 분류할 수 있다. 일반적인 컴퓨터 소프트웨어의 개발과 비교할 때 임베디드 소프트웨어는 해당 하드웨어 사양에 의존성을 갖는 코드 작성, 디버깅의 어려움 등으로 개발 시에 요구되는 비용 및 시간, 신뢰성 확보가 매우 어렵다. 센서 애플리케이션은 센서 네트워크상 타 노드와의 통신을 수반하므로 일반적으로 단일 시스템상에서 동작하는 임베디드 소프트웨어보다 개발이 더 복잡하고 어렵다.

1 | 필요성

일반적으로 소프트웨어 개발은 프로그램 소스 작성, 컴파일, 실행 오류를 찾아 고치는 디버깅 절차로 수행된다. 센서노드 소프트웨어 개발도 이와 같은 절차는 동일하지만, 기존에 한 컴퓨터에서 원스톱으로 수행되는 소프트웨어 개발 환경과 달리 임베디드 소프트웨어 개발에서 활용하는 개발 방식인 교차 개발 환경(Cross Development Environment)을 사용한다. 또한 대부분의 센서 응용 소프트웨어는 무선 네트워크상에서 타 노드와 통신 또는 협업 기능을 포함하므로 기존의 단일 시스템 중심의 임베디드 소프트웨어보다 테스트와 디버깅이 매우 어렵다. 따라서 노드 및 네트워크의 사전 시뮬레이션 같은 도구를 활용하기도 한다.

개발 및 배치 후에도 노드 소프트웨어 유지 보수와 네트워크 관리가 요구된다. 센서 네트워크 개발 및 관리에 대한 기본 이해를 돕기 위하여 개발 방법 및 환경, 네트워크 관리의 필요성, 관련 도구 현황에 대해 간략히 살펴본다.

임베디드 시스템의 하드웨어는 제한된 메모리와 작은 용량의 MCU로 구성되어 컴파일러 등 응용 프로그램 개발 툴셋(Tool Set)을 직접 구동하기에는 적합하지 않으며, 소프트웨어 개발과 병행하여 진행하는 경우가 많다. 따라서 임베디드 시스템을 위한 소프트웨어 개발은 임베디드 시스템 자체보다 PC 등 호스트 컴퓨터상에서 수행된다. USN을 구성하는 센서노드도 작은 용량의 메모리와 낮은 처리 용량을 갖는 MCU로 구성되므로 임베디드 소프트웨어 개발과 마찬가지로 USN 응용 소프트웨어의 개발도 PC 같은 호스트 컴퓨터에서 수행하여 실행 파일(이미지)를 작성한 후 이 실행 파일을 타깃 센서노드에 적재하여 실행하는 교차 개발 환경에서 이루어진다. 교차 개발 환경은 타깃 시스템용 실행 파일을 생성하는 크로스 컴파일러, ELF-32 포맷 실행 파일에서 순수 바이너리만 추출하는 오브젝트 파일 포맷 변환기, Makefile 또는 링커 스크립트 등과 실행 파일을 타깃 보드로 적재하는 퓨징(Fusing) 도구 등으로 구성된다. 교차 개발 환경은 타깃 시스템의 마이크로컨트롤러 제조사 등에서 제공하는 툴(Tool)로 구성하는 경우가 많다.

앞에서 살펴본 바와 같이 센서 응용 소프트웨어 개발은 테스팅과 디버깅이 매우 어렵기 때문에 이를 해소하기 위한 여러 방식의 도구가 사용되고 있다. 먼저, 센서 응용 소프트웨어는 개발 환경과 실행 환경이 서로 다른 교차 개발 환경에서 소프트웨어가 개발되므로 에뮬레이션 방식을 사용하여 로 테스팅(Raw Testing), 디버깅을 수행하는 경우가 많다. 이때 에뮬레이션이란 호스트에서 디버거를 이용해 타깃 시스템과 시리얼 통신 같은 특정 인터페이스를 통해 연결하여 소스 코드를 참조함으로써 타깃 시스템에서 프로그램 실행을 제어하며, 오류를 추적하는 방식이다. 즉 이 방식은 호스트 컴퓨터상에서 타깃 시스템에 연결하여 원격으로 타깃 시스템상의 프로그램 디버깅을 수행하는 것이다.

한편 센서 네트워크의 특성상 실제 네트워크 환경을 구축하는 데 시간과 비용이 많이 필요하므로 시뮬레이션을 활용하기도 한다. 시뮬레이션이란 작성된 실행 파일을 실제 하드웨어에서 구동하는 것이 아니라 하드웨어의 실행을 모사하는 소프트웨어인 '시뮬레이터'에서 구동시켜 프로그램의 정상 실행 여부를 확인하는 방식이다. 이 방식은 하드웨어 없이도 프로그램 동작을 확인할 수 있으며, 실행 과정의 상세한 추적이 가능하다. 그러나 하드웨어 대신 소프트웨어 기반으로 실행 파일이 동작하므로 실행 시간이 매우 느리고, 실제 구동 환경에서 발생하는 동기화 등에 대한 정확한 동작의 확인이 어렵다는 단점이 있다.

작은 센서 애플리케이션은 앞서 설명한 바와 같이 MCU 제조사 등에서 제공하는 컴파일러, 공용 프리웨어 및 간단한 퓨징(Fuzing) 도구, 에뮬레이터(In-Circuit Emulator) 등으로 이루어진 소규모 크로스 개발 환경을 사용해도 큰 무리가 없다. 그러나 크로스 개발 환경을 사용할 경우 대부분의 개발자가 자신이 사용하던 도구를 이용해 프로그램 편집 및 컴파일, 이미지 적재 및 디버깅을 수행하기 때문에 사용자에게 불편을 초래할 수 있다. 특히 대규모 센서 네트워크상에서 동작하는 복잡한 응용 로직을 갖는 센서 애플리케이션을 개발할 때 이러한 소규모 툴셋 기반의 개발 방식은 불편함을 야기할 뿐 아니라 개발 시간이 늘어날 수 있으며, 궁극적으로 소프트웨어 개발의 생산성 저하를 초래할 수 있다. 따라서 보다 높은 생산성을 제공하는 통합 개발 환경의 실용화가 점진적으로 진행 중이다.

한편 개발된 센서노드 애플리케이션을 각 센서노드에 탑재하여 센서 네트워크를 구축, 설치한 후 소프트웨어 유지 보수 및 에너지 모니터링과 같은 노드 레벨의 관리와 토폴로지 및 라우팅 방식 변경, 트래픽 모니터링, 장애 대처와 같은 네트워크 레벨의 관리가 지속적으로 요구된다. 이러한 목적을 수행하기 위하여 센서 네트워크 관리 도구가 필요하며 도구들은 관리의 효율성을 위하여 그래픽 기반의 기능 지원이 필요하다. 이러한 요구에 따라 기존의 센서 네트워크 운영 체제를 개발하는 대학 또는 연구기관에서는 네트워크 관리 도구의 개발이 매우 활발하게 진행되고 있다.

대규모 센서 네트워크의 경우 같은 종류의 센서노드로 구성하지 않고 서로 다른 종류의 센서노드로 구성할 수 있으며, 이러한 경우 각 센서노드상의 센서 운영 체제 환경 설정 내용과 탑재 소프트웨어 설치 내역 등 응용 개발 영역의 정보를 관리 단계에서도 사용할 수 있으므로 개발 도구와 관리 도구가 상호 연계된 통합 환경으로 발전될 것으로 전망된다.

2 | 사례

개발 도구의 기술 현황을 고찰하고 향후 발전 방향을 조망하기 위해 기존의 대표적 개발 및 관리 도구 기능, 구성을 살펴보기로 한다. 먼저, 시뮬레이션을 기반으로 한 대표적인 애플리케이션 개발 도구인 미국 TinyOS 그룹의 TOSSIM을 소개한다. 또한 코드 디버깅뿐 아니라 운영 체제 환경 설정, 전력 관리 등 다양한 기능을 제공함으로써 소프트웨어 개발의 생산성과 코드의 완성도를 높이는 통합 개발 환경인 한국전자통신연구소(ETRI)의 NanoEsto를 소개한다.

■ TOSSIM 시뮬레이터

TOSSIM은 TinyOS 기반의 센서 네트워크를 위한 이산 이벤트 시뮬레이터(Discrete event symulator)이며, 프로그래머가 작성한 프로그램을 PC의 시뮬레이션 환경에서 디버그, 테스트 및 분석하는 작업이다. TOSSIM은 타깃 노드에 퓨징(Fusing)할 이미지를 컴파일하는 대신 TOSSIM 플랫폼에서 컴파일하여 호스트 컴퓨터에서 직접 실행할 수 있다. TOSSIM 시뮬레이션 결과는 Tinyviz 소프트웨어를 이용한 그래픽 기반에서 시각적으로 볼 수 있다.

■ NanoEsto 통합 개발 도구

NanoEsto는 기존의 소규모 툴셋으로 구성된 개발 환경과 달리 소프트웨어 개발의 생산성과 코드의 완성도 향상을 목적으로 국내 ETRI(한국전자통신연구소)에서 개발한 센서 응용 프로그램 통합 개발 환경이다. 그림 3-3-4에서 보듯이 NanoEsto는 프로그램 소스 편집, 컴파일, 실행 코드 이미지 적재, 실행 제어 기능과 소스 레벨 디버깅 기능을 비롯해 USN 응용 소프트웨어의 개발에 필요한 다양한 기능을 제공한다. 또한 센서노드 자원의 크기와 응용에 적합한 최적의 운영 체제 커널을 구성하는 기능도 제공한다.

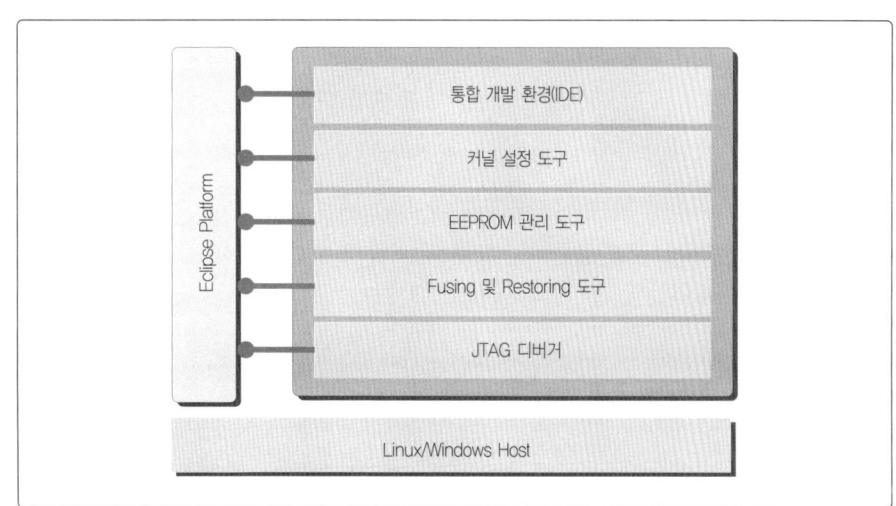

그림 3-3-4
NanoEsto 기능
구성도

NanoEsto의 주요 기능을 살펴보면, 먼저 사용자 환경은 타 개발과 달리 응용 프로그램 작성과 실행을 위한 포인트&클릭(point-and-click) 프로그래밍 환경과 Windows뿐 아니라 Linux에서 Eclipse GUI 스타일과 동일한 인터페이스를 제공함으로써, 명령어 기반 수작업에 따른 개발 시간을 단축하여 개발자의 생산성을 향상시킨다. 소스 편집기와 프로젝트 관리자의 경우 NanoQplus 기반 C 언어에 특화되어 있으며, Eclipse 플랫폼이 기본으로 지원하는 텍스트 편집기와 프로젝트 관리자를 확장하여 USN 응용 프로그램 개발에 적합한 기능을 수행하도록 구현했다.

또한 NanoEsto는 NanoQplus를 위한 커널 설정 도구를 제공한다. 이 설정 도구의 목적은 일반적으로 센서노드의 프로그램 메모리 사이즈가 64~128Kb로 극히 작으므로 응용 소프트웨어의 성격에 따라 필요한 최소 모듈만으로 커널을 구성하는 데 있다. 이 도구는 선택된 모듈에서 각 모듈의 의존성을 자동으로 검사하고 해당 실행 코드를 생성한다.

나아가 NanoEsto는 하드웨어 플랫폼으로 ATMEL사의 AVR MCU를 탑재한 센서노드를 지원하며, 실행 코드의 디버깅을 위하여 NanoEsto는 JTAG 기반 디버거를 지원한다. JTAG 기반 디버거는 Eclipse 사용자 인터페이스, 디버깅 엔진, ICE 장비로 구성되며 IEEE1149.1 표준에서 정의한 JTAG 포트를 이용하여 실제 타깃의 센서노드에서 동작하는 NanoQplus 응용 프로그램의 디버깅을 지원한다. 이 도구를 이용하여 개발자는 응용 프로그램을 타깃 센서노드에서 직접 동작시켜 변수, 레지스터, 메모리, 스택 등의 정보를 조회함으로써 필요한 디버깅을 수행할 수 있다.

한편 NanoEsto는 EEPROM의 데이터 구조를 관리할 수 있는 EEPROM 관리 도구, EEPROM의 데이터를 관리할 수 있는 리스토어링 기능을 제공한다. 이 기능을 이용하여 개발자는 연결된 타깃 노드의 EEPROM으로부터 데이터 이미지를 로드하거나 호스트 컴퓨터의 파일로부터 로드가 가능하다. 읽어온 데이터 이미지는 값을 변경하여 다시 타깃 노드에 저장하거나 파일로 호스트 컴퓨터에 저장할 수 있다.

이외에도 NanoEsto는 센서 네트워크 환경에서 센서노드 개발 이전에 USN 응용 프로그램을 검증하는 도구로, 기계어 수준의 명령어 시뮬레이션 방법을 사용하여 실제 타깃 센서노드의 동작을 시뮬레이션할 수 있는 센서 네트워크 시뮬레이터(MISS)와 시뮬레이터 엔진의 실행 이미지 시뮬레이션 과정에서 사용하는 전력 분석 기능도 제공한다.

4 하드웨어 플랫폼

UBIQUITOUS SENSOR NETWORK

유비쿼터스 센서 네트워크(USN)를 위해 개발한 하드웨어 플랫폼은 1999년 미국 버클리 대학에서 Wee라는 이름으로 개발한 것이다. 그 후 Mote(먼지라는 뜻으로, USN 기술은 눈에 보이지 않는 앰비언트 플랫폼을 지향한다는 의미)라고 명명했으며, 매년 다양한 하드웨어가 대학 및 연구소 그리고 기업을 통해 개발되어 이를 통한 상용 플랫폼도 출시 중이다. 현재 Mote는 USN 하드웨어 플랫폼의 학계 및 산업의 표준 플랫폼으로 인식되면서 모든 유비쿼터스 센서 네트워크의 기본 구조로 인식되고 있다.

1 센서노드 하드웨어 개요

유비쿼터스 무선 센서 네트워크의 하드웨어는 그림 3-4-1에서 보듯이 크게 네 가지(MCU, Sensor, 통신 칩, 배터리)로 구성된다. 기본적으로 구성된 하드웨어를 노드

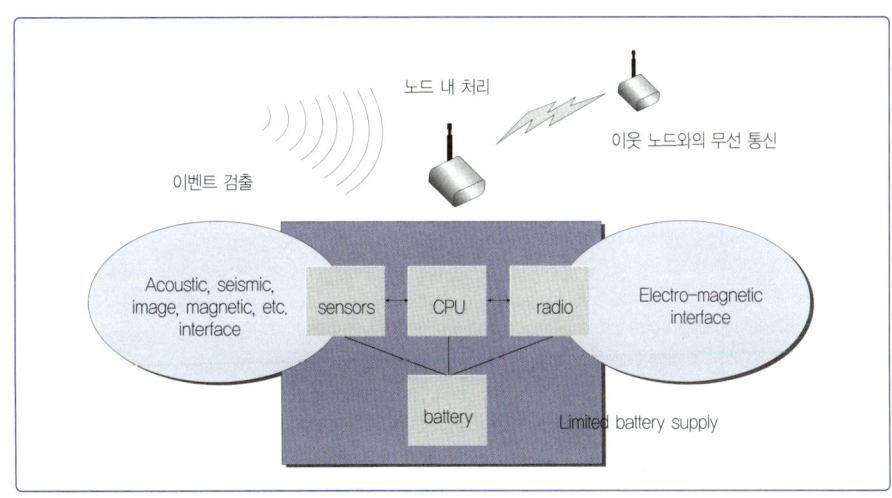

그림 3-4-1
센서노드 하드웨어
구성도

라 하고, 이 노드는 로컬 호스트 PC에서 센서 네트워크 게이트웨이로 시리얼, 이더넷, USB 인터페이스를 통해 연결하여 사용한다. 센서를 통해 데이터를 획득하고, 이를 MCU와 통신 칩을 통해 획득한 데이터와 주고받을 수 있다. 이러한 하드웨어 구조를 센서노드 또는 Mote라고 한다.

1 | MCU

MCU는 유비쿼터스 무선 센서 네트워크를 위한 필수 장치로, 보드의 주요 기능을 담당하며 기본적으로 명령어와 데이터 내용을 처리한다. 또한 대부분 저전력 단거리 무선 통신을 지향하는 8비트나 16비트의 마이크로 컨트롤러를 기반으로 구성되어 있다. 센서노드에 들어가는 대표적 MCU는 Atmel의 ATMega128L, TI(Texas Instruments)의 MSP430, Microchip의 PIC18F 등이다.

우선 Atmel사에서 출시한 ATmega128은 PIC처럼 RISC 및 하버드 구조를 갖는 고성능 8bit 마이크로 컨트롤러이면서 다른 마이크로 컨트롤러에 비해 큰 SRAM과

Manufacturer	Device	RAM(kB)	Flash(kB)	Active(mA)	Sleep(μA)	Release
Atmel	AT90LS8535	0.5	8	5	15	1998
	Megal28	4	128	8	20	2001
	Megal65/325/645	4	64	2.5	2	2004
General Instruments	PIC	0.025	0.5	19	1	1975
Microchip	PIC Modern	4	128	2.2	1	2002
Intel	4004 4-bit	0.625	4	30	M/A	1971
	8051 8-bit Classic	0.5	32	30	5	1995
	8051 16-bit	1	16	45	10	1996
Philips	80C51 16-bit	2	60	15	3	2000
Motorola	HC05	0.5	32	6.6	90	1988
	HC08	2	32	8	100	1993
	HCS08	4	60	6.5	1	2003
Texas Instruments	TSS400 4-bit	0.03	1	15	12	1974
	MSP430F14 16-bit	2	60	1.5	1	2000
	MSP430F16 16-bit	10	48	2	1	2004
Atmel	AT91 ARM Thumb	256	1024	38	160	2004
Intel	XScale PXA27X	256	N/A	39	574	2004

표 3-4-1
무선 센서
네트워크에서 사용하는
Microcontroller

Fash memory의 내장으로 프로그래밍이 용이하여 널리 이용된다. 또한 EEPROM을 내장하고 있어 데이터 백업이 가능하다. Texas Instruments사에서 출시한 MSP430은 저렴한 비용과 낮은 소비 전력을 제공하므로 무선 RF 또는 배터리를 사용하는 전자 기용으로 많이 사용한다. 인텔에서 만든 8051은 8-bit용 마이크로 컨트롤러로, 하나의 칩 내에 8bit CPU 부분과 롬, 램, 타이머, 카운트, 시리얼 포트, I/O 포트 등으로 구성된 적은 수의 외부 부품으로 동작할 수 있다. 무선 센서 네트워크에서는 전통적인 8051을 많이 사용하며 그 밖에 MCU의 자세한 특징은 표 3-4-1을 참고한다.

2 | 센서

수많은 센서 중에서 특정 센서가 포함된 보드는 데이터를 추출하기 위함이다. 이들 중 바이오, 환경, 기상, 홈 오토메이션 등의 센서가 현재 활발히 개발 중이다.

3 | 통신 칩

오늘날 가장 많이 개발되는 무선 통신 중 하나는 IEEE 802.15.4라고 할 수 있다. 이 무선 표준의 통신 칩은 대역폭별로 구분되어 있으며, 그중에서 300MHz, 400MHz, 800MHz, 900MHz, 2.4GHz 대역을 많이 사용한다. IEEE 802.15.4를 지원하는 칩셋으로 외국에는 Chipcon사의 CC2420/2430과 Motorola의 자회사인 Freescale사의 MC13191/92가 대표적이며, 국내에서는 삼성전자와 RadioPulse가 칩셋을 개발, 완료하고 현재 테스트 및 판매 중이다. 표 3-4-2는 무선 센서 네트워크에서 사용하는 RF 칩셋의 특성을 대역에 따라 나타낸 것이다.

그중 CC2420은 미국 Crossbow사의 Micaz, Mica2 등과 국내의 하이버스(주) Hmote2420/2430 같은 센서 네트워크 플랫폼에서 사용한다. CC2420은 IEEE 802.15.4를 지원하는 통신 칩으로, 2.4GHz 대역을 지원한다. 또한 DSSS 방식으로 동작하고 O-QPSK 변조 방식과 250Kbps Data Rate를 지원한다.

Type	Narrowband				Wideband		
Vendor Part no.	RFM TR1000	Chipcon CC1000	Chipcon CC2400	Nordic nRF2401	Chipcon CC2420	Motorola MC1319 1/92	Zeevo ZV4002
Max Data rate (kbps)	115.2	76.8	1000	1000	250	250	723.2
RX power (mA)	3.8	9.6	24	18(25)	19.7	37(42)	65
TX power (mA/dBM)	12/1.5	16.5/10	19/0	13/0	17.4/0	34(30)/0	65/0
Powerdown power (μA)	1	1	1.5	0.4	1	1	140
Turn on Time (ms)	0.02	2	1.13	3	0.58	20	*
Modulation	OOK/ASK	FSK	FSKGFSK	GFSK	DSSS- QPSK	DSSS- QPSK	FHSS- GFSK
Packet detection	no	no	program- mable	yes	yes	yes	yes
Address decoding	no	no	no	yes	yes	yes	yes
Encryption support	no	no	no	no	128-bit AES	no	128-bit SC
Error detection	no	no	yes	yes	yes	yes	yes
Error correction	no	no	no	no	yes	yes	yes
Acknowledg- ments	no	no	no	no	yes	yes	yes
Interface	bit	byte	packet/ byte	packet/ byte	packet/ byte	packet/ byte	packet
Buffering (bytes)	no	1	32	16	128	133	yes *
Time-sync	bit	SFD/byte	SFD/packet	packet	SFD	SFD	Bluetooth
Localization	RSSI	RSSI	RSSI	no	RSSI/LQI	RSSI/LQI	RSSI

표 3-4-2
무선 센서
네트워크에서
사용하는
RF 칩셋

2 센서노드 하드웨어 플랫폼

1 | 크로스보우(Crossbow)의 Mica 시리즈

미국 국방성 DARPA 프로젝트의 후원을 받아 개발한 미국 버클리 대학의 Mote 시리즈는 미국 정부와 관련 대학 그리고 기업의 노력으로 가장 널리 사용되는 하드웨어

Mote Type Year	WeC 1998	Rene 1999	Rene 2 2000	Dot 2000	Mica 2001	Mica2Dot 2002	Mica2 2002	Telos 2004
Microcontroller								
Type	AT90LS8535		ATmega163			ATmega128		TIMSP430
Program memory (KB)	8		16			128		60
RAM (KB)	0.5		1			4		2
Active Power (mW)	15		15			8	33	3
Sleep Power (μW)	45		45			75	75	6
Wakeup Time (μs)	1000		36			180	180	6
Nonvolatile storage								
Chip		24LC256				AT45DB041B		ST M24M01S
Connection type		1^2C				SPI		1^2C
Size (KB)		32				512		128
Communication								
Radio		TR1000			TR1000	CC1000		CC2420
Data rate (kbps)		10			40	38.4		250
Modulation type		OOK			ASK	FSK		O-QPSK
Receive Power (mW)		9			12	29		38
Transmit Power at 0dBm (mW)		36			36	42		35
Power Consumption								
Minimum Operation(V)	2.7		2.7			2.7		1.8
Total Active Power(mW)		24			27	44	89	41
Programming and sensor Interface								
Expansion	none	51-pin	51-pin	none	51-pin	19-pin	51-pin	10-pin
Communication	IEEE 1284(programming) and RS232(requires additional hardware)							USB
Integrated Sensor	no	no	no	yes	no	no	no	yes

표 3-4-3
Crossbow사의
센서노드
하드웨어 스펙

플랫폼으로 자리 잡았다. 이는 하드웨어뿐 아니라 TinyOS라는 센서 네트워크용 OS 와 각종 시뮬레이터 및 공개 애플리케이션을 통한 인프라가 구축되었기 때문이다.

1999년 처음으로 WeC 플랫폼이 개발되었으며, 그 후 해마다 Rene, dot, Mica, Mica2, MicaZ와 같은 센서노드 하드웨어가 개발되었다. 해당 노드들은 버클리 출신 이 만든 벤처 회사 크로스보우(Crossbow)를 통해 상업화되어 시장에 공급되고 있다. 표 3-4-3은 Crossbow사의 센서노드 하드웨어 스펙을 나타낸 것이다.

Mica 시리즈의 CPU 스펙은 Atmel사의 Atmega 시리즈를 사용 중이며, 센서 네트 워크 OS의 경우 TinyOS를 사용한다. 각 노드별로 볼 때 가장 큰 차이는 RF 인터페이 스에서 찾을 수 있는데, Mica는 916MHz의 라디오 트랜시버를 사용한 데 반해 Mica2 는 433/868/916MHz의 다양한 무선 밴드를 지원한다. MicaZ의 경우 Mica2와 비슷하 지만 RF 모듈로 Chipcon사의 CC2420을 사용하여 Zigbee를 지원한다. 그림 3-4-2에 서 보듯이 최근에 크로스보우사는 기존의 MicaZ 플랫폼을 우표 크기 정도로 축소한 MicaZ Postage Stamp 버전을 발표했다. 이는 OEM 형태의 센서노드 제조를 위한 것 으로, 이 모듈을 이용하여 다양한 정보 통신 기기와 USN 기술을 접목할 수 있다.

그림 3-4-2 (좌)
MicaZ Postage
Stamp

그림 3-4-3 (우)
MicaZ 센서

2 | Telos

2004년 초에 출시된 Telos는 IEEE 802.15.4 표준을 지원하는 최초의 센서노드이 다. MCU로는 Texas Instruments의 MSP430을 사용하며, Chipcon사에서 개발한 CC2420 ZigBee 칩을 RF 모듈로 사용한다. Telos의 경우 Reversion A, B가 있는 두 제 품의 차이는 RAM과 flash의 메모리 부품이 다를 뿐 거의 비슷하다. 일반적으로 Telos 라고 하면 rev A를 지칭하며, rev A는 현재 생산이 중단되었다. Telos rev B의 경우 TMote Sky라는 이름으로 변경하여 시판되고 있다.

표 3-4-3에서 알 수 있듯이 Telos에서 사용하는 TIMSP430의 장점으로는 wakeup

time이 Mica와 Mica2가 180μs인 데 비해 6μs면 가능하며, 전력 소모 역시 active power일 때 3mW, sleep power일 때 6μW로 Mica2의 33mW, 75μW에 비해 소비 전력이 훨씬 작다는 점이다. 또한 ATmega128 MCU가 2.7V 이하에서 제대로 작동하지 않는 데 반해 MSP430은 1.8V까지 떨어져도 작동이 가능하다.

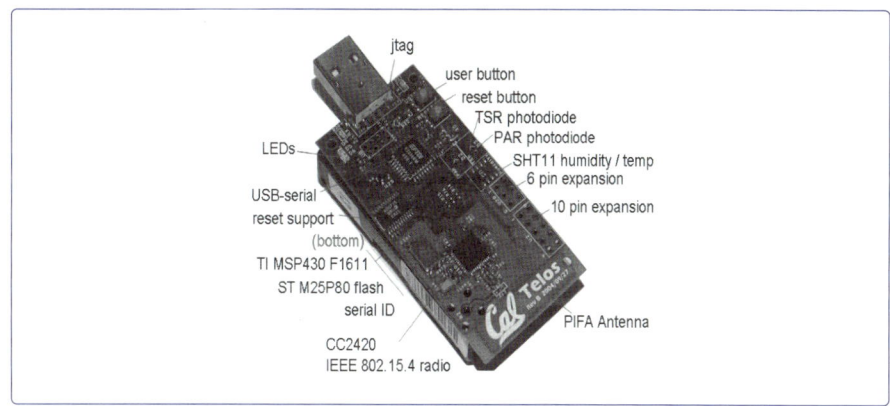

그림 3-4-4
Telos의 하드웨어

3 | EyesIFX

EyesIFX는 Infineon사의 프로젝트 EYES의 리서치 플랫폼으로 먼저 개발되었다. EyesIFX는 에너지 소모가 적은 무선 센서 네트워크 응용 분야를 목표로 삼는다. EyesIFX의 주요 특징은 TIMSP430 마이크로 컨트롤러 계열을 사용하고 64kbps의 데이터 전송률을 보이며, 315/433/868MHz의 무선 밴드를 지원한다는 점이다. 또한 EyesIFX는 온도와 빛 센서를 통합했으며, TU Berlin에서 제공하는 Full Tiny OS 소프트웨어를 지원한다.

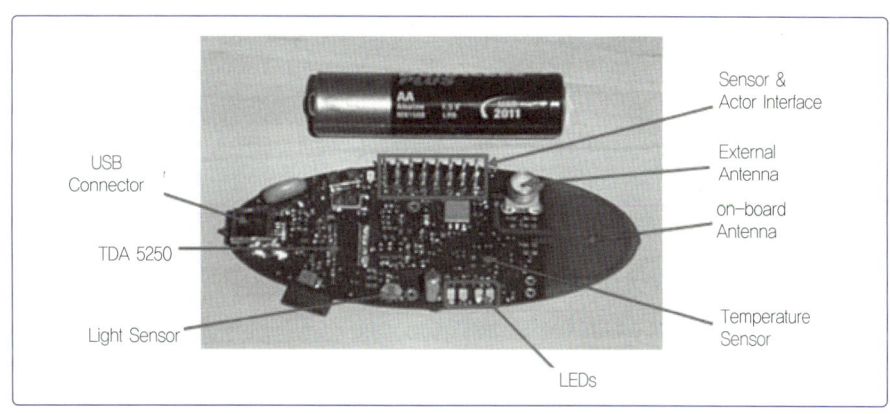

그림 3-4-5
EyesIFX2 하드웨어

4 | iMote(Intel Mote)

iMote는 버클리 대학의 산업 파트너인 인텔사에서 개발한 Mote 시리즈로, ARM 기반의 마이크로프로세서를 사용한다. iMote는 센서 네트워크의 응용 분야를 조사한 후 보다 다양한 응용을 위해 성능을 높인 디자인이다. 센싱 정보의 복잡한 계산이나 라우팅 같은 상위 레벨의 정보 처리 및 보안에 치중하기 위해 Intel의 iMote는 강력한 32bit ARM7TDMI CPU를 사용한다. 특히 12MHz 클록으로 기존의 Mica Mote보다 4배 정도의 성능을 보이며, 메모리 측면에서도 Mica 시리즈보다 4배 정도 높고 Mica 시리즈보다 훨씬 큰 512KB의 프로그램 메모리와 64KB의 RAM을 사용한다. RF 모듈은 Zeevo사에서 개발한 2.4GHz band의 블루투스를 사용함으로써 최대 720kps의 전송률을 갖기 때문에 250kbps의 전송률을 갖는 ZigBee보다 훨씬 많은 데이터를 전송할 수 있다. 센서 네트워크 OS의 경우 Mica Mote 시리즈처럼 TinyOS를 사용하지만 ARM 명령어 Set(instruction set)에 맞게 포팅하고 새로운 raw 레벨의 디바이스 드라이버를 지원한다.

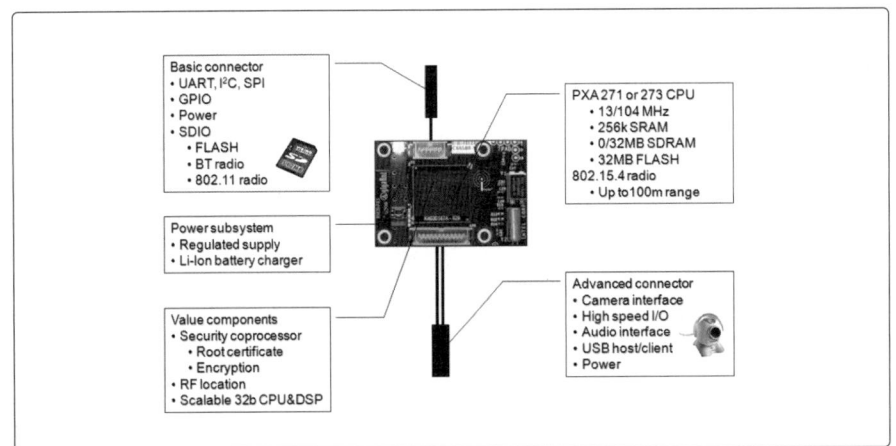

그림 3-4-6
Intel사의
imote의 하드웨어

5 | BTnode

BTnode는 Smart-Its 프로젝트의 ETH Zurich에 의해 개발되었다. 이 프로토타입은 7.4MHz 클록을 갖는 Atmel ATmega128L 마이크로 컨트롤러를 사용하며, 4KB (4×1024bytes) 메모리를 내장하고 있다. 또한 MCU는 디지털/아날로그 IO 포트를 제공하며, 이를 통해 외장 센서 디바이스를 장착한다. 무선 인터페이스로는 Ericson 사의 ROK 101 007 블루투스 모듈을 장착하고 있다. 표 3-4-4는 BTnode의 세부사항을 나타낸 것이다.

항목	규격
MCU	Atmel ATmega 128L at 7.372MHz
메모리	• Built in: 128KB Flash, 4KB SRAM, 4KB EEPROM • External: 6KB RAM
Embedded Radio	Ericsson ROK 101 007
External Radio	BTTester, Ericsson ROK 101 007

표 3-4-4
BTnode의
하드웨어 스펙

그림 3-4-7
Btnode의 하드웨어

3 센서와 액추에이터

무선 센서 네트워크 시스템에서 가장 중요한 것 중의 하나가 센서라고 할 수 있다. 센서는 지구상에 수천만의 종류가 있으며, 오늘날 다양한 곳에서 사용 중이다. 그중에서 가장 많이 사용하는 몇몇 센서를 소개하기로 한다.

무선 센서 네트워크에는 하드웨어적으로 액추에이터(Actuator)가 추가될 수 있다. 액추에이터는 일반 노드가 싱크노드(PC 또는 게이트웨이 보드에 연결된 노드)에서 데이터를(주로 명령어) 입력받고 난 후 주어진 데이터의 명령에 따라 노드에 연결된 기기를 작동하는 역할을 한다. 액추에이터는 신호 처리기에서 다듬어져 나온 신호에 부응하여 명료한 작동을 수행하는 기능 장치이며, 작동기로서 명령 신호를 정확하게 집행한다.

1 | 센서

오늘날 우리 사회는 여러 가지 신호나 정보가 센서에 의해 감지 또는 채취되어 각종 통신 수단으로 신속하게 전달되며, 컴퓨터를 통해 빠르고 정확하게 처리, 가공되어 적시에 필요한 정보를 제공한다. 이에 따라 센서 기술에 세계적 관심이 고조되고 있으며, 현실적으로 센서와 액추에이터의 발전은 매우 급격하다 할 수 있다.

현대는 정보의 채취 또는 감지, 처리 또는 가공, 전달 또는 통신, 구동 또는 활용 등이 폭발적으로 증대하고 있다. 이제는 누가 먼저 정확한 정보를 확보하고 이를 적시에 효과적으로 잘 활용하는가에 따라 삶의 승패가 결정된다. 최근에는 이러한 센서 기술이 MEMS(Micro Electro Mechanical System)와 NEMS(Nano Electro Mechanical System) 그리고 IT, BT와 접목되면서 찬란하게 발전하고 있다.

20세기 말까지만 해도 센서 기술을 핵심 요소로 하는 제어 기술과 컴퓨터 및 통신 기술의 조화로운 융합을 통한 시스템 기술이 21세기 전반의 중추 기술이 되리라는 주장이 공감을 얻었다. 21세기가 된 지금 시스템 기술의 중요성은 충분히 인정되었지만, 이제 시스템 효과를 극대화하기 위한 방식의 개발이 중요하다는 것을 새삼 실감한다. 센서라는 단어는 감각 또는 느낌이란 뜻을 지닌 라틴어의 'sensus'에서 유래하는데, 사전에 처음 등재된 것은 1967년이다. 1967년 McGraw-Hill 출판사의 "English-German Technical and Engineering Dictionary"에 센서라는 낱말이 정의 없이 등재되었고, 1974년 같은 출판사의 "Ditionary of Scientific and Technicla Terms"에 처음으로 정의와 함께 수록되었다. 여기서 센서의 의미는 '외부 자극이나 신호를 감지하여 가장 유용한 전기적 신호로 변환한 후 출력하는 장치'이다. 즉 신호나 정보를 감지 또는 채취하는 기능 장치이므로 감지기라고 할 수 있다. 현실적으로 센서가 전기적 신호를 출력하는 이유는 그 신호를 컴퓨터로 쉽게 처리, 가공하기 위한 것이다. 그러므로 센서 기술은 무선 센서 네트워크에서 가장 기초적인 단위라 할 수 있다.

일반적으로 센서의 종류는 물리, 화학, 바이오센서 등으로 분류하는데 여기서는 현재 USN 응용 서비스에서 많이 사용되는 센서 위주로 설명한다.

❶ 바이오센서

바이오센서는 생체 감지 물질(bio receptor)과 신호 변환기(single transducer)로 구성되며, 이를 인식 가능한 신호로 변환하여 분석하고자 하는 물질을 선택적으로 감지하는 장치이다. 생체 감지 물질로는 특정 물질과 선택적으로 반응 및 결합할 수 있는 효소, 호르몬 수요체(hormon-recptor) 등이 있다. 신호 변환 방법으로는 전기화학(electrochemical), 형광, 발색, SPR(Surface Plasmon Resonance), 열 센서와 같은 다양한 물리화학적 방법이 있다.

바이오센서의 장점은 다른 분석 방법과 달리 측정하고자 하는 시료와 반응하여 물질을 신속하고 정확하게 분석하는 데 있다. 즉 의료 분야에서는 바이오센서를 통해 질병 진단과 관련된 감지의 한계를 줄이는 것이 가능하다. 또한 바이오 분자를 인식하는 항체(antibody) 또는 DNA를 이용하여 복잡한 물질의 분석을 용이하게 하고, 분석하고자 하는 물질만 선택하여 검출할 수도 있다. 이와 같이 전달된 신호를 이용하여 결합 반응과 사용자의 최종 정보를 제공한다.

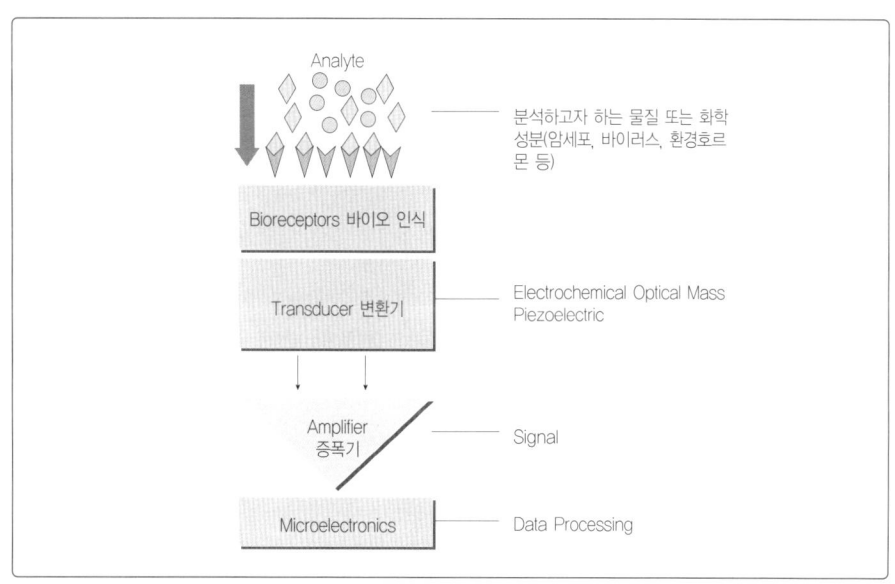

그림 3-4-8
바이오센서의
기본 원리

바이오센서의 수요가 가장 많은 분야는 의료 부문으로, 시장의 90%를 차지한다. 이는 센서의 자유로운 이동과 즉각적인 인지가 가능하여 위험도가 높은 약품의 사용을 용이하게 해주고, 중환자를 신속하게 치료할 수 있기 때문이다. 그 밖의 응용 분야로는 제약, 환경, 식품, 군사 및 연구용 등으로 다양하다.

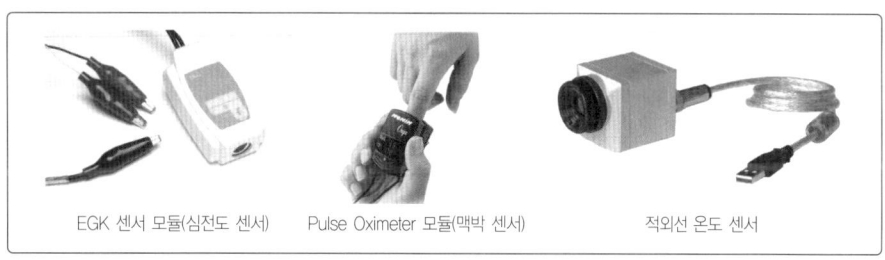

그림 3-4-9
헬스 케어 센서 모듈

EGK 센서 모듈(심전도 센서)   Pulse Oximeter 모듈(맥박 센서)   적외선 온도 센서

2 환경 센서

그림 3-4-10
CO가스 센서 모듈

　　환경 센서의 종류로는 오존(Ozon) 센서, 가스(Gas) 센서, 먼지(Dust) 센서 등이 있다.

　　오존 센서는 채취한 공기를 연속하여 센서부에 공급하는 방식이다. 빠르고 안정된 응답 속도로 오존 검출을 실현하는 오존 센서 모듈의 측정 범위는 작업 및 생활 환경의 안전 확인에 적합하도록 0~250ppb(0~0.25ppm)에 설정되었다.

　　가스 센서는 탄광이나 화학 공장의 방제용으로, 가연성 가스 또는 독성 가스의 검출, 여러 가지 가스 분석, 계측기용을 목적으로 연구 개발이 진행 중이다. 최근에는 가정의 가스 누설에 기인한 폭발 방지를 위한 경보기용으로 널리 이용되고 있다. 기능 재료에 따라 반도체형 가스 센서, 고체 전해질형 가스 센서, 촉매 연소형 가스 센서 등으로 분류하고, 원리상으로는 반도체식과 접촉 연소식으로 구분한다.

　　먼지 센서는 일반 가정 내의 1미크론 이상의 부유입자(먼지)를 검지하는 먼지 센서로, 실내 생활 공간의 공기를 감시하여 눈에 보이지 않는 '부유하는 입자'를 감지한다. 이는 파티클 카운터와 같은 원리로, 체적당 먼지의 절대 수량에 상당하는 출력을 얻을 수 있다. 따라서 담배 연기는 물론 화분(꽃가루), 알레르기와 밀접하게 관련 있는 비교적 큰 입자의 집 먼지에 이르기까지 1μm 이상의 입자를 안정적으로 검출하는 센서이다. 가정용 공기청정기 및 에어컨용 공기청정기의 자동 제어와 환경 모니터 등의 용도로 폭넓게 사용할 수 있다.

❸ 기타 센서(온도/습도/조도/Sound)

그림 3-4-11
Sensirion사의
온 · 습도 센서
SHT11

기타 센서 중 SHT11(온도 · 습도 센서)과 빛을 감지하는 조도 센서, 소리를 입력하는 마이크 센서를 알아보기로 한다.

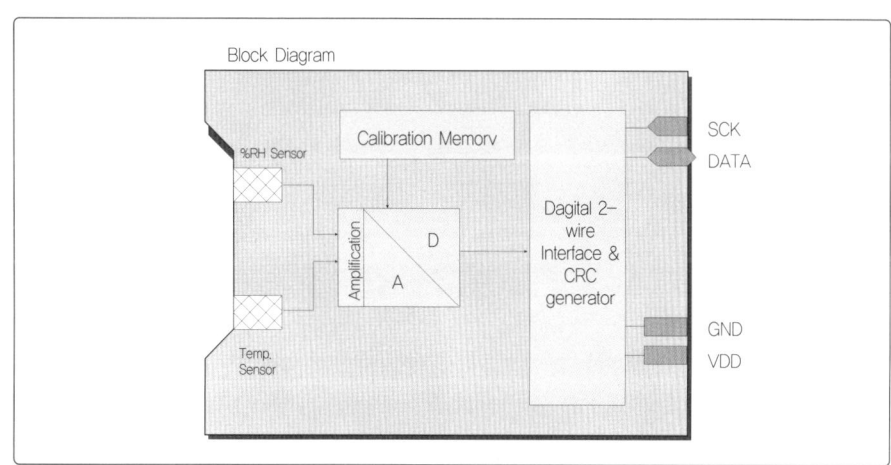

그림 3-4-12
SHT11 블록
다이어그램

① SHT11(온도 · 습도 센서)

:: SHT11의 기능: 온도 센서와 습도 센서를 내장하여 이를 감지하고, 감지된 아날로그 데이터 신호를 디지털 신호로 바꾸는 ADC 기능이 내장되어 있으므로 디지털 출력을 MCU와 직접 연결하여 전송이 가능하다.

:: SHT11 블록 다이어그램: MCU와 SHT11 연결은 2개의 라인을 통헤 클록과 데이터를 전송한다. MCU는 이를 통해 클록 타이밍과 명령어를 주고 데이터를 전송받는다.

:: 센싱 데이터 읽어오는 순서: 전송을 시작하기 전에 전송을 알리는 펄스 입력 → 주소 비트 전송 → 명령어 전송 → 원하는 데이터를 읽어온다.

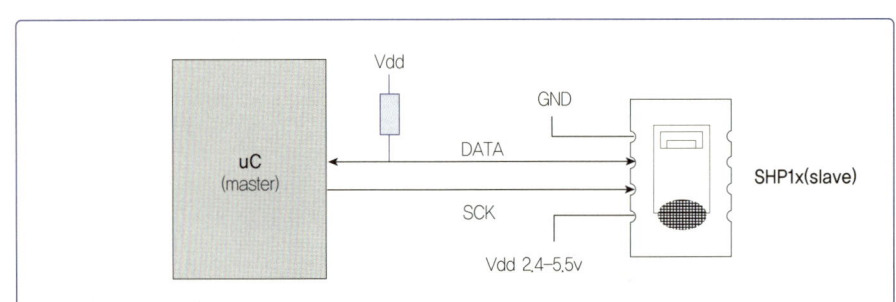

그림 3-4-13
MCU와 SHT11 간의
데이터 전송

② 조도 센서

조도 센서는 빛의 양에 따라 저항값이 변하는 원리를 이용하여 일종의 가변 저항과 비슷한 기능을 갖는다. 빛의 양의 간섭에 따라 저항값이 달라지므로 이에 따른 전압 차이가 발생하고, 조도량에 따른 전압의 측정으로 조도값을 측정한다.

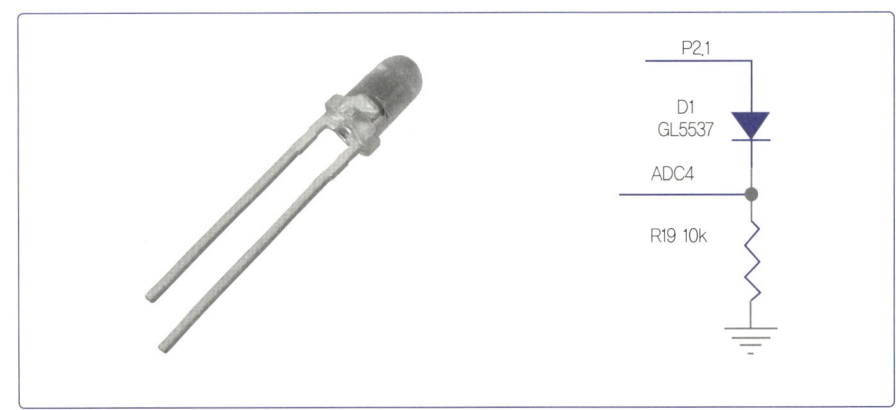

그림 3-4-14 (좌)
조도 센서

그림 3-4-15 (우)
조도 센서의 회로도

③ 마이크(MIC) 센서

마이크는 주변에서 쉽게 접할 수 있는 센서의 종류이며, 소리의 진동을 전기 신호로 변환하는 기능이 있다.

2 | 액추에이터

액추에이터(actuator)란 신호 처리기에서 다듬어져 나온 신호에 대응하여 동작하는 장치 또는 수단이다. 즉 입력된 신호에 대응하여 작동을 수행하는 작동기 또는 명령 신호에 따라 작동하는 집행기이다. 로봇을 포함한 기계 장치의 구동은 전기 모터에 의한 회전력, 공기압 실린더, 유압 실린더에 의한 직동력이 대부분이다. 즉 로봇이라는 기계를 움직이는 근원은 이와 같은 회전 또는 직동의 액추에이터이다. 이것을 사람에 비유하면 근육과 같은 것으로 전원·공기압원·유압원 등에서 동력이 공급되며, 로봇에게 동작을 부여하는 모터나 실린더 등과 같은 구동 장치이다.

1 릴레이 방식(접점식)

릴레이 방식은 측정 시 센서를 측정 대상물에 고정 또는 접촉하여 사용하는 형식으로, 환경의 영향을 받기 어렵고 설치 자유도는 고정이며, 교정은 사전에 받을 수 있다. 이와 같은 릴레이 방식으로 가전 기기 제어 보드를 제작하여 무선 센서 네트워크 시스템에 사용한다.

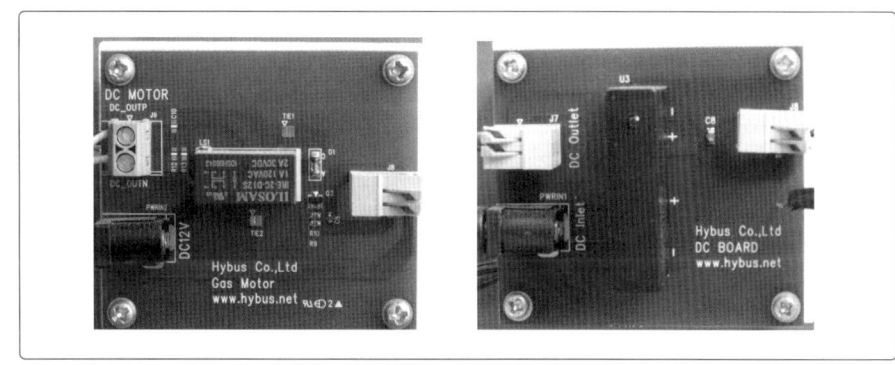

그림 3-4-16 (좌)
모터 제어 보드

그림 3-4-17 (우)
전원 제어 보드

이 센서 보드는 외부 장치를 제어하기 위한 목적으로 1개의 릴레이를 탑재한 RLY 보드이다. 동작을 확인하려면 RLY 보드의 커넥터에 연결하기 위한 외부 장치나 전원이 제대로 공급되는지 확인할 수 있는 오실로스코프 또는 테스터가 필요하다 즉 오실로스코프의 프로브를 커넥터의 + 단자에 연결하여 출력 창에 나오는 파형을 관찰하면 주기적인 ON/OFF 신호가 나오는 것을 확인할 수 있다. 또한 커넥터에 모터를 연결할 경우 모터가 주기적으로 돌았다 멈췄다 하는 것을 관찰할 수 있다.

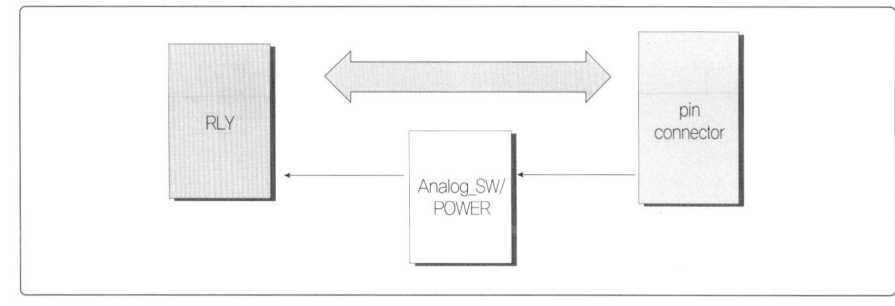

그림 3-4-18
릴레이보드 블록도

❷ Solid State(비접점식)

센서에 접촉하지 않고 신호를 측정하는 형식으로, 환경의 영향을 받기 쉽다. 또한 설치가 자유롭고 이동이 가능하며, 교정은 현장에서 받을 수 있다.

4 게이트웨이

센서 네트워크 게이트웨이는 IP 기반으로 액세스할 수 있는 다양한 네트워크(LAN, WLAN, CDMA, Wibro, 위성 통신)를 통해 USN 서비스를 제공하도록 IP 기반 네트워크와 센서 네트워크를 연계하는 시스템을 말한다. 싱크노드와 기존의 서비스 네트워크 사이에 위치하며, 필요에 따라 싱크노드가 게이트웨이 내에 구현되기도 한다.

1 | 스타게이트

스타게이트(StarGate)는 ARM 계열인 인텔의 XScale PXA255 프로세서(32비트, 400MHz)를 사용하고, 스트롱암(strong ARM) SA1111 I/O 코프로세서를 제공한다. 또한 메모리는 플래시(32MB)와 SDRAM(64MB)을 사용하고, 커넥터로는 Type II CF, PCMCIA와 51핀 MICAx 시리즈 mote 커넥터가 있다. 그리고 I/O의 확장을 위해 커넥터를 사용하며, 옵션으로 I2C 커넥터와 셀룰러 폰(GSM/CDMA)을 제공한다.

2 | X-Hyper 320TKU

X-Hyper 320TKU 게이트웨이 보드는 강력한 성능의 최신 프로세서 Marvell PXA320(806MHz)과 탑재된 266MHz DDR SDRAM을 사용함으로써 기존의 SDRAM보다 빠른 실행 속도를 제공하며, 보드 수정 없이 NAND 플래시 교체가 가능하다. 또한 IEEE 802.15.4 RF Chip이 내장되어 무선으로 송수신이 가능하다. 특히 EDU(Education for University) 보드가 기본으로 탑재되어 쉬운 디바이스를 통해 임베디드 실험을 할 수 있고, 추후에 고급 디바이스로 응용하여 실험하는 구조로 설계(CC2420 RF Chip 등)할 수도 있다. WLAN, GPS, 고해상도 CMOS 카메라 모듈이 기본으로 탑재되어 있으며, 뛰어난 성능의 멀티미디어를 제공한다.

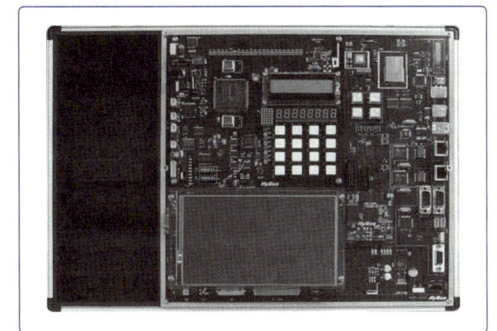

그림 3-4-19
ARMcore 기반
X-Hyper 320TKU

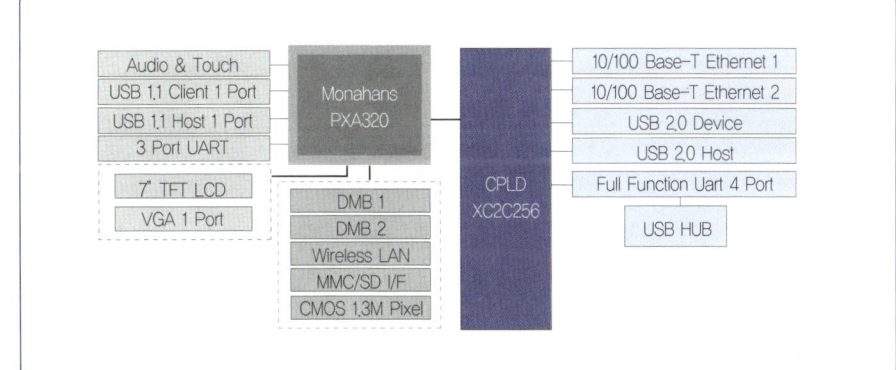

그림 3-4-20
X-Hyper 320TKU
블록도

5   센서 네트워크 노드 플랫폼

앞서 언급한 USN 하드웨어의 구성 요소를 이용하여 다양한 응용에 적합한 센서
네트워크 노드 플랫폼들이 개발되고 있다. 설계 측면에서 보면 Modular 기반의 재구
성형 설계가 최근 부각을 나타내고 있으며, 에너지 부분은 자율생존을 위해 에너지
획득(Energy Harvesting) 구조를 지향하는 것이 특징이다.

1 | mPlatform

mPlatform은 Microsoft사에서 개발한 센서노드로, reconfigurable modular sensor
network platform이다. 플랫폼의 주요 목적은 multiple heterogeneous processors를
이용한 실시간 처리 센서노드이다. 그림 3-4-21에서 보듯이 각각 다른 프로세서를 탑

재한 모듈 단위의 보드를 CPLD(high speed Complex Programmable Logic Device)로 연결하여 그림 3-4-22와 같은 하나의 센서노드로 만들며, 그림 3-4-22의 최상단은 ARM7을 탑재한 하드웨어 모듈이다. 또한 그림 3-4-23은 MSP430 프로세서를 이용한 하드웨어 모듈을 함께 탑재한 것이다. 이로써 해당 센서노드가 적용되는 응용의 복잡도에 따라 적절한 프로세서를 사용하여 데이터를 처리할 수 있다. 예를 들어 음원 위치 추적과 같은 복잡한 계산이 들어가는 응용에서는 MSP430 모듈을 이용하여 데이터 통신을 진행하고, 복잡한 필터 계산은 ARM7을 이용하여 처리한다. 이들 데이터는 CPLD를 이용하여 빠른 처리가 가능하도록 했다.

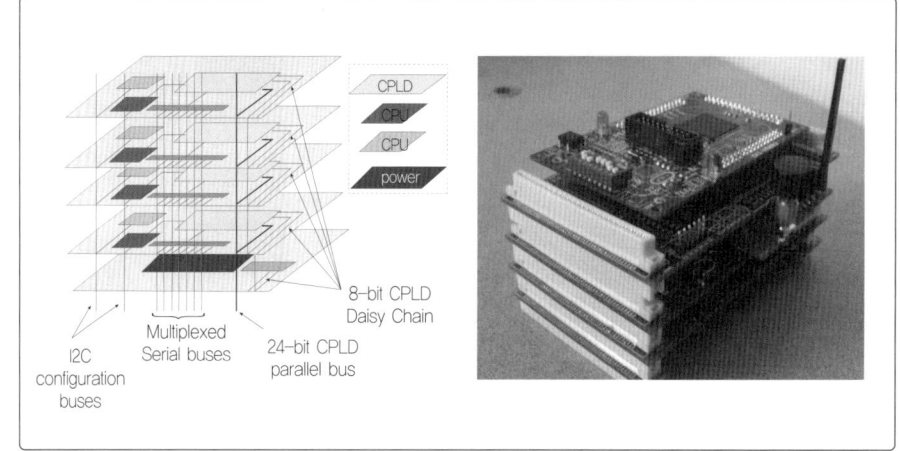

그림 3-4-21 (좌)
mPlatform 구조

그림 3-4-22 (우)
mPlatform
4개 모듈 사용

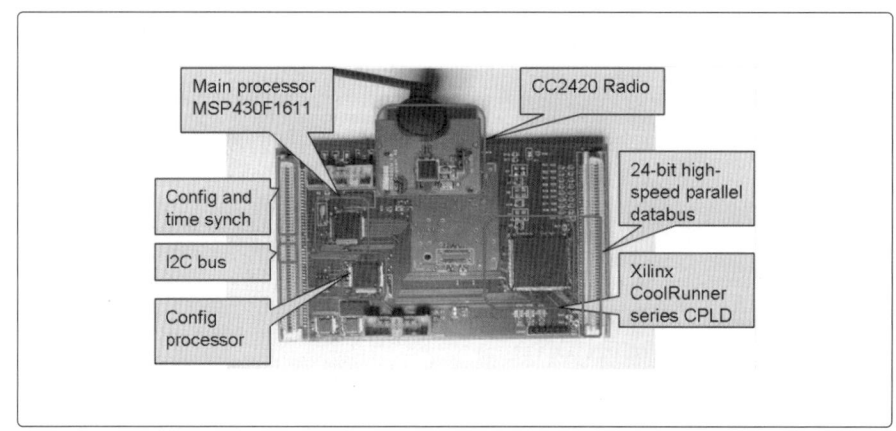

그림 3-4-23
mPlatform–
MSP430 모듈

그림 3-4-24
EPIC 핵심 모듈

2 | EPIC Mote

EPIC Mote는 UC Berkely에서 개발한 센서노드로, MSP430-CC2420 기반의 센서 노드 하드웨어 모듈이다. 기본적인 디자인 철학은 'Building Block Hardware Approach' 로서, 센서노드의 핵심이 되는 프로세서와 라디오 장치를 모듈 형태로 만들어 응용 종속(Application-Specific)한 센서노드 플랫폼을 개발하는 것이다. 그림 3-4-24는 EPIC Mote의 핵심 모듈을 나타낸 것이다. 그림에서 알 수 있듯이 핵심 기능을 제외한 나머지는 다수의 인터페이스를 통해 데이터 교환이 충분히 가능하도록 디자인되어 있다. 이러한 핵심 모듈을 이용하면 그림 3-4-25와 같은 일반 센서노드를 제작할 수 있고, 그림 3-4-26과 같은 상용 센서노드의 개발도 가능하다. 또한 그림 3-4-27과 같은 특수 목적의 센서노드를 제작할 수도 있고, 그림 3-4-28과 같은 게이트웨이 노드 기능의 센서노드로의 확장도 가능하다. 즉 EPIC 모듈을 이용하면 운영 체제 이식에 대한 부담 없이 다양한 기능의 센서노드를 제작할 수 있다.

그림 3-4-25 (좌)
일반 센서노드

그림 3-4-26 (우)
IPv6 센서노드

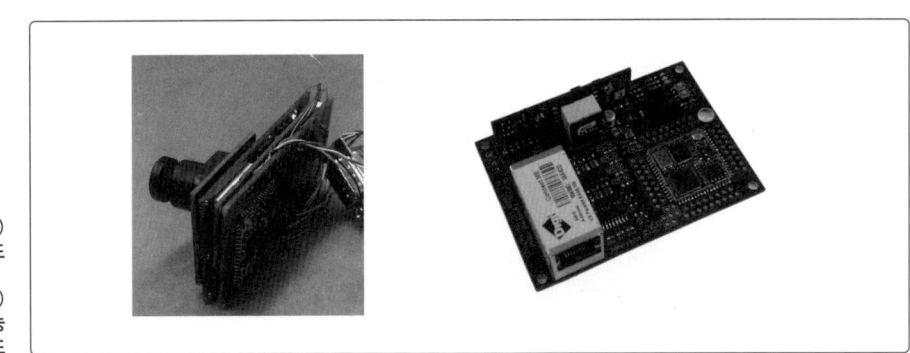

그림 3-4-27 (좌)
카메라 센서노드

그림 3-4-28 (우)
이더넷 기능
센서노드

3 | Trio Mote

Trio mote는 지속 및 확장 가능한 외부 환경용 센서 네트워크를 위하여 제작된 센서노드 플랫폼이다. 이를 위해 대규모 배포를 염두에 두고 개발했으며, 태양 전지를 이용한 충전이 가능하도록 제작되었다. 특히 슈퍼캐피시터(Supercapacitor)를 이용하여 일반 충전지만 사용한 태양 전지보다 오랫동안 사용할 수 있는 것이 특징이다. 또한 Telos 하드웨어를 내장하여 저전력으로 동작하며, 마그네토미터(Magnetometer)와 PIR 센서, 마이크 센서가 있어 넓은 지역에 있는 물체의 다중 위치 추적이 가능하다. 그림 3-4-29는 Trio Mote의 핵심 하드웨어 구성을 보여준 것이다. 그림 3-4-30은 실제 배포하여 실험하는 모습을 나타낸 것으로, 이처럼 대규모 지역에 배포가 가능하다.

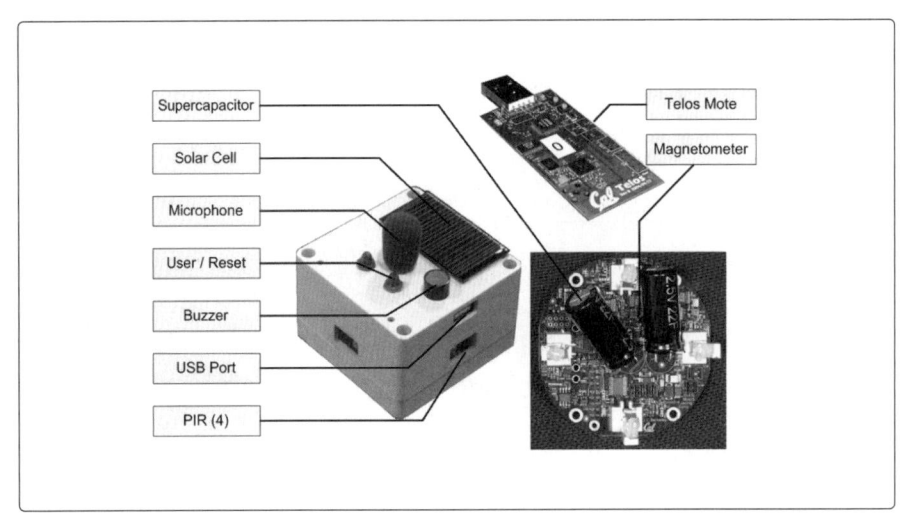

그림 3-4-29
Trio Mote 핵심
하드웨어

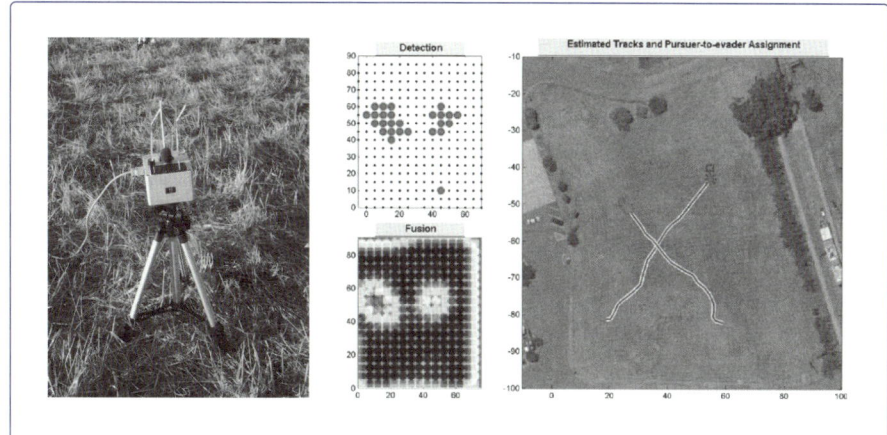

그림 3-4-30
Trio Mote 사용 예

4 | Xbow의 eKo pro sensor node

eKo pro 노드는 토양 모니터링을 통해 경작물을 효율적으로 재배할 수 있도록 도와주는 센서노드 플랫폼이다. Trio와 마찬가지로 태양 전지로 작동 가능하므로 실외 환경에서 작동하도록 디자인되어 있다. 토양과 관련된 다양한 센서의 탈부착이 가능하고, 3개의 NiMH 충전용 배터리를 사용하여 완충되었을 경우 3개월 이상 태양열 없이 작동할 수 있다. 특히 2.4GHz IRIS 칩을 사용하여 라디오의 안정성을 높였다. 즉 라디오 아웃풋 파워를 4mW로 확장하고 다이플 안테나를 사용하여 150~450mm 거리로 데이터 전송이 가능하도록 한 것이 특징이다. 또한 방수가 완벽히 가능한 케이스를 사용하고 있다. 그림 3-4-31은 eKo pro 센서노드의 모습과 실제 배치한 예를 보여준다.

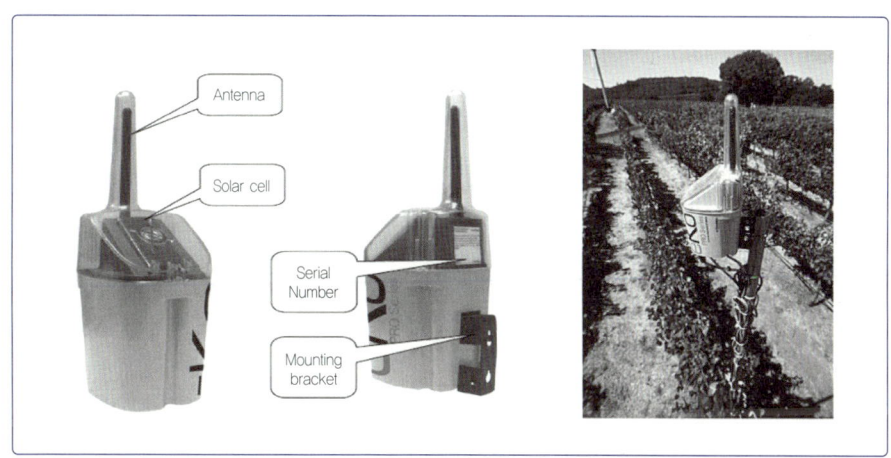

그림 3-4-31
eKo pro 센서노드와
사용 예

Ubiquitous Sensor Network

유비쿼터스 인터페이스
네트워크 정보 보호 기술

PART 4

1 개요

센서 네트워크(Sensor Network) 기술은 USN(Ubiquitous Sensor Network) 환경에서 인터페이스 네트워크로서 가장 일반적으로 사용하는 기술이다. 센서 네트워크 기술은 상황 정보 인지 기능을 갖춘 센서노드들이 무선 통신 인프라를 구성하여 환경 정보 모니터링이나 산업체 기기 제어 및 모니터링, 홈 자동화, 보안 및 군사용, 자산 및 물류 부문 등에 다양하게 응용할 수 있다. 또한 기존의 물리적 환경에 지능 및 네트워킹 기능을 제공하므로 응용 분야가 넓고 향후 발전 전망이 좋다.

센서 네트워크 기술은 본질적으로 무선 통신 인프라를 가지며, 높은 자원 제약성(낮은 컴퓨팅 능력, 제한된 전원 공급 능력, 저가의 구현) 때문에 보안 취약성이 높은 것으로 알려져 있다. 이 때문에 USN 산업 및 관련 시장을 육성하려면 USN 환경의 보안 취약성을 해결해야 한다. 예를 들어 USN 노드 간 통신 데이터의 기밀성, 센서노드 상호간의 인증 기능, 센서노드와 게이트웨이 간의 인증 기능, 데이터의 무결성 보장, 키 분배 및 관리 기능, 안전한 라우팅 기법이 제공되어야 할 것이다.

본 장에서는 센서 네트워크의 주요 구성 요소에 대한 보안 취약성을 살펴보고, 관련 보안 기술과 센서 네트워크 보안 기술 사례를 살펴본다.

2

센서 네트워크 보안 취약성
UBIQUITOUS SENSOR NETWORK

1 개요

센서 네트워크는 외부 환경 정보의 센싱 기능을 갖춘 센서노드가 단독으로 또는 여러 센서노드가 협업을 통해 특정 정보를 센싱하여 이를 단일 홉 또는 멀티 홉 무선 통신을 통해 게이트웨이로 전송한다. 게이트웨이로 전송된 센싱 정보는 응용 서비스에 사용되어 센서 네트워크에서 원하는 제어를 수행한다. 이때 각 센서노드는 스타형, 트리형, 메시형 네트워크로 구성될 수 있으며, 센서노드가 현재 구성된 센서 네트워크에 들어오거나(join) 나갈(leave) 경우 네트워크를 새롭게 재구성할 필요가 있다.

센서 네트워크는 다음과 같은 특성 때문에 보안 취약성이 높은 편이다. 즉 센서노드가 외부 환경에 노출되어 있다는 점과 센서노드의 통신이 무선 통신에 기반을 둔다는 점, 네트워크 구성이 비정형적이며 쉽게 재구성할 수 있다는 점 때문에 외부로부터 보안 공격을 받을 수 있다.

본 장에서는 센서 네트워크의 대표적 보안 취약성인 물리적 보안 취약성과 도청, 데이터 위조 및 변조, 링크 계층 공격, 라우팅 계층 보안 취약성, 프라이버시 침해 문제를 살펴보기로 한다.

2 센서 네트워크 공격 유형

1 | 물리적 보안 취약성

센서 네트워크는 옥외에 설치되어 외부 환경 정보를 센싱한 후 이를 처리할 목적으로 많이 사용하기 때문에 외부의 물리적 공격에 노출되기 쉽다. 센서 네트워크에 대한 물리적 공격으로는 물리적 손상이나 절취가 있을 수 있다. 즉 물리적 손상을 통해 센서 네트워크의 기능을 마비시킬 수 있고, 절취 등을 통해 센서노드 내부의 주요 정보나 기능 등을 원하는 목적에 맞게 변형할 수 있다.

한편 보다 고차원적인 물리적 공격으로는 소비 전력이나 방사되는 전자파 정보와 같은 부채널 정보(side channel information)를 토대로 키 값과 같은 주요 정보를 알아내는 부채널 공격 기법이 있다. 또한 센서노드상의 SPI 버스나 JTAG 포트, EEPROM의 공격을 통해 주요 데이터나 시스템 프로그램, 하드웨어 설계 데이터에 대한 공격 및 역공학적 공격 기법이 있다.

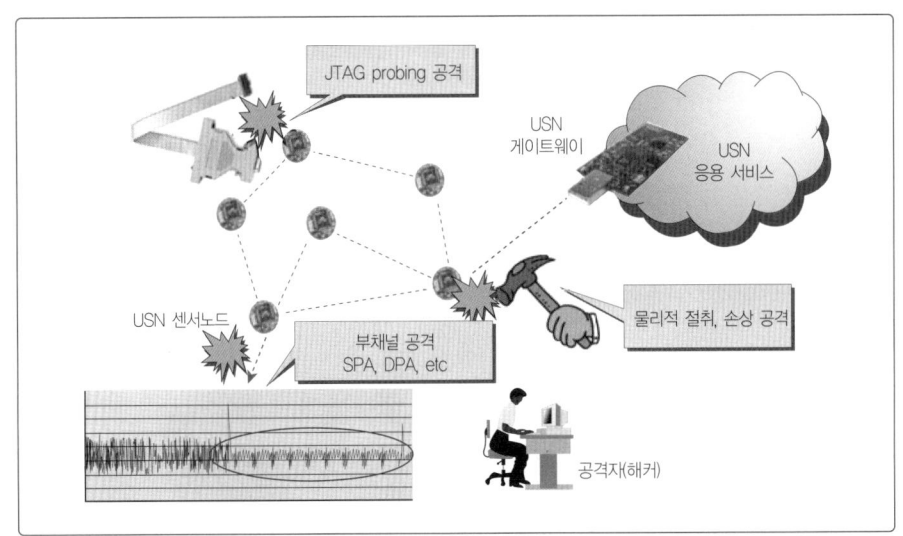

그림 4-2-1
센서노드/
게이트웨이
물리적 보안 취약점

2 | 도청

센서 네트워크를 구성하는 센서노드 간 또는 센서노드와 게이트웨이 간의 통신은 IEEE 802.15.4 LR-WPAN 등과 같은 무선 통신으로 이루어진다. 이 때문에 센서노드 간 통신 정보의 기밀성이 제공되지 않을 경우 어떤 정보가 전송되는지 쉽게 알 수 있다. 즉 도청이 용이함을 뜻한다. 무선 통신 정보는 브로드캐스팅되므로 이러한 도청이 더욱 가능하다. 도청을 방지하기 위해서는 앞서 말했듯이 센서노드 간에 통신되는 데이터의 암호화를 통해 기밀성이 보장되어야 한다.

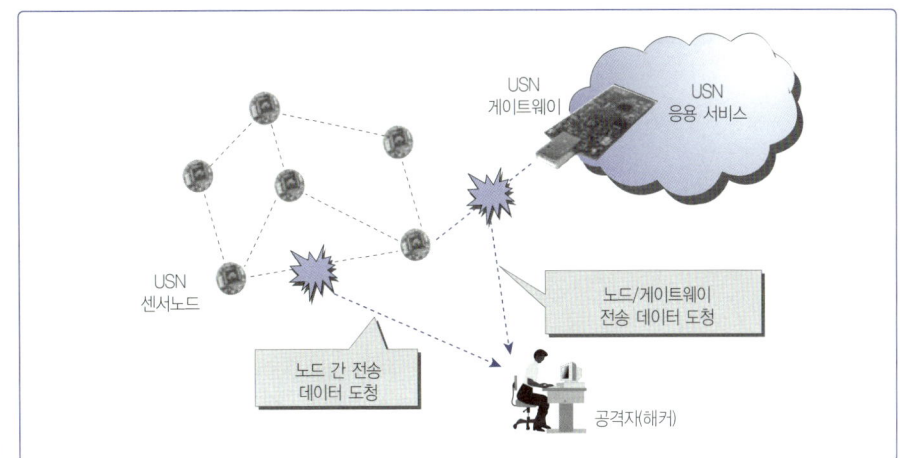

그림 4-2-2
센서 네트워크
환경에서의 도청 공격

3 | 데이터 위조 및 변조

센서 네트워크를 구성하는 노드/게이트웨이의 인증 기능이 없을 경우 공격용 노드가 네트워킹에 쉽게 참여할 수 있다. 이 경우 공격용 노드는 도청을 통해 수집한 패킷 정보 또는 ID 정보를 활용하여 정보의 위조 및 변조 공격을 할 수 있다. 이를 방지하려면 전송되는 정보의 위조 및 변조 여부에 대한 무결성 검증 기능이 필요하며, 인증 절차를 통해서만 네트워킹에 참여할 수 있도록 해야 한다.

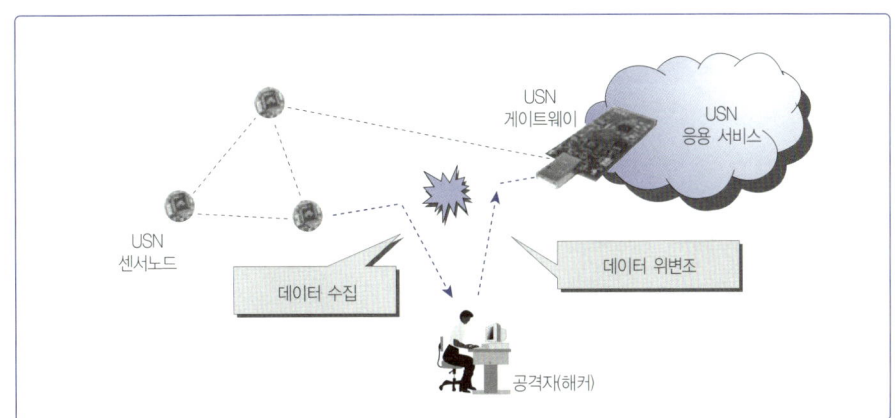

그림 4-2-3
센서 네트워크
환경에서의 데이터
위조 및 변조 공격

4 | 링크 계층 공격

센서 네트워크에서 무선 네트워크 연결성을 제공한 링크 계층에 Collision attack 이나 Exhaustion attack, Unfairness attack, Denial of Service attack 등의 공격이 가능 하다.

Collision attack은 메시지 전송을 위한 MAC(Message Authentication Code) 통신 방법에 충돌을 유도하여 서비스가 불가능하도록 하는 방법으로 Checksum MisMatch, Corrupted Ack 메시지 전송 등 다양한 방법이 존재한다. Exhaustion attack 은 RTS/CTS와 같은 불필요한 메시지를 전송하여 배터리 등 자원을 소진하게 함으로 써 서비스가 불가능하도록 하는 공격으로, 제한적인 자원을 소모하게 하는 공격에 해당한다. Unfairness attack은 MAC 계층의 우선순위 Scheme를 이용하여 공격하는 방법으로, 서비스에 치명적 위협이 될 수 있다.

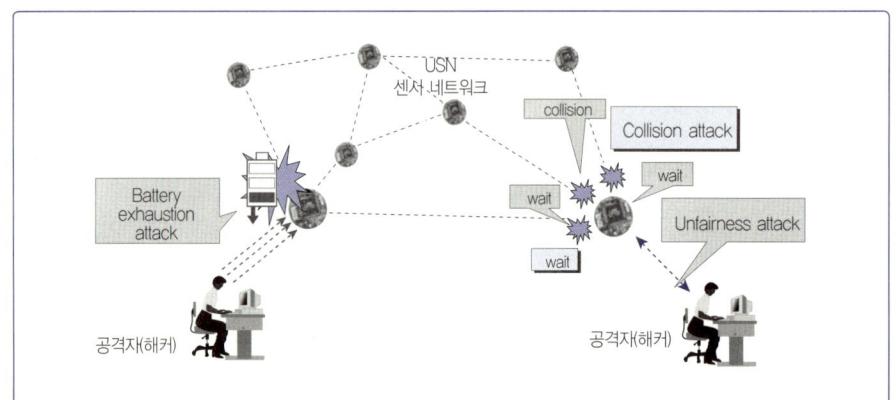

그림 4-2-4
센서 네트워크
환경에서의
링크 계층 공격

5 | 라우팅 계층 보안 취약성

센서노드 간 센서노드와 게이트웨이 간 데이터/명령 통신에서 소스와 목적 노드 간에 경로를 설정한 후 원하는 데이터/명령을 전송하는 것을 라우팅이라고 한다. 이 처럼 센서 네트워크상의 라우팅에는 네트워크의 설정 및 유지 관리, 데이터 통신 등 다양한 기능이 있으므로 이에 대한 공격 취약성도 다양하다. 예를 들어 노드의 ID를 위장하거나 가짜 라우팅 정보를 제공하고 라우팅 프로토콜을 조작함으로써 쉽게 공 격 받을 수 있다.

대표적인 라우팅 공격 기법으로는 Bogus routing Information attack과 Hello Floods attack, Wormhole attack, Sybil attack, Sinkhole attack, Selective forwarding이 있다.

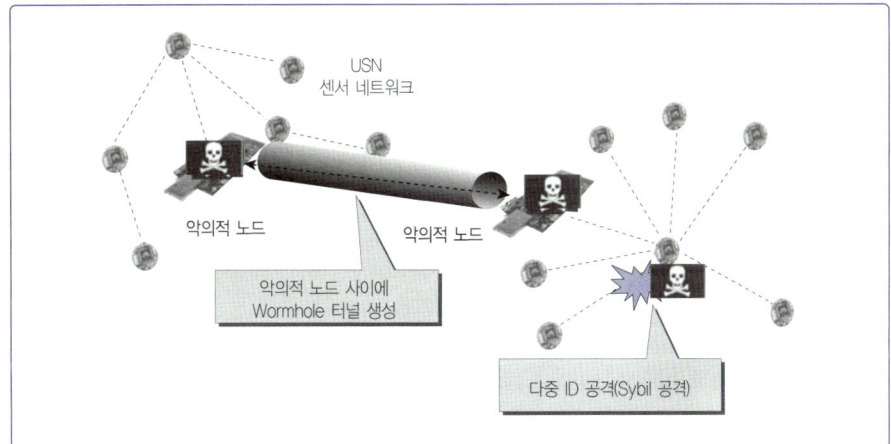

USN
센서 네트워크

악의적 노드   악의적 노드

악의적 노드 사이에
Wormhole 터널 생성

다중 ID 공격(Sybil 공격)

그림 4-2-5
센서 네트워크
환경에서의
라우팅 공격

여기서는 현재의 센서 네트워크에서 많이 사용하는 TinyOS beaconing 라우팅 프로토콜의 보안 취약성을 살펴보기로 한다. TinyOS beaconing 라우팅 프로토콜의 보안 취약성을 살펴보기 전에 TinyOS beaconing 라우팅 프로토콜의 동작을 보면 다음과 같다.

TinyOS beaconing 프로토콜은 센서 네트워크의 베이스스테이션(또는 싱크노드, 게이트웨이)을 root로 하면서 센서 필드상의 센서노드가 breadth first spanning 트리를 형성하도록 하여 라우팅을 수행한다. 베이스스테이션은 주기적으로 route update 신호(beacon 신호)를 센서노드에 전송하여 노드의 join/leave 상태를 확인하면서 라우팅 네트워크를 구성한다. TinyOS beaconing 프로토콜 동작을 구체적으로 살펴보면 다음과 같다.

:: 베이스스테이션은 route update 신호를 주기적으로 센서노드들에게 보낸다.

:: route update 신호를 처음 수신한 각 센서노드는 route update 신호를 다시 rebroadcast하며, 이때 자신에게 route update 신호를 보낸 노드를 parent 노드로 취한다.

:: 위의 절차는 네트워크상의 모든 노드가 route update 신호를 rebroadcast하고 자신의 parent 노드를 찾을 때까지 위의 절차를 반복한다.

위의 절차를 계속 수행하면 라우팅을 위한 구조는 그림 4-2-6처럼 트리 형태로 구성되며, root 노드는 베이스스테이션이 된다. 여기서 싱크노드는 베이스스테이션을 의미하며, 노드 a~x는 spanning tree를 형성한 센서 필드 내의 노드를 의미한다.

그림 4-2-6을 보면 노드 x에서 센싱된 정보가 노드 r과 l, g, d를 거쳐 싱크노드로 전송되는 것을 알 수 있다. 이때 싱크노드가 노드 p에 특정 동작을 하도록 명령을 전송할 필요가 있을 경우 노드 a와 i를 거쳐 노드 p에 정보를 전송한다. 즉 센싱 정보를 sink 노드에 제공할 때와 센서노드에 특정 동작을 수행하도록 명령어를 전송할 때 multihop 라우팅이 가능하다.

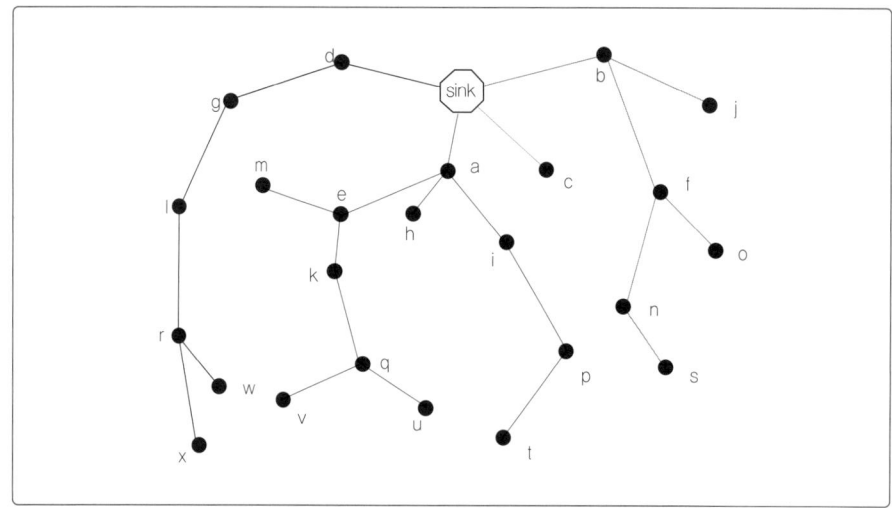

그림 4-2-6
TinyOS beaconing
으로 형성된 라우팅용
spanning tree

TinyOS beaconing 프로토콜은 Bogus routing information, Selective forwarding, Sinkhole, Sybil, Wormholes, Hello floods attack 공격에 취약하다. 특히 인증되지 않은 route update 신호를 공격 노드가 만들 경우 해당 공격 노드는 베이스스테이션 역할을 할 수 있다. 센서 네트워크의 베이스스테이션은 센서 필드상의 각 센서노드에서 수집한 정보를 수집하거나 센서노드들이 특정 동작을 수행하도록 명령하는 역할을 한다. 이 때문에 공격용 노드가 베이스스테이션 역할을 할 경우 센서 네트워크에서 수집하는 정보의 안전성과 신뢰성 보장은 불가능하게 된다.

그림 4-2-7은 센서 필드를 구성하는 한 노드(공격용 노드)를 중심으로 라우팅 트리가 새롭게 만들어진 상황을 보여준다. 해당 공격용 노드는 라우팅 트리의 루트 노드 역할을 수행하여 센서 필드상의 각 노드에게 자신이 베이스스테이션인 것처럼 동작한다.

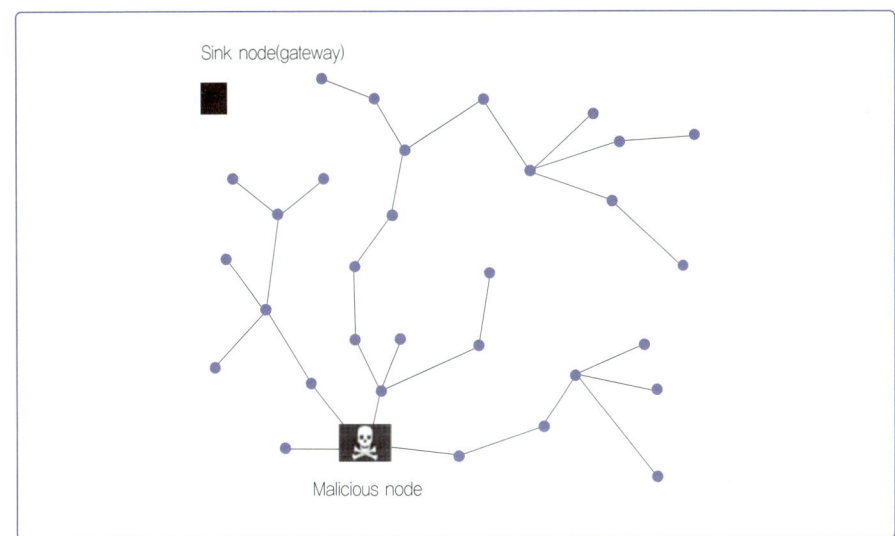

그림 4-2-7
공격용 노드로
재구성한
spanning tree

TinyOS beaconing 방식은 wormhole과 sinkhole attack도 가능하다. 그림 4-2-8과 같이 특정 센서노드들을 공격함으로써 root 노드, 즉 베이스스테이션 역할을 수행할 경우 이 공격용 노드는 다른 네트워크의 한 노드를 구성하는 공격에 노드와 원거리 RF 통신을 통한 통신 채널을 형성하여 wormhole 공격을 수행할 수 있다.

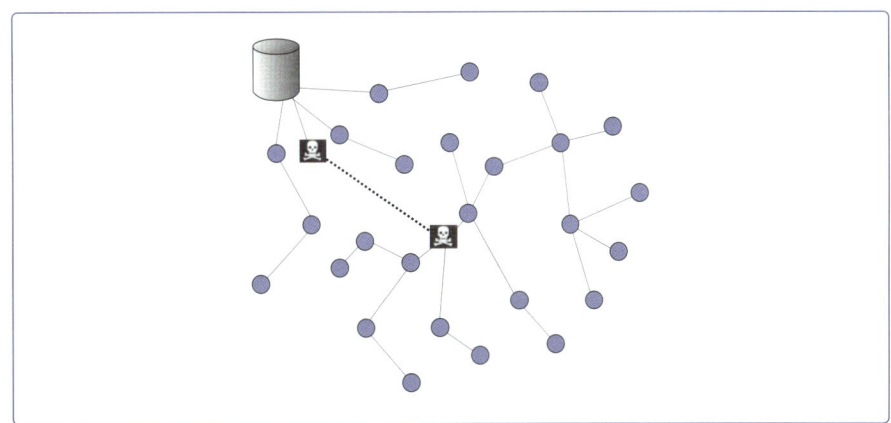

그림 4-2-8
TinyOS beaconing
프로토콜상에서의
wormhole attack
수행 개념도

TinyOS beaconing 프로토콜상에서는 Hello flood attack에도 취약하다. 그림 4-2-9와 같이 laptop 수준의 공격용 노드가 강한 RF 신호로 route update 신호를 브로드캐스팅하면 센서 네트워크를 구성하는 다른 모든 센서노드는 강한 세기의 route update 신호를 발생하는 노드를 parent node로 등록하고자 한다. 그러나 이는 원거리에 있는 노드이므로 라우팅 트리를 구성할 수 없다.

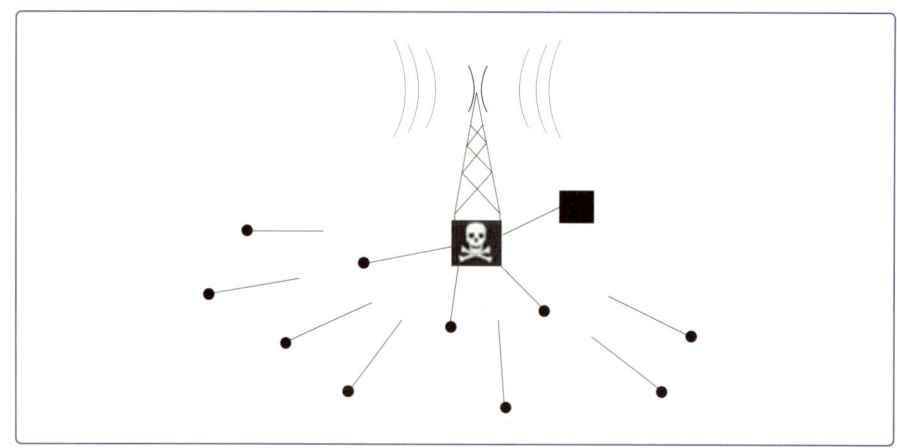

그림 4-2-9
TinyOS beaconing
프로토콜상에서의
hello flooding
attack 수행 개념도

이와 같은 라우팅 계층에서의 보안 취약성 문제를 해결하려면 기밀성이나 무결성, 인증, 접근 제어 등의 고전적 암호 요구사항을 만족시켜야 하며, 기존 프로토콜의 재설계, 통신 특성 모니터링 방법과 같은 다양한 보안 기법도 필요하다.

6 | 프라이버시 침해

센서 네트워크 응용에서는 각 센서 네트워크별로 Context 정보의 허가 또는 승인이 필요할 수 있으며, 이러한 상황에서 해킹 또는 위협을 통해 Context 정보의 접근 위반 또는 인가되지 않은 정보의 접근이 가능하다. 또한 데이터의 불법 사용을 목적으로 사용자 위조 및 도용을 통해 Context 정보를 불법으로 사용하는 방법으로 공격할 수도 있다. 한편 센서 네트워크의 권한을 주위의 모든 개체가 요구하는 신용 정보와 다양한 Context에 일일이 승인하는 것은 쉽지 않은 일이다.

USN 환경에서 프라이버시 침해는 매우 복잡하고 민감한 문제로, 이는 센서 네트워크 기술의 상용화 및 활성화에 주요 영향을 미칠 수 있다. 프라이버시 침해 문제는 앞서 말한 각종 공격을 통해 이루어질 수 있다. 또한 시스템이 공격을 당하지 않아도 적법한 센서 네트워크 응용 서비스의 센싱 기능을 통해 정보를 습득하여 이를 가공/처리함으로써 프라이버시 침해가 일어날 수 있다. 이 때문에 센서 네트워크 환경에서의 프라이버시 침해 문제는 기술적인 해결책뿐 아니라 제도적 접근을 통해 공지, 선택과 승인, 정보 접근성 제한, 익명성 등을 포함하는 프라이버시 관련 기술적 해결 방법도 존재한다.

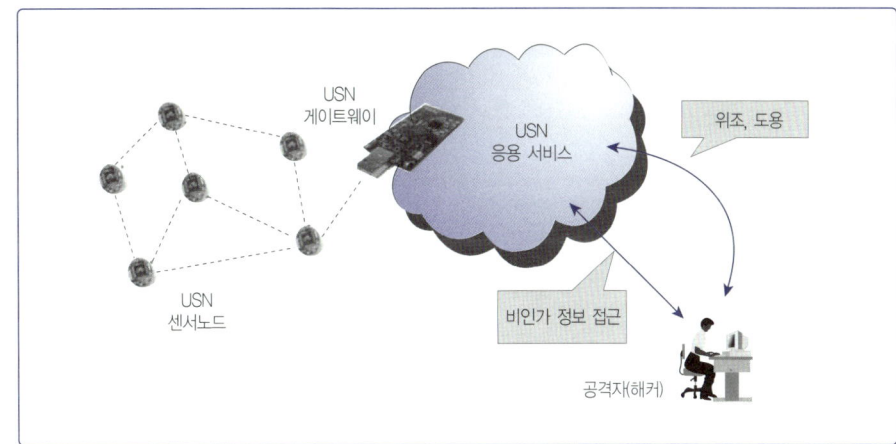

그림 4-2-10
USN 환경에서의
응용 서비스 공격

적법한 센서 네트워크 응용 서비스상에 존재하는 프라이버시 침해 문제는 데이터(정보) 수집 단계에서의 공지(notification)가 없음으로써 발생할 수 있으며, 데이터 수집 대상의 승인을 받았다 해도 관련 정보의 데이터 마이닝을 통해 발생할 수 있다. 이 때문에 프라이버시 침해 문제를 센서 네트워크 시스템의 보안 취약성 관점에서만 다루는 경우도 있다.

센서 네트워크 보안
UBIQUITOUS SENSOR NETWORK

1 센서 네트워크 보안 요구사항

1 | 센서노드

센서노드의 물리적 보안 취약점과 센서노드상 데이터의 불법 접근 및 유출 공격, 센서노드 내 데이터의 위조 및 변조 공격, 인가되지 않은 센서노드의 접근 등을 막으려면 표 4-3-1과 같은 보안 요구사항을 가져야 한다.

보안 요구사항	설명
물리적 안전성	센서노드의 물리적 손상이나 절취 등의 확인 및 방지 기능 제공, 함체 안전성 제공
부채널 공격의 안전성	소비 전력이나 전자파 방사 정보에 의한 센서노드 내부의 주요 정보 분석 및 공격 방지 기능 제공
노드 구성 하드웨어의 보안성	센서노드 내부 메모리의 불법 읽기/쓰기를 통한 코드 및 데이터 유출 방지, 위조 및 변조 공격 방지, JTAG 보안 기능 제공
센서노드/게이트웨이 인증 기능	공격용 노드 또는 공격용 게이트웨이의 인증을 통한 불법 접근 방지 기능 제공

표 4-3-1
센서노드
보안 요구사항

2 | 센서 네트워크 게이트웨이

게이트웨이는 외부 네트워크 환경과 센서 네트워크를 연결하는 역할을 하며, 센서 네트워크에서 센싱 정보를 수집하거나 센서 네트워크를 구성하는 노드에 명령을 보내 제어하는 역할을 수행한다. 이 때문에 외부 네트워크의 공격이 있을 수 있으며, 센서 네트워크의 제어권을 확보하기 위한 다양한 네트워크 계층 및 라우팅 계층의 공격이 있을 수 있다. 이에 대한 안전성을 제공하려면 표 4-3-2와 같은 보안 요구사항을 만족해야 한다.

보안 요구사항	설명
물리적 안전성	센서 게이트웨이의 물리적 손상이나 절취 등의 확인 및 방지 기능 제공, 함체 안전성 제공
부채널 공격의 안전성	소비 전력이나 전자파 방사 정보에 의한 게이트웨이 내부의 주요 정보 분석 및 공격 방지 기능 제공
게이트웨이 하드웨어의 보안성	게이트웨이 내부 메모리의 불법 읽기/쓰기를 통한 코드 및 데이터 유출 방지, 위조 및 변조 공격 방지, JTAG 보안 기능 제공
게이트웨이 인증 기능	공격용 노드 또는 공격용 게이트웨이의 불법 접근을 방지하기 위한 인증 기능 및 접근 제어 기능 제공

표 4-3-2
센서 네트워크
게이트웨이
보안 요구사항

3 | 센서 네트워크 미들웨어

미들웨어는 센싱 정보 수집이나 필터링과 같이 응용 서비스에 필요한 다양한 기능을 제공하며, 노드 관리 및 게이트웨이 관리, 네트워킹/라우팅 지원 등 센서 네트워크의 동작이나 흐름을 제어하는 역할을 수행한다. 따라서 앞서 말한 데이터 위조 및 변조, 링크 계층 공격, 라우팅 공격, 응용 서비스 공격과 같은 다양한 보안 취약성이 복합적으로 존재한다. 이 때문에 USN 미들웨어를 구성하려면 표 4-3-3과 같은 보안 요구사항을 만족해야 한다.

보안 요구사항	설명
센서노드 및 게이트웨이, 응용 서비스의 인증, 접근 제어 기능	공격용 노드 또는 공격용 게이트웨이, 악의적인 응용 서비스의 미들웨어 불법 접근을 통한 데이터/코드 위조 및 변조, 공격용 노드로의 활용, 네트워킹 공격 가능성을 방지하기 위한 인증 및 접근 제어 기능을 갖추어야 함
기밀성 및 무결성 제공	미들웨어 코드 또는 주요 센싱 데이터의 기밀성 및 무결성 제공을 통한 주요 정보 유출 및 악성 코드 출현, 악의적인 데이터 조작 등을 방지함
링크 계층 및 라우팅 계층의 보안성	USN 미들웨어의 주요 기능으로 네트워킹을 지원하는 부분이 있는데, 이 부분의 보안성 유지를 통해 다양한 링크 계층 및 라우팅 계층의 공격 가능성을 방지, 확인하는 기능을 갖추어야 함

표 4-3-3
센서 네트워크
미들웨어
보안 요구사항

4 | 센서 네트워크 네트워킹

보안 요구사항	설명
기밀성, 무결성, 인증, 부인 방지 기능	노드와 노드, 노드와 게이트웨이 통신에서 기밀성, 무결성, 인증, 부인 방지 기능 제공
안전한 키 관리 및 분배 기능	센서노드와 노드, 노드와 게이트웨이 사이에서 안전하게 키를 분배하고 이를 관리하는 기능 제공
물리 계층/링크 계층 보안 기능	물리 계층과 링크 계층에서 일어나는 다양한 공격 방지 및 확인 기능 제공
라우팅 계층 보안 기능	라우팅의 다양한 공격 방지 및 확인 기능 제공

표 4-3-4
센서 네트워크
네트워킹
보안 요구사항

센서 네트워크는 링크 계층 및 라우팅 계층에서 다양한 보안 취약점을 드러낸다. 반면에 노드와 노드, 노드와 게이트웨이 통신에서는 기밀성, 무결성, 인증, 부인 방지 기능을 제공해야 한다.

5 | 센서 네트워크 응용 서비스

센서 네트워크 응용 서비스에 대한 보안 요구사항은 일반적인 IT 응용 서비스에서의 보안 요구사항과 유사하다. 즉 센서 네트워크 응용 서비스상에서 수집한 주요 정보의 유출 방지 및 서버 데이터베이스의 보안, 주요 정보 유출 및 수집과 관련된 프라이버시 침해를 방지해야 한다.

보안 요구사항	설명
응용 서비스 보안성 제공	데이터 유출 방지 및 서버 데이터베이스 보안, 프라이버시 보호 기능 제공, 중요한 데이터에 대한 기밀성/접근 제어/Policy 기반 데이터 수집을 통한 보안 및 프라이버시 기능 제공

표 4-3-5
센서 네트워크
응용 서비스
보안 요구사항

2 ▌ 센서 네트워크 국내외 보안 표준

1 | IEEE 802.15.4 LR-WPAN 보안

IEEE 802.15.4 표준은 LR-WPAN 통신의 물리 계층과 MAC 계층의 표준이며, 무선 센서 네트워크와 홈 네트워크 같은 유비쿼터스 환경을 실현하는 기술로 적합한 프로토콜이라고 알려져 있다. IEEE 802.15.4는 보안성 강화를 위해 몇 가지 보안 기술을 제공하는데, 이에 대해 살펴본다.

IEEE 802.15.4 표준의 보안에서 제공하고자 하는 보안 서비스(또는 보안 요구사항)는 다음과 같다.

:: 메시지 기밀성(confidentiality): 전송하고자 하는 메시지 정보가 송신자 또는 적법한 수신자를 제외한 제3자에게 노출되지 않도록 한다.
:: 메시지 무결성(integrity): 전송하고자 하는 메시지의 복사, 추가, 수정 등이 이루어지지 않았음을 보장한다.
:: 재전송 방지(replay protection): 전송하는 메시지를 가로채어 이를 재전송함으로써 인증 획득, 서비스 교란 등의 불법 목적을 수행할 수 없게 한다.

IEEE 802.15.4에서의 보안은 선택적으로 제공할 수 있는데, 보안 제공 방법은 MAC PIB 속성으로 결정되며, 다음과 같은 값을 갖는다.

:: 키테이블 정보(macKeyTable, macKeyTableEntries)
:: 디바이스테이블(macDeviceTable, macDeviceTableEntries)
:: 최소 보안 수준표(macSecurityLevelTable, macSecurityLevelTableEntries)
:: 프레임카운터(macFrameCounter)
:: 자동 요청 속성(macAutoRequestSecuirtyLevel, macAutoRequestKeyIdMode, macAutoRequestKeySource, macAutoRequestKeyIndex)
:: 디폴트키소스(macDefaultKeySource)
:: PAN 코디네이터 주소(macPANcoordExtendedAddress, macPANCoordShortAddress)

IEEE 802.15.4에서 정의한 MAC 계층 보안은 MAC 계층의 명령어와 비컨, ACK 프레임을 안전하게 제공할 때 사용한다. MAC 계층에서의 보안은 단 대 단 보안(node-to-node security)을 제공하는 데 사용하고 멀티 홉에서의 보안, 즉 end-to-end security는 상위 계층에서 제공한다.

MAC 계층 보안을 위한 암호 알고리즘으로는 AES(Advanced Encryption Standard) 암호를 사용하며, AES 암호 알고리즘 사용과 관련하여 security suite가 정의되어 있다.

표 4-3-6은 IEEE 802.15.4에서 정의한 MAC security suite의 특성이다.

이름	특성
Null	보안 기능 없음
AES-CTR	암호화만 수행, CTR 모드로 동작함
AES-CBC-MAC-128	• 128비트 길이의 MAC 사용
AES-CBC-MAC-64	• 64비트 길이의 MAC 사용
AES-CBC-MAC-32	• 32비트 길이의 MAC 사용
AES-CCM-128	• 암호화와 128비트 길이의 MAC 모두 제공
AES-CCM-64	• 암호화와 64비트 길이의 MAC 모두 제공
AES-CCM-32	• 암호화와 32비트 길이의 MAC 모두 제공

표 4-3-6
IEEE 802.15.4에서
정의한 Security
Suite

표 4-3-6에서 정의한 것처럼 전송하는 메시지의 암호화와 무결성 검증을 선택적으로 제공할 수 있다. Security Suite가 정의된 데이터 필드의 패킷 포맷은 그림 4-3-1, 그림 4-3-2, 그림 4-3-3과 같이 정의한다.

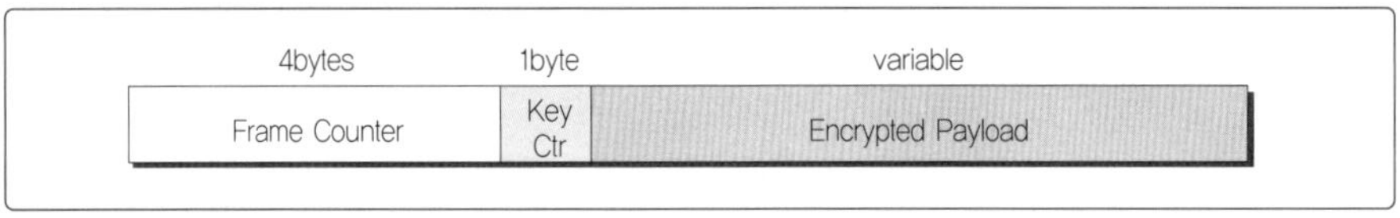

그림 4-3-1
AES-CTR 모드용
데이터 포맷

4bytes	1byte	variable
Frame Counter	Key Ctr	Encrypted Payload

그림 4-3-2
AES-CBC-MAC-
32/64/128 모드용
데이터 포맷

variable	4/8/16bytes
Payload	MAC

그림 4-3-3
AES-CCM-
32/64/128 모드용
데이터 포맷

4bytes	1byte	variable	4/8/16bytes
Frame Counter	Key Ctr	Encrypted Payload	Encrypted MAC

2 | ZigBee 보안

ZigBee 표준에서는 네트워크 계층과 APS(Application Support Subplayer) 계층의 보안 기능을 정의한다. 이 때문에 ZigBee 보안 표준은 MAC 계층에서 보안이 정의된 IEEE 802.15.4 보안 표준과 분리하여 생각할 수 없다.

ZigBee 보안 서비스(보안 요구사항)에서는 크게 다음과 같은 사항을 정의하고 있다.
:: Frame protection 기법(NWK layer, APL layer frame 보안 기법을 정의함)
:: Key establishment 기법, Key transport 기법, Device management 기법(APL layer에서 정의함)

ZigBee에서 정의한 프레임 보호(Frame protection) 기법은 다음과 같다.
우선 MAC 계층에서의 보안은 IEEE 802.15.4에서 정의했듯이 MAC 데이터(페이로드)의 암호화를 수행하여 기밀성을 제공하며 MAC 헤더와 보조 헤더, MAC 페이로드의 무결성을 제공한다. 반면에 네트워크 계층에서의 보안은 네트워크 계층 페이로드에 암호화와 네트워크 계층 헤더/보조 헤더/페이로드의 무결성을 제공한다. APS 계층 프레임에서의 보호 기법도 그림 4-3-4와 같이 나타나 있다.

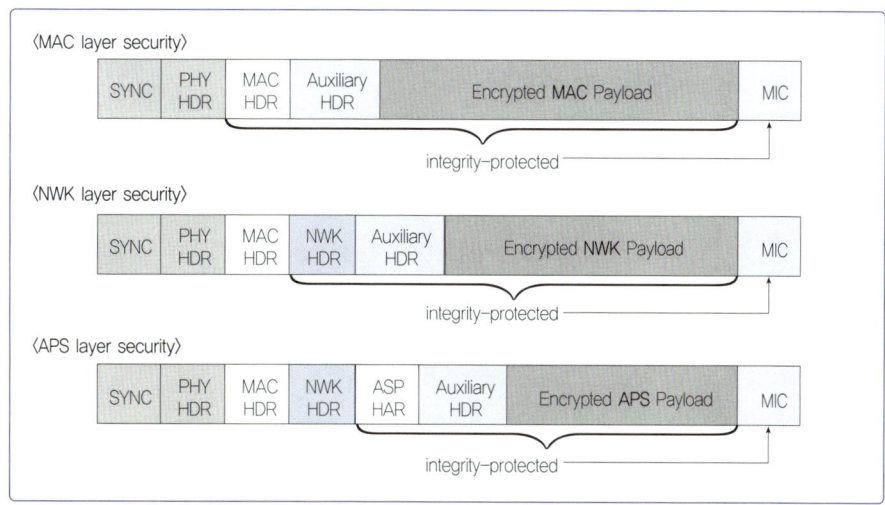

그림 4-3-4
ZigBee의 각 계층
프레임 보호 방법

ZigBee 표준에서 제공하는 주요 보안 서비스로는 Key Establishment 기법이 있다. Key Establishment는 네트워크에 새로이 참여하거나 탈퇴하는 노드에 키를 안전하게 분배하는 기법을 정의한다.

여기서는 크게 다음과 같은 세 가지 유형의 키를 사용하고 있다.

:: Master Key: ZigBee 센서노드의 제조 단계에서 미리 설정하거나(pre-installation) Trust Center에서 인스톨한다.

:: Network Key: ZigBee 센서노드는 ZigBee에서 정의한 key transport 절차 또는 pre-installation에서 갖게 된다.

:: Link Key: ZigBee 센서노드는 Link 키를 ZigBee에서 정의하는 key transport 절차, key establishment 절차, pre-installation에서 갖게 된다.

그림 4-3-5는 ZigBee 표준에서 정의한 ZigBee 센서노드 간 Link 키를 분배하는 절차를 보여준다. 동작을 간략히 설명하면 다음과 같다.

:: 우선 Link Key를 설정하고자 하는 ZigBee 노드 하나가 initiator가 되어 Trust Center에 Master 키를 요청한다. 이때 Link 키를 설정할 상대방 노드의 정보(R-addr)도 제공한다.

:: Trust Center는 두 노드가 공유할 Master Key(K_{IRM})를 Initiator 노드와 Responder 노드에 전송한다.

:: Master 키를 전송받은 노드는 이 Master 키를 이용하여 Link 키를 안전하게 전송할 수 있는 SKKE(Symmetric Key Key Establishment Protocol)를 사용함으로써 Link 키를 Initiator와 Responder에 전송한다.

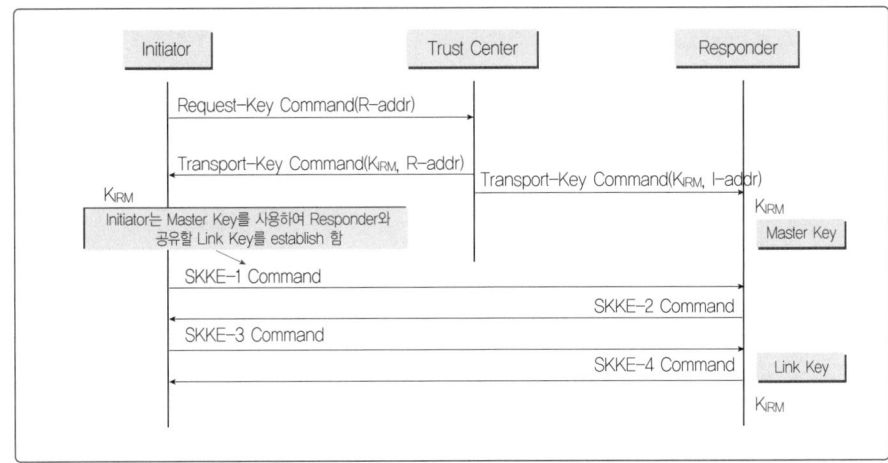

그림 4-3-5
ZigBee 센서노드 간
키 Establishment
절차

1 | 키 분배 및 관리 기법

키 분배는 센서 네트워크에서 기밀성 및 무결성을 보장하기 위해 암호 알고리즘을 사용하는 경우 반드시 선행되어야 할 문제이다. 현재 키 분배 문제를 해결하기 위한 노력이 학계 등을 중심으로 활발하게 진행 중이다. 예를 들어 인증센터를 사용하는 기법이 IEEE 802.15.4 표준 문서에도 언급되어 있으며, 랜덤 키 사전 분배 기법, q-합성수 랜덤 키 사전 분배 기법, Blom 스킴, 위치 기반 키 사전 분배 기법 등 많은 연구 논문이 나와 있다. 또한 최근에는 그동안 많이 다루지 않던 타원곡선 암호 알고리즘과 같은 공개 키 암호를 센서 네트워크 환경에 사용하여 안전하게 키를 분배하는 방식의 연구 및 개발 결과물도 다양하게 나와 있다. 여기서는 대표적인 키 분배 기법인 사전 키 분배 기법과 공개키 암호 알고리즘을 사용한 키 분배 사례를 살펴본다.

■1 사전 키 분배 기법

사전 키 분배 기법이란 센서노드가 deploy되기 전에 미리 키를 설정하는 방식이다. 이를 통해 어떤 두 노드는 서로 비밀 키 값을 공유하게 된다. 사전 키 분배 기법은 네트워크가 형성되기 전에 미리 각 센서노드에 저장해 놓은 키 값을 사용하거나 네트워크가 형성된 이후 이웃 노드와의 통신을 통해 동적으로 생성한 pairwise key, group key를 사용하는 방식이 있다. 여기서는 pairwise 키 분배 방식과 마스터 키/기반 키 사전 분배 방식, 랜덤 키/체인 기반 키 사전 분배 방식을 살펴본다. 특히 랜덤 키/체인 기반 키 사전 분배 방식으로는 Blom 스킴을 예로 들고자 한다.

① Pairwise 키 분배 방식

센서 네트워크를 구성하는 각 노드가 다른 모든 노드와 비밀 키를 분배하여 나누어 갖는 방식을 의미한다. 즉 총 N개의 노드가 존재할 경우 각 센서노드는 N-1개 노드와 비밀 통신을 위한 N-1개의 키 값을 가져야 한다. 이 때문에 센서 네트워크 전체를 보면 N(N-1)/2개의 다른 키가 존재한다. 이 방식은 안전성이 높지만 막대한 양의 메모리를 사용해야 하고, 새로운 센서노드가 추가될 경우 다른 노드의 키 값을 모두 갱신해야 한다는 단점이 있다.

앞에서 제시한 pairwise 키 분배 방식은 all pairwise 키 분배 방식인데, 이를 변형한 형태의 다양한 방식이 존재한다. 예를 들어 random pairwise 키 분배 방식이 있는데, 이 방식에서는 두 센서노드가 서로 연결될 확률이 p가 되도록 랜덤하게 선택한 Np개의 pairwise 키를 저장한다. 각 노드에는 Np개의 키에 해당하는 센서노드의 ID 값 정보도 같이 저장한다. 이때 키를 공유하는지 확인하려면 각 노드가 자신의 ID를 브로드캐스팅해야 한다. 그러면 해당 브로드캐스팅 신호를 수신한 센서노드들은 자신의 키 값 중에서 해당 신호를 브로드캐스팅한 센서노드의 ID가 있을 경우 pairwise 키의 공유함을 확인할 수 있으므로 이에 응답한다. 이와 같은 방식은 키 값 저장을 위해 all pairwise 키 분배 방식보다 작은 메모리를 사용한다는 장점이 있지만, 키 연결성이 낮다는 단점도 있다.

② 마스터 키/기반 키 사전 분배 방식

각 센서노드가 하나의 마스터 키를 가지며, 이 마스터 키를 사용하여 pairwise 키를 설정하는 것을 말한다. 즉 네트워크상의 모든 노드는 동일한 키 Km을 가지며 각 노드 i, j는 세션 키를 생성하기 위해 랜덤 값을 주고받는데 이때 랜덤 값을 사용하여 비밀 공유 키를 설정한다. 두 노드 i, j 사이에 설정된 키 값 Ki, j는 다음 식으로 표현할 수 있다.

Ki, j = PRF(Km || RNi || RNj)

이 방식은 각 노드가 단 하나의 키 값, 즉 Km을 가지면 되지만 Km이 유출될 경우 해당 시스템의 안전성을 보장할 수 없다는 단점이 있다.

③ 랜덤 키/체인 기반 키 사전 분배 방식(Blom 키 분배 기법)

랜덤 키와 체인 기반 키 사전 분배 방식은 $(\lambda+1) \cdot N$ 크기의 공개 행렬 G와 $(\lambda+1) \cdot (\lambda+1)$ 크기의 개인 비밀 행렬 D를 사용하여 A = (DG)T 행렬을 만들며, 이때

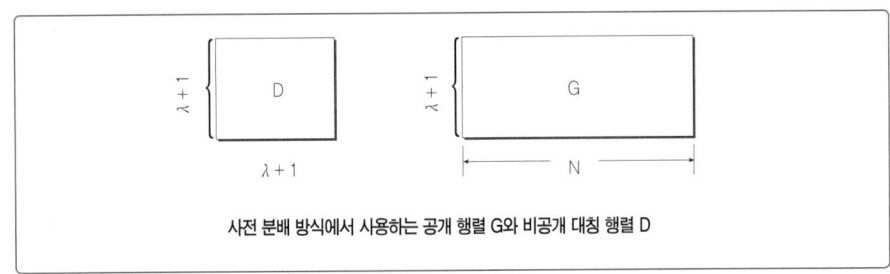

그림 4-3-6 랜덤 키와 체인 기반 키

사전 분배 방식에서 사용하는 공개 행렬 G와 비공개 대칭 행렬 D

AG = (AG)T의 특성을 갖는다. 즉 AG = (D G)TG = GTDTG = GTD G = (A G)로 나타낼 수 있다.

각 노드 k는 A의 k번째 행과 G의 k번째 열을 저장하고, 노드 배치 후 노드 i와 노드 j가 키를 생성하고자 할 때 공개 행렬 G의 행을 서로 교환한 후 각각 Kij = AiGj, Kji = AjGi를 계산한다. 이때 Kij = Kji이므로 두 노드는 동일한 키를 갖게 된다. 그림 4-3-7은 이를 설명한 것이다.

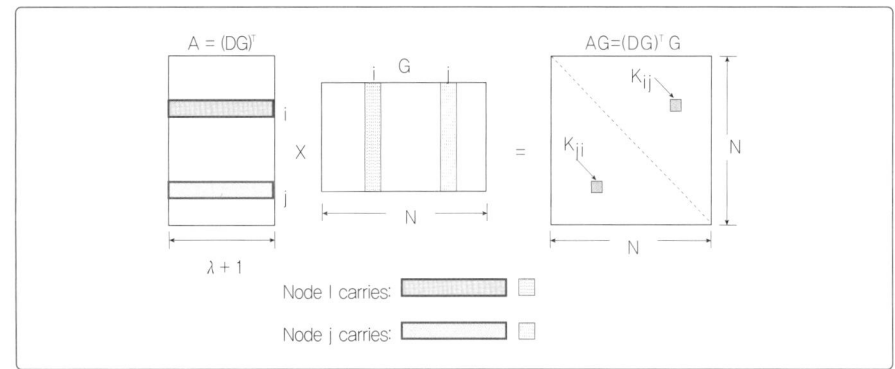

그림 4-3-7
랜덤 키와
체인 기반 키
사전 분배 방식에서
노드 i와 k의
키 공유 방법

Blom 스킴은 λ-security의 특성을 갖는다. 이는 개인 행렬에서 노출되는 열의 수가 λ이하이면 행렬 D를 기반으로 생성된 다른 키들의 안전을 보장할 수 있다는 의미이다. 이를 위해 공개 행렬 G의 λ+1개 열은 일차 독립이어야 한다.

❷ 공개 키/기반 키 분배 기법

센서 네트워크 응용에 많이 사용하는 MICA 계열이나 Telos 계열의 센서노드는 일반적으로 낮은 계산 능력을 갖는 프로세서(8비트 또는 16비트 프로세서)와 제한된 용량의 메모리를 갖는다. 이 때문에 유선 네트워크에서 많이 사용하는 공개 키 암호 알고리즘(Public Key Crypto Algorithm) 기반 DH(Diffie-Hellman)류의 키 분배 방식을 적용하기 어렵다고 인식되어 왔다.

스마트더스트(SmartDust)와 같은 초소형 센서노드에서는 공개 키 암호 알고리즘을 기반으로 하는 키 분배 방식을 적용하기 어렵지만, 8비트 또는 16비트 프로세서를 갖는 센서노드에서 적용한 사례가 많이 보고되었으므로 이러한 생각은 맞다고 할 수 없다. 특히 공개 키 암호 알고리즘 중에서 타원곡선 암호 알고리즘(ECC: Elliptic Curve Crypto-algorithm)은 RSA보다 경량으로 구현할 수 있어 센서노드에 적용한 사례가 많다.

① 타원곡선 암호

타원곡선 암호란 타원곡선에 기반을 둔 공개 키 암호 방식으로, 1985년 Neal Koblitz와 Victor Miller가 제안했다.

타원곡선 암호가 RSA나 ElGamal과 같은 기존의 공개 키 암호 방식에 비해 대표적인 장점은 보다 짧은 키를 사용하면서도 비슷한 수준의 안전성을 제공한다는 점이다. 이런 장점 때문에 학계에서는 많은 연구를 진행해 왔으며, 특히 무선 센서 네트워크나 무선 인터넷 환경처럼 전송량과 계산량이 상대적으로 열악한 환경에 적합한 것으로 알려졌다.

타원곡선 암호 알고리즘을 센서 네트워크상에서 보다 안전한 키 분배 목적으로 사용한 경우는 국내외적으로 다수의 사례가 있다. 우선 국외 사례를 살펴보면 North Carolina 주립대학에서 타원곡선 암호 알고리즘을 TinyOS상에 구현하여 키를 안전하게 분배했으며, 실제 사용을 위해 타원곡선 기반 암호화 프로토콜 ECIES(Elliptic Curve Integrated Encryption Scheme)와 키 분배 프로토콜 ECDH(Elliptic Curve Diffie-Hellman), 서명 기법 ECDSA(Elliptic Curve Digital Signature Algorithm) 프로토콜을 구현했다. 해당 기술은 MICAz와 TelosB, Tmote Sky에서 사용할 수 있다.

② 타원곡선 암호 기반 보안 프로토콜

:: ECIES(Elliptic Curve Integrated Encryption Scheme): 2001년 Bellare와 Rogaway가 개발한 타원곡선 암호 기반 암호화/복호화 기법이다.

:: ECDH(Elliptic Curve Diffie-Hellman): 두 대상 간의 키 교환 프로토콜인 Diffie-Hellman을 타원곡선상에 적용한 프로토콜로, 각각은 타원곡선 공개 키와 비밀 키가 있지만 공개 키만 서로에게 전송함으로써 안전하게 키를 공유하는 방식이다.

:: ECDSA(Elliptic Curve Digital Signature Algorithm): 디지털 서명 알고리즘(DSA: Digital Signature Algorithm)을 타원곡선 암호상에 구현한 기법으로, ECDSA는 DSA 알고리즘의 1,024비트에 해당하는 안전도를 160비트로 만들어내는 것이 장점이다.

표 4-3-7은 센서노드에 구현된 ECDSA의 성능을 나타낸 것이다. 센서노드의 종류에서 MICAz에 구현된 결과를 보면 서명 생성에 7.1초, 서명 검증에 14.2초가 소요됨을 알 수 있다. 이는 2005년경의 연구 결과로 그 후 성능 향상을 위한 많은 연구가 진행됨에 따라 성능이 점점 향상되고 있다. 표 4-3-7은 MICAz뿐 아니라 Tmote Sky에서 ECDSA를 수행한 성능 결과도 함께 보여준다.

구현된 기능	Tmote Sky 수행 시간(단위: 초)	MICAz 수행 시간(단위: 초)
ECDSA 서명 생성	8.8	7.1
ECDSA 서명 검증	10.7	14.2

표 4-3-7
센서노드에 구현된
공개 키 암호
알고리즘의 성능

이와 같은 사례를 보면 센서 네트워크상에서 게이트웨이와 센서노드 또는 센서노드와 센서노드 사이에 타원곡선 암호와 같은 공개 키 암호 알고리즘을 사용해도 키를 안전하게 배분할 수 있음을 알 수 있다.

2 | 라우팅 보안 기술

1 개요

앞서 설명했듯이 센서 네트워크의 네트워크 라우팅 레벨에는 다양한 공격 기법이 존재한다. 여기서는 몇몇 라우팅 레벨의 공격 기법에 따른 보안 기법을 살펴보기로 한다. 일반적으로 노드 간 또는 노드와 게이트웨이 간에 비밀 키를 안전하게 공유하여 링크 계층 암호화와 무결성, 인증을 제공할 경우 sybil attack이나 selective forwarding, ACK spoofing, Hello flood attack 등의 outsider attack은 막을 수 있지만 wormhole attack과 같은 insider attack은 막기 힘들다.

Hello flood attack 또는 sybil attack의 경우 비밀 키 공유를 통해 해당 공격을 막을 수 있다. 센서노드와 게이트웨이가 안전하게 비밀 키를 공유한 경우 Needham-schroeder symmetric key exchange 기법 등을 사용함으로써 센서노드가 상대방 간에 비밀 키(pairwise secret key)를 만들 수 있다. 여기서 만들어진 pairwise key 값은 센서노드의 신원 확인용으로 사용하기도 한다. 또한 특정 노드가 통신 가능한 인접 노드(neighbor node)의 수를 제한함으로써 공격용 노드가 센서 네트워크를 구성하는 모든 센서노드에 특정 키 값을 공통으로 갖게 하는 상황을 피할 수 있다.

한편 wormhole attack과 sinkhole attack은 기존의 기밀성이나 무결성, 인증 기능을 제공한다 해서 공격을 막을 수 없다. 이런 경우 가장 바람직한 접근 방법은 wormhole attack과 sinkhole attack을 막기 위해 라우팅 프로토콜 자체를 강인하게 만들거나 공격 이후에 공격이 있었음을 확인하는 것이다. 다음은 몇몇 라우팅 레벨 공격 방어 기법에 대해 살펴본다.

❷ Fake routing information 공격 방어 기법

비밀 키를 안전하게 공유하는 센서노드는 공유 키를 사용하여 RREQ 또는 RREP 와 같은 전송 데이터 및 라우팅 제어 명령의 인증을 수행할 수 있다. 외부 공격자는 이와 같이 공유된 키 값을 모르기 때문에 공격을 위한 fake routing information이나 dummy RREQ 전송 패킷이 무의미해진다. 참고로 LEAP 프로토콜에서는 네 종류의 키(individual key, group key, cluster key, pairwise shared key)를 정의하는데, 이때 키 값을 사용하여 fake routing information의 공격을 막을 수 있다.

Individual key는 각 노드가 가진 유일한 키이며, 이 키 값은 베이스스테이션에도 존재한다. Group key는 모든 센서노드가 동일하게 공유하는 키로, 베이스스테이션에서 센서노드로 브로드캐스팅되는 정보의 기밀성 및 무결성을 제공한다. Cluster key는 특정 클러스터에 포함된 노드들이 공유하는 키이며, pairwise shared key는 인접 노드 상호간에 공유하는 키이다.

이처럼 네 가지 키 값을 갖는 LEAP 프로토콜은 전체 센서 네트워크가 단 한 가지 키를 사용하는 것이 아니므로 내부자 공격에도 안전성을 제공한다. 그러나 문제는 앞에서 정의한 키 값들이 센서노드와 베이스스테이션에 predistribution되었음을 가정한다는 것이다. 즉 센서 네트워크가 deploy되기 전에 미리 설정되었으므로 키 업데이트를 위해서는 별도의 프로토콜이 필요하다.

❸ Hello flood 공격 방어 기법

Hello flood 공격은 공격 대상이 되는 센서노드보다 강력한 RF 전송 능력을 가진 공격용 노드가 링크 계층 프로토콜상의 Hello 신호를 발송함으로써 일어난다. 이런 경우 공격용 Hello 신호를 수신한 센서노드는 공격용 노드에 특정 신호를 보내 해당 신호의 응답이 있는지 확인한 후 데이터를 전송하는 방법을 생각할 수 있다. 그러나 이 방법은 공격용 노드가 고감도의 신호 수신 안테나를 가진 경우 무의미한 방어법이 되는 단점이 있다.

Hello flood 공격을 막는 또 다른 방법은 trusted third party를 사용하는 것이다.

:: 두 개의 센서노드 u와 v가 서로 인증하기 위해 trusted third party를 사용한다.

:: 각 센서노드는 원격지에 있는 싱크노드(베이스스테이션)에서 유일한 대칭 키를 공유한다.

:: 두 개의 센서노드 u와 v는 각자의 ID를 검증할 수 있으며, 원격 싱크노드에서 공유 키를 얻을 수 있다.

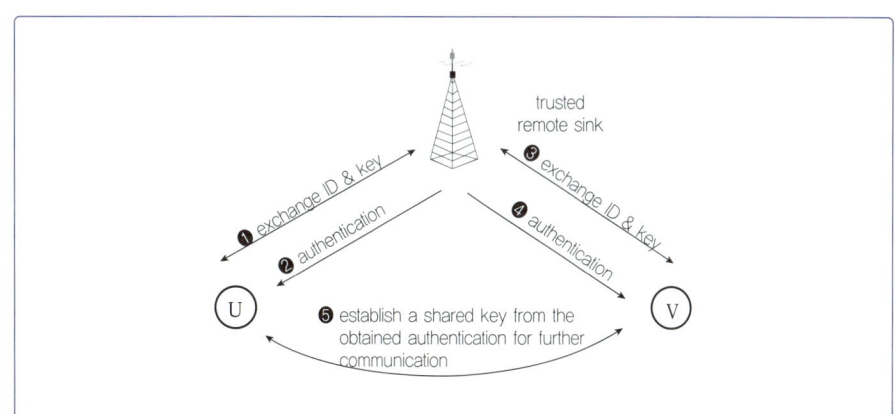

그림 4-3-8
Trusted third party를
통한 인증 개념도

한편 베이스스테이션에서 브로드캐스팅되는 메시지도 인증 기능을 추가함으로써 해당 신호를 수신하는 센서노드들이 이를 신뢰할 수 있다. 그러나 인증을 위해서는 기본적으로 서명 기능과 공개 키 암호 알고리즘을 사용해야 한다.

☑ Sybil 공격 방어 기법

Sybil 공격은 공격용 노드가 주위의 여러 노드인 것처럼 행동함으로써 발생한다. 특정 노드가 자신의 이웃 노드로 구성할 수 있는 노드 수에 제한을 둘 경우 내부 공격자의 sybil 공격을 막을 수 있다. 그러나 이 경우에도 다수의 센서노드가 공모하여 sybil 공격을 가하면 해당 방어 대책이 무의미해질 수 있다.

☑ Sinkhole 공격 방어 기법

Sinkhole 공격은 사전에 막기 힘들다. 이 때문에 sinkhole 공격이 존재한다는 사실을 감지하여 사후 대책을 세우는 방법도 좋은 해결책이라 할 수 있다. 즉 베이스스테이션이 네트워크 트래픽을 분석하여 sinkhole 공격이 일어나는 지점을 확인하는 것인데, 이를 위해 적절한 공격 패턴 분석 및 공격 지점 확인 기법이 필요하다. 또한 다수의 노드가 공모하여 sinkhole 공격을 수행하는 경우도 감지할 수 있어야 한다.

3 | 물리적 공격 방지 기법

물리적 손상이나 절취와 같은 물리적 공격은 tampering 회로 등을 통해 확인함으로써 공격에 대처할 수 있다. 또한 현실적으로 센서노드 등을 옥외에 설치할 경우 외부의 절취나 손상 등을 센싱하는 장치, CCTV 등의 감시 장치, 잠금 장치와 같은 물리적 구조물을 함께 설치하는데, 이러한 수단을 사용하면 전통적인 물리적 공격을 방지할 수 있다.

한편 소비 전력과 같은 부채널 정보를 활용하여 공격하는 부채널 공격 방지 기술은 현재 암호학계를 중심으로 많은 연구가 진행되고 있다. 대표적인 것으로는 side channel resistant한 비밀 키/공개 키 암호 알고리즘 구현 연구가 있다. 즉 타원곡선 암호 알고리즘의 scalar multiplication 단계에서 SPA/DPA resistant한 인코딩 기법 연구가 그 예에 해당한다.

또한 센서노드 등을 구현하는 데 디버깅 목적으로 사용하는 JTAG 포트의 사후 서비스 론칭 시에는 security bit를 활성화하여 내부 데이터와 프로그램이 유출되지 않도록 해야 한다. 그러나 이 경우에는 더 이상 디버깅이 불가능하다는 단점도 있다. 이를 보완하기 위해 최근에는 freescale사를 중심으로 암호 기술인 back-door key 기술을 사용하며, Xilinx 또는 Altera 같은 경우 FPGA 설계 데이터의 on-chip encryption 기법을 활용하여 FPGA 설계 데이터의 보안성을 제공하고 있다.

4 개발 사례

1 | TinySec 기술

TinySec은 센서 네트워크상에서 센서노드 간 통신 메시지의 기밀성 및 무결성을 제공하는 보안 기술로, 센서노드 운영 체제인 TinyOS 1.1.0에서 구현되었다. TinySec은 MICA, MICA2, MICADot 센서노드에서 동작한다. TinySec이 사용하는 RF 칩 환경은 Chipcon사의 CC1000과 RFM TR1000에서 동작하지만 TinyOS 2.0 환경에서는 호환되지 않는다.

TinySec은 센서 네트워크 환경에서 도청 방지 기능, 위조 및 변조 방지 기능이 구현된 대표적 사례로 볼 수 있다. 암호 알고리즘은 소프트웨어로 구현되는데, 저전력 동작을 위해 SkipJack 암호 알고리즘을 사용한다. TinySec은 TinyOS 환경과의 인터페이스와 모듈, 암호 알고리즘을 포함하여 약 3,000 라인 길이를 가지며, 컴파일된 바이너리 코드 크기는 약 7K바이트이다. TinySec이 동작할 때 필요한 RAM의 크기는 약 455바이트이다.

그림 4-3-9는 TinySec 컴포넌트를 보여준다. 즉 TinySec은 SkipJack 암호 알고리즘을 CBC-MAC(Cipher Block Chaining Message Authentication Code) 모드로 무결성을 제공하고, CBC(Cipher Block Chaining) 모드로 기밀성을 제공한다. 센서노드의 응용 소프트웨어는 TinySec 모듈에서 제공하는 인터페이스를 사용하여 특정 메시지의 암호화와 인증 기능을 제공할 수 있다.

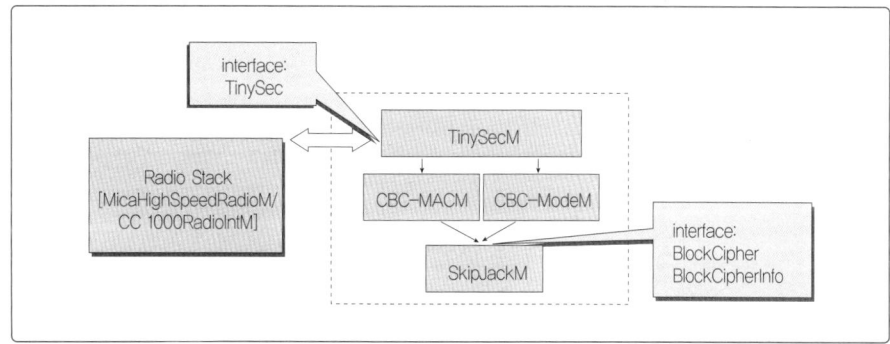

그림 4-3-9
TinySec 컴포넌트
다이어그램

TinySec에서 사용한 기밀성 및 무결성 제공 보안 기능은 통신 패킷에 대한 오버헤드를 유발한다. 즉 MAC 값을 패킷에 덧붙이면 패킷의 위조 및 변조 방지 기능이 없는 경우보다 패킷 길이가 늘어난다. 이는 센서 네트워크의 메모리 사용량이 많아짐은 물론 센서 네트워크에서 매우 중요한 요소인 통신 소비 전력량이 많아진다는 것을 의미한다.

다음은 TinySec에서 개발한 기술의 통신 오버헤드 특성을 분석한 결과이다.

:: 보안 기능(기밀성 및 무결성)을 제공하지 않은 경우: 37바이트(CRC 포함)

:: 무결성을 제공한 경우(TinySec-Auth 모드): 38바이트

:: 무결성 및 기밀성을 제공한 경우(TinySec-AE 모드): 42바이트

즉 TinySec에서는 무결성 및 기밀성을 제공한 경우라도 보안 기능을 제공하지 않은 경우보다 약 8%의 패킷 오버헤드를 갖는다. 이때 계산 및 통신 시 소비되는 전력량의 정확한 데이터를 제공하지는 않았지만, 일반적으로 통신 패킷 길이와 통신 소비 전력은 비례하므로 이를 통해 보안 기능이 구현되었을 때도 상대적으로 그다지 많지 않은 소비 전력이 추가됨을 알 수 있다.

한편 TinySec에서는 대칭 키 암호 알고리즘을 사용할 때 반드시 해결해야 할 키

분배 문제는 언급하지 않고 있다. 이는 해당 문제의 해결책이 없음을 의미한다. TinySec에서 제공하는 보안 기능을 앞서 제시한 정보 보호 기술 수준에서 살펴보면 표 4-3-8과 같다.

구분	정보 보호 수준
센서노드	센서노드와 게이트웨이 간의 통신·제어 메시지에 대한 기밀성/무결성/인증 기능 제공
게이트웨이	센서 게이트웨이와 노드 간의 상호 인증, 통신·제어 메시지에 대한 기밀성/무결성/인증 기능 제공
미들웨어	제공하지 않음
네트워크	제공하지 않음
응용 서비스	제공하지 않음

표 4-3-8
TinySec에서
제공하는
정보 보호 수준

2 | 센서 네트워크 보안 플랫폼 기술

ETRI가 2008년에 개발한 센서 네트워크 보안 기술로, IEEE 802.15.4와 호환성을 가지면서 센서노드와 센서노드, 센서노드와 게이트웨이 사이에서 기밀성/무결성/인증 기능을 제공하는 TinyOS 기반의 보안 플랫폼 기술이다. 그림 4-3-10은 센서 네트워크 보안 플랫폼의 구조를 나타낸 것이다.

센서 네트워크 보안 플랫폼은 그림 4-3-10에서 보듯이 Secure Association 모듈, Secure Communication 모듈, Secure Routing 모듈, 암호 알고리즘 모듈, 응용 서비스 모듈로 구성되어 있다.

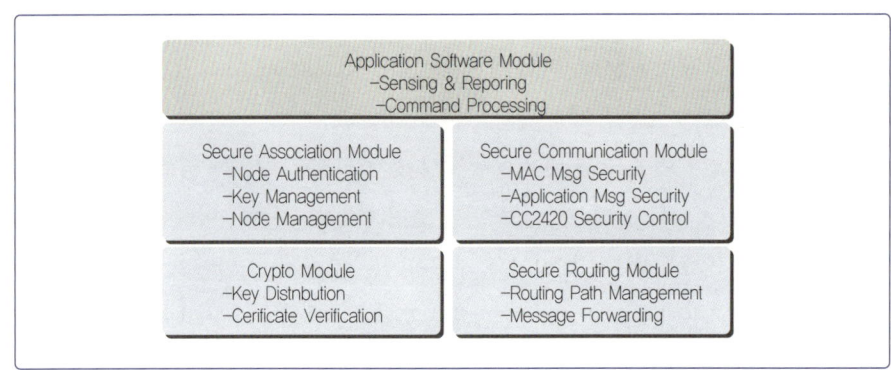

그림 4-3-10
센서 네트워크
보안 플랫폼 구조

:: Secure Association 모듈: 기존의 센서 네트워크에 새로운 센서노드가 참여(join)하고자 할 때 권한 여부를 확인하여 권한이 있는 경우만 참여하게 하는 기능이다. 이를 위해 노드의 인증 및 이를 위한 키 관리 기능, 노드 관리 기능을 제공한다.

:: Secure Communication 모듈: 센서노드와 센서노드 또는 센서노드와 게이트웨이와의 통신 정보에서 기밀성 및 무결성을 제공한다. 센서노드의 통신 모듈로 CC2420 칩을 사용할 경우 AES 암호 모듈이 하드웨어 형태로 CC2420 칩에 구현되므로 이를 기반으로 Secure Communication 모듈을 구현할 수 있다.

:: Crypto 모듈: 대칭 키 또는 해시 함수, 공개 키 암호 모듈에 해당한다. 이를 이용하여 안전한 키 분배, 인증서 관리, 서명 생성 및 검증, 메시지 인증 등을 수행할 수 있다.

:: Secure Routing 모듈: 라우팅 레벨에서 안전성을 제공하는 것으로, TinyOS beaconing 프로토콜의 보안 기능이 구현되어 있다.

센서 네트워크 보안 플랫폼에서 정의한 공개 키 암호 알고리즘은 키 분배 및 관리 목적으로 사용하는데, 다음과 같은 프로토콜로 실현할 수 있다. 그림 4-3-11은 센서 네트워크 보안 플랫폼에서 제공하는 기능을 사용하여 센서 네트워크상에서 부모 노드와 자식 노드 사이의 키 분배 과정을 살펴본 것이다.

:: 자식 노드가 부모 노드에게 네트워크 참여를 요청한다(Association Request).

:: 부모 노드는 다수의 접속 요청 중에서 하나를 선택하여 네트워크 주소를 할당한 후 공개 키를 주고받으며 ECDH 키 생성 과정을 수행한다.

그림 4-3-11
공개 키 및 기반 키
생성 과정

:: 부모 노드가 데이터 암호화에 사용할 세션 키 Ks를 난수로 생성한 후 ECDH로 공유하는 키 Km을 사용하여 자식 노드에게 안전하게 전달한다.

:: 이때 난수 R1, R2를 사용하여 Km의 동일성을 검증하므로 세션 키 생성 과정을 통해 노드 상호간의 인증 과정도 이루어진다.

앞서 살펴보았듯이 센서 네트워크의 네트워크 라우팅 레벨에는 다양한 공격 기법이 존재한다. 여기서 노드 ID 값을 가장한 sybil attack이나 허위 acknowledge 응답을 통한 ACK spoofing 공격, 라우팅 비용 등을 허위로 제공하여 라우팅을 교란하는 sinkhole attack 등은 통신 중인 상대 센서노드의 신원(identity)을 확인하는 인증 기능을 추가함으로써 막을 수 있다. ETRI에서 개발한 센서 네트워크 보안 기술을 통해 인증받지 못한 센서노드는 라우팅이 수행되는 센서 네트워크의 통신 도메인에 참여할 수 없게 한다. Secure association이라는 이 기법은 ECDH 공개 키 암호 프로토콜을 사용하여 센서노드 간 인증을 수행하며, 인증을 통과한 노드만 상호 통신이 가능하다. Secure association 동작을 기술하면 다음과 같다.

:: 네트워크로 join하고자 하는 child 노드가 있을 경우 parent 노드는 association 절차를 시작하라는 명령을 child 노드에 보낸다(이때 네트워크 라우팅 구조는 트리 기반 라우팅 구조로 가정).

:: child 노드는 임의로 자신의 주소 정보를 parent 노드에 제공하여 network에 association하겠다는 의사를 밝힌다.

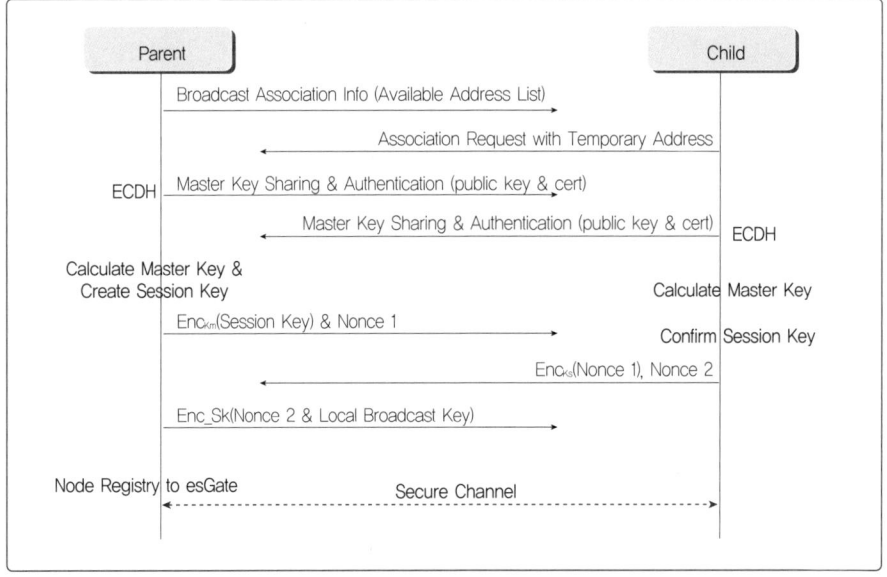

그림 4-3-12
ECC 기반 Secure
Association 절차

:: 이때 parent 노드는 child 노드의 신원을 확인하기 위해 공개 키와 인증서를 제공한다.

:: 이에 대한 응답으로 child 노드도 자신의 공개 키와 인증서 값을 전송한다.

:: ECDH 프로토콜을 통해 상대 노드와 키 분배가 안전하게 완료된 노드는 인증서 정보로 child 노드가 인증된 노드인지 확인할 수 있다.

:: 인증 과정을 통과한 child 노드는 네트워크 라우팅 도메인에 참여함으로써 세션 키, nonce 값 등이 발생하여 안전한 보안 통신이 가능하다.

표 4-3-9는 센서 네트워크 보안 플랫폼 기술에 대한 정보 보호 기술 수준을 정의 한 것이다.

구분	정보 보호 수준
센서노드	• 센서노드와 게이트웨이 간의 상호 인증, 통신 및 제어 메시지의 기밀성 · 무결성 · 인증 기능 제공 • 센서노드 간 상호 인증 기능 제공
게이트웨이	• 게이트웨이를 구성하는 하드웨어의 보안성 제공 • 센서 게이트웨이와 노드 간의 상호 인증, 통신 및 제어 메시지의 기밀성 · 무결성 · 인증 기능 제공
미들웨어	제공하지 않음
네트워크	• 네트워크 join/leave 관리 기능 제공 • 키 관리 및 분배 기능 제공 • 네트워크 association 보안 기능 제공 • 라우팅 및 멀티홉 라우팅 보안 기능 제공 • node-to-node 보안 기능 및 end-to-end 보안 기능 제공
응용 서비스	제공하지 않음

표 4-3-9
센서 네트워크
보안 플랫폼 제공
보안 기능

USN에서는 다양한 표준과 응용 등이 혼재할 수 있기 때문에 각종 데이터를 표현할 수 있는 방법이 필요하며, 필요한 데이터를 발견하기 위한 방법이 제공되어야 한다. 따라서 이 장에서는 먼저 USN에서 데이터와 서비스를 표현, 관리, 발견하는데 필요한 기술을 살펴본다. 또한 USN을 효율적으로 구축, 관리하기 위해서는 센서노드의 식별, 센서노드의 위치 정보 등을 체계적으로 관리하는 것이 필요하며 이를 코드 체계에 적용하는 것이 바람직하다. 이 장에서는 이를 반영하는 유비쿼터스 코드 체계의 예를 보여주고 마지막으로 응용/서비스를 효율적으로 구축할 수 있는 환경을 제공하는 미들웨어 플랫폼과 응용 인터페이스를 소개한다. 여기서 소개하는 내용이 USN 응용과 서비스 기술에 관련되는 모든 내용을 포함하는 것은 아니며, 아직 활발한 연구가 진행되고 있는 분야이다.

USN 응용
서비스 기술

P A R T

5

USN 데이터 및 서비스 관리

UBIQUITOUS SENSOR NETWORK

이 절에서는 USN의 데이터와 서비스를 관리하는데 필요한 기술을 소개한다. 어떤 속성을 질의하였을 때 이를 만족하는 각 자원의 여러 가지 속성을 응답하는 디렉토리 서비스를 설명하며, 한국전자통신연구원의 UDS(USN Directory Service)를 예로 소개한다. 또한 다양한 센서노드들과 응용, 서비스가 혼재하는 USN의 운용 환경에서 여러 시스템이 연동하려면 센싱 데이터를 포함하여 USN의 각종 데이터를 표현하는 방법이 필요하다. 여기서는 개방성과 확장성 등을 가진 SensorML, PML을 예로 들어 데이터 표현 방법을 소개한다. 마지막으로 센싱 데이터 이외의 정보 즉, 센서노드를 포함하여 센서 네트워크 자체에 대한 정보인 메타 데이터를 표현하는 방법을 설명한다.

1 USN 디렉터리 서비스

일반적으로 디렉터리 서비스는 클라이언트가 어떤 자원의 이름을 주었을 때 그 자원의 속성을 돌려주는 네이밍 서비스로 알려져 있다. 디렉터리 서비스는 이러한 일반적 인식과 달리 크게 세 가지 관점에서 연구 중이며, 여기서는 다음과 같은 용어로 구분한다.

:: 네이밍 서비스: 일반적으로 알려진 개념으로 클라이언트가 어떤 자원의 이름을 주었을 때 그 자원의 속성(예: 주소, 파일 경로 등)을 돌려주는 서비스이다.

:: 디렉터리 서비스: 클라이언트가 하나 이상의 어떤 속성을 주었을 때 이 속성을 가진 각 자원의 여러 속성을 돌려주는 서비스로, 속성 기반 네이밍 서비스(attribute-based naming service)로도 불리며 일반적으로 네이밍 서비스를 포함한다.

:: 디스커버리 서비스(discovery service): 모바일 시스템이나 유비쿼터스 시스템에서 클라이언

트가 어떤 장소로 이동했을 때 지역적으로 가용한 주위의 기기나 서비스를 찾아주는 서비스로, 디렉터리 서비스의 특수한 경우로 볼 수 있다.

인터넷과 같은 통상적인 컴퓨팅 환경에서의 네이밍 서비스, 디렉터리 서비스, 디스커버리 서비스는 국내외에서 수많은 연구가 수행되었으며 자주 거론되는 연구 및 사례의 일부는 다음과 같다.

:: 네이밍 서비스: Grapevine, GNS(Global Name Service), Globe name service, Handle System, Internet DNS(Domain Name System), OSF(Open Software Foundation) DCE(Distributed Computing Environment Service) name service, CORBA(Common Object Request Broker Architecture) Naming Service, Spring naming service, Plan 9 등

:: 디렉터리 서비스: Microsoft Active Directory Services, X.500, LDAP(Lightweight Directory Access Protocol), Universe, Profile, CORBA Trading Service, UDDI(Universal Directory and Discovery Service) 등

:: 디스커버리 서비스: Jini discovery service, service location protocol, Intentional Naming System, UPnP(Universal Plug and Play initiative)의 simple service discovery protocol, Secure Service Discovery Service, Bluetooth의 link-layer discovery service 등

현재 USN에 적용되는 디렉터리 서비스로 알려진 것은 한국전자통신연구원의 USN 미들웨어인 COSMOS의 한 컴포넌트로 구현된 UDS(USN Directory Service)가 유일하다. UDS에서 디렉터리 서비스를 설계할 때 고려할 사항은 USN의 중요한 몇 가지 특성이다. 즉 USN 인프라가 인터넷과 결합한 USN 환경에서의 디렉터리 서비스는 USN 계층의 자원에 대한 개별적 속성을 돌려줄 수 있어야 한다.

그러나 풍부한 컴퓨팅 자원, 높은 대역폭(bandwidth) 및 짧은 지연 시간, 멀티캐스트 기능 등을 가진 인터넷과 달리 USN은 제한된 컴퓨팅 자원, 에너지 문제, 낮은 대역폭, 무선 통신의 불안정성 등의 특성 때문에 앞서 언급한 디렉터리 서비스 기술을 USN에 직접 적용하기가 어렵다. 따라서 USN 소프트웨어의 중요한 요구사항은 에너지 절감(energy conservation)과 휘발성(volatility)에도 불구하고 지속적 작동을 가능하게 하는 것이다. USN 소프트웨어가 이러한 요구사항을 만족시키려면 기본적으로 다음 세 가지 특성이 필요하다.

:: 네트워크 내부 프로세싱(in-network processing)

:: 일시 방해 극복 네트워킹(disruption-tolerant networking)

:: 데이터 중심 프로그래밍 모델(data-oriented programming model)

네트워크 내부 프로세싱은 USN 노드에서 에너지 소비에 대한 통신 오버헤드가 프로세서의 컴퓨팅 오버헤드보다 훨씬 크기 때문에 통신보다 노드 내에서의 컴퓨팅을 이용하라는 것을 의미한다. 따라서 IP 주소와 같이 네트워크 자원을 유일하게 식별하는 전역 주소(global address)는 길이가 길어 통신 오버헤드를 크게 하고, 네트워크 내부 프로세싱 특성을 살리지 못해 에너지 효율성이 떨어지므로 USN 자원 식별 방법으로 적절하지 못하다. USN과 인터넷을 연동할 때 각 USN 자원(싱크노드, 센서 노드 등)을 식별하기 위한 IP 주소 할당은 IPv6 주소를 사용한다 해도 기하급수적으로 증가할 USN 노드 수에 따른 IP 주소 자원의 고갈 문제가 발생하므로 USN 자원 식별 방법으로 부적합하다.

이외에도 인터넷상에서 네트워크 내부 프로세싱을 제안하는 능동 네트워크(active network)와 능동 서비스(active service)에 대한 최근 연구 결과나 IP 형태의 어드레싱을 하며 네트워크 내부 프로세싱을 지원하지 않는 인터넷 ad hoc 라우팅, 기존의 디렉터리 서비스 연구도 USN에서 요구하는 제한과 특성을 만족하지 못하므로 USN에 직접 적용하기 어렵다.

USN 노드는 통신 불안정성이나 이동성 때문에 노드의 출현과 소멸 상태에 따라 동적으로 디렉터리 서비스에 요구되는 DB 정보를 갱신할 수 있어야 한다. 이는 기존의 디렉터리 서비스와 연관된 이벤트 서비스 등의 관련 서비스를 USN 디렉터리 서비스 지원에 적합하도록 최적화할 필요가 있음을 의미한다. 또한 USN 디렉터리 서비스 설계 시 그리드와 같은 기존의 광역 분산 컴퓨팅 환경 미들웨어와의 서비스 연계 문제와 개방형 서비스를 지원할 수 있는 SOA(Service Oriented Architecture)에 대한 고려도 필요하다.

지금까지 알려진 USN 디렉터리 서비스 중 유일한 ETRI의 UDS 연구를 알아보기 전에 UDS 개발에 참고가 되었던 분산형 디렉터리 서비스의 몇몇 관련 연구를 살펴본다.

1 | DNS

일반적으로 인터넷의 각 호스트는 도메인 네임이 있어야 접근 가능하다. 웹 브라우저를 사용하거나 SSH 클라이언트를 사용할 경우 일반 사용자는 도메인 네임을 사용하는데, 이는 일반 사용자의 편리성을 위한 것이고 실제로 패킷을 전송할 때는 패킷 헤더에 도메인 네임의 IP 주소가 포함되어야 한다. 따라서 인터넷의 어디에서든 도메인 네임과 IP 주소를 매핑해 주는 서비스가 필요한데, 이러한 서비스를 제공하는 것이 DNS(Domain Name System)이다. 즉 호스트의 도메인 네임을 제시하면 그 호스트의 IP 주소를 돌려주는데, 이는 UDS에서와 매우 비슷한 개념이라고 할 수 있다. 예를 들어 UDS에서 센서노드의 식별자를 UDS에 주면 그 센서노드의 정보를 돌려주는 것이 DNS와 매우 유사하다. DNS는 확장성과 성능 등의 여러 가지 고려사항 때문에 계층적 구조를 가지는데, 이러한 구조는 분산형 UDS를 설계하는 데 많은 참고가 되므로 여기서 간략하게 설명하도록 한다.

DNS 서버는 저마다 계층 구조를 가지고 있다. 즉 회사나 학교와 같은 기관에서는 자신이 관리하는 호스트의 DNS 서비스를 제공하는 책임 DNS 서버(authoritative DNS Server)를 두고 있으며, 이 서버들이 호스트의 공식적 도메인 네임과 IP 주소의 매핑을 제공한다. 이러한 책임 DNS 서버 정보는 종류에 따라 TLD(Top Level DNS) 서버가 관리하는데, 도메인 네임의 가장 끝에 나오는 이름에 따라 com, org, edu 및 각국의 TLD 서버들이 존재한다. 이와 같은 TLD 서버 정보는 루트 DNS 서버(Root DNS Server)가 관리하는데, 오늘날 루트 DNS 서버는 지구상에 13개 존재한다. 이들 루트 DNS 서버 사이에 완전 그래프(complete graph)를 구성함으로써 모든 정보가 모든 노드에 동일하게 저장된다. 이와 같은 구조 하에서 IP 주소 검색은 다음 세 가지 방식으로 구분할 수 있다.

1 재귀적 질의(Recursive Query)

질의를 하는 노드가 자신의 지역 DNS 서버에 질의 요청하면 루트 DNS 서버에 전달되고, 이 요청이 TLD 서버를 거쳐 목적지의 책임 DNS 서버에 도착한다. 이후 질의에 대한 응답이 질의 패킷이 전달된 경로를 그대로 밟아 되돌이온다.

2 반복적 질의(Iterative Query)

재귀적 질의와 반대로 모든 DNS 서버가 곧바로 초기 요청 호스트와 통신하는 방식이다. 즉 지역 DNS 서버가 질의를 받으면 루트 DNS 서버의 IP 주소를 넘겨 주고, 이를 바탕으로 초기 요청 호스트는 루트 DNS 서버에 질의한다. 이때 루트 DNS 서버는 목적지 TLD DNS 서버의 IP 주소를 제공하고, 초기 요청 호스트는 TLD DNS 서버에 다시 질의한다. 이 과정을 반복하면 결국 목적지 책임 서버의 정보를 알아낼 수 있다. 하지만 이와 같은 방법은 초기 요청 호스트에 많은 부하를 안겨 준다는 단점이 있다.

❸ 혼합형 질의(Hybrid Query)

일반적으로 인터넷에서는 순수한 재귀적 질의나 반복적 질의를 사용하지 않고 이 두 가지를 혼합하여 사용한다. 즉 초기 요청 호스트가 지역 DNS 서버에 질의하면 DNS 서버가 반복적 질의 방식을 사용하여 목적지 호스트의 IP 주소를 알아낸 다음, 초기 요청 호스트에 알려주는 것이다. 이는 초기 요청 호스트 입장에서 볼 때 재귀적 질의를 사용하는 형태이고, 지역 DNS 서버 입장에서 볼 때 반복적 질의를 사용하는 형태이므로 혼합형 방식이라 할 수 있다. 기본적으로 지역 DNS 서버는 캐시를 사용하기 때문에 혼합형이 DNS의 일반적인 질의 방식이라 할 수 있다.

2 | 무선 네트워크의 위치 정보 서비스

무선 네트워크에서는 라우팅 기능을 수행하기 위해 여러 가지 프로토콜을 제안했다. 그중에서 GPSR(Greedy Perimeter Stateless Routing for Wireless Networks)은 각 무선노드의 위치를 기반으로 패킷을 송신하는 기술이다. 이 기술은 무선노드 위치 정보를 어디에선가 얻을 수 있다는 것을 기본 전제로 하며, 이와 같은 무선노드 위치 정보를 제공하기 위해 GLS(Global Location Service)를 제시했다. GLS는 기본적으로 각 무선노드가 디렉터리 서비스까지 겸하는 구조로, 디렉터리 서비스만을 전담함으로써 고성능 서버를 가정하는 UDS와 약간 상이한 점이 있다. 그러나 디렉터리 서비스라는 측면에서 확장 가능성이 매우 큰 구조를 제공하며, 그 내용은 다음과 같다.

우선 각 노드는 자신의 위치 정보를 알아야 하는데, 이 정보는 GPS 또는 다른 방법을 통해 알 수 있다. 자신의 위치 정보를 다른 노드에 저장할 때 저장 위치는 지역 구분과 노드의 아이디에 따라 정할 수 있다. 여기서 노드의 아이디는 정수로 가정한다. 그림 5-1-1은 일반적으로 위치 정보를 저장하는 노드 번호를 보여준 것으로, 노드

B(아이디 17)의 위치 정보는 원으로 표시한 노드들에 저장된다. 다른 노드에서 노드 B의 위치 정보를 찾으려면 자신과 가까운 곳에 있는 노드 중에서 원으로 표시한 노드를 찾는다. 이때 원으로 표시한 노드는 각 레벨의 정사각형 영역에서 노드 B의 아이디보다 큰 아이디 중에서 가장 작은 아이디를 갖는 노드이다. 이와 같은 규칙에 따라 임의의 노드는 다른 노드의 위치 정보를 손쉽게 얻을 수 있다.

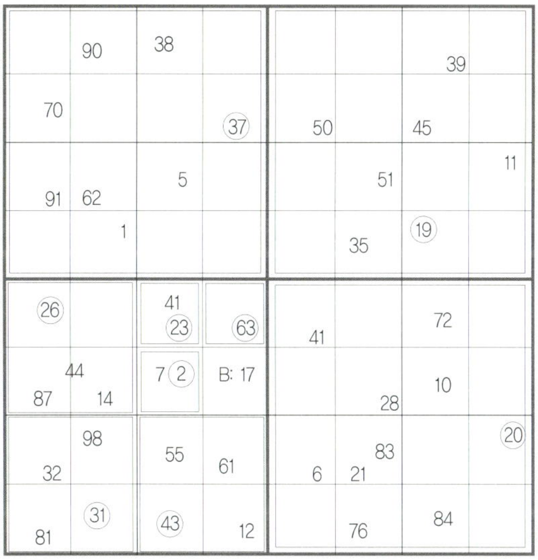

그림 5-1-1
GLS에서의
위치 정보 저장

그러나 이러한 방식을 USN에 그대로 적용하기는 곤란하다. USN은 센서노드가 다른 노드의 정보를 저장하지 않고 UDS를 통해 저장하기 때문이다. 또한 복수의 UDS는 서로 IP 네트워크가 같은 BCN으로 구성되어 있기 때문에 앞에서 설명한 것처럼 복잡한 방식을 사용하지 않아도 직접 연결이 가능하다. 따라서 GLS 방식은 센서노드의 성능이 향상되었을 경우 고려할 만한 방식이다.

3 | Chord

UDS 간에 분산 구조를 구성하려면 DNS와 같은 계층 구조를 떠올리겠지만 실제로 모든 UDS는 동등한 위치에 있으므로 계층 구조보다는 동등한 관계를 갖는 구조를 고려할 필요가 있다. 그런 의미에서 인터넷 P2P 응용 프로그램을 위해 제안한 Chord는 매우 중요한 모델이다. 우선 Chord 구조를 설명하고, Chord 구조가 어떻게 분산형 UDS에 응용되고 있는지 알아본다.

　Chord에서는 노드에 128bit의 아이디를 부여하는데, 이 아이디는 정수로 인식된다. 그리고 나서 특정 객체 정보를 이 노드 중 하나에 저장한다. 저장 방식은 객체를 해시 함수를 통해 128bit의 정수 키로 변환한 다음, Chord 시스템에 존재하는 노드 중 128bit의 정수 키보다 같거나 큰 아이디에서 가장 작은 아이디를 갖는 노드에 이 객체 정보를 저장하는 것이다.

　그림 5-1-2는 0번부터 7번까지 8개의 노드(3bit로 이루어짐)를 포함하는 Chord 네트워크상에 0번, 1번, 3번의 3개 노드가 존재하는 경우를 보여준다. 여기서 각각의 노드는 finger table로 불리는 라우팅 테이블을 갖는데, 이 라우팅 테이블은 다른 노드로의 접근을 쉽게 하기 위해 기하급수적으로 증가하는 인터벌에 속하는 최소 아이디를 갖는 노드 위치를 저장하고 있다. 여기서 기하급수적으로 증가하는 인터벌은 자신의 아이디에서 시작하여 처음 구간 길이를 1인 구역, 다음 구간 길이를 2인 구역, 4인 구역 등으로 구분하며 구간의 시작 위치에 가장 가까운 다음 노드의 아이디를 유지한다.

　예를 들어 그림 5-1-2에서 노드 3의 finger table을 보면 세 개의 구간이 있고 이 구간 길이는 기하급수적으로 증가하며, 각 구간의 succ 노드는 그 구간 이후의 최소 노드 아이디를 가졌음을 알 수 있다. 그림 5-1-2를 보면 3개 객체의 해시 값인 키가 존재하는데, 앞서 설명한 규칙에 맞게 키들이 정확한 노드에 저장되어 있음을 알 수 있다.

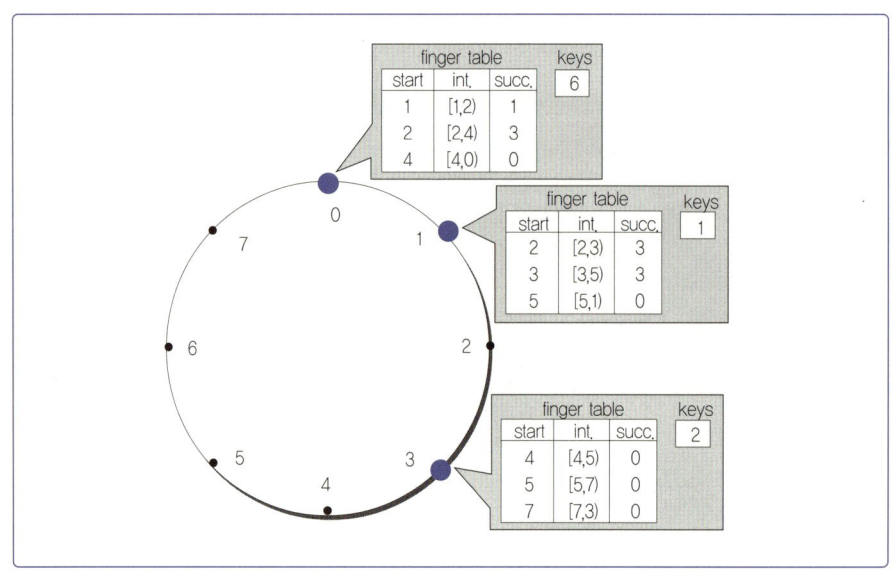

그림 5-1-2
Chord 예

Chord 시스템의 장점은 어떤 키가 어디에 존재하든 그 키를 저장한 노드를 $O(\log(N))$ 방문 만에 찾아낼 수 있다는 점이다. 여기서 N은 전체 노드 수인데, 이는 N을 100만이라고 가정할 때 평균 20개의 노드만 방문하면 키를 찾아낼 수 있다는 의미이다.

Chord 시스템을 UDS 서버의 분산 환경에 적용할 경우 UDS 서버가 각각의 아이디를 가지며, 여기서 센서노드의 식별자를 키로 하여 정한 UDS에 센서노드 정보를 저장할 수 있다. 센서 네트워크가 광범위하게 퍼질 경우 각 가정마다 하나의 센서 네트워크를 설치할 수 있고, 이렇게 되면 향후 1,000만 개 이상의 센서 네트워크를 설치하여 그에 비례하는 UDS 서버의 존재를 예측할 수 있다. 따라서 Chord와 같은 분산 시스템은 UDS 서버의 분산 구조를 연구하는 데 좋은 모델이 될 수 있다.

4 | UDS

지금까지 USN의 디렉터리 서비스에 참고할 만한 관련 연구를 살펴보았다. 앞서 언급했듯이 디렉터리 서비스를 구현하는 데 가장 중요한 문제 중 하나는 식별 체계 (Identifier System)이다. USN 자원 식별 체계는 기존에 많은 연구가 있었고, ETRI 연구에서 그 체계가 어느 정도 확립되었다. 또한 이 연구로 자원의 상태, 메타데이터의 표현 방법, 디렉터리 서비스 모델의 설계 및 활용 시나리오가 도출되었다. 여기서는 ETRI 연구에서 제안하는 자원의 식별 체계를 알아보고, UDS 구조를 살펴보도록 한다.

1 식별 체계

UDS에서 정의한 메타데이터 식별 체계의 기본 구조는 헤더(Header)와 식별자 (ID)로 구성되며, 식별자 구조는 헤더 값에 따라 달라진다. 이 연구에서의 식별 체계 명세는 2진수 표현 방식을 중심으로 규정한다. 우선 헤더의 구조를 살펴보면 표 5-1-1과 같다.

표 5-1-1
식별 체계의
헤더 구조

Bit	1	2	3	4	5	6	7	8
명칭	Identifier Management Rule				Identifier Category			
의미	식별 체계				식별자 분류			
규정	0001				–			

헤더는 8비트로 구성되는데, 처음 4비트는 기본적으로 0001의 값을 갖고, 나머지 4비트를 이용하여 식별자의 분류를 지정한다. 즉 식별자가 센서 네트워크냐, 센서노 드냐, 트랜스듀서냐에 따라 값이 달라진다. 이때 Category 값은 다음과 같다.

:: 0000: Reserved

:: 0001: sensorNetworkIdentifier(센서네트워크)

:: 0010: sensorNodeID(센서노드)

:: 0011: transducerID(트랜스듀서)

:: 0100: sensorNodeHwSpecID(센서노드하드웨어스펙)

:: 0101: transducerHwSpecID(트랜스듀서하드웨어스펙)

:: 0110: sensingTypeSpecID(센싱타입스펙)

:: 0111: Reserved

:: 1000~1111: Reserved

헤더 이후에는 120비트의 식별자가 나타나는데, 자원의 종류에 따라 16비트를 사용하는 경우도 있지만 여기서는 120비트를 사용하는 경우를 설명하기로 한다. 표 5-1-2는 헤더 부분을 제외한 식별자 구조를 나타낸 것이다.

표 5-1-2
식별자 구조

UDS	Timestamp	Sequence
UDS 정보	식별자 발급 시간	식별자 발급 순서
46bits	60bits	14bits

표 5-1-2에서 제시한 3개의 필드 중 UDS 필드의 의미를 살펴보자. UDS 필드는 표 5-1-3에서 보듯이 다시 2개의 필드로 세분된다.

표 5-1-3
UDS 필드

Bit	1~42	43~46
명칭	UDS Coordinates	Coordinates Sequence
의미	UDS의 절대 위치 좌표	해당 위치 일련번호

1~42비트는 UDS의 설치 위치를 의미하는데, IEEE P1451.0을 참조하여 표 5-1-4 와 같이 그 의미를 정의한다.

Bit	1	2~21	22	23~42
의미	북반구 · 남반구	위도(latitude)	동향 · 서향	경도(longitude)

표 5-1-4
절대 위치 좌표 필드

※ 참고 : IEEE P1451.0, 2006년

Timestamp 필드는 날짜와 시간을 의미한다. Timestamp 필드는 총 60bit로 나타내며, 1582년 10월 15일 자정 이후로 흐른 시간(UTC: Coordinated Universal Time)을 100nano seconds 단위로 표현한다. 또한 날짜와 시간 값이 중복될 경우를 피하기 위해 추가적인 일련번호를 제시하는데, 이 부분이 Sequence 필드이다.

2 UDS 구조

그림 5-1-3은 이러한 식별자를 이용하여 구성된 UDS 구조를 나타낸 것이다. 그림 5-1-3을 보면 UDS로의 모든 질의는 Open API를 통해 이루어지도록 되어 있다. 이를 통해 질의 종류를 분류하고 적절한 모듈에 제공하는 것이다. UDS가 처리할 수 있는 질의 종류는 다음과 같다.

:: 조회 요청: ID 기반 조회
:: 등록 요청: ID 기반으로 자원 등록
:: 갱신 요청: ID 기반으로 동적 메타데이터 갱신
:: 수정 요청: ID 기반으로 정적 메타데이터 수정
:: 삭제 요청: ID 기반으로 센서노드 메타데이터 삭제

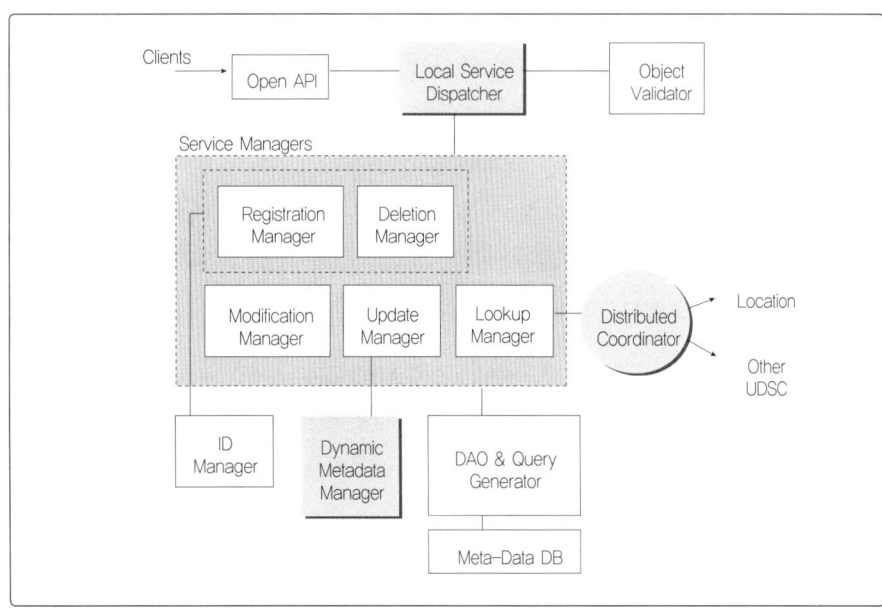

그림 5-1-3
UDS 구조

이와 같이 갱신과 수정을 구분한 이유는 갱신의 경우 USN에서 자체적으로 발생하는 데이터로 그 자원의 메타데이터를 수정하는 과정을 의미하고, 수정은 관리자가 특정 값을 직접 변경하는 과정을 의미하기 때문이다.

지금까지 USN 디렉터리 서비스와 관련된 기존 연구들과 현재 개발된 ETRI의 UDS 기본 개념을 알아보았다. 디렉터리 서비스에서는 주어진 식별자(ID)로 원하는 정보를 찾는 것이 가장 중요한 기능임을 다시 한 번 강조한다.

2 USN 정보 표현 기술

센싱 데이터를 표현하기 위한 다양한 표준이 개발되고 있다. 즉 OGC(Open Geospatial Consortium)를 중심으로 센싱 데이터 및 센서 자체의 정보를 표현하기 위해 SensorML을 설계했으며, RFID 영역에서는 물류 정보를 표현하기 위해 PML을 설계하여 사용 중이다. 물론 PML은 USN에서도 적용 가능하다. 여기서는 SensorML과 PML을 알아보기로 한다.

1 | SensorML

SensorML은 Sensor Web Enablement 표준을 발전시킨 OGC(Open Geospatial Consortium)의 일부로 생성되었으며, 센서에서 측정한 센싱 데이터뿐 아니라 센서와 관련하여 높은 수준의 정보를 얻을 수 있는 명령을 포함하는 표준 모델과 XML 인코딩을 제공한다. SensorML에서는 프로세스라는 명칭을 사용하여 메타데이터 · 입출력 · 파라미터 · 메서드를 정의하며, 프로세스를 통해 디텍터와 액추에이터 등을 모델링한다. SensorML에서 사용하는 메타데이터는 식별자 · 분류자 · 제약사항 · 능력 · 특성 · 연결 · 참조사항(입력, 출력, 파라미터, 시스템 위치) 등을 포함하며, 하드웨어의 상세한 설명이 아닌 센서를 위한 기능적인 모델을 제공하는 데 목적이 있다.

그림 5-1-4는 SensorML의 스키마를 표현한 것이며, 표 5-1-5는 SensorML을 사용하여 온도를 측정하고자 하는 디텍터를 정의하는 XML 문서의 일부이다. SensorML 스키마는 다양한 XML 원소(Element)를 정의하는데, 그림 5-1-4는 Process라는

Element를 정의한 것이다. 이때 Process 원소는 Actuator, Detector 등을 하위 원소로 정의하며, 각 원소의 정의와 특성은 SensorML의 표준을 참조한다.

또한 메타데이터로서 identification 마크업을 통해 디텍터의 이름, 모델 번호와 같은 기본 정보가 등록되어 있다. 다음으로 input과 output 마크업을 통해 온도 데이터가 입출력되며, 이때 definition 속성은 해당 데이터의 타입을 의미하고 uom 속성은 측정 단위를 의미한다. 응용 프로그램은 이러한 XML 문서를 분석하여 디텍터에서 측정한 온도 데이터뿐 아니라 디텍터의 다양한 정보를 얻을 수 있다.

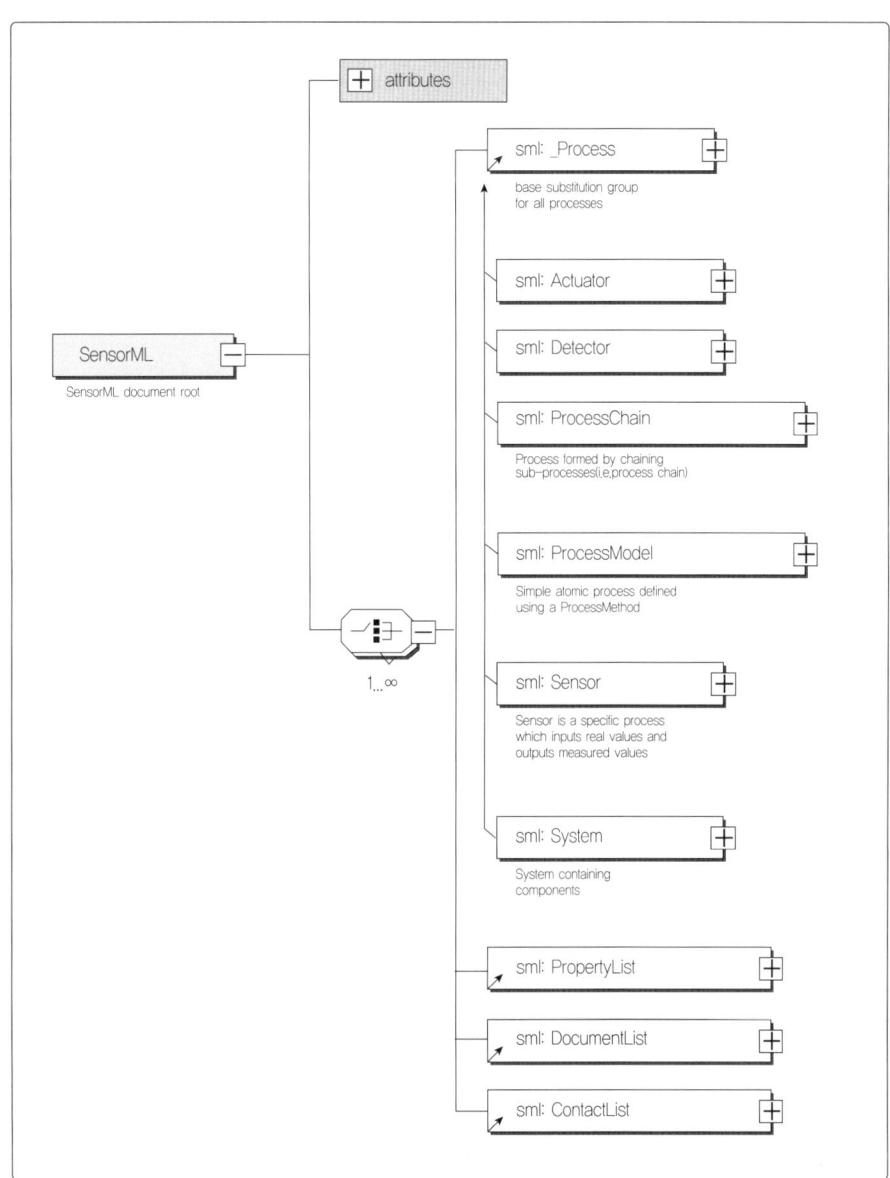

그림 5-1-4
SensorML
스키마 구성

```
<Detector id="DAVIS_THERMOMETER">
<identification>
<IdentifierList>
<identifier name="longName">
<Term qualifier="urn:ogc:def:identifier:longName">
DavisTemperatureDetector</Term>
</identifier>
<identifier name="modelNumber">
<Term qualifier="urn:ogc:def:identifier:modelNumber">7817</Term>
</identifier>
</IdentifierList>
</identification>
...
<!-- INPUT/OUTPUT -->
<inputs>
<InputList>
<input name="temperature">
<swe:Quantity definition="urn:ogc:def:phenomenon:temperature"
uom="urn:ogc:def:unit:celsius">20.0</swe:Quantity>
</input>
</InputList>
</inputs>
<outputs>
<OutputList>
<output name="measuredTemperature">
<swe:Quantity definition="urn:ogc:def:phenomenon:temperature"
uom="urn:ogc:def:unit:celsius">20.0</swe:Quantity>
</output>
</OutputList>
</outputs>
...
</Detector>
```

표 5-1-5
SensorML 사용 예(Detector)

2 | PML

PML(Physical Markup Language)은 물류 정보를 기술하기 위한 공용 언어로, 모든 물류의 공통 특성에 대한 특징을 기술한다. 또한 물리적 객체의 설명이나 산업 환경에서 일반적이고 표준적 의미를 제안한다.

PML은 원격 모니터링과 제어를 위해 물류를 서술할 수 있도록 일반적이고 간단하게 이루어졌으며, 모듈화와 유연성을 허용하기 위해 정교하게 만들었다. PML의 목적은 특히 인터넷을 통한 물리적 환경의 제어 또는 모니터링을 통해 물리적 객체를 기술하는 데 간단하고 일반적인 언어로 사용하는 것이다

표준이 되는 PML 구성 요소는 산업을 통해 일반화되었으며, 모듈화 및 기본 구성 요소가 기본이 되어 정의된다. 다음은 PML의 특성을 나타낸 것이다.

:: 간단하며 보편성 지님

:: 포괄적인 데이터 타입 허용: 동일한 데이터를 다르게 표현할 수 있음

:: 데이터의 보관 용이함: 물류 정보에 대한 기록 데이터의 보관 용이함

:: 표준 단위 사용: 길이 · 무게 · 시간 등

:: XML 문법 사용: XML 스키마, DTD, RDF 등으로 PML 구조를 정의할 수 있음

:: 응용 개발을 쉽게 할 수 있음: XML API(DOM, SAX)를 사용하여 응용 개발 용이함

❶ PML Core

PML Core Spec 1.0은 MIT Auto-ID 센터에서 2003년 9월 15일에 제안되었다. PML Core의 목적은 RFID 리더와 같은 센서에서 얻은 전자 태그 정보를 표준화한 형태로 교환하는 것이다. 또한 PML Core 센서와 같은 리더에서 얻은 데이터 값의 전송을 위해 교환 형식을 정의한 스키마 세트를 제공한다.

❷ PML Core Schema 구조

PML Core는 PML의 서브 세트를, PML Core 개요는 PML 디자인 방법론을 따르고 있다. 이러한 스펙은 PML Core 스키마 개발에 최고의 연습이며, 스키마 설계 원리를 제공한다. PML Core 관점을 통해 PML Core는 표준화되고 잘 정의된 XML 디자인 방법론이 PML Core 스키마에 적용되었음을 알 수 있다.

① PML 설계 방법론

:: 스키마 파일과 구성 요소의 설계 규칙 및 이름 명시

:: 스키마와 구성 요소의 버전

:: 네임스페이스 정의와 사용

:: 스키마와 구성 요소의 모듈화 및 일반화

:: 구성 요소의 재사용

:: 스키마 문서화

❸ PML Core 파일 구조

PMLCore.xsd 스키마는 그림 5-1-5와 같은 구조를 가지며, PML Core에 명시되지 않은 식별자 구조를 나타내는 Identifier.xsd 스키마를 임포트하여 사용한다. PMLCore.xsd 스키마는 Sensor, Observation, Tag, Data와 같은 엘리먼트로 구성되어 있다.

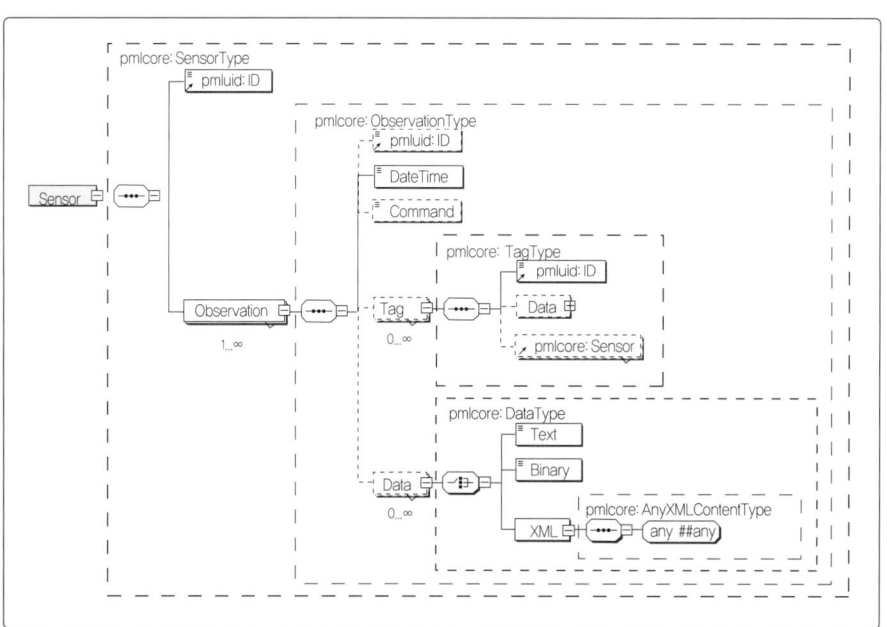

그림 5-1-5
PML Core 구조

3 메타데이터 설계

센서 네트워크와 센서노드에 대한 메타데이터를 설계하려면 우선 센서 인터페이스를 위한 표준을 검토해야 한다.

1 | IEEE 1451

우리의 삶을 윤택하게 하는 데 매우 중요한 역할을 하는 스마트 센서 기술과 관련하여 국제 표준 단체인 IEEE는 상이한 네트워크와 마이크로프로세서 기반의 시스템에서 나타나는 스마트 센서의 불일치 문제를 해결하기 위해 1933년부터 IEEE 1451이라는 스마트 센서 인터페이스를 위한 표준화를 진행하고 있다. IEEE 1451 표준은 다양한 네트워크에서 사용하는 같은 종류의 센서들의 재사용성과 이식성을 높이는 데 목적이 있으며, 7개의 서브 그룹으로 나뉜다(P = proposed).

:: P1451.0: 프로토콜/포맷

:: 1451.1: NCAP, 오브젝트 모델

:: 1451.2: 점 대 점 통신 인터페이스

:: 1451.3: 분산 멀티드롭 시스템 인터페이스

:: 1451.4: 혼합 모드(아날로그 & 디지털)

:: P1451.5: 무선

:: P1451.6: 고속 CANopen 기반 트랜스듀서

IEEE 1451 표준을 이해하려면 몇 가지 구성 요소를 알아야 한다. 먼저 TEDS (Transducer Electronic Data Sheet)는 트랜스듀서의 특성을 기술하는 데이터 시트로, 전자적으로 읽기 가능한 메모리 형태로 저장된다. 과거에는 측정 시스템을 설치하고 구성할 때 소프트웨어에서 센싱 데이터를 변환하고 해석할 수 있도록 범위, 감도 및 배율 인자와 같은 주요 센서 매개변수를 수동으로 입력했다. 그러나 스마트 TEDS 센서를 이용하면 시스템 구성 시 발생할 수 있는 오류 요소를 최소화하여 신뢰성을 향상하면서 시스템 설정 시 발생하는 단순 반복 작업들을 자동화할 수 있다. 이러한 TEDS의 하나인 Meta-TEDS는 버전 번호, 채널 수 등과 같이 데이터 스트럭처와 관련된 부분과 제조사, 모델 번호, 시리얼 번호 등과 같이 식별 정보와 관련된 부분을 가

지고 있다.

다음으로 Channel-TEDS는 최소 · 최대 제한 영역, warm-up 시간 등과 같이 트랜스듀서와 연관된 부분과 채널 데이터 모델, 채널 수정 시간 등 데이터 컨버터와 연관된 정보를 가지고 있다. 또한 Calibration TEDS는 마지막 측정 시간, 측정 주기와 관련된 정보를 가지고 있다. 그 밖에 주파수 응답 데이터에 관련된 Frequency response TEDS와 물리 계층의 통신 미디어를 정의한 Physical TEDS 등이 있다.

TIM(Transducer Interface Module)은 TEDS, 트랜스듀서, 데이터 컨버터, 주소 로직으로 구성된다. 총 255개의 센서 또는 액추에이터와 같은 독립적인 트랜스듀서를 포함할 수 있으며, 각 트랜스듀서 채널은 TEDS에서 기술된다.

NCAP(Network Capable Application Processor)는 TIM과 네트워크 사이의 통신을 위한 디바이스이다. NCAP는 네트워크 통신 프로토콜 스택, 응용 펌웨어 등을 포함하며, TIM을 위한 TEDS 파서와 데이터 보정 엔진을 포함하는 TIM 드라이버를 가지고 있다.

그림 5-1-6은 앞서 설명한 구성 요소들을 통해 IEEE 1451의 개념적 구조를 나타낸 것이며, 1451.X는 여러 네트워크에 대응되는 TEDS와 트랜스듀서 인터페이스를 정의한다.

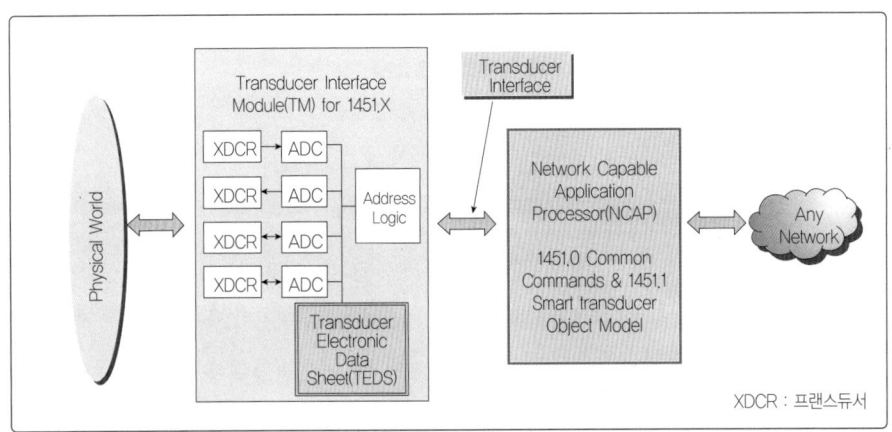

그림 5-1-6
IEEE 1451의
개념적 구조

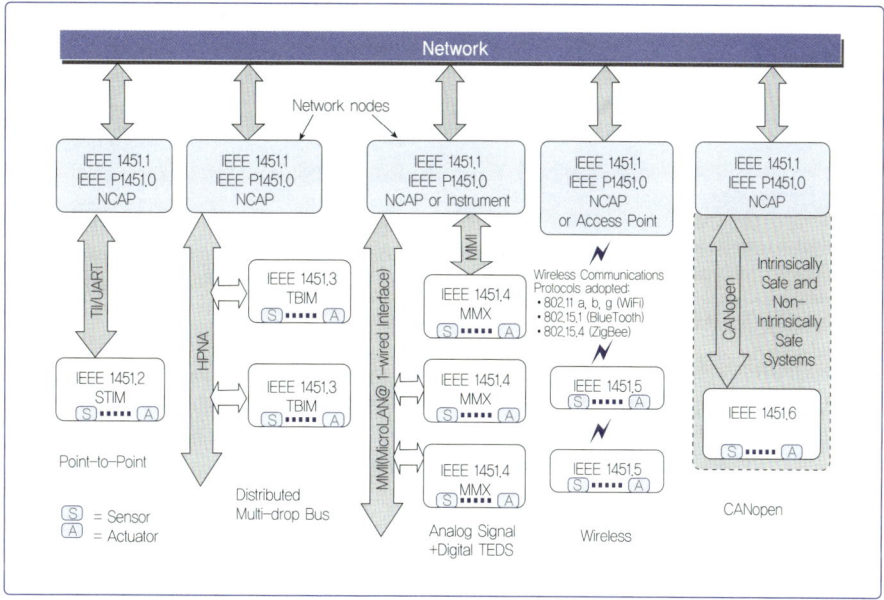

IEEE 1451의 서브 그룹은 그림 5-1-7과 같이 분류할 수 있으며, 각 그룹별로 연구 중인 내용을 살펴보면 다음과 같다.

우선 IEEE P1451.0은 1451을 기반으로 한 유무선 네트워크에 존재하는 센서 또는 액추에이터에 접근, 제어하기 위하여 트랜스듀서와 NCAP 간의 물리적 통신 매체에 독립적인 공통된 명령 집합과 IEEE 1451 스마트 트랜스듀서 표준의 TEDS 집합을 정의한다.

IEEE 1451.1은 스마트 트랜스듀서의 행동을 묘사하는 공통 오브젝트 모델과 응용 소프트웨어가 동작하는 NCAP를 정의하며, 추가로 NCAP 간의 통신에서 네트워크 중립적인 방법을 지원한다.

IEEE 1451.2는 트랜스듀서와 NCAP 간의 대표적 시리얼 인터페이스인 UART와 같은 인터페이스와 점 대 점 구성을 위한 TEDS를 정의한다. 1451.2에서 사용하는 주소 배치는 2바이트로 구성되며, 그림 5-1-8은 이를 나타낸 것이다.

Functional address Most significant byte				Channel address Least significant byte			
r/w	Function code				Channel number		
msb			lsb	msb			lsb

IEEE 1451.3은 트랜스듀서와 NCAP 간의 인터페이스와 분산된 통신 구조를 사용하는 멀티드롭 트랜스듀서를 위한 TEDS를 정의한다.

IEEE 1451.4는 아날로그 및 디지털 인터페이스를 모두 제공하는 혼합 모드 트랜스듀서로 정의할 수 있다. IEEE 1451.4에 기반한 스마트 TEDS 센서는 아날로그 인터페이스에서는 기존 방식으로 물리적 현상(온도 · 압력 · 힘 등)을 반영하는 신호를 제공하며, 트랜스듀서 내에 있는 내장 메모리 장치와의 통신을 위한 디지털 인터페이스도 제공한다.

IEEE P1451.5는 트랜스듀서와 NCAP 간의 인터페이스와 무선 트랜스듀서를 위한 TEDS를 정의한다. 그림 5-1-9에서 보듯이 802.11(WiFi), 802.15.1(Bluetooth), 802.15.4(ZigBee)와 같은 무선 통신 프로토콜 표준은 IEEE 1451.5의 물리적 인터페이스 일부로 고려되고 있다.

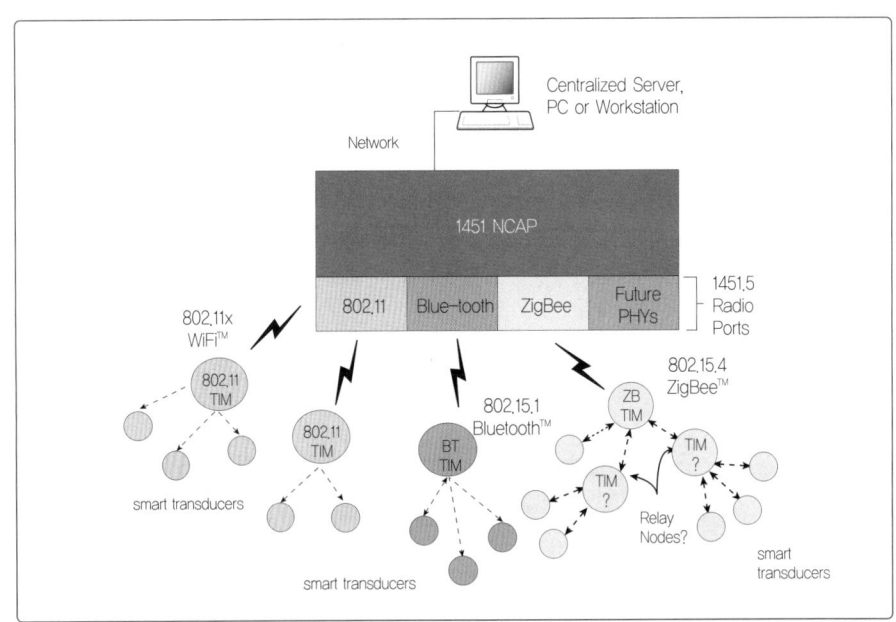

그림 5-1-9
IEEE 1451.5
무선 센서 관련 표준

마지막으로 IEEE P1451.6은 트랜스듀서와 NCAP 간의 인터페이스와 CAN(Controller Area Network) 기반의 상위 계층 프로토콜인 고속 CANopen 네트워크에서 사용하는 TEDS를 정의한다. 이때 TEDS에는 통신 메시지, 데이터 처리, 파라미터 설정, 식별 정보, CANopen dictionary가 포함된다.

2 | 자원 식별 체계

USN 디렉터리 서비스 및 USN 정보 자원 식별 체계는 다양한 USN 응용 서비스에 제공되어야 하므로 확장성·신뢰성·실시간성 등을 고려한다.

① 확장성 지원

:: USN을 구성하는 정보 자원 수는 무한히 커질 수 있다. 따라서 새로운 USN 정보 자원의 추가가 용이하고 기존 IP 기반 이기종 망과의 연동이 쉽도록 USN 정보 자원 식별 체계를 설계한다.

② 신뢰성 지원

:: USN 응용 서비스의 대부분은 중단할 수 없으므로 신뢰성 요구가 특히 중요하다. 따라서 디렉터리 서비스를 제공하는 구성 요소의 중단이나 고장이 발생했을 경우 우회할 수 있는 방안을 마련한다. 또한 구성 요소에 이상이 생겼을 경우 신속하게 이를 파악하여 대처할 수 있도록 디렉터리 서비스 구성 요소의 동작을 관리하는 방안이 필요하다.

:: 디렉터리 서비스를 제공하는 게이트웨이의 오동작 및 중단 시 다른 게이트웨이로 대체 가능하도록 다중 게이트웨이를 지원하는 방안을 제공한다.

③ 실시간 지원

:: 디렉터리 서비스로 제공하는 USN 자원 정보는 빠른 시간 내에 보고되어야 효용 가치가 있다. 따라서 USN 자원 정보의 신속한 전달을 위해 USN 내에 있는 USN 자원 정보를 실시간으로 전달할 수 있는 방안을 제공한다.

:: 디렉터리 서비스에 요구된 사용자 쿼리를 신속하게 처리할 수 있는 방안을 마련한다.

❶ USN 자원 식별 체계 설계

USN 자원을 식별하기 위한 첫 번째 방법은 센서노드와 같은 USN 자원 각각에 IPv6 주소를 6LowPAN 등의 기술로 부여하는 것이다. 그러나 128bit 길이의 IPv6 주소를 사용하는 것은 한정된 자원(배터리·프로세싱·대역폭 등)에 in-network를 프로세싱하는 센서 네트워크에서 효율적이지 못하다.

USN 자원의 또 다른 식별 방법은 IP와 별개로 고유한 ID를 USN 자원에 부여하는 것이다. 이와 관련하여 2005년 12월 한국정보통신기술협회(TTA)에서는 모바일 RFID를 식별하기 위한 가변 길이 코드 체계 mCode 및 태그 데이터 구조에 관한 표준을 제정했다. 또한 USN 표준화 포럼에서는 s-code라는 이름으로 센서를 식별하기 위한 표준화 회의가 진행 중이다.

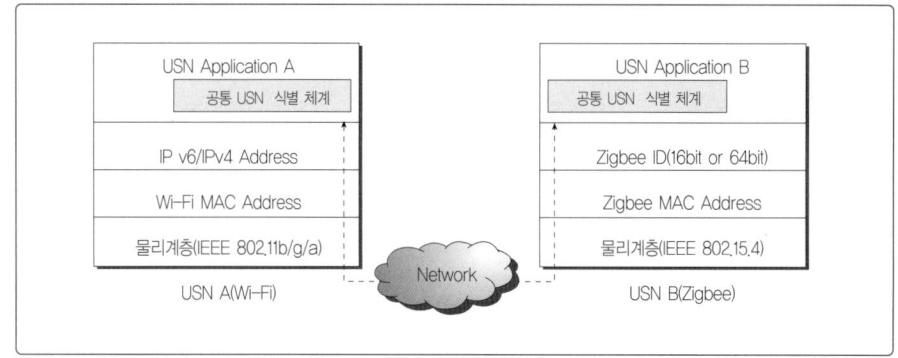

그림 5-1-10
공통 USN
식별 체계 개념도

그림 5-1-10과 같이 이기종의 USN에서도 공통 USN 식별 체계를 이용함으로써 일관성 있는 서비스를 제공할 수 있다. 이러한 USN 자원 식별 체계를 고안하기 위해서는 USN 자원을 식별하는 다양한 방법을 살펴보고, 최근 국내외에서 연구 중인 식별 체계의 표준화 동향을 파악할 필요가 있다. 다음으로 식별 체계를 정립하기 위한 USN 자원의 기능 및 역할을 정의해야 하며, USN 자원의 정보 표현 기준을 정해야 한다.

② USN 디렉터리 서비스를 위한 USN 자원 관리 모델 설계

대량의 USN 정보 자원을 식별할 수 있는 체계가 마련되면 자원들의 정보를 관리하는 모델이 정립되어야 하며, 이는 USN 자원의 메타 정보를 통해 제공된다. 이러한 메타 정보는 읽기 쉽고 이해하기 쉬우며, 기계가 처리하기에도 쉬운 구조여야 한다. XML은 다음과 같은 특징이 있으므로 USN 정보 자원의 메타 정보를 표현하기 위한 언어로 적합하다.

:: 간편성: XML로 표현된 정보는 읽기 쉽고 이해하기 쉬우며, 기계가 처리하기에도 쉬운 구조를 가지고 있다.

:: 개방성: XML은 소프트웨어 시장 선도업체에서 추천한 W3C 표준이다.

:: 확장성: 고정된 태그 세트가 없으며, 필요에 따라 새로운 태그를 추가할 수 있다.

:: 이해하기 쉬운 Context 정보: Tag, Attribute, Element structure는 의미를 해독하기 위해 사용할 수 있는 Context 정보를 제공한다. 이러한 정보는 효율적인 search engine, data mining, agent 등을 위한 새로운 가능성을 제시한다.

:: 내용과 표현의 분리: XML 태그는 표현을 의미하지 않는다. XML은 "무엇을 의미하느냐"가

더 중요하며 "그것을 어떻게 보아야 하느냐"하는 문제는 style sheet인 XSL이 설명한다. XML document의 외형은 XSL 스타일 시트에서 document 내용을 손대지 않고 제어할 수 있으며, 똑같은 내용의 다중 화상 또한 쉽게 표현할 수 있다.

:: 데이터의 비교 연산이 간편: Tree 구조인 XML 문서는 데이터 검색 시 비교 및 연산 과정이 간단하기 때문에 원하는 결과를 빨리 얻을 수 있다.

지금까지 설명한 장점들을 지닌 XML을 사용하여 USN 자원 상태 및 메타 정보를 표현하는 데이터 모델과 메타데이터 처리(표현 · 검색 · 갱신 · 교환)를 위한 API/Protocol을 설계한다.

❸ USN 환경에 적합한 확장 가능 이름 체계

앞서 언급했듯이 USN 디렉터리 서비스를 설계하려면 우선 USN 계층의 특성을 지원하는 동시에 확장 가능한 이름 체계를 정립해야 한다. 또한 이를 바탕으로 한 이름 분석 방법(naming resolution scheme)이 필요하다. USN 자원의 이름은 USN 환경에서 유일해야 하며, 이름 체계는 WSN 소프트웨어에서 요구하는 특성을 지원할 수 있도록 USN 자원 식별 체계를 고려하여 설계한다.

WSN 속성 기반 네이밍 방법의 활발한 연구를 통해 WSN 노드에게 전역적으로 유일한 식별자(global unique identifier)를 할당하는 것은 네트워크 내부 프로세싱 특성에 위해하므로 적합하지 않으며, 각 WSN에 지역적 식별자를 사용하는 것이 적합하다. 따라서 USN 자원을 호출하기 위한 이름 체계는 WSN 노드의 USN 환경에 전역적으로 유일(globally unique)하면서도 WSN에 지역적으로 명명될 수 있는 특성을 가져야 한다.

3 | USN에서의 메타데이터 설계 예

앞서 언급한 UDS의 DB 설계를 통해 USN상에서 DB 설계 예를 살펴보도록 한다. USN 자원 중에서 가장 중요한 부분은 센서 네트워크와 센서노드 관련 정보인데, 다음과 같이 관계형 DB 테이블을 정의하고 있다. 표 5-1-6은 센서 네트워크의 메타데이터 테이블을 나타낸 것이다.

연번	열	타입	Nullable	기본 값	PK	FK	비고
1	sensorNetworkIdentifier	VARCHAR (255)	F		○		센서 네트워크 ID
2	sensorNetworkName	VARCHAR (255)	F				센서 네트워크 이름
3	sensorNetworkLocation	VARCHAR (255)	F				구축 위치
4	sensorNetworkFunction	VARCHAR (255)	F				주요 기능 설명
5	sensorNetworkQueryProcessingRequestCountAtOnce	INTEGER	F				동시 처리 가능한 질의 개수
6	sensorNetworkQueryProcessingTypeOps	INTEGER		F			질의 처리 Operator 수행 가능 여부
7	sensorNetworkQueryProcessingTypeAggregationQ	INTEGER	F				Aggregation 질의 처리 수행 가능 여부
8	sensorNetworkQueryProcessingTypeEventQ	INTEGER	F				Event 질의 처리 수행 가능 여부
9	sensorNetworkQueryProcessingTypeContinuousQ	INTEGER	F				Continuous 질의 처리 수행 가능 여부
10	sensorNetworkManager	VARCHAR (255)	F				관리자 정보
11	sensorNetworkImplDate	DATE	F				구축 시점
12	sensorNetworkAvailablity	BOOL	F	1			센서 네트워크 접속 가능 여부
13	sensorNetworkAirInterface	VARCHAR (255)	T				통신 프로토콜 방식
14	sensorNetworkConnectionMode	VARCHAR (255)	T	Connected			접속 모드
15	sensorNodeCount	INTEGER	F	1			센서노드 개수
16	sensorNetworkAverageBatteryLevel	FLOAT	T				평균 전원 잔량
17	sensorNetworkSecurityLevel	VARCHAR (10)	T				보안 레벨
18	sensorNetworkStatusMonitoringCycle	INTEGER	T				센서 네트워크 모니터링 주기

○ 계속

연번	열	타입	Nullable	기본 값	PK	FK	비고
19	sensorNetworkStatusMoni toringResponseLimit	INTEGER	T				센서 네트워크 모니터링 응답 제한 시간
20	sensorNetworkMinium SensorNodeCount	INTEGER	T				센서 네트워크 기능을 수행하기 위해 필요한 센서노드 개수
21	sensorNetworkSensingArea	VACHAR (255)	T				센서 네트워크의 감시 영역 위치
22	sensorNetworkMinimum Functionality	VACHAR (255)	T				센서 네트워크 기능을 수행하기 위해 요구되는 센서노드의 최소 기능
23	sensorNetworkMinimum TransmissionRange	INTEGER	T				센서노드의 최소 통신 범위
24	sensorNetworkMaximum TransmissionRange	INTEGER	T				센서노드의 최대 통신 범위
25	sensorNetworkCondition	INTEGER	T	0			센서 네트워크 상태

표 5-1-6
센서 네트워크
메타데이터 테이블
설계 예

표 5-1-7은 센서노드 테이블의 정의를 나타낸 것이다. 이러한 테이블 설계 시 고려해야 할 점은 앞서 언급한 바와 같이 테이블 정보의 정확성과 정보 제공의 신속성이다. 즉 정확한 정보가 저장되어야 하며, 정보를 요청했을 경우 신속하게 제공할 수 있어야 한다.

다음 예에서 보면 센서노드 테이블의 경우 sensorNetwork_ sensorNetworkIdentifier 필드를 통해 해당 센서노드가 속한 센서 네트워크를 쉽게 판별할 수 있도록 한 점이 돋보인다.

연번	열	타입	Nullable	기본 값	PK	FK	비고
1	sensorNodeID	VARCHAR (255)	F		○		센서노드 ID
2	sensorNodeFunction	VARCHAR (255)	F	function			주요 기능

◐ 계속

연번	열	타입	Nullable	기본 값	PK	FK	비고
3	sensorNodeLocation	VARCHAR (255)	T				위치
4	sensorNodeGeoLocation Type	BOOL	T				좌표
5	sensorNodeGeoLocation FrameType	BOOL	T				좌표 프레임 종류
6	sensorNodeGeoLocation Unit	VARCHAR (255)	T				좌표 단위
7	sensorNodeGeoLocation Longitude	VARCHAR (255)	T				경도
8	sensorNodeGeoLocation Latitude	VARCHAR (255)	T				위도
9	sensorNodeGeoLocation Altitude	VARCHAR (255)	T				고도
10	sensorNodeSwVersion	VARCHAR (255)	T				S/W 버전
11	sensorNodeActive	BOOL	T	1			동작 유무 (0:OFF, 1:ON)
12	sensorNodeBatteryLevel	VARCHAR (255)	T				전원 잔량
13	sensorNodeStartTime	DATE	T				작업 시작 시점
14	sensorNodeStopTime	DATE	T				작업 종료 시점
15	sensorNodeIPv6Address	VARCHAR (255)	T				센서노드의 IPv6 주소
16	transducerCount	INTEGER	F	1			트랜스듀서 개수
17	sensorNetwork_sensor NetworkIdentifier	VARCHAR (255)	F		○	○	관련 센서 네트워크 ID
18	sensorNodeHWSpec_ sensorNodeHWSpecID	VARCHAR (255)	T			○	관련 센서노드 H/W Spec ID
19	sensorNodeCurrent Functionality	VARCHART (255)					센서노드의 현재 수행 가능한 기능
20	sensorNodeCondition	INTEGER	T	0			센서노드의 상태

표 5-1-7
센서노드
메타데이터 테이블
설계 예

2 유비쿼터스 코드 체계
UBIQUITOUS SENSOR NETWORK

1 개요

USN 코드 체계에 대한 국내외 적으로 활발한 논의가 진행 중이다. 그러나 2009 년까지는 국제적으로 합의된 표준 체계가 확립되지 못하고 있는 실정이다. 다만, USN 하드웨어 및 네트워크 구성을 위한 기술과 관련된 전파 기술, 운용 체계 등과 같은 다양한 기술에 대한 개발 노력 및 사업 투자가 활발히 추진 중이다.

현재 USN 관련 시스템은 서비스 제공 기관별로 개별적으로 설치, 운영되므로 타 기관의 USN 서비스에 접근하지 못하는 편이다. 이는 USN에서 센서노드 등을 식별하는 코드 체계가 없기 때문이다. 즉 USN에서도 USN을 제공하는 서비스 주체 간 또는 서비스 형태 간을 식별하고 연동하기 위해 코드 체계가 필요하다.

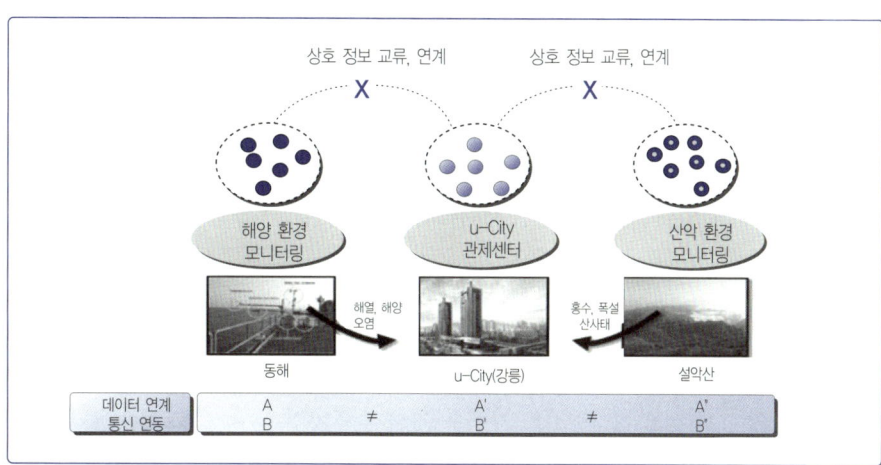

그림 5-2-1
USN 정보 연계
활용 예

그림 5-2-1은 USN 서비스 간 정보 연계의 필요성을 나타낸 것이다. 서비스 주체 간에 설치한 USN 서비스로 '동해의 해양 환경 모니터링 USN', '강릉시의 u-City 관

제센터 USN', '설악산의 산악 환경 모니터링 USN'이 존재한다고 가정하자. 이때 기상 이변이 발생할 경우 강릉시의 u-City 관제센터는 동해에 설치한 센서노드 정보와 설악산 정보에 접근하여 이를 취합함으로써 앞으로서의 상황을 판단할 수 있어야 한다. 이를 위해서 필요한 것이 각 USN의 통일된 코드 체계 또는 각 코드 체계 정보가 어떻게 구성되었는지 알 수 있는 코드 체계 해석 시스템이다.

국내에서는 USN 정보 교환과 같은 상호 운영성을 위해 TTA를 통해 3개의 코드에 대한 표준을 제정했다. 즉 '센서노드 식별 코드 체계 및 데이터 구조', '계층적 센서노드 식별 체계', 'u-센서노드의 위치 표현을 위한 위치 정보 코드'가 그것이다. 여기서는 각 코드의 자세한 규격 및 이를 USN에서 사용하는 방법 등을 알아보기로 한다.

2 센서노드 식별 코드 체계 및 데이터 구조

1 | 코드 체계

센서노드 식별 코드는 S-Code라고도 하며, 6개 항목으로 구성되어 있다. 즉 발급자 코드(IAC: Issuing Agency Code), 기관 코드(CC: Company Code), 프리픽스1(P1: Prefix 1), 프리픽스2(P2: Prefix 2), 용도 코드(UC: Usage Code), 일련번호 코드(SC: Serial Code)로 구성된다.

IAC(12비트)	CC(16비트)	P1(4비트)	P2(4비트)	UC(가변)	SC(가변)

표 5-2-1
S-Code 구조

S-Code는 4비트 단위로 인코딩되며, 전체 길이는 P1과 P2로 결정된다. 4비트 단위로 인코딩된다는 것은 IAC 12비트에 2진수 '0000 0000 0001'이 인코딩되었다고 가정할 경우 4비트 단위로 끊어서 16진수 '001'로 나타낸다. 마찬가지로 CC 16비트에 2진수 '0000 0000 1010 1011'이 인코딩될 경우 16진수 '00AB'로 나타낸다.

2 | IAC

IAC는 S-Code를 발급하는 최상위 발급 기관에 할당되며, 하위 CC를 할당하게 된다. 또한 12비트 길이를 가지므로 이론적으로 4,096개의 IAC가 존재할 수 있다. 본 표준에는 IAC 할당 절차 등이 없으며, S-Code의 실질적인 보급 및 확산을 위해 IAC를 발급하는 최상위 관리 기관의 정책 또한 필요하다.

3 | P1 및 P2

P1은 UC의 길이를 나타내며, UC는 4의 배수만큼 길이가 늘어난다. 예를 들어 P1이 2진수 '0000' 일 경우 UC 길이는 4비트이며, '0001' 일 경우 UC 길이는 8비트이다. P2는 SC의 길이를 나타낸다.

표 5-2-2
P1 및 P2에 따른
UC, SC 길이

P1 및 P2의 값(16진수)	0	1	2	......	C	D	E	F
UC, SC 길이(비트)	4	8	12	......	52	56	60	64

UC와 SC의 최대 길이는 각각 64비트이다. 그러므로 S-Code의 최대 길이는 IAC(12비트)+CC(16비트)+P1(4비트)+P2(4비트)+UC(64비트)+SC(64비트)=164비트이다. 이때 최소 길이를 구하기 위해 UC(4비트), SC(4비트)로 변경하여 대입하면 IAC(12비트)+CC(16비트)+P1(4비트)+P2(4비트)+UC(4비트)+SC(4비트)=44비트이다. 그러므로 S-Code는 44비트에서 164비트의 길이를 갖는 가변 길이 코드 체계이다.

4 | UC

UC는 용도 코드이며, S-Code의 용도를 나타내는 항목이다. 예를 들어 그림 5-2-1에서 동해 해양 환경 모니터링 USN 코드에 2진수 '0001' 을 할당하고 설악산 산악 환경 모니터링 USN 코드에 2진수 '0010' 을 할당하면 각 용도를 식별할 수 있다.

5 | SC

일련번호는 센서노드에 최종적으로 할당되는 코드 항목으로, 각 기관에서 사용하는 S-Code의 동일 UC 내에서 유일한 값을 갖는다.

6 | 종합

지금까지 S-Code에 대해 알아보았다. 한국RFID/USN협회가 IAC (16진수) '001'을 발급받아 건물 모니터링 USN 사업용인 UC (16진수) 02를 할당하여 총 44비트 길이를 사용하려고 할 경우 인코딩 및 표기는 표 5-2-3과 같다.

표 5-2-3
S-Code 인코딩 및
표기 예

구분	IAC	CC	P1	P2	UC	SC
의미	한국RFID/USN협회	A 기관	UC 길이	SC 길이	건물 모니터링	센서노드
길이	12비트	16비트	4비트	4비트	4비트	4비트
2진수	0000 0000 0001	0000 0000 0000 0011	0000	0000	0010	0001
16진수	001	0003	0	0	2	1

3 계층적 센서노드 식별 체계

1 | 코드 체계

계층적 센서노드 식별 체계는 hCode라고도 하며, USN에서 각 계층별 서비스 추진 기관을 식별하기 위한 방법을 정의한 것이다. 이때 하나의 센서노드만을 식별하는 것이 아니라 센서 네트워크 구조에 따라 계층별 코드 체계를 할당하여 식별한다.

센서 네트워크를 계층적으로 볼 때 하부에 센서 및 구동기(Actuator)가 있고, 그 위에 센서노드, 게이트웨이, 서비스 제공업체, IA(Issuing Agent)가 차례로 존재한다. hCode는 이러한 계층적 USN에 코드 체계를 부여함으로써 이를 조합하여 각 계층을 식별하는 것이다. 계층적 센서 네트워크의 계층 구조 및 코드 체계는 표 5-2-4와 같다.

상/하	계층 구조	코드 체계	길이
상	Issuing Agent	IAC(Issuing Agent Code)	8비트
	서비스 제공업체	SPID(Service Provider ID)	16비트
	게이트웨이	GWID(GateWay ID)	20비트
	센서노드	SNID(Sensor Node ID)	20비트
하	Sensor/Actuator	SAID(Sensor/Actuator ID)	8비트

표 5-2-4
계층적 센서
네트워크 구조 및
코드 체계

2 | 세부 코드 체계

:: IAC는 최상위 계층 코드로, 국가나 이와 비슷한 기관/조직에 할당되는 코드 체계이다.

:: SPID는 IAC에서 할당받으며, 서비스 제공업체를 식별하기 위한 코드 체계이다.

:: GWID는 서비스 제공업체가 운영하는 게이트웨이를 식별하기 위한 코드 체계로, 서비스 제공
업체가 할당 및 관리한다.

:: SNID는 게이트웨이 내의 센서노드를 식별하기 위해 사용하는 코드 체계이다.

:: SAID는 센서노드 내의 센서 및 구동기를 식별하기 위해 사용하는 코드 체계이다.

이러한 5개의 코드 체계에는 OID(Object IDentifier)가 할당되어 각 코드 체계를
고유하게 식별할 수 있다. hCode에 사용되는 OID는 {0 2 450 n}을 이용하며, n이 각
코드 체계에 할당된다. SAID에는 1, SNID에는 2, GWID에는 4, SPID에는 8, IAC에는
16이 할당된다. 그러므로 SAID에 할당된 OID는 {0 2 450 1}이며, GWID는 {0 2 450
4}, SPID는 {0 2 450 8}, IAC는 {0 2 450 16}이 된다.

IAC, SPID, GWID, SNID, SAID는 개별적으로 사용하거나 조합하여 사용한다. 예
를 들어 IAC와 SPID가 결합하여 Global 환경하의 SPID를 식별하기 위해 사용할 수
있다. 이때 OID는 IAC와 SPID에 할당된 16과 8을 합해 24가 되며, {0 2 450 24}로 나
타낸다. 표 5-2-5는 이를 설명한 것이다.

OID		ID	의미
상위 아크	하위 아크		
{0 2 450}	1	SAID	
	2	SNID	
	4	GWID	
	8	SPID	
	16	IAC	
	3	SNID+SAID	Gateway level SAID
	6	GWID+SNID	Service Provider level SNID
	7	GWID+SNID+SAID	Service Provider level SAID
	24	IAC+SPID	Global SPID
	28	IAC+SPID+GWID	Global GWID
	30	IAC+SPID+GWID+SNID	Global SNID
	31	IAC+SPID+GWID+SNID+SNID	Global SAID

표 5-2-5
계층적 센서
네트워크
코드 체계 조합표

4 u-센서노드의 위치 표현을 위한 위치 정보 코드

1 | 코드 체계

u-센서노드의 위치 표현을 위한 위치 정보 코드는 센서노드의 위치를 식별하기 위한 코드 체계로, GGC(Geo-Graphical Code)라고도 한다. GGC는 위치 식별을 위한 표현 방법에 따라, 범위에 따라, 기준점에 따라 위치 정보를 표현하는 방식이 상이하다.

기본적으로 위치 정보는 절대적 주소와 상대적 주소로 분류할 수 있다. 절대적 위치 코드란 센서노드가 GPS 등을 이용해 물리적 절대 위치 정보를 획득하여 위도·경도·고도로 표현하는 위치 정보와 그 위치를 중심으로 하는 오차 범위 정보로 표현한다. 상대적 위치 코드란 절대적 위치 정보를 나타내지 못할 때 센서노드가 자신의 위치 정보를 다른 센서노드의 위치 정보를 기준으로 나타내는 방식으로, 앨리어스 또는 지역 코드 등으로 표현한다. 표 5-2-6은 GGC의 코드 체계를 나타낸 것이다.

구분	코드 식별 정보 (Code Identifier)		오차 범위 정보 (Range Info)		거리 정보 (Distance Info)		위치 정보 (Position Info)
구조	코드 식별자	필드 구성 식별자	Range Option	Range/ Unit/ Scale	Distance Option	Distance/ Unit/ Scale	절대적 위치 정보
							절대적 주소 코드
							상대적 주소 코드
							앨리어스
							지역 코드
							지역 코드/국가 코드
설명	위치 정보 코드 종류 구분	범위·거리 정보 필드 형식 정의	범위(range) 정보 〈원형, 직각 좌표〉		거리(distance) 정보 〈직각 좌표〉		위치 정보 내용에 따라 구분

표 5-2-6
GGC 코드 체계

2 | 코드 식별 정보

코드 식별 정보는 GGC의 형태 선언 부분과 같다. 즉 GGC에서 위치 식별을 나타 내는 형식을 선언하는 부분으로 오차 범위 정보, 거리 정보, 위치 정보에서 나타내는 값의 의미를 알 수 있다.

표 5-2-7 코드 식별 정보

코드 식별자	의미	코드 식별자	의미
'A'	ASCⅡ 형식–절대 위치 정보	'a'	Binary 형식–절대 위치 정보
'B'	ASCⅡ 형식–절대적 위치 코드	'b'	Binary 형식–절대적 위치 코드
'C'	ASCⅡ 형식–상대적 위치 코드	'c'	Binary 형식–상대적 위치 코드
'D'	ASCⅡ 형식–앨리어스	'd'	Binary 형식–앨리어스
'E'	ASCⅡ 형식–지역 코드	'e'	Binary 형식–지역 코드
'F'	ASCⅡ 형식–지역/국가 코드	'f'	Binary 형식–지역/국가 코드

필드 구성 식별자	범위 정보 형식	거리 정보 형식
'X'	Not Used	Not Used
'A'	Default 형식(반지름 표현)	Default 형식
'a'	Default 형식(X,Y,Z 좌표값 표현)	Default 형식
'B'	Not Used	Default 형식
'C'	Default 형식(반지름 표현)	Not Used
'c'	Default 형식(X,Y,Z 좌표값 표현)	Not Used
'D'	Not Used	Distance Option에 따라 거리 정보 구성
'E'	Range Option에 따라 범위정보 구성	Not Used
'F'	Range Option에 따라 범위정보 구성	Distance Option에 따라 거리 정보 구성

3 | 오차 범위 정보

오차 범위 정보는 위치 정보에서 표현한 지점을 중심으로 영역의 오차 범위를 나타낸다. 이는 반드시 표현해야 하는 정보는 아니며, 선택사항으로 표현할 수 있다. 오차 범위 정보는 Range Option, Range, Unit, Scale로 구성된다.

필드 구성	Range Option	Range	Unit	Scale
의미	범위 정보의 필드 구성 Option	• Not Used • R(반지름) • Rx Ry Rz	단위(척도) • 단일 단위 • 축별 단위	• Not Used • 단일 Scale • 축별 Scale
길이	1byte(4bit)	0~18byte (0~60bit)	0~3byte (0~10bit)	0~6byte (0~15bit)
값	0~8	0~999999	0~4 (km/m/cm/mm)	-7~7

표 5-2-8
오차 범위 정보

4 | 거리 정보

거리 정보는 상대적 위치 코드에만 기술하는 정보로, 절대적 위치 코드에는 기술할 필요가 없다. 즉 거리 정보는 참조 지점을 참조하여 상대적 거리를 나타내므로 절대적 위치 정보를 갖는 절대적 위치 코드에는 필요하지 않다. 거리 정보에는 표 5-2-9와 같이 4가지 정보가 포함된다.

필드 구성	Distance Option	Distance	Unit	Scale
의미	Distance 정보의 필드 구성 Option	• Not Used • Rx Ry Rz	단위(척도) • 단일 단위 • 축별 단위	• Not Used • 단일 Scale • 축별 Scale
길이	1byte(3bit)	0~18byte (0~60bit)	0~3byte (0~10bit)	0~6byte (0~15bit)
값	0~6	0~999999	0~4 (km/m/cm/mm)	

표 5-2-9
거리 정보

5 | 위치 정보

위치 정보는 참조 지점을 나타내는 정보로, 절대적 위치 코드와 상대적 위치 코드를 사용한다. 절대적 위치 코드로는 위도, 경도, 고도가 있다. 이는 앞서 설명했듯이 GPS 등에서 측정한 값을 의미하며, 가장 정확한 값을 입력할 수 있다. 상대적 위치 코드로는 앨리어스(Alias), 지역 코드 등이 있다. 앨리어스는 어떤 위치를 나타내기 위한 별칭으로, 별칭의 위치 정보는 DB 등과 같은 저장소에 따로 보관한다. 그 밖에 지역 코드로는 우편번호, 전화번호 체계 등을 사용하며, 이에 대한 위치 정보도 DB 등의 저장소에 따로 저장하여 보관한다.

3 USN 응용 플랫폼

UBIQUITOUS SENSOR NETWORK

1 USN 미들웨어 플랫폼

1 | 센서 네트워크 미들웨어

센서 네트워크는 기존의 전통적인 네트워크와 달리 많은 센서노드와 센서노드에서 수집한 데이터를 필요로 하는 센서 네트워크 응용들로 이루어져 있다. 센서 네트워크 내에 존재하는 각각의 센서노드는 제한된 자원과 실세계와의 강한 결합도로 많은 문제점이 발생하며, 이러한 문제점을 해결하는 데 미들웨어가 중요한 역할을 수행한다.

1 센서 네트워크 미들웨어 기능 요구사항

센서 네트워크 미들웨어를 설계하려면 기본적으로 네트워크 구성 요소, 센서노드 배치와 유지 및 관리, 응용 서비스의 수행을 원활하게 하는 데 초점을 맞추어야 한다. 또한 최근 다양화되고 복합적인 센서 네트워크 응용의 등장으로 제한된 자원의 효율적 이용, 동적 환경에서의 네트워크 성능 보장, 다수의 노드 구성에 따른 확장성 등 여러 가지 기능이 센서 네트워크 미들웨어에 요구되고 있다.

여기서는 센서 네트워크 응용 계층에서 필요한 센서 네트워크 미들웨어 기능의 요구사항을 알아보기로 한다.

① 다양한 질의 유형 지원 기능

센서 네트워크 응용에 따라 미들웨어는 다양한 유형의 질의를 지원할 수 있어야 한다. 센서 네트워크 미들웨어가 지원할 질의 유형으로는 실시간 데이터 요청 질의,

특별 조건을 처리하기 위한 질의, 연속적 센싱 데이터를 요청하기 위한 질의, 센서노드의 위치 추적을 위한 질의 등이 있다.

② 메타 정보 관리 기능

센서 네트워크 응용 계층이 제대로 동작하려면 이용하고자 하는 센서 네트워크의 메타 정보를 정확히 알아야 한다. 메타 정보의 유형에는 정적 메타 정보와 동적 메타 정보가 있다. 정적 메타 정보로는 센서 네트워크 이름, 센싱되는 정보의 종류, 구동기의 종류, 노드 위치 정보 등이 있고 동적 메타 정보로는 센서노드 수, 센서노드의 잔여 전력량, 센서 네트워크의 통신 상태, 센서노드의 오류 유무 상태 등이 있다. 센서 네트워크 미들웨어는 센서 네트워크의 주기적 모니터링 작업을 통해 정적·동적 메타 정보를 실시간으로 응용 계층에 지원해야 한다.

③ 제한된 자원 관리 기능

센서노드의 에너지, 컴퓨팅 파워, 메모리, 통신 대역폭과 같은 자원은 제한되어 있다. 센서 네트워크 미들웨어는 응용 계층의 질의에 따라 동적으로 작동하며, 최소의 자원을 소모하게 하는 기능과 함께 여러 응용과 동작할 수 있는 전체적인 시스템 동작을 위한 최적의 자원 관리 기능이 있어야 한다.

④ 센서노드 간 이질성 추상화 지원 기능

센서 네트워크상 각각의 센서노드를 구성하는 하드웨어는 센서노드별로 다를 수 있다. 이러한 센서노드 간의 이질성 때문에 센서 네트워크는 여러 가지 제약 또는 다양한 문제 상황에 맞닥뜨릴 수 있다. 그러므로 센서 네트워크 미들웨어는 각 노드 운영 체제의 추상화를 통해 다양한 형태의 하드웨어와 네트워크의 인터페이스를 포함하는 시스템 메커니즘을 제공해야 한다.

⑤ 동적 네트워크 토폴로지 구성 지원 기능

센서 네트워크 미들웨어는 각각의 센서노드가 이동할 때 생기는 변화에도 기능 불량, 장치 고장 등의 오류 없이 동적 네트워크 토폴로지를 구성함으로써 네트워크의 완벽한 성능을 보장하는 기능을 지원해야 한다.

⑥ 확장성 지원 기능

각각의 센서노드가 점점 작아지고 가격도 저렴해짐에 따라 센서 네트워크는 수백에서 수천 개의 센서노드로 이루어질 수 있게 되었다. 이처럼 확장성을 지닌 센서 네트워크상에서 각각의 센서노드 설정, 유지 보수 및 업그레이드는 매우 큰 문제점이다. 센서 네트워크 미들웨어는 이 같은 문제점을 해결하기 위해 센서노드 스스로 설정 변경 및 유지 보수하는 기능을 지원해야 하며, 잠재적 네트워크 확장성을 유연하게 받아들일 수 있는 기능을 지녀야 한다.

⑦ 실세계와의 통합 지원 기능

각각의 센서노드는 실세계의 특정 현상을 감지하는 데 목적이 있다. 센서노드들이 공통의 시간과 공간 척도를 사용하지 않을 경우 특정 현상을 감지하더라도 수집된 데이터를 정확한 정보로 활용할 수 없다. 그러므로 센서 네트워크 미들웨어는 센서노드 간의 공통 시간과 공간 척도를 설정하는 기능을 갖도록 설계되어야 하며, 다양한 센서 네트워크 응용에 실시간 데이터 전달 기능을 제공해야 한다.

⑧ 센서노드의 위치 인식 기능

센서 네트워크는 센서노드에서 센싱 데이터의 전달뿐 아니라 센서 네트워크 응용들이 요구하는 데이터를 센싱하는 센서노드의 위치 정보와 전체 네트워크 토폴로지를 파악할 필요가 있다. 이를 위해 센서 네트워크 미들웨어는 센서노드의 실시간 위치 정보 인식 기능을 제공해야 한다.

⑨ 상황 인식 기능

최근 들어 센서 네트워크 응용은 센싱 데이터를 수집하여 단순히 제공하는 수준에서 벗어나 데이터를 수집, 분석하여 하나의 의미 있는 상황 정보를 생성하는 기능을 필요로 한다. 그러므로 센서 네트워크 미들웨어는 상황 정보를 생성하기 위해 센싱 데이터를 통합, 분석하는 기능과 규칙을 정의하여 새로운 상황 정보를 생성하는 기능을 제공해야 한다.

⑩ 자동화된 센서노드 모듈 갱신 기능

이동성이 있거나 광범위한 지역에 배치된 센서노드가 실행하는 소프트웨어 모듈을 사람이 일일이 갱신하는 것은 거의 불가능하다. 따라서 센서 네트워크 미들웨어는 무선 네트워크를 통해 센서노드 모듈의 자동 갱신하는 방법을 제공해야 한다.

⑪ 센싱 데이터 관리 기능

센서노드는 센싱 데이터를 센서 네트워크 응용에 연속으로 전달한다. 그러나 센서노드의 제한된 자원 때문에 연속적인 데이터 전달은 과도한 자원 소모 문제를 일으킨다. 센서 네트워크 미들웨어는 이와 같이 연속적인 데이터 전송을 줄이기 위해 센싱 데이터를 최적 위치에 저장하고, 필요할 때마다 복사본을 데이터 접근이 용이한 곳에 저장하는 기능을 제공해야 한다.

⑫ 다양한 응용 지원 기능

센서 네트워크 미들웨어는 특정 응용에 종속적인 기능을 제공할 수 있어야 하며, 동시에 다양한 응용을 지원하는 기능을 제공해야 한다(Trade-off).

⑬ 보안 지원 기능

센서 네트워크의 특징 중 하나는 광범위한 지역의 여러 도메인에 관련된 침입, 화재 등과 같은 민감한 정보를 수집하는 것이다. 그러나 이러한 정보를 센싱하는 각각의 노드가 열악한 환경에 배치될 수 있고, 이로 인해 센서 네트워크는 악의적인 침입이나 거부 공격(denial of service) 같은 외부 공격에 노출될 위험이 크다. 이러한 문제점을 해결하기 위해 센서 네트워크 미들웨어는 센서 네트워크를 위한 포괄적이고 안전한 보안 메커니즘을 제공해야 한다.

⑭ 서비스 품질 지원 기능

민감한 정보를 센싱하는 센서 네트워크는 수집되는 센싱 데이터에 높은 신뢰도를 요구한다. 그러나 기존의 전통적인 유선 네트워크에서 사용하던 서비스 품질 메커니즘을 센서 네트워크에 적용하는 것은 제한된 자원과 동적 토폴로지 구성 때문에 부적절하다. 센서 네트워크 미들웨어는 데이터 처리량 및 전달 지연, 에너지 소모와 같은 특징을 고려하여 높은 수준의 서비스 품질을 보장하는 기능을 제공해야 한다.

⑮ 기존 네트워크와의 연동 기능

센서 네트워크는 이용 가능한 자원이 제한되는 특성 때문에 자원 집약적으로 요구되는 기능이나 대규모 정보의 저장을 인터넷과 같은 외부 네트워크에서 수행하는 것이 적합하다. 따라서 센서 네트워크 미들웨어는 IP를 사용하지 않는 센서 네트워크와 인터넷 기반 네트워크를 연결하기 위해 게이트웨이 구조를 통한 외부 네트워크와의 연동 기능을 제공해야 한다.

② 센서 네트워크 미들웨어 모델

센서 네트워크 미들웨어는 제한된 자원을 가진 센서노드와 다양한 센서 네트워크 응용 사이에 위치하며, 실제 환경에서 센서노드가 센싱 데이터를 응용에 전달할 때 많은 기능의 요구사항을 만족해야 한다. 이러한 센서 네트워크 미들웨어 모델은 미들웨어가 존재하는 위치적 분류와 미들웨어의 기능적 분류로 나눌 수 있다.

① 위치적 분류

그림 5-3-1에서 보듯이 센서 네트워크 미들웨어 모델은 Local USN을 구성하는 각

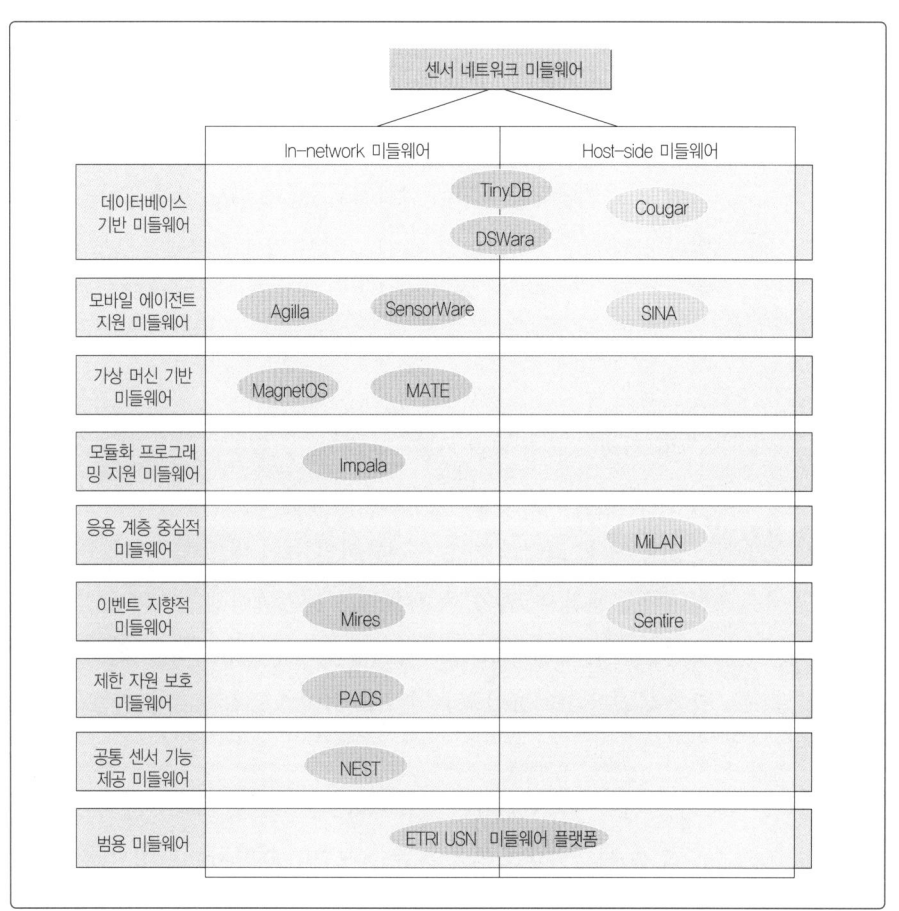

그림 5-3-1
센서 네트워크
미들웨어 분류

각의 센서노드에 위치한 In-network 미들웨어와 Local USN에서 수집한 데이터를 관리하는 USN 데이터 서버에 위치한 Host-side 미들웨어로 구분할 수 있다. In-network 미들웨어의 예로는 Agilla, Sensor Ware, MagnetOS, MATE, Impala, Mires, PADS, NEST 등이 있고 Host-side 미들웨어의 예로는 Cougar, SINA, MiLAN, Sentire 등이 있다. 또한 센서 네트워크 미들웨어 중에서 TinyDB, DSWare, ETRI USN 미들웨어 플랫폼은 In-network와 Host-side 미들웨어를 모두 포함한다.

② 기능적 분류

:: 데이터베이스 기반 미들웨어: 센서 네트워크를 하나의 분산된 데이터베이스로 인식하고 SQL(Structured Query Language)과 비슷한 질의어를 제공하여 센서 네트워크 응용의 사용자가 센서 네트워크 내의 센싱 데이터를 얻는 데 편의성을 제공하는 미들웨어이다.

:: 모바일 에이전트(Mobile Agent) 지원 미들웨어: 센서노드의 실행 모듈을 갱신할 때 각 센서노드에서 배포하려는 모듈을 동적으로 다운로드하여 갱신하는 기능을 제공하는 미들웨어이다.

:: 가상 머신(Virtual Machine) 기반 미들웨어: 가상 머신과 인터프리터(Interpreter), 모바일 에이전트로 구성되어 있다. 센서 네트워크 응용에서 필요한 센서노드의 모듈은 가상 머신을 통해 추상화된 코드로 작성할 수 있다. 이렇게 작성된 모듈은 모바일 에이전트(Mobile Agent)를 통해 네트워크 내의 각 센서노드에 전달되고, 모듈을 수신한 센서노드는 인터프리터를 통해 모듈을 해석하고 갱신한다. 이는 프로그래머 입장에서 볼 때 최소한의 코드로 모듈을 작성한다는 장점이 있지만, 각 명령어를 이해해야 한다는 단점도 있다.

:: 모듈화 프로그래밍 지원 미들웨어: 핵심은 센서노드에 배포할 실행 모듈을 최대한 모듈화하고, 이동성 있는 코드로 작성하여 모바일 에이전트를 통해 센서 네트워크의 센서노드에 배포하는 것이다. 실행 모듈을 최대한 모듈화하여 작은 모듈로 만드는 이유는 모듈 전체를 센서노드에 분산할 때 보다 적은 자원을 소비하기 때문이다. 이러한 메커니즘은 센서 네트워크의 장애 관리와 동적 토폴로지 구성을 지원한다.

:: 응용 중심 미들웨어: 센서 네트워크 응용에서 요구하는 서비스 품질(QoS)과 센서 네트워크의 전체 자원을 비교하여 최적의 실행 조건을 도출한다. 그 결과 응용 중심 미들웨어는 센서 네트워크의 자원 소모를 최소화하고 서비스 품질을 최대한 만족할 수 있도록 센서 네트워크를 동적으로 구성한다.

:: 이벤트 지향 미들웨어: 비동기적 센서 이벤트 발생 및 전달에 초점을 맞추어 센서 이벤트를 발생하고 이벤트 통보를 원하는 사용자에게 전달하는 데 필요한 상위 기능을 제공한다.

:: 제한 자원 보호 지원 미들웨어: 센서 네트워크의 문제점인 제한된 자원에 대해 센서 네트워크

의 각 모듈이 보다 효율적으로 자원을 소모하는 방법을 제공한다.

:: 공통 센서 기능 제공 미들웨어: 센서 네트워크가 제공해야 할 공통 서비스를 모아 제공한다. 센서 네트워크가 제공할 수 있는 공통 서비스로는 시간 동기화 서비스, 노드 위치 인식 서비스, 타임 스탬핑 등이 있다.

:: 범용 미들웨어: 공통 센서 기능 제공 미들웨어보다 광의의 개념으로, 센서 네트워크가 제공하는 공통 서비스 외에 수많은 기능을 제공한다. 예를 들어 다양한 응용의 센싱 데이터 관리, 메타 정보 관리, 센서 네트워크 추상화, 서비스 품질(QoS), 보안, 상황 인식 등의 기능이 있다.

2 | 센서 네트워크 미들웨어 기술개발 사례

■ 데이터베이스 기반 미들웨어

① Cougar

Cougar는 Conell 대학 데이터베이스 연구 팀에서 연구 중인 센서 네트워크용 분산 데이터 처리 시스템이다. Cougar에서는 센서노드의 데이터 접근과 처리를 중앙집중 방식이 아닌 분산 형태로 수행한다. Cougar는 서술적 질의를 사용하고 네트워크 변화에 동적으로 적응하며, 우연성과 확장성의 장애 처리를 가진 시스템을 목표로 연구한다. Cougar의 적응형 질의 처리(Adaptive query processing) 기술은 센서 네트워크에서의 데이터 처리에 상당히 유용하나 지역 정보에 의존해야 하는 문제가 발생하기도 한다. Cougar는 다음과 같은 3계층 구조를 통해 서비스를 제공한다.

:: QueryProxy: 센서노드에서 동작하는 간단한 데이터베이스 컴포넌트로, 질의를 해석하고 실행하는 역할을 한다.

:: Frontend component: QueryProxy 중에서 보다 강력한 컴포넌트로, 센서 네트워크에서 인터넷으로의 연결을 처리한다.

:: Graphical user interface: 사용자가 즉각적인 질의나 장기간의 질의를 센서 네트워크에 실행하도록 한다.

② TinyDB

TinyDB는 Berkeley 대학에서 연구한 미들웨어로, 센서 네트워크 환경에서 데이터 기반 응용 프로그램을 손쉽게 작성하는 데 목적이 있다. TinyDB는 센서 네트워크를 가상 데이터베이스로 간주하며, SQL-like 질의 언어와 Semantic Routing

Tree(SRT)를 지원한다. 그림 5-3-2는 TinyDB의 질의 처리 모델 예를 나타낸 것이다.

　　TinyDB는 쿼리를 통해 센서 네트워크의 데이터를 추출하는 PC 응용 프로그램 작성용 자바 API를 제공한다. API는 GUI 형태의 질의 생성기와 결과 표시 프로그램 에서도 사용한다. TinyDB를 사용하려면 센서 네트워크의 각 센서노드에 TinyOS 기 반 TinyDB 컴포넌트를 설치해야 한다. 즉 TinyDB는 TinyOS가 설치된 노드에서만 사용할 수 있으며, SQL-like 질의 언어를 지원하지만 신규 기능 추가 시 모든 노드가 보유한 질의어 처리기 모듈을 수정해야 한다.

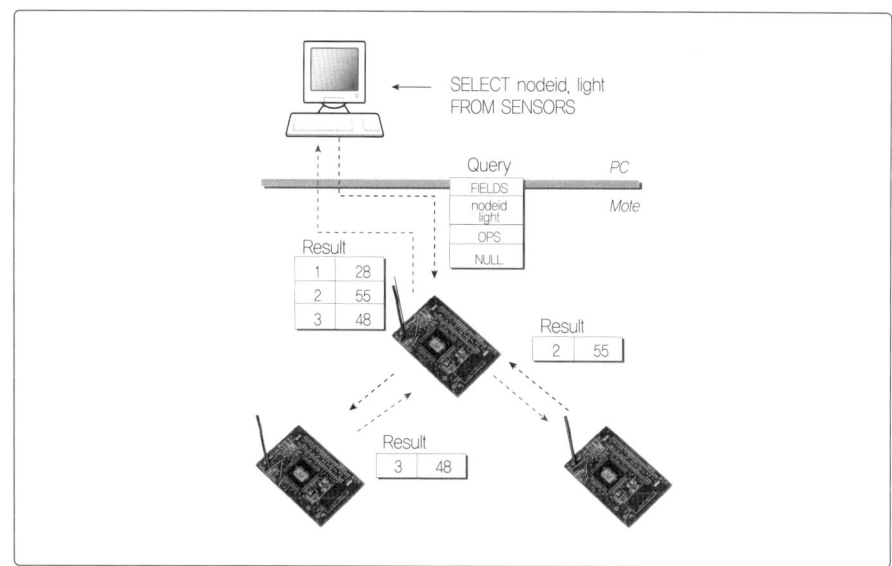

그림 5-3-2
TinyDB의
질의 처리 모델

그림 5-3-3은 TinyDB의 GUI 화면을 나타낸 것이다.

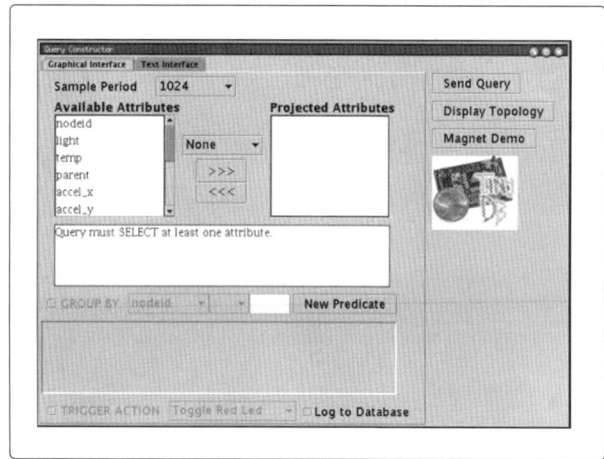

그림 5-3-3
TinyDB GUI

기본적으로 사용자가 주기적으로 감시하려는 속성(attributes)을 가운데에 있는 선택 버튼을 통해 선택함으로써 질의를 생성하게 한다.

③ DSWare

DSWare(Data Service Middleware)는 Virginia 대학에서 연구했으며, 센서 네트워크를 위한 실시간 데이터 서비스를 유기적으로 통합하여 제공하는 데이터 서비스 미들웨어이다. 센서 네트워크 응용 계층에서 필요한 이벤트 신청, 이벤트 탐지, 데이터 저장, 노드와 노드 그룹 관리 같은 다양한 서비스를 추상화하여 데이터 서비스로 제공하므로 응용 계층은 센서 네트워크의 저수준의 복잡한 오퍼레이션과 상관없이 표준 SQL을 사용하여 센서 네트워크에서 원하는 데이터를 얻을 수 있다. 그림 5-3-4는 DSWare 모델 구조를 나타낸 것이다.

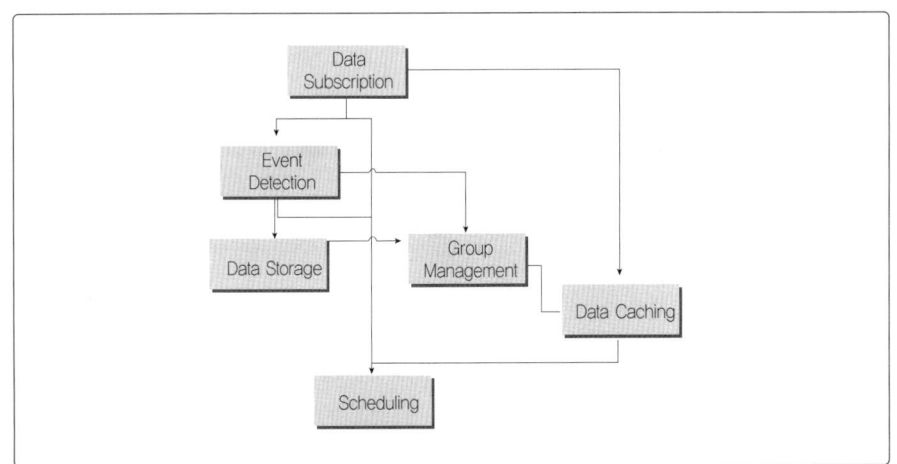

그림 5-3-4
DSWare 모델 구조

DSWare 모델의 각 구성 요소는 다음과 같다. 즉 Data Subscription은 응용 계층에서 센서노드의 특정 이벤트를 감지할 때 사용하고, 이벤트 감지는 Subscription을 통해 등록된 이벤트가 발생하는 것을 감지하고 실시간으로 보고하는 기능을 한다. 데이터 스토리지(Data Storage)는 데이터를 통합하고 프로세싱하며, 데이터 전송 시 손실될 가능성을 고려하여 여러 가지 물리적 노드에 데이터를 중복하여 저장한다. 데이터 캐싱(Data Caching)은 가장 많이 요청되는 데이터의 복사본을 다수 만들어 노드에 제공하는 역할을 하며, 복사된 데이터가 사용되는 것을 모니터링하여 조절한다. Group Management는 데이터를 통합하기 위해 센서노드를 결합하는 역할을 하며, 스케줄링(Scheduling)은 실시간 스케줄링과 에너지 인지 스케줄링 기능이 있다.

② 모바일 에이전트 지원 미들웨어

① Agilla

Agilla는 Washington 대학에서 발표했으며, 무선 센서 네트워크를 위해 설계된 운영 체제 TinyOS에서 동작하는 모바일 에이전트 기반의 미들웨어이다. 모바일 에이전트로 구성된 Agilla는 각각의 센서노드가 가진 상태 정보를 인접한 노드에 전송함으로써 무선 네트워크 환경을 구축한다. 그림 5-3-5는 Agilla 모델을 나타낸다.

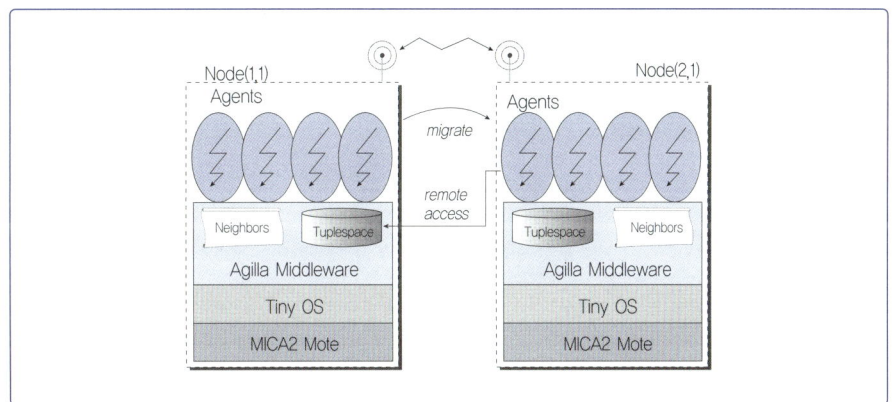

그림 5-3-5
Agilla 모델

TinyOS 위에서 동작하는 Agilla 환경에서 각각의 노드는 모바일 에이전트를 갖는다. 모바일 에이전트는 하나의 노드에서 다른 노드로 이동할 수 있으며, 한 개의 노드에서 최대 4개의 에이전트를 가질 수 있다. 한 센서노드 내의 에이전트는 동시에 동작할 수 있으므로 여러 응용 계층의 요청을 처리할 수 있다. 그러나 에이전트 활동의 인증이나 감시 정책이 없어 어셈블리 언어와 비슷한 프로그래밍 모델은 Agilla 모듈을 유지 보수하는 데 어려움이 있다.

② SensorWare

SensorWare는 UCLA 대학에서 발표한 미들웨어로, 플랫폼에 독립적인 스크립트 코드를 수행할 수 있는 런타임 환경을 기반으로 한 프레임워크이다. 각각의 스크립트는 노드에서 하나의 태스크를 수행하며, 자신들의 코드를 다른 노드에 복사하거나 이동시킴으로써 동적 네트워크 토폴로지를 구성할 수 있다. 스크립트를 작성하는 스크립트 언어는 Tcl을 확장한 언어로, 개발자로부터 자원 관리 같은 하드웨어 관련 부분을 숨겨주고 여러 응용 계층 사이에서 센서노드끼리의 자원 공유 방식을 제공한다. 그러나 SensorWare에는 메모리가 풍부한 환경에서 동작하는 멀티태스크나 고급

스크립트 언어를 통해 운용되므로 제한된 메모리를 가진 센서노드에는 적합하지 않다. 그림 5-3-6은 SensorWare가 적용된 센서노드의 구조를 나타낸 것이다.

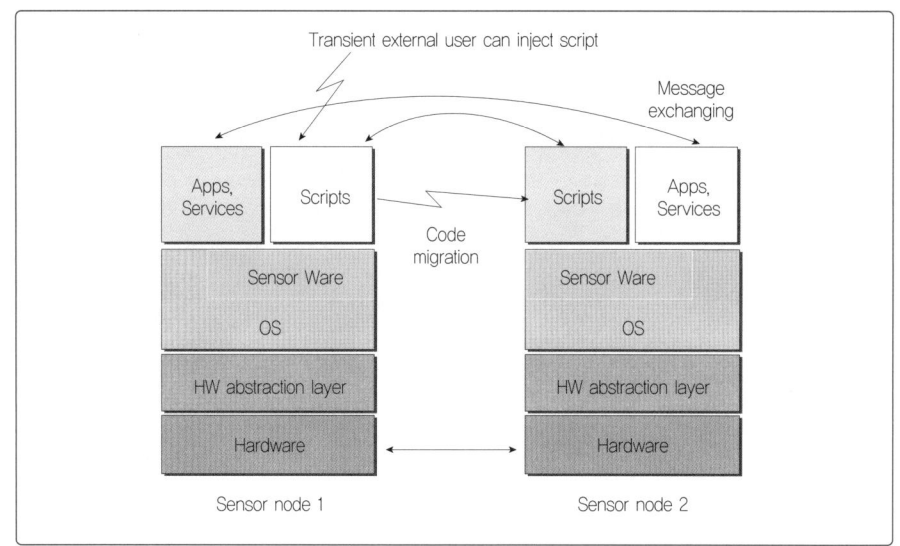

그림 5-3-6
SensorWare가
적용된 센서노드

❸ 가상 머신 기반 미들웨어

① MagnetOS

Cornell 대학에서 고안한 MagnetOS는 분산된 무선 센서 네트워크 내에 자바 가상 머신(Virtual Machine) 역할의 시스템 이미지를 제공함으로써 센서 네트워크 간의 이질성을 해결한다. MagnetOS는 각각의 센서노드에 대한 실행 모듈 모니터링, 객체 생성, 이동성 있는 모듈의 배포를 위한 서비스를 제공한다. 특히 MagnetOS는 애드혹 및 센서 네트워크에 특화된 운영 체제의 일종이므로 저전력, 적응형 및 효율적인 애드혹 네트워크 응용 프로그램을 구현하도록 도와준다.

이러한 목표를 달성하기 위한 가장 기본적인 기술로 코드 분할(code Partitioning) 서비스를 들 수 있다. 이는 하나의 자바 응용 프로그램을 분할하여 여러 개의 센서노드로 이동시켜 실행한다. 이러한 분할은 객체의 클래스 단위로 정적으로 실행할 수 있는데, 이때 클래스 인터페이스를 유지하도록 한다. 이 서비스를 구현하려면 NetPull 또는 NetCenter로 불리는 두 개의 알고리즘을 이용해야 한다. 이 알고리즘을 통해 센서노드의 특성을 파악하여 거기에 맞게 필요한 자바 코드 컴포넌트를 전송한다. 그림 5-3-7은 하나의 응용 프로그램을 분할하여 여러 개의 컴포넌트로 만드는 과정을 나타낸 것이다. 이러한 과정을 통해 네트워크의 수명을 향상하고, 확장성과 연결성을 확장할 수 있다.

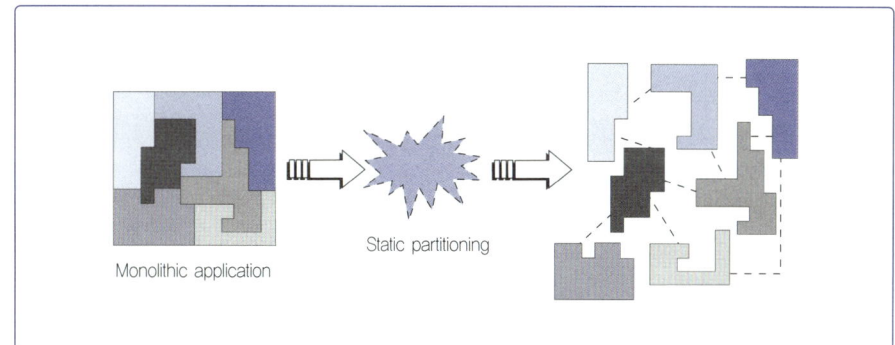

그림 5-3-7
MagnetOS에서의
응용 프로그램 분할

Monolithic application   Static partitioning

② MATE

Mate는 Berkeley 대학에서 연구했으며, 센서 네트워크를 위해 개발한 가상 머신 기반의 미들웨어이다. TinyOS가 설치된 센서노드에서 동작할 뿐 아니라 독자적인 바이트 코드 인터프리터를 구비했으며, 전염 모델(Infection Model)을 통해 새로운 코드를 배포하는 메커니즘을 가지고 있다. Mate의 고수준 인터페이스는 복잡한 프로그램을 간결하게 만들어 주고, 센서노드에 새로운 실행 모듈을 전송하는 데 필요한 자원의 사용을 최소한으로 줄여준다. 또한 가상 머신 언어로 짜여진 24개의 단위 명령어로 구성된 '캡슐'이라 불리는 프로그램이 센서노드에 탑재되어 하나의 태스크를 수행하며, 네트워크를 통해 다른 센서노드에 전송할 수 있다. 그림 5-3-8은 Mate의 시스템 구조를 나타낸 것이다.

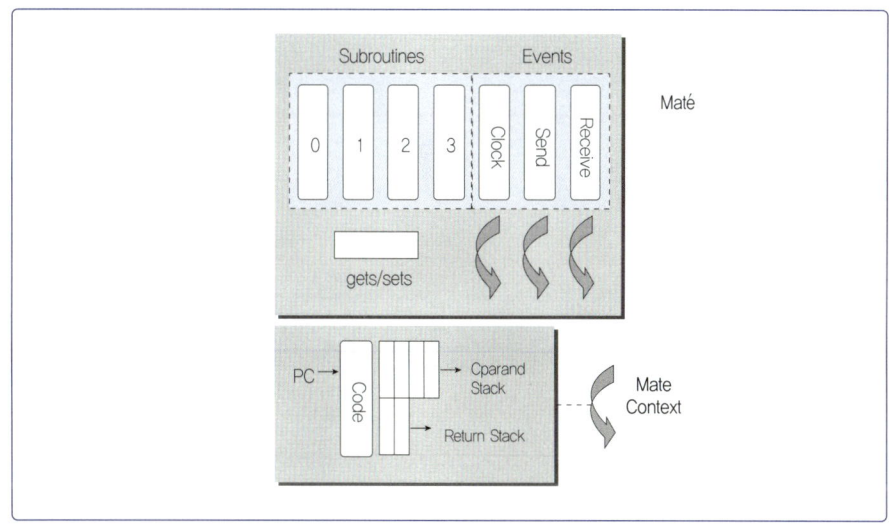

그림 5-3-8
Mate 시스템 구조

▲ 모듈화 프로그래밍 지원 미들웨어

① Impala

Impala는 Princeton 대학에서 ZebraNet 프로젝트의 일환으로 연구를 시작했다. ZebraNet 프로젝트는 센서 네트워크 기술을 이용하여 얼룩말 같은 동물의 이동과 번식을 연구하는 프로젝트이다. 이러한 생태 관찰 연구의 특성상 ZebraNet에 적용되는 센서 네트워크는 에너지 소비를 효율적으로 고려하여 수명을 최대화해야 한다. 또한 사람이 관리하기 어려운 환경에 배치되므로 소프트웨어의 자동 업데이트 등을 할 수 있는 기능이 지원되어야 한다. Impala는 애플리케이션의 모듈화(Modularity), 적응력(Adaptivity), 복구성(Repairability)에 초점을 맞추었다. Impala에서 갱신되는 소프트웨어는 무선 네트워크를 통해 각 센서노드에 전달되며, 각 노드는 시스템이 동작하는 상태에서 갱신을 수행할 수 있다. 또한 응용 계층에 네트워크 관리 인터페이스를 제공함으로써 소프트웨어 시스템의 성능, 에너지 효율성, 안정성을 향상하고 다양한 파라미터와 디바이스 실패 등에 동적 응용 적응성을 제공한다.

그림 5-3-9는 Impala의 계층적 시스템 구조를 나타낸 것이다. Impala에서 응용 프로토콜과 프로그램은 상위 계층을 구성하며 하위 계층에 있는 응용 어댑터, 응용 업데이터 등의 미들웨어 에이전트가 상위 계층을 지원한다. 이때 응용 어댑터는 센서노드의 내부 상태에 따라 적합한 응용 프로토콜을 선택하며, 응용 업데이터는 메모리·에너지 등의 자원에 제약을 고려한 효율적인 소프트웨어 갱신 메커니즘을 제공한다. 그러나 Hewlett Packard 제품에 의존적인 미들웨어로, 센서노드 하드웨어의 추상화가 지원되지 않는 단점이 있다.

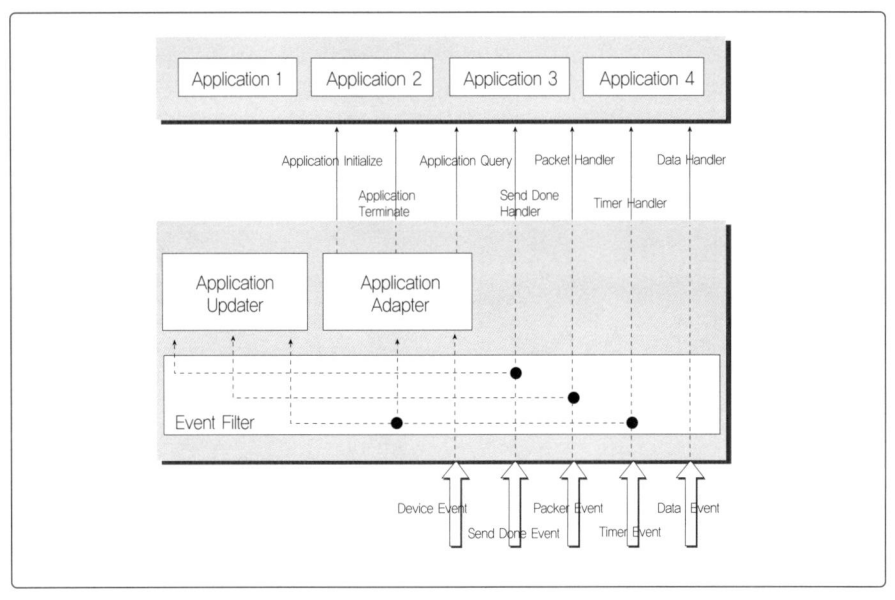

그림 5-3-9
Impala의 계층적
시스템 구조

5 응용 계층 중심적인 미들웨어

① MiLAN

MiLAN(Middleware Linking Application and Networks)은 Rochester 대학에서 개발한 스마트 메디컬 홈을 위한 센서 네트워크 미들웨어이다. MiLAN은 응용 계층에서 데이터 송신 센서노드, 라우팅 기법, 서비스 품질(QoS) 등을 사전에 기술하면 응용 계층에서 요구한 서비스 품질을 현재 센서 네트워크의 자원과 비교하여 절충한 응답을 응용 계층에게 전송한다. 이는 센서 네트워크의 수명을 최대한 보장하고 응용 계층의 서비스 품질을 만족시키기 위함이다.

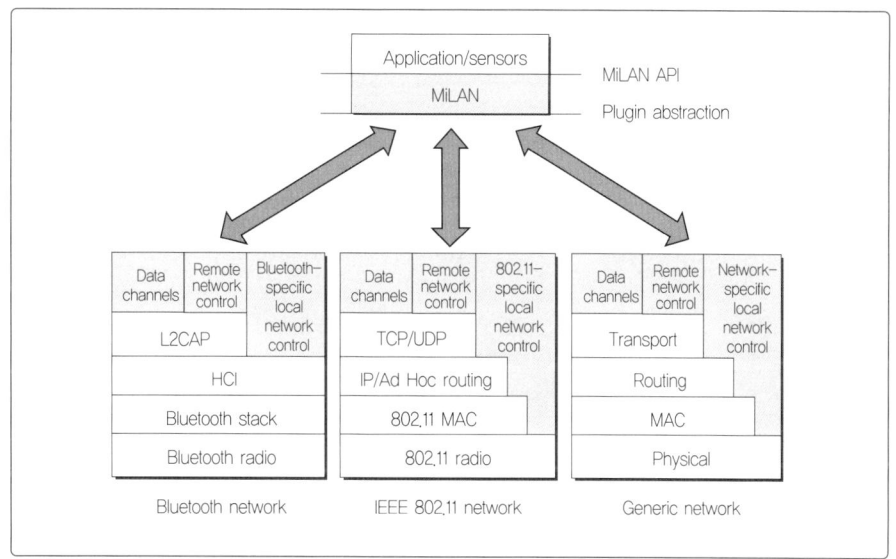

그림 5-3-10
MiLAN의
네트워크 구조

그림 5-3-10에서 알 수 있듯이 MiLAN은 응용 계층에 필요한 기능적 요구사항을 나타내기 위해 사용하는 API와 MiLAN의 명령을 특정 네트워크 프로토콜 명령으로 변경하여 동적 네트워크를 구성하는 추상화 계층으로 구성된다.

6 이벤트 지향적인 미들웨어

① Mires

Mires는 FUP(Federal University of Pernambuco)에서 발표한 미들웨어로, Publish/Subscribe 방식을 지원한다. 예를 들어 특정 응용 계층에서 Subscribe를 통해 센서노드가 배치된 곳의 화재 여부를 판정하기 위한 온도 조건을 설정한다. 그러면 센서노드는 자신이 센싱한 데이터가 미리 지정된 온도 조건을 만족할 때 Event를 일으키고 Publish를 통해 해당 응용 계층으로 이벤트를 전달함으로써 화재가 일어났음을 알린다. 이러한 Publish/Subscribe 방식은 비동기적 특성과 멀티포인트 커뮤니케이션 속성을 가지고 있다.

그림 5-3-11은 Mires 구조를 나타낸 것이다. Mires의 가장 중요한 컴포넌트는 Publish/Subscribe 서비스로, 센서노드와 응용 계층의 비동기적 데이터 전송을 담당할 뿐 아니라 다양한 응용과의 멀티포인트 커뮤니케이션을 담당한다.

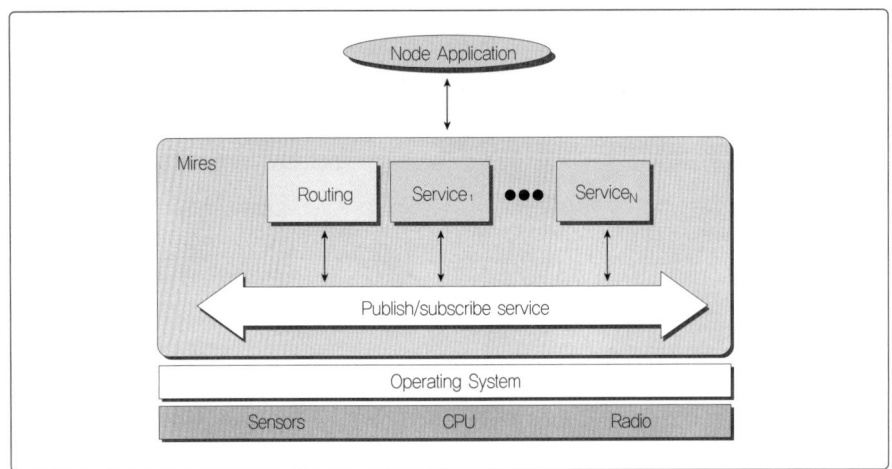

그림 5-3-11
Mires 구조

② Sentire

Sentire는 Rensselaer Polytechnic Institute와 IBM에서 고안했으며, 센서와 Actuator로 구성된 SANET(Sensor and Actuator NETworks)을 위한 미들웨어이다. Sentire는 응용 질의를 통해 SANET에서 수집한 데이터를 정해진 수준의 품질로 변환하여 응용 계층에 전달하기 위해 크게 두 가지 특징을 보인다. 첫째는 인터페이스, 데이터, 자원 및 센서와 Actuator를 관리하는 것이고, 둘째는 Priority, Timestamp, Sending Manager에 따른 메시지를 효과적으로 처리할 수 있게 구성된 Sentire Message를 사용하는 것이다.

그림 5-3-12는 Sentire의 데이터 흐름을 나타낸 것이다. 즉 Resource manager는 센서와 Actuator의 자원을 체크하고, Interface manager는 센서를 가동한다. SANET에서 발생한 센싱 데이터는 Data manager로 전송되어 패턴 분석 및 정제가 이루어진다. 그리고 나서 가공된 데이터를 Interface manager에 전송한 후 마지막으로 결과를 응용 계층에 보고한다.

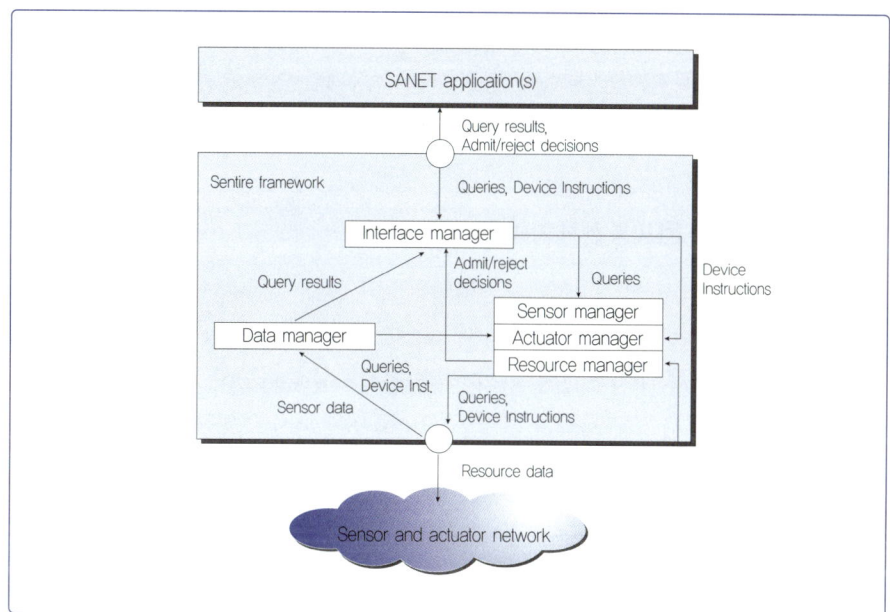

그림 5-3-12
Sentire의
데이터 흐름

７ 제한 자원 보호 지원 미들웨어

① PADS

PADS(Power Aware Distributed Systems)는 UCLA/USC 대학에서 연구한 센서 네트워크 미들웨어로, 에너지 절감을 위해 CPU와 RF 모듈, 센서 모듈 간의 에너지 관리 기능을 유기적으로 관리하는 기능을 최적화하는 데 목적이 있다. 이를 위해 RTOS(Real-Time Operating System) 스케줄링 기법을 사용하여 정확한 시간에 CPU 전압과 RF 모듈레이션 스케일 등을 동적으로 조절함으로써 최소한의 에너지로 프로그램 실행, 센서 측정 및 메시지 송수신이 이루어지도록 한다. 그림 5-3-13은 PADS 미들웨어 구조를 나타낸 것이다.

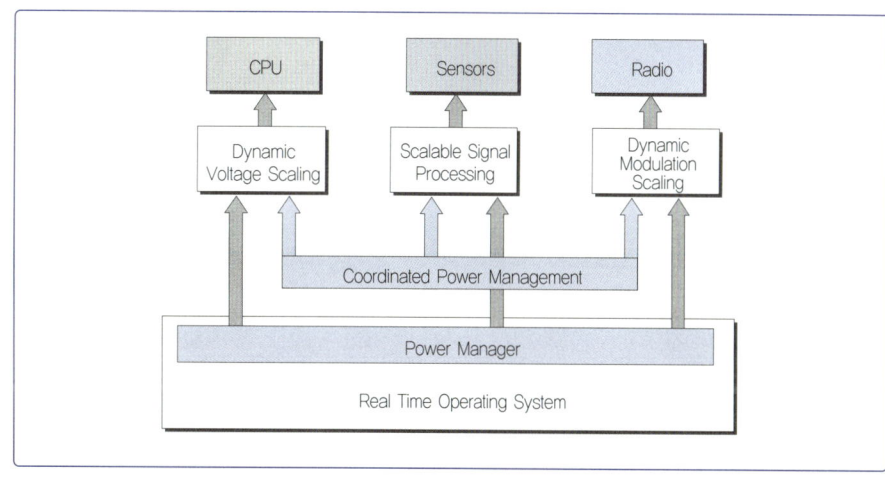

그림 5-3-13
PADS 구조

이와 같은 구조를 통해 전력, BER, 신호 세기 등의 정보를 수집하여 각 센서노드별로 현 시스템에서의 전력 소모 상태를 이해한 후 이를 바탕으로 전력 소모를 적응적으로 관리할 수 있게 한다.

8 공통 센서 기능 제공 미들웨어

① NEST

DARPA NEST 프로젝트는 센서 네트워크에 적합한 미들웨어를 연구하는 과제로, 센서 네트워크가 가져야 할 공통 기능을 묶어 미들웨어를 구성했다. 예를 들어 Vanderbilt 대학의 미들웨어는 몇몇 독립 기능을 하나의 미들웨어 안에 묶어서 구현한다. 대표적인 기능 중 하나로 위치 인식 시스템 RIPS(Radio Interferometric Positioning System)는 그림 5-3-14와 같이 동작한다.

두 센서노드가 동시에 각각 다른 두 개의 센서노드로 무선 메시지를 전송할 경우 충돌이 생기며, 이러한 라디오 주파수 충돌은 센서노드가 자신의 위치를 결정하는 데 사용한다. 그림 5-3-14에서 보듯이 A와 B가 동시에 각기 다른 신호를 보내는데, 이것은 C와 D 노드에서 각각 조합된 신호로 나타낼 수 있다. C와 D는 조합된 두 개의 신호를 비교하여 나타나는 차이로 노드 간 거리를 계산한다. RIPS는 최악의 경우 10센티미터 이하의 오차가 나타날 수 있다.

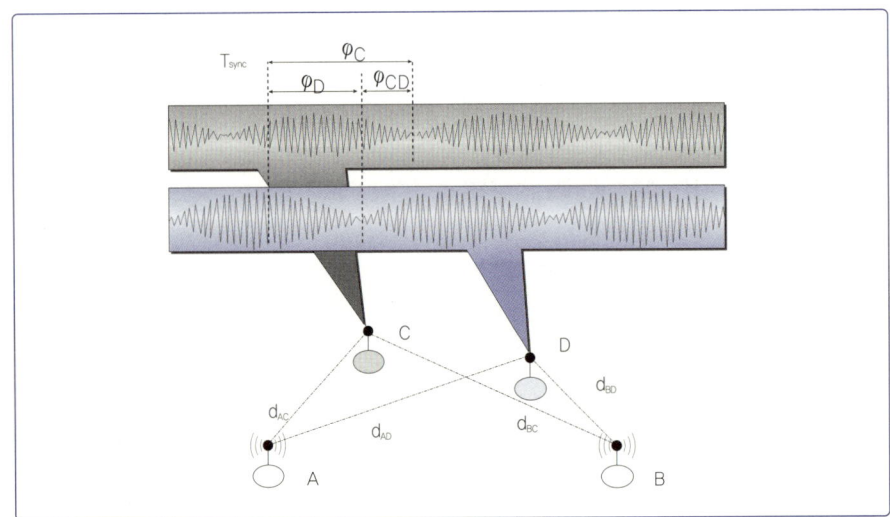

그림 5-3-14
RIPS 원리

또 다른 기능으로는 시간 동기화 프로토콜 FTSP(Flooding Time Synchronization Protocol)를 들 수 있다. FTSP는 센서노드 중에서 하나의 리더를 선출한 후 브로드캐스트하여 시간 동기화를 이루며, MICA2 플랫폼상에서 1백만 분의 2초 미만의 시간 오차를 달성했다. 그 밖에 스택 모니터, 타임 스탬핑, 시스템 분석 메시징 서비스 등의 기능이 미들웨어에 포함되어 있다.

❾ 범용 미들웨어

① ETRI USN 미들웨어 플랫폼

ETRI에서 연구하는 USN 미들웨어 플랫폼은 그림 5-3-15에서 알 수 있듯이 센서 네트워크 미들웨어를 위한 기능 요구사항을 대부분 수용하는 구조를 가지며, In-network 미들웨어와 서버단 미들웨어(본 교재의 Host-side와 동일한 의미임)를 포함하는 구조이기도 하다. 대표적인 구성 요소로 응용 서비스의 세션 정보를 관리하고 응용 서비스의 QoS 요구사항을 분석하는 USN 서비스 관리 컴포넌트가 있다. 그리고 질의, 상황 인식, 제어 처리 컴포넌트 등이 존재하며 메타 정보, 게이트웨이, 베이스스테이션, 센서노드 관리 컴포넌트 등이 포함된다.

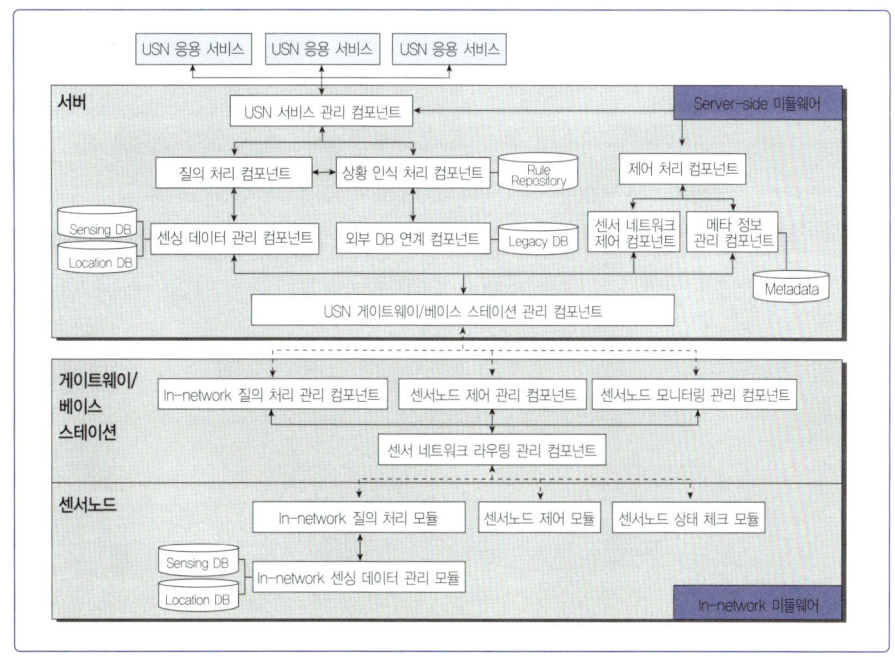

그림 5-3-15
ETRI USN
미들웨어 플랫폼

3 | USN 미들웨어 플랫폼

USN 미들웨어는 USN 응용에서 USN 계층의 자원과 데이터를 쉽게 활용하도록 다양한 기본 서비스를 제공하는 시스템 소프트웨어로 정의할 수 있다. 최근 들어 USN 응용 서비스는 다양한 USN 서비스 모델이 융합되는 추세이며, 이와 같은 USN 응용 서비스의 용이한 개발을 지원하는 범용 USN 미들웨어가 요구되고 있다. 여기 서는 USN 미들웨어 플랫폼의 기본 개념 및 시스템 구조를 설명하고, 기본적인 서비 스 시나리오를 살펴본 후 Two-Tier 형식의 계층적 USN 미들웨어의 소프트웨어 구조 를 알아보기로 한다.

1 USN 미들웨어 플랫폼 기반의 시스템 구조

USN 기반의 광역 서비스를 클라이언트에게 제공하는 데 적합한 USN 미들웨어 플랫폼의 시스템 구조는 그림 5-3-16에서 보듯이 Data 서버와 USN 싱크노드의 연결 방법에 따라 Tightly-coupled USN, Loosely-coupled USN, Separately-coupled USN의 세 가지 형태로 구현될 수 있다.

Tightly-coupled USN의 경우 Serial 또는 USB를 통해 Data 서버와 USN 싱크노드 가 직접적인 일 대 일 연결로 이루어지며, 외부 접근은 Data 서버를 반드시 경유해야 한다. Loosely-coupled USN의 경우 외부 통신을 Data 서버가 전담하며, LAN 또는 WLAN과 같은 내부 지역망을 통해 Local USN에서 발생하는 데이터를 USN Sink 노드 가 수집하여 Data 서버로 중계하는 형식이다. 그리고 Separately-coupled USN의 경 우 USN 싱크노드가 인터넷에 직접 연결된 형태이며, 클라이언트가 싱크노드를 통해 데이터를 직접 전송받을 수 있다.

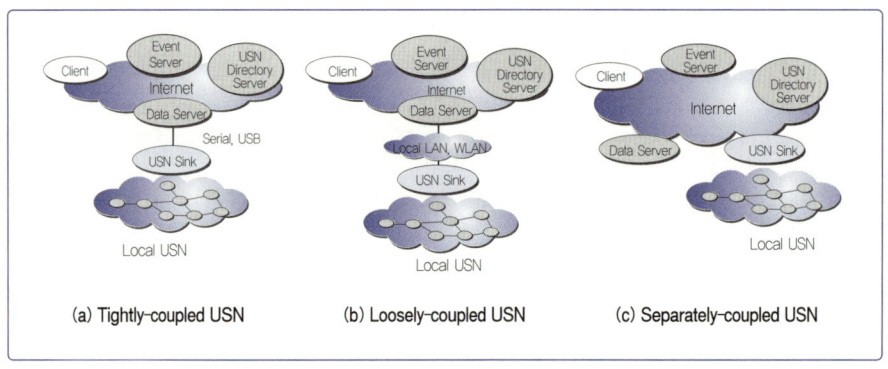

그림 5-3-16
USN 미들웨어
플랫폼 시스템 구조

(a) Tightly-coupled USN   (b) Loosely-coupled USN   (c) Separately-coupled USN

USN 미들웨어 플랫폼은 기본적으로 클라이언트, Data 서버, Event 서버, USN Directory 서버, Local USN으로 구성된다. 이때 클라이언트는 USN Client Application이 USN Host-side 미들웨어를 통해 사용자가 원하는 USN 인프라 서비스를 각종 USN 서버에 요구하는 주체이다. 또한 Local USN은 클라이언트가 원하는 정보를 실시간으로 생성하며, Data 서버는 Local USN에서 생성한 정보를 저장 및 관리한다. Event 서버는 수집된 데이터가 특정 조건에 부합할 때 비동기적으로 발생하는 이벤트를 관리한다. 또한 USN Directory 서버는 USN 자원 정보를 관리하며, USN 자원 정보의 검색을 실시간으로 제공한다. 일반적으로 클라이언트는 USN 자원 정보를 알지 못하기 때문에 USN Directory 서버에 질의하여 USN 자원의 각종 정보를 제공받는다.

개별 USN에서 발생하는 데이터가 클라이언트에게 제공되는 방식으로는 임의의 순간 클라이언트가 데이터를 요구하면 실시간으로 제공하는 Request/Response 폴링 방식, 클라이언트가 원하는 데이터를 주기적으로 전송하는 모니터링 방식, "온도가 50도 이상일 때 데이터를 전송하라"와 같이 클라이언트가 지정한 조건을 만족했을 때 발생하는 이벤트를 실시간으로 통보하는 방식이 있다. 폴링 및 모니터링 방식의 경우 Data 서버를 통해 데이터를 전송받으며, 이벤트 방식의 경우 USN에서 발생한 이벤트가 Event 서버를 통해 이벤트 통보를 신청한 클라이언트에게 제공된다. 이처럼 Directory 서버 및 Event 서버는 클라이언트와 마찬가지로 상위 고급 서비스 처리를 지원할 수 있는 USN Host-side 미들웨어상에서 동작한다.

Data 서버는 USN 서비스 애플리케이션, USN 자원에 손쉽게 접근하기 위한 공통 기능을 제공하는 USN Host-side 미들웨어, USN 싱크노드와의 통신을 통해 Local USN 망과 정보 교환 및 상황 설정 그리고 명령 전송을 지원하는 Data Protocol로 구성되어 Local USN과 인터넷을 연결하는 역할을 한다. Local USN 망에서의 각 노드는 USN Node Application과 USN In-network 미들웨어로 이루어진다. USN In-network 미들웨어는 센서노드에서 실행하는 응용 프로그램들이 요구하는 공통 기능 외에도 USN Node Application이 동적으로 탑재되고 실행되는 로딩 기능 및 노드 태스크 관리와 같은 다양한 기능을 제공하는 컴포넌트를 포함한다.

❷ USN 서비스 시나리오

앞서 설명한 USN 미들웨어 플랫폼의 시스템 구조를 바탕으로 USN 망에서 생성한 데이터가 클라이언트에게 제공되는 과정을 통해 서비스 진행 과정을 살펴보자.

앞서 언급했듯이 클라이언트는 USN Directory 서버에 질의하여 각종 USN 자원의 정보를 제공받는다. 따라서 USN Directory 서버는 모든 USN 자원의 정보 (metadata)를 저장하고 있어야 한다. 각 USN 자원 정보는 시스템이 초기화할 때 또는 USN 자원이 시스템에 추가될 때 USN Directory 서버에 등록할 수 있다. USN Directory 서비스는 중앙 집중식, 계층적 방식, Peer-to-Peer 방식으로 구현할 수 있으나 여기서는 간결하게 중앙 집중식 USN Directory 서비스를 가정하여 설명하기로 한다. 또한 데이터 제공 방식 중 폴링 및 모니터링 방식과 관련된 서비스 시나리오만을 기술할 것이다. 대부분의 USN 서비스는 사용자가 USN Directory 서버에 대한 질의로 시작하여 최종적으로 Local USN 망에서 생성된 데이터가 Data 서버를 통해 클라이언트에게 전달되는 과정으로 이루어져 있다. 일반적으로 센서 데이터 폴링/모니터링 서비스는 그림 5-3-17과 같은 과정으로 이루어진다.

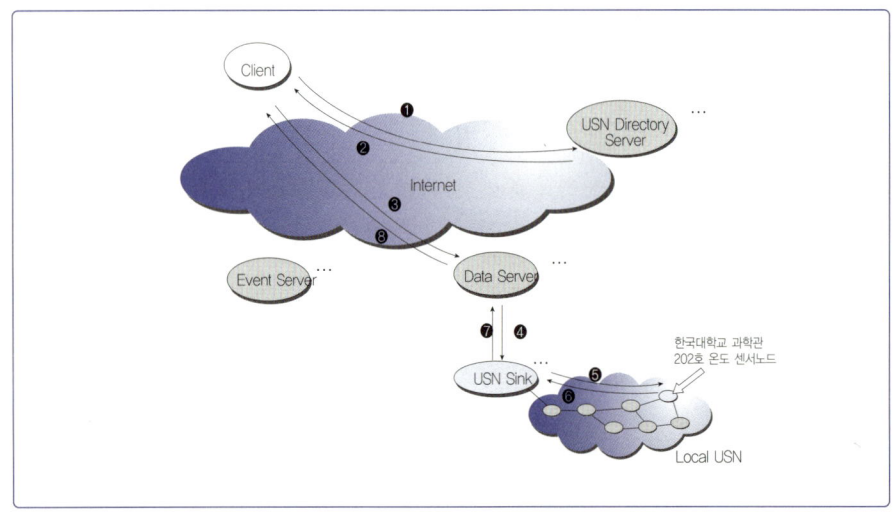

그림 5-3-17
센서 데이터 폴링/
모니터링 서비스

폴링 서비스는 구체적으로 다음의 과정을 거쳐 진행되며, 모니터링 서비스의 경우 ⑥~⑧ 과정이 주기적으로 발생하는 것을 제외하면 폴링 서비스의 진행 과정과 같다.

① 클라이언트는 '한국대학교 과학관 202호 온도'와 관련된 센서 정보를 얻기 위해 USN Directory 서버에 한국대학교 과학관의 Local USN을 담당하는 Data 서버의 주소를 요구하는 메시지를 보낸다.
② USN Directory 서버는 클라이언트가 보낸 요청 메시지의 응답으로 한국대학교 과학관을 관리하는 Data 서버의 주소를 넘겨준다.
③ Data 서버의 주소를 전송받은 클라이언트는 Data 서버에 접속하여 과학관 202호의 온도 정

보를 요청한다.

④ Data 서버는 클라이언트가 원하는 온도 정보를 USN 싱크노드를 통해 202호 담당 USN 망에 요청한다.

⑤ USN 싱크노드는 USN 망 내의 과학관 202호에 설치한 USN 노드에 온도 데이터 전송을 요구한다.

⑥ 202호 USN 노드는 온도 정보를 USN 싱크노드로 전송한다.

⑦ USN 싱크노드는 과학관 202호의 온도 정보를 Data 서버로 중계한다.

⑧ Data 서버는 Local USN 망에서 생성된 과학관 202호의 온도 정보를 클라이언트에게 전달한다.

❸ USN 미들웨어 소프트웨어 구조

앞서 언급했듯이 USN 미들웨어는 제한된 자원의 USN Node로 구성된 Local USN 망을 위한 In-network 미들웨어와 상대적으로 많은 자원을 가진 Data 서버에 위치하는 Host-side 미들웨어로 구성된 Two-Tier 구조를 택해야 한다. ETRI USN 미들웨어 플랫폼, TinyDB, DSWare는 Two-Tier 구조를 가진 미들웨어의 예이다. 여기서는

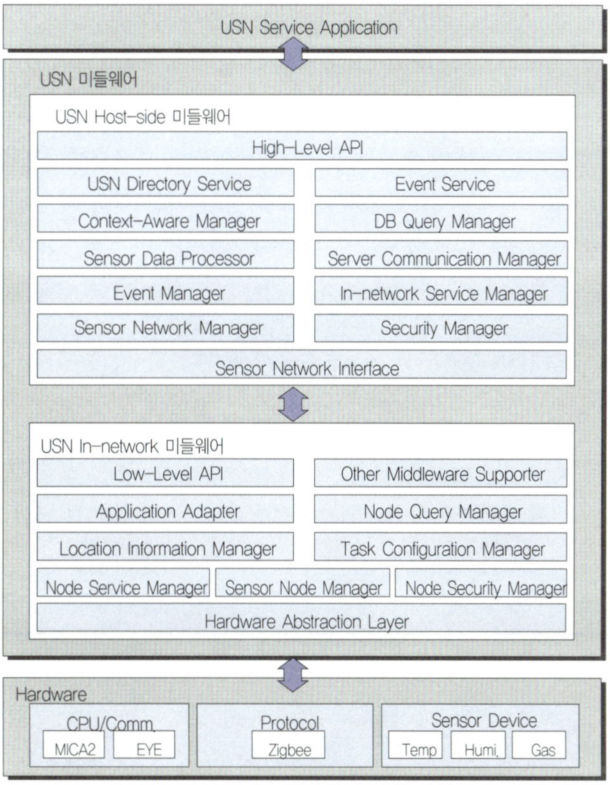

그림 5-3-18
USN 미들웨어
소프트웨어 구조

USN 미들웨어 플랫폼의 기능 요구사항을 바탕으로 설계한 USN 미들웨어의 소프트웨어 구조를 제시한다. 그림 5-3-18은 USN 미들웨어의 기본 구성을 나타낸 것이다.

Host-side 미들웨어는 High-Level API(Application Interface), USN Directory Service, Event Service, Context-Aware Manager, DB Query Manager, Sensor Data Processor, Server Communication Manager, Event Manager, In-network Service Manager, Sensor Network Manager, Security Manager, Sensor Network Interface로 구성된다. 각 구성 요소와 관련된 자세한 사항은 다음과 같다.

① High-Level API

High-Level API는 상위 USN 서비스 애플리케이션과의 직접적인 통신을 하기 위한 컴포넌트이며, Host Service Listener와 Host Service Binder로 구성된다. 여기서 Host Service란 USN 서비스 애플리케이션에 제공하기 위해 USN Host-side 미들웨어가 제공하는 서비스를 가리킨다. 반면에 Node Service는 USN In-network 미들웨어가 제공하는 서비스이다. 이는 USN In-network 미들웨어를 통해 센서노드에서 측정한 온도·습도·가스 등의 센서 정보를 제공하는 서비스이다. 이와 같이 Host Service와 Node Service를 바탕으로 한 USN 서비스 애플리케이션은 실시간 고부가가치 데이터 서비스를 클라이언트에게 제공한다.

High-Level API 컴포넌트의 구성 요소 중 Host Service Listener는 USN 서비스 애플리케이션이 요구한 서비스 데이터를 수신하는 모듈이며, Host Service Binder는 USN 서비스 애플리케이션과 Host Service 간의 연결 역할을 하는 모듈이다.

② USN Directory Service

USN Directory Service는 사용자가 요구하는 USN 데이터를 담당하는 Data 서버 또는 Event 서버를 검색하여 그 결과에 응답하는 역할을 하며, Event-Data(ED) Server Binder와 ED Server Finder로 구성된다. ED Server Binder는 주어진 요구 데이터를 Event 서버 또는 Data 서버 주소와 매핑하기 위한 모듈이고, ED Server Finder는 서비스를 제공하는 목적지 Event 서버 또는 Data 서버를 검색하기 위한 모듈이다.

③ Event Service

Event Service는 USN 노드에서 생성되는 이벤트 관련 데이터를 분석하여 이벤트 발생 시 이벤트 정보를 제공하기 위한 것으로, IPv6 스택을 기반으로 모든 USN 노드에 IP 주소를 할당하여 해당 주소의 USN 노드에서 발생하는 센싱 데이터와 관련된 이벤트를 제공한다. 이때 이벤트는 사용자가 요구한 지역의 '50도 이상 고온 이벤트'와 같이 조건문으로 표현할 수 있으며, 발생 시점의 예측이 불가능하나 조건문에 부합되는 상황 발생 시 실시간으로 통보받아야 하는 사건을 가리킨다.

④ Context-Aware Manager

Context-Aware Manager는 센서 데이터에서 실시간 상황 정보(규칙, 패턴)를 마이닝하여 응용 서비스에 전달하고, 지능적으로 상황을 판단하여 자율적 의사 결정 및 서비스 실행이 가능한 에이전트 기능을 제공한다. 또한 Context-Aware Manager는 USN 망에서 발생하는 다양한 데이터를 토대로 Context를 보급하는 Context Disseminator, 상황 인지 서비스를 발견하기 위한 디스커버리 서비스, 지능적 상황 판단을 위한 추론 엔진 Reasoning Engine, 모듈 관리자 Context Manager로 구성된다.

⑤ DB Query Manager

DB Query Manager는 사용자가 DB 형식의 Query 문을 통해 센서 데이터 요청을 할 때 DB Query 문을 USN에 적합한 명령으로 해석하여 DB 응답에 필요한 센서 데이터의 수집 명령을 각 USN 노드에 전달하는 컴포넌트이다.

⑥ Sensor Data Processor

USN에서 생성한 데이터의 종류로는 비동기적 이벤트를 기록하는 것과 데이터 쿼리를 통한 기록, 실시간 모니터링 및 작업 명령, 에이전트를 통한 데이터 수집 등이 있다. 이러한 데이터를 처리하기 위해 Sensor Data Processor는 Asynchronous Event Reporting, Data Query Model Reporting, Real-Time Monitoring, Work Commander, 에이전트로 구성된다.

⑦ SCM(Server Communication Manager)

USN 인프라에는 여러 종류의 서버(Directory 서버, Event 서버, Data 서버)가 인터넷에 분산되어 존재하는데, 서버 간에 원활한 통신을 지원하려면 Server to Server Protocol을 기반으로 한 SCM이 필요하다.

⑧ Event Manager

Event Manager는 Event Service를 제공하기 위해 USN 망에서 발생하는 이벤트를 관리하는 컴포넌트이다. Event Manager는 이벤트의 흐름을 제어하기 위한 Event Flow Control 모듈과 이벤트를 수신하기 위한 Event Listener 모듈로 구성된다.

⑨ In-network Service Manager

In-network Service Manager는 USN Node가 제공하는 온도·습도·가스 등의 센싱 정보를 관리하기 위한 컴포넌트이며, Host Service와 Node Service 연결을 위한 Node Service Binder 모듈과 Host Service가 어떠한 Node Service를 요구하는지 수신하기 위한 Node Service Listener 모듈로 구성된다.

⑩ Sensor Network Manager

Sensor Network Manager는 Local USN Node를 관리하기 위한 컴포넌트로, USN 노드를 찾기 위한 Node Discovery 모듈과 배터리의 잔량 등 USN 노드 상태를 모니터링하기 위한 Sensor Monitor 모듈로 구성된다.

⑪ Security Manager

Security Manager는 악의적인 침입이나 거부 공격(denial of service)과 같은 외부 공격 및 USN Hostside 미들웨어에서 수집한 데이터를 검증하는 기능이 있다. 또한 USN In-network 미들웨어 센서 데이터를 보호하기 위한 정책을 제공한다.

⑫ Sensor Network Interface

Sensor Network Interface는 USN Host-side 미들웨어와 USN In-network 미들웨어 간의 통신을 위한 컴포넌트이다. Sensor Network Interface는 USN 망에서 발생한 이벤트를 인지 및 생성하는 Event Generator, USN Node 내의 센서 설정 정보를 담은 Sensor Profiler, USN In-network 미들웨어와 통신하는 Protocol Stack/Relay, 명령을 전달하고 처리하는 Command Processor, 센서 데이터를 송수신하는 Data Communication 모듈로 구성된다. 또한 USN In-network 미들웨어는 Low-Level API, Other Middleware Supporter, Application Adapter, Node Query Manager, Location Information Manager, Task Configuration Manager, Node Service Manager, Sensor Node Manager, Node Security Manager, Hardware Abstraction Layer로 구성된다.

⑬ Low-Level API

Low-Level API는 USN Node에 탑재된 응용 프로그램이 미들웨어 서비스를 사용할 때 연결 기능을 제공하는 컴포넌트이다.

⑭ Other Middleware Supporter

기존의 RFID, 텔레매틱스, 홈 네트워크, 센서 네트워크 분야의 미들웨어 OSGi, Jini, Havi, EPC 등을 지원함으로써 통합적인 USN 인프라를 이룬다.

⑮ Application Adapter

Application Adapter는 필요에 따라 응용 프로그램을 동적으로 설치, 실행함으로써 보다 다양한 서비스를 제공한다. 예를 들어 온도를 센싱하는 응용 프로그램이 실행 중에 있는 USN Node에 습도를 측정하는 새로운 작업을 부여하고자 할 때 데이터 서버는 습도 센싱을 위한 응용 프로그램을 다운로드 및 설치, 실행하여 USN Node의 교체 없이 즉각적으로 정보를 수집한다.

⑯ Node Query Manager

센서노드에서 쿼리 연산을 수행한다. 쿼리의 오류 검증 및 최적화는 Data 서버에서 수행하고, 여기서는 쿼리 처리를 위한 기본 연산만 수행한다.

⑰ Location Information Manager

USN Node는 자신의 위치 정보를 내부적으로 생성 및 기록할 필요가 있는데, Location Information Manager가 이 작업을 담당한다. USN Node의 위치 정보는 USN Host-side 미들웨어를 통해 Data 서버에 알려져 DB Query 및 이벤트 인지를 위한 데이터의 처리, 수집 등에 사용된다.

⑱ Task Configuration Manager

Task Configuration Manager는 여러 상황에 기민하게 반응할 수 있도록 Task 구성을 지원하는 컴포넌트이다.

⑲ Node Service Manager

USN In-network 미들웨어가 제공하는 Node Service(온도 · 습도 · 가스 등의 센서 데이터 수집 서비스)는 USN Host-side 미들웨어를 거쳐 Host Service를 통해 집약되며, USN 데이터 서비스로서 클라이언트에게 전달된다. 이때 Node Service Manager는 USN Host-side 미들웨어에 USN 망의 Node Service를 제공하는 역할을 한다.

⑳ Sensor Node Manager

Sensor Node Manager는 USN Node를 관리하기 위한 공통 기능 컴포넌트로, 시간 동기화를 위한 Clock Synchronizer와 Task Scheduler로 구성된다.

㉑ Node Security Manager

USN Node 간의 무선 통신은 외부 공격으로 센싱 정보를 도청당하거나 센싱 정보가 조작될 가능성이 매우 높다. Node Security Manager는 In-network 미들웨어에서 센서 데이터를 보호하기 위한 기능을 제공한다.

㉒ Hardware Abstraction Layer

Hardware Abstraction Layer는 하드웨어 디바이스를 추상화하는 기능을 담당하는 컴포넌트로, CPU/Communication Controller, Protocol Stack, Sensor Controller로 구성된다. CPU/Communication Controller는 노드를 구성하는 하위 디바이스를 관리하며, Protocol Stack은 USN Node 간 통신을 위한 프로토콜 스택이다. 또한 Sensor Controller는 온도 · 습도 · 가스 등의 센서 디바이스를 제어하기 위한 모듈이다.

2 USN 응용 인터페이스 및 API

1 | 센서 네트워크 공통 인터페이스 개요

센서 네트워크 공통 인터페이스는 호스트와 센서 네트워크 간에 교환되는 공통 메시지를 표준화된 규격으로 정의함으로써 이기종 센서 네트워크의 추상화 기능을 제공하는 표준 인터페이스이다. 호스트는 센서 네트워크를 이용하여 서비스를 제공하는 응용 서비스이거나 응용 서비스와 센서 네트워크 간의 연결, 질의 및 센싱 데이터 전달, 센싱 데이터 처리 등의 기능을 제공하는 미들웨어일 수 있다.

센서 네트워크 공통 인터페이스에서 정의한 기능들은 센서 네트워크에서 메타데이터를 관리한다는 전제로 정의된다. 센서 네트워크와 관련된 메타데이터는 센서 네트워크 노드의 하드웨어적 · 소프트웨어적 특성, 통신 프로토콜 정보, 토폴로지, 노드 수, 구동기 수, 센싱 값 유형 등을 포함하며, 센서 네트워크의 메타데이터를 저장 · 검색 · 수정 · 관리하는 모듈을 통해 일관되게 관리됨을 가정한다. 센서 네트워크 메타데이터 정의 및 기타 접근 인터페이스는 본 표준 문서의 범위를 벗어난다(TTAS.KO-06.0167,TTAS.KO-06.0168).

센서 네트워크는 특성상 지원하는 능력이 천차만별이다. 즉 제공 기능, 동작 방식 등이 센서 네트워크를 구성하는 노드의 스펙 및 응용에 따라 차이가 많다. 따라서 본 표준에서 정의한 메시지는 해당 센서 네트워크가 지원하는 능력에 따라 선별적으로 구현하며, 동일한 기능을 구현할 경우 반드시 본 표준의 메시지 구조를 따르도록 한다. 단, 센서 네트워크 연결 · 인증 · 확인(ConnReqCttrl, ConnResCtrl, DisConn ReqCtrl/AuthReqCtrl, AuthResCtrl/ChannelCheckCtrl, ChannelConfirmCtrl, NakChk)과 관련된 메시지와 현재 연결된 센서 네트워크의 정보 수집(NetworkInfoReq, NetworkInfoRes)과 관련된 명령어는 반드시 구현하도록 한다.

1 센서 네트워크 공통 인터페이스 기능 요구사항

센서 네트워크 추상화를 제공하기 위한 센서 네트워크 공통 인터페이스는 정보를 제공하는 센서 네트워크와 이를 이용하는 호스트 간에 구현되어 추상화 기능을 제공한다. 센서 네트워크 추상화를 위해서는 다음과 같은 기능이 요구된다.

:: 표준화된 센서 네트워크 연결 및 해지 기능

:: 표준화된 센싱 데이터 질의 및 수집 정보 보고 기능

:: 센서 네트워크 메타데이터 질의 및 보고 기능

:: 센서 네트워크 모니터링 기능

:: 센서 네트워크 제어 기능

:: 센서 네트워크 인증 기능 및 메시지 암호 · 복호 기능

센서 네트워크 인터페이스는 사용 환경의 특성에 따라 구현이 용이하면서도 확장성 있게 설계되어야 한다. 또한 센서 네트워크 단에서 센서 네트워크 인터페이스 기능을 제공하는 노드도 계산 능력, 전원 문제에서 복잡한 처리가 불가능할 수 있으므로 유연한 구조로 설계되어야 한다.

❷ 센서 네트워크 통신 프로토콜

센서 네트워크를 이용하여 정보를 획득하고자 하는 호스트는 본 표준에서 제안하는 공통 인터페이스를 이용하여 센서 네트워크와 통신한다. 센서 네트워크는 본 표준에서 제안하는 인터페이스를 처리하는 모듈을 구현한다. 해당 모듈은 논리적 객체로서 센서 네트워크 내부 또는 외부 어디에나 존재할 수 있다.

본 표준에서는 이와 같은 기능을 제공하는 노드를 센서 네트워크 어댑터(Sensor Network Adaptor)라고 정의한다. 센서 네트워크 어댑터는 센서 네트워크 내부의 통신 프로토콜, 토폴로지, 센서노드의 개수, 센서노드에 장착된 센서 유형, 구동기 유형 등의 정보를 모두 파악하여 호스트의 요청을 센서 네트워크 내부적으로 이해할 수 있는 프로토콜로 변환하여 전달하는 기능을 제공한다. 센서 네트워크 어댑터와 센서 네트워크 간의 역할 분담 및 통신 방법은 본 표준의 범위를 넘어선다.

그림 5-3-19는 호스트가 응용 프로그램인 경우, 그림 5-3-20은 호스트가 응용 프로그램과 센서 네트워크 사이에서 중간 처리를 제공하는 미들웨어인 경우를 구분하여 표현한 서비스 프레임워크이다.

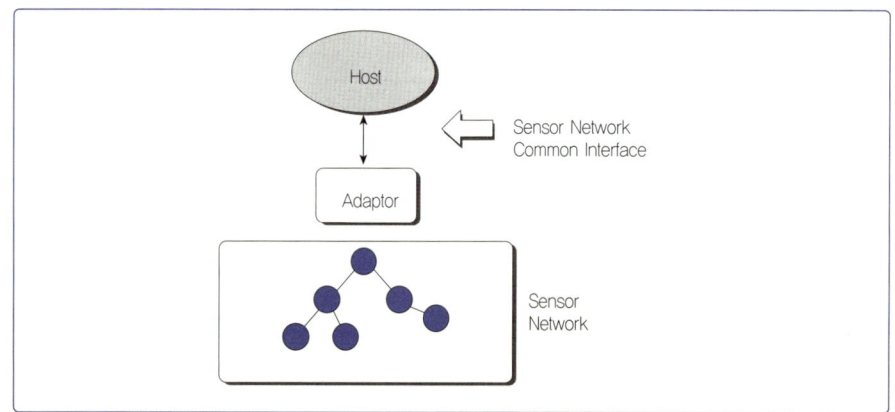

그림 5-3-19
호스트가
응용 프로그램인 경우
통신 프레임워크

센서 네트워크는 어댑터를 통해 호스트인 응용 프로그램과 연결되어 서비스를 제공한다. 이 경우 호스트와 어댑터는 센서 네트워크 공통 인터페이스를 이용하여 통신한다.

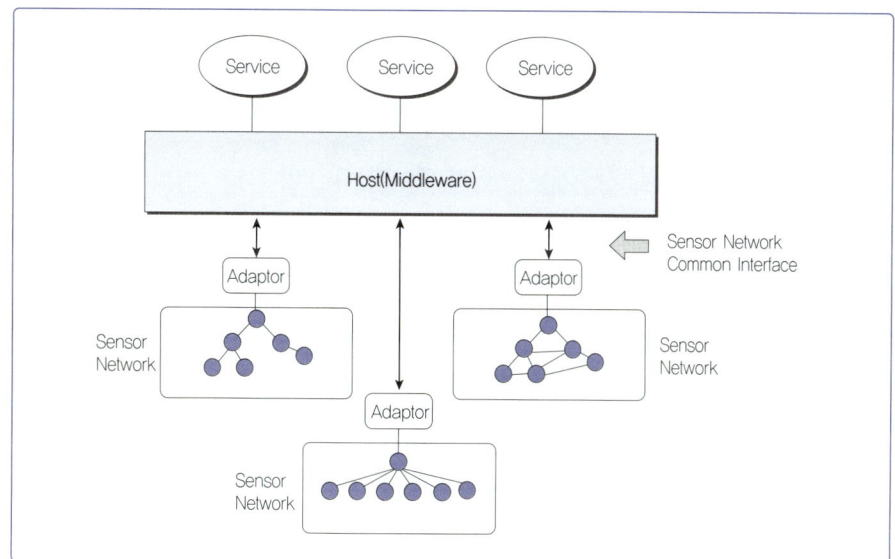

그림 5-3-20
미들웨어가
호스트인 경우
통신 프레임워크

다양한 응용 서비스는 미들웨어를 통해 다양한 센서 네트워크와 통신하며, 호스트인 미들웨어와 센서 네트워크 간의 통신은 본 규격에서 정의하는 센서 네트워크 공통 인터페이스를 이용한다. 미들웨어와 응용 서비스 간의 인터페이스는 본 표준의 범위를 벗어난다.

① 호스트와 센서 네트워크 간 연결 설정

호스트와 센서 네트워크 간의 연결은 크게 두 가지 모드로 구분된다. 기본 모드는 준비된 센서 네트워크가 호스트에 연결을 요청하는 SN-initiated 모드이며, 다른 하나는 호스트가 필요할 때 센서 네트워크로 연결을 요청하는 host-initiated 모드이다.

:: SN-initiated 모드: 호스트와 센서 네트워크 간의 연결은 다음 두 단계로 이루어진다.

– 1단계: 센서 네트워크가 호스트에 연결을 요청하는 단계

연결 요청을 수신한 호스트는 센서 네트워크의 신뢰성을 확인한 후 연결 정보를 전달한다. 호스트의 연결 요청자는 어댑터일 수도 있고 다른 노드일 수도 있다. 연결 정보는 둘 사이에 이용할 통신 프로토콜 및 연결 방법과 연결 파라미터를 포함한다(예 : Tcp/ip 통신의 경우 통신 프로토콜=tcp/ip, 연결 파라미터는 ip address와 port 번호).

– 2단계: 센서 네트워크와 호스트의 연결이 성립되는 단계

호스트에서 수신한 연결 정보를 이용하여 센서 네트워크가 호스트에 각 채널을 연결하면 호스트는 연결을 허용한다.

:: host-initiated 모드: 호스트가 센서 네트워크에 연결을 요청한 후 앞의 절차를 수행한다.

② 통신 채널

센서 네트워크(어댑터)와 호스트는 채널을 통해 통신하며, 채널은 표 5-3-1에서 보듯이 다음 세 가지로 분류한다.

우선 명령 채널은 센싱 데이터 처리 및 모니터링의 명령/보고를 전달하는 데 사용하며, 이때 메시지는 비동기적으로 교환한다. 명령 채널을 이용하여 전달되는 명령어는 센서 네트워크 내부적으로 일정 정도의 처리 시간이 소요된다. 다음은 제어 채널로 메타데이터의 요청/응답, 센싱 명령의 제어 요청/응답을 전달하는 데 사용하며, 이때 메시지는 동기적으로 교환한다. 마지막으로 센서 네트워크가 호스트에 처음으로 연결을 요청할 때 사용하는 연결 채널이 있다. 이러한 채널의 분류는 논리적 분류로서 센서 네트워크와 호스트 간에 교환되는 메시지 처리 방법을 구분하기 위함일 뿐 필요에 따라 구분하지 않을 수도 있다.

물리적 통신 채널은 tcp 메시지를 이용하여 구현할 수도 있고, http 메시지를 이용하여 구현할 수도 있다. 채널은 통신 관련 노드, 처리 방법(동기식/비동기식)에 따라 분류한다.

:: 명령 채널(command channel): 센서 네트워크는 연결 채널을 통해 획득한 연결 정보를 이용하여 명령 채널의 포트 번호를 할당받는다. 센서 데이터의 요청/보고, 모니터링 정보의 요청/보고를 위한 명령어는 명령 채널을 이용한다. 센서 네트워크는 명령을 수신하고 그에 대한 응답을 생성할 때 처리 시간이 필요하다. 명령 채널은 비동기식(asynchronous)으로 처리하며, 센서 네트워크 어댑터와 호스트 간에 사용하는 채널이다.

:: 제어 채널(control channel): 센서 네트워크는 연결 채널을 통해 획득한 연결 정보를 이용하여 제어 채널의 포트 번호를 전달받는다. 센서 네트워크의 제어 요청/응답 및 연결 해지는 제어 채널을 이용한다. 제어 채널은 동기식(synchronous)으로 처리하며, 해당 제어를 제대로 처리했는지 호스트가 확인한 후 다른 연산을 처리하도록 한다.

:: 연결 채널(connection channel): 센서 네트워크가 호스트에 연결을 요청할 때 사용하는 채널이다. 해당 채널을 위한 포트 번호는 사전에 고정으로 정해 놓고 사용한다. 호스트에 연결을 요청하는 노드는 어댑터일 수도 있고, 센서 네트워크의 다른 노드에 구현될 수도 있다.

	통신 관련 노드	처리 방법	비고
명령 채널	호스트 ⇔ 어댑터	비동기식	-
제어 채널	호스트 ⇔ 어댑터	동기식	-
연결 채널	연결 요청자 ⇔ 호스트	동기식	연결 요청자는 어댑터 또는 그 밖의 노드일 수 있음

표 5-3-1
채널 분류

❸ 센서 네트워크 공통 메시지

센서 네트워크 공통 인터페이스는 통신 프로토콜에 따라 교환하는 메시지를 정의한다. 해당 메시지는 binary 메시지로도 표현 가능하며, xml을 이용하여 표현할 수도 있다.

① 메시지 유형별 코드

메시지를 기능별로 분류하고, 각 메시지의 개별 코드 값을 정의한다.

:: 메시지 유형: 메시지 유형(MessageType)은 메시지의 의미를 표시하는 것으로, 다음과 같은 구조를 갖는다.

Message Group (4bit)	Message Type (12bit)

표 5-3-2는 메시지 그룹(Message Group)을 구분한 것이다.

메시지 그룹		값(16진수))	메시지 종류
연결 제어/확인	연결 설정/해지	0	ReqConnCtrl, ConnReqCtrl, ConnResCtrl, DisConnReqCtrl
	인증		AuthReqCtrl, AuthResCtrl
요청	정보	1	NetworkInfoReq, BufferDataReq
	명령	2	CmdActionReq, UpdateCmdReq
	네트워크	3	ControlNetworkReq, ControlNodeReq
응답	정보	4	NetworkInfoRes, BufferDataRes
	명령	5	CmdActionRes, UpdateCmdRes
	네트워크	6	ControlNetworkRes, ControlNodeRes
명령	센싱/구동기	7	InstantCmd, ContinuousCmd, InstantEventCmd, InstantAggCmd, ContinuousAggCmd, RunActuatorCmd
	모니터링	8	MonitoringStartCmd, MonitoringStopCmd
보고	센싱/구동기	A	SensingValueRpt, RunActuatorRpt, FinishRpt
	모니터링	B	MonitoringRpt
	기타	C	ErrorRpt, UpdateRpt
확인	채널 확인	D	ChannelCheckCtrl, ChannelConfirmCtrl
	오류 확인		NakChk
예약		9	
		E	
		F	

표 5-3-2
메시지 그룹

:: 메시지 유형별 코드 값: 표 5-3-3은 메시지 유형별 코드 값을 나타낸 것이다.

메시지 그룹		채널	메시지 유형	코드 값
연결 제어 (0x0000~0x0FFF)	연결 설정/ 해지	연결	ReqConnCtrl	0x0001 (1)
		연결	ConnReqCtrl	0x0002 $(2)_{10}$
		연결	ConnResCtrl	0x0003 $(3)_{10}$
		명령, 제어	DisConnReqCtrl	0x000F $(15)_{10}$
	인증	명령, 제어	AuthReqCtrl	0x0100 $(256)_{10}$
		명령, 제어	AuthResCtrl	0x0101 $(257)_{10}$
요청 (0x1000~0x3FFF)	정보	제어	NetworkInfoReq	0x1000 $(4096)_{10}$
		제어	BufferDataReq	0x1001 $(4097)_{10}$
	명령	제어	CmdActionReq	0x2000 $(8192)_{10}$
		제어	UpdateCmdReq	0x2001 $(8193)_{10}$
	네트워크	제어	ControlNetworkReq	0x3000 $(12288)_{10}$
		제어	ControlNodeReq	0x3001 $(12289)_{10}$
응답 (0x4000~0x6FFF)	정보	제어	NetworkInfoRes	0x4000 $(16384)_{10}$
		제어	BufferDataRes	0x4001 $(16385)_{10}$
	명령	제어	CmdActionRes	0x5000 $(20480)_{10}$
		제어	UpdateCmdRes	0x5001 $(20481)_{10}$
	네트워크	제어	ControlNetworkRes	0x6000 $(24576)_{10}$
		제어	ControlNodeRes	0x6001 $(24577)_{10}$
명령 (0x7000~0x8FFF)	센싱/구동기	명령	InstantCmd	0x7000 $(28672)_{10}$
		명령	ContinuousCmd	0x7001 $(28673)_{10}$
		명령	InstantEventCmd	0x7002 $(28674)_{10}$
		명령	예약	0x7003
		명령	InstantAggCmd	0x7004 $(28676)_{10}$
		명령	ContinuousAggCmd	0x7005 $(28677)_{10}$
		명령	RunActuatorCmd	0x7A00 $(31232)_{10}$
	모니터링	명령	MonitoringStartCmd	0x8000 $(32768)_{10}$
		명령	MonitoringStopCmd	0x8001 $(32769)_{10}$
보고 (0xA000~0xC FFF)	센싱/구동기	명령	SensingValueRpt	0xA000 $(40960)_{10}$
		명령	RunActuatorRpt	0xA001 $(40961)_{10}$
		명령	FinishRpt	0xAFFF $(45055)_{10}$
	모니터링	명령	MonitoringRpt	0xB000 $(45056)_{10}$
	네트워크	명령	ErrorRpt	0xC000 $(49152)_{10}$
		명령	UpdateRpt	0xC001 $(49153)_{10}$

○ 계속

메시지 그룹		채널	메시지 유형	코드 값
확인 (0xD000~0xDFFF)	채널 확인	명령, 제어	ChannelCheckCtrl	0xD000 (3582)$_{10}$
		명령, 제어	ChannelConfirmCtrl	0xD001 (3583)$_{10}$
	오류 확인	명령, 제어	NakChk	0xDFFF (3328)$_{10}$

표 5-3-3 메시지 유형별 코드 값

:: 주소 표현 방법: 몇몇 메시지는 메시지 내부에 상대방이 연결할 주소를 전달해야 할 경우가 있다. 이런 경우 주소는 다음과 같은 형식으로 표현한다.

(통신방법)://서버주소/info?포트명=포트값{&포트명=포트값}*

예 tcpip://123.456.78.90/info?ControlPort=1234&CommandPort=1234

– 어댑터가 소켓 통신을 하며, 접속할 서버 주소는 123.456.78.90이고 제어 채널과 명령 채널의 포트는 1234번임을 의미한다.

예 tcpip://123.456.78.90/info?ReqConnPort=1234

– 어댑터가 123.456.78.90 ip에서 소켓을 이용하여 호스트의 연결 요청을 대기 중이며, 포트는 1234번임을 의미한다.

예 http://123.456.78.90/info?ControlPort=1234&CommandPort=5678

– 어댑터가 HTTP 통신으로 접속할 서버 주소는 123.456.78.90이고 제어 채널은 1234번 포트, 명령 채널은 5678번 포트임을 의미한다.

2 | 바이트 스트림 메시지

호스트와 어댑터 간의 메시지 전송은 다양한 방법으로 이루어진다. 여기서는 TCP/IP를 이용하여 메시지를 교환할 때 필요한 바이트 스트림 형태의 메시지 프로토콜을 알아보기로 한다.

:: SensorNetworkID, NodeID: 향후 표준으로 정의할 센서 네트워크 ID 식별자 체계와 센서노드 ID 식별자 체계에 따른 센서 네트워크 ID와 센서노드 ID를 포함하는 필드이다.

:: SensingTypeID: 센서 네트워크 공통 인터페이스는 센서 네트워크의 메타데이터를 저장 · 검색 · 수정 · 관리하는 모듈을 사용함을 가정한다. 센서노드 또는 어댑터의 처리 수준이 매우 다양하므로 공통 메시지를 사용할 경우 부록에 예시한 바와 같이 해당 도메인별로 센싱 값 타입

유형표를 정의하여 메타데이터 관리 모듈을 통해 통일하여 사용하도록 한다.

■1 메시지 구조

메시지는 표 5-3-4와 같은 구조를 갖는다.

메시지 헤더	프로토콜 버전	메시지 유형	몸체 길이
	(2bytes)	(2bytes)	(2bytes)
메시지 바디	Body(nbytes)		

표 5-3-4
바이트 스트림
메시지 구조

① 메시지 헤더

:: 프로토콜 버전

- USN 미들웨어와 어댑터 간의 메시지 전송 규약 버전을 표현한다.

- 상위 1바이트는 Major 버전을, 하위 1바이트는 Minor 버전을 나타낸다.

- Major 버전: 1~255의 정수 값

- Minor 버전: 0~255의 정수 값

:: 메시지 유형: USN 미들웨어와 어댑터 간에 교환되는 메시지의 종류를 표현한다.

:: 몸체 길이

- 메시지 헤더를 제외한 메시지 몸체의 길이를 표현한다.

- 메시지 바디가 가질 수 있는 값은 0~65535이다.

② 메시지 바디

메시지 유형에 따른 몸체를 표현한다.

■2 메시지 종류

센서 네트워크는 성능에 따라 정의된 공통 메시지 규격을 모두 지원하거나 일부만 지원할 수 있다. 지원하지 않는 메시지가 전달될 경우 어댑터는 이를 무시하여 어떤 처리도 하지 않는 것으로 정의한다.

① 연결 제어 메시지

호스트와 어댑터가 메시지를 주고받으려면 우선 지정된 통신 방법으로 연결을 맺어야 한다. 이러한 연결을 맺을 때 필요한 것을 연결 제어 메시지라고 한다. 호스트와 어댑터 간의 연결은 연결 채널을 통한 메시지 교환 후 생성되는 제어 채널과 명령 채널의 인증 처리가 연속으로 이루어질 때 맺어진다. 이후 센싱 관련 명령어와 센서 네트워크 제어 및 정보 수집 명령을 교환할 수 있다.

② 요청/응답 메시지

호스트가 어댑터에 요청 메시지를 전송하면 어댑터는 이를 처리하여 응답 메시지를 전송하는데, 이러한 과정은 동기적으로 이루어진다. 즉 호스트는 하나의 요청 메시지를 전달한 후 응답이 도착하기 전에 다른 요청을 어댑터로 전송할 수 없다.

③ 명령/보고 메시지

호스트는 어댑터에 센싱/모니터링 명령을 전송하고, 어댑터는 수행 결과를 보고한다. 하나의 명령에 따른 결과 보고는 존재하지 않거나 다수일 수 있다. 수신된 센싱 명령이나 모니터링 명령의 에러 상황 또는 센서 네트워크의 에러 상황은 에러 보고 메시지(ErrorRpt)를 통해 전송되며, 네트워크에 대한 노드, 트랜스듀서에 대한 정보 변동 사항은 갱신 메시지(UpdateRpt)를 통해 전송된다.

Ubiquitous Sensor Network

응용 요구사항 프로파일
(ARP: Application Requirements Profile)

Appendix

1 개요

UBIQUITOUS SENSOR NETWORK

1 정의

응용 요구사항 프로파일(ARP: Application Requirements Profile)이란 기술 개발 초기 단계에서 서비스 모델의 기술적 요구사항을 분석하여 이를 정리한 요구사항 분석서이다. 국내 RFID/USN 분야에서 정의한 ARP의 경우 이러한 요구사항 분석서로서의 의미에 추가 내용이 포함된다. 여기서 추가 내용이란 TTA(한국정보통신기술협회)를 통해 기술 보고서(Technical Report)로 제정한 RFID/USN 분야 ARP에서는 파급 효과가 큰 관련 서비스 모델에 적용하여 실행한 시범사업, 확장사업 등의 결과를 실증 데이터로 추가해 ARP를 구성하도록 권고한 사항을 말한다.

따라서 국내 RFID/USN 분야 ARP는 특정 서비스 모델에 RFID/USN을 적용하기 위한 서비스, 환경, 기술적 요구사항을 정의하고 이에 대한 실증 실험 또는 사업 결과를 부가적으로 정리하여 정의한 문서이다.

2 목적

RFID/USN은 기술 특성상 그 자체만으로 킬러 애플리케이션(killer application)이 되는 기술이라기보다 기술이 이슈가 된 시점부터 물류·유통 분야와 모바일 RFID 같은 다양한 산업이나 응용 서비스에 적용하여 부가 기능과 효율성 그리고 편의를 제공하는 아이템이다. 따라서 이를 적용하고 활성화하는 데는 기반시설의 상당한 투자가 필요하다. 또한 아직까지 확실한 서비스 모델이 발굴되지 않아 사용자의 요구가 크지 않은 상황에서 물류, 유통, 소규모 관리시설에 대한 적용 이외에 다른 응용 서비스 분야의 사업 모델로 빠르게 발전하지 못하고 있다.

이러한 RFID/USN 기술 분야의 특성과 국내 산업 현황을 고려하여 (舊)정보통신부 지원 사업을 통해 정부의 공공사업 및 대규모 사업으로 확장할 수 있는 서비스 모델을 발굴하고 사업 결과를 정리했다.

한국정보통신기술협회(TTA) 산하 RFID/USN 표준화위원회(PG311)에서는 RFID/USN 기술 및 표준화의 조기 보급과 확산을 통해 해당 분야 산업 활성화를 도모하기 위해 분야별 서비스 모델의 유사 응용 서비스 구축 시 필요한 요구사항을 참고할 수 있는 ARP를 작성하는 것을 목적으로 문서의 구조와 내용을 정의했다.

3 형식

한국정보통신기술협회(TTA) 산하 RFID/USN 프로젝트 그룹(PG311)은 (舊)한국정보사회진흥원 · 한국전자통신연구소와 협력하여 (舊)정보통신부가 지원, 수행한 시범사업, 본 사업, 확장사업 등 다양한 서비스 모델에 적용한 사업 결과를 유사 분야에서 참고할 수 있도록 이를 응용 요구사항으로 하여 기술 보고서로 정의하도록 문서의 구조와 내용을 정리했다. 관련 서비스 모델에 대한 ARP의 기술 보고서 문서 구조는 표 1-1과 같다.

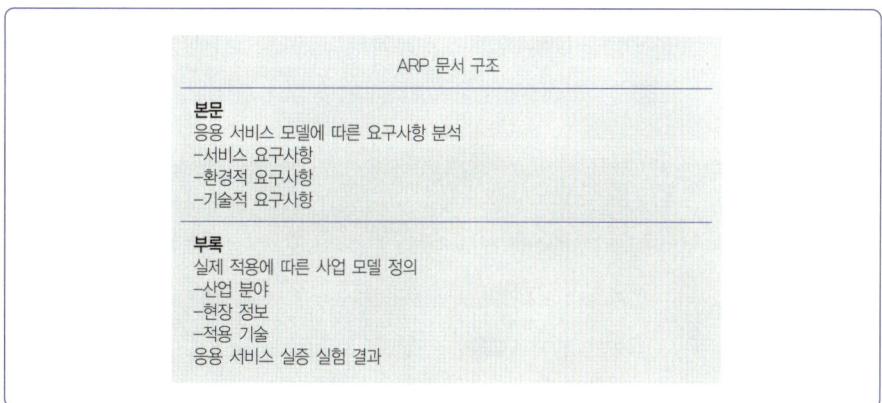

표 1-1
ARP 문서 구조
(TTA PG311 정의)

기술 보고서 본문에는 해당 서비스 모델별로 주요 요소의 응용 서비스 구축 시 필요한 서비스 요구사항, 환경적 요구사항, 기술적 요구사항을 기술한다. 또한 실제로 추진한 사업 결과의 산업 분야 정의, 현장 정보, 적용 기술 등에 대한 구체적 자료와 실증 실험의 결과 데이터를 부록으로 첨부하도록 권고하고 있다.

1 | 본문 구성 내용

본문에서는 서비스 모델과 같은 분야에 유사 모델로 적용할 때 이를 참고하도록 보편적인 내용을 정의한다.

① 서비스 요구사항

:: 적용 서비스 모델에서 요구하는 서비스 요소 정의

- 해당 사업에서 서비스에 필요한 요구사항을 정의한다.
- 관련 요구사항의 표준이 있으면 표준에서 요구사항을 도출하고, 그렇지 않으면 관련 사업 주체의 요구사항을 분석하여 정의한다.
- 예 "컨베이어 속도는 최소 1m/s 이상이어야 한다" 또는 "안테나는 2개 5m 구간별 2개 이하이어야 한다"와 같은 해당 사업에서 사업자가 요구하는 요구사항

② 환경적 요구사항

:: 적용 서비스 모델에서 요구하는 환경적 요소

- 본 산업 또는 관련 부처나 사업 주체에서 요구하는 관련 법 조항, 주파수 기술 기준 등 외부 요소를 정의한다.
- 본 산업 적용에서 제시하는 온도, 습도, 주변 구조물 등 보편적인 환경 요소를 정의한다.
- 적용한 장비의 외부 환경에 따라 필요한 환경 및 제원 요구사항을 작성한다.
- 예 "컨베이어 주변은 금속 프레임과 기타 로봇 등 간섭 환경이 있음"

③ 기술적 요구사항

:: 앞서 정의한 서비스 요구사항, 환경적 요구사항을 충족하는 기술적 요구사항

:: 전체 장비 및 네트워크 구성도(필수)

- 해당 사업에서 도출한 구성도를 그대로 그리지 않고, 유사 사업을 진행할 때 최소한 있어야 하는 관점에서 보편적 구성도의 필수 요소를 정의해 구성도를 도식화한다.
- 해당 구성도의 인터페이스 설명과 기술적 요구사항을 정리한다.

:: **전체 모듈 구성도(필수)**

- 요구사항에 특정 S/W 모듈 등이 반드시 필요하면 기술하는데, 이 또한 제안한 사업에 한정된 사항만 적용하지 말고 유사 사업을 진행할 때 최소한 있어야 하는 관점에서 제안한 보편적 모듈로 구성된 필수 요소를 그린다.

- 해당 모듈의 인터페이스 설명과 기술적 요구사항을 정리한다.

:: 장비 규격 및 적용

- 사업에 적용하는 장비 규격을 기록하는 것이 아니라 본 적용 사업의 서비스 요구사항이나 환경적 요구사항에 필요한 장비의 제원을 기록해야 한다. 즉 최소한의 요구사항 관점이다.

- 관련 사항을 충족하는 시제품이 있으면 그의 제원만 정리하고, 없으면 개발이 필요한 제품의 제원을 정리한다(사용 제품의 정보는 필요하지 않음).

2 | 부록 구성 내용

실질 사업에 적용하여 결과물이 있을 경우 이를 자세히 정리하여 참고하도록 부록으로 첨부할 것을 권고하고 있다.

1 사업 요약

본 ARP와 관련된 사업을 기술한다. 여러 개의 사업으로 구성된 경우 하위 번호 (1.1, 1.2 등)를 추가하여 프로젝트 제목, 기간, 추진 체계를 기술한다.

2 사업 진행 시 고려사항

사업을 수행하면서 어려웠던 사항(관련 기관 협조, 기술사항 등), 해당 분야의 산업적·기술적 성능에 영향을 미치는 요소, 성능 및 효율화를 위한 요소, 절차 요소 등의 정보를 도출한다.

3 사업 확장 시 고려사항

본 사업을 계속 확장할 경우 표준 문제, 상호운용성 문제와 같은 고려사항이나 확장 시 추가해야 할 부분 등을 기술한다.

2 분야별 ARP 소개
UBIQUITOUS SENSOR NETWORK

현재 만들어진 ARP는 약 50개이다. 그러나 모든 응용 요구사항 프로파일을 소개하기에는 무리가 있으므로 대표 분야를 선정하여 내용을 요약, 정리한다.

1 대기환경 모니터링 서비스를 위한 ARP

1 | 개요

대기오염 감시는 국가적으로 중대한 요소이기 때문에 산업 배출물이나 감시에 따른 법적 · 기술적 규약이 많이 정의된 사항이다. 본 ARP는 이러한 법적 · 기술적 규약에 따른 방법, 설비, 절차를 기반으로 생활에 필요한 인간의 최적 상태에 대한 가이드로서 대기환경 정보를 서비스하기 위해 필요한 산업계 요구사항, 서비스 추상화 요구사항, 정보 통신 인프라 요구사항, 기술 요구사항, 정보 요구사항 등의 응용 요구사항들을 규명하여 기술 개발 및 응용 서비스 구축 지침을 제시했다.

2 | 구성 및 요소

USN 기반 대기 감시 서비스를 제공하는 데 필요한 서비스 요구사항, 환경적 요구사항, 기술적 요구사항과 관련된 실증 실험 등으로 구성되어 있다. 적용 범위는 야외 활동을 할 때 인간에게 도움을 줄 수 있는 정보로 온도, 습도, 미세먼지, 자외선 지수, 일사량, 풍향, 풍속을 기술하고 있다.

3 | 서비스 요구사항

대기환경의 모니터링을 통해 인간이 생활할 수 있는 최적 생활 조건의 모델을 도출하고, 현 대기 상태의 적합 여부 판단과 그에 따른 대책 정보를 제공하는 모델을 개발한다.

:: 대기환경 관련 정보 센싱: 미세먼지, 풍속, 온도, 자외선 등을 실시간으로 센싱한다.

:: 센싱한 데이터 수집 및 분석: 서버에 설치한 미들웨어는 센서노드가 전송한 데이터를 게이트웨이를 통해 수신하여 센서별로 저장한다. 주기적으로 센서별 수집 주기에 비해 미수신된 경우를 점검한다.

:: 실시간 정보 서비스(Display 등): 통합 모니터링 시스템에서는 센서 설치 위치별 실시간 센서 정보를 표시, 조회할 수 있어야 한다.

:: 예보 등에 활용하도록 외부 시스템과 연계 가능: 봄철 황사 및 여름철 높은 일사량 등은 시민의 건강에 지대한 영향을 미치는 요소이므로 수집된 정보는 향후 환경 관리 시스템과의 연동을 통해 시민을 대상으로 하는 서비스가 제공되어야 한다.

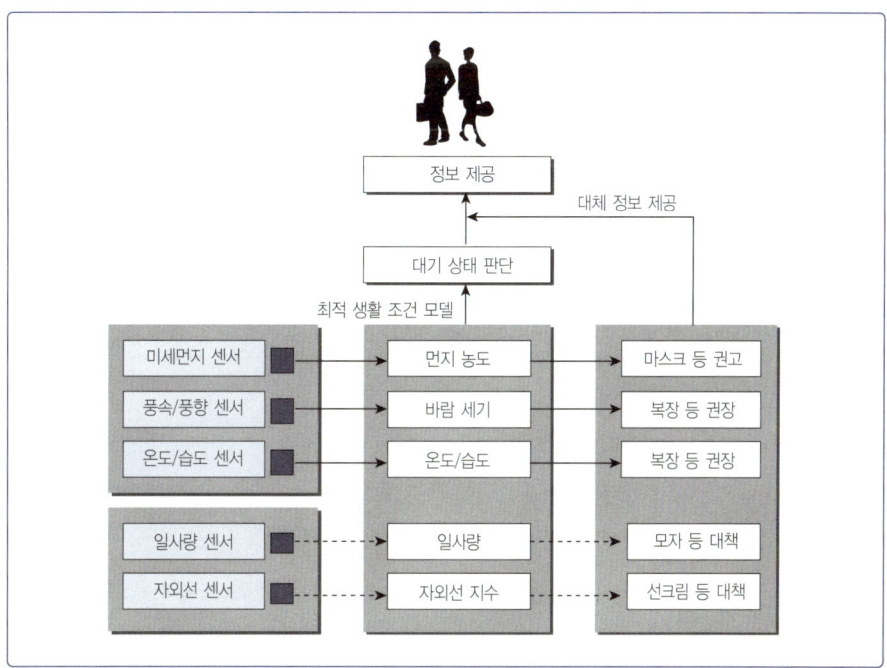

그림 2-1
대기환경에 따른
인간의 최적 생활
모델 프로세스

4 | 환경적 요구사항

1 산업 법규 정의

본 ARP의 대상이 되는 시설, 운용 등은 대기환경보전법 등의 규정에 따른다.

① 대기환경보전법

:: 지형, 기상, 현재 및 장래(향후 10년간)의 오염원 변화 추이, 인구, 주택 현황, 토지 이용과 교통 현황, 대기질 현황 등을 포함한 일반 환경 현황에 관해 기술한다.

:: 현재 및 장래(향후 10년간)의 오염원별 오염물질 배출량과 대기오염 예측 모형을 이용하여 오염도를 예측한다.

:: 무공해 및 저공해 자동차 보급 확대 등 오염 저감 계획 및 계획 시행을 위한 사항을 정의한다.

:: 정책 수단별 투자 계획과 재원 조달 방안 등의 경제성 평가를 제시한다.

:: 대기오염에 관한 종합 방안을 제시한다.

:: 대기오염 방지 설비에 관한 사항을 정의한다.

:: 오염 배출 차량 등에 대한 규제를 정의한다.

:: 오염 배출 사업장에 대한 규제를 정의한다.

:: 오염 배출 저감 장치 인증 등에 관한 사항을 제시한다.

2 산업 법규에 따른 요구사항

① 미세먼지 측정기 설치 규정

:: 규격

- PM-10 측정기는 국립환경연구원(NIER)의 형식 승인 및 미국 EPA, CE의 승인을 받은 제품이어야 한다.

:: 설치 장소

- 주변에 건물이나 수목 등의 장애물이 없고 그 지역 오염도를 대표한다고 생각되는 곳을 선정한다.

- 주위에 건물이나 수목 등의 장애물이 있을 경우 채취 위치에서 장애물까지의 거리가 장애물 높이의 2배 이상 되는 곳 또는 채취점과 장애물 상단을 연결하는 직선이 수평선과 이루는 각도가 30° 이하 되는 곳을 선정한다.

- 주위에 건물 등이 밀집해 있거나 접근해 있을 경우 건물 바깥 벽에서 적어도 1.5m 이상 떨어진 곳에 채취점을 선정한다.

- 시료 채취 높이는 부근의 평균오염도를 나타내는 곳으로, 가능한 1.5~10m 범위로 한다.

:: 측정 시간

- 한 시간을 원칙으로 하나, 사용 기기에 따라 달라질 수 있다.

:: 주의사항

- 측정기에 사용하는 베타선 광원은 100μCi 이하로 밀봉되어 안전하나 취급 관리에 주의해야 하며 분립 장치의 분진 청소, 상대 감도의 확인, 흡인 유량 등을 수시로 점검한다. 일반적으로 시료 채취 시간은 한 시간이지만, 농도가 먼지의 0.01mg/m^3 이하인 저농도일 경우 시료 채취 시간을 연장하여 측정하도록 한다.

② 데이터 표현

:: 농도

- 중량백분율로 표시할 때는 % 기호를 사용한다.
- 백만분율(Parts Per Million)로 표시할 때는 ppm 기호를 사용한다. 따로 표시가 없는 한 기체일 때는 용량 대 용량(V/V), 액체일 때는 중량 대 중량(W/W)으로 표시한다.

❸ 표준 요구사항

① 대기환경 측정 장비 및 데이터의 적합성 요구사항

:: 적합성 평가 기준

- 생활 기상 데이터 측정 시 사용하는 수치의 한국공업규격 KSA 0021 준수 여부를 확인한다.
- 수집 · 분석한 생활 기상 정보 데이터의 정확성 여부를 확인한다.
- 생활 기상 정보 측정 기구의 공인 기관 및 단체의 승인 여부를 확인한다.
- 생활 기상 정보를 측정할 때 대기환경보전법 규정에 따른 측정의 정확성 및 통일성을 유지하기 위해 필요한 제반사항 규정의 준수 여부를 확인한다.

:: 적합성 평가 방법

- 사용 수치의 한국공업규격 KSA 0021 준수 여부를 확인한다.
- 국내외에서 공인된 방법으로 측정한 생활 기상 데이터와의 일치성을 비교한다.
- 생활 기상 정보 측정 기구의 국립환경연구원(NIER) 형식 승인 및 미국 EPA, CE 승인 여부를 확인한다.
- 생활 기상 정보의 측정 장소 및 위치, 시간, 측정기 점검을 통해 대기환경보전법 규정의 준수 여부를 확인한다.

5 │ 기술적 요구사항

대기환경 모니터링을 위한 센서로는 미세먼지 센서, 풍속·풍향 센서, 온도·습도 센서를 공통으로 사용하며, 상황에 따라 일사량 센서, 자외선 센서 등을 사용할 수 있다. 센싱 데이터가 미들웨어 서버에 데이터를 전송하는 과정은 장비 설치 환경에 따라 다르다.

대기환경 모니터링의 경우 대부분 야외에 설치하므로 무선 AP, W-CDMA, HSDPA, WiBro, 메시 네트워크 등과 같은 통신망을 이용한다. 도시 내에서는 무선 AP가 경제적인 반면, 들판 등 야외에서는 CDMA 통신망을 이용한다. 데이터는 미들웨어 서버를 거쳐 모니터링 서버로 전송되며, 서버 상황도 설치 환경에 따라 통합하여 구축할 수 있다.

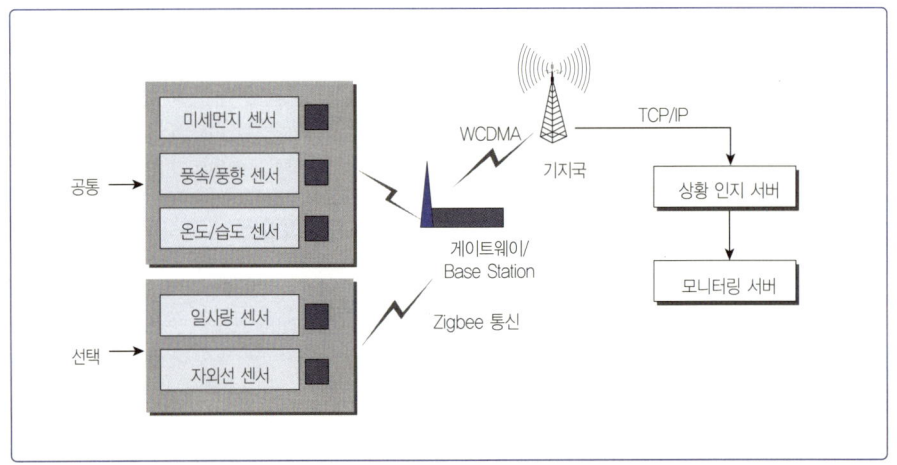

그림 2-2
대기환경 모니터링
시스템 구성도

USN 기반 시스템의 소프트웨어는 매우 간단하게 구성되어 있다. 미들웨어 서버에 설치한 USN 미들웨어는 센서 네트워크를 통해 도착하는 데이터 상황을 인지하고, 데이터 및 판단 처리를 한 뒤 모니터링 서버로 보낸다. 모니터링 서버는 데이터에 대한 그래픽 표현, 응용 연계 등의 기능을 제공한다. 상황에 따라 2개 서버를 1개로 구성할 수도 있다.

미들웨어 서버의 DBMS는 USN 미들웨어 제품에 따라 사용할 수도 있고, 사용하지 않을 수도 있다. 본 시스템은 외부 시스템과 연동이 가능하며, 외부 시스템은 필요에 따라 Raw 데이터를 그대로 사용하거나 미들웨어를 통해 가공된 정보를 전달받아 사용할 수 있다.

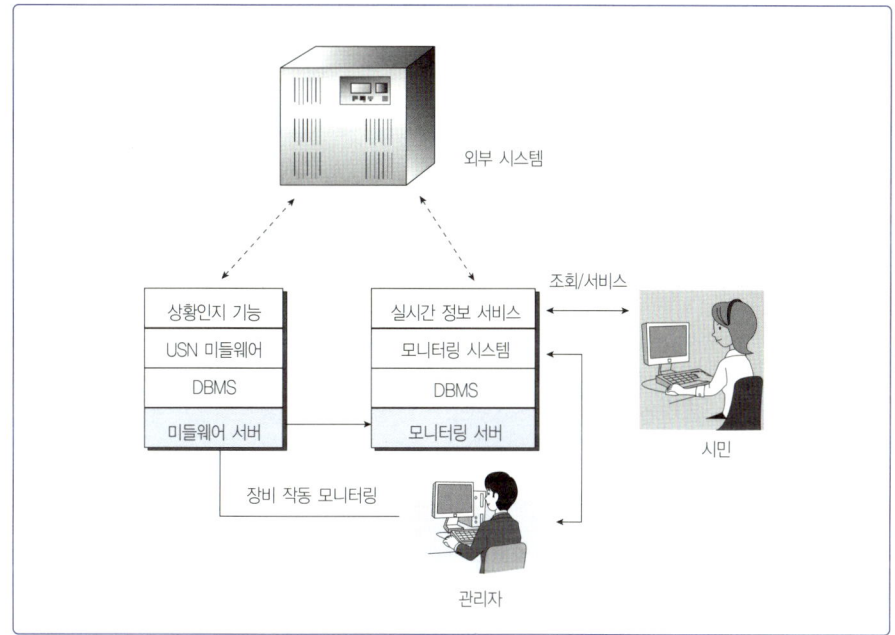

그림 2-3
대기환경 모니터링
시스템 소프트웨어
구성도

2 지하공동구 관리 서비스를 위한 ARP

1 | 개요

지하공동구는 도시의 동맥과도 같은 존재로서, 국가보안등급 '다' 급으로 분류하여 관리할 정도로 중요한 국가 기반 시설이며 법적·기술적 규약이 정의되어 있다.

본 ARP는 이러한 법적·기술적 규약에 따른 방법, 설비, 절차를 기반으로 보다 효율적인 지하공동구 관리 체계를 구축하기 위한 가이드이다. 따라서 이에 필요한 산업계 요구사항, 서비스 추상화 요구사항, 정보 통신 인프라 요구사항, 기술 요구사항, 정보 요구사항 등의 응용 요구사항을 규명하여 기술 개발 및 응용 서비스 구축 지침을 제시한다.

2 | 구성 및 범위

RFID/USN 기반 지하공동구 관리 서비스를 제공하는 데 필요한 서비스 요구사항,

환경적 요구사항, 기술적 요구사항으로 구성되어 있다. 응용 요구사항 프로파일의
적용 범위는 현재 지방자치단체 및 민간에서 관리하는 지하공동구에 대한 추가 및
보조 관리 시스템 구축에 적용할 수 있다.

3 | 서비스 요구사항

지하공동구 관리 시스템 구축을 통해 공동구에 보다 효율적이고 체계적인 관리
서비스 모델을 도출하며, 상태 판단 및 그에 따른 대책 정보를 제공하는 모델을 개발
한다.

■ 침입자 감시 서비스
① 서비스 개념
USN 기반의 각종 센서에서 관련 정보를 수집하고, 수집된 정보를 기반으로 송도
지역의 지하공동구 내 침입자에 대한 감시 정보를 실시간 모니터링함으로써 공동구
내 주요 시설물의 안정적 관리가 가능한 서비스를 침입자 감시 서비스라고 한다.

② 서비스 요구사항
:: USN 감시 정보: 적외선 센서로 침입자 정보를 감지하면 USN(Zigbee) 기술을 이용하여 상
위단으로 전송 및 저장, 관리한다.
:: 영상 감시 정보 수집: IP 카메라를 이용하는 영상 감시 방식으로, 환풍구에 IP 카메라를 설치하
여 불법 침입자 영상 정보를 감지하면 인터넷 라인을 통해 상위단으로 전송 및 저장, 관리한다.
:: 유지 보수: 침입자 감시 데이터의 신뢰성을 확보하기 위해 감지 센서 및 IP 카메라의 사양에 따
라 일정 주기별로 정기 점검 및 유지 보수를 진행한다.

■ 화재 감시 서비스
① 서비스 개념
USN(ZigBee) 기반의 각종 화재 센서(불꽃·연기·온도)를 이용한 공동구 내의
실시간 감시 서비스를 화재 감시 서비스라고 한다. 각종 센서는 화재 발생 가능성이
높은 지점을 대상으로 서비스가 구축된다. 각 센서 정보를 실시간 모니터링함으로써
지하공동구의 효율적 관리를 가능하게 하는 서비스이다.

② 서비스 요구사항

:: 환경 정보 수집: 지하공동구의 환경 정보를 수집할 목적으로 설치한 화재 센서에서 실시간 정보를 수집, 저장한다.

:: 지하공동구 센서 모니터링: 지하공동구에 설치된 다양한 센서(불꽃·연기·온도)를 통해 일정 주기별로 모니터링한다.

:: 시설물 정보 제공: 현장 업무(현장관리사무소) 또는 유관 기관(연수구청·남동공단소방서 등)의 정보 요구 시 수집된 시설물 및 센서 정보를 제공한다.

3 상수관 누수 감시 서비스

① 서비스 개념

:: USN 기반의 수위 센서를 이용해 집하정 수위를 실시간 감시함으로써 문제의 원인을 파악하는 것을 상수관 누수 및 균열 관리 서비스라고 한다.

:: 센서 정보를 실시간 모니터링함으로써 지하공동구의 효율적 관리가 가능하다.

② 서비스 요구사항

:: 수위 정보 수집: 지하공동구 내 집하정의 수위에 대한 실시간 정보를 수집, 저장한다.

:: 지하공동구 센서 모니터링: 지하공동구에 설치한 수위 센서를 통해 일정 주기별로 모니터링한다.

:: 시설물 정보 제공: 현장 업무(현장관리사무소) 또는 유관 기관(연수구청·남동공단소방서 등)의 정보 요구 시 수집된 시설물 및 센서 정보를 제공한다.

4 시설물·작업자 위치 확인 서비스

① 서비스 개념

RFID/USN 단말기를 이용하여 공동구 내에서 관리하는 시설물의 이력 및 위치 정보를 제공하고, 비상 상황 발생 시 작업자 위치를 제공하는 것을 시설물·작업자 위치 확인 서비스라고 한다.

② 서비스 요구사항

:: 위치 정보 조회: RFID/USN 단말기를 이용하여 RFID 태그가 부착된 시설물에서 시설물의 이력 및 위치 정보를 조회한다. 또한 공동구 내에 일정 간격으로 부착된 위치 확인용 RFID 태그를 이용하여 현장 작업자의 현재 위치를 확인할 수 있으며, 이 정보는 상위 통합관리센터로 전송된다.

:: 시설물 정보 제공: 현장 업무(현장관리사무소) 또는 유관 기관(연수구청 · 남동공단소방서 등)

의 정보 요구 시 수집된 시설물 및 센서 정보를 제공한다.

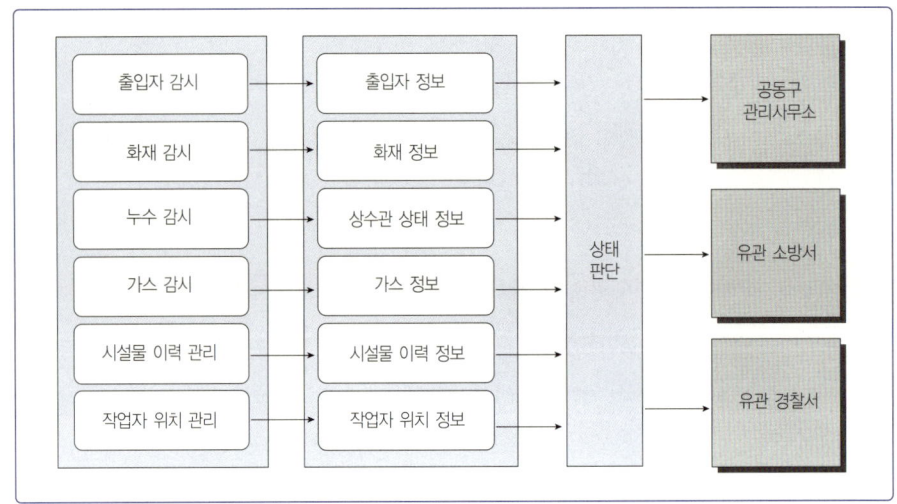

그림 2-4
지하공동구 관리
서비스 모델
프로세스

4 | 환경적 요구사항

1 산업 법규 정의
① 공동구 설치 및 관리 지침

② 소방시설 설치 유지 및 안전 관리에 관한 법률[법률 제6895호(2003.5.29)]
:: 소방 검사 등
:: 소방시설의 설치 및 유지 관리 등
:: 소방 대상물의 안전 관리
:: 소방시설 관리사 및 소방시설 관리 업무
:: 소방용 기계 기구의 형식 승인 등

③ 자동 화재 탐지 설비의 화재 안전 기준[행정자치부 고시 제2004-35호]
:: 경보 설비인 자동 화재 탐지 설비 및 시각 경보 장치의 설치 유지, 안전 관리에 필요한 사항을
규정한다.
:: 수신기, 중계기, 감지기, 발신기, 시각 경보 장치, 전원, 배선 등의 설치 기준을 제시한다.

④ 연소 방지 설비의 화재 안전 기준[NFSC 506, 행정자치부 고시 제2004-35호]

:: 지하구에 설치하는 소화 활동 설비인 연소 방지 설비의 설치 유지 및 안전 관리에 필요한 사항을 규정한다.

:: 연소 방지 설비 및 방화벽의 기준을 제시한다.

:: 공동구 설비 및 시설의 정의를 규정한다.

2 산업 법규에 따른 요구사항

① 불꽃 감지기 설치 기준

:: 공칭 감시 거리 및 공칭 시야각은 형식 승인 내용을 따른다.

:: 감지기는 공칭 감시 거리와 공칭 시야각을 기준으로 감시 구역을 모두 포용하여 설치한다.

:: 감지기는 화재를 유효하게 감지할 수 있는 모서리, 벽 등에 설치한다.

:: 감지기를 천장에 설치할 경우 바닥을 향하도록 한다.

:: 수분이 많이 발생할 우려가 있는 장소에는 방수형으로 설치한다.

:: 그 밖의 설치 기준은 형식 승인 내용에 따르며, 형식 승인 사항이 아닌 것은 제조사의 시방에 따른다.

② 연기 감지기 설치 기준

감지기의 부착 높이에 따라 표 2-1과 같이 바닥 면적마다 1개 이상 설치한다.

부착 높이	감지기의 종류	
	1종 및 2종	3종
4m 미만	150	50
4m 이상 20m 미만	75	

표 2-1
연기 감지기
설치 기준

:: 복도 및 통로의 경우 보행거리 30m(3종 20m)마다, 계단 및 경사로의 경우 수직거리 15m(3종 10m)마다 1개 이상 설치한다.

:: 천장이나 반자가 낮은 실내 또는 좁은 실내의 경우 출입구 가까운 부분에 설치한다.

:: 천장 또는 반자 부근에 배기구가 있을 경우 그 부근에 설치한다.

:: 벽 또는 보로부터 0.6m 이상 떨어진 곳에 설치한다.

3 표준 요구사항

① 지하공동구 설치 장비 및 데이터 적합성 요구사항

:: **적합성 평가 기준**

- 불꽃, 연기 센서의 경우 소방방재청 준수 여부를 확인한다.
- 수집된 센서 및 영상 정보의 정확성 여부를 확인한다.

:: **적합성 평가 방법**

- 불꽃, 연기 센서의 경우 소방방재청 준수 여부(감지기 형식 승인 및 검정 기술 기준(KOFEIS 0301))을 확인한다.
- 공인된 방법을 이용하여 수집한 데이터와의 일치성을 비교한다.

5 | 기술적 요구사항

지하공동구 관리 서비스는 출입자 감시, 화재 감시, 상수관 누수 감시, 가스 감시, 시설물 이력 및 작업자 관리 서비스 등으로 나뉜다. 각각의 서비스에서 수집한 정보들은 센서 네트워크 망과 게이트웨이를 통해 통합 관리 서버로 전송된다. 이러한 정보들은 수집 및 분석 단계를 거쳐 상황에 맞게 활용할 수 있다.

야외에 설치하는 조건과 달리 밀폐 공간에서의 데이터 전송 방식이므로 보다 안정적인 정보 전송을 위해 무선 AP나 WiBro, W-CDMA보다는 무선 메시 네트워크를 지원하는 통신 기술(ZigBee, WiBEEM 등)을 적용한다. 수집 정보의 특성에 따라 유관 기관(경찰서·소방서·관리기관 등)과 연계를 맺음으로써 정보 활용도를 높일 수 있다.

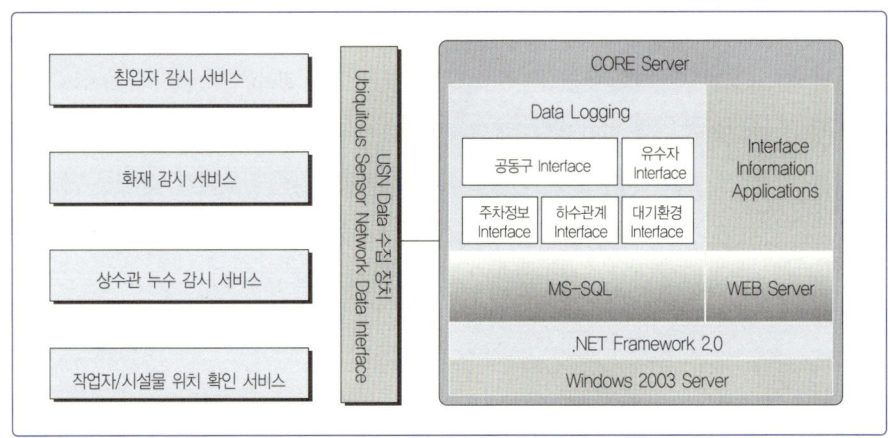

그림 2-5
지하공동구 관리
서비스 S/W 구성도

지하공동구 관리 서비스 내의 개별 단위 서비스에서 수신한 정보는 그 특성에 맞게 USN 데이터 수집 장치를 통해 수집된다. 이후 Core server 내의 windows 2003 server와 .Net framework, MS-SQL을 거쳐 데이터가 저장되며, 저장된 정보는 WEB 서버와 인터넷 정보 프로그램을 통해 향후 연계 기관 및 연계 서비스로 전송되어 다양한 목적으로 활용한다.

3 USN 기반 어린이 보호구역 안전 시스템 구축을 위한 ARP

1 | 개요

본 ARP는 어린이 보호구역 내에서 빈번히 발생하는 안전사고 예방을 목적으로 어린이 보호구역 내에 USN 기술을 적용하기 위한 필요사항을 정의한다. 또한 어린이 보호구역 내의 안전 확보를 위해 과속 및 주정차 위반사항을 USN 센서로 모니터링하고 해당 정보를 제공하기 위한 USN 적용 요구사항을 포함한다.

2 | 구성 및 범위

어린이 보호구역 내에서의 안전 확보를 목적으로 안전 시스템 구축을 위한 서비스 요구사항, 환경적 요구사항, 기술적 요구사항 및 관련 실증 실험 등으로 구성되어 있다. 이는 전국 지방경찰청 및 지방자치단체, 교육청 등에서 어린이 보호구역 , 일반 도로 및 고속도로 교통 통제, 도로통행량 조사, 도로 결빙 확인, 도로 노면 확인, 과속단속 확인, 불법 주정차 확인, 차량통행량 조사 등 교통 안전 관리 업무에 적용할 수 있다.

3 | 서비스 요구사항

본 ARP에서 제안하는 서비스 모델은 어린이 보호구역 안내 서비스, 속도위반 안내 서비스, 주정차 위반 안내 서비스이다. 각 서비스의 개념 및 요구사항은 다음과 같다.

■ 어린이 보호구역 안내 서비스

① 서비스 개념

다양한 매체(안내 표지판, 전광판, 스피커 등)를 이용하여 운전자에게 어린이 보호 구역임을 안내함으로써 불법 주정차나 속도를 위반하지 않도록 서비스를 제공한다.

② 서비스 요구사항

:: 어린이 보호구역 진입 안내: USN 센서에 연결된 전광판을 통해 어린이 보호구역 내에 진입한 차량이 어린이 보호구역 진입 여부 및 규정 속도를 알 수 있도록 안내한다.

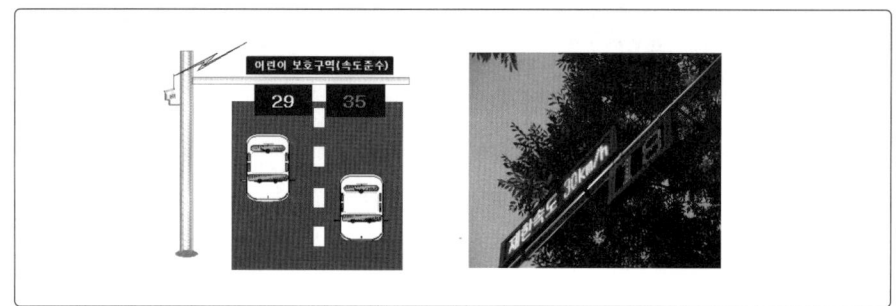

그림 2-6
어린이 보호구역
안내표지판

② 속도위반 안내 서비스

① 서비스 개념

어린이 보호구역 내에서 속도위반 발생 시 전광판을 통해 현재 주행속도를 안내함 으로써 운전자가 제한속도 이하로 신속히 감속하도록 유도하는 서비스를 제공한다.

② 서비스 요구사항

:: 주행속도 측정: 속도 측정용 USN 센서를 통해 어린이 보호구역 내에 진입한 차량의 주행속도 를 측정한다.

:: 주행속도 표시: 속도 측정용 USN 센서를 통해 측정된 차량의 주행속도를 전광판에 표시한다.

:: 과속단속 촬영: 과속단속 카메라를 통해 어린이 보호구역 내에서 규정속도를 초과한 차량을 촬 영한다.

:: 촬영 화면 전송: 과속단속 카메라를 통해 촬영한 영상을 관리기관으로 전송한다.

③ 주정차 위반 안내 서비스

① 서비스 개념

어린이 보호구역 내에서 불법주정차 발생 시 스피커를 통해 불법주정차 사항을 안내함으로써 운전자가 어린이 보호구역을 신속히 벗어나 주차하도록 유도한다.

② 서비스 요구사항

:: 주정차 여부 검지: 어린이 보호구역 내에서 불법주정차 발생 시 설치된 USN 센서를 통해 불법주정차 여부를 검지한다.

:: 불법주정차 알림: USN 센서를 통해 불법주정차 여부가 검지되면 스피커로 이 사항을 안내하여 운전자가 어린이 보호구역을 벗어나 주정차하도록 유도한다.

:: 위반 차량 영상 모니터링: 카메라를 통해 불법주정차 차량을 상시 모니터링한다.

4 | 환경적 요구사항

1 어린이 보호구역 안내 서비스

어린이 보호구역 내의 도로 상황을 파악하고 센서를 설치한 후 각 센서간의 원활한 무선 통신을 위해 가로수·가로등·도로 표지판 등 전파를 방해하는 위해요소를 고려하여 설치한다.

2 속도위반 안내 서비스

:: 2차선 이상의 도로에 센서 설치 시 1개 차선에서 운행 중인 차량을 다른 차선의 센서가 감지하지 않아야 한다.

- 센서 감지 거리는 센서노드 설치 중심점에서 반경 30㎝를 넘지 않아야 한다.

- 센서노드는 차선 중앙에 설치하여 옆 차선의 간섭을 최소화한다.

- 운행 중인 차량이 차선을 변경하여 센서노드 감지 반경에 들어오는 경우 오류 데이터가 발생하므로 이 데이터를 단속에 사용하지 않도록 처리한다.

:: 어린이 보호구역의 지정 및 관리에 관한 규칙(2006.05.30) 제9조(보호구역 안에서 필요한 조치) 제1항에 따르면 차량 주행속도 측정 시 규정속도 30㎞를 초과하는지 정확하게 감지해야 한다.

:: 과속차량 속도 측정 시 USN 센서를 활용할 경우 최소 2개 이상의 센서를 설치해야 하며, 속도 보정 및 정확도 제고를 위해서는 센서를 3개 이상 설치해야 속도측정 오류를 최소화할 수 있다.

:: 운행 중인 모든 차량의 재질에 따른 정확한 센서 인식률을 확보해야 한다.

- 철(Fe)이 포함된 모든 차종을 감지한다. 다만 차량 전체가 비철인 경우 감지가 불가능하다.
- 국산 및 외산(12종) 차량을 포함한 129종의 감지 시험을 진행한다. 일부 외산 차량의 경우 비철금속 소재로 제조되어 감지가 불가능할 수 있다.

❸ 주정차 위반 안내 서비스

:: 불법주정차 감지 센서의 경우 이동하는 차량 정보를 인식하지 않아야 한다.

:: 도로 갓길에 주정차한 차량에 대한 정확한 인식률(95% 이상)을 확보해야 한다.

:: 불법주정차(횡단보도 반경 3m 이내) 감지 센서 설치 시 센서가 차량을 정확히 감지하려면 각각의 센서가 한 대의 차량을 커버할 수 있는 범위(인도와 차도의 경계에서 차도 방향으로 0.5m 떨어진 곳) 내에 설치해야 한다.

❹ 기타 요구사항

:: 온도 · 습도 등에 견딜 수 있는 센서노드를 선택해야 한다.

- 온도 조건: -35~80℃
- 습도: 100%(외부)
- 습기가 침투하지 않는 방수 기구 사용

:: 어린이 보호구역 내의 센서 및 시스템 설치를 위해서는 각 지역 해당 관할구청, 경찰청과 사전 협조하여 시스템 설치 장소 및 위치를 정확히 선정해야 한다.

:: 센서 설치 시 외부 환경 및 차량통행을 고려하여 센서의 상단이 도로 표면과 같은 높이가 되도록 매립해야 한다.

5 | 기술적 요구사항

❶ 전체 시스템 구성

서비스 요구사항을 만족하려면 어린이 보호구역 현장의 무선 네트워크와 관리기관의 서버 운영을 위한 네트워크로 구성되어야 한다. 과속단속 및 불법주정차는 유무선 네트워크로 구성되어 있으며, 세부 구성은 그림 2-7과 같다.

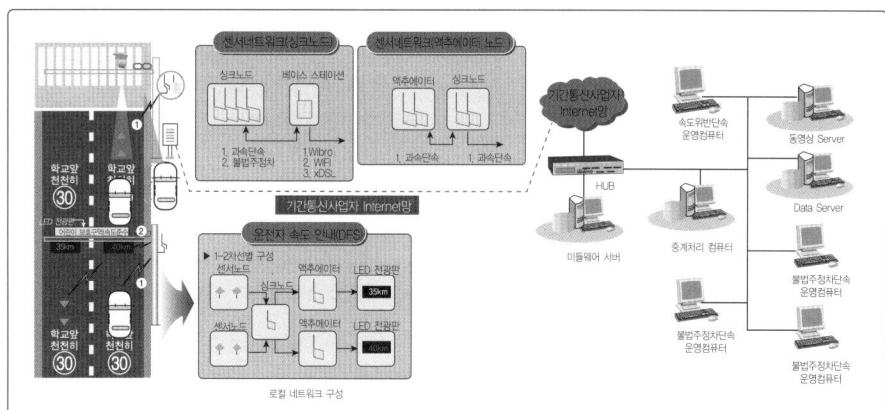

그림 2-7
시스템 구성도

2 장비의 규격 및 적용

본 서비스 모델의 요구사항을 만족하기 위한 장비로는 속도측정용 센서, 주정차 감지 센서, 싱크노드, 액추에이터 노드 등이 있다. 각 장비의 요구사항은 다음과 같다.

장비		요구사항

센서노드	속도 감지	• RF: IEEE 802.15.4 PHY
		• 1축 지자기 센서(1축은 z축)
		  - Z-축 사용
		  - 동작 전압: 3.0Vdc
		  - 검지 자력: -6~6gauss
		  - 감도: 1.0mV/V/gauss
		  - 동작 온도:-40~125℃
		• Battery(1차 전지), 배터리 교체 알람 기능
		  - 전압: 3.6Vdc
		  - 용량:19,000mAh
		  - 동작 시간: 통상 2년(교통량에 따라 차이가 있을 수 있음)
		• 칩 안테나
		• 완전 매립형 기구
		• 방진 · 방수 구조

	주정차 감지	• RF: IEEE 802.15.4 PHY
		• 1축 지자기 센서(1축은 z축)
		  - Z-축 사용
		  - 동작 전압: 3.0Vdc
		  - 검지 자력: -6~6gauss
		  - 감도: 1.0mV/V/gauss
		  - 동작 온도: -40~125℃

◑ 계속

장비		요구사항
센서노드	주정차 감지	• Battery(1차 전지), 배터리 교체 알람 기능 – 전압: 3.6Vdc – 용량: 19,000mAh – 동작 시간: 통상 2년(교통량에 따라 차이가 있을 수 있음) • 칩 안테나 • 완전 매립형 기구(차량 유무 감지), 감지 시간 정보 제공 • 방진 · 방수 구조
액추에이터 노드		• RF: IEEE 802.15.4 PHY • 2.4GHz 대역 외부 안테나 • 센서노드와 통신 중계기의 중계 기능(싱크노드) • 카메라 및 전광판 동작 제어 기능(액추에이터) • re-programming • 전원(외부 전원), 배터리 교체 알람 기능 • 방진 · 방수 구조
싱크노드		• RF: IEEE 802.15.4 PHY • 전원(외부 전원/Battery, Solar Cell(Optional)) • 2.4GHz 대역 외부 안테나 • 센서노드와 베이스 스테이션 간의 중계 기능 • re-programming
베이스 스테이션		• 32bit RISC Processor • 유무선 통신 지원 – 무선 통신 – Ethernet(PoE 지원, Optional) • 외부 전원 연결 • 2.4GHz 대역 외부 안테나 • 기간망 통신을 통한 USN 정보 전달(WLAN, Wibro 지원) • USN 관리 기능 • I/O 포트 지원: COM(2), LAN, USB

표 2-2
USN 기반
어린이 보호구역
안전 시스템에
사용되는 장비의
요구사항

4 u-IT 기반 지능형 스키장 모니터링 서비스를 위한 ARP

1 | 개요

본 ARP는 u-sport 지능형 스키장 운용 모니터링 시스템 구축을 위해 전반적으로 필요한 응용 요구사항을 규명한다. 즉 RIFD/USN 기술을 이용한 환경 정보 시스템과 사각지대 안전 관리 시스템 기술, 경기 기록 측정 기술, 스키어 안전을 위한 모니터링 기술 요구사항 프로파일을 기술한다.

2 | 구성 및 범위

스키장 등에서 이용자의 티켓 관리, 스키 경기장 환경 정보 관리, 위험지역 안전 관리, 리프트 관리, 경기 기록 측정 등의 업무를 수행하기 위한 서비스 요구사항, 환경적 요구사항, 기술적 요구사항 및 관련 실증 실험 등으로 구성되어 있다. 스키장이나 외부 체육시설의 이용객 관리, 시설물 안전 관리, 환경 정보 센싱 등의 분야에 적용할 수 있다.

3 | 서비스 요구사항

본 ARP에서 제안하는 서비스 모델인 환경 정보 관리 서비스, 사각지대 안전 관리 서비스, 경기 기록 측정 서비스, 리프트 안전 관리 서비스 등 각 서비스의 개념 및 요구사항은 다음과 같다.

■1 환경 정보 관리 시스템
① 개념
∷ 스키 슬로프 특정 지점의 기상 정보 확인: 스키 경기장에서 특정 지점의 풍향 · 풍속 · 기온 · 습도 · 적설량에 대한 기상 정보를 확인한다.

② 요구사항
∷ 10분 단위로 기상 정보를 수집한다.
∷ CDMA 이동 통신 무선망을 이용하여 스키장 전산실 장비로 전송한다.
∷ 서버와 이동 통신 무선 단말기 간의 네트워크 설정 시 방화벽에 외부 정보 수집 서버가 위치해야 한다.

❷ 사각지대 안전 관리 시스템

① 개념

스키장 슬로프 중 이탈 위험이 있는 지역을 화상 감시한다.

② 요구사항

:: 스키장 슬로프에서 슬로프를 이탈해 추락할 위험이 있는 위험지역에 이미지 센서를 설치하여 1~10분 단위로 촬영한다.

:: 촬영된 화상은 CDMA 이동 통신 무선망을 이용해 스키장 전산실 장비로 전송한다.

:: 서버와 이동 통신 무선 단말기 간의 네트워크 설정 시 방화벽에 외부 정보 수집 서버가 위치해야 한다.

:: 긴급신호 발생 시 SOS 긴급 버튼을 눌러 이미지를 촬영하고 CDMA 망을 통해 전송한다.

❸ 경기 기록 측정 시스템

① 개념

스키 경기 연습이나 경기 수행 시 출발 지점, 구간 지점, 도착 지점의 동작을 감지하여 경기 기록을 측정하고 무선 단말기를 통해 경기 기록을 확인한다.

② 요구사항

:: 각 구간에 설치한 센서에서 측정된 데이터는 CDMA 망을 통해 경기 기록 측정 서버로 전송한다.

:: 전송 결과는 무선 단말기를 통해 실시간으로 검색한다.

❹ 리프트 안전 관리 시스템

① 개념

리프트 탑승권에 스키어 등급 정보를 저장하여 RFID 태그로 발급한 후 스키어 등급에 맞지 않는 자가 리프트 탑승 시 안전요원이 슬로프의 위험을 사전에 인지함으로써 안전사고를 방지한다.

② 요구사항

:: 사용자 정보가 포함된 RFID 태그를 발급한다.

:: 스키장 리프트 탑승 시 RFID 태그 인식 안테나가 내장된 게이트를 통과해야 한다.

:: 등급에 맞지 않는 스키어 입장 시 경고등이 점멸한다.

4 | 환경적 요구사항

본 ARP에서 제안하는 서비스 모델인 환경 정보 관리 서비스, 사각지대 안전 관리 서비스, 경기기록 측정 서비스, 리프트 안전 관리 서비스 각각에 따른 환경적 요구사항은 다음과 같다.

■1 환경 정보 관리 시스템

① 센서가 부착된 기상 센서 구조물 설치

:: 슬로프 중 기상 정보가 필요한 지점을 선정한다.

:: 풍향 · 풍속 · 기온 · 습도 · 적설 센서들과 통신 장비를 하나의 구조물에 배치하여 관리한다.

② 설치 환경의 영향

:: 기상청의 과거 적설량 기록을 확인하여 1.5m 이하의 적설을 측정할 수 있도록 폴대 높이를 1.8m로 설치한다.

:: 초속 45m의 풍속에 견딜 수 있도록 지름 10㎝의 폴대로 제작한다.

■2 사각지대 안전 관리 시스템

① 센서가 부착된 이미지 센서 구조물 설치

:: 스키어가 추락할 위험이 있는 지역에 설치한다.

:: 이미지 센서 구조물을 배치하고 전원이 확보된 지역에 통신 장비를 배치한다.

:: 스키장 패트롤 요원 등 현업 관계자의 조언에 따라 장소를 선정한다.

② 설치 환경의 영향

:: -20℃에서 동작할 수 있도록 이미지 센서 보호함을 이용한다.

:: 초속 45m의 풍속에 견딜 수 있도록 지름 10㎝ 이상의 주변 나무에 설치한다.

■3 경기 기록 측정 시스템

① 센서가 부착된 레이저 센서 구조물 설치

:: 4개 구간(출발, 1구간, 2구간, 도착)의 설치 장소를 선정한다.

:: 선정 구간의 슬로프 양 끝단에서 전원 유무를 확인한 후 전원이 없을 경우 방송용 단자함부터 센서 설치 장소까지 전원선을 연장하여 전원을 확보한다.

:: 레이저 센서의 발광부 및 수광부 부분에 장애물이 없도록 설치한다.

② 설치 환경의 영향

:: -20℃ 이상에서 동작 가능한 센서를 사용한다.

:: 레이저 센서의 수광부 및 발광부가 흔들리지 않도록 센서 지지대를 설치한다.

◢ 리프트 안전 관리 시스템

:: 동계 스포츠임을 고려하여 -30℃에서도 정상 작동해야 한다.

:: 실내가 아닌 실외에서 시스템 견고성을 확인한다.

:: 스키복 주머니에 들어가는 여러 종류의 물건에 따른 인식률을 확인한다.

:: 저온 상태에서 정상 작동 여부를 확인한다.

5 | 기술적 요구사항

본 ARP에서 제안하는 서비스 모델에 따른 기술적 요구사항은 다음과 같다.

◢ S/W 모듈 구성도

본 서비스를 제공하려면 스키장 이용객이 태그 발권 후 리프트를 이용할 때 리프트 게이트 관리 시스템을 통해 게이트 출입 및 이용자 수준별 안전 관리를 위한 정보를 전송받아 스키장 통합관제센터 및 시설 관리 시스템과 연계하기 위한 응용 프로

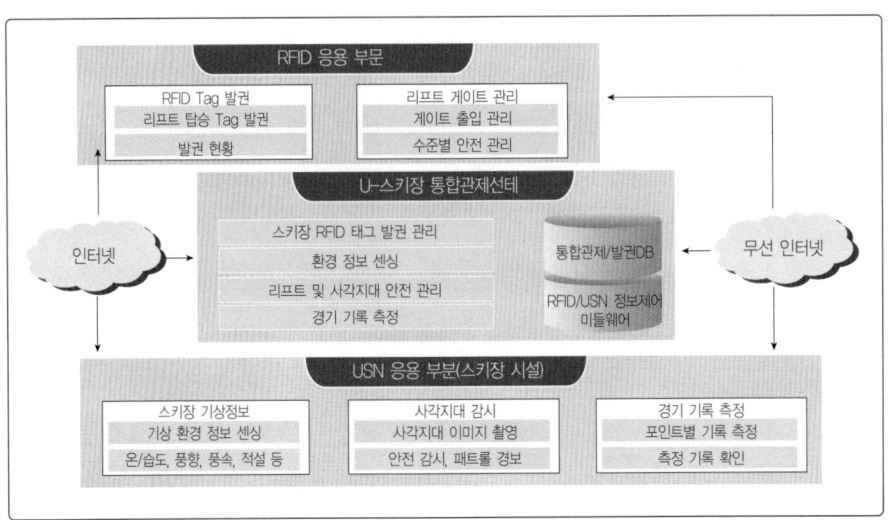

그림 2-8
전체 모듈 구성도

그램이 필요하다. 이들 응용 프로그램은 RFID 응용 부문과 USN 응용 부문, 스키장 통합관제센터와 인터페이스를 통해 연결된다. S/W 모듈 구성은 그림 2-8과 같다.

① RFID Tag 발권

:: U-스키장 통합관제센터에 설치한 RFID 태그 발권 관리 시스템과 연계하여 스키장 매표소에서 RFID 태그 인쇄기를 이용해 태그를 발권한다.

:: 스키어의 등급 정보가 포함된 태그를 인쇄한다.

② 리프트 게이트 관리

:: 유효하지 않은 태그 소지자 또는 태그 미소지자의 출입을 제한한다.

:: 스키어의 등급이 맞지 않을 경우 경고등이 점등한다.

③ U-스키장 통합관제센터

:: 환경 감시 센서, 사각지대 감시 이미지 센서, 경기 기록 측정 센서에서 측정한 정보를 수집 관리한다.

:: RFID Tag 발권 및 관리 시스템을 통제한다.

:: 사용자에게 서비스하기 위한 Web 서버 및 저장 장치를 관리한다.

④ 스키장 기상 정보

:: 기상 정보 측정 센서에서 기상 정보를 수집하여 보관한다.

:: 사용자 화면에서 볼 수 있도록 Web 서비스를 제공한다.

⑤ 사각지대 감시

:: 슬로프 위험지역에 설치된 이미지 센서에서 화상 정보를 수집한다.

:: 운용자 화면에 이미지 및 시간이 표시된다.

⑥ 경기 기록 측정

:: 경기 기록 측정 센서에서 시간 정보를 수집한다.

:: 시간 정보를 분석하여 사용자 무선 단말기에서 확인할 수 있는 Web 페이지를 제공한다.

☑ 장비 및 네트워크 구성도

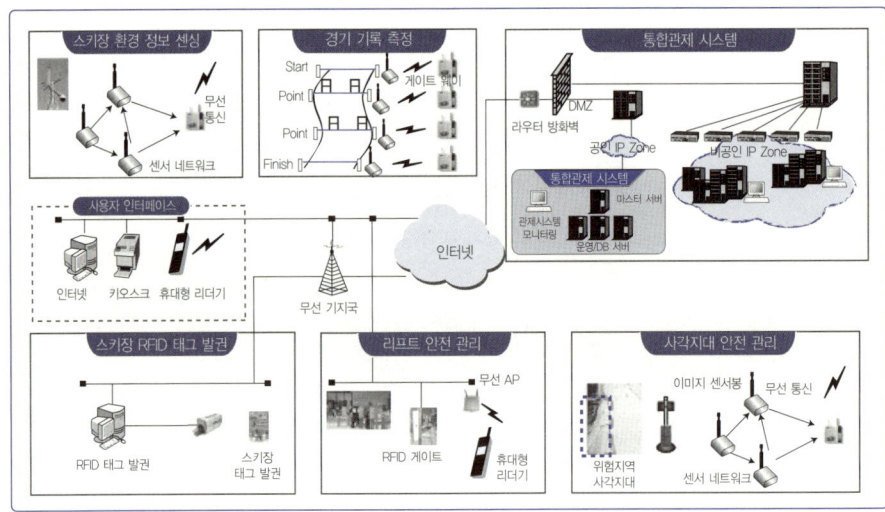

그림 2-9
네트워크 구성도

본 시스템은 경기 기록 측정, 스키장 환경 정보를 센싱하기 위한 USN 센서망과 스키어에게 발급하는 RFID 태그 발권부로 나뉜다. 해당 시스템은 그림 2-9와 같이 인터넷을 통해 통합 관리 시스템과 연결된다.

☑ 장비 규격 및 적용

① 풍향 센서의 기술적 제원

높은 정밀도, 낮은 토크의 균형 세력 바람개비, 전위차계로 구성된다.

항목	규격
측정 범위	0~360°
정확도	±3°
임계치	0.3m/s
동작 온도	–50~50℃

표 2-3
풍향 센서의
기술적 제원

② 풍속 센서의 기술적 제원

:: 빠른 반응 시간을 가진 낮은 풍속 측정을 위해 디자인한다.

:: 다이오드는 풍속에 비례하여 주파수가 발생한다.

:: 감지기의 빛을 화학적으로 식별한 회전자는 3개 컵과 함께 회전한다.

항목	규격
측정 범위	0~65m/s
정확도	10m/s below: ±3m/s 10m/s over: ±3%
임계치	0.3m/s
동작 온도	-50~50℃

표 2-4
풍속 센서의
기술적 제원

③ 온도 센서의 기술적 제원

:: 순수한 금속의 전기 저항 가치가 온도에 따라 변하는 원리로 디자인한다.

:: 4선 유형이다.

:: 선형성 및 안정성이 우수하다.

항목	규격
측정 범위	-50~70℃
정확도	±0.5℃
분해 능력	0.1℃
응답 시간	45sec(65.2% stop change)
재질	Sensor: PT 100 External: Stainless Steel 지름: 6.5mm
타입	Platinum resistance (PT-100)
동작 온도	-50℃~50℃

표 2-5
온도 센서의
기술적 제원

④ 습도 센서의 기술적 제원

:: 기후 약실에 있는 RH/T 감시의 특정 요구에 응하도록 디자인한다.

:: 습도 독서의 HC 시리즈, 정확한 온도 보상의 상한 E+E 습도 감지기 성분은 넓은 측량 범위에 우수한 정확도로 귀착된다.

항목	규격
측정 범위	0~100% RH 40~180˚C(58~356˚F), short term up to 200˚C(392˚F)
정확도	+/-2% RH passive temperature sensor Pt100 DIN A or PT1000 DIN A
동작 온도	-50~50℃

표 2-6
습도 센서의
기술적 제원

⑤ 적설량 센서의 기술적 제원

:: 적설 센서(Snow Depth Sensor)는 초음파를 보내 목표물에 부딪쳐 돌아오는 초음파를 들음
으로써 목표물까지의 거리를 측정하며, 전송하여 반송되어 돌아올 때까지의 시간을 기준으로
거리 측정치를 획득한다.

항목	규격
출력	Signal 0/4 to 20mA Various ASCII Protocols RS232(Data Transmission Rate: 1.2 to 19.2kBd)
주파수	50kHz
측정 범위	0~8m
정확도	0.1%
분해 능력	0.1cm
동작 온도	-50~50℃
작업 온도	-35~60℃(작업 온도 연장 가능)
빔 허용 각도	12°(30cm × 30cm 이상)

표 2-7
적설량 센서의
기술적 제원

⑥ 이미지 센서의 기술적 제원

:: CMOS 카메라 모듈을 이미지 센서로 활용한 것으로, 초소형 장비를 통해 소용량 이미지를 무
선 전송하는 장비이다.

항목	규격
호스트 인터페이스	흑백(Monochrome), 4/8gray, 8/12/16/18bit color depth supported
LCD 인터페이스	Signal 0/4 to 20mA Various ASCII Protocols RS232(Data Transmission Rate : 1.2 to 19.2kBd)
센서 인터페이스	up to VGA CMOS/CCD: Auto sync, detection, 8-bit data bus TWSI
해상도	Up to QVGA, any size of image can be displayed on LCD
메모리	2M bit stacked memory
동작 온도	-20~50℃

표 2-8
이미지 센서의
기술적 제원

⑦ 레이저 센서의 기술적 제원

:: 약 40m의 경기장 슬로프 폭을 빠른 속도로 지나가는 선수의 동작을 감지하기 위해 슬로프 양
쪽 끝단에 발광부와 수광부로 이루어진 레이저 센서를 장착하여 초점을 맞추어 레이저로 연결
했다가 선수가 통과하는 순간의 시간을 센싱하는 장비이다.

항목	규격
유효 동작 거리	50m
발원	붉은색 파장 레이저(660㎚)
레이저 탄착 지름 at 1m/5m/50m	2㎜/4㎜/20㎜
변조 주파수	33kHz
동작 온도	-10~50℃

표 2-9
레이저 센서의
기술적 제원

⑧ RF/센서노드의 기술적 제원

:: 수신된 센싱 데이터를 게이트웨이로 전송한다.

:: 신뢰성 높은 센싱 데이터를 제공한다.

:: 802.15.4 Standard 통신 Protocol을 준수한다.

항목	규격
I/O와 패키지	86 Programmable I/O Lines: 100-lead
동작 온도	-40~85 ℃ Industrial
초저전력 소모	Active Mode: 1MHz, 1.8V: xxx uA Power-down: 0.1uA at 1.8V
동작 속도	0~8MHz@2.7-5.5V, 0~16MHz@4.5-5.5V
측정 범위	800-928MHz
파워 다운 모드	SLEEP: 160~400nA, RX: 16.2mA TX: 16.6mA, IDLE: 1.9mA

표 2-10
RF/센서노드의
기술적 제원

⑨ RF/게이트웨이의 기술적 제원

:: 저장된 노드 정보를 주기적으로 전송한다.

:: 센서 정보의 이상 유무를 판단한다.

:: 서버의 원격 명령을 수행하고 전달한다.

표 2-11
RF/게이트웨이의 기술적 제원

항목	규격
동작 온도	-40~85℃ Industrial
통신 지원	Ethernet/CDMA 통신
공중선 전력	10mW 이하
통신 프로토콜	802.15.4 Standard 준수

⑩ RFID 태그의 기술적 제원

:: HF(13.56MHz) 대역의 RFID 시스템이다.

:: 발권 과정에서 각각의 고유 EPC Code를 입력한다.

표 2-12
13.56MHz RFID Tag의 기술적 제원

항목	규격
동작 주파수	13.56MHz
프로토콜	ISO 15693
직접 회로	Direct Bonding
메모리	1K bit
치수(㎜)	54(W) × 86(H)
동작 온도	-30~65℃

⑪ 13.56MHz Reader의 기술적 제원

표 2-13
13.56MHz RFID Reader의 기술적 제원

항목	규격
동작 주파수	13.56MHz
지원 프로토콜	ISO 15693
안테나 연결	RF Cable
인터페이스	RS 232/TCP/IP Ethernet
동작 온도	-30~45℃

⑫ 게이트 Antenna의 기술적 제원

표 2-14
게이트 Antenna의 기술적 제원

항목	규격
동작 주파수	13.56MHz
임피던스	50Ohms
치수(㎜)	1080 × 330, 1080 × 530 1.6
재질	FR4
단자	RF Cable

⑬ 13.56MHz 휴대용 리더기의 기술적 제원

표 2-15
13.56MHz
휴대용 리더기의
기술적 제원

항목	규격
동작 주파수	13.56MHz
프로토콜	ISO 14443A/B, 15693 지원
통신 방식	IEEE 802.11b/g
치수(㎝)	17.5㎝ L × 7.4㎝ W × 2.3㎝ H
동작 온도	-30~70℃
습도	95%

5 u-IT 기반 도시철도, 지하도의 환경 및 안전 모니터링 서비스를 위한 ARP

1 | 개요

본 ARP는 유해 가스 누출, 테러 등의 사고에 즉각 대처하거나 사고 예방을 목적으로 지능형 도시철도 및 지하상가의 안전 모니터링 시스템을 구축할 때 USN을 적용하기 위한 필요사항을 정의한다. 즉 지하철 역사, 지하상가 등 인구가 밀집한 실내 공중이용시설의 환경 정보를 실시간 모니터링하기 위해 USN 기술을 적용함으로써 쾌적한 실내 공기 유지 및 테러 예방을 위한 센서 네트워크 적용 요구사항을 포함한다.

2 | 구성 및 범위

실내 공중이용시설의 환경 모니터링을 수행하기 위한 서비스 요구사항, 환경적 요구사항, 기술적 요구사항 및 관련 실증 실험 등으로 구성되어 있다. 이는 공중이용시설과 공동주택 같은 다중이용시설 등의 실내공기질관리법이 적용되는 다양한 시설 및 장소에 광범위하게 적용할 수 있다.

3 | 서비스 요구사항

본 ARP에서 제안하는 서비스 모델은 도시철도 및 지하상가의 유해 가스 누출 감지 및 지하 공기 상태 감시 서비스, 시설 내 영상 데이터의 지능형 분석을 통한 안전 모니터링에 대한 서비스이다. 각 서비스의 개념과 내용은 다음과 같다.

■ 도시철도 및 지하상가 안전 모니터링 서비스

① 서비스 개념

공기질 측정 센서를 통해 수집된 정보를 USN을 활용하여 역사 외의 관리자에게 통보함으로써 모니터링할 수 있는 서비스이다.

② 서비스 요구사항

∷ 공기질 측정: 도시철도 역사 및 지하상가 내의 실내 공기질 관리 대상인 CO, CO_2, 미세먼지, 포름알데히드, 온도, 습도에 대한 실시간 측정을 수행한다.

∷ 무선 통신: 측정 장치로 측정한 데이터를 실시간 무선 통신망인 USN을 통해 관제소에 전송한다.

∷ 임계치 관리: 대상 항목의 측정치가 기준치 이상일 경우 모니터링 시스템에 알람을 표시하고 원격지 관리자에게 SMS 및 메일링으로 서비스한다.

∷ 측정 현황: 장소별·기간별 측정 데이터의 시계열적 분석과 설치 장비의 상세 정보 기능, 운용 이력 정보 등을 실시간으로 제공한다.

③ 지능형 영상 감시 서비스

∷ 서비스 개념: 도시철도 역사 및 지하상가 내에 이미 구축된 영상 관련 시설물을 활용하여 영상 데이터를 지능적으로 분석함으로써 이상 징후를 사전에 모니터링할 수 있는 서비스이다.

∷ 서비스 요구사항

- 영상 분석: 영상 분석 도구를 이용하여 수상한 물체 감시 및 경계선 침입, 밀집도 조사 서비스를 제공한다.

- 알람 기능: 설정된 환경에 부합한 상태일 경우 영상을 저장하고 알람 기능을 제공한다.

4 | 환경적 요구사항

▮1 도시철도 및 지하상가 안전 모니터링에 필요한 환경적 요구사항

:: 공기질을 측정할 때의 측정 요소, 즉 미세먼지(PM10), 이산화탄소(CO_2), 포름알데히드 (HCHO), 일산화탄소(CO), 온도 및 습도 등의 측정 정보가 필요하다.

:: 다중이용시설 등의 실내공기질관리법(일부 개정 2007.10.17 법률 제8654호)을 준용한다.

:: 공기질 유지 기준

표 2-16
다중이용시설 등의
실내공기질관리법
시행 규칙

오염물질 항목 다중이용시설	PM10(ug/㎥)	CO_2(ppm)	HCHO(ug/㎥)	CO(ppm)
지하역사 · 지하상가 · 여객자동차터미널의 대합실 및 철도역사의 대합실(연면적 2000㎡ 이상), 공항시설 중 여객터미널(연면적 1500㎡ 이상), 항만시설 중 대합실(연면적 5000㎡ 이상), 도서관 · 박물관 · 미술관(연면적 3000㎡ 이상), 장례식장 및 찜질방(연면적 1000㎡ 이상), 대규모 점포	150 이하	1000 이하	120 이하	10 이하

※ 일부 개정 2008.10.10 환경부령 302호

:: 적용 장비의 현장 환경 요소

- USN의 표준인 IEEE 802.15.4를 준수한다.

- PM10, CO_2, HCHO, CO, 온도 및 습도의 측정 센서는 실내 공기질 측정 기준을 고려하여 센서를 선정한다.

- 무선 송수신이 되지 않는 지역에서는 중계노드가 필요하다.

- 한 게이트웨이 노드에 100개 이하의 센서노드를 설치해야 한다.

- 센서 데이터를 보내는 딜레이 타임은 데이터의 적재량 및 배터리의 전력 소모를 고려하여 20초 이상으로 설정한다.

- 유비쿼터스 센서노드 간 거리는 30~50m를 유지한다.

▮2 지능형 영상 감시 서비스

:: **적용 현장에 필요한 환경적 요소**

- 도시철도 및 지하상가 내에 규정되지 않은 방치물이나 미확인 가방 등의 수상한 물체 감시 및 CCTV 화면에서 임의로 설정한 경계 라인에 침입하여 유동인구에 대한 밀집도 조사의 분석 정

보를 제공한다.

- 도시철도 및 지하상가 내에 규정되지 않은 방치물이나 미확인 가방 등의 수상한 물체 감시 및 CCTV 화면에서 임의로 설정한 경계 라인에 침입하여 유동인구에 대한 밀집도 조사 기능에 부합한 상태일 경우 10초간 영상을 저장함으로써 재생 기능을 제공한다.

5 │ 기술적 요구사항

본 ARP에서 다루는 응용 서비스 모델의 기술적 요구사항으로 지하철도 역사 및 지하상가 내의 실내 온도, 습도, 일산화탄소, 이산화탄소, 미세먼지, 포름알데히드에 대한 실시간 측정 및 조회 기능이 있다. 또한 이들이 설정치 이상일 경우 알람 기능 및 SMS 서비스 전송 기능이 있으며, CCTV 영상의 지능적 분석을 통해 수상한 물체 감지, 경계선 침입 감시, 군중 밀집도 분석 등의 기능 구현을 포함한다.

■ 전체 시스템 구성

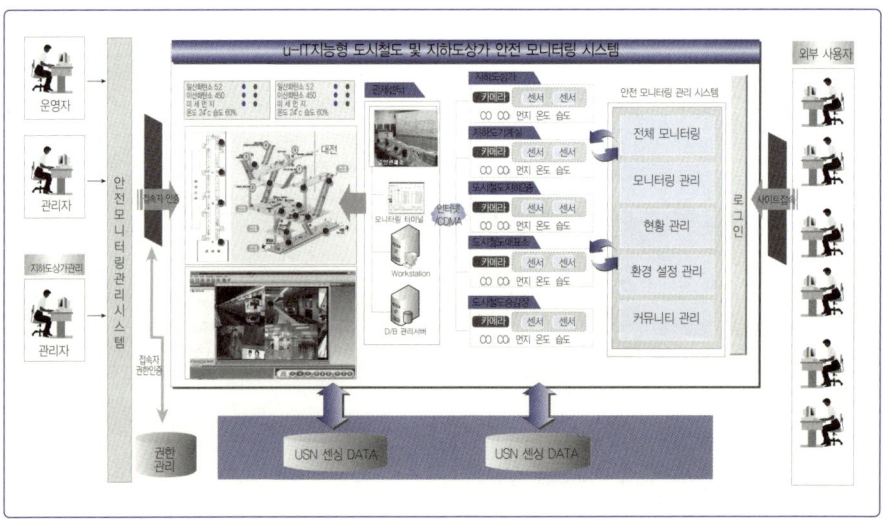

그림 2-10
시스템 구성도

지하상가 · 기계실 · 승강장 등에 설치된 센서노드가 수집한 지하 환경 정보를 ad-hoc 네트워크 통신을 통해 베이스노드로 전달한다. 게이트웨이 CDMA 모듈을 이용하여 각 관제센터 내의 데이터베이스 서버로 전송된 데이터는 각 관제센터의 모니터링 서버를 통해 사용자 인터페이스를 제공한다. 이때 관리자는 측정 정보를 실시간 모니터링하면서 현황 및 통계를 확인한다. 측정 데이터가 기준을 초과할 경우 SMS 알람 기능을 제공하도록 구성한다.

❷ 장비 및 네트워크 구성

지하철 실내 구조에 따라 상가 통행로와 전기실, 기계실과 대합실 및 역무운영실, 승강장 등의 각 지점별 온도와 습도, 일산화탄소, 이산화탄소, 미세먼지, 포름알데히드에 대한 환경 정보를 센싱하여 파악한 정보를 운영센터에 전송한다. 운영센터에서는 관리자가 응용 프로그램을 통해 지하 공간의 환경 정보를 파악할 수 있도록 그림 2-11과 같이 구성한다.

지능형 영상 감지 시스템은 기존에 설치된 CC 카메라가 분배기를 통해 IVS 시스템으로 영상을 입력받을 경우 수상한 물체 감지 및 밀집도 조사, 야간 경계선 침입 감시대 등을 통해 지능적 분석을 한다. 이때 지능형 영상 감지 시스템은 이상 상태를 감지하고 신속히 조치하도록 지원, 구성한다.

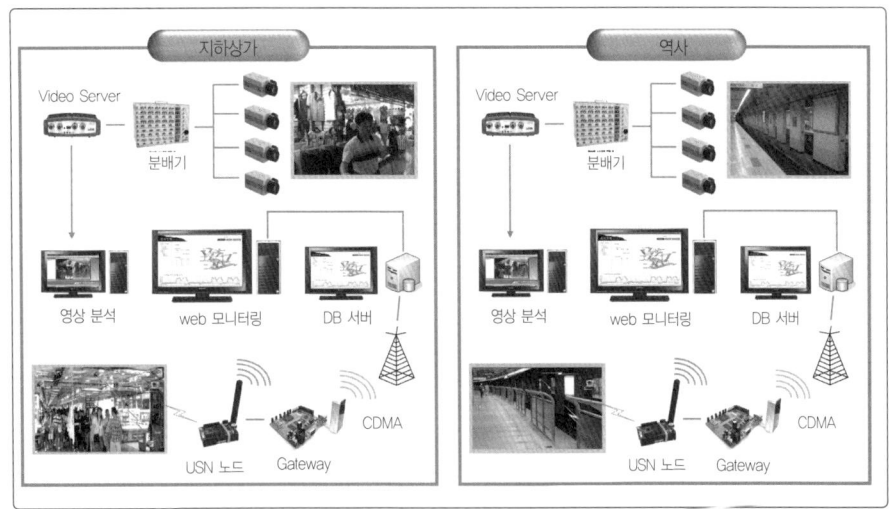

그림 2-11
장비 및 네트워크
구성도

❸ 장비 규격 및 적용

u-IT 기반 도시철도나 지하도의 환경 및 안전 모니터링 서비스에 사용되는 장비의 요구사항은 표 2-17과 같다.

장비	요구 사항

CDMA 모듈
게이트웨이 모듈
센서노드
온도 및 습도 센서
	• HSDPA 통신 속도: Down Link 1.8Mbps, Up Ling 384Kbps
	• EVDO 통신 속도: Down Link 2.4Mbps, Up Link 153kbps
	• Sensor: Temperature/Humidity
	• Rang
	  - Temp: -40~123.8℃(±0.4)
	  - Hum: 0~100% RH(±0.3)
	• digital output
	• Ultra low power consumption
	• 220V 외부 전원 인가

CO 센서
CO_2 센서
미세먼지 센서
포름알데히드 센서
	• Sensor: Particulate Matter/CO/CO_2/포름알데히드
	• Rang
	  - Particulate Matter: 0~800ug/m³(±0.01)
	  - CO: 5~95ppm(±0.1)
	  - CO_2: 0~2000ppm(±0.1)
	  - 포름알데히드: 0~120ug/m³
	• Diffusion Type
	• 220V 외부 전원 인가

지능형 영상 분석 S/W	• 도시철도 및 지하상가 내에 규정되지 않은 방치물 또는 미확인 가방 등의 수상한 물체 감시 • 유동인구의 밀집도 조사 기능 및 혼잡 여부 검사 • CCTV 화면에서 임의로 설정한 경계 라인의 침입자 감시

표 2-17
적용 장비 및
요구사항

용어 정리

ㄱ

:: 가상 채널(Virtual Channel): ⊙ 비동기 전송 방식(ATM) 망에서 라우팅 처리되는 최저 단위의 논리 연결. ⓛ 탁상 비디오(DTV)에서 시청자 편의를 제공하기 위해 선정한 채널. 실제 송신하는 채널 대신 방송사별 채널 인지도가 높은 채널을 가상 채널(VC)로 선정하여 전국 어디서나 송신 채널에 관계없이 VC 하나로 텔레비전 을 시청할 수 있다.

:: 가용성(Availability): 정당한 사용자가 정보 시스템의 데이터 또는 자원을 필요로 할 때 부당한 지체 없이 원하는 객체 또는 자원을 접근하여 사용할 수 있는 성질 이다.

:: 개인용 네트워크(PAN: Personal Area Network): 휴대용 정보 단말기 등을 이용하 여 필요한 정보를 처리할 수 있도록 구성한 통신망을 말한다. 구내 정보 통신망 (LAN)보다 소규모로서 개인용 정보 단말기를 이용해서 각종 정보를 송수신하거 나, 인체(人體) 내의 염수(鹽水)를 전도체로 이용하여 악수만 해도 카드 컴퓨터에 서 나오는 미세한 전기 신호가 상대편 카드 컴퓨터로 전달되어 간단히 정보를 교 환하는 시스템 등이 있다.

:: 공중 데이터 망(PSDN: Public Switched Data Network): 공중 가입형의 디지털 데 이터 교환망을 말한다. 데이터 교환망에는 패킷 교환 방식에 의한 것(PSPDN)과 회선 교환 방식에 의한 것(CSPDN, CSDN)이 있으며, 공중 교환 데이터망(PSDN) 은 양자를 병합한 호칭이다.

:: 공중 전화 교환망(PSTN: Public Switched Telephone Network): 통신 사업자가 제 공하는 통상적인 가입 전화 서비스를 위한 전화망을 말한다.

:: 광대역(Broadband): 기술 개발에 따라 범위도 확대되는 상대적 개념으로서, 보통 보 다 아주 넓거나 빠른 대역을 말한다. 주파수 이외에도 데이터 속도나 공간 개념 등 을 나타낼 때에도 사용되며, 개념상 협대역(Narrowband)의 반대말인 동종 (homogeneous)이고, 제한적 의미의 광대역(wideband) 보다는 다중, 복합적 (heterogeneous)이고 개방된 의미의 광대역(broadband)이 더 넓은 대역을 의미한다.

:: 광섬유(Optical Fiber): 석영 유리나 플라스틱 등의 투명한 유전체(誘電體: 절연체라고도 함)를 가늘고 길게 뽑아서 만든 섬유로 그 중심 부분에 적당한 굴절률 분포를 갖도록 해서 빛이 전파되도록 한 것. 광섬유의 종류는 굴절률 분포(refractive index profile), 빛의 전파 형태(즉 전송 형태), 재료 및 제조 공법에 따라 여러 가지로 구분된다. 광섬유는 통신용 이외에 센서(sensor)로도 사용된다. 특히 광섬유를 이용한 케이블은 동축 케이블 등에 비해 유도 장애가 없어 저손실로 중계 간격을 수십 배나 길게 할 수 있다. 또한 대역폭이 넓어 대용량 고속 전송(수백 Mbps에서 수십 Gbps까지)이 가능하며, 부피가 작고 가벼워 기술적으로나 경제적으로 이점이 많은 중요한 전송 매체이다.

:: 게이트웨이(Gateway): 서로 다른 통신망, 프로토콜을 사용하는 네트워크 간의 통신을 가능하게 하는 H/W, S/W를 통칭한다. 게이트웨이는 OSI 참조 모델의 전 계층을 인식하여 전송 방식이 다른 통신망도 흡수하여 서로 다른 기종 간의 접속도 가능하게 한다.

:: 기밀성(Confidentiality): 온·오프라인 환경에서 저장 및 전송 되는 중요 정보가 확인되지 않고 인가 되지 않은 상대방에게 노출되지 않도록 하는 특성이다. 암호 알고리즘을 사용해서 실현될 수 있다.

:: 나노 Qplus: 한국전자통신연구원(ETRI)이 개발한 10KB 미만의 센서노드용 초소형 운영 체계(OS)이다. USN 기술의 활성화를 위한 초소형 OS로 산학연 전반에 걸쳐 다양한 분야에서 활용될 수 있다.

:: 노드(Node): 교환 회선들의 접합부로서 각종 공중 정보망의 데이터 교환점을 말한다. X.25에서 이러한 접속점들은 패킷 교환기가 된다. 데이터 통신 시스템 중에서 정보 처리 기능 및 통신 기능을 다하고 있는 기구이며, 망 접속구라고도 한다.

ㄷ

:: 다이얼 업(Dial-up): 데이터 통신에서 공중 교환 전화망(PSTN)을 통하여 상대방과의 접속을 설정하기 위하여 전화기의 다이얼을 돌리거나 버튼을 누르는 것. 이때 사용하는 회선을 다이얼 업 회선(dial-up line)이라고 하며, 다이얼 업 회선을 통하여 접속하는 것을 다이얼 업 접속(dial-up connection)이라고 한다.

:: 다중 에이전트(Multi-Agent System): 많은 지능적 Agent들이 서로 작용하도록 하는 시스템이다. 그 Agent들은 소프트웨어 프로그램이나 로봇(robot)처럼 자율적인 개체(autonomousentities)인 것으로 간주된다. 그 상호작용은 서로 이기적일 수도 있고 협력적일 수도 있다. 즉 그 Agent들은 공통의 목적을(개미의 집단처럼) 가질 수도 있고 그들 자신의 이익을 추구할 수도 있다.

:: 다중 방송(Multicasting): 현행 방송 전파의 주파수 대역 또는 신호 전송 시간의 여유를 이용하여 현행 방송 프로그램과 동시에 부가 정보를 전송하는 방송.

:: 데이터 마이닝(Data Mining): 각 데이터의 상관관계를 인공 지능 기법을 통해 자동적으로 찾아 주는 과정을 말한다.

:: 데이터 프레임(Data frame): 데이터 통신망에서 하나의 블록 또는 패킷으로 전송되는 정보의 단위. 데이터 프레임은 망의 데이터 링크 층 프로토콜에 의하여 정의되며 망 노드 간의 매체(선로)상에서만 존재한다. 프레임은 다른 층들에서는 다른 형식을 취한다. 데이터는 데이터 프레임의 시작이나 끝의 제어 정보 사이에 봉입된다.

:: 동기식 광통신망(SONET): 미국의 벨코어(Bellcore)가 개발하고 미국 표준협회(ANSI)가 표준화한 고속 디지털 통신을 위한 광전송 시스템 표준 규격이다. 동기식 광통신망(SONET)은 광섬유의 고속 디지털 전송 능력을 활용하기 위한 디지털 신호의 동기 다중화 계층과 속도 체계 및 인터페이스를 정의한다.

:: 동축 케이블: 중심에 있는 구리 심선을 폴리에틸렌의 절연물로 감싸고 이를 다시 그물 모양의 외선으로 싼 다음 전체에 피복을 입힌 구조로 된 케이블이다. 지름은 0.4/1인치(약 1.02/2.54cm)이다. 절연물은 신호의 교란을 방지하고, 그물 모양의

외선은 인접한 회선과의 차폐 역할을 한다. 용량이 커서 음성 회선 1만 개를 동시에 보낼 수 있으며, 장거리 전화망, 종합 유선 방송(CATV), 구내 정보 통신망(LAN) 등에 사용된다. 특히 LAN에서는 전송 속도가 빠르고 용량이 커서 대부분의 LAN에서 이를 사용하고 있다.

:: 듀티 사이클(Duty Cycle): 일반적으로 온(on)-오프(off)를 주기적으로 하는 장치에서 주기에 대한 온과 오프의 시간의 비를 말한다. 이동 무선 송신기에서는 전파의 발사와 정지와의 시간 비를, 펄스 통신에서는 펄스 폭과 펄스 주기와의 비를 듀티 사이클이라 하고 %로 표시한다.

:: 디렉터리 서비스: 네트워크 내에 분산되어 있는 디렉터리를 일원적으로 관리하여, 디렉터리에 수용되어 있는 정보의 검색, 변경, 추가, 삭제 등 디렉터리 사용자(사용자인 인간이나 사용자 프로그램)가 요구하는 서비스를 제공하는 기능 단위. 개방형 시스템 간 상호 접속(OSI) 기본 참조 모델의 응용 서비스 요소(ASE)의 하나로 자리매김 되어 있다.

ㄹ

:: 라디오 전파(Radio Propagation): 전파가 송신 안테나에서 발사되면 어떤 통로를 따라 전파되어 수신 안테나에 도달하여 통신을 하는데, 이와 같이 지구상의 한 지점에서 발사된 전파가 지구 대기권의 어떤 통로를 따라 다른 지점으로 전파되어 가는 통로를 말한다. 종류에 따라 전파를 구별하고 있다.

:: 라우팅(Routing): 망에서 각 메시지부터 목적지까지 갈 수 있는 여러 경로 중 한 가지 경로를 설정해 주는 과정을 라우팅이라고 한다.

:: 라운드 로빈(RR: Round Robin): 프로그램의 실행 순서 등을 결정하는 수법으로, 실행되는 프로그램이 정해진 중앙 처리 장치(CPU) 사용 시간을 초과했을 경우에 해당 태스크의 처리를 중단하고 최후미로 돌린 다음에, 차후의 실행 가능한 태스크를 처리하는 방식이다.

:: 레이더 탐지 면적(RCS: Radar Cross Section): 물체에 입사되는 전자파의 반사 정도를 표시하는 양이다. 레이더에서 송출되는 입사파 전력에 대한 탐지 물체(target)의 후방 산란(back-scattering) 신호의 크기를 표시하는 양이다.

:: 로밍(Roaming): 육상 이동 전화 서비스에서 가입지 이동 통신망을 벗어나 이동 전화를 사용하는 것이다. 여러 이동 전화 사업자가 있을 때 사업자들 간에 서로 약정하여 서비스권 전환(로밍)이 가능하도록 하고 있다. 또한 자기가 등록되어 있는 교환 시스템 이외의 다른 시스템에 가서도 통화가 가능하도록 되어 있다.

□

:: 멀티 스레드: 프로그램의 나머지 부분이 동작하고 있는 동안에도 자신의 일을 수행하는 것을 말한다.

:: 멀티캐스트(Multicast): 인터넷에서 같은 내용의 데이터를 여러 명의 특정 그룹의 수신자들에게 동시에 전송하는 방식이다.

:: 메타 데이터: 일련의 데이터를 정의하고 설명해 주는 데이터를 말한다. 컴퓨터에서는 데이터 사전의 내용인 스키마 등을 의미하고, 하이퍼텍스트 생성 언어(HTML) 문서에서는 메타 태그 내의 내용이다.

:: 무결성(Integrity, Accuracy): 네트워크를 통하여 송수신되는 정보의 내용이 불법적으로 생성 또는 변경되거나 삭제되지 않도록 보호되어야 하는 성질을 말한다.

:: 무선 랜(Wireless LAN): 무선 접속 장치(AP)가 설치된 곳의 일정 거리 안에서 초고속 인터넷을 할 수 있는 근거리 통신망(LAN)으로, 전파나 적외선 전송 방식이다.

:: 미들웨어(Middle Ware): 상하 관계나 동종 관계로 구분할 수 있는 프로그램들 사이에서 개개 역할을 하거나 프레임워크 역할을 하는 일련의 중간 계층 프로그램을 말한다. 예를 들어, 홈 네트워크 미들웨어, RFID 미들웨어 등은 시스템 소프트웨어와 응용 소프트웨어의 중간에서 특정 응용에 최적화된 공통 프레임워크를 제공한다. 또한 클라이언트/서버의 중간 계층 미들웨어는 응용 프로그램과 데이터

베이스, 웹서버 간 연결을 최적화시켜주는 역할을 한다.

ㅂ

:: 백본(Backbone): 자신에게 연결되어 있는 소형 회선들로부터 데이터를 모아 빠르게 전송 할 수 있는 대규모 전송회선으로 랜에서 광역통신망(WAN)으로 연결하기 위한 하나의 회선 또는 여러 회선의 모음을 말한다. 또는 빌딩 간의 연결처럼 랜 안에서 거리를 효율적으로 늘리기 위한 회선을 뜻하기도 하며, 인터넷이나 다른 광역통신망에서 장거리 접속을 위해 연결되어 있는 근거리 및 지역망 선로들의 모음을 말하기도 한다.

:: 버퍼 오버플로: 메모리에 할당된 버퍼의 양을 초과하는 데이터를 입력하여 프로그램의 복귀 주소(return address)를 조작, 궁극적으로 해커가 원하는 코드를 실행하여 공격하는 방법을 말한다.

:: 베이스스테이션(Base Station, 기지국): 육상 이동국과의 통신 또는 이동 중계국의 중계에 의한 통신을 하기 위하여 육상에 개설하고 이동하지 않는 무선국을 말한다.

:: 변조: 신호를 전송하기 위해 정보를 담은 아날로그 사인파형 또는 디지털 펄스를 이용하여 전압/전류/주파수/위상 등에 변형을 주는 것을 말한다.

:: 비동기 접속(Asynchronous Interface): 중앙 처리 장치(CPU)와 입출력 장치 사이의 신호 접속이 양자 사이에서만 정해진 순서에 의해 행해지고 컴퓨터 전체의 클록 펄스에는 관계없는 방식으로 CPU와 입출력 장치의 동작 속도에 현저한 차이가 있을 경우에 사용 한다.

:: 비인증 액세스 포인트(Rogue access point): 로컬 네트워크 내의 보안 정책을 따르지 않는 개인으로 설치된 무선 통신 장비이다.

:: 비컨(Beacon): 무선 항행에서 전파의 등대 또는 넓은 의미에서 항행을 돕기 위해 사용되는 무선의 여러 시설. 고정 비컨(호밍 비컨, 마커 비컨), 코스 설정 비컨(AN 레인지, VAR등), ILS용 비컨(로컬라이저, 글라이드 패스 각 비컨) 등이 있다.

:: 부채널(Subchannel): 주기억 장치와 입출력 장치 간의 데이터 전송을 하는 기구를 말한다. 선택 채널은 접속되어 있는 몇 개의 장치가 하나의 부 채널을 공용하기 때문에 어떤 장치와 데이터 전송 중에는 다른 장치와 데이터 전송을 할 수 없다.

:: 브로드캐스트(Broadcast): 다수의 국으로 동시에 정보를 보내는 것을 말한다. 동보 메시지(broadcast message)는 다중점 회선상의 모든 국에 자발적으로 송신하는 메시지이다.

:: 블루투스(Bluetooth): 무선 통신 기기 간에 근거리에서 저전력으로 무선 통신을 하기 위한 표준으로서, 스웨덴의 에릭슨, 미국의 IBM과 인텔, 핀란드의 노키아, 일본의 도시바 등이 개발한 무선 데이터 통신 규격의 개발 코드명을 말한다. 블루투스는 최대 데이터 전송 속도 1Mbps에 최대 전송거리 10m의 무선 데이터 통신 기능을 제공한다.

ㅅ

:: 서비스 거부 공격(DoS: Denial of Service attack): 정보 시스템이 서비스 거부 상태가 발생하도록 시스템 외부에서 공격하는 것으로 주로 대량의 서비스 요구 데이터 패킷을 통신망을 통하여 공격하고 자 하는 정보 시스템으로 보내어, 시스템에 과부하를 발생시켜 사용자에게 서비스를 제공하지 못하도록 하는 공격이다.

:: 센서노드(Sensor Node): 외부에서 센싱된 정보 또는 센서에 관련된 특정 이벤트를 유무선 통신 기술에 의하여 전달하거나 컴퓨팅을 수행하는 노드. 센서, 프로세서, 통신 소자, 전지 등으로 구성되어 데이터 처리, 통신 경로 설정, 미들웨어 처리 등을 수행한다.

:: 수동형 소자: 예를 들어 저항, 콘덴서 및 코일과 같은 개별 부품은 독자적으로 동작하지 않고 트랜지스터나 집적회로에 부속되어 작용한다. 수동 부품들은 개별형(discrete), 통합형(integrated), 그리고 내장형(embedded integral)의 3가지 종류로 나뉘며, 통합형 수동 부품은 패키지 특성에 따라 같은 부품의 집합인 어레이

(array)와 각기 다른 부품의 집합인 네트워크(network)로 구분 된다.

:: 스마트 더스트(Smart Dust): 미국 UC Berkeley 대학에서 개발한 초소형 센서노드 이다.

:: 스택: 자료 구조의 하나로서 자료의 삽입과 삭제가 한쪽 끝에서만 일어나는 선형 목록. 밑이 막힌 통을 세워 놓은 것으로 생각하면 된다. 스택은 주로 어떤 내용을 기억시켰다가 다시 이용하고자 할 때 사용되며, 컴퓨터 알고리즘에서 자주 쓰이는 중요한 자료 구조이다.

:: 스푸핑(Spoofing): 승인받은 사용자인 것처럼 가장하여 시스템에 접근하려는 행위. 네트워크상에는 허가된 주소로 가장하여 접근 통제를 우회할 수 있다.

:: 슬롯: IBM PC 등 마이크로컴퓨터에서 주변 장치를 확장하기 위하여 주변 장치를 위한 확장 보드들을 모기판에 삽입할 수 있도록 마련된 홈. 일반적으로 확장 슬롯 이라고 부른다.

:: 시분할 다중화(Time Division Multiplexing): 복수의 데이터나 디지털화한 음성을 각각 일정한 시간(시간 슬롯)으로 분할하여 전송함으로써 하나의 회선(전송 통신로)을 복수의 채널로 다중화 하는 방식이다.

:: 싱크노드(Sink Node): 센서노드에서 감지된 센싱 정보를 취합하거나, 이벤트성 데이터를 센서 네트워크 외부로 연계하고 관련 센서 네트워크를 관리하는 시스템 이다. 베이스스테이션이라고도 부른다. 하드웨어 소프트웨어적으로 센서노드보 다 규모가 크다.

:: 오버헤드(Overhead): 데이터를 정확히 보내기 위해 추가로 부가되는 부분이다.

:: 워크스테이션(Workstation): 여러 가지 지적(知的) 작업자의 작업을 수행하는데 편리하고 효율적이며 양호한 환경을 제공하는, 개인용 컴퓨터를 말한다.

:: 웜(Worm): 컴퓨터 시스템을 파괴하거나 작업을 방해하는 악성 프로그램을 말한

다. 다른 프로그램과 달리 자기 복제를 하여 유포된다.

:: 의료영상전송시스템(PACS, Picture Archiving and Communication System): X선 컴퓨터 단층 촬영(CT), 자기 공명 화상법(MRI) 등의 단층 진단 시스템이나, 핵 의학 진단 시스템, 초음파 진단 시스템 등으로 촬영한 화상을 광 디스크 등 대용량 파일의 데이터베이스로 저장하여 컴퓨터 망을 통해 검색하고 전달받는 시스템을 말한다.

:: 이더넷(Ethernet): 미국의 DEC, 인텔(Intel), 제록스(Xerox) 3사가 공동 개발한 구내 정보 통신망(LAN)의 모델. 데이터 스테이션 간의 거리 약 2.5km 내에서 최대 1,024개의 데이터 스테이션 상호 간에 10Mbps의 전송 속도로 정보를 교환할 수 있는 지역적인 네트워크로 IEEE 802.3 표준을 구현한 모델의 하나이다.

:: 익명화 기술(Anonymizers): 사용자와 웹 사이트 간에 중개자 역할을 수행함으로써 사용자가 익명으로 웹을 서핑하도록 하는 서비스이다.

:: 인증(Authentication): 정보 교환에 의해 실체 식별을 확실하게 하는 방법. 임의 정보에 접근할 수 있는 객체의 자격이나 객체의 내용을 검증하는데 사용되는 수단으로, 이를 통해 시스템의 부당한 사용이나 정보의 부당한 전송 등을 방어하는데 사용된다.

:: 인증서(Certificate): 인증기관의 개인키를 사용하여 서명한 서명문을 포함하며, 사용자의 공개 키와 사용자의 ID를 암호학적으로 안전하게 연결시켜주는 데이터 구조다. X.509에 정의 되어 있다.

:: 인터럽트: 프로그램 실행 중에 중앙 제어 장치가 강제적으로 제어를 특정 주소로 옮기는 것을 말한다. 프로그램 실행 중에 끼어들기가 발생하면 그 프로그램의 실행을 중단하고, 그 시점에서의 중앙 제어 장치 내의 중요 데이터를 주기억 장치로 되돌려 놓는다. 그다음 특정 주소로부터 시작되는 프로그램에 제어를 옮긴다.

:: 임베디드 시스템(Embedded System, 내장형 시스템): 시스템을 동작시키는 소프트웨어를 하드웨어에 내장하여 특수한 기능만을 가진 컴퓨터 시스템이다. 개인용

컴퓨터(PC)와는 달리 특정한 요구사항을 가지고 있으며, 미리 정의된 작업(task) 만을 수행 한다. 개인용 컴퓨터는 하드 디스크와 같은 대용량 저장장치에 운영 체제를 내장하고 있다. 그에 반해, 임베디드 시스템은 운영 체제와 응용 프로그램들이 롬(플래시)에 이미지 형태로 저장되어 있다가 시동과 동시에 램 디스크(RAM Disk)를 만든 다음, 램 디스크 위에 운영 체제와 응용 프로그램들이 구성되고 구동되는 시스템이다.

ㅈ

:: 전이중(Full Duplex)통신: 데이터 통신에서 양방향으로 동시에 데이터의 전송이 이루어지는 통신 방식으로 가정용 전화나 주 컴퓨터와 단말기 간의 통신 등이 있다. 회선의 비용은 많이 드나 송수신 방향을 바꾸기 위한 반전 시간이 필요 없으므로 전송 효율이 높다.

:: 전력선 통신: 전력을 공급하는 전력선을 매개체로 음성과 데이터를 고주파 신호에 실어 통신하는 기술이다. 이 기술은 중/저속 분야에서 가전 기기, 조명 기기, 냉난방 기기, 홈 시큐리티 시스템 제어에 사용되는 등 홈 네트워킹 솔루션으로 확산되는 추세에 있고, 고속 분야에서도 10Mbps를 넘는 초고속 기술이 개발되고 있어 전력선 통신의 우수성과 필요성이 대두되고 있다.

:: 전자 서명(Digital Signature): 전자적 문서의 생성원과 무결성을 이 문서의 수신자가 검증할 수 있고 제 2자에 의해 해당 문서를 위조로부터 발신자의 수신자를 보호하고 또한 수신자에 의한 위조로부터 발신자를 보호하기 위해 문서에 서명하기 위한 특수한 서명 방식이다.

:: 주파수 호핑(Frequency Hopping): 대표적인 확산 대역의 방식으로 디지털 전송 신호의 주파수를 특정 주파수 대역에서 계속 이동되도록 하는 방식이다.

:: 지그비(Zigbee): 저속 전송 속도를 갖는 홈 오토메이션 및 데이터 네트워크를 위한 표준 기술을 말한다. 버튼 하나로 하나의 동작을 잡아 집안 어느 곳에서나 전

등 제어 및 홈 보안 시스템 VCR on/off 등을 할 수 있고, 인터넷을 통한 전화 접속으로 홈 오토메이션을 더욱 편리하게 이용하려는 것에서 부터 출발한 기술이다.

:: 지리정보시스템(GIS: Geographic Information System): 지도에 관한 속성 정보를 컴퓨터를 이용해서 해석하는 시스템으로 지도 정보 시스템이라고도 한다. 도시 계획, 토지 관리, 기업의 판매 전략 계획 등 여러 가지 용도에 활용된다.

ㅊ

:: 칩 레이트(Chip Rate): 부호 분할 다중 접속(CDMA) 방식을 사용한 무선 통신에서는 데이터 신호나 제어 신호 등을 PN(pseudo-random noise) 계열이라 부르는 특수 파형으로 변조, 광대역화해서 송신하는데, 이때 그 파형의 변화 속도를 말한다. PN 계열의 파형(PN 부호)은 ±1의 값만을 임의로 취한 구형파이고 칩 속도는 그 변화 속도를 말한다. 단위는 'cps(칩/초)'로 나타내며, PN 부호의 칩 속도는 변조 전 신호의 비트레이트의 수~수천 배로 한다.

:: 채널 호핑(Channel Hopping): 비어 있는 음성 채널을 찾아 데이터 전송을 하는 방법을 말한다.

ㅋ

:: 커널(Kernel): 운영 체계(OS) 중 가장 집중적으로 사용되는 부분이다. 주기억 장치에 상주하며, 시스템의 초기화와 끼어들기를 처리하기 위한 특별한 프로세스들과 프로세스 모니터로 구성되고, 프로세스들 사이의 환경 교환과 새 프로세스를 생성해 내는 모듈도 포함한다.

:: 코어 망: 대용량, 장거리 음성 및 데이터 서비스가 가능한 대형 통신망의 고속 기간 망. 일반 전화 교환망(PSTN), 종합 정보 통신망(ISDN), IMT-2000, 광역 통신망(WAN), 구내 정보 통신망(LAN), 종합 유선 방송(CATV) 등을 말한다.

:: 코프로세서(Coprocessor, 보조 처리기): 컴퓨터 시스템에서 중앙 처리 장치(CPU)

를 보조하기 위한 목적으로 사용되는 처리기로, 주로 CPU가 소프트웨어적으로 처리하면 매우 시간이 많이 걸리는 수치 계산이나 그래픽 화상 처리 등을 고속으로 실행하기 위해 사용된다.

:: 클러스터 트리(Cluster-tree): 노드 클러스터 사이에 경로가 형성, 유지되는 지역 기반 매시 망 라우팅 알고리즘이다.

E

:: 타임 슬롯(Time Slot): 복수의 접속점에 하나의 전송 매체가 공유될 때 여러 접속점 사이에서 충돌 없이 공유된 전송 매체를 사용할 수 있도록, 각 접속점에 대해 채널을 시간적으로 분할하여 고정, 할당하는 방식이다. 컨베이어 벨트처럼 정보를 하나씩 실어서 전달한다.

:: 토큰(Token): 일련의 문자열에서 구분할 수 있는 단위로, 컴파일러나 어셈블러 등의 처리기에서 사용되는 어휘 분석 단위. 즉 공백, 구두점, 여는 괄호, 콜론, 세미콜론 등과 같은 특수 기호, 식별자, 지정어, 상수, 단말 기호들로 인식된다. 핵심어, 변수, 연산자, 숫자 등이 있다.

:: 토폴로지: 컴퓨터 망의 물리적인 형태. 장치들이 서로 연결된 모양이나, 통신 채널이 통신 망에 연결되는 형태 등이 이에 속한다. 대표적인 위상 구조로는 방사형, 고리형, 버스형, 나무형, 무작위 구조가 있다.

:: 트래픽(Traffic): 전신, 전화 등의 통신 시설에서 통신의 흐름을 지칭하는 말. 개개의 보류 시간에 관계없이 발생한 호의 수를 호 수라고 하고 호 수와 평균 보류 시간의 곱을 트래픽 량, 단위 시간당 트래픽 량을 호량 또는 트래픽 밀도라 한다.

:: 트랜시버(Transceiver): 이더넷의 동축 케이블을 접속하는 기기. 트랜시버와 LAN 포트를 연결하려면 트랜시버 케이블이 필요하다. 일반적으로는 1개의 트랜시버로 1대의 컴퓨터를 이더넷에 접속할 수 있으나, 4~16대 정도의 컴퓨터를 묶어서 접속할 수 있는 멀티 포트트랜시버란 기기도 있다.

:: 트랜스듀서(Transducer): 에너지를 어떤 형태에서 다른 형태로 변환하는 전력 변환 장치로서 전기 음향 변환기, 전기적 신호와 기계적 신호의 변환기 등이 있다. 무선에서는 반송 주파수를 바꾸는 장치 또는 전송로의 임피던스를 바꾸는 장치 등을 말한다.

:: 트로이 목마(Trojan horse): 유용한 프로그램으로 가장하여 사용자가 그 프로그램을 실행하도록 속이고 실행 후 사용자의 정보를 빼가는 악성 프로그램이다.

ㅍ

:: 패킷(Packet): 데이터 전송에서 사용되는 데이터의 묶음을 말한다. 패킷 전송은 두 지점 사이에 데이터를 연속적으로 전송하지 않고, 전송할 데이터를 적당한 크기로 나누어 패킷의 형태로 구성한 다음 패킷들을 하나씩 보내는 방법을 사용한다. 각각의 패킷은 일정한 크기의 데이터뿐만 아니라 데이터 수신처, 주소 또는 제어 부호 등의 제어 정보까지 담고 있다.

:: 페이딩(Fading): 무선 회선에서 대기 굴절률이 변화하면서 수신점에서 다중파의 간섭 및 집속, 발산 또는 장애물에 의해 회선 등이 변화하여 수신 전계 강도가 시간적으로 변동하는 현상이다.

:: 폴링(Polling): 컴퓨터 또는 단말 제어 장치 등에서 여러 개의 단말 장치에 대하여 순차적으로 송신 요구의 유무를 문의하고, 요구가 있을 경우에는 그 단말 장치에 송신을 시작 하도록 명령하며, 없을 때에는 다음의 단말 장치에 대하여 문의하게 되는 전송 제어 방식이다.

:: 플랫폼(Platform): 작은 화면, 데이터 처리 속도, 네트워크 접근 방법, 개인의 이동성과 소유성, 휴대성 등을 감안한 무선 인터넷 콘텐츠와 Wi-Fi를 비롯하여 공존하고 있는 2~3개의 다양한 이동 통신 플랫폼이나 이동 통신사 별로 폐쇄적으로 운영되고 있는 무선 인터넷 네트워크 단순히 음성 통화만을 하던 단순기능에서 벗어나 종합 멀티미디어 기기로 탈바꿈 하고 있는 단말기 등 무선인터넷 서비스의

종합적이고 체계적인 개발 연계성을 의미하는 용어이다.

:: 펨토셀(Femto Cell): 1,000조분의 1(10의 -15제곱)을 뜻하는 펨토(Femto)와 이동 통신에서 1개 기지국이 담당하는 서비스 구역 단위를 뜻하는 셀(Cell)을 합친 이름으로 기존 이동 통신 서비스 반경보다 훨씬 작은 지역을 커버하는 시스템이다.

:: 프리앰블(Preamble): 어떤 종류의 기록 방식으로 자기 테이프상에 정보를 기록할 때 각 블록의 선두에 기록되는 2진 문자열. 순방향 판독 시에 동기를 취하기 위해 사용된다. 목적 프로그램의 맨 첫 부분에 부가되는 정보로 그 프로그램의 실행에 필요한 기억 용량, 입출력 장치의 종류 등을 기록한 것을 말한다.

:: 피어 투 피어(Peer-to-Peer, P2P): PC 대 PC, 개인 대 개인처럼 서버의 도움 없이 일 대일 통신을 하는 관계를 말한다.

등

:: 해쉬 함수(Hash Function): 컴퓨터 암호화 기술의 일종으로 요약 함수, 메시지 다이제스트 함수라고도 한다. 주어진 원문에서 고정된 길이의 전자 지문 값을 만들어 낸다. 해시 함수는 데이터를 자르고 치환하거나 위치를 바꾸는 등의 방법을 사용해 결과를 만들어 내며, 이 결과를 흔히 해시 값(hash value)이라 한다. SHA-1, HMAC, MD5 등이 존재한다.

:: 핸드오프(Hand-off, 통화 채널 전환): 이동 전화 가입자가 다른 무선 구역으로 이동할 때 자동적으로 현 통화 채널을 다른 무선 구역의 통화 채널로 전환해 줌으로써 통화가 계속되게 하는 기능을 말한다.

:: 확산 대역(Spread Spectrum): 군사용으로 개발된 비밀 통신의 일종, 특정한 암호가 없으면 수신한 신호를 복원할 수 없는 보안 통신 시스템이다.

A

:: ACK(Acknowledge character): 오류 검출 신호를 사용하여 데이터 전송을 행하고 수신단에서 그 데이터의 오류 발생 유무를 검사하여, 일정 주기마다 송신단에 알리는 데 사용되는 문자를 말한다.

:: ACL(Asynchronous Connection Less)링크: 비동기/비접속 지향 링크로써 그 단위의 어떠한 슬레이브와도 패킷 교환이 가능하다.

:: ACR(Access Control Router): 유선 라우터와 무선 랜 스위치의 기능을 결합한 제품으로 휴대 인터넷(와이브로) 구현을 위한 필수 장비 중 하나이다.

:: Adaptation Layer: 광대역 종합 정보 통신망(B-ISDN) 프로토콜 계층 모델의 제3계층을 말한다.

:: ADSL: 기존의 2선식 가입자 전화 회선을 이용하여 전화국에서 가정으로 1.5Mbps(또는 6Mbps), 가정에서 전화국으로 16Kbps의 통신(비대칭)을 실현할 수 있는 기술이다.

:: AES(Advanced Encryption Standard): AES 암호는 2002년 미국 표준 기술 연구소(NIST)에서 기존의 DES(Data Encryption Standard)를 대체하는 표준으로 선택한 블록 암호 표준으로서, 벨기에 루벤대학의 암호학자인 존 대먼과 빈센트 라이먼에 의해서 만들어졌으며, 처음에는 두 사람의 이름을 합해서 레인달(Rijndael, [rɛindaːl])이라는 이름을 썼다. 키의 크기(블록의 크기)로 128, 160, 190, 224, 256비트를 사용할 수 있으며, 미국 표준으로 인정받은 것은 128비트이다. 높은 성능을 가지면서도 경량으로 구현할 수 있는 장점을 가진다.

:: AMI(Ambient Intelligence): 인간 생활의 지원과 개선을 목표로 1999년부터 유럽연합(EU)에서 추진하는 정보화 비전을 말한다. 일상생활에서 사용하는 사물과 환경 속에 센서, 구동, 프로세스 등 IT를 내재화시켜 사용자 중심적 서비스를 제공하고, 복지를 지향한다. 인간을 컴퓨팅과 네트워킹으로 감싼다는 것으로 유비쿼터스 컴퓨팅과 유사한 개념이다.

:: AMI(Alternate Mark Inversion, 교호 부호 반전): 주로 북미 방식의 DS1(1.544Mbps)

및 DS1C(3.152Mbps) 반송에 사용하는 선로 부호 방식이다.

:: AMPS: 전 세계적으로 보편화되어 있는 아날로그 셀룰러 이동 전화 방식. 미국 AT&T Bell Lab에서 개발되어 북미 방식이라고도 한다. 우리나라도 이 셀룰러 전화 방식이 도입되어 이동 전화에서 사용하였다.

:: ANSI(American National Standard Institute): 미국의 규격/공업 표준을 제정하는 비정부 기관으로 국제표준화기구(ISO)의 미국 대표 단체이다.

:: AOA(Angle of Arrival): Array 안테나를 사용하여 수신기로부터 보내온 신호의 도래각을 측정하여 신호원을 기준으로 수신기로부터 오는 신호의 방향을 찾아내어 위치를 측정하는 방식이다.

:: AODV(Ad-hoc on-demand Distance Vector): 순수한 주문형 경로 획득 알고리즘으로 액티브 경로에 존재하지 않는 노드는 라우팅 정보를 유지하지 않거나 라우팅 테이블 교환에 참여하지 않는다.

:: AP(Access Point): ㉠ 네트워크 서비스(전용선이나 VAN 등)에서 네트워크와 이용자의 접근점 혹은 상호 접속점(POI)이라고도 한다. ㉡ 무선 랜(WLAN)을 설치하기 위한 중계 장치이다. 유선 랜을 통하여 무선망에 연결하는 기능을 수행한다.

:: API(Application Process Invocation, 응용 프로세스 호출): OSI 기본 참조 모델에서 하나의 응용 프로세스(AP)를 특정 정보 처리 업무를 실행하기 위해 호출하여 활용하거나, 이미 호출되어 동작 상태에 있는 하나의 응용 프로세스이다.

:: ARP(Address Resolution Protocol, 주소 결정 프로토콜): IP 주소를 물리적 네트워크 주소로 대응시키기 위해 사용되는 프로토콜을 말한다. 사용자는 IP 주소를 이용하여 인터넷과 연결하지만 이더넷 상에서는 이더넷 주소를 이용하게 된다.

:: ARQ: 데이터 전송시 에러가 났을 경우 에러가 난 데이터를 재 전송받아 에러를 복구하는 방법을 말한다.

:: ASP(Active Server Pages): 고가의 하드웨어, 소프트웨어를 도입하지 않고도 네트워크 인프라를 이용하여 다양한 정보화 솔루션을 사용할 수 있는 애플리케이션

임대 서비스이다.

:: ATM(Asynchronous Transfer Mode, 비동기식 전송방식): ITU-T에서 1988년에 광대역 종합 정보 통신망(B-ISDN)의 전송 방식으로 결정하여, B-ISDN의 핵심이 되는 전송·교환 기술이다.

B

:: Baseband: 특정 반송파를 변조하기 위해 사용되는 모든 신호에 의해 얻어지는 주파수 대역을 말한다.

:: BPM(Business Process Management): 기업 내외의 업무 프로세스를 가시화하고, 업무의 수행과 관련된 사람과 시스템을 프로세스에 맞게 실행·통제하며, 전체 업무 프로세스를 효율적으로 관리하고 최적화할 수 있는 변화 관리 및 시스템 구현 기법을 말한다.

:: BPSK: 0과 1일때의 반송파에 180도 위상차를 두는 PSK방식을 BPSK라고 한다.

:: BR(constant Bit Rate): 64kb/s의 음성 신호 등, 서비스 속도(비트 속도)가 일정한 서비스를 말한다. 사용자가 접속 설정 시 필요한 대역폭을 지정하는 ATM 대역 할당 서비스로 대역폭에 따라서는 느린 속도로 전송될 수 있다. 비압축 고정 비디오 전송에도 사용 된다.

:: BFS(Breadth First Spanning, 넓이 우선 탐색): 시작 정점을 방문한 후 시작 정점에 인접한 모든 정점들을 우선 방문하는 방법이다. 더 이상 방문하지 않은 정점이 없을 때까지 방문하지 않은 모든 정점들에 대해서도 넓이 우선 검색을 적용한다.

:: BSC(Base Station Controller): 이동 통신에서 기지국과 이동 전화 교환기 사이에 위치하여 기지국 관리 및 제어를 담당하는 장치로서 핸드오프 기능과 셀 구성 기능을 제공하고, 기지국의 무선 주파수 출력을 제어하는 고성능 전화 교환 장치로, GSM 망 내의 이동 전화 교환기와 기지국 사이, GPRS 망 내의 패킷 교환기와 기지국 사이에서 제어 기능과 물리적 링크를 제공한다.

:: BSS(Basic Service Set): 무선 LAN 네트워크에서 가장 기본이 되는 네트워크 구성을 말한다.

:: Burst: 어떤 현상이 짧은 시간 안에 집중적으로 일어나는 일로써, 데이터 전송 시 어떤 부분에서 오류가 집중적으로 일어나거나, 주기억 장치의 내용을 캐시 기억 장치에 블록 단위로 한꺼번에 전송하는 것 등을 가리킨다.

C

:: C4I: 지휘(Command), 통제(Control), 통신(Communication), 컴퓨터(Computer), 정보(Intelligence) 지휘 통제 통신 전산 정보 체계.

:: CDMA(Code Division Multiple Access, 부호(코드) 분할 다중 접속): 차세대 디지털 이동 통신 방식의 일종으로 스펙트럼 확산 기술을 채택한 방식이다. 미국 퀄컴(Qualcomm)사에서 북미의 디지털 셀룰러 자동차/휴대 전화의 표준 방식으로 대역폭 1.25MHz의 부호 분할 다중 접속(CDMA) 방식을 제안하였는데, 이것을 1993년 7월 미국 전자공업협회(EIA)의 자율 표준 IS-95로 제정하였다.

:: Checksum: 데이터의 정확성을 검사하기 위한 용도로 사용되는 합계로써 오류 검출 방식의 하나이다.

:: CM(Cale Modem): 종합 유선 방송(CATV)의 동축 케이블을 이용하여 고속 데이터 전송을 하기 위해 개발된 모뎀이다. 1980년대 초기 미국에서 처음 개발되었으며, 1990년대에는 인터넷의 급속한 발전과 더불어 미국의 방송 사업과 통신 사업 간의 경계 철폐로 인해 케이블 모뎀의 개발이 더욱 활발해졌다.

:: CMTS(Cable Modem Termination System, 케이블 모뎀 종단 시스템): 케이블 네트워크의 케이블 모뎀과 디지털 신호를 교환하기 위해 케이블 TV 회사 내에 설치된 장비이다.

:: Context(상황 정보): 유비쿼터스 컴퓨팅과 관련하여 사용자와 다른 사용자, 시스템, 혹은 디바이스의 애플리케이션 간 상호 작용에 영향을 미치는 사람, 장소, 사

물, 개체, 시간 등 상황의 특징을 규정하는 정보를 말한다. 좀 더 구체적으로는 네트워크 연결 상태, 통신 대역폭, 그리고 프린터 · 디스플레이 · 워크스테이션과 같은 컴퓨팅 상황(Computing context), 사용자의 프로파일 · 위치 · 주변의 사람들을 비롯한 사용자 상황(User context), 조명 · 소음 레벨 · 교통 상태 · 온도 등 물리적 상황(Physical context), 시간 · 주 · 달 · 계절 등 시간적 상황(Time context)이 있다.

:: CRC(Cyclic Redundancy Check, 주기적 덧붙임 검사): 데이터 전송 과정에서 발생하는 오류를 검출하기 위하여 순환 2진 부호를 사용하는 방식을 말한다.

:: CSMA(Carrier Sense Multiple Access, 반송파 감지 다중 접속): 이더넷, 와이파이, 버스 지향 네트워크에서 사용되는 채널 액세스를 규정하고 충돌 감지 방법을 제공하며 통신 채널 확보를 위해 패킷을 재전송 한다.

:: CSMA/CA(Carrier Sense Multiple Access with Collision Avoidance): 무선 LAN에서 전송로 상의 반송파를 감지한 후 충돌이 일어나지 않도록 충돌을 회피하는 방식을 말한다.

:: CTS(Clear To Send): 컴퓨터와 외부 장치 간 직렬 통신에 사용되는 신호의 일종으로, 컴퓨터나 데이터 단말 장치(DTE)가 데이터 전송을 개시해도 됨을 표시하기 위해 모뎀이나 데이터 회선 종단 장치(DCE)에서 컴퓨터나 DTE로 전달되는 인터페이스 제어 신호. 송신 가능(CTS)은 RS-232C 인터페이스에서 5번 선으로 전달되는 하드웨어 신호이다.

:: CQI(Channel Quality Indicator): 이동 통신에서 전송 용량을 높이기 위한 방법으로 단말이 자신이 위치한 장소에서 무선 채널 품질을 측정하여 기지국에 전송하고 기지국에서는 이를 기반으로 변조 방식이나 코드 수 등을 관리하는 스케줄러의 기본 정보로 사용한다.

D

:: DBMS: 데이터베이스를 구성하고 이를 응용하기 위하여 구성된 소프트웨어 시스템을 말한다. 사용자나 응용 프로그램이 데이터베이스를 쉽게 이용할 수 있도록 해 준다. 그 기능은 크게 구성 기능, 조작 기능, 제어 기능으로 나눌 수 있다.

:: DRM(Digital Rights Management, 디지털 저작권 관리): 디지털 미디어의 불법 또는 비인가 된 사용을 제한하기 위하여 저작권 소유자나 판권 소유자가 이용하는 정보 보호 기술의 일종인 접근 제어 기술을 말한다.

:: DSSS(Direct Sequence Spread Spectrum): 의사 난수 코드를 이용해 넓은 스펙트럼 영역에 걸쳐 정보를 배포하는 신호 인코딩 기법이다.

E

:: EAP(Extensible Authentication Protocol): 점 대 점 통신 규약(PPP)에서 규정된 인증 방식으로 확장이 용이하도록 고안된 프로토콜이다.

:: EEPROM(Electrically Erasable and Programmable Read Only Memory, 전기적 소거 및 프로그램 가능 읽기 전용 기억 장치): 전원 없이도 장기간 안정적으로 기억하는 비휘발성 기억 장치로서 소거 및 프로그램 가능 읽기 전용 기억 장치(EPROM)의 변형으로 일단 기록된 데이터를 전기적으로 소거하여 재기록 할 수 있다.

:: EMR(Electronic Medical Record, 전자의무기록): 병원 진료 지원 업무 중 의료 기록 업무를 전산 처리하는 것을 말한다.

:: EPON: 이더넷에 기반을 둔 수동형 광 가입자망(PON)을 말한다. 1기가비트의 전송 속도, 1518바이트까지 가변 길이 패킷, 1 : 16 분기율, 목표 전송 거리가 10~20Km인 점 대 다중점 망 구조로써 수동형 광 분배기를 사용한다.

:: ESS(Extended Service Set): 두개 이상의 AP가 서로 연동되어 각각의 AP에 접속되어 있는 무선 단말이 다른 AP에 접속되어 있는 무선 단말과 통신하는 경우, 이때의 모든 무선 단말과 AP들을 합하여 ESS라 한다. 보통 무선 LAN에서는 하나 이상의 AP와 접속하도록 하고 있기 때문에 ESSID(Extended Service Set ID)로 네트워

크를 구분하고 있다.

:: ETTH: 기존 광동축 혼합망(HFC)에서 사용하던 케이블 모뎀 제어 시스템(CMTS)을 이더넷 노드 모뎀(ENM) 장비로 대체해 HFC에서도 광 구내 정보 통신망 서비스와 같이 100Mbps 초고속 인터넷 서비스를 제공하는 기술이다.

F

:: FA(Frequency Allocation): 특정한 주파수 또는 주파수대를 특정 업무 또는 지역별로 용도를 정하는 것을 말한다.

:: FCC(Federal Communications Commission): 미국 연방 통신 위원회.

:: FCS(Frame Check Sequence, 프레임 검사 순서): 데이터 통신에서 정보를 프레임별로 나누어 전송할 때 각 프레임의 끝에 오류 검출을 위해 추가하는 패리티나 주기적 덧붙임 검사(CRC) 등의 정보. 특히 동기식의 고위 데이터 링크 제어 절차(HDLC) 프로토콜에서 사용되는 것을 가리킨다.

:: FDD(Frequency Division Duplexing, 주파수 분할 듀플렉스): 하나의 전송 매체에서 주파수를 분할하여 순방향과 역방향 통신 채널을 구분하는 접속 방식을 말한다.

:: FDM(Frequency Division Multiplexing, 주파수 분할 다중방식): 하나의 물리적 통신 채널을 여러 개의 논리적 채널로 나누어 사용하는 다중화 방식 중의 하나로, 보통 넓은 대역폭을 복수 개의 좁은 대역 채널로 구분하여 사용하는 방식을 말한다.

:: FDDI: 미국 표준협회(ANSI)의 X3T 9.5 위원회가 1982년부터 표준화를 추진하고 있는 광섬유를 전송 매체로 하는 고리(ring)형의 망에 컴퓨터나 단말 장치를 상호 접속하기 위한 인터페이스를 바탕으로 한 고속 구내 정보 통신망(LAN)의 표준 규격이다.

:: FHSS(Frequency Hopping Spread Spectrum): DSSS와 흡사하지만 보다 제한된 확산 알고리즘을 사용하며 수신기는 송신기와 동일한 호킹 코드를 사용함으로써 이론상 간섭에 대한 재전송의 면역력이 높다.

:: FM: 반송파의 진폭은 일정하게 유지하고 주파수를 신호의 진폭에 따라 변화시키는 변조 방식이다. 주파수 변조(FM) 방식은 진폭 변조(AM) 방식에 비해서 잡음과 간섭이 적고, 음질이 뛰어나기 때문에 FM 스테레오 방송이나 텔레비전의 음성 방송 등에 주로 쓰인다. 변조 지수가 높아질수록 점유 대역폭이 늘어나고 측대파가 많이 생기므로 주파수 대역폭이 넓은 초단파(VHF) 대역 이상에서 주로 쓰인다.

:: FMS(Fax Mail System): 공중용 팩스 통신 서비스의 한 종류로써, 사서함을 통해 동시에 다수의 상대방에게 팩스 문서를 송신하거나 게시판에 등록된 메시지를 열람 또는 수신하며, 자신의 사서함에 수신된 메시지를 확인하고 이를 다른 사서함 가입자로 송신하거나 자신의 팩스로 송신하는 서비스를 말한다.

:: Footprint: 하드웨어나 소프트웨어의 점유 공간을 말한다.

:: FSK: 넓은 의미의 주파수 변조(FM)의 한 형태로, 디지털 신호를 아날로그 전송로를 통하여 전송할 때 사용하는 변조 방식이다.

:: FTTC(Fiber to the Curb): 광/전기 변환 회로를 포함하는 광 망 종단 장치(ONU)를 각 가정에 개별적으로 설치해야 하는 등 경제성에 문제가 적지 않은 파이버 투 더 홈(FTTH)의 단점을 보완하기 위한 광섬유의 복수 가입자 공동 이용 방식이다. 파이버 투 더 커브(FTTC)의 'Curb'는 도로의 연석(緣石)이라는 의미인데, 주택 앞 도로의 연석과 같이 작은 박스를 설치하고 거기서부터 예를 들어, 4채의 주택까지 동선을 부설하여 광섬유를 4개 가정에서 공용하면 FTTH보다 경제성을 높일 수 있다. 또한 동선 거리가 짧으면 광대역 신호도 전송할 수 있는 장점이 있다.

:: FTTH(Fiber to the Home): 각 가정까지 광케이블을 접속하여 가입자당 하향 100Mbps의 대역폭을 보장하는 기술을 말한다. 이를 통해 광케이블 한 가닥으로 TV방송, 초고속 인터넷, 인터넷 전화 등을 동시에 이용할 수 있다.

:: FTTx: 전화국으로부터 광섬유가 도달 되는 지점, 구역, 장비, 또는 서비스를 의미하는 광가입자망의 포괄적인 표현이다.

G

:: GFSK(Gaussian Frequency-Shift Keying): 주파수 편이 변조(Frequency Shift Keying, FSK) 방식의 하나로 가우시안 필터(Gaussian Filter)를 사용하여 이진수 1은 양의 편향으로, 이진수 0은 음의 편향으로 변환한다.

:: GPON(Gigavit PON): 최대 상·하향 2.488Gbps의 전송 대역을 제공하고 ATM과 이더넷의 멀티 프로토콜을 지원하는 수동 광 가입자망(PON) 기술을 말한다.

:: GPS(Global Positioning System): 미국 국방부(DOD)가 개발하여 추진한 전 지구적 무선 항행 위성 시스템이다. 중/고궤도 항행 위성 시스템인 NAVSTAR(Navigation System with Time And Ranging)를 사용하는 시스템이라는 의미에서 NAVSTAR/GPS라고도 한다. 이 시스템은 고도 약 2만km, 주기 약 12시간, 궤도 경사각 55도인 6개의 원궤도에 각각 4개씩 발사된 도합 24개의 항행 위성과 위성을 관리하는 지상 제어국, 이용자의 이동국으로 구성된다. 각 위성에는 원자시계가 탑재되어 있다. 이 시스템은 지구 어디에서나 항상 4개 이상의 위성이 시계 내에 있도록 배치되기 때문에, 이용자는 이들 위성 중에서 적당한 4개를 선택하여 그것들로부터의 시각(時刻) 신호를 수신하여 각각의 거리를 측정한다.

:: GSM: 유럽 전기통신표준협회(ETSI)에서 제정한 디지털 셀룰러 이동 통신 시스템의 표준 규격이다.

:: GUI(Graphical User Interface, 그래픽 사용자 인터페이스): 컴퓨터와 사용자가 상호작용하게 하는 사용자 인터페이스의 일종으로, 일반적으로 GUI라는 약어로 불리며 gooey(구이)로 발음한다. 그래픽 사용자 인터페이스(GUI)는 사용자가 커맨드 라인(명령행)을 키보드를 통하여 컴퓨터에 입력하여 작업을 수행시키고 컴퓨터는 작업 결과를 문자로 화면에 표시하는 문자 중심의 조작 대신에, 사용자가 키보드 입력뿐만 아니라 마우스 등의 위치 지정 도구를 사용하여 도형의 형태로 화면에 표시되는 아이콘(icon)을 지정하거나 메뉴 항목 목록 중에서 메뉴를 선택함으로써 명령을 선택한다. 또한 프로그램 가동, 파일 목록 열람, 기타 선택을 하면서 작업을 진행하는 상호 작용 방식이다. 컴퓨터 역시 작업한 결과를 도형 형태로

만들어 화면에 표시한다.

H

:: HFC: 접속망 구성의 한 방식으로, 동축 CATV 전송망의 주요 트렁크 부분을 광케이블로 개선시킨 망을 말한다. CATV 방송국에서 가입자 광망 종단 장치(ONU)까지는 광선로를 이용하고 ONU에서 가입자 단말까지는 동축 케이블을 이용하는 구성 방식이다.

:: HLR(Home Location Register): 무선통신 교환기에서 가입자의 단말기 정보, 가입 정보, 위치 정보 및 인증 기능 등을 지닌 이동 가입자 데이터베이스이다.

:: HSCSD(High Speed Circuit Switched Data, 고속 회선 교환 데이터): GSM의 속도를 57.6kbps까지 향상시킨 무선 데이터 전송용 회선 교환으로 가입자 애플리케이션이나 GSM 서비스에서 사용할 수 있고, 기존보다 최대 4배가 많은 슬롯을 각각의 주파수 채널의 8개 슬롯에 결합한 것으로 다운로드 속도는 최대 57.6kbps이며, 업로드 속도는 14.4kbps 수준이다. GPRS, EDGE와 함께 GSM 계열의 2.5세대 기술이다.

:: HSDPA(High Speed Down-link Packet Access): 비동기식 3세대 이동 통신의 하향 링크에서 10Mbps 수준의 고속 패킷 데이터 서비스를 제공하는 전송 규격이다.

I

:: IP 스푸핑(IP Spoofing): 해커가 자신의 인터넷 프로토콜(IP)을 악용하고자 하는 호스트의 IP 주소로 바꾸어서 이를 통해 해킹하는 것을 말한다. TCP/IP의 구조적 결함을 이용하여 해킹하는 방법으로 신뢰 관계에 있는 두 시스템 사이에서 해커의 호스트를 마치 하나의 신뢰 관계에 있는 호스트인 것처럼 속이는 것이다.

:: IPSec(IP Security protocol): 안전에 취약한 인터넷에서 안전한 통신을 실현하는 통신 규약을 말한다. 인터넷상에 전용 회선과 같이 이용 가능한 가상적인 전용 회

선을 구축하여 데이터를 도청당하는 등의 행위를 방지하기 위한 통신 규약이다.

:: IPv4(Internet Protocol version 4, IP 버전4): 현재 널리 사용되고 있는 버전 4 인터넷 프로토콜이다. 1981년에 발간된 IETF RFC791로 문서화 되어 있다. IPv4는 211.253.131.255와 같은 점-숫자 표기의 32-bit 주소 체계로서 고유 번호가 4,294,967,296로 제한되어 있어 128-bit 체계로서 거의 무한대라고 할 수 있는 IPv6 로의 전환이 추진되고 있다.

:: IPv6(Internet Protocol version 6, IP 버전6): 현재 사용되고 있는 IP주소 체계인 IPv4를 개선하기 위해 개발된 새로운 IP 주소 체계를 말한다. 인터넷 엔지니어링 태스크 포스 (IETE: Internet Engineering Task FOrce)의 공식 규격으로, 차세대 인터넷 통신 규약이라는 뜻에서 'IPng(IP next generation)' 으로 불린다.

:: IRQ(Interrupt ReQuest, 인터럽트 요청): 주변 장치가 중앙 처리 장치(CPU)로 보내는 끼어들기 요구 신호로서 이 요구가 발생하면 CPU는 끼어들기 순위에 따라 처리할 것인지, 무시할 것인지를 결정한다.

:: ISDN: 전화, 전신, 텔렉스, 데이터, 비디오텍스 등 성격이 다른 서비스를 종합적으로 취급하는 디지털 통신망을 말한다.

:: ISM 밴드(Industrial Scientific Medical band): 산업, 과학, 의료용 기기에서 사용 가능한 주파수 대역을 말한다.

L

:: L2CAP(Logical Link Control and Adaptation Protocol, 논리적 링크 제어 및 적응 프로토콜): 블루투스 베이스밴드와 데이터 링크 계층에 존재하는 프로토콜을 말한다.

:: LAN: 같은 건물 내 또는 학교나 공장의 구내와 같은 한정된 지역 내에 분산 설치되어 있는 각종 컴퓨터 및 기타 장치를 통신선으로 연결하여 하나의 장치가 다른 어떤 장치와도 상호작용할 수 있게 하는 망 시스템을 말하고 또한 근거리 통신망이라고도 한다.

:: Line of Sight: 지상의 두 지점 간에 존재하는 직접 자유 공간 경로. 무선 전송에서는 송신 안테나와 수신 안테나 간의 경로가 가시선상에 있는 것을 말하며, 실제로는 눈으로 보이는 경로로써 중간에 장애물이 없어야 하며, 장애물이 있는 경우에는 상대 지점이 보이도록 높은 지점을 선택해야 한다.

:: LLC(Logical Link Control, 논리적 연결 제어): IEEE 802 위원회 산하 12개 소위원회 중의 하나인 IEEE 802.2 표준으로 규정하는 각종 연결 방식에서 공통으로 사용하는 통신 규약을 말한다. 구내 정보 통신망(LAN)에서 데이터 연결 계층의 상위 부분에 해당된다. 논리적 연결 제어는 ISO 8802.2로 정의되며, 모든 국제 표준화 기구(ISO) LAN 시스템 제어를 위한 데이터 연결 계층 프로토콜 표준을 제공한다.

M~N

:: MAC(Media Access Control, 매체 접근 제어): OSI 기본 참조 모델의 데이터 링크 계층의 일부로써, 일한 매체를 여러 노드가 공유하는 특성상에 존재하는 구내 정보 통신망(LAN) 고유의 계층을 말한다.

:: MAC(Message Authentication Code): 직접 위성 텔레비전 방송에 의한 고선명 텔레비전(HDTV) 방송 규격의 하나이다. 색이나 밝기의 정보를 시분할 다중에 의해 나누어 보내는 방식이다.

:: MAC 주소(Media Access Control address): 이더넷의 물리적인 주소로, 이더넷 카드의 읽기용 기억 장치(ROM)에 기록된 것으로 주소 크기는 48비트인데, 전반부 24 비트는 미국 전기 전자 학회(IEEE)가 벤더에게 할당하면, 벤더 측은 후반부 24 비트에 대하여 세부 할당을 한다.

:: MD5(Message-Digest algorithm 5): RSA 암호 개발자(Rives)가 개발한 메시지 다이제스트 함수 알고리즘이다. 이는 RFC 1321에 규정되어 있다.

:: MIB(Management Information Base, 관리 정보 베이스): 망 기기를 감시, 제어하기 위해 사용되는 체계화된 관리 정보 항목들. 망에서 관리되는 장치가 정적 또는 동

적 정보로써 유지되며, 관리 장치가 그 내용을 얻고 변경한다.

:: MPLS: IP, ATM, 프레임 릴레이 등 각종 프로토콜에 공통으로 적용되며, 레이블을 기초로 패킷을 처리하는 고속 레이블 스위칭 기술을 말한다.

:: MSC(Mobile Switching Center): 이동 통신 네트워크와 일반 전화망, 동일 또는 다른 이동 통신망에 있는 다른 이동 전화 교환국(MSC) 사이의 사용자 트래픽을 위한 접속점을 구성하는 자동 시스템이다.

:: Multi-tasking: 하나의 컴퓨터에서 복수의 작업(task)을 동시에 병행하여 수행하는 운영 체계(OS)의 기능을 갖춘 조작 형태를 말한다. 다중 작업 방식에는 문맥 전환(context switching), 협동적 다중 작업(cooperative multitasking), 시분할 다중 작업(time-slice multitasking) 등이 있다.

:: NGN(Next Generation Network, 차세대 통신망): 기존의 일반 전화, 무선 전화 및 인터넷 망을 하나의 패킷 구조로 통합한 차세대 통신을 말한다.

O

:: OFDM: 고속의 데이터를 각 반송파가 직교 관계에 있는 다수의 부반송파에 나누어 실어 다중 전송하는 디지털 변조 방식이다. 보통의 주파수 분할 다중(FDM)에 비해 훨씬 더 많은 반송파의 다중이 가능하므로 주파수 이용 효율이 높고, 멀티패스(multipath)에 의한 심벌 간 간섭(ISI)에 강한 특성이 있어 고속 데이터 전송에 적합하다. OFDM은 802.11 Wireless LAN, DMB(Digital Multimedia Broadcasting), PLC(Power Line Communication), xDSL, 4G 이동 통신, 와이브로 등 많은 분야의 핵심기술로 사용되고 있다.

P

:: P2P: PC 대 PC, 개인 대 개인처럼 서버의 도움 없이 1 : 1 통신을 하는 관계. 공급자와 소비자, 서버와 클라이언트 등의 주종관계나 상하관계를 벗어나 참여자 모

두가 참여하는 동등한 관계를 말한다. 인터넷에서는 주로 개인들 간의 파일 공유 수단으로서 PC와 PC를 상호 공유토록 연결해 주는 것을 의미하는데, 콘텐츠의 저작권 문제와 성능과 안정성 문제가 제기되고 있다.

:: PAN ID(Personal Area Network Identifier): 개인 용도 네트워크에 할당된 네트워크 명이다.

:: PBX(Private Branch Exchange): 기업이나 구내의 전화, 팩스 등 내부 통신 서비스를 제공하는 구내 교환기의 총칭을 말한다. 자동식을 별도로 PABX(Private Automatic Branch eXchange)라 구분하는 경우에는 수동식만을 지칭한다.

:: PCS(Personal Communication Services): 개인이 소형 단말을 휴대하고 이동하면서 다양한 형태의 디지털 방식의 무선 통신을 하는 서비스를 말한다. 보통 PCS라 부르며, 기술이나 시스템과는 상관없는 서비스 개념이다. 다양한 기술과 망 시스템을 활용함으로써, 일반 대중이 유선 전화와 비교될 수 있는 낮은 가격으로 특히 도심이나 교외 지역에서 이동 통신을 할 수 있게 하는 것과, 주택이나 사무실에서 개인 고유의 전화번호로 통신할 수 있게 하는 것이 PCS의 궁극적인 목표이다.

:: PDU(Protocol Data Unit): OSI 기본 참조 모델에서의 정보 처리 단위의 하나로, 특정 계층의 프로토콜 안에서 지정되는 데이터 단위를 말한다. 프로토콜 제어 정보와 경우에 따라서는 서비스 데이터 단위(SDU)로 구성된다. 논리적인 통신로(connection)를 경유하여 동위 계층의 서비스 제공자 사이에 교환된다.

:: PEAP(Protected Extensible Authentication Protocol): 마이크로소프트사, RSA 시큐리티사, 시스코사 등이 합작으로 개발한 IEEE 802.11 무선망 클라이언트에 대한 인증 프로토콜을 말한다.

:: PHY(Physical Layer Protocol, 물리층 프로토콜): 광섬유 분산 데이터 인터페이스(FDDI)의 프로토콜 물리층의 상반분(上半分)을 말한다. 데이터 링크층의 매체 접근 제어(MAC)로부터의 데이터를 부호화하여 물리층 매체 의존부(PMD)와 주고받기만을 한다.

:: PLC(Power Line Communication): 전력을 공급하는 전력선을 매개체로 음성과 데이터를 고주파 신호에 실어 통신하는 기술이다. 이 기술은 중/저속 분야에서 가전기기, 조명 기기, 냉난방 기기, 홈 시큐리티 시스템 제어에 사용되는 등 홈 네트워킹 솔루션으로 확산되는 추세에 있고, 고속 분야에서도 10Mbps를 넘는 초고속 기술이 개발되고 있어 전력선 통신의 우수성과 필요성이 대두되고 있다.

:: PON(Passive Optical Network): 가입자계에서의 회선 구성 방법에 관한 것으로써 광합파, 분파기 및 광분기, 결합기 등의 수동성 부품만으로 회선을 구성하는 방법을 말한다. 가입자망의 접속계에 관한 구조 형태이다. 망 구성은 서비스의 내용과 경제성을 고려하여 적절한 구성을 택한다.

:: PoP(Point of Presence): 미국의 전화 사업자인 LEC(Local Exchange Carrier)의 시내 전화 회선과 장거리 통신 사업자인 IXC(Inter Exchange Carrier)의 장거리 회선 및 인터넷 정보 제공자(ISP)의 회선이 상호 접속하는 위치를 말한다.

Q

:: QAM(Quadrature Amplitude Modulation, 직교 진폭 변조): 반송파의 주파수는 동일하나 위상이 서로 직교하는 I(In-phase) 반송파와 Q(Quadri-phase) 반송파에 각각 디지털 방식으로 진폭변조를 가하여 합성되는 디지털 다치변조(multi-level modulation) 방식을 말한다.

:: QPSK(Quadrature Phase Shift Keying, 직교 위상 편이 변조): 위상 편이 방식(PSK)의 하나로, 전송하고자 하는 두 값(0 또는 1)의 전송 신호를 반송파의 0위상(同位相)과 π위상(逆位相)의 2위상에 대응시켜 전송하는 2진 위상 편이 변조(BPSK:binary PSK)와는 달리, 두 값의 디지털 신호의 0과 1의 2비트를 모아서 반송파의 4위상에 대응시켜 전송하는 방식이다.

R

:: RAN(Radio Access Network): 이동 장치의 인터넷 고속 접속을 포함하여 3세대 비동기 이동 통신의 제공에 필요한 지상의 인프라를 말한다. 기지국(RTS: Radio Transceiver Subsystems)과 무선망 제어부(RNC)로 구성되어 있고, 공중전화 교환망 및 인터넷에 대한 접속, 로밍, 투명한 연결, 그리고 데이터 및 웹 연결에 대한 서비스 품질(QoS) 관리를 포함하여 3세대 이동 통신 이용자들을 위한 광범위한 작업들을 관리하는 기능을 수행한다.

:: Ranging: 지구국에서 위성까지의 거리 측정. 통상적으로 추적, 원격 측정 및 지령국(TT&C)에서 전파를 송신하여 위성으로부터 되돌아오는 전파를 수신하여 측정한다. 이 측정에 의해 위성의 운동 상태를 알 수 있으며, 궤도 결정 및 예측에 중요한 정보를 얻는다.

:: Repeater(중계기): 통신 시스템의 중간에서 약해진 신호를 받아 증폭, 재송신하거나, 찌그러진 신호의 파형을 정형하고 타이밍을 조정, 또는 재구성하여 송신하는 장치를 말한다.

:: RFCOMM: 논리적 링크 제어 및 적응 프로토콜(L2CAP)상에서 RS 232 시리얼 포트 모방 기능을 제공하는 프로토콜을 말한다.

:: RNC(Radio Network Controller): 비동기 방식 IMT-2000 시스템의 기지국에 대한 제어 기능을 하는 무선 접속망(RAN)의 구성 요소를 말한다.

:: RSSI(Received Signal Strength Indication): 수신기 입력에서의 평균 신호 강도 지수를 말한다. 단말기로 들어오는 모든 수신 신호의 세기를 측정한 것으로 실제 공간에서는 희망 신호와 간섭 신호 및 잡음 신호가 합쳐져서 수신된다. 안테나 이득과 전송 손실은 포함되지 않는다.

:: RTS(Request To Send): 컴퓨터와 외부 장치 간 직렬 통신에 사용되는 신호의 일종으로, 송신할 데이터가 있음을 표시하기 위해 컴퓨터나 데이터 단말 장치(DTE)에서 모뎀이나 데이터 회선 종단 장치(DCE)로 전달되는 인터페이스 제어 신호를 말한다. RS-232C 인터페이스에서 4번 선으로 전달되는 하드웨어 신호이다.

S

:: SGSN(Serving Gprs Support Node): 서비스 지역 내에서 이동국과의 데이터 패킷 전달을 담당하는 노드를 말한다. 패킷 라우팅 및 전송, 이동성 관리, 논리적 링크 관리, 인증 및 요금 부과 등의 기능을 가지며, SGSN의 위치 레지스터는 SGSN에 등록된 GPRS(General Packet Radio Service) 사용자의 위치 정보(셀 또는 방문자 위치 레지스터 등), 사용자 프로파일(국제 이동국 식별 번호: IMSI) 등을 저장한다.

:: SNR(Signal to Noise Ration, 신호 대 잡음 비): 신호의 품위 레벨의 척도로, SN 비로 약칭할 때가 많다. 신호는 단독으로 존재하지 않고 대개 잡음과 섞여 있다. 그 비율을 나타내는 척도로서 SN 비가 쓰인다. 신호 전력을 S, 잡음 전력을 N이라 할 때 10log(S/N)으로 나타내며, 단위는 데시벨(dB)이다.

:: SOA(Service Oriented Architecture): 기업의 소프트웨어 인프라인 정보 시스템을 공유와 재사용이 가능한 서비스 단위나 컴포넌트 중심으로 구축하는 정보 기술 아키텍처이다.

:: SOA(Start of Authority): 도메인 네임 시스템(DNS)의 도메인 정보 설정에 관한 핵심 정보. DNS 서버의 파일 속에 저장된 레코드 정보로, 모든 도메인 네임은 DNS에 관한 데이터를 제공하는 서버 이름, 관리자, 데이터 파일의 현재 버전, 2차 네임 서버가 갱신 내용을 점검하기 위한 대기 시간, 2차 네임 서버가 재시도를 위한 대기 시간, 2차 네임 서버가 데이터를 갱신 또는 소멸시키기 위한 허용 최대 시간, 자원 레코드에 대한 TTL 파일의 기본 시간 등에 관한 정보들을 이 속에 가지고 있다.

:: SONET(Synchronous Optical Network, 동기식 광통신망): 미국의 벨코어(Bellcore)가 개발하고 미국 표준협회(ANSI)가 표준화한 고속 디지털 통신을 위한 광전송 시스템 표준 규격이다. 동기식 광통신망(SONET)은 광섬유의 고속 디지털 전송 능력을 활용하기 위한 디지털 신호의 동기 다중화 계층과 속도 체계 및 인터페이스를 정의한다.

:: Spanning tree(스패닝 트리): 연결된, 비방향성 그래프 G에서 순환경로를 제거하면서 연결된 부분 그래프가 되도록 이음선을 제거하면 스패닝 트리(spanning

tree)가 된다. 따라서 스패닝 트리는 G안에 있는 모든 정점을 다 포함하면서 트리가 되는 연결된 부분 그래프이다.

:: SPI(Serial Peripheral Interface): SPI는 두 개의 주변 장치 간에 직렬 통신으로 데이터를 교환할 수 있게 하는 인터페이스로 그중 하나가 주가 되고 다른 하나가 종이 되어 동작한다. SPI는 전이중 방식으로 동작하는데, 이는 데이터가 양방향으로 동시에 전달될 수 있음을 의미한다.

:: SPOF(Single Point Of Failure, 단일 장애점): 장애로 인하여 전체 시스템 기능을 저해시키는 시스템의 컴포넌트를 나타내는 용어이다. 장애를 일으키는 하드웨어나 전기적 컴포넌트 혹은 소프트웨어 컴포넌트를 말하며, 시스템이 장비의 추가로 확대될 경우에는 그만큼 SOPF 발생도 확대된다.

:: SSL(Secure Sockets Layer): 데이터를 송수신하는 두 컴퓨터 사이, 종단 간 즉 TCP/IP 계층과 애플리케이션 계층(HTTP, TELNET, FTP 등) 사이에 위치하여 인증, 암호화, 무결성을 보장하는 업계 표준 프로토콜을 말한다. 미국 넷스케이프 커뮤니케이션스사가 개발하였고, 마이크로소프트사 등 주요 웹 제품 업체가 채택하고 있다.

:: SSH(Secure Shell): [망] 보안 등급이 낮은 네트워크상에서 보안 등급이 높은 원격 접속 개시나 데이터 전송을 실현하는 규약. 이 규약에는 전송 계층 프로토콜, 사용자 인증 프로토콜, 연결 프로토콜 등 3종류가 있다.

:: SSH 클라이언트: [망] 보안 등급이 낮은 네트워크상에서 보안 등급이 높은 원격 접속 개시나 데이터 전송을 실현하는 규약. 이 규약에는 전송 계층 프로토콜, 사용자 인증 프로토콜, 연결 프로토콜 등 3종류가 있다.

:: STP(Shielded Twisted Pair Wire): 외부의 전계 및 자계 또는 다른 전송선에서 유도되는 전계 및 자계로부터의 영향을 차단하기 위하여 외부를 도전성 물질이 많은 피복(sheath)으로 둘러싼 연선. 차폐 연선은 비 차폐 연선보다 전기 잡음에 강하며, IEEE 802.5의 토큰 고리형 방식의 구내 정보 통신망(LAN)의 전송 매체로 사용되고 있다.

T

:: TACS: 무선 채널 간격이 30kHz인 앰프스 이동 전화 방식(AMPS)을 영국 규격의 25kHz로 변경하여 300개의 무선 채널을 이용할 수 있게 한 것으로 프로토콜은 기본적으로 같다. 1989년 영국에서 900MHz 대역의 TACS 방식 서비스를 개시하였다.

:: TCP-IP: 인터넷의 기본적인 통신 프로토콜로 인트라넷이나 엑스트라넷과 같은 사설망에서도 사용된다. 사용자가 인터넷에 접속하기 위해 자신의 컴퓨터를 설정할 때 TCP-IP 프로그램이 설치되며, 이를 통하여 역시 간은 TCP-IP 프로토콜을 쓰고 있는 다른 컴퓨터 사용자와 메시지를 주고받거나, 또는 정보를 얻을 수 있게 된다.

:: TDD(Time Division Duplex, Time division duplexing, 시분할 복신): 동일한 주파수 대역에서 시간적으로 상향(upling), 하향(downlink)을 교대로 배정하는 양방향 전송 방식을 말한다.

:: TDMA(Time Division Multiple Access): 하나의 전송 용량을 다수의 사용자가 시간을 배정받아(TD) 접속하는 다중 접속(MA)방식이다.

:: TDOA(Time Difference of Arrival): 두 개의 신호원으로부터 전파 도달 시각의 상대적인 차를 측정하여 위치를 측정하는 방식이다.

:: Thread: 컴퓨터 프로그램 수행 시 프로세스 내부에 존재하는 수행 경로, 즉 일련의 실행 코드를 말한다. 프로세스는 단순한 껍데기일 뿐, 실제 작업은 스레드가 담당한다.

:: TinyOS: UC 버클리에서 진행해 온 스마트 더스트(Smart Dust) 프로젝트에 사용하기 위하여 개발된 컴포넌트 기반 내장형 운영 체제(OS)이다. 네트워크 내장형 시스템을 위해 특별히 디자인된 초소형 OS이다. 핵심 OS 코드는 4000바이트 이하이고, 데이터 메모리는 256바이트 이하이며, 이벤트 기반 멀티태스킹을 지원한다. 센싱 노드와 같은 초저전력, 초소형, 저가의 노드에 저전력, 적은 코드 사이즈, 최소한의 하드웨어 리소스를 사용하는 내장형 OS를 목표로 하며, 내장형 네트워크를 위한 프로그래밍 언어로는 nesC가 사용된다.

:: TLS(Transport Layer Security): 현재 널리 사용되고 있는 SSL(Security Sockets

Layer) 대신의 차세대 안전 통신 규약을 말한다. SSL에 비해 강력한 암호화를 실현할 수 있고 폭이 넓은 망의 통신 규약에 대응되어 있는 점에서 주목을 끌고 있다.

:: TOA(Time of Arrival): 신호원과 수신기 사이의 전파 도달 시간을 특정하여 신호원의 위치를 측정하는 방식이다. 신호원과 수신기가 모두 정확히 동기 되어야 하며, 신호원에서 신호가 언제 출발했는지를 알기 위한 시각 표시가 필요하다.

:: TSMP(Time Synchronized Mesh Protocol): 시간 슬롯을 이용해 두 노드 간 통신에 스펙트럼을 할당하는 것을 말한다.

:: TTA(Telecommunications Technology Association, 한국정보통신기술협회) : '한국정보통신기술협회'로, 전기 통신 관련 표준화 활동을 위해 1988년 설립된 재단법인이다. 전기 통신 방식, 토신 절차, 접속 등의 국내 표준 작성 및 보급과 국내외 표준화 조사 및 연구, 국제 연구단의 구성 및 운영, 국제표준화관련기관과의 협력 등의 활동을 수행한다.

U

:: USB(Universal Serial Bus): HID(Human Interface Device)로서의 특성과 주변 장치와의 용이한 연결, 충분한 IRQ(Interrupt ReQuest, 인터럽트 요청) 자원 그리고 플러그 앤 플레이(PnP, Plug and Play) 기능이 지원되는 등의 장점이 있는 반면, 낮은 전력 공급원과 상대적으로 높은 CPU 점유율 등이 단점이 있다.

:: UTP: 차폐 연선과는 달리 외부의 전계, 자계 또는 다른 전송선에서 유도되는 전계, 자계로부터의 영향을 차단하기 위해 도전성 물질이 많은 피복(sheath)을 둘러싸지 않은 연선. 보통의 구내 전화선이나 구내 정보 통신망(LAN)의 전송 매체로 사용된다.

:: UWB(Ultra Wide Band, 초 광대역 무선): 중심 주파수의 20% 이상의 점유 대역폭을 가지는 신호, 또는 점유 대역폭과 상관없이 500MHz 이상의 대역폭을 갖는 신호를 말한다. 수 GHz 대의 초 광대역을 사용하는 초고속의 무선 데이터 전송 기

술로서 OFDM 변조 방식 및 직접 시퀀스 확산 스펙트럼 방식 등의 기술이 제안되고 있다. 기존 IEEE 802.11과 블루투스 등에 비해 빠른 속도(500Mbps/1Gbps)와 저전력 특성이 있다. 평균 10~20cm, 최대 100m의 근거리 개인 무선 통신망(WPAN)에서 PC와 주변 기기 및 가전제품들을 초고속 무선 인터페이스로 연결하거나 벽 투시용 레이더, 고정밀도의 위치 측정, 차량 충돌 방지 장치, 신체 내부 물체 탐지 등 여러 분야에서 활용 가능하다.

V

:: VBR(Variable Bit Rage): 사용자가 최고 비트율과 지속 비트율을 지정할 수 있는 비동기 전송 방식(ATM)의 대역폭 할당 서비스를 말한다. 정보량에 따라 비트율을 높이거나 낮춰 전송하는 방식으로, 화상 회의와 같은 압축 오디오 및 비디오 데이터 전송에 주로 사용된다.

:: VMS(Voice Mail System): 가입자가 전화를 받을 수 없는 상황(통화 중, 전원이 꺼져 있을 때, 통화 불가능 지역에 있을 때 등)일 때, 발신자가 음성 메시지를 남기면 가입자에게 음성 사서함에 음성 메시지가 있음을 즉시 통보함으로써, 녹음된 상대방의 음성 메시지를 청취할 수 있는 서비스를 말한다.

:: VDS: 불특정 다수의 목소리를 인식해 자동으로 전화를 연결해 주는 음성 인식 교환 시스템이다. 자연 언어 처리 기술(음성 인식, 음성 응답)의 진보에 따라 실용화되었다. 국내에서는 한국 통신이 최초로 개발했으며 이 시스템은 네트워크 차원에서 음성을 인식하는 시스템으로 일반 전화기를 통해 전달된 음성을 교환 접속 장치에서 인식하여 착신 가입자를 호출하는 구조로 되어 있다.

:: VDSL: 전화선을 이용한 고속 디지털 전송 기술의 하나. 기존의 디지털 가입자 회선 기술인 비대칭 디지털 가입자 회선(ADSL)보다 전송 거리가 짧은 구간에서 고속의 데이터를 비대칭으로 전송하는 기술이다. 현재 하향(가입자 측) 전송 속도는 13~52Mbps, 상향(교환국 측) 전송 속도는 1.5~2.3Mbps이며 전송 거리는

0.3~1.5km이다.

:: VOD(Video on Demand): 기존의 공중파 방송과는 다르게 인터넷 등의 통신 회선을 사용하여 원하는 시간에 원하는 매체를 볼 수 있도록 하는 서비스를 말한다.

:: VoIP: 인터넷 텔레포니의 핵심 기술로써 지금까지 PSTN 네트워크를 통해 이루어졌던 음성 서비스를 IP(Internet Protocol)기술을 사용하여 제공하는 것을 말한다. 음성이 디지털화 되고, 전달 체계로 IP를 이용함으로써 전화는 물론 인터넷 팩스, 웹콜, 통합 메시지 처리 등의 향상된 인터넷 텔레포니 서비스가 가능하게 된다.

W~X

:: WAVE(Wireless Access in Vehicular Environment): 고속으로 이동 중인 차량 간 혹은 차량과 도로변 장치 간의 통신을 위한 무선 액세스 시스템을 말한다. 고속 주행 환경에서 ITS 서비스와 인터넷 서비스를 제공할 수 있는 무선 전송 기술 방식이다.

:: WCDMA: 국제전기통신연합(ITU)이 표준화를 추진하고 있는 국제 이동 통신 - 2000(IMT-2000)을 위해 부호 분할 다중 접속(CDMA) 방식을 광대역화하는 기술을 말한다. 광대역 부호 분할 다중 접속(W-CDMA) 방식에는 CDMA 방식의 디지털 셀룰러 시스템 표준화 단체인 CDG(CDMA Development Group)가 제안하고 있는 광대역 부호 분할 다중 접속일(wideband cdma One), 일본의 NTT나 KDD 등이 독자적으로 제안하고 있는 방식 등이 있다.

:: WG(Working Group): 국제 표준화 기구(ISO) 또는 ITU-T 등에서 표준화 활동을 수행하는 소규모 분과 위원회. 특정 작업 항목에 대한 표준 초안을 개발하는 그룹이다.

:: Wi-Fi: 2.4GHz대를 사용하는 무선 LAN 규격(IEEE 802.11b)에서 정한 제반 규정에 적합한 제품에 주어진 인증 마크. 와이파이라고도 한다. 이 규격에 의해서 제작된 제품 중에서 무선 네트워크 관련 기업이 만든 업계 단체인 WECA(Wireless Ethernet Compatibility Alliance)가 자체 시험을 통해서 상호 접속성 등을 확인한

후 인정을 취득한 제품에 한해서 이 마크를 붙일 수 있다.

:: WLAN: 핫 스폿(hot spot)이라고 불리는 특정한 공공장소에서 제공되는 상업적 광대역 무선 인터넷 접속 서비스. ISM(Industrial, Scientific & Medical) 밴드인 2.4GHz나 5GHz 주파수 대역에서 IEEE 802.11과 같은 무선 액세스 프로토콜을 이용한다. 장비 설치가 간단하고 적은 자본으로도 시작할 수 있는 서비스 사업이지만 이동 서비스가 불가능하고, 커버리지가 작아 넓은 지역을 서비스하기에는 부적당하다.

:: WPAN(Wireless Personal Area Network, 개인 영역 무선 통신): 무선을 이용하는 개인 영역 네트워크(PAN). 근거리 무선 네트워크로서 PC, 개인 휴대 정보 단말기, 무선 프린트, 저장 장치, 무선 전화기, 페이저, 셋톱 박스 등 다양한 종류의 전자 장비들과 같은 휴대용 컴퓨팅 장비들을 지원하기 위해 설계된 것이다.

:: WSN(Wireless Sensor Network): 센서로 센싱이 가능하고 수집된 정보를 가공하는 프로세서가 달려 있으며 이를 전송하는 소형 무선 송수신 장치이다.

:: WWAN(Wireless Wide Area Network, 무선 광역 통신망): 넓은 지역에서 무선 신호를 주고받을 수 있는 데이터 통신망을 말한다. 피트(feet) 단위를 넘어 마일(miles) 단위의 지역에 서비스하는 무선 데이터 통신망으로 주로 개인 휴대 정보 단말기(PDA) 등의 모바일 서비스 용도로 사용된다.

:: xDSL: 기존 동선 가입자 선로를 이용하여 고속 데이터 회선을 부가적으로 확보하는 가입자망의 광대역화를 위한 전송 방식의 한 가지를 말한다. 즉 전화국에서 수요 밀집 지역까지는 광케이블을 포설하고, 가입자까지는 기존의 구리 전화선을 이용하여(FTTC: Fiber To The Curb), 기존 전화 서비스는 물론 초고속 인터넷, 주문형 비디오(VOD), 종합 유선 방송(CATV) 등 다양한 멀티미디어 서비스를 제공할 수 있다. 비대칭 디지털 가입자 회선(ADSL), 대칭형 디지털 가입자 회선(SDSL), 고속 디지털 가입자 회선(HDSL), 초고속 디지털 가입자 회선(BDSL) 등을 통칭하는 개념이다.

기타

:: 6LoWPAN(IPc6 over Low Power WPAN, 저전력 무선 근거리 개인 통신망): 인터넷 엔지니어링 태스크 포스(IETF)에서 표준화를 추진 중인 IP 버전 6(IPv6) 기반 저전력 무선 근거리 개인 통신망을 말한다. 유비쿼터스 시대의 핵심인 3L(Low power, Low cost, Low bandwidth)기반의 디바이스들을 기존 인터넷에 바로 연결하기 위해 IPv6 주소를 부여한 통신망이다.

찾아보기

USN-GL 기술자격검정

1판 1쇄 발행 2009년 8월 20일

발행인 이문철

발행처 영진미디어

주소 경기도 파주시 교하읍 문발리 출판도시 504-3

전화 (031)955-4955

팩스 (031)955-4959

문의 book@yjmedia.net

등록 2004. 2. 5. 제406-2007-00032호

ISBN 978-89-91228-67-2